AN INTR TO THERMA YSICS

열물리학

AN INTRODUCTION TO THERMAL PHYSICS

열물리학

Daniel V. Schroeder

국형태 옮김

Pearson

교문사

역자 머리말

물리학을 연구하면서 영어로 된 원서를 피해 읽기는 어렵다. 도서와 학술논문 등 관련 자료 대부분이 영어로 써 있기 때문이다. 자연스럽게도 이런 경향은 보다 더 전문화된 영역으로 나아갈수록 더 심해지기 마련이다. 따라서 장차 물리학을 깊게 공부할 계획이 있다면 입문단계에서부터 영어 원서를 읽으면서 용어들과 영어식의 표현에 익숙해지는 것이 좋은 전략일 것이다.

그렇다면 지금 번역서를 내어놓는 역자의 변은 무엇일까? 번역서로 공부할 수 있는 이유로 두 가지를 꼽을 수 있다. 첫째, 위에서 언급한 사정에도 불구하고 과학이 언어 자체는 아니기 때문이다. 즉, 종국적으로 한 특정한 언어가 과학을 지배할 수는 없다. 현대과학이 서양, 특히 영어권의 세계에서 발달해왔기 때문에 현재 우리가 영어로 된 과학을 배우게 된 것일 뿐이다. 둘째, 우리는 어릴 때부터 사용해온 국어에 훨씬 더 익숙하기 때문이다. 특히 입문과정에서 더욱 중요한 것이지만, 새로운 개념을 받아들일 때 우리가 기존에 쌓아온 개념들에 바탕을 두는 것은 과학을 이해하는 직관을 형성할 때 큰 영향을 미친다. 과학의 새로운 개념을 표현하는 용어들은 영어권의 세계에서 그런 직관을 끌어낼 수 있도록 만들어졌을 터이다. 국어로 과학을 배운다면 우리는 그런 직관을 만들어내기가 더 용이할 것이다.

물리학과 학부용 열물리학 교과서는 국내에서도 여러 저서들이 사용되고 있다. 저서들은 저마다의 장점을 갖고 있다. 우선 이 저서는 쉽게 읽히도록 기술되었다. 물론 그렇다고 열물리학의 필수 요소를 빠트리진 않았다. 또 하나의 차별점이자 장점은, 순수물리학적 측면과 응용과학적 측면이 어느 한쪽에 치우치지 않게 구성되었다는 점이다. 연습문제들에서도 저자의 그런 의도를 엿볼 수 있는데, 순수물리학뿐만 아니라 관련 과학분야에서 응용되는 예들과 우리가 일상에서 흔히 경험할 수 있는 예들에서 많은 연습문제들을 제시하고 있다. 이런 점에서 열물리학의 응용을 다루는 많은 다른 공학과의 학생들에게도 이 저서가 유익한 교과서가 될 수 있다고 여겨진다.

이 책을 번역하는 동안 열물리학에 처음 입문하는 내 수업의 학생들을 떠올리고, 또한 물리학과 학생은 아니더라도 어딘가에서 이 책을 읽어 볼 관련 공학과 학생들을 상상하곤 했다. 그들이 열물리학의 개념들을 보다 쉽게 이해하고 직관을 형성하는데 이 번역서가 도움이 되었으면 하는 바람이 크다.

저자 머리말

열물리학(thermal physics)은 수많은 입자들로 된 집단을 다룬다. 여기서 많다는 것은 전형적으로 10^{23} 크기정도의 수이다. 큰 풍선 안의 공기, 호수의 물, 금속 덩어리 안의 전자들 그리고 태양이 방출하는 전자기 파동묶음인 광자들이 그 예들이다. 우리 눈으로 볼 수 있는 모든 큰 물체나 통상적인 현미경으로 볼 수 있는 작은 것들도 그 안에 충분히 많은 입자들을 갖고 있고, 그것들은 모두 열물리학의 주제가 될 수 있다.

아마도 10^{23} 개의 이온과 10^{23} 개의 전도전자를 갖고 있을 금속 덩어리를 고려해보자. 이 모든 입자들의 운동을 세세하게 추적하는 것은 불가능하고, 또한 그리 할 수 있다고 해도 그렇게 하기를 원하지 않을 것이다. 대신에 열물리학에서는 그 입자들이 마구잡이로 이리저리 돌아다닌다고 가정하고, 확률법칙들을 사용해서 금속 덩어리가 전체적으로 어떻게 거동해야 하는지를 예측한다. 혹은 다른 대안으로, 뻣뻣한 정도(stiffness), 전도도, 열용량, 자기화 등등 금속의 덩어리 성질들을 측정할 수 있어서, 이것들로부터 그 물체를 구성하는 입자들에 대한 무언가를 추론할 수도 있다.

물질의 덩어리 성질 중 어떤 것들은 원자물리의 미시적인 세부에 그렇게 의존하지 않는다. 열은 항상 뜨거운 물체에서 차가운 물체로 저절로 흐르지, 절대로 거꾸로 흐르지 않는다. 액체는 압력이 낮으면 항상 더 빨리 끓는다. 주어진 온도범위에서 작동하는 열기관에서 가능한 효율의 최댓값은 열기관이 증기를 사용하건 공기를 사용하건, 혹은 다른 어떤 작동물질을 사용하건 동일하다. 이런 종류의 결과들, 그리고 그 결과들을 일반화하는 원리들은 열역학(thermodynamics)이라 불리는 분야를 구성한다.

하지만 물질을 좀 더 자세하게 이해하기 위해서는 원자들의 양자역학적 거동과 한 원자와 10^{23} 개의 다른 원자들을 연결하는 통계법칙들을 감안해야만 한다. 그렇게 되면 우리는 금속과 다른 물질들의 성질들을 '예측'할 수 있을 뿐만 아니라, 열이 뜨거운 데서 찬 데로 흐르는 것과 같은 열역학의 원리들이 '왜' 그러한지를 설명할 수가 있다. 이와 같이 열역학의 근저를 설명하고 또한 그 결과를 널리 응용하는 것이 통계역학(statistical mechanics)이라 불리는 분야를 구성한다.

열물리학의 입문수업이 다루어야 할 적절한 내용에 대해서 물리학 교수자나 교과서 저자들은 심하게 서로 다른 의견들을 갖고 있다. 어떤 이들은 수학적으로 어렵지 않고 일상생활에 쉽게 적용할 수 있는 열역학만을 다루는 것을 선호한다. 다른 이들은 원자물리학에 구체적으로 근거하며 극적으로 세세한 예측을 할 수 있는 통계역학에 강하게 방점을 찍는다. 어떤 측면에서 선택은 어떤 응용분야를 염두에 두는가에 달려있다. 대개 공학이나 지구과학에서는 열역학으로 충분하고, 고체물리학이나 천체물리학에서는 통계역학이 필수적이다.

이 책에서 나는 그 어느 쪽에도 지나치게 치우치지 않고 열역학과 통계역학 모두에 공평하게 하려고 했다. 이 책은 세 개의 부로 구성되어 있다. 제1부는 열역학의 기본원리인 제일 법칙과 제이 법칙을 미시적(통계역학) 관점과 거시적(열역학) 관점을 오가면서 통합된 방식으로 소개한다. 책의 이 부분은 예시의 목적으로 선정된 몇 가지의 단순한 열역학적 계들에 이 원리들을 응용하는 예들도 보여준다. 그런 후 제2부와 제3부에서는 열역학과 통계역학 각각에서 더욱 확장된 응용을 다루기 위해서 더욱 정교한 기법들을 개발한다. 이렇게 계획된 구성이 열역학에서 통계역학으로 연속적으로 넘어가는 중간쯤에서 다양한 교수철학을 수용할 수 있기를 희망한다. 어느 한 쪽으로 극단적인 관점을 갖고 있는 교수자라면 다른 교과서를 찾아야 할 것이다.

열물리학의 희열은 우리가 살고 있는 세계를 이해하려고 그것을 이용할 때 느끼게 된다. 열물리학은 정말로 너무나 많은 응용이 가능해서 어떤 한 명의 저자가 모든 응용들에서 전문가가 되어 쓰기는 불가능하다. 이 책을 쓰면서 나는, 화학, 생물학, 지질학, 재료학, 환경과학, 공학, 저온물리학, 고체물리학, 천체물리학, 우주론 등과 같은 다양한 분야들에서 가능한 많은 응용들을 배워서 그것들을 포함시키려고 노력을 했다. 물론 내가 빠트린 다른 많은 매력적인 응용들이 있다는 것도 잘 알고 있다. 하지만 내 생각으로는 이 책과 같은 책에서 너무 많은 응용들을 다루는 것은 불가능하다. 학부 물리학과 학생들은 방금 언급한 주제들에 더 전문화된 공부를 계속할 수 있고, 내 의무는 학생들에게 그런 가능성들을 일깨우는데 있다고 생각한다. 또한 당신이 과학과 직접 관련 없는 경력을 택할지라도 열물리학을 이해하는 것은 삶의 일상에서 당신의 경험을 풍부하게 할 것이다.

이 책을 쓰면서 목표 중의 하나는 한 학기 수업에 맞도록 이 책을 충분히 짧게 유지하는 것이었다. 결과적으로 그것에는 실패했다. 너무 많은 주제들이 불가피하게 책에 들어가게 되었으며, 그러다보니 진도가 아주 빠르더라도 벅찬 긴 교과서가 되어버렸다. 하지만 이 책은 여전히 한 학기용으로 의도된 책이다. 몇 개의 절들을 건너뛰어서라도 당신이 다루려고 했던 것을 깊이 다룰 수 있는 시간을 갖는 것을 잊지만 말아주기 바란다. 나 자신의 수업에서는 1.7, 4.3, 4.4, 5.4에서 5.6절 그리고 8장 모두를 건너뛰고 있다. 제2부와 제3부의 다른 많은 부분들도 수업의 주안점에 따라 건너뛸 수 있는 후보들이다. 운이 좋아서 한 학기 이상 수업을 할 수 있다면, 교과서 전부를 다루고 추가로 몇몇 연습문제들도 같이 풀어볼 수 있다.

녹음을 듣는 것만으로 (도움은 될지언정) 피아노 연주를 배울 수 없고, 교과서를 읽는 것만으로 (역시 도움은 되겠지만) 물리학을 배울 수는 없다. 이 책을 이용하면서 능동적으로 배우는 것을 격려하기 위해서 출판자는 쪽지, 질문, 반론을 위한 여백을 넉넉하게 주었다. 그래서 나는 당신이 형광펜이 아니라 연필을 들고 책을 읽기를 촉구한다. 모든 물리학 교과서 저자들은 독자들에게 연습문제들을 풀어볼 것을 권하는데, 나 역시 그렇다. 이 책에서는 거의 모든 절의 말미에서 수 쪽에 달하는 문제들을 볼 수 있다. 각 장의 끝에 모으기보다 거기에 놓은 것은, 당신의 주의를 환기하고 적절한 시점에서 당신이 할 수 있는 것이 무엇인지를 보여주기 위한 것이다. 상상하는 문제, 짧은 수치계산, 크기정도에 대한 어림계산, 유도, 이론의 확장, 새로운 응용, 확장된 과제 등 문제들은 여러 가지 유형이다. 문제당 소요되는 시간은, 가장 긴 것이 가장 짧은 것의 백 배 이상일 정도로 천차만별이다. 가능한 많은 문제들을 미루지 말고 자주 풀어보라. 모든 문제를 다 풀어볼 시간이 없을 수도 있겠지만, 그런 경우에도 문제를 읽기는 하라. 그래서 당신이 무엇을 빠트리는지는 알 수 있도록. 수년 후 문득 생각이 떠오르면, 그때 돌아와서 처음에 빠트렸던 문제들을 늦게라도 풀어보라.

이 책을 읽기 전에 일 년 과정 물리학입문 수업과 일 년 과정 미적분학 수업을 들어야 한다. 물리학입문 수업이 열물리학을 전혀 포함하지 않았다면 1장을 공부하는데 좀 더 시간을 써야 한다. 물리학입문 수업이 양자물리학을 포함하지 않았다면 2, 6, 7장을 읽을 때 부록 A를 참조하는 것이 좋다. 다변수 미적분학은 이 책에서 진행 중에 소개된다. 이 주제에 대한 수업을 듣는 것은 도움은 되겠지만 절대적으로 필수적이진 않다.

어떤 독자들은, 어떤 주제들이 다뤄지지 않는다거나 피상적으로만 다뤄진 것에 대해서 실망할 수도 있다. 이런 점들을 부분적으로나마 해결하기 위해서 책의 말미에 추가로 읽어보기를 추천하는 자료들의 목록을 실었다. 또한 특정한 주제들에 대한 수많은 참고자료들을 본문 안에서 주기도 했다. 어떤 데이터나 삽화를 빌려올 때를 제외하고는, 어떤 착상에 대한 창작자의 이름을 단지 언급하기 위한 목적으로 참고자료를 만들지는 않았다. 어떤 경우에 어떤 이름이 언급되어야 하는지를 결정할 자격이 내게는 전혀 없다. 때때로 본문에서 역사적인 논평을 했지만 그것들은 극도로 단순화된 것이고, 어떤 일이 어떻게 일어날 수 있는지를 말하려 한 것이지 실제로 어떻게 일어났는지를 말하려는 취지는 아니었다.

출판하기로 되었다고 해서 진정으로 완결된 교과서는 없는데, 이 책도 예외는 아니다. 다행스럽게도 WWW는 저자들이 계속 갱신할 기회를 준다. 이 책을 위한 웹사이트가 가까운 미래에 다음의 장소에 만들어질 것이다: http://physics.weber.edu/thermal/. 오류와 수정, 컴퓨터를 사용하는 문제풀이에 대한 힌트, 추가적인 참고자료와 링크 등의 다양한 정보를 그곳에서 찾을 수 있을 것이다. 내 이메일주소도 찾을 수 있으며, 당신이 그 주소로 질문, 논평, 제안 등을 보내는 것을 환영하는 바이다.

감사의 말

이 책의 기획에 기여했던 많은 사람들에게 즐거운 마음으로 감사의 뜻을 표한다.

우선 내가 열물리학을 공부할 수 있도록 도와준 훌륭한 스승들이 있다. 워잭(Philip Wojak), 무어(Tom Moore), 토마스(Bruce Thomas), 페스킨(Michael Peskin)이 그들이다. 그중 톰과 마이클은 오늘까지도 정규적으로 나를 가르치고 있고, 나는 현재도 진행 중인 이 공동 작업에 진정으로 감사한다. 나 자신에게 열물리학을 가르치는 동안 키텔(Charles Kittel), 크로머(Herbert Kroemer), 스토위(Keith Stowe)의 통찰력 있는 교과서들에 특별히 의존했다.

원고가 만들어질 때, 몇몇 용감한 동료들이 자신의 수업에서 원고를 시험해보면서 도움을 주었다. 그들은 애들러(Chuck Adler), 캐논(Joel Cannon), 캐롤(Brad Carroll), 프라운도프(Phil Froundorf), 게님(Joseph Ganem), 로위(David Lowe), 로드리게즈(Juan Rodriguez), 윌킨스(Daniel Wilkins)이다. 완결되지 않은 교과서의 불편함을 감내해야 하는데서 나는 그들과 그들의 학생들 모두에게 신세를 졌다. 그린넬대학과 웨버주립대학교에서 열물리학을 가르쳤던 7년 동안 나에게 배웠던 나 자신의 학생들에게 특별히 감사하고 싶다. 그들의 이름을 여기서 모두 나열하고 싶지만, 대신에 대표로 세 명만 언급하겠다. 코로나(Shannon Corona), 돌랜(Dan Dolan), 쉐이(Mike Shay)가 그들이며, 그들의 질문들은 원고의 중요한 부분들에 내가 새롭게 접근하는 방법을 개발하는 동력이 되었다.

초안 원고를 읽고 논평하는데 관대하게 시간을 써준 이들은 앨버트(Elise Albert), 아리야싱(W. Ariyasinghe), 엡너(Charles Ebner), 페터(Alexander Fetter), 굴드(Harvey Gould), 라이(Ying-Cheng Lai), 무어(Tom Moore), 펠코비츠(Robert Pelcovits), 페스킨(Michael Peskin), 루텐베르크(Andrew Rutenberg), 스타이어(Daniel Styer), 탱커슬리(Larry Tankersley)이다. 아미리(Farhang Amiri), 뱃져(Lee Badger), 용키(Adolph Yonkee)는 개별 장들에 대해서 필수적인 피드백을 주었고, 잉글필드(Colin Inglefield), 피어스(Daniel Pierce), 시거(Spencer Seager), 소올(John Sohl)은 기술적인 문제들에 전문적인 도움을 제

공했다. 터버(Karen Thurber)는 그림 1.15, 5.1, 5.9에서 마법사와 토끼를 그렸다. 이 모든 개인들과, 질문에 답해주고 참고자료를 지적하고 그들의 결과를 게재하는 것을 허락해준 십여 명의 다른 이들에게 감사한다.

여러 형태의 지원과 더불어 특히 교과서를 쓰는 것에 가치를 부여하고 격려를 받을 수 있었던 환경을 만들어준 웨버주립대학교의 교수진, 직원, 대학본부에 감사한다.

애디슨 웨슬리 롱맨의 편집팀과 같이 작업할 수 있어서 언제나 즐거웠다. 특히 이와타(Sami Iwata)는 이 기획에 대해서 항상 나보다 앞서서 확신을 가졌었고, 마슈(Joan Marsh)와 웨버(Lisa Weber)의 전문가적인 충고는 책의 모든 쪽들이 더 나은 모습을 갖추게 했다.

대부분의 저자들이 자신의 가족들에게 감사를 표하는 공간에서, 나는 나의 가족 같은 친구들, 특히 뎁(Deb), 조크(Jock), 존(John), 라이얼(Lyall), 사토코(Satoko), 수잔(Suzanne)에게 감사하고 싶다. 그들의 격려와 인내는 헤아릴 수가 없다.

차례

제2부 열역학

제3부 통계역학

제 1 장

열물리학의 에너지

1.1 열평형과 온도

열역학에서 가장 친숙한 개념이 온도(temperature)라고 할 수 있다. 하지만 온도는 가장 다루기 조심스러운 개념이기도 하다. 따라서 나는 3장에 이르기 전까지는 온도가 정확히 무엇인지 얘기하지 않을 생각이다. 하지만 잠깐 매우 소박한 정의를 내려 보기로 하자.

> 온도는 온도계로 측정하는 양이다.

따뜻한 국물의 온도를 재려면, 먼저 수은온도계와 같은 온도계를 국물에 꽂고, 한참 기다리다가, 온도계의 눈금을 읽으면 된다. 이런 식으로 정의하는 것은 정의할 양을 어떻게 측정하는가를 말하는 방식이기 때문에, 이런 정의는 소위 조작적 정의(operational definition)일 뿐이다.

좋다. 하지만 이 과정은 어떻게 작동하는 것일까? 온도계의 수은은 온도가 오르거나 내려감에 따라 팽창하거나 수축한다. 즉, 한참 지난 후 수은의 온도는 온도를 측정할 국물의 온도와 같아지고, 따라서 수은이 차지하는 부피가 온도를 알려줄 수 있게 되는 것이다.

여느 다른 온도계와 마찬가지이지만, 수은온도계는 다음과 같은 근원적인 사실에 의존한다: 두 물체를 접촉시키고 충분히 오랜 시간을 기다리면, 두 물체는 같은 온도에 도달한다. 이 성질은 매우 근원적이기 때문에, 온도를 정의하는 다른 대안을 제시하기도 한다.

> 온도는 두 물체를 충분히 오랜 시간 접촉시켰을 때 같아지는 양이다.

나는 이것을 온도의 이론적 정의(theoretical definition)라고 부를 것이다. 하지만 지금 봐서는 이 정의는 극히 모호하다. 우리가 얘기하는 "접촉"이란 무엇인가? "충분히 오랜 시간"이란 도대체 얼마나 길어야 하는가? 온도에 수치를 어떻게 줄 것인가? 그리고 두 물체에서 같아지는 양이 하나 이상이면 어떻게 할 것인가?

이 질문들에 답하기 전에 용어들을 몇 개 더 도입해보자.

> 두 물체가 충분히 오랜 시간 접촉한 후에, 우리는 두 물체가 열평형(thermal equilibrium)에 도달했다고 말한다.
>
> 어떤 계가 열평형에 도달하는데 필요한 시간을 완화시간(relaxation time)이라고 부른다.

따라서 온도계를 국물에 꽂고 난 후, 당신은 완화시간만큼 기다려야 한다. 그래야 수은과 국물이 같은 온도에 도달하기 때문이다. 그런 후에야 수은은 국물과 열평형에 있다.

그렇다면 이제 "접촉"이란 무엇인가? "접촉"에 대한 충분히 좋은 정의를 하기 위해서는, 두 물체가 "열"이라고 부르는 에너지를 저절로 교환할 수 있는 어떤 수단을 말할 필요가 있다. 보통은 밀접한 역학적인 접촉, 즉 두 물체가 서로 닿는 것으로 충분하다. 하지만 공간적으로 떨어져 있다 하더라도 두 물체는 전자기파의 형태로 에너지를 서로를 향해 "복사"할 수 있다. 만약 두 물체가 열평형에 이르지 않기를 원한다면, 유리섬유나 보온병의 이중벽 같은 것을 사용해서 두 물체 사이를 단열시킬 수도 있다. 하지만 그렇게 하더라도 두 물체는 결국은 열평형에 이를 것이다. 단열재는 다만 완화시간을 늘릴 뿐이다.

완화시간의 개념은 특별한 예들에서는 보통 명백하다. 뜨거운 커피에 차가운 크림을 부으면 컵 안에서 커피와 크림이 같은 온도가 되는 데 걸리는 완화시간은 수 초에 불과하다. 한편 컵 안의 커피가 컵이 놓인 방과 열평형에 도달하는 데 걸리는 완화시간은 그보다 꽤 긴 어떤 시간이다.*

크림-커피의 예는 다른 논제를 보여주기도 한다. 커피와 크림은 같은 온도에 도달하기도 하지만, 둘은 서로 잘 섞여지기도 한다. 열평형은 섞이는 것을 조건으로 하지는 않는다. 섞이는 것은 확산평형(diffusive equilibrium)이라 부르는 다른 종류의 평형이다. 확산평형에서 두 물질의 분자들은 자유롭게 돌아다니며, 같은 물질 분자끼리 모이려는 경향은 없다. 역학적 평형(mechanical equilibrium)으로 부르는 또 다른 평형도 있다. 그림 1.1에서 팽창을 유지하는 열기구처럼 역학적 평형에서는 팽창과 같은 큰 규모의 운동이 더 이상 진행되지 않는다. 평형의 종류에 따라 두 물체 사이에서 교환되는 양들은 다른 것들이다.

교환되는 양	평형의 종류
에너지	열평형
부피	역학적 평형
입자	확산평형

열평형에서 교환되는 양이 에너지라고 주장하고 있는 것에 주목하라. 뒤 절에서 이에 대한 증거를 제시할 것이다.

* 어떤 저자들은 완화시간을 온도가 처음 값의 $1/e \approx 0.37$ 로 감소하는데 걸리는 시간으로 정확하게 정의하기도 한다. 이 책에서 우리는 정성적인 정의만으로도 충분하다.

그림 1.1. 뜨거운 열기구는 에너지, 부피, 입자들의 교환을 통해 각각 열적, 역학적, 확산적으로 주변과 상호작용한다. 그러나 이 모든 상호작용들이 평형에 이른 것은 아니다.

에너지를 교환할 수 있는 두 물체가 있을 때, 한 물체에서 다른 물체로 에너지가 저절로 이동하면, 에너지를 내놓는 물체의 온도는 높고 에너지를 받는 물체의 온도는 낮다고 말한다. 이런 관례에 따라 온도의 이론적 정의를 다시 만들어보자.

> 온도는 에너지를 주변에 저절로 내놓는 성향의 측도이다. 두 물체가 열적으로 접촉하고 있을 때, 저절로 에너지를 잃는 물체의 온도가 높다.

3장에서 이 이론적 정의로 돌아와서, 온도가 무엇인지를 가장 근원적인 용어들을 사용해서 설명하면서 그 정의를 훨씬 더 정밀하게 하겠다.

당분간은, 온도계로 측정하는 것이 온도라는 조작적 정의를 좀 더 정밀하게 할 필요가 있다. 어떻게 온도계에 눈금을 긋고, 온도를 적절한 수치로 나타낼 것인가?

대부분의 온도계들은 열팽창의 원리로 작동한다: (주어진 압력 하에서) 높은 온도에서 물질의 부피는 커지는 경향이 있다. 수은온도계는 정해진 양의 수은의 부피를 측정할 수 있는 편리한 장치의 예일 뿐이다. 온도의 실제적인 단위를 정의하기 위해서는, 먼저 물의 어는점과 끓는점과 같은 편리한 두 온도를 고르고, 그 온도들에 임의로 0과 100이라는 수를 부여한다. 그런 후 이 두 점을 수은온도계에 표시하고 두 점의 사이를 균등하게 100개의 간격으로 나눠서 눈금을 긋는다. 정의에 의해, 이것이 바로 온도를 섭씨 눈금으로 표시한 수은온도계가 되는 것이다!

물론 이런 방법이 수은온도계에만 적용되는 것은 아니다. 대신에 금속띠나 압력이 고

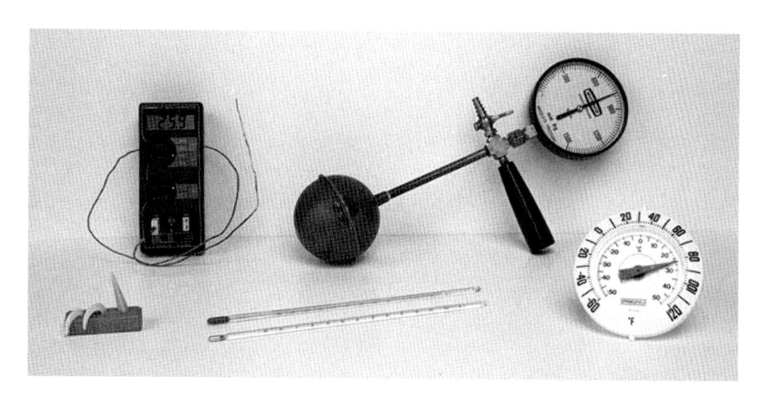

그림 1.2. 온도계 모음. 중앙에 두 개의 유리관 온도계가 놓여 있다. 이것들은 각각 수은(고온용)과 알콜(저온용)의 팽창을 측정한다. 오른쪽의 다이얼 온도계는 금속코일이 감기는 정도를 측정한다. 그 뒤쪽의 벌브기구는 고정된 부피를 갖는 기체의 압력을 측정한다. 왼쪽 뒤의 디지털온도계는, 온도에 의존하여 전압을 발생시키는 두 금속의 접합부인 열전쌍(thermocouple)을 이용한다. 왼쪽 앞에 놓여 있는 것은, 점토의 알려진 발화점에서 녹아 수그러지는 도예가 원뿔(potter's cone) 세트이다.

정된 기체의 열팽창을 이용할 때도 마찬가지이다. 혹은 어떤 표준 물질의 저항과 같은 전기적인 성질을 이용할 수도 있다. 그림 1.2는 다양한 목적으로 사용되는 실용적인 온도계 몇 가지를 보여준다. 0°C와 100°C 사이의 온도에서 다양한 다른 온도계들이 모두 같은 눈금값을 줄지는 명백하지 않다. 사실은 일반적으로 그렇지 않을 것이다. 하지만 많은 경우에 그 차이는 꽤 작다. 만약 높은 정밀도로 온도를 측정해야 할 경우라면 이 차이에도 주의해야 할 것이다. 하지만 지금 우리의 논의에서는 어떤 한 온도계를 공식적인 표준으로 정해야 할 필요는 없다.

하지만 온도계 중에서도 기체의 팽창을 이용한 것이 특별히 흥미로운데, 극저온 방향으로 바깥늘림(extrapolation)을 하면 일정한 압력에 있는 어떤 저밀도의 기체도 대략 −273°C에서 부피가 영으로 가야 한다는 것을 예측할 수 있게 되기 때문이다. (실제로 기체는 그 온도로 내려가기 전에 이미 액화하겠지만, 부피가 영으로 가는 그런 경향은 상당히 뚜렷하다.) 다른 한편, 기체의 부피를 고정시키는 경우라면, 온도가 −273°C로 접근할 때 기체의 압력이 영으로 갈 것이다. (그림 1.3을 보라.) 이 특별한 온도를 절대영도라고 부르는데, 1848년 톰슨(William Thomson)이 처음으로 제안한 절대온도 눈금의 영점을 규정한다. 톰슨은 후에 작위를 받아 라르그의 켈빈 남작(Baron Kelvin of Largs)으로 불리게 되어, 현재 절대온도의 국제단위도 켈빈(K, kelvin)이라고 부른다.* 온도 간격 1K

* 단위관리국(The Unit Police)은 "degree kelvin (°K)"이라고 말하는 것을 허용하지 않는 대신, 단순하게 "kelvin (K)"이라고 부르고, 또한 모든 국제단위는 대문자로 쓰지 않는다고 공표했다.

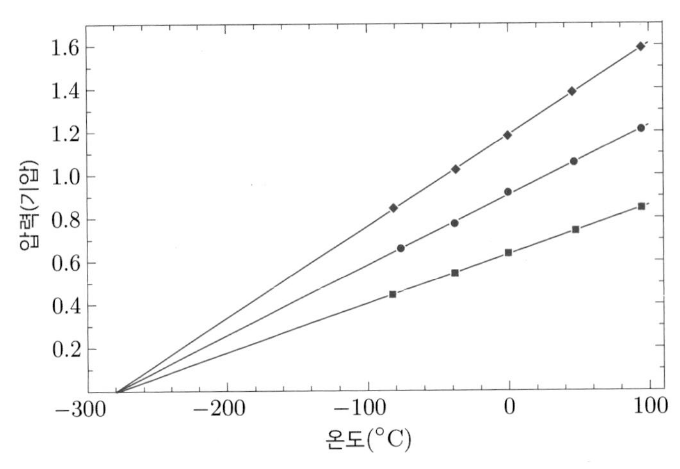

그림 1.3. 여러 온도에서 일정한 부피의 기체의 압력을 측정한 학생실험의 데이터(그림 1.2의 벌브기구를 사용). 세 벌의 데이터는 벌브 안의 기체(공기)의 양이 각각 다를 때 얻은 것이다. 기체의 양에 관계없이 압력은 대략 −280℃에서 영으로 바깥늘림 되는 온도의 선형함수이다. (더욱 정교한 측정에서는 영점이 기체의 양에 미약하게 의존한다는 것을 보여준다. 하지만 기체의 밀도가 영으로 갈 때 −273.15℃의 극한이 잘 정의된다는 것을 보여준다.)

와 1℃는 크기가 같다. 하지만 켈빈온도는 물의 어는점 대신에 절대영도에서 시작된다. 실온은 반올림해서 대략 300K이다.

이제 곧 보겠지만, 많은 열역학 방정식은 온도의 단위가 켈빈온도일 때만 성립된다. (혹은 문제 1.2에서 정의된 또 다른 절대온도인 랭킨온도(Rankine)일 수도 있다.) 이런 이유로, 어떤 식에 대입하기 전에 온도를 켈빈으로 변환하는 것이 현명하다. (하지만 두 온도의 차이값을 얘기할 때는 섭씨온도값을 사용해도 결과는 마찬가지이다.)

문제 1.1. 화씨온도 눈금은 물의 어는점이 32°F, 끓는점이 212°F가 되도록 정의된다.
(a) 화씨온도에서 섭씨온도로, 또 역방향으로 온도를 변환하는 식을 유도하라.
(b) 화씨온도 눈금으로 절대영도는 얼마인가?

문제 1.2. 랭킨온도 눈금(°R)은 화씨온도 눈금과 크기가 같다. 다만 켈빈온도처럼 절대영도에서 시작된다. 즉, 랭킨온도와 화씨온도의 관계는 켈빈온도와 섭씨온도의 관계와 같다. 랭킨온도와 화씨온도, 그리고 랭킨온도와 켈빈온도 사이의 변환식을 구하라. 랭킨온도로 실온은 몇 도인가?

문제 1.3. 다음 예들의 켈빈온도를 구하라.

(a) 사람의 체온
(b) 1기압에서 물의 끓는점
(c) 기억하는 가장 추웠던 날의 기온
(d) 액체질소의 끓는점(−196℃)
(e) 납의 녹는점(327℃)

문제 1.4. 한 물체의 온도가 다른 물체에 비해 "두 배 뜨겁다"라고 말하는 것이 의미있는 표현이 될 수 있을까? 섭씨온도나 절대온도로 말하는 것이라면 차이가 있을까? 설명하라.

문제 1.5. 몸에 열이 있어서 체온계로 체온을 잴 때, 완화시간은 대략 얼마인가?

문제 1.6. 어떤 물체를 손으로 만져서 얼마나 뜨겁거나 차가운지를 느낌으로써 그 물체의 온도를 정확하게 판단할 수 없는 경우들을 예시해보라.

문제 1.7. 액체수은은 온도가 1℃(혹은 1K) 오를 때 부피가 5500분의 1만큼 증가한다. 온도변화에 대한 부피의 단위부피당 증가율을 열팽창계수(thermal expansion coefficient) β라고 부른다:

$$\beta \equiv \frac{\Delta V/V}{\Delta T}.$$

(여기서 V는 부피, T는 온도이다. Δ는 변화량을 나타내는데, β가 잘 정의되려면 실제로 미분량이 되어야 한다.) 따라서 수은의 경우, $\beta = 1/5500\,\mathrm{K}^{-1} = 1.81 \times 10^{-4}\,\mathrm{K}^{-1}$이다. (정확한 값은 온도에 따라 달라지지만 0℃와 200℃ 사이에서 변이는 1%보다 작다.)

(a) 수은온도계 밑의 유리구의 크기를 어림잡고, 온도계로 작동하는데 문제가 없으려면 유리기둥의 안쪽 지름이 얼마가 되어야 할지 추산하라. 단, 유리의 열팽창은 무시하라.

(b) 물의 열팽창계수는 온도에 따라 상당히 다른 값을 갖는다: 100℃에서는 $7.5 \times 10^{-4}\,\mathrm{K}^{-1}$이지만, 온도가 낮아질수록 작아지고, 4℃에서는 영이 된다. 4℃ 이하에서 음의 값을 갖는데 0℃에서는 $-0.68 \times 10^{-4}\,\mathrm{K}^{-1}$이 된다. (이런 거동은 얼음의 밀도가 물보다 작다는 사실과 관련이 있다.) 이 거동을 염두에 두고 호수물이 어는

과정을 상상해보자. 물의 열팽창계수가 항상 양수라면 이 과정이 어떻게 달라질지 상세한 내용을 토론해보자.

문제 1.8. 고체의 경우에도 온도변화에 대한 길이의 단위길이당 증가율로서 선팽창계수(linear thermal expansion coefficient)를 정의한다:

$$\alpha \equiv \frac{\Delta L/L}{\Delta T}.$$

(a) 강철의 경우, $\alpha = 1.1 \times 10^{-5}\,\mathrm{K}^{-1}$이다. 1 km 길이의 강철교량이 찬 겨울밤과 뜨거운 여름낮 사이에 겪는 길이의 총 변화 값을 추산하라.

(b) 그림 1.2의 다이얼온도계는 두 종류의 금속판 띠를 접합한 코일을 사용한다. 이것이 어떻게 작동하는지 설명하라.

(c) 고체의 부피팽창계수가 세 방향의 선팽창계수를 합한 값과 같다는 것을 증명하라: $\beta = \alpha_x + \alpha_y + \alpha_z$. (따라서 모든 방향에서 팽창하는 정도가 같은 등방성 고체의 경우, $\beta = 3\alpha$.)

1.2 이상기체

저밀도 기체의 많은 성질들이 그 유명한 이상기체 법칙(ideal gas law)으로 요약될 수 있다.

$$PV = nRT, \tag{1.1}$$

여기서 P는 압력, V는 부피, n은 기체의 몰수, R은 보편상수, T는 켈빈 단위의 온도이다. (만약 온도항에 섭씨온도를 사용한다면 이 방정식은 무의미한 결과가 될 것이다: 물의 어는점에서 부피나 압력이 영이 될 것이고, 더 낮은 온도에서는 음의 값이 될 것이기 때문이다.)

이상기체 법칙의 상수 R은, 압력의 단위로 $\mathrm{N/m^2} = \mathrm{Pa}$ (pascals), 부피의 단위로 $\mathrm{m^3}$인 국제단위를 사용할 때 다음과 같은 실험값을 갖는다.

$$R = 8.31\,\frac{\mathrm{J}}{\mathrm{mol \cdot K}} \tag{1.2}$$

화학자들은 압력의 단위로 기압($1\,\mathrm{atm} = 1.013 \times 10^5\,\mathrm{Pa}$)이나 바($1\,\mathrm{bar} = 10^5\,\mathrm{Pa}$), 그리고 부피의 단위로 리터($1\,\mathrm{L} = (0.1\,\mathrm{m})^3$)를 종종 사용하니 주의하기 바란다.

분자 1몰은 분자들이 아보가드로 수 N_A 만큼 있는 양이다:

$$N_A = 6.02 \times 10^{23}. \tag{1.3}$$

몰은 또 하나의 "단위"로, 물리학보다는 화학에서 더 유용하다. 우리는 분자들의 수 N을 자주 언급할 것이다.

$$N = n \times N_A. \tag{1.4}$$

이상기체 법칙에서 n에 N/N_A를 대입하고 새로운 상수 $k = R/N_A$를 사용하면 다음 식을 얻는다.

$$PV = NkT \tag{1.5}$$

이 식이 우리가 주로 사용하게 될 형태이다. 상수 k는 볼츠만 상수(Boltzmann's constant)라고 부르는데, 아보가드로 수가 매우 큰 수이기 때문에 국제단위를 사용했을 때 아주 작은 값을 갖는다.

$$k = \frac{R}{N_A} = 1.381 \times 10^{-23}\,\mathrm{J/K} \tag{1.6}$$

모든 상수들이 어떤 관계를 갖는지를 기억하기 위해 다음 식을 기억하기를 권한다:

$$nR = Nk \tag{1.7}$$

단위는 제쳐놓더라도, 이상기체 법칙은 많은 중요한 물리적 사실들을 요약한다. 주어진 온도에서 주어진 양의 기체가 있을 때, 압력을 두 배로 하면 기체의 공간이 정확히 반으로 찌그러진다. 혹은, 부피가 주어진다면, 온도를 두 배로 하면 압력이 두 배가 되는 등등이다. 이상기체 법칙이 암시하는 것들은 매우 많으며, 아래 문제들은 그 중 몇 가지의 예들을 다룬다.

거의 모든 물리학 법칙들처럼 이상기체 법칙도 근사이다. 즉, 실제 세계에 존재하는 실제 기체에서는 절대로 정확히 성립하지는 않는다. 이상기체 법칙은 분자 간의 거리가 분자의 크기에 비해 훨씬 더 큰 저밀도의 극한에서 성립한다. 하지만 흔한 기체의 예인 공기의 경우처럼, 실온과 대기압에서 분자 사이의 평균거리는 분자 크기의 대략 열 배이기 때문에, 이와 같은 대부분의 경우 이상기체 법칙은 충분히 정확하다고 말할 수 있다.

문제 1.9. 실온과 1기압에서 공기 1몰의 부피는 얼마인가?

문제 1.10. 평균 크기의 방에 있는 공기 분자의 수를 추산하라.

문제 1.11. 같은 크기의 방 A와 B가 열린 문을 통해 연결되어 있다. 하지만 방 A의 창이 햇볕에 노출되어 있어 방 A의 온도가 따뜻하다고 하자. 어느 방의 공기의 질량이 더 큰가? 신중하게 설명하라.

문제 1.12. 실온과 대기압에서 이상기체의 분자 한 개당 평균부피를 계산하라. 그런 후 세제곱근을 취해서 분자 사이의 평균거리를 추산하라. 평균거리를 N_2나 H_2O와 같은 작은 분자들의 크기와 비교하라.

문제 1.13. 1몰은 근사적으로 양성자 1그램을 구성하는 양성자의 수이다. 중성자의 질량은 양성자의 질량과 거의 같다. 한편, 전자의 질량은 상대적으로 무시될 정도이다. 따라서 분자 한 개에 있는 양성자와 중성자의 총수(즉, "원자량")를 알면 이 분자 1몰의 대략적인 그램 수를 알 수 있다.* 이 책의 뒤쪽에 있는 주기율표를 참조해서 다음 물질 1몰의 질량을 각각 구하라: 물, 질소(N_2), 납, 수정(SiO_2).

문제 1.14. 건조한 공기 1몰의 질량을 구하라. 공기는 N_2(부피조성비 78%), O_2(21%), 아르곤(1%)의 혼합물이다.

문제 1.15. 뜨거운 열기구(그림 1.1) 내부의 공기의 평균온도를 추산하라. 공기가 채워지지 않은 열기구와 탑재물의 하중은 500 kg이라고 가정하라. 열기구 내부의 공기의

---

* 1몰의 정밀한 정의는 탄소-12 12그램에 들어 있는 탄소 원자의 수이다. 즉, 어떤 물질의 원자량(atomic mass)은 그 물질 1몰의 그램수이다. 개별 원자와 분자의 질량은 종종 원자질량단위(atomic mass unit)로 주어지며, 약자를 사용해서 "u"로 쓴다. 1u는 탄소-12 원자 질량의 정확히 1/12로 정의된다. 고립된 양성자의 질량은 실제로 1u보다 살짝 크고, 고립된 중성자의 질량은 이보다 살짝 더 크다. 하지만 대부분의 열물리학 계산에서처럼 이 문제에서는 원자량을 가까운 정수로 반올림해도 좋은데, 이것은 바로 양성자와 중성자의 총수를 세는 것에 해당된다.

질량은 얼마인가?

문제 1.16. 지수함수적인 대기.

(a) 높이 방향으로 두께가 dz인 공기의 수평층을 고려하자. 이 수평층이 정지해 있다면, 밑에서 수평층을 밀어 올리는 대기압력과 위에서 내려누르는 대기압력에 수평층의 무게에 의한 압력을 더한 값이 균형을 이루어야 한다. 이 사실을 이용해서, 고도에 따른 대기압력의 변화율인 dP/dz를 공기밀도의 식으로 나타내라.

(b) 이상기체 법칙을 이용해서 공기의 밀도를 압력, 온도, 공기분자의 평균질량 m으로 나타내라. (m을 계산하는데 필요한 정보는 문제 1.14에 있다.) 그런 다음, 압력이 대기압방정식(barometric equation)으로 불리는 다음의 방정식을 따른다는 것을 보여라.

$$\frac{dP}{dz} = -\frac{mg}{kT}P$$

(c) 대기의 온도가 고도와 무관하다고 가정하고(대단히 그럴듯한 가정은 아니지만 그렇다고 아주 형편없는 가정도 아니다), 대기압방정식을 풀어서 압력을 고도의 함수로 구하라: $P(z) = P(0)e^{-mgz/kT}$. 공기의 밀도도 유사한 방정식을 만족시킨다는 것을 보여라.

(d) 다음 장소들의 압력을 기압 단위로 추산하라: 유타주의 옥덴(해발 1430 m), 콜로라도주의 리드빌(3090 m), 캘리포니아주의 휘트니 산(4420 m), 네팔/티벳의 에베레스트 산(8850 m). (해수면의 기압은 1기압으로 가정하라.)

문제 1.17. 낮은 밀도에서도 실제 기체가 정확하게 이상기체 법칙을 따른다는 것은 아니다. 이상적인 거동으로부터의 이탈을 체계적으로 설명하는 방법이 비리얼 전개(virial expansion)이다.

$$PV = nRT\left(1 + \frac{B(T)}{(V/n)} + \frac{C(T)}{(V/n)^2} + \cdots\right)$$

여기서 함수 $B(T)$, $C(T)$, … 등은 비리얼 계수(virial coefficient)라고 부른다. 기체의 밀도가 꽤 낮아서 몰당 부피가 크다면, 각 전개항들은 전 항보다 훨씬 더 작다. 이런 조건에서는 많은 경우에 셋째 항부터 생략하고 둘째 항에 집중하는 것으로 충분하다.

둘째 항의 계수인 $B(T)$는 둘째 비리얼 계수로 불린다(첫째 계수는 1이다). 질소(N_2)에 대한 둘째 비리얼 계수의 측정값은 다음과 같다.

T (K)	B (cm^3/mol)
100	−160
200	−35
300	−4.2
400	9.0
500	16.9
600	21.3

(a) 표의 각 온도에서 대기압 하의 질소에 대한 비리얼 방정식의 둘째 항, $B(T)/(V/n)$을 계산하라. 이 조건에서 이상기체 법칙의 정당성에 대해서 논의하라.

(b) 분자들 간의 힘을 고려해서, $B(T)$가 낮은 온도에서는 음수가, 높은 온도에서는 양수가 될 것으로 기대할 수 있는 이유를 설명하라.

(c) 이상기체 법칙이나 비리얼 방정식처럼, 변수 P, V, T가 만족시키는 방정식들을 모두 상태방정식(equation of state)이라고 부른다. 또 다른 잘 알려진 상태방정식으로 판데르발스(van der Waals) 방정식이 있는데, 밀도가 높은 유체에서도 정성적으로 정확하다.

$$\left(P + \frac{an^2}{V^2}\right)(V - nb) = nRT$$

여기서 a와 b는 기체의 종류에 따라 달라지는 상수이다. 판데르발스 방정식을 만족하는 기체에 대해 둘째, 셋째 비리얼 계수인 B와 C를 a와 b를 포함한 식으로 구하라. (힌트: $|px| \ll 1$이면, 이항전개에 의해 $(1+x)^p \approx 1 + px + \frac{1}{2}p(p-1)x^2$ 이다. 이 근사를 $[1-(nb/V)]^{-1}$ 항에 적용하라.)

(d) 위의 질소 데이터와 근사적으로 일치하도록 a와 b 값을 선정하여, 판데르발스 예측에 의한 $B(T)$의 그래프를 그려라. 주어진 범위의 조건에서 판데르발스 방정식의 정확도에 대해 논의하라. (판데르발스 방정식은 5.3절에서 더 자세히 다뤄질 것이다.)

▎이상기체의 미시적 모형

1.1절에서 나는 "온도"와 "열평형"을 정의했고, 두 계가 에너지를 교환함으로써 열평형에 도달한다고 간략하게 언급했다. 하지만 온도는 정확히 어떻게 에너지와 연관이 되는가? 이 질문에 답하는 것은 일반적으로는 단순하지 않다. 하지만 이상기체의 경우엔 단순하다. 이제 그 점을 보여 보겠다.

기체로 채워진 용기의 상상적인 모형을 만들어 볼 것이다.* 실제 저밀도 기체의 거동을 고려할 때, 그 모형은 모든 측면에서 정확하지는 않을 것이다. 하지만 어떤 가장 중요한 측면은 유지될 것을 기대한다. 시작하기 위해, 나는 그 모형을 될 수 있으면 가장 단순하게 만들 것이다. 그림 1.4처럼, 단 한 개의 기체분자만 들어 있는 실린더를 상상하자. 실린더의 길이는 L, 피스톤의 면적은 A, 따라서 내부 부피는 $V = LA$라고 하자. 어떤 순간에 분자의 속도 벡터는 $\vec{v}$이고 수평 성분은 v_x이다. 시간이 지나면서 분자는 실린더의 벽에서 반사되고 속도도 변한다. 하지만 이 충돌은 항상 탄성적이어서 분자가 운동에너지를 잃지 않는다고 가정할 것이다. 즉, 분자의 속력은 절대로 변하지 않는다. 또한 실린더와 피스톤의 표면이 완벽하게 매끄러워서 분자가 표면에서 반사될 때, 마치 빛이 거울에 반사될 때처럼, 분자의 궤적이 표면의 수선에 대하여 대칭적이라고 가정할 것이다.†

내 계획은 이렇다. 나는 기체의 온도가 기체 분자들의 운동에너지와 어떻게 연관이 되는지 알고 싶다. 하지만 이제까지 온도와 관련해서 내가 아는 것은 이상기체 법칙뿐이다.

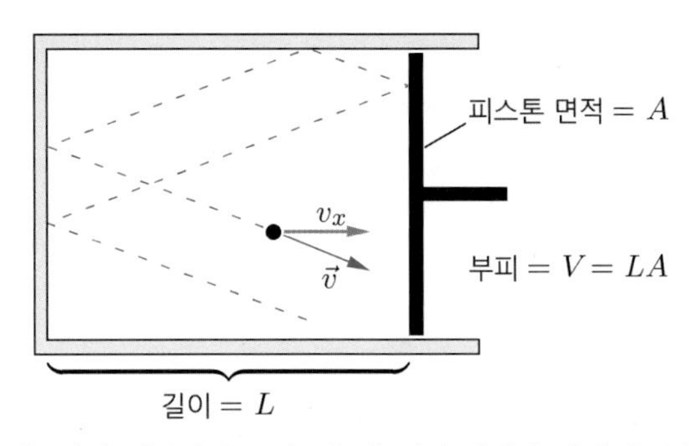

그림 1.4. 극적으로 단순화된 이상기체 모형. 단 한 개의 분자가 탄성 충돌을 하며 돌아다닌다.

---

* 이 모형은, 비록 1840년대에 와서야 그 시사점들이 논의되었지만, 베르누이(Daniel Bernoulli)의 1738년 논문에 기원을 두고 있다.

† 실제로 이 가정들은 표면에서 반사되는 분자들의 평균적인 거동에 한해서만 정당하다. 즉, 어떤 특정한 충돌에서 분자는 에너지를 얻거나 잃을 수 있고, 어떤 방향으로도 표면을 떠날 수도 있다.

$$PV = NkT \tag{1.8}$$

(여기서 P는 압력이다.) 그래서 우선 압력이 운동에너지와 어떻게 연관이 되는지를 알아보겠다. 그런 후 압력과 온도를 관련시키기 위해서 이상기체 법칙을 소환하겠다.

자, 그러면 이렇게 단순화된 기체모형에서 압력이란 무엇인가? 압력은 단위면적당의 힘이고, 이 경우에 그 힘은 피스톤에 가해지는 힘이다. (그리고 물론 실린더의 다른 벽에도 가해진다.) 분자가 피스톤에 가하는 압력이란 무엇인가? 대부분의 시간 동안 분자는 피스톤에 닿지도 않기 때문에, 보통 그 압력은 영이다. 하지만 분자는 주기적으로 피스톤과 부딪치고 반사되면서, 짧은 순간 동안이지만 분자는 피스톤에 상대적으로 큰 힘을 가한다. 내가 실제로 알고 싶은 것은 긴 시간에 걸쳐 피스톤에 가해지는 평균 압력이다. 어떤 긴 시간 동안 취해진 평균값이라는 것을 나타내기 위해서 $\overline{P}$처럼 기호 위에 막대기 표시를 사용하겠다. 평균 압력은 다음과 같이 계산할 수 있다.

$$\overline{P} = \frac{\overline{F}_{x,\,\text{피스톤}}}{A} = \frac{-\overline{F}_{x,\,\text{분자}}}{A} = -\frac{m\left(\overline{\dfrac{\Delta v_x}{\Delta t}}\right)}{A} \tag{1.9}$$

첫 단계에서 압력을 분자가 피스톤에 가하는 힘의 x 성분을 사용해서 썼다. 둘째 단계에서는 뉴턴의 제삼 법칙을 사용해서 피스톤이 분자에 가하는 힘으로 바꿨다. 마지막 셋째 단계에서, 뉴턴의 제이 법칙을 사용해서 이 힘을 질량 m 곱하기 가속도 $\Delta v_x/\Delta t$로 대체했다. 아직도 이 가속도에 대해 어떤 긴 시간 동안의 평균을 취해야 한다. 이를 위해 Δt를 그저 상당히 긴 시간으로 잡을 수도 있다. 하지만 나는 반대편 벽과의 충돌에 의한 가속을 포함하지 않고, 오직 피스톤에 의한 가속만 포함해야 한다. 이를 위한 최선의 방법은, 분자가 왼편에서 와서 오른편으로 갔다가 다시 왼편으로 돌아가는 정확한 왕복시간이 되도록 Δt를 잡는 것이다.

$$\Delta t = 2L/v_x \tag{1.10}$$

(피스톤에 수직한 벽과 충돌하는 것은 분자의 x 방향의 운동에는 영향을 주지 않을 것이다.) 이 시간 동안 분자는 피스톤과 정확히 한 번 충돌하며, x 방향 속도의 변화량은 다음과 같이 된다.

$$\Delta v_x = (v_{x,\,\text{나중}}) - (v_{x,\,\text{처음}}) = (-v_x) - (v_x) = -2v_x \tag{1.11}$$

이것을 식 (1.9)에 대입하면, 피스톤에 가해지는 압력은 다음과 같다.

$$\overline{P} = -\frac{m}{A}\frac{(-2v_x)}{(2L/v_x)} = \frac{mv_x^2}{AL} = \frac{mv_x^2}{V} \tag{1.12}$$

이 식에서 v_x의 제곱이 나타나는 이유를 따져보는 것은 흥미롭다. 제곱항에서 v_x 하나는 Δv_x에서 온다. 즉, 분자가 빠를수록 매번의 충돌은 더 격렬하고 더 큰 압력을 준다. 다른 하나는 Δt에서 온다. 즉, 분자가 빠를수록 충돌이 더 자주 일어난다.

이제 단 한 개의 분자가 아니라, 어떤 큰 수 N개의 동일한 분자들이 위치와 운동방향이 마구잡이로 주어진 채* 실린더에 들어있는 모습을 상상해보자. 나는 분자들이 서로 충돌하거나 상호작용하지 않고, 벽에만 부딪친다고 여길 것이다. 각 분자가 피스톤과 주기적으로 충돌하기 때문에, 평균 압력은 이제 식 (1.12)의 항들을 모두 합한 것이 된다.

$$\overline{P}\,V = mv_{1x}^2 + mv_{2x}^2 + mv_{3x}^2 + \cdots \tag{1.13}$$

분자들의 수가 크면, 충돌이 충분히 자주 일어나기 때문에 압력은 본질적으로 연속적인 양이 되고, 따라서 평균값을 의미하는 P 위의 막대기 표시는 하지 않아도 된다. 다른 한편으로, 모든 N개의 분자들에 대한 v_x^2 항의 합은 v_x^2의 평균값에 N을 곱한 양이 된다. 모든 분자들에 대한 평균값이라는 것을 나타내기 위해 또 다시 윗 막대기를 사용하면 식 (1.13)은 다음과 같이 된다.

$$PV = Nm\overline{v_x^2} \tag{1.14}$$

이제까지 내 기체모형이 초래하는 결과를 탐구하는 동안, 뉴턴의 법칙들을 제외하고는 실세계에서 일어나는 어떤 사실도 반영하지 않았다. 하지만 이제 식 (1.8)의 이상기체 법칙을 실험적인 사실로써 소환하겠다. 즉, 식 (1.14)에 식 (1.8)을 대입하고 N을 소거하면 다음 식을 얻는다.

$$kT = m\overline{v_x^2} \quad \text{혹은} \quad \overline{\frac{1}{2}mv_x^2} = \frac{1}{2}kT \tag{1.15}$$

두 번째 식을 쓴 이유는 등호 왼쪽이 분자의 평균 병진 운동에너지와 거의 같기 때문이

* 마구잡이라는 단어가 정확하게 무엇을 의미하는가? 이 질문에 답하기 위해서 철학자들은 수천 쪽에 달하는 공간을 사용했다. 다행히도 우리가 원하는 것은 이 단어의 일상적인 의미를 크게 넘어서지 않는 것이다. 여기서는 단순히 분자들의 위치와 속도벡터가 균일하게 분포한다는 것을 의미할 뿐이다. 즉, 분자들의 위치나 방향에 어떤 특정한 편향성이 없다는 것이다.

다. 이제 남은 한 문제는 첨자 x인데, 동일한 식이 y와 z에 대해서도 성립하기 때문에 이것들을 떼어버릴 수 있다. 즉,

$$\overline{\frac{1}{2}mv_y^2} = \overline{\frac{1}{2}mv_z^2} = \frac{1}{2}kT. \tag{1.16}$$

그러면 평균 병진운동에너지는

$$\overline{K}_{병진} = \overline{\frac{1}{2}mv^2} = \frac{1}{2}m\overline{(v_x^2 + v_y^2 + v_z^2)} = \frac{1}{2}kT + \frac{1}{2}kT + \frac{1}{2}kT = \frac{3}{2}kT. \tag{1.17}$$

(합의 평균은 평균의 합이라는 점에 유의하라.)

잠시 중단하고, 방금 무슨 일이 일어난 것인지 생각해볼 좋은 시점이다. 나는 실린더 안에서 많은 분자들이 반사되면서 돌아다니는 소박한 기체 모형으로 시작했다. 그리고 실험적인 사실로써 이상기체 법칙도 소환하였다. 결론으로 얻은 것은, 기체분자들의 평균 병진운동에너지가 간단한 상수 곱하기 온도가 된다는 것이다. 따라서 이 모형이 정확하다면, 기체의 온도는 기체 분자들의 평균 병진운동에너지의 직접적인 측도가 된다.

이 결과는 볼츠만 상수 k에 대한 근사한 해석을 가능하게 한다. k의 단위가 온도를 에너지로 환산하기에 딱 맞는 J/K인 것을 상기하라. 최소한 이 단순한 모형에서라도, 실제로 k가 본질적으로 온도와 분자 에너지 사이의 환산인수(conversion factor)라는 것을 알 수 있다. 하지만 수들의 크기에 대해서도 생각해보라. 실온(300 K) 상태의 공기 분자라면, kT는

$$(1.38 \times 10^{-23}\,\mathrm{J/K})(300\,\mathrm{K}) = 4.14 \times 10^{-21}\,\mathrm{J}. \tag{1.18}$$

그리고 평균 병진운동에너지는 이것의 3/2배이다. 물론, 분자들이 너무 작기 때문에, 분자들의 운동에너지도 미미할 것으로 기대할 것이다. 하지만 줄 단위는 그런 작은 에너지를 다루기에는 편리한 단위는 아니다. 대신에 우리는 전자볼트(electron-volt, eV)를 자주 사용한다. 1 eV는 전자가 1 V의 전위차에서 가속될 때 얻는 운동에너지이다. 즉, $1\,\mathrm{eV} = 1.6 \times 10^{-19}\,\mathrm{J}$. 볼츠만 상수는 $8.62 \times 10^{-5}\,\mathrm{eV/K}$이고, 따라서 실온에서,

$$kT = (8.62 \times 10^{-5}\,\mathrm{eV/K})(300\,\mathrm{K}) = 0.026\,\mathrm{eV} \approx \frac{1}{40}\,\mathrm{eV}. \tag{1.19}$$

전자볼트 단위로도 실온에서 분자에너지는 상당히 작다.

기체분자들의 평균 속력을 알기를 원한다면, 식 (1.17)로부터 그 값을 정확하지는 않지

만 거의 알 수 있다. 즉, 식을 $\overline{v^2}$에 대해서 풀면

$$\overline{v^2} = \frac{3kT}{m}. \tag{1.20}$$

그런 후 식의 양쪽에 제곱근을 취하면, 평균 속력은 아니지만 그것에 거의 가까운 값을 얻는다. 이것은 속력의 제곱의 평균의 제곱근이다. 즉, root-mean-square, 혹은 줄여서 rms 값이라고 부르는 양이다.

$$v_{\text{rms}} \equiv \sqrt{\overline{v^2}} = \sqrt{\frac{3kT}{m}}. \tag{1.21}$$

6.4절에서 v_{rms}가 $\bar{v}$보다 약간만 클 뿐이라는 것을 보일 것이다. 따라서 정확도에 크게 상관하지 않는다면 v_{rms}는 평균 속력으로 사용하기에 문제없는 추정값이다. 식 (1.21)에 따르면, 주어진 온도에서 가벼운 분자는 무거운 분자보다 빨리 움직이는 경향이 있다. 관련 있는 수들을 대입하면 상온에서 작은 분자들이 초당 수백 미터의 속력으로 돌아다니고 있다는 것을 알게 될 것이다.

주된 결과인 식 (1.17)로 돌아가보자. 그 식을 유도하는 과정에서 사용한 모든 단순화 가정들을 고려할 때, 그 결과가 실제 기체들에도 정말로 성립할 것인지 의문스러울 것이다. 엄격하게 말하자면, 기체분자들이 서로 힘을 가하거나, 벽과의 충돌이 비탄성적이거나, 혹은 이상기체 법칙 자체가 성립하지 않는 경우라면, 위의 유도과정은 작동하지 않는다. 분자들 사이의 짧은 시간 동안의 상호작용이 분자들의 평균 속도를 바꾸지는 않기 때문에 일반적으로 큰 문제가 되지 않는다. 단 하나의 심각한 문제는 분자 자신들의 부피가 용기 부피의 상당량이 될 정도로 기체의 밀도가 클 때이다. 그렇게 되면 분자들이 텅빈 공간을 충돌없이 직선 경로로 날아다닌다는 모형의 기본적인 그림이 더 이상 성립하지 않는다. 하지만 이 경우에는 식 (1.17)이 정확하게 보존되는 이상기체 법칙 역시 성립하지 않는다. 결론을 말하자면, 그럼에도 불구하고 밀도가 높은 기체뿐만 아니라 대부분의 액체와 때로는 고체에서도 이 식은 여전히 성립한다는 사실이다. 6.3절에서 이 점을 증명하겠다.

문제 1.18. 실온에서 질소분자의 rms 속력을 계산하라.

문제 1.19. 수소분자와 산소분자들을 포함하는 기체가 열평형에 있다고 하자. 평균적

으로 어느 분자가 더 빨리 움직이는가? 속력의 비는 얼마인가?

문제 1.20. 우라늄은 원자량이 각각 238과 235인 잘 알려진 두 가지의 동위원소를 갖고 있다. 이 동위원소들을 분리하는 한 방법은, 우라늄과 불소를 결합시켜 육불화우라늄(UF_6) 기체를 만든 후, 다른 동위원소를 함유한 분자들의 평균 열속력이 다른 점을 이용하는 것이다. 실온에서 각 종류의 분자들의 rms 속력을 계산하고 비교하라.

문제 1.21. 우박폭풍 때 평균 질량이 2g, 속력이 15m/s인 우박이 유리창에 45°의 각도로 부딪친다. 창의 면적은 $0.5\,m^2$이고 우박은 초당 30개의 비율로 창을 때린다. 우박이 창에 가하는 평균 압력은 얼마인가? 대기압에 비교할 때 이 압력은 어느 정도인가?

문제 1.22. 기체로 가득 찬 용기에 구멍을 뚫으면 기체가 새어 나오기 시작할 것이다. 이 문제는 기체가 구멍을 빠져나오는 비율을 대략적으로 추산하는 것이다. (구멍이 충분히 작을 때 이 과정을 분출(effusion)이라고 부른다.)

(a) 기체가 들어 있는 용기의 내부 벽에 면적이 A인 작은 영역을 고려하자. 시간 Δt 동안에 이 영역에 부딪치는 분자의 개수가 $PA\Delta t/(2m\overline{v_x})$임을 보여라. 여기서 P는 압력, m은 평균 분자질량, $\overline{v_x}$는 벽에 부딪치는 분자들의 x 방향의 평균 속도이다.

(b) $\overline{v_x}$를 계산하는 것은 쉽지 않으나, 충분히 좋은 근삿값으로 $(\overline{v_x^2})^{1/2}$이 있다. 여기서 위 막대기는 기체 안의 모든 분자들에 대한 평균을 나타낸다. $(\overline{v_x^2})^{1/2} = \sqrt{kT/m}$임을 보여라.

(c) 이제 이 작은 영역을 벽에서 떼어내면, 그 영역에 부딪쳤던 분자들이 충돌 후 반사되는 대신에 구멍을 통해 용기 바깥으로 빠져나올 것이다. 그 구멍을 통해 용기로 들어가는 것은 아무 것도 없다고 가정하고, 용기에 들어있는 분자들의 개수 N이 시간의 함수로써 다음의 미분방정식을 만족시킨다는 것을 보여라.

$$\frac{dN}{dt} = -\frac{A}{2V}\sqrt{\frac{kT}{m}}N$$

온도가 일정하다는 가정 하에 이 방정식의 해가 $N(t) = N(0)e^{-t/\tau}$의 꼴임을 보여라. 여기서 τ는 N이 인수 e만큼 감소하는 "특성시간(characteristic time)"을 나타낸다. 압력 P도 같은 특성시간 값을 갖는다.

(d) 1리터 용기로부터 $1\,mm^2$ 크기의 구멍을 통해 빠져나오는 실온의 공기에 대한 특

성시간을 계산하라.

(e) 자전거 타이어의 공기가 구멍을 통해 천천히 새어 나오고 있어서, 공기로 충전된 지 약 한 시간 후면 타이어에서 공기가 거의 빠져나온다고 한다. 구멍의 크기는 대략 얼마이겠는가? (타이어의 부피에 대해서는 합리적인 추정값을 적용해보라.)

(f) 작가 쥘 베른(Jules Verne)의 "달나라 여행(Round the Moon)"에, 우주여행자들이 창문을 재빨리 열어 개의 사체를 버리고 다시 재빨리 창문을 닫는 장면이 묘사된다. 우주선에서 상당량의 공기가 빠져나가지 않을 정도로 신속하게 그들이 이 일을 할 수 있다고 생각하는가? 대략적인 추정과 계산을 통해 당신의 대답을 정당화해보라.

1.3 에너지의 등분배

식 (1.17)은 에너지등분배 정리(equipartition theorem)라고 부르는 훨씬 더 일반적인 결과의 특별한 경우이다. 이 정리는 병진운동에너지뿐만 아니라 위치좌표나 속도성분의 이차함수로 주어지는 모든 형태의 에너지 식에 관련된 것이다. 그런 에너지 식의 항 각각을 한 개의 자유도(degree of freedom)라고 부른다. 이제까지 내가 언급했던 자유도들은 x, y, z 방향의 병진운동이었다. 그밖에 다른 자유도에는 회전운동, 진동운동, 그리고 용수철에 저장되는 탄성 퍼텐셜에너지 등이 있을 수 있다. 이 모든 종류의 에너지 식들이 갖는 유사성을 보라.

$$\frac{1}{2}mv_x^2, \quad \frac{1}{2}mv_y^2, \quad \frac{1}{2}mv_z^2, \quad \frac{1}{2}I\omega_x^2, \quad \frac{1}{2}I\omega_y^2, \quad \frac{1}{2}k_s x^2, \quad \cdots \tag{1.22}$$

네 번째와 다섯 번째 식들은 회전관성 I와 각속도 ω의 함수로 주어진 회전운동에너지이다. 여섯 번째 식은 용수철상수 k_s와 평형위치로부터의 거리 x의 함수로 주어진 탄성 퍼텐셜에너지이다. 에너지등분배 정리가 말하는 바는 간단하게도, 각 자유도에 대해서 평균에너지가 $\frac{1}{2}kT$라는 것이다.

에너지등분배 정리: 온도 T에서 어떤 이차항 자유도의 평균에너지도 $\frac{1}{2}kT$이다.

따라서, 계가 N개의 분자들로 되어 있고, 각 분자의 자유도가 f이며, 이차식이 아니면서 온도에 의존하는 다른 에너지 항들이 없다면, 계의 총 열에너지는 다음과 같이 쓸 수 있다.

$$U_{열} = N \cdot f \cdot \frac{1}{2}kT \tag{1.23}$$

이 양은 기술적으로는 총 열에너지의 평균값일 뿐이다. 하지만 N이 크면 평균값으로부터의 요동(fluctuation)은 무시될 수 있을 만큼 작다.

6.3절에서 에너지등분배 정리를 증명하겠다. 하지만 당분간 그것이 무엇을 말하는 것인지 정확히 이해하는 것이 중요하다. 우선, $U_{열}$은 거의 항상 계의 총에너지가 아니다. 온도가 변하더라도 변치 않는 "정적(static)"인 에너지가 또한 있기 때문이다. 계의 화학결합에너지나 입자들의 정지에너지(mc^2)가 그것들이다. 따라서 가장 안전한 선택은, 온도가 오르내릴 때 생기는 에너지의 변화에만 에너지등분배 정리를 적용하는 것이다. 상변환이나 입자 간의 결합이 깨지는 다른 반응들의 경우는 피하는 것이 좋다.

에너지등분배 정리를 적용할 때 또 하나의 어려운 점은 계의 자유도를 세는 데 있다. 이 기술은 예제들을 통해 가장 잘 배울 수 있다. 헬륨이나 아르곤과 같은 단원자분자 기체에서, 각 분자들은 세 개의 자유도를 갖는다. 즉, $f = 3$이다. 산소(O_2)나 질소(N_2)와 같은 이원자분자 기체에서, 분자는 두 개의 다른 축을 중심으로 회전도 할 수 있다(그림 1.5). 양자역학적인 이유에서 분자의 길이 방향의 축에 대한 회전은 의미를 갖지 않는다. 이산화탄소(CO_2)의 경우도 마찬가지인데, 분자가 역시 길이 방향으로 대칭축을 갖고 있기 때문이다. 하지만 대부분의 고분자들은 삼차원 공간의 세 개의 축 모두에 대해서 회전할 수 있다.

회전자유도가 병진자유도와 왜 정확히 같은 평균에너지를 갖는지는 명백하지 않다. 하지만 기체 분자가 서로 부딪치면서, 또한 벽과 부딪치면서 용기 안을 돌아다니는 모습을

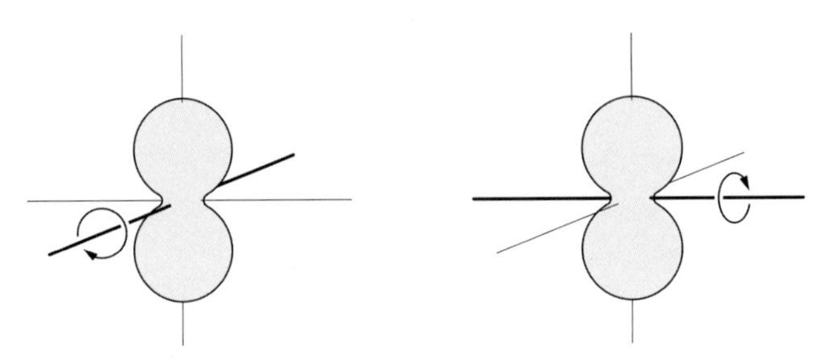

그림 1.5. 이원자분자는 독립적이고 서로 수직인 두 개의 축에 대해서 회전할 수 있다. 세 번째 축인 분자의 길이 방향의 축에 대한 회전은 허용되지 않는다.

상상해보면, 평균 회전운동에너지가 궁극적으로 어떤 평형값에 도달하리라는 것을 짐작할 수는 있을 것이다. 그 평형값은, 온도가 높아서 분자들이 빠르면 더 큰 값일 것이고, 온도가 낮아서 분자들이 느리면 더 작은 값일 것이다. 어떤 특정한 충돌에서, 회전운동에너지가 병진운동에너지로, 또는 그 반대 방향으로 전환될 것이지만, 이 과정들은 평균적으로 균형을 맞추게 될 것이다.

또한 이원자분자는, 분자의 원자들이 마치 용수철로 결합된 듯이, 진동할 수도 있다. 이 진동은 두 개의 자유도로 세어진다. 하나는 진동운동에너지이고 다른 하나는 퍼텐셜에너지이다. (고전역학에서 단순조화진동자의 운동에너지와 퍼텐셜에너지의 평균값이 같다는 것을 떠올릴 수 있을 것이다. 이 결과는 에너지등분배 정리에 부합한다.) 더 복잡한 분자들은 당겨지고, 휘어지고, 비틀어지는 등 다양한 방법으로 진동할 수 있다. 진동의 이런 "모드(mode)"들은 각각 두 개의 자유도를 갖는다.

하지만 많은 진동자유도들은 실온에서는 분자의 열에너지에 기여하지 않는다. 3장에서 보겠지만 그 설명은 다시금 양자역학에 의존한다. 예컨대 실온에서 질소나 산소 같은 공기 분자들의 자유도는 7이 아니라 5이다. 물론 더 높은 온도에서는 진동모드도 결국 기여를 한다. 실온에서는 이 모드들이 "얼어붙는다"라고 일컫는다. 즉, 다른 분자들과의 충돌이 충분히 격렬해서 공기 분자들을 회전시키긴 하지만, 분자들을 진동시킬 정도로 격렬하지는 않은 것이다.

고체의 각 원자는 세 개의 수직한 방향으로 진동할 수 있어서 각 원자당 여섯 개의 자유도를 갖는다. 운동에너지로부터 세 개와 퍼텐셜에너지로부터 세 개가 그것들이다. 그림 1.6은 결정성 고체의 단순한 모형을 보여준다. N이 원자의 수, f가 원자당 자유도를

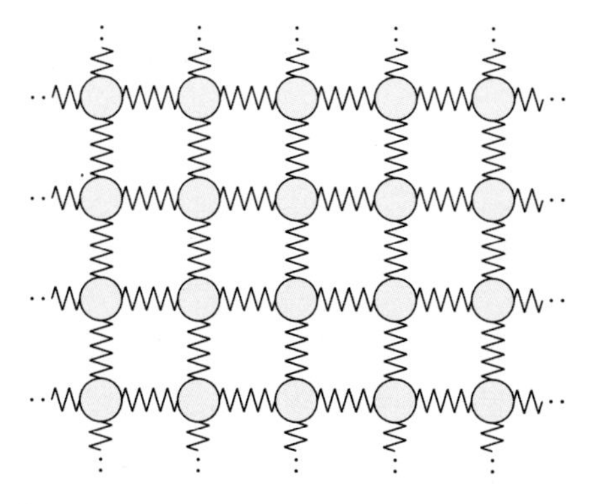

그림 1.6. 결정성 고체의 "침대 용수철" 모형. 각 원자는 이웃 원자들에 용수철로 결합된 공과 같다. 삼차원에서 각 원자는 여섯 개의 자유도를 갖는다. 세 개는 운동에너지로부터, 다른 세 개는 용수철에 저장된 퍼텐셜에너지로부터 온다.

나타낸다고 하면, 고체의 경우엔 식 (1.23)에서 $f=6$을 대입하면 된다. 하지만, 반복하지만, 실온에서는 어떤 자유도들은 “얼어붙을” 수 있다.

액체는 기체나 고체보다 더 복잡하다. 액체 분자의 평균 병진운동에너지는 일반적으로 $\frac{3}{2}kT$ 식으로 쓸 수 있다. 하지만 다른 남은 열에너지에 대해서는 에너지등분배 정리가 적용되지 않는데, 분자간 퍼텐셜에너지가 우리가 원하는 멋진 이차함수는 아니기 때문이다.

에너지등분배 정리가 실제적으로 무슨 결과를 주는지 궁금해 할지 모르겠다. 그 정리를 실험적으로 어떻게 검사할 수 있을까? 짧게 답하자면, 우리는 계에 약간의 에너지를 추가하고, 계의 온도가 얼마나 변하는지 측정하며, 식 (1.23)과 결과를 비교해야 할 것이다. 1.6절에서 이 과정을 조금 더 상세하게 토론하고 약간의 실험 결과들을 보여주겠다.

문제 1.23. 실온과 대기압 하에서 헬륨 1리터의 총 열에너지를 계산하라. 공기 1리터에 대해서도 같은 계산을 반복하라.

문제 1.24. 얼어붙은 자유도는 하나도 없다는 가정 하에, 실온에서 납 1그램의 총 열에너지를 계산하라. 이 조건에서 이 가정은 사실 좋은 가정이다.

문제 1.25. 수증기 1몰이 갖는 모든, 혹은 가능한 많은, 자유도를 나열하라. 분자들이 진동할 수 있는 다양한 방법들을 주의깊게 생각해보라.

1.4 열과 일

열역학의 상당 부분은 세 개의 밀접하게 관련된 개념들을 다룬다. 온도, 에너지, 열이 바로 그것들이다. 학생들이 열역학을 어려워한다면 대부분의 경우 이 세 개의 개념들을 서로 혼동하는데 원인이 있다. 온도는 근원적으로 한 물체가 저절로 에너지를 내어 놓는 경향의 척도라는 것을 상기하자. 계의 에너지가 증가할 때 많은 경우에 온도도 증가한다는 것을 우리는 방금 보았다. 하지만 이것을 온도의 정의로 생각하지는 않았으면 한다. 그것은 사실이긴 하지만 단지 온도와 관련된 진술일 뿐이기 때문이다.

문제를 좀 더 명확히 하기 위해서는 에너지의 정확한 정의를 주어야 한다. 하지만 불행하게도 그렇게 할 수는 없다. 모든 물리학 분야에서 에너지는 가장 근원적인 동역학 개념이다. 바로 이런 이유에서 더욱 근원적인 무언가를 이용해서 에너지를 설명할 수 없는 것이다. 하지만 대신에, 운동에너지, 정전기에너지, 중력에너지, 화학에너지, 핵에너지 등 다양한 형태의 에너지를 나열하고, 에너지는 자주 한 형태에서 다른 형태로 전환이 가능하되 우주의 총에너지는 변함이 없다고 말할 수는 있다. 이것이 그 유명한 에너지보존 법칙이다. 나는 때때로 에너지를 절대로 파괴되지 않고 창조되지도 않는, 그리고 한 장소에서 다른 장소로 옮겨 다닐 수는 있지만 총량은 절대로 변하지 않는 유체로 묘사하곤 한다. 하지만 이 그림은 편리하긴 해도 잘못된 것이다. 그 이유는 단순하게도, 그런 유체는 존재하지 않기 때문이다.

예컨대 기체나 다른 어떤 열역학적인 계가 들어있는 용기를 가정해보자. 계의 에너지가 증가하는 것을 관찰한다면, 그 에너지는 외부로부터 유입되었다고 결론을 내릴 수 있을 것이다. 용기 안에서 만들어진 것일 수는 없는데, 에너지보존 법칙에 위배되기 때문이다. 마찬가지로 계의 에너지가 감소한다면, 그만큼의 에너지가 계를 빠져 나가서 어디론가 사라져버린 것이다. 에너지가 계로 들어오거나 나가는 수많은 종류의 기전(mechanism)이 존재한다. 하지만 열역학에서는 이 모든 기전들을 열과 일이라는 두 가지의 유형으로 분류한다.

열은 두 물체의 온도 차이로 인하여 한 물체에서 다른 물체로 저절로 생기는 에너지 흐름으로 정의된다. 따뜻한 난방기에서 찬 방으로, 뜨거운 물에서 찬 얼음조각으로, 뜨거운 태양에서 찬 지구로 "열"이 흐른다고 말한다. 각 경우마다 기전은 다를 수 있지만, 모든 과정에서 전달된 에너지는 공통적으로 "열"이라고 부른다.

열역학에서의 일은 계로 들어오거나 나가는 모든 다른 형태의 에너지 전달이다. 피스톤을 밀거나, 잔의 커피를 젓거나, 저항기에 전류가 흐르게 할 때, 당신은 계에 일을 하는 것이다. 각 경우에 계의 에너지는 증가하고, 대개 온도도 증가한다. 하지만 이 경우에 계에 열이 전달되고 있다고 말하지는 않는데, 에너지의 흐름이 온도 차이로 인해 자발적으로 일어나는 그런 경우가 아니기 때문이다. 대개 일이 작용하면 "능동적"으로 에너지를 계에 공급하는 어떤 "중개자(agent)", 때론 무생물적인 객체가 존재한다. 일의 작용은 "자동적"으로 이루어지는 것은 아니다.

열과 일의 개념을 체득하는 것은 쉽지 않다. 일상적인 언어에서 이 단어들이 매우 다른 의미로 쓰이기 때문이다. 따뜻하게 하려고 비비는 양손에 들어오는, 혹은 전자레인지 안의 차 한 잔에 들어오는 "열"은 실제로 없다는 것을 생각하면 이상할 수도 있다. 그럼에도 불구하고 이 과정들은 모두 열이 아니라 일로 분류된다.

열이나 일이 모두 이동하는 에너지를 일컫는 점에 주목하라. 계 안의 총에너지를 말할 수는 있지만, 하지만 계 안에 열이 얼마만큼 있는지, 혹은 계 안에 일이 얼마만큼 있는지 묻는 것은 의미가 없다. 다만, 계에 들어온 열이 얼마만큼인지, 계에 하여진 일이 얼마만큼인지는 얘기할 수 있다.

계 안의 총에너지를 표시하기 위해 기호 U를 사용하겠다. 계로 유입되는 열과 일 에너지는 항상 기호 Q와 W로 각각 표시하겠다. 계로부터 에너지가 빠져 나가는 경우라면 이 양들은 음의 값이 된다. 그렇다면 $Q+W$는 계로 유입되는 총에너지가 되고, 에너지보존 법칙에 의해 이 양은 계의 에너지의 변화량이 된다(그림 1.7을 보라). 식으로 쓰면 이 진술은 다음과 같다.*

$$\Delta U = Q + W \tag{1.24}$$

이 식은 실제로 에너지보존 법칙을 기술하는 것이다. 하지만 이 식은 에너지보존 법칙이 막 발견될 즈음에 에너지와 열과의 관계에 대해서 아직도 논란이 많았던 시절에 나왔던 것이다. 그러다보니 이 식은, 아직도 사용하고 있긴 하지만, 열역학 제일 법칙이라는 다소 신비로운 이름으로 불리게 되었다.

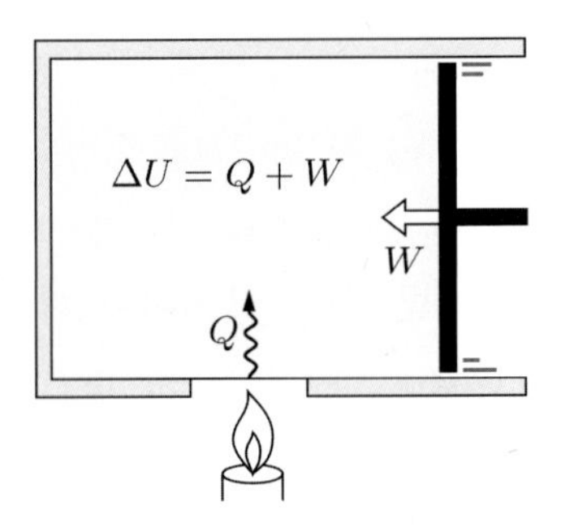

그림 1.7. 계의 에너지의 총변화량은 계에 더해진 열과 계에 하여진 일의 합이다.

---

* 많은 물리학과 공학 교과서에서는 일에너지를 계로 유입될 때가 아니라 계를 떠날 때 양의 값으로 정의한다. 그렇다면 식 (1.24)는 $\Delta U = Q - W$가 된다. 열기관을 다룰 때는 이 부호 관례가 편리하지만, 다른 상황에서는 혼동을 일으키는 듯하다. 필자가 택한 관례는 화학자들에게서는 일관적으로 지켜져 온 것이고, 물리학자들도 이 관례를 따라가고 있는 듯하다.

표기법과 관련된 또 하나의 사안은 ΔU, Q, W가 미분량을 나타내기를 원할 때가 자주 있다는 것이다. 그런 경우에 이 책에서는 ΔU 대신에 dU를 쓰겠다. 하지만 Q와 W는 그대로 사용하겠다. 다른 저술에서 미분량임을 나타내기 위해 "dQ"나 "dW"가 쓰이는 것을 볼 수도 있을 것이다. 무엇을 원하든 이것들을 Q와 W의 "변화량"으로 읽지는 말라. 독자가 이런 잘못을 범하지 않도록 경고하기 위해, 많은 저자들은 d를 가로지르는 작은 막대기를 사용해서 $đQ$와 $đW$라고 쓴다. 하지만 필자에게는 $đ$는 여전히 "변화량"으로 읽혀져야 한다고 말하는 듯하다. 그래서 필자는 d를 아예 사용하지 않고 그저 Q와 W가 미분량인지 아닌지를 잘 기억하면서 사용하는 방편을 선호한다.

에너지의 공식적인 국제단위는 $kg \cdot m^2/s^2$ 인 줄(joule)이다. 따라서 1 m/s의 속력으로 움직이는 1 kg의 물체는 $\frac{1}{2}mv^2$, 즉 $\frac{1}{2}$ J의 운동에너지를 갖는다. 하지만 전통적으로 열의 양은 칼로리(calory) 단위로 측정되었다. 1 cal는 아무런 일을 하지 않고 물 1그램의 온도를 1℃ 상승시키는데 필요한 열량으로 정의되었다. 열을 가하는 대신에 격렬하게 물을 젓는 등의 역학적인 일을 해주어도 같은 온도 상승을 달성할 수 있다는 것을 보인 것은, 다른 이들도 있었지만, 줄(James Joule)이었다.* 줄은 1 cal가 현대 단위로 대략 4.2 J과 동등함을 보였다. 오늘날 1 cal는 정확하게 4.186 J로 정의된다. 열에너지나 화학에너지를 다룰 때 아직도 많은 사람들은 칼로리 단위를 사용하고 있다. 때때로 대문자 C를 사용해서 표기하는 잘 알려진 음식물의 칼로리는 실제로 킬로칼로리, 즉 4186 J이다.

열전달 과정은 관련된 기전에 따라 다시 세 가지의 유형으로 분류된다. 전도(conduction)는 분자들이 접촉함으로써 일어나는 열전달이다. 빠른 분자들이 느린 분자들에 부딪쳐서 자신의 에너지의 일부를 전달하는 경우이다. 대류(convection)는 기체나 액체가 덩어리로 움직이는 것인데, 대개 따뜻한 물질이 팽창해서 중력 하에서 상승하는 경향으로 인해 일어난다. 복사(radiation)는 전자기파의 방출이다. 실온에서는 대부분 적외선에 의해 전달되지만, 전구의 필라멘트나 태양 표면처럼 고온의 물체의 경우에는 가시광선도 전달에 기여한다.

문제 1.26. 찻물을 끓이기 위해 물에 잠긴 저항기에 전지가 직렬로 연결되어 있다. 전지에서 저항기로의 에너지 흐름을 열과 일 중 어느 것으로 분류하겠는가? 또한, 저항기에서 물로의 에너지 흐름은 무엇으로 분류할 것인가?

문제 1.27. 계에 전달되는 열은 없지만 계의 온도가 상승하는 과정을 예를 들라. 또한, 그 반대로, 열이 가해지지만 계의 온도가 변하지 않는 예를 들라.

문제 1.28. 전형적인 600 W 전자레인지를 사용해서 한 잔의 물을 끓이는데 필요한 시간을 추정하라. 레인지의 에너지가 모두 물로 간다고 가정하고 물의 초기 온도는 합리적으로 정하라. 이 과정에서 왜 아무런 열이 개입하지 않는지 설명하라.

---

* 제일 법칙을 수립하는데 기여한 많은 이들 중에는 럼포드(Rumford) 백작인 톰슨(Benjamin Thompson), 마이어(Robert Mayer), 톰슨(William Thompson), 헬름홀츠(Hermann von Helmholtz) 등이 있다.

문제 1.29. 식탁 위에 물 200 g이 들어 있는 잔이 있다. 물의 온도가 20℃ 인 것을 조심스럽게 측정하고 방을 떠난다. 10분 후에 돌아와서 다시 온도를 재어보니 25℃ 이다. 물에 가해진 열량과 관련해서 어떤 결론을 내릴 수 있겠는가? (힌트: 재치를 요하는 문제이다.)

문제 1.30. 새지 않는 뚜껑이 있는 병에 물을 몇 숟가락 집어넣으라. 물을 포함해서 모든 것이 실온에 있는 것을 온도계로 확인하라. 이제 병을 닫고 몇 분 동안 열심히 병을 흔들어라. 병을 떨어뜨릴 정도로 기운이 다했더라도, 몇 분을 더 흔들어라. 그리고 온도가 얼마인지 측정하라. 온도가 얼마나 상승할지를 대략적으로 계산하고 이를 측정값과 비교하라.

1.5 압축 일

이 책은 여러 유형의 일을 다룰 것이다. 그 중 가장 중요한 유형은, 많은 경우 기체에 해당되겠지만 피스톤을 미는 경우처럼 계를 압축할 때 하는 일이다. 고전역학에서 정의하듯이, 그런 경우 계에 하여진 일의 양은 고전역학으로부터 가하는 힘과 변위의 스칼라곱인 것을 상기하라.

$$W = \vec{F} \cdot d\vec{r} \tag{1.25}$$

(계가 점입자보다 복잡한 경우 이 식은 약간의 모호성을 갖고 있다. 즉, $d\vec{r}$ 은 질량중심의 변위인가? 만약 존재한다면, 힘의 접촉점의 변위? 그렇지도 않다면, 또 다른 무엇의 변위? 열역학에서는 그것은 항상 접촉점이고, 중력과 같은 장거리 힘에 의한 일은 다루지 않을 것이다. 이 경우에 일-에너지 정리는 계의 총에너지가 W 만큼 증가한다고 말해준다.*)

하지만 기체의 경우는 일을 압력과 부피로 나타내는 것이 훨씬 편리하다. 명확하게 하기 위해서 그림 1.8이 보여주는 전형적인 실린더-피스톤 모형을 고려하자. 힘이 변위와 평행하므로 스칼라곱은 잠시 잊고 다음과 같이 쓰면 된다.

---

* "일"의 또 다른 정의와 관련된 상세한 논의에 대해서는 다음 자료를 참고하라. A. John Mallinckrodt and Harvey S. Leff, "All About Work," *American Journal of Physics* **60**, 356 – 365 (1992).

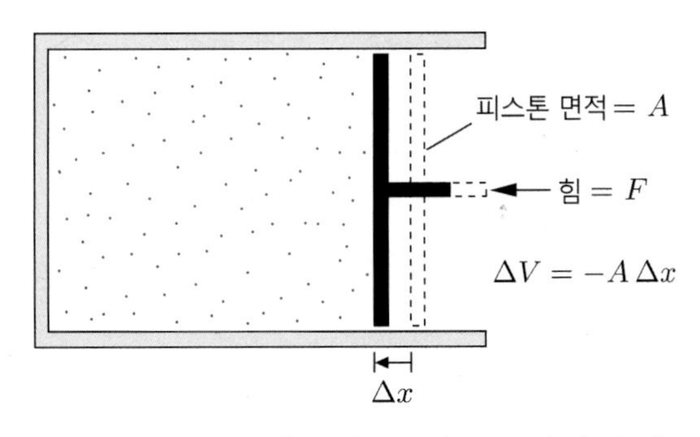

그림 1.8. 피스톤이 안쪽으로 움직일 때 기체의 부피는 ΔV(음의 값)만큼 변하고, 준정적 압축을 가정하면 기체에 하여진 일은 $-P\Delta V$이다.

$$W = F\Delta x \tag{1.26}$$

여기서는 피스톤이 안쪽으로 움직일 때 Δx가 양의 값이 되도록 부호를 선택할 것이다.

다음으로 할 것은, F를 PA로 대체하는 것이다. 여기서 P는 기체의 압력이고 A는 피스톤의 면적이다. 하지만 이 대체가 가능하려면, 기체가 압축되는 동안 기체가 항상 평형상태에 머물러서, 실린더 내부 어디서나 압력이 균일하며 잘 정의되어 있다는 가정이 필요하다. 이 가정이 성립하려면, 피스톤이 충분히 느리게 움직여서, 조건이 변함에도 불구하고 기체가 새로운 평형상태에 도달할 시간이 충분해야만 한다. 이런 의미로 느린 부피의 변화를 전문적인 용어로 준정적(quasistatic)이라고 한다. 물론 완벽하게 준정적인 압축은 하나의 이상이지만, 준정적 과정을 가정하는 것은 실질적으로 대개 좋은 근사이다. 비준정적으로 기체를 압축하기 위해서는, 피스톤을 세게 그리고 급하게 밀어 넣어서 기체가 "반응"하는 것보다 빠르게 피스톤이 움직이도록 해야 할 것이다(피스톤의 속력이 최소한 기체 내에서 음파의 속력에 준하는 값이 되어야 한다).

그러면, 준정적 압축이라면 기체에 가해진 힘은 기체의 압력에 피스톤의 면적을 곱한 값이 된다.* 따라서,

$$W = PA\Delta x \quad (\text{준정적 압축일 때}). \tag{1.27}$$

하지만 $A\Delta x$는 바로 기체 부피 변화량의 음의 값이다(피스톤이 안쪽으로 움직일 때 기체의 부피가 감소하므로 음의 값이다). 따라서,

---

* 준정적 압축일지라도 피스톤과 실린더 벽 사이의 마찰이 외력과 기체가 피스톤에 가하는 반작용력 사이의 균형을 깨트릴 수 있다. W가 피스톤이 기체에 하는 일이라면 이것은 문제가 되지는 않는다. 하지만 W가 피스톤을 미는 당신이 하는 일을 나타낸다면, 계속되는 설명에서 마찰을 무시한다는 가정을 해야 한다.

$$W = -P\Delta V \quad (\text{준정적 과정}). \tag{1.28}$$

예컨대, 대기압(10^5 N/m^2)의 공기로 채워진 탱크가 있을 때, 1리터(10^{-3} m^3)만큼 부피를 줄이려면 100 J의 일을 해주어야 한다. 기체가 팽창할 때도 같은 식이 적용된다는 것을 쉽게 확인할 수 있을 것이다. 다만 이 경우에는 ΔV는 양의 값이고 기체에 가해진 일은 음의 값이다.

이 식의 유도과정에서 한 가지의 결함이 있을 수 있다. 기체를 압축하는 동안 대개 압력이 변한다는 사실이다. 그런 경우에 압력 값으로 무엇을 사용해야 할까? 초기값, 최종값, 평균값, 아니면 또 다른 무엇을? 부피의 변화가 매우 작을 때, 즉 "무한소(infinitesimal)"일 때는 압력의 변화가 무시할 만하므로 문제가 없다. 하지만 작은 변화들이 하나씩 쌓여서 큰 변화를 만드는 경우를 항상 생각할 수 있다. 따라서 압축하는 동안 압력이 정말로 상당하게 변화할 때는, 우리는 전체 과정을 매우 작은 단계들로 나누고, 각 단계에 식 (1.28)을 적용해서, 모든 작은 일들을 다 합해야 전체 일을 얻을 것이다.

이 과정은 그래프를 이용해서 이해하는 것이 더 쉽다. 압력이 일정하다면, 하여진 일은 부피에 대한 압력 그래프 밑의 면적에 음부호를 붙인 값이다(그림 1.9를 보라). 압력이 일정하지 않다면, 압축 전과정을 아주 작은 단계들로 나누고, 각 단계에서 그래프 밑의 면적을 계산하여, 모든 면적들을 다 합하면 전체 일이 된다. 즉, 일은 여전히 V에 대한 P 그래프 밑의 전체 면적에 음부호를 붙인 값이다.

만약 부피의 함수로 주어진 압력식 $P(V)$를 안다면, 전체 일은 적분으로 계산할 수 있다.

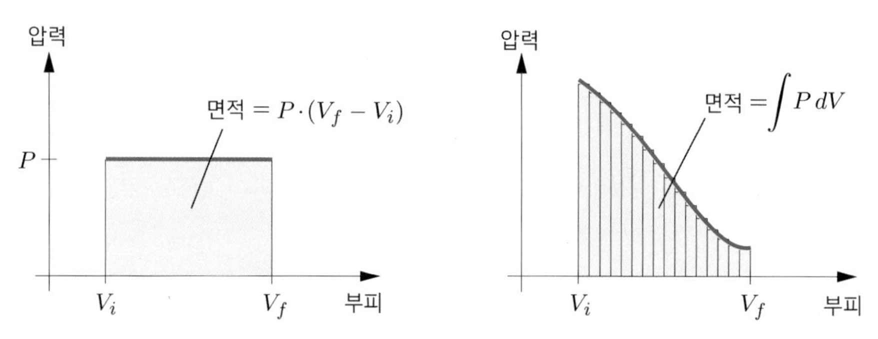

그림 1.9. 기체의 부피가 변하고 압력이 일정할 때, 기체에 하여진 일은 부피에 대한 압력 그래프 밑의 면적에 음부호를 붙인 값이다. 압력이 일정하지 않을 때도 마찬가지이다.

$$W = -\int_{V_i}^{V_f} P(V)\,dV \quad (\text{준정적 과정}) \tag{1.29}$$

압력이 변하건 그렇지 않건 성립하기 때문에 이 식은 편리한 식이다. 하지만 항상 적분이 쉽고, W를 간단한 식으로 나타낼 수 있다는 것은 아니다.

압축-팽창 일이 열역학계에 가해지는 유일한 유형의 일은 아니라는 사실을 기억하는 것이 중요하다. 예컨대 전지에서 일어나는 화학반응은 전지에 연결된 회로에 전기적 일을 한다. 이 책에서는, 관련된 일로 압축-팽창 일이 유일한 많은 예들과, 그렇지 않은 또한 많은 예들을 보게 될 것이다.

문제 1.31. 초기에 부피가 1리터, 압력이 1기압인 헬륨이 실린더 내에 있다고 가정하자. 압력이 부피에 비례하여 증가하는 어떤 방법을 통해, 헬륨이 최종적으로 3리터의 부피로 팽창했다.

(a) 이 과정에 대해 부피에 대한 압력의 그래프를 그려라.

(b) 다른 어떤 유형의 일도 없다고 가정하고, 이 과정 동안 기체에 하여진 일을 계산하라.

(c) 이 과정 동안 헬륨의 에너지의 변화량을 계산하라.

(d) 이 과정 동안 헬륨에 가해졌거나 유출된 열의 양을 계산하라.

(e) 헬륨이 팽창하는 동안 압력이 증가하도록 하는 방안을 기술하라.

문제 1.32. 200기압의 압력을 가하면 물의 부피를 원래의 99%로 압축할 수 있다. 눈금의 크기에 개의치 말고 이 과정을 PV 도표 위에 그리고, 1리터의 물을 같은 정도로 압축하는데 필요한 일을 추산하라. 그 결과가 놀라운가?

문제 1.33. 이상기체가 그림 1.10(a)에서처럼 순환과정을 겪는다. A, B, C의 각 단계에서 아래의 각 항이 양의 값, 음의 값, 혹은 영인지 결정하라.

(a) 기체에 가해진 일

(b) 기체의 에너지의 변화량

(c) 기체에 가해진 열

그런 후 전체 순환과정에 대한 세 양의 부호를 결정하라. 이 순환과정이 결과적으로 달성한 것은 무엇인가?

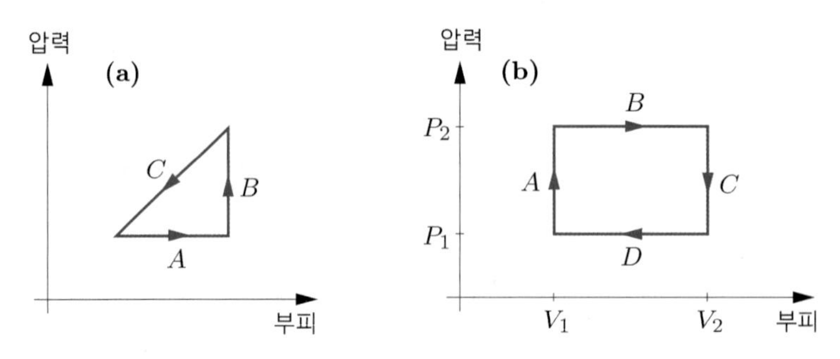

그림 1.10. 문제 1.33과 1.34를 위한 PV 도표

문제 1.34. 움직일 수 있는 피스톤이 있는 실린더에 들어있는 이원자분자 이상기체가 그림 1.10(b)에서처럼 직사각형의 순환과정을 거친다. 회전운동자유도는 항상 활성화되지만 진동운동자유도는 "얼어붙은" 그런 온도를 가정하라. 또한 기체에 가해진 일은 오직 준정적인 압축-팽창 일이라고 가정하라.

(a) A에서 D까지의 각 단계에 대하여 기체에 가해진 일, 기체에 가해진 열, 그리고 기체의 에너지의 변화량을 계산하라. 모든 답을 P_1, P_2, V_1, V_2를 사용하여 나타내라. (힌트: Q를 계산하기 전에, 이상기체 법칙과 에너지등분배 정리를 이용해서 ΔU를 계산하라.)

(b) 네 단계 각각에서 물리적으로 어떤 일이 일어나고 있는지 서술하라. 예컨대, A 단계에서는, 피스톤을 고정시키고 외부 가열기 같은 것으로 기체에 열을 가하고 있다고 서술할 수 있다.

(c) 전체 순환과정을 통해 기체에 가해진 알짜 일, 기체에 가해진 알짜 열, 기체의 에너지의 알짜 변화량을 계산하라. 그 결과는 예상한대로인가? 간략하게 설명하라.

이상기체의 압축

앞서 보인 공식들에 대한 감을 잡기 위해서 이상기체의 압축에 그것들을 적용해보이겠다. 공기처럼 가장 익숙한 기체들도 이상기체와 상당히 근사하기 때문에 우리가 얻을 결과들은 실제로 꽤 쓸모가 있다.

기체로 채워진 어떤 용기를 압축한다면, 당신은 기체에 일을 하는 것이다. 즉, 에너지를 가하는 것이다. 자전거 타이어에 펌프로 공기를 집어넣어 보았다면 알고 있겠지만, 일반적으로 이런 일은 기체의 온도를 상승하게 한다. 하지만 기체를 매우 천천히 압축하거나, 용기가 환경과 아주 좋은 열접촉을 하고 있다면, 기체가 압축되면서 열이 빠져나가기 때문에 기체의 온도는 그렇게 높이 상승하지는 않을 것이다.* 그래서 신속한 압축과 느린 압축의 차이는 열역학에서 매우 중요하다.

이 절에서는 이상기체를 압축하는 두 가지의 이상적인 과정을 고려할 것이다. 하나는 매우 천천히 진행되어서 기체의 온도가 거의 상승하지 않는 등온압축(isothermal compression)이고, 다른 하나는 매우 빨리 진행되어서 그 과정에서 열이 기체로부터 미처 빠져나가지 않는 단열압축(adiabatic compression)이다. 대부분의 실제 압축 과정은 양극단의 중간쯤이겠지만, 보통은 단열 근사에 더 가깝다고 할 수 있다. 더 간단하다는 이유로 등온압축의 경우부터 시작하겠다.

그러면 등온적으로, 즉 온도를 변하지 않게 하면서 이상기체를 압축한다고 가정하자. 이것은 이 과정이 거의 확실하게 준정적이라는 것을 암시한다. 따라서 하여진 일을 계산하기 위해서, 이상기체 법칙으로 정해지는 P를 사용하여 식 (1.29)를 적용할 수 있다. PV 도표 상에서 일정한 T에 대하여 식 $P = NkT/V$는 그림 1.11과 같이 아래로 볼록한 쌍곡선이다. 이 그래프는 등온곡선(isotherm)이라 불린다. 하여진 일은 그래프 밑의 면적에 음부호를 붙인 값이다.

$$W = -\int_{V_i}^{V_f} P\,dV = -NkT\int_{V_i}^{V_f} \frac{1}{V}\,dV$$

$$= -NkT(\ln V_f - \ln V_i) = NkT\ln\frac{V_i}{V_f}. \tag{1.30}$$

$V_i > V_f$ 이면, 즉 기체가 압축되고 있으면, 하여진 일은 양의 값이라는 것에 주목하라. 기체가 등온 팽창하는 경우에도 같은 식이 성립한다. 다만, $V_i < V_f$ 이므로, 기체에 하여진 일은 음의 값이다.

기체가 등온 압축되기 때문에 열이 환경으로 흘러나와야 한다. 흘러나오는 열의 양을 계산하기 위해서 열역학 제일 법칙과 이상기체의 에너지 U가 온도 T에 비례한다는 사실을 이용할 수 있다.

$$Q = \Delta U - W = \Delta\left(\frac{1}{2}NfkT\right) - W = 0 - W = NkT\ln\frac{V_f}{V_i} \tag{1.31}$$

* 스쿠버 탱크는 내부의 압축 공기가 뜨거워지는 것을 방지하기 위해 보통 물에 잠근 상태에서 공기를 채운다.

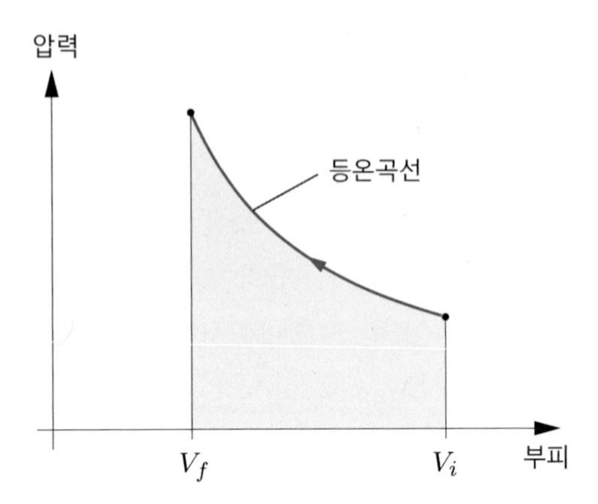

그림 1.11. 이상기체의 등온 압축에 대하여 PV 그래프는 등온곡선(isotherm)이라 불리는 아래로 볼록한 쌍곡선이다. 항상 그렇듯이, 하여진 일은 그래프 밑의 면적에 음부호를 붙인 값이다.

따라서 유입된 열은 하여진 일에 그저 음부호를 붙인 값이다. 압축인 경우, 열이 기체를 벗어나므로 Q는 음의 값이다. 등온 팽창의 경우라면, 열이 기체로 들어와야 하므로 Q는 양의 값이다.

이제 그 과정이 너무 빨라서 아무런 열도 계로 들어오거나 나가지 않는 단열 압축을 고려해보자. 하지만 난 압축이 여전히 준정적이라고 가정하겠다. 준정적 과정은 이상적인 경우이지만, 보통 실제의 경우에도 나쁜 근사는 아니다.

기체에 일을 하면서 어떤 열도 빠져나가지 않도록 하면, 기체의 에너지가 증가할 것이다.

$$\Delta U = Q + W = W \tag{1.32}$$

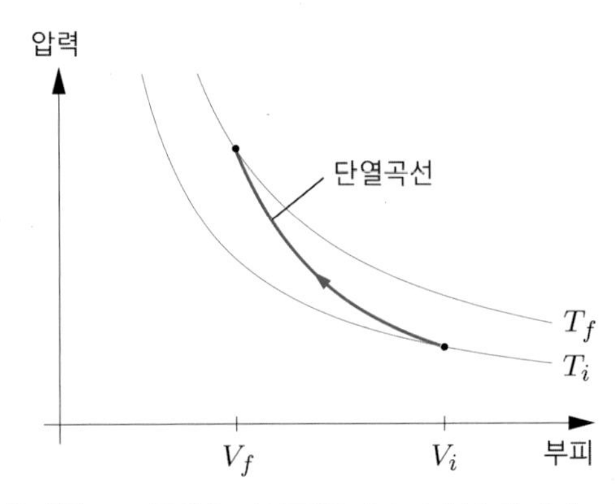

그림 1.12. 단열압축에 대한 PV 곡선은 단열곡선(adiabat)으로 불리며, 저온의 등온곡선에서 시작해서 고온의 등온곡선에서 끝난다.

이상기체라면 U가 T에 비례하기 때문에 온도도 마찬가지로 증가한다. PV 도표에서 이 과정을 기술하는 곡선은 저온의 등온선을 고온의 등온선으로 연결하는 것이라야 한다. 따라서 이 곡선은 고온과 저온 중 어느 등온곡선보다도 가파르다(그림 1.12를 보라).

이 곡선을 나타내는 정확한 식을 찾기 위해, 에너지등분배 정리로부터 다음 식을 얻는다.

$$U=\frac{f}{2}NkT \tag{1.33}$$

여기서 f는 분자당 자유도로써, 단원자분자의 경우는 3, 실온에 있는 이원자분자의 경우는 5, 등등이다. 따라서 이 곡선을 따라 일어나는 어떤 무한소의 과정에 대해서,

$$dU=\frac{f}{2}Nk\,dT. \tag{1.34}$$

한편 준정적 압축 과정에서 하여진 일은 $-P\,dV$이므로, 무한소의 과정에 식 (1.32)를 적용하면,

$$\frac{f}{2}Nk\,dT=-P\,dV. \tag{1.35}$$

이 미분방정식은 압축과정 동안 온도 변화와 부피 변화 사이의 관계를 나타낸다. 하지만 이 방정식을 풀기 위해서는 P를 T와 V의 식으로 표현해야 한다. 이 관계가 바로 이상기체 법칙이다. 즉, P 대신에 NkT/V를 대체한다. 그런 후 Nk를 소거하면,

$$\frac{f}{2}\frac{dT}{T}=-\frac{dV}{V}. \tag{1.36}$$

이제 등호 양쪽을 초기값(V_i와 T_i)으로부터 최종값(V_f와 T_f)까지 적분하면,

$$\frac{f}{2}\ln\frac{T_f}{T_i}=-\ln\frac{V_f}{V_i}. \tag{1.37}$$

이 식을 간소화하려면, 양쪽을 지수 위에 올리고 i항들과 f항들을 모으면 된다.

$$V_fT_f^{f/2}=V_iT_i^{f/2} \tag{1.38}$$

혹은 더욱 간단하게,

$$VT^{f/2} = 상수. \tag{1.39}$$

즉, 초기 조건과 최종 부피를 알면 최종 온도를 계산할 수 있다. 또한, 최종 압력을 얻기 위해서는 이상기체 법칙을 사용하여 식 (1.38)의 양쪽에서 T를 소거하면 된다. 그러면,

$$V^{\gamma} P = 상수. \tag{1.40}$$

여기서 단열지수(adiabatic exponent)라고 부르는 γ는 $(f+2)/f$를 간략하게 쓴 것이다.

문제 1.35. 식 (1.39)로부터 식 (1.40)을 유도하라.

문제 1.36. 자전거 타이어에 펌프로 공기를 집어넣는 동안 대기압의 1리터의 공기가 7기압으로 단열압축된다. (공기의 대부분은 이원자분자인 질소와 산소이다.)
(a) 이 압축과정에서 공기의 최종 부피는 얼마인가?
(b) 공기를 압축하는 동안 한 일은 얼마인가?
(c) 공기의 초기 온도가 300 K였다면, 압축 후 최종 온도는 얼마인가?

문제 1.37. 디젤엔진에서는 대기압의 공기가 원래 부피의 1/20로 신속하게 압축이 된다. 압축 후 공기의 온도를 추산하고, 디젤엔진이 점화 플러그를 필요로 하지 않는 이유를 설명하라.

문제 1.38. 동일한 공기 방울 두 개가 호수의 밑바닥에서 형성되어 수면으로 떠오른다. 수면에서의 압력이 바닥에서보다 현저히 낮기 때문에 공기 방울은 떠오르면서 팽창한다. 하지만 공기 방울 A는 신속하게 떠오르기 때문에 주위의 물과 열을 교환할 여유가 없다. 한편 공기 방울 B는 수초 같은 것들의 방해를 받으면서 천천히 떠오르기 때문에 주위의 물과 항상 열평형을 이룬다. (호수 물의 온도는 어디서나 같은 값이라고 가정하자.) 수면에 닿았을 때 어느 방울이 더 클까? 당신의 논리를 충분히 상세하게 설명하라.

문제 1.39. 연속매질의 진동에 뉴턴의 법칙들을 적용하면, 음파의 속력이 다음과 같이 주어지는 것을 알 수 있다.

$$c_s = \sqrt{\frac{B}{\rho}}$$

여기서 ρ는 매질의 밀도, 즉 단위 부피당 질량이고, B는 매질이 뻣뻣한 정도의 측도인 부피탄성률(bulk modulus)이다. 좀 더 정확하게 하기 위해, 물질 덩어리에 가하는 압력이 ΔP만큼 증가할 때, 부피는 ΔV만큼(음의 값) 변한다고 하자. 그러면, B는 압력의 변화량을 부피의 상대적인 변화량으로 나눈 값으로 정의된다.

$$B \equiv \frac{\Delta P}{-\Delta V/V}$$

하지만 압축이 등온적으로 일어나는지, 단열적으로 일어나는지, 혹은 또 다른 어떤 조건에서 일어나는지 명시하지 않았기 때문에, 이 정의는 여전히 모호성을 갖고 있다.

(a) 등온압축과 단열압축에 대한 이상기체의 부피탄성률을 P의 식으로 나타내라.

(b) 음파의 속력을 계산하기 위해서는 단열 부피탄성률을 사용해야 한다는 주장을 논증하라.

(c) 이상기체에서 음파의 속력을 기체의 온도와 평균분자량을 사용한 식으로 나타내라. 그 결과를 기체 분자의 rms 속력의 식과 비교하라. 실온의 공기에서 음파의 속력값을 수치적으로 계산하라.

(d) 스코틀랜드의 배틀필드(Battlefield) 밴드가 유타에서 연주했을 때, 한 음악가는 높은 고도가 백파이프의 음정을 벗어나게 했다고 언급했다. 당신이라면 고도가 음파의 속력에 영향을 줘서 파이프의 정상파의 진동수에도 영향을 줄 것이라고 기대하겠는가? 영향을 준다면 진동수가 어느 방향으로 변하겠는가? 영향을 주지 않는다면 그 이유는 무엇인가?

문제 1.40. 문제 1.16에서 온도가 일정하다는 가정 하에 지구의 대기압을 고도의 함수로 계산했었다. 하지만 대기의 밑바닥 10 − 15 km 층인 대류권(troposphere)에서는 태양빛으로 데워진 지표면으로부터의 열이 감소하기 때문에, 정상적이라면 고도가 높아질수록 온도가 감소한다. 온도기울기 $|dT/dz|$가 어떤 임계값을 넘어서면 대류가 일어날 것이다. 즉, 따뜻한 저밀도의 공기는 떠오르고 찬 고밀도의 공기는 가라앉을 것이다. 고도에 따른 압력의 감소는 떠오르는 공기덩어리가 단열팽창하게 하여 공기를 식힐 것이다. 대류가 일어날 조건은, 이 단열냉각에도 불구하고 떠오르는 공기덩어리가 주위의 공기보다 따뜻해야 한다는 것이다.

(a) 이상기체가 단열팽창할 때 온도와 압력이 다음의 미분방정식을 만족시킨다는 것을 보여라.

$$\frac{dT}{dP}=\frac{2}{f+2}\frac{T}{P}$$

(b) dT/dz가 바로 대류가 시작되는 임계값이어서 대류하는 공기덩어리에 가해지는 수직힘이 항상 근사적으로 균형을 이룬다고 가정하자. 문제 1.16(b)의 결과를 이용해서 이 경우에 dT/dz의 식을 구하라. 그 결과는 온도와 압력에 무관하게 대략 $-10℃/km$인 상수여야 한다. 이 기본적인 기상학 양은 건조 단열 경과율(dry adiabatic lapse rate)이라고 알려져 있다.

1.6 열용량

어떤 물체의 열용량(heat capacity)이란 그것의 온도를 1도 상승시키는데 필요한 열량이다.

$$C \equiv \frac{Q}{\Delta T} \tag{1.41}$$

(열용량은 대문자 C로 나타낸다.) 물론 물질의 양이 더 많다면 열용량도 더 커진다. 그렇기 때문에 좀 더 근원적인 양은 단위 질량당의 열용량으로 정의된 비열(specific heat capacity)이다.

$$c \equiv \frac{C}{m} \tag{1.42}$$

(비열은 소문자 c로 나타낸다.)

정의 (1.41)을 이해하기 위해서 알아야 할 가장 중요한 것은 그 정의가 모호하다는 사실이다. 어떤 물체의 온도를 1도 상승시키기 위해 필요한 열량은 주위의 상황에 의존한다. 명시적으로 말하자면, 그 물체에 동시에 일을 해주는지, 해준다면 얼마만큼의 일을 해주는지에 의존한다. 이것을 보기 위해 열역학 제일 법칙을 식 (1.41)에 대입해보자.

$$C \equiv \frac{Q}{\Delta T}=\frac{\Delta U-W}{\Delta T} \tag{1.43}$$

그럴 때도 있고 그렇지 않을 때도 있지만, 물체의 에너지가 온도만의 함수로 잘 정의되어 있는 경우에도, 물체에 하여진 일은 어떤 값이라도 될 수 있고, 따라서 C도 어떤 값이라도 될 수 있다.

실제적으로 가장 흔한 두 가지 유형의 주위상황이 존재한다. 물론 그 유형에 따라 W의 선택이 달라진다. 아마도 가장 명백한 선택은 $W=0$일 때, 즉 계에 하여진 일이 전혀 없을 때이다. 계의 부피가 변한다면 $-P\Delta V$에 해당하는 압축 일이 있기 때문에, 하여진 일이 없다는 것은 보통 계의 부피가 일정하다는 것을 의미한다. 따라서 $W=0$이고 부피가 일정한 특수한 경우의 열용량은 일정부피 열용량(heat capacity at constant volume)이라 부르고 C_V로 나타낸다. 식 (1.43)으로부터,

$$C_V = \left(\frac{\Delta U}{\Delta T}\right)_V = \left(\frac{\partial U}{\partial T}\right)_V. \tag{1.44}$$

(아래 첨자 V는 변화가 일어나는 동안 부피는 고정되어 있다는 것을 의미한다. 기호 ∂는 편미분을 의미한다. 이 경우 U는 T와 V의 함수이지만 미분을 취할 때 T만을 변수로 취급한다.) 식 (1.44)로부터, 이 경우의 열용량은 물체의 온도를 1도 상승시키기 위해 필요한 에너지에 해당되므로, "에너지 용량(energy capacity)"이 더 좋은 이름일 수도 있다. 단, 이때 에너지는 모두 열의 형태일 필요는 없다는 점에 주목하라. 물 1그램에 대한 C_V는 1 cal/℃, 혹은 약 4.2 J/℃이다.

하지만 일상적으로는 물체가 가열될 때 팽창하는 일이 자주 있다. 이 경우에 물체는 환경에 일을 하므로, W가 음이고, C는 C_V보다 큰 값을 갖는다. 즉, 일로 사라진 에너지를 보상하기 위해서 열을 추가로 더해줘야 한다. 물체의 주위 압력이 일정한 경우라면, 필요한 열량은 분명해지는데 단위 온도당의 이 열량을 C_P라고 나타내고 일정압력 열용량(heat capacity at constant pressure)이라고 부른다. 압축-팽창 일에 대한 식을 식 (1.43)에 대입하여 다음 식을 얻는다.

$$C_P = \left(\frac{\Delta U-(-P\Delta V)}{\Delta T}\right)_P = \left(\frac{\partial U}{\partial T}\right)_P + P\left(\frac{\partial V}{\partial T}\right)_P \tag{1.45}$$

오른쪽의 마지막 항이 일로 사라진 에너지를 보상하기 위한 추가적인 열을 나타낸다. 부피가 많이 증가할수록 이 항도 커진다는 것에 주목하라. 고체나 액체의 경우에 $\partial V/\partial T$는 대개 크지 않아 무시할 수 있다. 하지만 기체의 경우에 이 항은 꽤 크다. (여기서 첫 번째 항 $(\partial U/\partial T)_P$는 C_V와 같지는 않다. 편미분을 취할 때 고정시키는 변수가 V가 아니라 P

이기 때문이다.)

식 (1.41)부터 (1.45)까지는 본질적으로 정의들이다. 따라서 그 식들은 어떤 것이던 모든 물체들에 적용된다. 어떤 특정한 물체의 열용량을 결정하는 데에는 일반적으로 세 가지의 선택이 있다. 첫째, 측정하라(문제 1.41을 보라). 둘째, 측정값이 정리된 자료집을 보라. 셋째, 이론적인 예측을 시도해보라. 이 책을 통해서 보겠지만 마지막 선택이 가장 재미있다. 어떤 대상들에 대해서는 우리는 이미 예측하기에 충분히 많은 것을 알고 있다.

우리의 계가 1.3절에서 묘사했듯이 이차항 "자유도"에만 에너지를 저장하고 있다고 가정하자. 그러면 에너지등분배 정리는, 온도에 의존하지 않는 "정적"인 에너지들은 무시하고, $U = \frac{1}{2}NfkT$ 임을 말해준다. 따라서 f 도 온도에 의존하지 않는다고 가정하면,

$$C_V = \frac{\partial U}{\partial T} = \frac{\partial}{\partial T}\left(\frac{NfkT}{2}\right) = \frac{Nfk}{2} \tag{1.46}$$

(이 경우에 $\partial U/\partial T$ 를 계산할 때 V 나 P 중 어느 것을 고정시키던 상관없다는 것에 주목하라.) 이 결과는 물체의 자유도를 측정할 수 있는 직접적인 방법을 준다. 혹은 우리가 이미 이 수를 알고 있다면, 에너지등분배 정리를 시험할 수 있는 방법을 제공한다. 예컨대 헬륨과 같은 단원자분자 기체의 경우, $f = 3$ 이기 때문에 $C_V = \frac{3}{2}Nk = \frac{3}{2}nR$, 즉 몰당 열용량이 $\frac{3}{2}R = 12.5$ J/K 이 될 것을 기대한다. 이원자분자나 다원자분자의 경우에는 분자당 자유도에 비례하여 열용량이 더 커야 한다. 그림 1.13은 수소(H_2) 기체 1몰의 온도

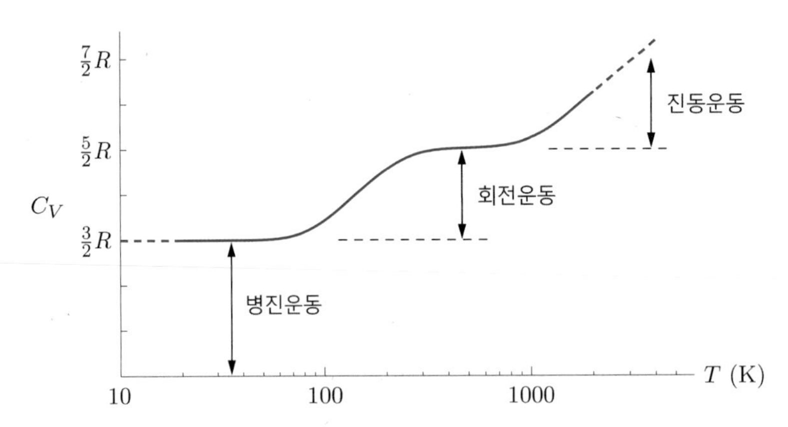

그림 1.13. 1몰의 수소(H_2)기체의 일정 부피 열용량. 온도가 로그 눈금인 것에 주의하라. 약 100 K 이하에서는 세 개의 병진운동 자유도만이 활성화된다. 실온 근처에서는 두 개의 회전운동 자유도가 추가적으로 활성화된다. 1000 K 이상에서는 두 개의 진동 자유도가 역시 활성화된다. 대기압 하에서, 수소는 20 K 에서 액화하며 약 2000 K 에서 분리되기 시작한다. 자료출처는 Woolley et al. (1948).

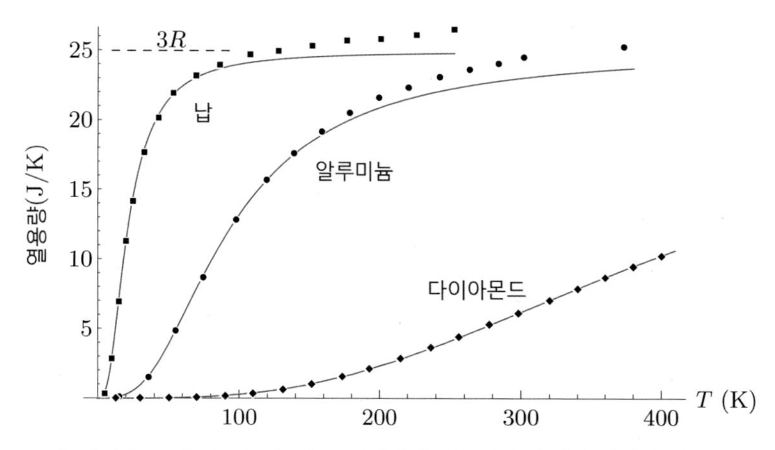

그림 1.14. 세 가지의 고체 각 1몰에 대한 일정압력 열용량의 측정값(데이터 점). 실선은 7.5절의 모형을 사용해서 예측한 일정부피 열용량을 보여주며, 수평 방향의 눈금의 크기는 각 물질의 데이터와 최적합하도록 선택되었다. 충분히 높은 온도에서 각 물질의 C_V는 에너지등분배 정리의 예측값인 $3R$에 접근한다. 고온에서 데이터와 실선 곡선이 어긋나는 것은 주로 C_P와 C_V의 차이에서 기인한다. $T=0$에서 모든 자유도가 얼어붙기 때문에 C_P와 C_V 모두가 영으로 간다. 자료출처는 Y. S. Touloukian, ed., *Thermophysical Properties of Matter* (Plenum, New York, 1970).

에 대한 C_V의 그래프를 보여준다. 낮은 온도에서 진동자유도와 회전자유도가 어떻게 얼어붙는지를 보여주고 있다. 고체의 경우에는 원자당 자유도가 6이다. 따라서 몰당 열용량은 $\frac{6}{2}R = 3R$이어야 한다. 이 일반적인 결과는 뒬롱-프티 법칙(the rule of Dulong and Petit)으로 불린다. 하지만 이 경우에도 낮은 온도에서는 모든 자유도가 얼어붙는다. 따라서 $T \to 0$에서 열용량은 영으로 접근한다. "낮은" 온도의 자격은 그림 1.14가 보여주는 것처럼 물질에 따라 다르다.

일정한 압력에서 기체의 열용량은 어떠한가? 이상기체의 경우에 편미분값 $\partial U/\partial T$는 P를 고정하던 혹은 V를 고정하던 똑같고, 식 (1.45)의 두 번째 항은 이상기체 법칙을 이용해서 계산할 수 있다. 즉, 일정한 압력에서,

$$\left(\frac{\partial V}{\partial T}\right)_P = \frac{\partial}{\partial T}\left(\frac{NkT}{P}\right) = \frac{Nk}{P} \quad \text{(이상기체)}. \tag{1.47}$$

따라서,

$$C_P = C_V + Nk = C_V + nR \quad \text{(이상기체)}. \tag{1.48}$$

다시 말하자면, 이상기체의 일정 압력 열용량은 일정 부피 열용량보다 1몰당 기체상수 R만큼 더 크다. 특이하게도, 열용량에서의 추가적인 항은 압력이 일정하기만 하면 그 압

력값에 의존하지는 않는다. 압력이 높으면 기체가 덜 팽창하기 때문에, 아마도 그런 식으로 기체가 환경에 하는 일이 P에 무관해진다.

문제 1.41. 한 물체의 열용량을 측정하기 위해서 보통 당신이 해야 할 것은, 그것을 열용량을 알고 있는 다른 물체와 열접촉을 시키는 것이다. 예컨대, 끓는 물(100 ℃)에 잠겨있는 금속덩어리를 20 ℃의 물 250 g이 들어있는 스티로폼 컵으로 옮겨 넣는다고 가정하자. 일 분 정도 지난 후에 컵 안의 내용물의 온도는 24 ℃가 되었다. 이 시간 동안 컵 안의 내용물과 주위 사이에 괄목할 만한 에너지 흐름은 없다고 가정하자. 컵 자체의 열용량은 무시할 만하다.

(a) 물이 얻은 열량은 얼마인가?

(b) 금속이 잃은 열량은 얼마인가?

(c) 이 금속 덩어리의 열용량은 얼마인가?

(d) 금속 덩어리의 질량이 100 g이라면 이것의 비열은 얼마인가?

문제 1.42. 알베르트슨의 로티니 트리컬러(Albertson's Rotini Tricolore)의 비열은 대략 1.8 J/g·℃이다. 온도 25 ℃인 이 파스타 340 g을 1.5리터의 끓는 물에 넣는다고 하자. 화덕으로부터 열이 전달되기 전에, 파스타의 투척이 물의 온도에 미치는 영향은 무엇인가?

문제 1.43. 물의 분자당 열용량을 k로 나타내라. 옳지 않은 것이지만, 물의 열에너지가 모두 이차항 자유도에 저장되어 있다고 가정하자. 각 분자는 몇 개의 자유도를 가져야만 하는가?

문제 1.44. 이 책의 뒷부분에 선정된 물질들의 실온에서의 열역학 자료표가 실려 있다. 이 표에서 C_P 값들을 훑어보고, 대략 에너지등분배 정리를 이용해서 대부분의 값들을 설명할 수 있는지 확인하라. 그 중 어떤 값들이 비정상적으로 보이는가?

문제 1.45. 편미분을 취할 때 어떤 변수를 고정시키는가가 왜 중요한지에 대한 예시로써 다음 수학적인 예들을 고려하라. $w = xy$, $x = yz$라고 하자.

(a) w를 순전히 x와 z로만, 그리고 y와 z로만 나타내라.

(b) 다음의 편미분 값들을 계산하고 그것들이 같지 않음을 보여라.

$$\left(\frac{\partial w}{\partial x}\right)_y \quad \text{와} \quad \left(\frac{\partial w}{\partial x}\right)_z$$

(힌트: $(\partial w/\partial x)_y$를 계산하기 위해 x와 y만으로 된 w의 식을 사용하라. 마찬가지로 $(\partial w/\partial x)_z$를 계산하기 위해 x와 z만으로 된 w의 식을 사용하라.)

(c) y와 z에 대한 w의 다른 네 개의 편미분 값들을 계산하고, 어떤 변수를 고정시키는가에 따라 결과가 다르다는 것을 보여라.

문제 1.46. 고체와 액체의 열용량의 측정값들은 거의 항상 일정부피가 아니라 일정압력 조건에서의 값들이다. 그 이유를 보기 위해, 온도가 상승할 때 부피를 고정시키기 위한 압력을 다음과 같이 추정하라.

(a) 우선 일정한 압력에서 물질의 온도를 약간 상승시키는 것을 상상해보자. 이때 부피의 변화 dV_1을 dT와 문제 1.7에서 소개한 열팽창계수 β를 사용해서 써라.

(b) 이번에는 온도를 고정시키고 물질을 약간 압축한다고 상상하자. 이 과정에서 부피의 변화 dV_2를 dP와 다음과 같이 정의된 등온압축률(isothermal compressibility) κ_T를 사용해서 써라.

$$\kappa_T \equiv -\frac{1}{V}\left(\frac{\partial V}{\partial P}\right)_T$$

(등온압축률은 문제 1.39에서 정의한 등온 부피탄성률의 역수이다.)

(c) 마지막으로 위의 (a) 과정에서의 팽창을 상쇄할 만큼 (b) 과정에서 물질을 압축한다고 상상하자. 그러면 부피의 알짜변화는 없기 때문에, dT에 대한 dP의 비는 $(\partial P/\partial T)_V$와 동일하다. 이 편미분 값을 β와 κ_T를 사용해서 나타내라. 그런 후 그 값을 다시 β와 κ_T를 정의하는 편미분 값들로 더욱 추상적으로 나타내라. 이 두 번째의 표현으로 다음 식을 얻어야 한다.

$$\left(\frac{\partial P}{\partial T}\right)_V = -\frac{(\partial V/\partial T)_P}{(\partial V/\partial P)_T}$$

이 결과는 실제로 순전히 수학적인 관계이고, 어떤 두 양이 세 번째 양을 결정하는 식으로 관계된 모든 세 개의 양에 대해서도 성립한다.

(d) 이상기체에 대하여 β, κ_T, 그리고 $(\partial P/\partial T)_V$를 계산하고, 이 세 양들이 (c)의 등식을 만족하는지 확인하라.

(e) 25 ℃ 의 물에 대해 $\beta = 2.57 \times 10^{-4}\,\mathrm{K}^{-1}$, $\kappa_T = 4.52 \times 10^{-10}\,\mathrm{Pa}^{-1}$이다. 물 약간을 20 ℃ 에서 30 ℃ 로 가열한다고 가정하자. 팽창하지 않게 하기 위해서 얼마만큼의 압력을 가해야 하는가? 25 ℃ 에서 $\beta = 1.81 \times 10^{-4}\,\mathrm{K}^{-1}$, $\kappa_T = 4.04 \times 10^{-11}\,\mathrm{Pa}^{-1}$ 인 수은에 대해서 같은 계산을 반복하라. 선택의 여지가 있다면, 이런 물질의 열용량을 일정한 부피와 일정한 압력 중 어느 조건에서 측정하겠는가?

잠열

어떤 상황에서는 계의 온도를 올리지 않고도 열을 가할 수가 있다. 정상적으로 이런 일은 얼음이 녹거나 물이 끓는 등의 상변환(phase transformation)이 일어날 때 가능하다. 전문적으로 표현하자면, 그러면 열용량이 무한대가 된다.

$$C = \frac{Q}{\Delta T} = \frac{Q}{0} = \infty \quad (\text{상변환 과정}) \tag{1.49}$$

하지만 물질이 완전히 녹거나 끓기 위해서 얼마만큼의 열이 필요한지는 여전히 궁금하다. 물질의 질량으로 나눈 이 양은 상변환의 잠열(latent heat)이라고 부르며 L로 쓴다.

$$L \equiv \frac{Q}{m} \quad (\text{상변환을 완수하기 위한 열량}) \tag{1.50}$$

그 과정에서 어떤 양만큼의 일도 가해질 수 있기 때문에 열용량의 정의와 마찬가지로, 이 정의도 모호성을 갖고 있다. 하지만 관례상, 압력이 보통 1기압으로 일정하고, 통상적인 일정-압력 압축이나 팽창에 의한 것을 제외하고는 다른 유형의 일이 없다고 가정한다. 녹는 얼음의 잠열은 333 J/g, 혹은 80 cal/g 이다. 끓는 물의 잠열은 2,260 J/g, 혹은 540 cal/g 이다. 이 수들에 대한 감을 얻기 위해, 물의 온도를 0 ℃ 에서 100 ℃ 로 올리기 위해 100 cal/g 의 열을 가해야 한다는 것을 상기하라.

문제 1.47. 찻물 200 g이 끓는 온도에 있다. 얼음을 얼마만큼 넣어야 편하게 마실 수 있는 온도인 65 ℃ 로 식겠는가? (얼음의 초기 온도는 −15 ℃ 로 가정하라. 얼음의 비열은 0.5 cal/g.℃ 이다.)

문제 1.48. 얼어붙었던 산골짜기에 봄이 찾아들면 겨우내 쌓였던 눈도 마침내 녹기 시작한다. 2 m 깊이에 달하는 눈은 50%가 얼음이고 나머지 50%가 물이다. 지구 표면에 떨어지는 태양의 직사광은 1,000 watts/m^2의 열을 공급하지만 눈은 이 에너지의 90%를 반사한다. 태양의 직사광이 유일한 에너지 원천일 때, 쌓인 눈이 몇 주나 지속될지 추산하라.

엔탈피

일정압력 과정은 자연에서건 실험실에서건 꽤 자주 일어난다. 이 과정에서 가해진 압축-팽창 일을 추적하는 것은 금방 고통스런 일이 된다. 하지만 이것을 약간 쉽게 하는 편리한 수법이 있다. 항상 계의 에너지를 얘기하는 대신에, 보통 1기압의 일정한 압력에서 계가 공간을 차지하는데 필요로 하는 일을 항상 에너지에 포함시키는데 동의하는 것이다. 이 일은 바로 PV이다. 여기서 P는 환경의 압력이고, V는 계의 총 부피, 즉 계가 들어설 수 있도록 확보해야 하는 공간이다. 에너지에 PV를 더한 양을 엔탈피(enthalpy)라고 부르고 H로 쓴다.

$$H \equiv U + PV \tag{1.51}$$

이것은, 무로부터 계를 창조하고 그 환경에 계를 놓기 위해 당신이 가져야만 할 총 에너지이다(그림 1.15를 보라). 혹은, 다른 말로 하자면, 어떤 식으로 당신이 이미 존재하는 계를 소멸시킨다면, 당신이 거두게 되는 에너지(H)는 U뿐만 아니라, 계가 사라질 때 대기가 남겨진 빈 공간을 채우기 위해 하는 일(PV)도 포함한다.

그림 1.15. 무로부터 토끼를 창조하여 식탁 위에 놓기 위해서, 마법사는 토끼의 에너지 U뿐만 아니라, 토끼가 놓일 공간을 만들기 위해 대기를 밀어내는데 필요한, PV에 해당하는, 추가적인 에너지를 소환해야 한다. 필요한 이 총 에너지가 엔탈피, $H=U+PV$이다.

엔탈피의 유용성을 보기 위해, 열을 가하던, 화학반응이 일어나던, 무엇이 됐던 계에 어떤 변화가 일어난다고 가정하자. 그 과정에서 압력은 항상 일정하게 유지한다. 부피, 에너지, 그리고 엔탈피도 모두 변할 수 있고, 그것들을 ΔV, ΔU, ΔH로 부르자. 새 엔탈피는 다음과 같이 쓸 수 있다.

$$\begin{aligned} H+\Delta H &= (U+\Delta U)+P(V+\Delta V) \\ &= (U+PV)+(\Delta U+P\Delta V) \\ &= H+(\Delta U+P\Delta V) \end{aligned} \tag{1.52}$$

따라서 일정압력 과정에서 엔탈피의 변화는

$$\Delta H = \Delta U + P\Delta V \quad (\text{일정한 } P) \tag{1.53}$$

이것은 엔탈피가 두 가지 원인으로 증가할 수 있다는 것을 말해준다. 에너지가 증가하거나, 혹은 계가 팽창을 해서 계가 들어서기 위해 대기에 일을 할 때이다.

이제 열역학 제일 법칙을 상기해보자. 에너지의 변화는 계에 가해진 열과, 계에 가해진 압축-팽창 일, 그리고 전기일과 같은 계에 가해진 모든 다른 유형의 일을 모두 합한 것이다.

$$\Delta U = Q + (-P\Delta V) + W_{\text{다른}} \tag{1.54}$$

이 법칙을 식 (1.53)과 결합하면 다음을 얻는다.

$$\Delta H = Q + W_{\text{다른}} \quad (\text{일정한 } P) \tag{1.55}$$

즉, 일정압력 과정에서는, 압축-팽창 일이 아닌 다른 유형의 일과 열에 의해서만 엔탈피가 증가한다. 달리 말하자면, 에너지 대신에 엔탈피를 고려하면, 당신은 압축-팽창 일에 관한 것들은 모두 잊어버려도 좋다는 것이다. 만약 "다른" 유형의 일도 전혀 없다면, 엔탈피의 변화량이 바로 계에 가해진 열이 된다. (이것이 기호 H를 사용하는 이유이기도 하다.)

일정한 압력 하에서 물체의 온도를 올리는 간단한 경우에는 단위 온도당 엔탈피의 변화는 일정압력 열용량, C_P와 동일하다.

$$C_P = \left(\frac{\partial H}{\partial T}\right)_P \tag{1.56}$$

식 (1.45)와 동일하다는 것을 쉽게 알 수 있겠지만, 이 식은 실제로 C_P를 정의하는 가장 좋은 방법이다. C_V가 실제로 "에너지 용량"으로 불려야 하듯이, C_P도 실제로 "엔탈피 용량"으로 불려야 한다. 그리고 C_V와 마찬가지로, 엔탈피가 전자레인지에서처럼 "다른" 일로 유입될 수 있기 때문에, 반드시 열이 간여될 필요가 전혀 없다.

상변환, 화학반응, 이온화, 용매에서의 해리 등 좀 더 극적인 과정들에서 ΔH 값들의 표가 화학책들에 가득하다. 예컨대, 표준적인 자료표에서 1기압에서 1몰의 물이 끓을 때 엔탈피 변화가 40,660 J인 것을 볼 수 있다. 물 1몰은 약 18그램(산소 16그램과 수소 2그램)이기 때문에, 이것은 물 1그램을 끓일 때 엔탈피의 변화량이 $(40{,}660\ \mathrm{J})/18 = 2{,}260\ \mathrm{J}$인 것을 의미한다. 이것은 정확하게 앞서 잠열로 언급했던 수이다. 하지만 이 에너지 모두가 수증기로 간다는 것은 아니다. 이상기체 법칙에 따르면, 수증기 1몰의 부피는 RT/P이다. 초기 물 1몰의 부피를 무시할 만하므로, 대기를 밀어내는데 필요한 일은

$$PV = RT = (8.31\ \mathrm{J/K})(373\ \mathrm{K}) = 3{,}100\ \mathrm{J}. \tag{1.57}$$

이것은 들어간 에너지 40,660 J의 8%에 불과하지만, 이런 작은 양도 추적하는 것이 필요할 때가 가끔 있다.

또 다른 예로 수소기체와 산소기체가 결합해서 물분자가 합성되는 화학반응을 고려하자.

$$H_2 + \frac{1}{2}O_2 \ \rightarrow\ H_2O \tag{1.58}$$

이 반응에서 생산된 물 1몰당 ΔH는 -286 kJ이다. 표에서 이 양은, 가장 안정된 상태에 있는 자신의 기본적인 구성물로부터 "생성"되기 때문에, 물의 생성엔탈피(enthalpy of formation)로 불린다. (수치적인 값은 반응물과 생성물 모두가 실온 대기압에 있다는 것을 가정한다. 이 수와 다른 수들은 이 책 뒤쪽의 자료표에 수록되어 있다.) 수소 1몰을 연소하면, 286 kJ이 바로 당신이 얻는 열이다. 이 에너지의 거의 모두는 분자들의 열에너지와 화학에너지로부터 온다. 하지만 작은 양은 소비된 기체들로 인해 비워진 공간을 대기가 채우면서 한 일로부터 온다.

여기서 286 kJ 중의 일부분이 열보다는 전기일과 같은 일로써 추출될 수 있는지 궁금해 할지 모르겠다. 전기는 열보다 훨씬 더 유용하고 다목적으로 사용될 수 있기 때문에, 이렇게 된다면 정말 좋을 것이다. 반갑게도 그 답은, 일반적으로 화학반응으로부터의 에너지의 상당 부분을 일로써 추출할 수 있다는 것이다. 하지만 5장에서 보겠지만 그 한계는 존재한다.

문제 1.49. 본문에서 논의했듯이 표준상태에서 수소 1몰이 산소 1/2몰과 연소하는 과정을 고려하자. 생성된 열에너지 중 얼마만큼이 계의 내부에너지의 감소로부터 오는가? 그리고 붕괴하는 대기가 한 일로부터 오는 열에너지는 얼마인가? (물의 부피는 무시할 만하다고 간주하라.)

문제 1.50. 메탄 기체 1몰의 연소를 고려하자.

$$CH_4\,(\text{기체}) + 2O_2\,(\text{기체}) \rightarrow CO_2\,(\text{기체}) + 2H_2O\,(\text{기체})$$

반응 전후에 계는 표준상태(298 K, 10^5 Pa)에 있다.

(a) 우선 메탄 1몰이 자신의 기본적인 구성물들인 흑연과 수소기체로 변환되는 과정을 상상하자. 이 책 뒤쪽의 자료를 사용해서 이 과정의 ΔH를 구하라.

(b) 이 기본적인 구성물들로부터 CO_2 1몰과 수증기 2몰을 생성하는 과정을 상상하자. 이 과정의 ΔH를 결정하라.

(c) 메탄과 산소가 반응하여 이산화탄소와 수증기를 직접 생성하는 실제 과정에서 ΔH는 무엇인가? 설명하라.

(d) "다른" 유형의 일이 가해지지 않는다면, 이 과정에서 방출되는 열은 얼마인가?

(e) 이 과정이 일어나는 동안 계의 에너지의 변화는 얼마인가? 또한, 생성되는 H_2O가 수증기가 아니라 물이라면 그 답은 얼마나 달라지는가?

(f) 태양은 질량이 2×10^{30} kg이고 3.9×10^{26} W의 비율로 에너지를 방출한다. 태양에너지의 원천이 메탄과 같은 통상적인 화학연료의 연소라면, 태양은 얼마나 오래 지속될 수 있겠는가?

문제 1.51. 책 뒤쪽의 자료를 사용해서 포도당 1몰의 연소에 대한 ΔH를 결정하라.

$$C_6H_{12}O_6 + 6O_2 \rightarrow 6CO_2 + 6H_2O$$

이것이 우리의 몸이 필요로 하는 대부분의 에너지를 공급하는 알짜 반응이다.

문제 1.52. 휘발유 1갤런(3.8리터)의 연소 엔탈피는 약 31,000 kcal이다. 콘플레이크 1온스(28그램)의 연소 엔탈피는 약 100 kcal이다. 휘발유 대 콘플레이크의 칼로리당 비용을 비교하라.

문제 1.53. 이 책의 뒤쪽에 있는 자료표에서 수소원자의 생성엔탈피를 살펴보라. 이것은 수소분자 1/2몰이 분리되어 수소원자 1몰이 생성될 때의 엔탈피 변화량이다. (수소분자는 원자 상태보다 안정된 상태이다.) 이 수로부터 수소분자(H_2) 한 개를 분리하는데 필요한 에너지를 eV 단위로 구하라.

문제 1.54. 60 kg 의 도보여행자가 오그덴 산에 있는 수직 높이 1,500 m의 고지를 오르려고 한다.

(a) 그녀가 음식으로 섭취한 화학에너지를 25%의 효율로 역학적인 일에너지로 변환하고, 본질적으로 모든 역학적인 일이 수직으로 오르는데 사용된다는 것을 가정하면, 출발하기 전에 그녀가 섭취해야 할 콘플레이크는 몇 그릇이 되겠는가? (콘플레이크 표준 한 그릇은 28그램이며 100 kcal 의 열량을 함유한다.)

(b) 그녀가 산을 오를 때 콘플레이크의 에너지의 75%는 열에너지로 변환된다. 이 에너지를 분산할 아무런 방법이 없다면 그녀의 체온은 몇 도나 상승하겠는가?

(c) 실제로 이 열에너지는 그녀의 체온을 그다지 올리지는 않는다. 대신에 열에너지는 대부분 그녀의 피부에서 수분을 증발시키는데 사용된다. 잃는 수분을 보충하기 위해서 산을 오르는 동안 그녀는 몇 리터의 물을 마셔야 하겠는가? (그럼직한 온도이지만 25 ℃ 에서 물의 증발에 대한 잠열은 580 cal/g 이고, 이것은 100 ℃ 에서보다 8% 큰 값이다.)

문제 1.55. 열용량은 대개 양의 값이다. 그러나 중요한 부류의 예외들이 있다. 항성들이나 성단처럼 중력으로 서로 끌어당기는 입자들의 계가 그것이다.

(a) 동일한 질량을 가지며 질량중심을 축으로 하여 원 궤도를 도는 단 두 개의 입자로 구성된 계를 고려하자. 이 계의 중력퍼텐셜 에너지가 총 운동에너지에 -2를 곱한 값이 되는 것을 보여라.

(b) 상호 중력에 의해 붙들린 어떤 입자계에 대해서도 최소한 평균적으로 (a)의 결론이 성립한다.

$$\overline{U}_{\text{퍼텐셜}} = -2\overline{U}_{\text{운동}}$$

여기서 $\overline{U}$ 는 충분히 긴 시간에 대해 평균을 취한 전체 계의 해당 유형의 총 에너지를 나타낸다. 이 결과는 비리얼 정리(virial theorem)로 알려져 있다. (Carroll and Ostlie(1996)의 2.4절의 증명을 참조하라.) 그러면, 그런 계에 얼마간의 에너지를 더하고 계가 평형에 이르도록 기다려본다고 가정하자. 총 운동에너지는 증가하겠는가, 감소하겠는가? 설명하라.

(c) 하나의 항성은 서로 중력만으로 상호작용하는 수많은 입자들의 기체로 생각할 수 있다. 에너지등분배 정리에 따르면 그런 항성에서 한 입자의 평균 운동에너지는 $\frac{3}{2}kT$이다. 여기서 T는 평균온도이다. 항성의 총 에너지를 평균온도의 식으로 표현하고 열용량을 계산하라. 부호에 주의하라.

(d) 차원분석을 이용해서 질량 M, 반지름 R인 항성의 총 퍼텐셜에너지가 $-GM^2/R$ 곱하기 크기 1인 어떤 상수임을 논증하라.

(e) 태양의 질량은 2×10^{30} kg이고 반지름은 7×10^{8} m이다. 태양의 평균온도를 추산하라. 단순화하기 위해 태양이 모두 양성자와 전자들로 구성되어 있다고 가정하라.

1.7 과정의 진행률

대개 한 계의 평형상태가 무엇인지를 결정하기 위해서 그 계가 평형에 이르는데 얼마나 많은 시간이 걸리는지 걱정할 필요는 없다. 많은 사람들이 정의하듯이, 열역학은 오직 평형상태 그 자체들만 다룬다. 한편, 과정이 일어나는 시간과 진행률에 관련된 질문들은, 때론 수송이론(transport theory), 혹은 운동학(kinetics)으로 불리는, 관련은 있지만 별개인 주제로 고려된다.

이 책에서 나는 과정의 진행률에 대해서 많이 다루지는 않을 생각인데, 이런 문제들은 종종 꽤 어렵고 그래서 조금 다른 도구들을 요구하기 때문이다. 하지만 수송이론은 충분히 중요한 문제라, 그것에 대해 무언가를, 최소한 좀 더 단순한 측면이라도 이야기할까 한다. 이것이 이 절의 목적이다.*

열전도

뜨거운 물체에서 차가운 물체로 열이 얼마나 빨리 흐르는가? 그 답은 많은 인자들에 의존하고, 특히 주어진 상황에서 어떤 열전달의 "기전(mechanism)"이 가능한가에 의존

* 이 절은 이 책의 주된 줄기를 약간 벗어난다. 다른 절들이 이 절에 의존하지는 않기 때문에 원한다면 이 절을 건너뛰거나 나중에 보아도 된다.

한다.

태양과 지구 사이, 혹은 보온병 안팎의 벽 사이처럼, 두 물체가 빈 공간으로 분리되어 있으면, 가능한 열전달 기전은 오직 전자기파의 복사뿐이다. 복사율의 식은 7장에서 유도될 것이다.

유체(기체나 액체)가 열전달을 매개하면 유체의 덩어리 운동인 대류가 주도적인 기전인 경우가 자주 있다. 대류 속도는 모든 종류의 인자들에 의존하는데, 그 인자들은 유체의 열용량과 유체에 가해질 수 있는 많은 힘들도 포함한다. 이 책에서는 대류 속도의 계산은 다루지 않겠다.

이제 남은 것은 열전도이다. 열전도란 분자 수준에서 물체들이 직접 접촉해서 일어나는 열전달이다. 전도는 고체, 액체, 그리고 기체를 통해서 일어날 수 있다. 액체나 기체에서는 분자적인 충돌을 통해서 에너지가 전달된다. 빠른 분자가 느린 분자에 부딪치면 대개 빠른 데서 느린 데로 에너지가 전달된다. 고체에서는 격자진동을 통해서 열이 전도되는데, 금속이라면 전도전자에 의해서도 열이 전도된다. 좋은 전기전도체는 좋은 열전도체인 경향이 있는데, 같은 전도전자들이 전류와 열에너지를 동시에 운반할 수 있기 때문이다. 한편, 열을 전도하는데 있어서 격자진동은 전도전자보다 훨씬 비효율적이다.

이런 상세한 내용과 상관없이, 열전도율은 짐작하기 어렵지 않은 수학적 법칙을 따른다. 분명하게 하기 위해서 빌딩의 따뜻한 실내와 찬 바깥을 분리하는 유리창을 상상해보자(그림 1.16을 보라). 창을 통과하는 열량 Q는 창의 총면적 A와 열이 창을 통과하는 시간 Δt에 직접 비례할 것으로 기대할 것이다. 그리고 아마도 Q는 창의 두께 Δx에는 역비례할 것으로 기대할 것이다. 마지막으로, 창 안팎의 온도가 같으면 $Q=0$인 방식으로, Q는 창 안팎의 온도에도 의존할 것을 기대할 것이다. 가장 간단한 추측은 Q가 온도 차이

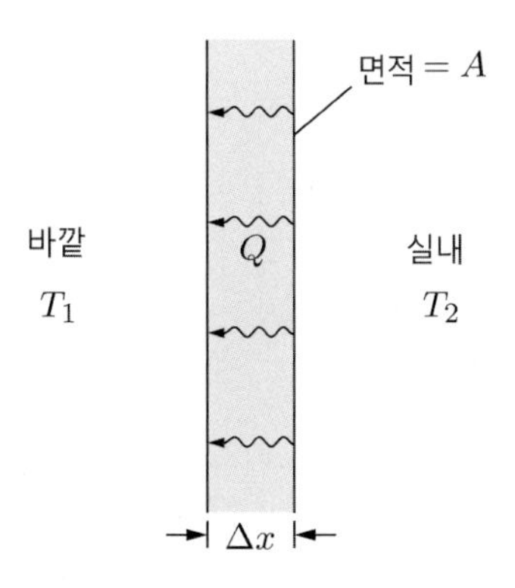

그림 1.16. 유리판의 열전도율은 유리판의 면적 A에 비례하고 두께 Δx에 역비례한다.

$\Delta T = T_2 - T_1$ 에 직접 비례할 것이라는 것이다. 이 추측은 복사에 대해서는 아니지만 전도에 의한 열전달이라면 어떤 경우에도 맞는 것으로 판명된다. 위의 비례 관계들을 정리하자면, 다음과 같이 쓸 수 있다.

$$Q \propto \frac{A\,\Delta T\,\Delta t}{\Delta x}, \text{ 혹은 } \frac{Q}{\Delta t} \propto A\frac{dT}{dx}. \tag{1.59}$$

비례상수는 열을 전도하는 물질에, 이 경우에는 유리에, 의존한다. 이 상수는 그 물질의 열전도도(thermal conductivity)로 불린다. 열전도도를 나타내는 기호는 보통 k 인데, 볼츠만 상수와 구분하기 위해 k_t 라고 표시하겠다. T가 오른쪽 방향으로 증가할 때 Q는 왼쪽 방향으로 흐른다는 사실을 상기하면서, 식 (1.59)에 음부호를 붙이겠다. 그러면 열전도 법칙은 다음과 같이 된다.

$$\frac{Q}{\Delta t} = -k_t A\frac{dT}{dx} \tag{1.60}$$

이 방정식은 푸리에 분석을 발명한 푸리에(J. B. J. Fourier)의 이름을 따서 푸리에 열전도 법칙(Fourier heat conduction law)으로 알려져 있다.

푸리에 열전도법칙을 유도하고 특정한 물질에 대한 k_t 값을 예측하기 위해서는, 열이 전도되는 동안 어떤 일이 일어나는지에 대한 상세한 분자적 모형을 소환해야만 할 것이다. 가장 쉬운 경우인 이상기체에 대해서 다음 작은 절에서 그것을 할 것이다. 당분간은 푸리에의 법칙을 경험적인 사실로 받아들이고, k_t를 어떤 관심 물질이든 측정할 필요가 있는 성질로 취급하자.

통상적인 물질의 열전도도는 네 자릿수 이상의 크기 정도에서 그 값이 변한다. 국제단위인 W/m·K 단위를 사용할 때, 대표적인 값들은 공기의 0.026, 목재의 0.08, 물의 0.6, 유리의 0.8, 철의 80, 구리의 400 등이다. 반복하자면, 좋은 전기 전도체는 좋은 열전도체인 경향이 있다. 공기와 물의 경우 오직 전도에 의한 열전달을 고려한 값들이고, 두 물질의 경우 실제로는 대류에 의한 열전달이 대개 압도적이다.

유리창 문제로 다시 돌아가서, 창의 면적이 1 m^2 이고 두께가 3.2 mm (1/8 inch)라고 하자. 만약 창문 "바로 안쪽"의 온도가 20℃, "바로 바깥쪽"의 온도가 0℃ 라면, 창을 통한 열전도율은

$$\frac{Q}{\Delta t} = \frac{(0.8\ \text{W/m}\cdot\text{K})(1\ \text{m}^2)(293\ \text{K} - 273\ \text{K})}{0.0032\ \text{m}} = 5{,}000\ \text{W}. \tag{1.61}$$

이 수가 터무니없이 커 보인다고해서 당신이 틀린 것은 아니다. 창의 "바로 안쪽"과 "바로 바깥쪽"의 온도차가 그렇게 크다는 위의 가정은 사실 비현실적이다. 창의 안팎에 얇은 정지한 공기층이 항상 존재하고, 이 공기층들이 유리 자체보다도 훨씬 큰 단열효과를 제공하기 때문이다. 결과적으로 실제 열전도율은 수백 와트 수준까지 떨어진다(문제 1.57을 보라).

문제 1.56. 온도차가 20℃ 일 때, 두께 1 mm, 면적 1 m^2 인 정지한 공기층의 열전도율을 계산하라.

문제 1.57. 집소유주와 건축업자는 물질의 열전도도를 얘기할 때 보통 R값을 사용한다(R은 resistance의 머리음). R값은 두께를 열전도도로 나눈 값으로 정의된다.

$$R \equiv \frac{\Delta x}{k_t}$$

(a) 3.2 mm(1/8 inch) 두께의 유리판과 1 mm 정지 공기층의 R값을 각각 국제단위로 계산하라.

(b) 미국에서는 건축자재의 R값을 보통 영국단위 °F·ft^2·hr/Btu를 사용해서 나타낸다. 1 Btu(British thermal unit)는 물 1파운드의 온도를 1°F 올리는데 필요한 에너지이다. R값을 국제단위에서 영국단위로 환산하는 환산인수를 찾아라. (a)의 답을 영국단위로 환산하라.

(c) 공기와 유리, 벽돌과 목재 등과 같이 두 가지의 다른 물질이 샌드위치된 복합층의 유효 총 R값이 개별적인 R값들의 합인 것을 증명하라.

(d) (a)의 유리판의 양면이 1 mm 두께의 정지 공기층으로 덮여 있을 때 유효 R값을 계산하라. (공기층의 유효 두께는 바람이 얼마나 부는가에 따라 달라지겠지만, 1 mm는 대부분의 조건에서 크기 정도로는 맞다.) 이 유효 R값을 사용해서 방 안의 온도가 바깥보다 20℃ 높을 때 면적 1 m^2 인 홑겹 유리판의 열전도율을 추산하라.

문제 1.58. 표준자료표에 따르면 벽 안의 3.5인치 두께의 수직 공기 공간의 R값은 영국단위로 1.0이다. 한편, 3.5인치 두께의 섬유유리솜의 R값은 10.9이다. 3.5인치 두께의 정지한 공기의 R값을 계산하고 앞의 두 기준값들이 합리적인지 논의하라. (힌트: 이 기준값들은 대류 효과를 감안한다.)

문제 1.59. 추운 기후의 전형적인 가옥에서 창, 바닥, 지붕에서 전도에 의한 열손실률을 대략 추정하라. 그런 후 한 달 동안 손실된 에너지를 보충하는데 드는 비용을 추정하라. 가능하다면, 이 추정값을 실제 고지되는 전기/가스 요금과 비교하라. (전기회사는 사용전기량을 3.6 MJ 에 해당하는 kW·hr (킬로와트·시) 단위로 측정한다. 미국에서는 천연가스를 10^5 Btu 에 해당하는 therm 단위로 요금을 매긴다. 전기/가스료는 지역에 따라 다른데, 나는 현재 전기 킬로와트·시 당 약 7센트, 천연가스 therm 당 50센트를 지불하고 있다.)

문제 1.60. 난로 위에서 프라이팬이 200℃로 급격하게 가열된다. 팬은 20 cm 길이의 철제 손잡이를 갖고 있다. 맨 손으로 손잡이 끝을 잡기에 너무 뜨거울 때까지 얼마나 시간이 걸리겠는가? (힌트: 손잡이의 단면적의 크기는 상관이 없다. 철의 밀도는 약 7.9 g/cm^3 이고 비열은 0.45 J/g·℃ 이다.)

문제 1.61. 지질학자들은 땅에 수백 미터 깊이의 구멍을 뚫어 깊이의 함수로 온도를 측정함으로써 지구로부터 방출되는 전도열을 측정한다. 어떤 장소에서 킬로미터 깊이당 온도가 20℃ 만큼 상승하고 암석의 열전도도가 2.5 W/m·K 라고 하자. 이 장소에서 1제곱미터당 열전도율은 얼마인가? 이 값이 지구 어느 장소에서도 전형적이라고 가정할 때, 전도에 의한 지구의 열손실률은 얼마인가? (지구의 반지름은 6400 km 이다.)

문제 1.62. 온도가 길이 방향(x 방향)으로만 변하는 어떤 물질로 된 균일한 막대를 고려하자. 길이가 Δx 인 조그만 조각의 양쪽으로 흘러 들어오는 열을 고려해서 다음의 열 방정식(heat equation)을 유도하라.

$$\frac{\partial T}{\partial t} = K\frac{\partial^2 T}{\partial x^2}$$

여기서 $K = k_t/c\rho$ 이고, c 와 ρ 는 각각 해당 물질의 비열과 밀도이다. (막대 내에서 에너지의 이동은 오직 열전도뿐이고 막대의 양끝에서 들어오거나 나가는 에너지는 없다고 가정하라.) K 가 온도와 무관하다고 가정하고 이 방정식의 해가 다음과 같음을 보여라.

$$T(x,t) = T_0 + \frac{A}{\sqrt{t}}e^{-x^2/4Kt}$$

여기서 T_0는 일정한 주변 온도이고 A는 임의의 상수이다. 몇 개의 t 값에 대하여, x의 함수로 이 해의 그래프를 스케치하라(혹은, 컴퓨터를 사용해서 작성하라). 이 해를 물리적으로 해석하고, 시간이 지나면서 에너지가 막대를 통해 어떻게 퍼지는지 상세하게 논의하라.

이상기체의 전도도

기체에서 열전도율의 한계는 한 분자가 다른 분자와 충돌하지 않고 얼마나 멀리 운동할 수 있는가에 달려 있다. 충돌 간에 한 분자가 운동하는 평균거리는 평균자유거리(mean free path)로 불린다. 희박한 기체에서라면, 한 분자가 실제로 부딪치지 않으면서 대부분의 이웃 분자들을 지나칠 수 있기 때문에, 평균자유거리는 분자 간의 평균거리보다 훨씬 길다. 희박한 기체에서 평균자유거리를 대충 추정해보자.

단순하게 하기 위해서, 모든 분자들은 제자리에 얼어붙어 있고 한 분자만 운동한다고 가정하자. 이 한 분자를 '우리' 분자라고 부르자. 우리 분자는 연이은 충돌 사이에 얼마나 멀리 운동할까? 우리 분자의 중심이 다른 분자의 중심으로부터 지름 거리(r이 분자의 반지름일 때 $2r$) 안에 들어올 때 분자들의 충돌이 일어난다(그림 1.17을 보라). 달리 말하자면, 우리 분자의 반지름은 $2r$이고 다른 분자들은 모두 점이어서, 우리 분자가 점들과 부딪칠 때 충돌이 일어난다고 생각할 수 있다. 실제 그렇다고 생각해보자. 그렇다면, 우리 분자가 운동할 때, 그것은 반지름이 $2r$인 가상적인 원통 모양의 공간을 쓸고 간다. 이 원통의 부피가 기체의 분자당 부피의 평균값과 같을 때 분자 간 충돌이 일어난다고 여길 수 있다. 평균자유거리 ℓ은 대략 이 조건을 만족시키는 원통의 길이이다.

$$\text{원통의 부피} = \text{평균 분자당 부피}$$
$$\Rightarrow \pi(2r)^2\ell \approx \frac{V}{N}$$
$$\Rightarrow \ell \approx \frac{1}{4\pi r^2}\frac{V}{N} \qquad (1.62)$$

다른 분자들의 운동이나 한 분자의 자유 경로의 길이가 충돌마다 다른 것을 무시했기 때문에, '≈' 기호는 이 식이 그저 ℓ에 대한 대충 근사라는 것을 의미한다. 실제 평균자유거리는 1과 크게 다르지 않은 수치인수 만큼만 차이가 있을 것이다. 하지만, 분자들의 경계가 명확한 것도 아니고 대부분의 분자들이 구형도 아니어서 r 자체도 잘 정의되지 않

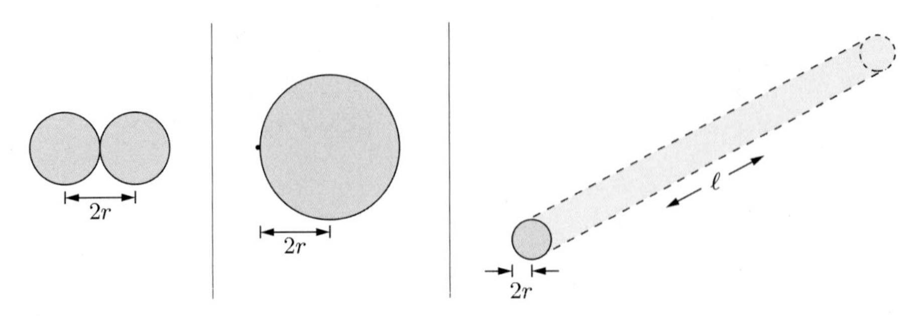

그림 1.17. 분자의 중심들 간의 거리가 반지름 r의 두 배일 때 충돌이 일어난다. 한 분자의 반지름이 $2r$이고 다른 분자는 점이라고 생각해도 마찬가지이다. 반지름이 $2r$인 구가 거리 ℓ인 직선운동을 하면, 구는 부피가 $4\pi r^2\ell$인 원통 공간을 쓸고 간다.

기 때문에, 정확한 계산에 큰 의미를 둘 필요는 없다.*

질소나 산소 분자의 유효반지름은 1 내지 2옹스트롬 정도이니 $r = 1.5\ \text{Å} = 1.5 \times 10^{-10}\ \text{m}$라고 하자. 공기를 이상기체로 취급하면, 실온 대기압에서 분자당 부피는 $V/N = kT/P = 4 \times 10^{-26}\ \text{m}^3$이다. 이 수들을 사용하면 식 (1.62)는 평균자유거리가 150 nm임을 예측하고, 이는 공기 분자들 간의 평균 거리의 약 40배에 해당한다. 충돌 간의 평균 시간도 추정할 수 있다.

$$\overline{\Delta t} = \frac{\ell}{\bar{v}} \approx \frac{\ell}{v_{\text{rms}}} \approx \frac{1.5 \times 10^{-7}\ \text{m}}{500\ \text{m/s}} = 3 \times 10^{-10}\ \text{s} \tag{1.63}$$

이제 열전도로 돌아가자. 온도가 x방향으로 증가하는 기체의 작은 영역을 고려하자(그림 1.18). 그림의 두꺼운 점선은 x방향에 수직인 평면을 나타낸다. 여기서 내 의도는 이 평면을 지나서 흐르는 열량을 추정하는 것이다. Δt를 평균충돌시간이라고 하자. 이 시간 동안 각 분자는 대략 평균자유거리만큼 충돌하지 않고 운동을 한다. 상자 1과 2의 두께를 ℓ이라 하자. 그렇다면 Δt동안 점선을 오른쪽으로 지나는 분자들은 상자 1의 어딘가에서 출발한 것이고, 마찬가지로 같은 시간 동안 점선을 왼쪽으로 지나는 분자들은 상자 2의 어딘가에서 출발한 것이다. yz평면 방향으로 이 상자들의 단면적은 둘 다 A이다. 상자 1에 들어있는 모든 분자들의 총에너지가 U_1이라면, 어떤 순간이라도 분자들의 반이 오른쪽을 향해 운동한다고 볼 수 있으므로, 점선을 오른쪽으로 지나서 흐르는 에너지는

* 이와 관련해서, 나는 충돌이 무엇인지 정확한 정의도 내리지 않았다. 어쨌든 분자들은 먼 거리를 지나면서도 서로 당기거나 밀어낼 수 있다. 수송과정을 좀 더 조심스럽게 다룬 논의는 Reif(1965)를 참조하라.

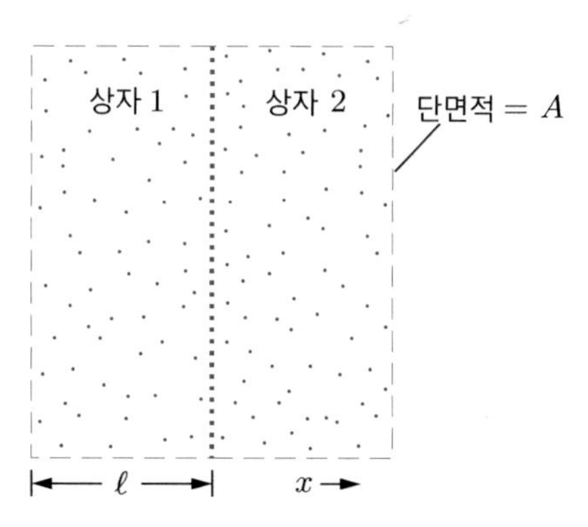

그림 1.18. 상자 1에서 상자 2로 운동하는 분자들과 상자 2에서 상자 1로 운동하는 분자들의 평균에너지가 다르기 때문에 점선을 지나는 열전도가 일어난다. 두 상자 사이의 자유운동은 대략 평균자유거리에 걸쳐 일어난다.

대략 $U_1/2$ 이다. 마찬가지로 점선을 왼쪽으로 지나서 흐르는 에너지는 상자 2의 총에너지의 반, 즉 $U_2/2$ 이다. 따라서 점선을 지나 흐르는 알짜열은

$$Q = \frac{1}{2}(U_1 - U_2) = -\frac{1}{2}(U_2 - U_1) = -\frac{1}{2}C_V(T_2 - T_1) = -\frac{1}{2}C_V \ell \frac{dT}{dx}. \tag{1.64}$$

여기서 C_V 는 상자 1이나 2에 들어있는 기체의 열용량이고, T_1 과 T_2 는 각 상자들의 평균온도이다. (마지막 단계에서 두 상자의 중심 간의 거리가 ℓ 인 것을 이용했다.)

식 (1.64)는 열전도율이 온도차에 직접 비례한다는 푸리에의 법칙을 확인해준다. 게다가 식 (1.60)과 비교하면, 열전도도를 명시적으로 예측할 수도 있다.

$$k_t = \frac{1}{2}\frac{C_V \ell}{A\Delta t} = \frac{1}{2}\frac{C_V}{A\ell}\frac{\ell^2}{\Delta t} = \frac{1}{2}\frac{C_V}{V}\ell\bar{v} \tag{1.65}$$

여기서 $\bar{v}$ 는 분자들의 평균속력이다. C_V/V 는 기체의 부피당 열용량인데 다음과 같이 계산할 수 있다.

$$\frac{C_V}{V} = \frac{\frac{f}{2}Nk}{V} = \frac{f}{2}\frac{P}{T} \tag{1.66}$$

여기서 f 는 분자당 자유도이다. 하지만 기체의 ℓ 이 V/N 에 비례한다는 것을 상기하라. 따라서 주어진 기체의 열전도도는, $\bar{v} \propto \sqrt{T}$ 를 통해서, 혹은 가능하다면 f 를 통해서, 온도에만 의존해야 한다. 제한된 온도 범위 안에서 자유도는 상당히 일정하기 때문에 결국 k_t 는 절대온도의 제곱근에 비례해야 한다. 매우 다양한 기체에서 행해진 실험들은 이 예

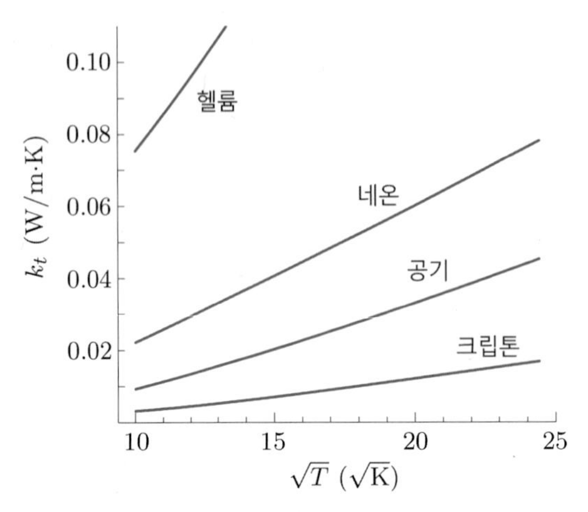

그림 1.19. 절대온도의 제곱근에 대해 작성된 선정된 기체들의 열전도도 그래프. 식 (1.65)가 예측하듯이 곡선들은 근사적으로 선형적이다. 자료출처는 Lide (1994).

측을 확인해주었다(그림 1.19를 보라).

실온 대기압의 공기에 대해, $f=5$ 이므로 $C_V/V = \frac{5}{2}(10^5\ \text{N/m}^2)/(300\ \text{K}) \approx 800\ \text{J/m}^3\cdot\text{K}$ 이다. 따라서 식 (1.65)에 의해 열전도도의 예측값은

$$k_t \approx \frac{1}{2}(800\ \text{J/m}^3\cdot\text{K})(1.5\times 10^{-7}\ \text{m})(500\ \text{m/s}) = 0.031\ \text{W/m}\cdot\text{K}. \tag{1.67}$$

이 값은 측정값인 0.026 보다 살짝 큰 값일 뿐이다. 이 절에서 취한 모든 거친 근사들을 고려했을 때 나쁘지 않은 결과이다.

이제까지 소개한 기체의 열전도도에 대한 분석들은 운동론(kinetic theory)으로 불리는 이론의 예이다. 운동론은 실제 분자들의 운동에 기반한 열물리학의 접근 방법이다. 또 다른 예는 1.2절에서 보여준 이상기체의 미시적 모형이다. 운동론이 가장 직접적이고 구체적인 열물리학의 접근 방법인 반면, 가장 어렵기도 하다. 다행스럽게도, 분자들이 어떻게 운동하는지 그 상세한 측면들을 알지 않고도, 물질의 평형상태의 대부분의 성질들을 예측할 수 있는 훨씬 더 쉬운 방법들이 존재한다. 하지만 과정의 "진행률"을 예측하기 위해서는 대개 운동론에 의존해야 한다.

문제 1.63. 대략 얼마만큼의 압력에서 실온의 공기 분자의 평균자유거리가 10 cm가 되겠는가? 10 cm는 전형적인 실험기구의 크기 정도이다.

문제 1.64. 실온에서의 헬륨의 열전도도를 대략 추산하라. 왜 그 결과가 공기에 대한 값과 다른지 설명하면서 결과를 논의하라.

문제 1.65. 당신이 19세기에 살고 있어서 아보가드로의 수를,* (혹은 볼츠만 상수나 아무런 분자의 질량이나 크기의 값들을) 알지 못한다고 하자. 비교적 쉬운 다른 실험들과 함께 어떤 기체의 열전도도를 측정함으로써, 아보가드로의 수를 어떻게 대략 추산할 수 있을지 보여라.

점성

분자 수준에서 유체를 통해 퍼져나갈 수 있는 것이 에너지만 있는 것은 아니다. 운동량도 퍼져나갈 수 있다.

그림 1.20에서 보여준 상황을 고려해보자. 두 개의 평행한 고체 표면이 상대적인 운동을 하며, 둘 사이는 액체나 기체로 채워진 틈으로 분리되어 있다. 바닥 면이 정지해있고 천장 면이 $+x$ 방향으로 움직이는 기준계에서 따져보자. 유체의 운동은 어떠할까? 정상적인 온도에서 유체 분자들은 초당 수백 미터의 열속도로 다투어 움직일 것이다. 하지만 당분간 이 운동은 무시하고 대신에 거시적인 규모에서 일어나는 평균적인 운동을 물어보자. 거시적인 관점에서는, 바닥 면 바로 위의 유체는 정지해 있어야 한다고 추측하는 것이 자연스럽다. 이 유체는 바닥 면에 "붙어있는" 얇은 층을 이룬다. 기준계는 임의적인 것이므로, 같은 이유에서 천장면에도 얇은 유체층이 천장면에 "붙어서" 천장면과 함께 움직인다. 두 층의 사이에서 유체는 난류성이고 혼돈적일 수 있다. 하지만 그런 경우는 아니라고 가정하자. 즉, 유체의 운동이 충분히 느리고 틈이 충분히 좁아서, 유체의 흐름이 순전히 수평적이라고 가정하자. 이런 흐름을 층류(laminar)라고 부른다. 층류를 가정하면, 유체의 x 방향 속도는 그림에서 보여준 것처럼 z 방향으로 꾸준히 증가할 것이다.

매우 낮은 온도에서 몇 가지의 예외가 있긴 하지만, 모든 유체가 이런 종류의 층밀림(shearing)과 차동(differential) 흐름으로 저항하는 경향이 있다. 이 저항을 점성(viscosity)

* 1856년에 사망한 아보가드로(Amedeo Avogadro) 자신은 후세에 자신의 이름을 따라 명명된 그 수의 수치적 값을 전혀 몰랐다. 아보가드로 수는, 밀리칸(Robert Millikan)이 전하량의 기본적인 단위를 측정한 1913년 즈음이 돼서야 처음으로 정확하게 결정되었다. 다른 사람들이 그 당시 간단히 수소이온으로 불렀던 양성자의 질량 대 전하의 비를 이미 측정했었기 때문에, 그 시점에서는 양성자의 질량과 1그램을 만들기 위한 양성자의 수를 계산하는 것은 쉬웠다.

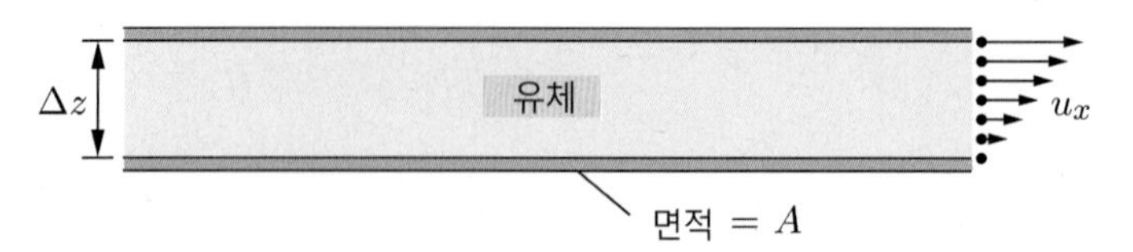

그림 1.20. 점성을 예시하는 가장 단순한 배치. 두 표면이 서로를 지나쳐 미끄러지며 유체로 채워진 틈으로 분리되어 있다. 운동이 충분히 느리고 틈이 충분히 좁으면 유체의 흐름은 층류가 된다. 즉, 거시적 규모에서 유체는 난류성이 없이 오직 수평적으로만 움직인다.

이라고 부른다. 유체의 천장층이 자신의 전진 운동량의 일부분을 바로 밑의 층에 넘겨주고, 바로 밑의 층은 다시 다음 밑의 층에 운동량을 넘겨주고, 이런 작용은 바닥층까지 계속된다. 바닥층류는 바닥면에 전진 방향의 힘을 가한다. 천장층에서의 운동량의 손실은, 동시에 뉴턴의 제삼 법칙에 의해, 천장층이 천장면에 후진 방향의 힘을 가하게 한다. 유체의 점성이 더 클수록, 운동량의 전달이 더 효율적이 되고 이 힘들도 더 커질 것이다. 공기의 점성은 그리 크지 않고, 옥수수 시럽의 점성은 크다.

열전도도와 마찬가지로, 점성 항력이 주어진 상황의 기하적 구조에 어떻게 의존할지 짐작하는 것은 어렵지 않다. 옳은 것으로 판명되지만 가장 단순한 추측은, 그 힘이 표면의 접촉 면적에 비례하고, 틈 간격에는 역비례하며, 두 표면들의 속도 차이에 직접 비례할 것이라는 것이다. 그보다 훨씬 빠른 열속도와 구별하기 위해 거시적인 속도를 u_x 로 나타내는 그림 1.20의 표기법을 사용하면,

$$F_x \propto \frac{A \cdot (u_{x,\text{천장}} - u_{x,\text{바닥}})}{\Delta z}, \quad \text{혹은} \quad \frac{F_x}{A} \propto \frac{\Delta u_x}{\Delta z}. \tag{1.68}$$

이때 비례상수를 점성계수(coefficient of viscosity), 혹은 간단히 점도(viscosity)라고 부른다. 이 계수의 표준 기호는 그리스 문자 η 이다. 그래서 힘의 식은 다음과 같이 된다.

$$\frac{|F_x|}{A} = \eta \frac{du_x}{dz} \tag{1.69}$$

여기서 F_x 에 절댓값 기호를 취한 것은 두 판의 어느 것이던 가해지는 힘의 크기를 나타내기 위함이다. 두 판에 가해지는 힘은 크기는 같으나 방향이 반대이다. 단위 면적당의 힘은 압력과 단위가 같다(Pa, 혹은 N/m^2). 하지만 그렇다고 이 힘을 압력으로 부르지는 않는다. 이 힘이 표면에 수직하지 않고 평행하기 때문이다. 그러한 단위 면적당의 힘을 부르는 올바른 용어는 층밀림 변형력(shear stress)이다.

식 (1.69)는 점성계수가 국제단위로 파스칼-초의 단위를 갖는다는 것을 말해준다. (때

때로 점도의 단위를 포아즈(poise)로 쓰는 것을 볼 수 있을 것이다. 이것은 cgs 단위이며 dyne·second/cm^2과 같은데, 국제단위보다 10배 작다.) 점도는 유체에 따라 넓은 범위에서 달라지고 온도에 따라서도 상당히 달라진다. 0℃에서 물의 점도는 0.0018 Pa·s이지만 100℃에서는 0.00028 Pa·s 밖에 되지 않는다. 실온에서 저점도 모터오일(SAE 10)의 점도는 약 0.25 Pa·s이다. 기체의 점도는 훨씬 더 작아서, 예컨대 실온에서 공기의 점도는 19 μPa·s이다. 놀랍게도 이상기체의 점도는 압력과 무관하며 온도에 대해 증가함수이다. 이 이상한 거동은 약간의 설명을 필요로 한다.

앞 소절에서 언급한 것처럼 이상기체의 열전도도가 유사한 거동을 보인다는 사실을 상기하라. 즉, 열전도도도 압력에 무관하고 온도에 대해서 $\sqrt{T}$에 비례하는 증가함수였다. 공기 덩어리가 운반하는 에너지양은 입자 밀도 N/V에 비례하지만, 이 의존도는 k_t 안에서 상쇄된다. 에너지가 한 번에 운반되는 거리인 평균자유거리가 V/N에 비례하기 때문이다. 결국 k_t의 온도의존도는 남은 인자인 $\bar{v}$, 기체분자의 평균 열속력으로부터 온다(식 (1.65)를 보라).

기체에서 수평 방향의 운동량의 수직 방향으로의 전달도 정확히 같은 방식으로 세 가지의 인자에 의존한다. 기체에서 운동량 밀도, 평균자유거리, 그리고 평균열속력이 그것들이다. 첫 두 인자는 입자 밀도에 의존하지만 이 의존도는 상쇄된다. 즉, 밀도가 높은 기체는 더 큰 운동량을 운반하지만 마구잡이 열운동이 그 운동량을 한 번에 보다 짧은 거리에서 전달한다. 하지만 높은 온도에서는 분자들이 더 빨리 움직인다. 이 그림에 따르면 열전도도처럼 기체의 점도도 $\sqrt{T}$에 비례해야 하고, 실험들이 이 예측을 확인해준다.

그렇다면 온도가 증가할 때 왜 액체의 점도는 감소할까? 액체에서는 밀도와 평균자유거리는 본질적으로 온도와 압력에 무관하다. 하지만 다른 인자가 역할을 한다. 온도가 낮고 열운동이 느리면 분자들은 충돌하면서 서로 더 잘 달라붙는다. 이 결합은 한 분자에서 다른 분자로의 운동량 전달을 매우 효율적으로 만든다. 고체와 같은 극단적인 경우에는, 분자들은 대략 영구적으로 서로 결합하고 점도는 거의 무한대가 된다. 고체도 유체처럼 흐를 수 있긴 하지만 지질학적인 시간 규모에서나 가능하다.

문제 1.66. 열전도도의 경우와 유사한 방법을 사용해서 이상기체의 점도를 기체의 밀도, 평균자유거리, 그리고 평균열속력의 근사식으로 유도하라. 점도가 압력에 무관하고 온도의 제곱근에 비례한다는 것을 명시적으로 보여라. 실온에서 공기에 대해 식을 수치적으로 계산하고 본문에서 언급한 실험값과 비교하라.

▌확산

열전도는 마구잡이 열운동에 의한 에너지의 수송이다. 점성은 운동량의 수송으로 야기되며, 기체의 경우에 이는 주로 열운동에 의해 일어난다. 마구잡이 열운동에 의해 수송될 수 있는 세 번째 양은 농도가 높은 영역에서 낮은 영역으로 퍼져나가는 경향이 있는 입자들 자체이다. 예컨대, 컵 안의 잔잔한 물에 식품착색제 한 방울을 떨어트리면, 염료가 사방으로 천천히 퍼져나가는 것을 볼 수 있을 것이다. 입자들이 이렇게 퍼져나가는 현상을 확산(diffusion)이라고 부른다.*

에너지와 운동량의 흐름과 마찬가지로, 확산에 의한 입자들의 흐름도 짐작하기 꽤 쉬운 한 방정식을 따른다. 열전도가 온도차에 의해서 야기되고, 점성항력이 속도차에 의해서 야기되듯이, 확산은 입자들의 농도차에 의해서 야기된다. 여기서 농도는 단위부피당 입자들의 수, N/V이다. 이 절에서, 그리고 오직 이 절에서만, 기호 n은 입자농도를 나타낸다. 기하적 구조를 단순하게 하기 위해, 어떤 유형의 입자들에 대한 n이 x 방향으로 균일하게 증가하는 영역을 상상해보자(그림 1.21을 보라). 어떤 표면이던 그것을 관통하는 입자들의 다발(flux)은 단위시간과 단위면적당 그 표면을 관통하는 입자들의 알짜 수이다. 입자다발을 나타내는 기호는 $\vec{J}$이다. 그러면 식 (1.60)과 (1.69)와 유사하게, $|\vec{J}|$가 dn/dx에 비례한다는 것을 아마 짐작할 수 있을 것이다. 또다시, 이 추측은 대부분의 상황에서 맞다는 것이 판명된다. 비례상수를 기호 D로 나타내면 다음과 같이 쓸 수 있다.

$$J_x = -D\frac{dn}{dx} \tag{1.70}$$

여기서 음부호는 dn/dx가 양일 때 다발이 음의 x 방향이라는 것을 나타낸다. 이 방정식은 19세기 독일의 생리학자 픽(Adolf Eugen Fick)의 이름을 따서 픽의 법칙(Fick's law)으로 알려져 있다.

상수 D는 확산계수(diffusion coefficient)라 불리며, 확산하는 입자들의 유형과 확산되는 물질 모두에 의존한다. 국제단위(m^2/s)를 사용해서, 실온 근처에서 물에서의 확산계수는 H^+ 이온의 9×10^{-9}로부터 자당(sucrose)의 5×10^{-10}, 그리고 단백질과 같은 고분자의 경우 수배의 10^{-11}에 이르는 범위의 값을 갖는다. 기체에서의 확산은 더 빠르다.

---

* 문제 1.22는 좀 더 단순한 과정으로, 기체가 조그만 구멍을 통해 진공으로 퍼져나가는 분출(effusion)을 다룬다.

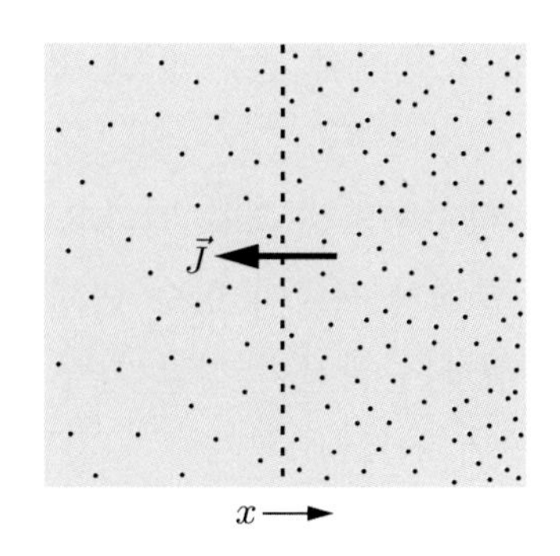

그림 1.21. 분자의 농도가 왼쪽에서 오른쪽으로 증가할 때, 분자들의 알짜 흐름인 확산(diffusion)이 오른쪽에서 왼쪽으로 일어난다.

실온 대기압의 공기에서 확산하는 CO 분자의 경우 $D = 2 \times 10^{-5}\ \mathrm{m^2/s}$이다. 공기를 통해 확산하는 다른 작은 분자들도 유사한 D값을 갖는다. 아마 기대하겠지만, 일반적으로 확산계수는 온도가 상승할 때 증가한다.

생물의 세포, 구름 방울, 반도체 가공 등과 같이 작은 규모에서는 확산이 극도로 중요하지만, 위에서 언급했듯이 D값이 작다는 것은 큰 규모의 섞임에서는 확산이 효율적인 기전은 아니라는 것을 의미하기도 한다. 빨리 따져볼 수 있는 예로, 유리컵 안의 물에 떨어트린 식품착색제 한 방울을 고려해보자. 염료가 이미 유리컵의 반을 균일하게 퍼져나갔다고 상상하자. 염료가 컵의 다른 반으로 퍼질 때까지 시간이 얼마나 걸릴까? 픽의 법칙에 따라, 매우 대략적이지만 다음과 같이 쓸 수 있다.

$$\frac{N}{A\Delta t} = D\frac{N/V}{\Delta x} \tag{1.71}$$

여기서 N은 염료 분자의 총수이고, Δx는 약 0.1 m이고, $V \approx A \cdot \Delta x$이다. 그리고 전체의 반에 해당하는 입자들이 모두 컵의 한쪽에서 다른 쪽으로 이동하는데 Δt의 시간이 걸린다는 것을 의미하도록, 입자다발은 같은 N을 사용해서 썼다. 착색제 분자들이 실제로 얼마나 큰지는 모르지만 자당과 크게 다르지는 않을 것이기 때문에 $D = 10^{-9}\ \mathrm{m^2/s}$으로 추측하겠다. Δt에 대해서 풀면 10^7초, 즉 거의 네 달이 된다. 그러나 실제로 물과 착색제 실험을 해보면 아마 이보다는 훨씬 빨리 섞일 것이다. 이것은 물의 덩어리 운동, 즉 대류 때문이다. 하지만 착색된 물과 깨끗한 물의 경계를 매우 세밀하게 살피면 확산이 일어나고 있는 것을 볼 수 있을 것이다.

문제 1.67. 식품착색제나 설탕이 물에서 일분 동안 확산되는 거리를 대충 추산하라.

문제 1.68. 방의 한쪽 끝에서 향수병의 뚜껑을 연다고 하자. 만약 확산이 수송의 유일한 기전이라면, 방의 다른 쪽 끝에서 사람이 향수 냄새를 맡을 때까지 아주 대충 얼마나 시간이 걸리겠는가? 이 상황에서 확산이 정말 가장 압도적인 수송기전이라고 생각하는가?

문제 1.69. 유체로 채워진 좁은 관이 있다. 유체에는 어떤 유형의 분자들이 들어있고 그 농도가 오직 관의 길이 방향(x 방향)에만 의존하여 달라진다고 하자. 짧은 조각 Δx의 양쪽에서 유입되는 이 입자들의 다발을 고려하여, 다음과 같은 픽의 제이 법칙(Fick's second law)을 유도하라.

$$\frac{\partial n}{\partial t} = D\frac{\partial^2 n}{\partial x^2}$$

문제 1.62에서 유도된 열방정식과의 유사성에 주목하여, 이 방정식이 암시하는 바를 상세히 논의하라.

문제 1.70. 열전도도의 경우와 유사한 방법으로, 이상기체의 확산계수를 평균자유거리와 평균열속력으로 나타내는 근사식을 유도하라. 실온 대기압의 공기에 대하여 이 식을 수치적으로 계산하고 본문에서 인용한 실험값과 비교하라. 고정된 압력에서 D는 T에 어떻게 의존하는가?

인간은 상당한 정도로 온도보다는 에너지 흐름에 민감하다. 추운 이른 아침 목재와 금속재로 만든 변기의자가 갖춰진 산장의 옥외화장실이라면 당신도 이것을 입증할 수 있다. 두 의자는 모두 같은 온도에 있다. 하지만, 그리 좋지 않은 온도계인 당신의 엉덩이는 그럼에도 불구하고 두 개의 의자를 구별하는데 매우 효과적이다.

—Craig F. Bohren and Bruce A. Albrecht,
Atmospheric Thermodynamics
(Oxford University Press, New York, 1998).

제2장

제이 법칙

앞선 장에서는 열열학계에 적용되는 에너지보존법칙을 탐구했다. 그리고 열, 일, 온도의 개념들도 소개했다. 하지만 아직 답하지 않은 어떤 매우 근원적인 질문들이 여전히 남아있다. 온도가 정말로 무엇인지, 열이 왜 뜨거운 물체에서 차가운 물체로 저절로 흐르고 절대로 반대 방향으로는 흐르지 않는지와 같은 질문들이다. 이 질문들을 좀 더 일반적인 표현으로 말하자면, 왜 많은 열역학적 과정들이 한 방향으로만 일어나고 절대 역방향으로는 일어나지 않는가일 것이다. 이것은 열열학의 큰 질문이고, 우리는 이제 그 답을 찾아 나서려고 한다.

우선 짧게 말하자면 답은 이렇다. "비가역적 과정은 불가피한 것이 아니라, 단지 압도적으로 확률이 높을 뿐이다." 예컨대, 뜨거운 물체에서 찬 물체로 열이 흐를 때 에너지는 대략 마구잡이로 떠돌아다닌다. 하지만 잠시만 기다리면, 에너지는 계의 모든 부분에서 훨씬 더 "균일하게(uniformly)" 분포할 확률이 압도적이다. 여기서 "균일하다"는 의미에 대해서는 내가 곧 다시 정확하게 설명할 것이다. 에너지가 마구잡이식으로 재배열될 때, "온도"는 에너지가 한 물체로 들어올지 아니면 그 물체를 떠날 것인지 그 경향을 정량화하는 방법이다.

이 생각들을 정확하게 하기 위해서, 계가 어떻게 에너지를 저장하는지, 그리고 에너지를 배열하는 방법들을 어떻게 세는지를 배울 필요가 있다. 사물들이 배열되는 방법들을 세는 수학을 조합론(combinatorics)이라고 부르는데, 이 주제에 대한 짧은 소개로 이 장을 시작하겠다.

2.1 두 상태 계

각각 10원, 50원, 100원짜리인 동전 세 개를 마구잡이로 던진다고 하자. 가능한 결과는 어떤 것들이 있을까? 그렇게 많지는 않으므로 표 2.1에 모든 가능한 경우들을 나열해 보겠다. 이런 무작정한 방법이지만 여덟 가지의 결과들을 셀 수 있다. 동전들이 공정하다면, 각 결과들은 확률적으로 동등할 것이고, 따라서 세 개 모두 앞면이거나 모두 뒷면이 나올 확률은 두 경우 모두 8분의 1이 된다. 두 개가 앞면이 나오고 하나가 뒷면이 나오는 경우는 세 가지가 있기 때문에, 이런 결과가 나올 확률은 3/8이고, 한 개의 앞면과 두 개의 뒷면이 나올 확률도 마찬가지이다.

이제 약간 환상적인 용어들을 도입해보자. 여덟 가지의 다른 결과들 각각을 미시상태

표 2.1. 세 개의 동전 모음이 보일 수 있는 모든 가능한 "미시상태"들의 목록. 여기서 'H'는 앞면을, 'T'는 뒷면을 각각 나타낸다.

10원 동전	50원 동전	100원 동전
H	H	H
H	H	T
H	T	H
T	H	H
H	T	T
T	H	T
T	T	H
T	T	T

(microstate)라고 부른다. 일반적으로 계의 미시상태를 명시하기 위해서는 입자들 개개의, 동전 세 개의 예에서는 앞면인지 뒷면인지 동전 개개의 상태를 명시해야 한다. 만약, 동전 개개의 상태에 개의치 않고 전체 동전들 중에서 앞면이 나온 동전이 몇 개인가를 말함으로써 좀 더 일반적인 방식으로 계의 상태를 명시한다면, 그 상태는 거시상태(macrostate)라고 불린다. 물론, 당신이 'HHT'와 같은 계의 미시상태를 안다면, '두 앞면'이라는 계의 거시상태 또한 아는 것이 된다. 하지만 그 역은 사실이 아니다. 즉, 두 앞면이 나왔다는 것으로부터 각 동전의 상태를 알 수는 없다. 이 거시상태에 해당하는 미시상태로 세 가지 경우가 존재하기 때문이다. 주어진 거시상태에 해당하는 미시상태들의 수를 그 거시상태의 겹침수(multiplicity)라고 부른다. 즉, 이 거시상태의 겹침수는 3이다.

겹침수를 나타내는 부호로 그리스 대문자 오메가, Ω를 사용하겠다. 동전 세 개의 예에서는, $\Omega(3\text{ 앞면}) = 1$, $\Omega(2\text{ 앞면}) = 3$, $\Omega(1\text{ 앞면}) = 3$, $\Omega(0\text{ 앞면}) = 1$이다. 모든 거시상태 네 가지의 총겹침수는 $1+3+3+1=8$임을 주목하라. 총겹침수를 $\Omega(\text{전체})$라고 부르겠다. 그렇다면 어떤 특정한 거시상태의 확률은 다음과 같이 쓸 수 있다.

$$\text{“}n\text{ 앞면”의 확률} = \frac{\Omega(n)}{\Omega(\text{전체})} \tag{2.1}$$

예컨대, 두 앞면을 얻을 확률은 $\Omega(2)/\Omega(\text{전체}) = 3/8$이다. 역시 동전들이 공정해서 미시상태 8가지는 모두 확률적으로 동등하다는 가정을 했다.

좀 더 재미있게 하기 위해서 동전 세 개가 아니라 백 개가 있다고 해보자. 각 동전이 두 가지의 가능한 상태가 있기 때문에, 이제 미시상태의 총수는 매우 커서 2^{100}이 된다. 하지만, 0개의 앞면, 1개의 앞면, 등등 100개의 앞면까지, 가능한 거시상태의 수는 단지

101이다. 이 거시상태들의 겹침수는 각각 어떠할까?

0 앞면 거시상태부터 시작해보자. 앞면이 전혀 없다면 모든 동전은 뒷면이어야 하기 때문에, 그 자체가 바로 하나 밖에 존재하지 않는 미시상태를 나타낸다. 즉, $\Omega(0)=1$이다.

앞면이 한 개만 있는 경우는 어떠할까? 앞면이 나온 동전은 첫 번째 동전일 수도 있고, 두 번째, ..., 백 번째 동전일 수도 있다. 즉, 가능한 거시상태는 정확하게 100가지가 존재한다. 즉, $\Omega(1)=100$ 이다. 달리 말하자면, 동전 100개가 모두 뒷면을 보일 때로 시작한다면, $\Omega(1)$은 그 중 뒤집을 하나를 고르는 경우의 수이다.

$\Omega(2)$를 구하기 위해 모두 뒷면에서 시작해서 뒤집을 동전 두 개를 고르는 경우의 수를 고려하자. 첫 번째 동전을 고르는데 100가지 경우가 있고, 그 동전을 제외하고 남은 동전에서 두 번째 동전을 고르는 경우의 수는 99이다. 여기까지만 고려하면 100×99 가지의 동전 쌍을 고르는 경우가 존재하는 것처럼 생각할 수 있다. 하지만 이것은 동일한 쌍을 중복해서 두 번 고른 경우가 포함된 것이다. 임의의 동전 한 쌍에 대해서 어떤 동전이 먼저 선택될지는 항상 두 가지 경우가 존재하기 때문이다. 따라서 동일하지 않은 쌍을 고르는 경우의 수는 다음과 같이 계산되어야 한다.

$$\Omega(2)=\frac{100\cdot 99}{2} \tag{2.2}$$

이제 동전 세 개를 뒤집으려면, 첫 동전을 고르는 100가지 경우가 있고, 둘째 동전을 고르는 99가지, 셋째 동전을 고르는 98가지 경우가 있다. 하지만 선택된 동전 세 개에 대해서 세 개를 뒤집는 순서는 여러 가지가 존재한다. 동전 세 개에서 첫째를 고르는데 3가지, 둘째를 고르는데 2가지 경우가 존재하고, 셋째는 자연히 남은 것으로 결정된다. 따라서 동일하지 않은 동전 세 개을 골라서 뒤집는 경우의 수는 다음과 같다.

$$\Omega(3)=\frac{100\cdot 99\cdot 98}{3\cdot 2} \tag{2.3}$$

아마 이제는 규칙이 보일 것이다. $\Omega(n)$을 구하기 위해서는, 먼저 100부터 시작해서 1씩 작아지는 수 n개를 곱한 수를 분자에, 그리고 n부터 시작해서 1씩 작아지는 수를 1까지 곱한 수를 분모에 넣으면 된다.

$$\Omega(n)=\frac{100\cdot 99\cdots(100-n+1)}{n\cdots 2\cdot 1} \tag{2.4}$$

분모는 바로 n의 "계승(factorial)"이며 "$n!$"로 표시한다. 분자도 $100!/(100-n)!$과 같이

계승으로 쓸 수 있다. 따라서 일반식은 다음과 같이 쓸 수 있다.

$$\Omega(n) = \frac{100!}{n! \cdot (100-n)!} \equiv \binom{100}{n} \tag{2.5}$$

마지막 괄호 식은 이 양을 간략하게 쓰는 표준 방법인데, 때때로 "100개에서 n개를 고르는 경우의 수", 혹은 "100개에서 n개를 고르는 조합(combination)의 수"라고 읽기도 한다.

정리하자면, 동전이 N개일 때 앞면이 n개인 거시상태의 겹침수는 동전 N개에서 n개를 고르는 경우의 수가 되기 때문에 다음과 같이 된다.

$$\Omega(N, n) = \frac{N!}{n! \cdot (N-n)!} \equiv \binom{N}{n} \tag{2.6}$$

문제 2.1. 공정한 동전 네 개를 던진다고 하자.
(a) 표 2.1처럼 모든 가능한 결과들을 나열해보라.
(b) 모든 가능한 "거시상태"들을 나열하고, 각 상태들의 확률을 구하라.
(c) 조합식 (2.6)을 사용해서 각 거시상태의 겹침수를 계산하고, (a)에서 무작정하게 나열해서 계산한 결과와 잘 일치하는지 확인하라.

문제 2.2 공정한 동전 20개를 던진다고 하자.
(a) 가능한 결과(미시상태)들은 몇 가지인가?
(b) 정확한 순서에 맞춰 'HTHHTTTHTHHHTHHHHTHT'가 나올 확률은 얼마인가?
(c) 순서와 관계없이 앞면 12개와 뒷면 8개가 나올 확률은 얼마인가?

문제 2.3. 공정한 동전 50개를 던진다고 하자.
(a) 가능한 결과(미시상태)들은 몇 가지인가?
(b) 정확하게 앞면 25개와 뒷면 25개가 나오는 경우의 수는 얼마인가?
(c) 정확하게 앞면 25개와 뒷면 25개가 나오는 확률은 얼마인가?
(d) 정확하게 앞면 30개와 뒷면 20개가 나오는 확률은 얼마인가?
(e) 정확하게 앞면 40개와 뒷면 10개가 나오는 확률은 얼마인가?
(f) 앞면이 50개이고 뒷면은 하나도 없을 확률은 얼마인가?
(g) 앞면이 n개가 나올 확률의 그래프를 n의 함수로 그려라.

문제 2.4. 52장 놀이카드 더미로부터 나누어진 포카 카드 다섯 장의 가능한 경우의 수를 계산하라. 카드 다섯 장 안에서의 순서는 관계가 없다. 로얄플러쉬(royal flush)는 카드 무늬가 모두 동일하고 가장 순위가 높은 카드 다섯 장인 에이스, 킹, 퀸, 잭, 10으로 된 구성이다. 카드 더미로부터 다섯 장을 처음으로 나누었을 때, 로얄플러쉬가 나올 확률은 얼마인가?

▌두 상태 상자성체

이 우스꽝스러운 동전 뒤집기 예가 물리학과 무슨 상관이 있는지 의아해할 것이다. 아직까지는 그렇다. 하지만 실제로 조합론이 정확히 똑같이 적용되는 중요한 물리학 계들이 있다. 아마도 그 중에 가장 중요한 예는 두 상태 상자성체(two-state paramagnet)일 것이다.

자신을 구성하는 전자와 원자핵의 전기적 본질로 인해서 모든 물질은 자기장에 어떤 식으로든 반응을 한다. 상자성체(paramagnet)는, 외부자기장을 따라 나란히 정렬하려는 미소한 나침반 바늘처럼 거동하는 입자들로 구성된 물질이다. (그 입자들이 서로 충분히 강하게 상호작용하면 그 물질은 외부자기장이 없을 때도 정렬하여 자화될 수 있다. 철과 같은 유명한 예의 이름을 따서 그런 물질들은 강자성체(ferromagnet)라고 불린다. 그에 반해서 상자성체는 외부자기장이 있을 때만 자화가 지속될 수 있다.)

자성을 가진 개개 입자들은 자신만의 자기쌍극자모멘트를 갖기 때문에 그 입자들을 쌍극자(dipole)라고 부르겠다. 실제로 각 쌍극자는 개별적인 전자 하나일 수도 있고, 원자 안의 전자 집단이 될 수도 있으며, 원자핵 하나일 수도 있다. 양자역학에 따르면, 그러한 어떤 미시적인 쌍극자에 대해서도 어떤 주어진 축에 대한 쌍극자모멘트 벡터의 성분은 오직 어떤 불연속적인 값들만을 가질 수 있다. 불연속적인 값들 사이의 값들은 허용되지 않는다. 가장 간단한 경우는, 양의 값과 음의 값인 오직 두 값만을 갖는 경우이다. 이런 경우가 바로 두 상태 상자성체이다. 쌍극자를 나침반의 바늘에 비유하자면, 기본적인 나침반 바늘들은 각각 외부자기장과 나란하거나 반대이거나, 오직 두 방향만을 띨 수 있다. 이런 계를 그림 2.1처럼 위나 아래를 가리키는 많은 작은 화살표들로 그리겠다.*

이제 조합론을 고려해보자. 어떤 순간에 위를 가리키는 기본 쌍극자의 개수를 $N_\uparrow$, 아

---

* 한 입자의 쌍극자모멘트 벡터는 입자의 각운동량 벡터에 비례한다. 간단한 두 상태 계의 예는 "스핀이 1/2"인 입자들의 계이다. 양자역학과 각운동량에 대한 좀 더 완전한 논의는 부록 A를 참조하라.

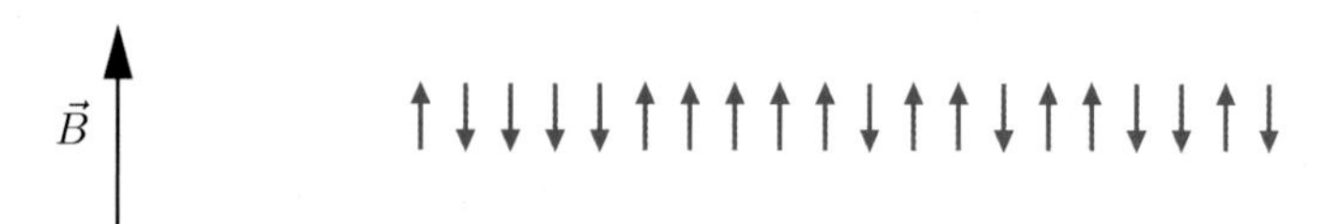

그림 2.1. 화살표 기호로 표현한 두 상태 상자성체. 각 기본 쌍극자는 외부자기장과 나란하거나 반대 방향일 수 있다.

래를 가리키는 기본 쌍극자의 개수를 $N_\downarrow$ 으로 나타내자. 그러면 쌍극자의 총수는 $N = N_\uparrow + N_\downarrow$ 인데, 이 수는 고정되었다고 하겠다. 0에서 N까지 변하는 $N_\uparrow$ 의 각 값에 이 계의 한 거시상태가 대응된다. 한 거시상태의 겹침수는 동전뒤집기 예에서와 같은 식으로 주어진다.

$$\Omega(N_\uparrow) = \binom{N}{N_\uparrow} = \frac{N!}{N_\uparrow!\, N_\downarrow!} \tag{2.7}$$

외부자기장은 작은 쌍극자 각각에 돌림힘을 가하여 자기장과 나란한 방향으로 쌍극자를 비튼다. 외부자기장이 위 방향이면, 위를 향한 쌍극자(위 쌍극자)는 아래를 향한 쌍극자(아래 쌍극자)보다 작은 에너지를 갖는다. 즉, 위 쌍극자를 아래로 향하도록 비틀려면 일을 해주어야 한다. 쌍극자 사이의 상호작용을 무시하면, 계의 총에너지는 위 쌍극자, 혹은 아래 쌍극자의 수에 의해서 결정된다. 따라서 이 계의 거시상태를 명시하는 것은 계의 총에너지를 명시하는 것과 동등하다. 사실 거의 모든 물리적 예들에서 계의 거시상태는, 최소한 부분적으로라도 계의 총에너지에 의해서 특정된다.

2.2 아인슈타인 고체 모형

두 상태 계보다 약간 더 복잡하지만 물리학에서 전형적으로 맞닥뜨리게 되는 역시 대표적인 다른 계로 이야기를 옮겨가보자. 같은 크기의 에너지 "단위"로 어떤 총량의 에너지도 저장할 수 있는 미시적인 계들의 모음을 고려하자. 에너지 단위가 같은 크기인 경우는 모든 양자역학적 조화진동자에서 나타난다. 조화진동자의 퍼텐셜에너지는 식 $\frac{1}{2}k_s x^2$ 으로 쓸 수 있다. 여기서 k_s 는 "용수철상수", 혹은 "힘상수"라고 불린다. 이때 에너지 단위의 크기는 hf 이다.* 여기서 h 는 플랑크 상수(Planck's constant, 6.63×10^{-34} J·s)

---

* 부록 A에 설명된 것처럼 양자조화진동자의 가능한 최소에너지는 실제로 영이 아니라 $\frac{1}{2}hf$ 이다. 하

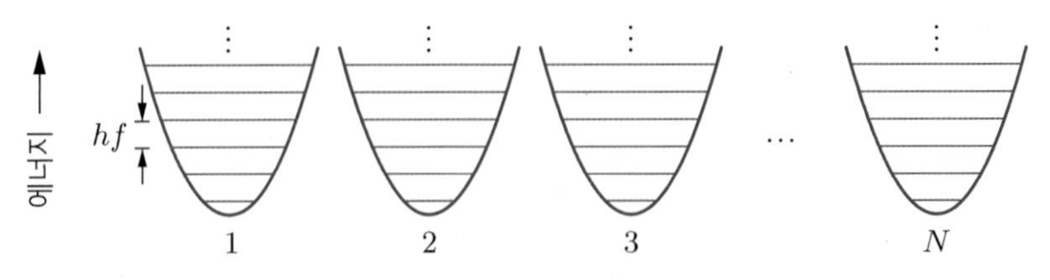

그림 2.2. 양자역학에서는 계의 퍼텐셜에너지가 이차함수이면 에너지 수준 사이의 간격이 hf로 균일하다. 여기서 f는 고전진동자의 진동수이다. 아인슈타인 고체는 진동수가 모두 같은 그런 진동자 N개의 모음이다.

이고, f는 진동자의 고유진동수(natural frequency, $\frac{1}{2\pi}\sqrt{k_s/m}$)이다. 많은 그런 진동자들의 모음을 추상적으로 그리는 한 방법이 그림 2.2이다.

이원자나 다원자 기체 분자의 진동운동도 양자진동자의 예에 포함된다. 하지만 훨씬 더 흔한 예는 고체 내의 원자들의 진동이다(그림 1.6을 보라). 3차원 고체에서 각 원자는 세 개의 독립적인 방향으로 진동할 수 있다. 따라서 진동자가 N개 있다면, 실제 원자의 수는 $N/3$이 될 것이다. 양자화된 에너지 단위를 갖는 동일한 진동자들의 모음으로 고체를 모형화하는 것은 1907년 아인슈타인(Albert Einstein)이 처음 제안하였다. 그래서 나는 이 계를 아인슈타인 고체라고 부르겠다.

진동자가 단지 세 개인, $N=3$, 아주 작은 아인슈타인 고체로 시작해보자. 표 2.2에는 이 계가 가질 수 있는 다양한 미시상태들이 에너지가 증가하는 순으로 나열되어 있다. 표의 각 행은 서로 다른 미시상태들을 나타낸다. 총에너지가 0인 미시상태는 오직 하나가 존재하고, 에너지가 1 단위일 때는 세 가지, 에너지가 2 단위일 때는 여섯 가지, 에너지가 3 단위일 때는 열 가지의 미시상태들이 각각 존재한다. 즉,

$$\Omega(0)=1\,,\quad \Omega(1)=3\,,\quad \Omega(2)=6\,,\quad \Omega(3)=10\,. \tag{2.8}$$

N개의 진동자가 q단위의 에너지를 갖는 아인슈타인 고체의 겹침수에 대한 일반식은 다음과 같다.

지만 이 "영점" 에너지는 항상 고정된 값이기 때문에 열적 상호작용에서는 아무런 역할도 하지 않는다. 흥분상태들의 에너지는 $\frac{3}{2}hf$, $\frac{5}{2}hf$ 등인데, 이것들은 아래 단계에서 hf의 에너지 "단위"만큼 하나씩 더해진 값들이다. 우리의 목적에서는 바닥상태에 대한 상대적인 값들로 에너지를 나타내도 무방하기 때문에, 허용된 에너지 값을 바닥부터 0, hf, $2hf$ 등으로 쓰겠다.

다른 저술에서 양자진동자의 에너지 단위를 $\hbar\omega$로 쓰는 것을 볼 수 있을 것이다. 여기서 $\hbar=h/2\pi$, $\omega=2\pi f$이다. $\hbar\omega$와 hf는 인수 2π를 사용하지 않거나 사용하는 차이일 뿐, 물론 그 값에는 차이가 없다.

표 2.2. 진동자가 세 개인 작은 아인슈타인 고체의 미시상태들. 총에너지 단위가 0, 1, 2, 3인 경우들만 나열했다.

진동자 :	#1	#2	#3
에너지 :	0	0	0
	1	0	0
	0	1	0
	0	0	1
	2	0	0
	0	2	0
	0	0	2
	1	1	0
	1	0	1
	0	1	1

진동자 :	#1	#2	#3
에너지 :	3	0	0
	0	3	0
	0	0	3
	2	1	0
	2	0	1
	1	2	0
	0	2	1
	1	0	2
	0	1	2
	1	1	1

$$\Omega\,(N, q) = \binom{q+N-1}{q} = \frac{(q+N-1)!}{q!\,(N-1)!} \tag{2.9}$$

위의 예들에 대해 이 식을 확인하기 바란다. 이 식을 증명하기 위해서 아인슈타인 고체의 미시상태를 다음과 같이 그림으로 표현해보자. 즉, 한 진동자와 다음 진동자를 구분하기 위해 수직선을 사용하고, 각 진동자의 에너지 단위를 나타내기 위해서 점들을 사용하였다. 따라서 네 개의 진동자가 있는 고체에서 다음의 배열이 나타내는 미시상태는,

●|●●●||●●●●

첫 진동자가 1 단위, 둘째 진동자가 3 단위, 셋째 진동자가 0 단위, 넷째 진동자가 4 단위의 에너지를 각각 갖는다. 어떤 미시상태도 이런 방법으로 유일하게 나타낼 수 있고, 또한 점과 선으로 만들 수 있는 가능한 어떤 배열도 미시상태에 대응된다는 것을 주목하라. 한 개의 배열에는 항상 q개의 점과 $N-1$개의 선, 즉 $q+N-1$개의 기호들이 존재해야 한다. 따라서, q와 N이 주어지면, 가능한 모든 배열의 수는 $q+N-1$개의 기호들에서 q개의 기호들을 선택하는 경우의 수와 같다. 즉, $\Omega = \binom{q+N-1}{q}$이 된다.

문제 2.5. N과 q의 값이 다음과 같은 아인슈타인 고체에 대해서, 가능한 미시상태들을 모두 나열하고, 그것들의 수를 세고, 그런 후 식 (2.9)가 성립하는 것을 보여라.

(a) $N=3$, $q=4$

(b) $N=3$, $q=5$

(c) $N=3$, $q=6$

(d) $N=4$, $q=2$

(e) $N=4$, $q=3$

(f) $N=1$, $q=$ 임의의 수

(g) $N=$ 임의의 수, $q=1$

문제 2.6. 진동자가 30개이고 에너지가 30 단위인 아인슈타인 고체의 겹침수를 계산하라. (모든 미시상태들을 나열할 필요는 없다.)

문제 2.7. 진동자가 네 개이고 에너지가 2 단위인 아인슈타인 고체에 대해서 모든 가능한 미시상태들을 본문에서처럼 점과 수직선의 배열로 표현하라.

들어보게, 가장 놀라운 일이 오늘밤 내게 일어났다네. 강의실로 오는 길에 주차장을 지나 왔다네. 무슨 일이 벌어졌는지 믿지 못할걸세. 등록번호가 ARW 357인 자동차를 보았지 뭔가! 상상할 수 있겠나? 이 나라에 있는 수백만 개의 등록번호판 중에서 오늘밤 특별히 이 번호판을 내가 볼 확률이 얼마나 되겠나? 놀라운 일이네!

— 파인만(Richard Feynman),
굿슈타인(David Goodstein)의 인용,
Physics Today **42**, 73 (February, 1989)

2.3 상호작용하는 계

우리는 이제 아인슈타인 고체의 미시상태들을 어떻게 세는지 알고 있다. 하지만 열흐름과 비가역과정들을 이해하기 위해서는, 주거니 받거니 하며 에너지를 공유하는 두 개의 아인슈타인 고체로 된 계를 고려할 필요가 있다.* 이 두 고체를 A와 B로 부르겠다

* 이 절과 3.1절과 3.3절의 부분은 다음의 논문에 기반한 것이다: T. A. Moore and D. V. Schroeder, *American Journal of Physics* **65**, 26–36 (1997).

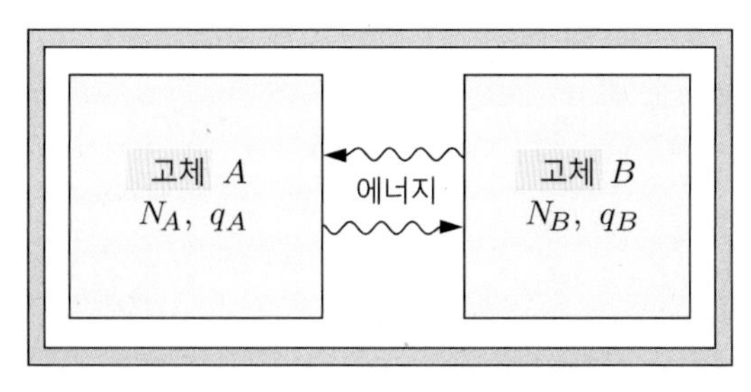

그림 2.3. 두 아인슈타인 고체는 서로 에너지를 교환할 수 있지만 외부로부터는 고립되어 있다.

(그림 2.3을 보라).

먼저 그런 결합계의 “거시상태”가 무엇인지부터 명백하게 할 필요가 있다. 단순하게 하기 위해서, 두 고체가 약하게 결합되어서 두 고체 사이의 에너지 교환이 각 고체 내의 원자들 사이의 에너지 교환보다 훨씬 더 느리게 일어난다고 가정하겠다. 그러면 고체 각각의 에너지 U_A와 U_B는 아주 천천히 변할 것이고, 충분히 짧은 시간 규모에서는 본질적으로 변하지 않을 것이다. 시간적으로 묶인 U_A와 U_B의 값으로 명시된 결합계의 상태를 나는 “거시상태”라고 부를 것이다. 곧 보게 되겠지만, 그런 모든 거시상태에 대해 우리는 겹침수를 계산할 수 있다. 하지만 더 긴 시간 규모에서는 U_A와 U_B의 값은 변할 것이고, 그래서 우리는 모든 허용된 U_A와 U_B의 값에 대한 총겹침수를 얘기할 수 있다. 즉, $U_{전체} = U_A + U_B$가 고정된다는 조건 하에서 가능한 모든 미시상태들을 세는 것이다.

각 고체가 세 개의 조화진동자로 되어 있고 총에너지가 6 단위인 아주 작은 계로 시작해보자.

$$N_A = N_B = 3\,;\quad q_{전체} = q_A + q_B = 6\,. \tag{2.10}$$

(에너지 단위수를 표시하기 위해 여전히 q를 쓰고 있지만, 실제 에너지 값은 $U = qhf$이다.) 주어진 이 매개변수들에 대해서, 계의 거시상태를 묘사하기 위해서는 q_A나 q_B 값을 개별적으로 명시해야 한다. 그림 2.4에 나열된 것처럼 $q_A = 0, 1, \ldots, 6$인 일곱 개의 거시상태들이 가능하다. 각 거시상태들에 대해서 개별적인 겹침수인 Ω_A와 Ω_B를 계산하기 위해서 표준식 $\binom{q+N-1}{q}$를 사용하였다. (앞 절에서 미시상태들을 직접 셈으로써 그 값들을 일부 계산하기도 했다.) 각 고체는 서로 독립적이기 때문에, 거시상태의 총겹침수 Ω는 항상 개별적인 겹침수들의 곱이다. 즉, 고체 A가 가능한 미시상태 Ω_A개 중 어느 한 미시상태에 있을 때, 고체 B는 가능한 미시상태 Ω_B개 중 어느 한 미시상태에 있을 수 있다. 총겹침수는 막대그래프로도 그려져 있다. 긴 시간 규모에서 계가 접근할 수 있

q_A	Ω_A	q_B	Ω_B	$\Omega_{전체} = \Omega_A\Omega_B$
0	1	6	28	28
1	3	5	21	63
2	6	4	15	90
3	10	3	10	100
4	15	2	6	90
5	21	1	3	63
6	28	0	1	28
				$462 = \binom{6+6-1}{6}$

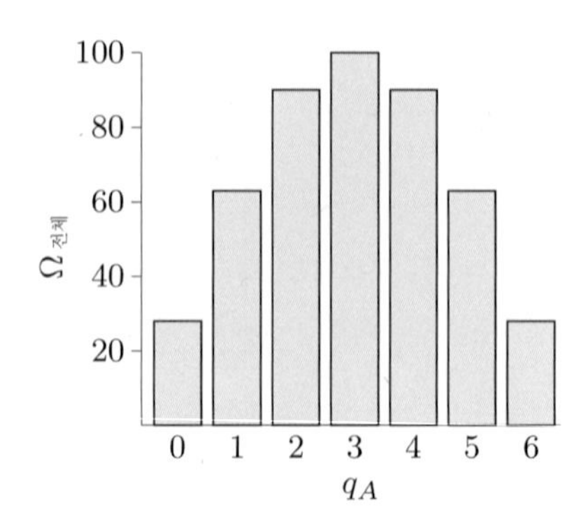

그림 2.4. 6 단위의 에너지를 공유하며, 각각 세 개의 진동자로 된 아인슈타인 고체 두 개가 결합된 계의 거시상태와 겹침수.

는 미시상태들의 수는 표의 마지막 열에 있는 수들의 합인 462이다. 이 수는 여섯 개의 진동자로 되었으며 6 단위의 에너지를 갖는 전체 계에 표준식을 적용해서도 확인할 수 있다.

이제 큰 가정을 도입해보자. 모든 462가지의 미시상태들이 동등한 확률로 나타나는 방식으로 긴 시간 규모에서 에너지가 무작위로 돌아다닌다고 가정해보자.* 그렇게 되면, 어떤 순간이라도 당신이 계를 들여다보면, 계는 462가지의 미시상태들 중에 어느 상태에라도 동등한 확률로 있는 것을 발견하게 될 것이다. 이 가정은 통계역학의 기본가정(fundamental assumption)이라고 불린다.

> 열평형상태에 있는 고립된 계에서 접근가능한 미시상태들은 모두 확률적으로 동등하다.

내가 이 가정을 증명할 수는 없지만, 그럼에도 불구하고 이 가정은 그럴듯해 보여야 한다. 미시적 관점에서, 계가 상태 X에서 상태 Y로 전이되는 어떤 과정도 가역적이라고 우리는 기대한다. 즉, 계는 상태 Y에서 상태 X로도 같은 정도로 쉽게 전이된다.† 이런 경우에 계는 어떤 한 상태를 다른 상태들보다 선호할 수가 없다. 하지만 "접근가능"한 것

---

* 에너지가 교환되려면 진동자들 사이에 어떤 종류의 상호작용이 있어야 한다. 다행스럽게도 이 상호작용의 정확한 본성은 중요하지 않다. 하지만 진동자 간의 상호작용이 각 진동자의 에너지 수준에 영향을 줄 위험은 있다. 이런 일이 일어나면 각 진동자의 에너지 준위들이 균등한 간격을 갖는다는 우리의 가정을 무너뜨릴 것이다. 따라서 진동자 간의 상호작용이 에너지 교환을 허용할 정도로 강하긴 하지만, 에너지 준위 자체에 영향을 주지 않을 정도로 약하다고 가정을 하자. 이 가정은 통계역학에 기본적인 것은 아니지만 직접적인 계산을 상당히 더 쉽게 만든다.

† 이 발상을 세부균형 원리(principle of detailed balance)라고 부른다.

으로 되어 있는 모든 미시상태들이 어떤 합리적으로 긴 시간 동안 과연 실제로 접근될 수 있을지는 여전히 명백하지 않다. 사실 어떤 큰 계에서는 "접근가능"한 미시상태들의 수가 엄청나게 커서 일생동안 일어날 수 있는 미시상태의 비율은 극히 작다는 것을 보게 될 것이다. 우리가 가정하려고 하는 것은, "긴" 시간이지만 생각할 수도 없을 정도로 긴 시간 규모는 아닌 그런 시간동안에 일어나는 미시상태들이 우리가 고려해야 하는 집합을 구성한다는 것이다. 상태 간의 전이가 우리가 관심을 두어야 하는 어떤 규칙적인 양식을 갖지 않는다는 의미에서, 우리는 상태 간의 전이가 "마구잡이"로 일어난다고 가정한다.*

두 개의 작은 아인슈타인 고체로 된 계에 대하여 위에서 언급한 기본가정을 소환하면, 462가지의 미시상태들은 확률적으로 동등한 반면, 어떤 거시상태들은 다른 것들보다 더 큰 확률을 갖는다는 결론을 즉각 얻을 수 있다. 각 고체가 3 단위의 에너지를 갖는 네 번째 거시상태에 계가 있는 것을 발견할 확률은 100/462인 반면, 모든 에너지가 고체 B에 있는 첫 번째 거시상태에 계가 있을 확률은 28/462밖에 되지 않는다. 만약 처음에 모든 에너지가 고체 B에 있었다면, 시간이 흐르면서 에너지가 고체 B에서 고체 A로 퍼져서 골고루 분포될 확률이 높다.

진동자가 몇 개에 불과하고 에너지 단위도 작은 이런 매우 작은 계에서조차 모든 겹침수를 손으로 계산하는 것은 약간 따분한 일이다. 하물며 100개의 진동자와 큰 에너지를 갖는 계라면, 나는 그런 계산을 원치 않을 것이다. 다행스럽게도, 컴퓨터에게 그 계산을 맡기는 것은 어려운 일이 아니다. 스프레드시트 프로그램이나 다른 유사한 소프트웨어, 혹은 그래프 계산기를 사용해도, 그림 2.4와 같은 표와 그래프를 그리 어렵지 않게 작성할 수 있을 것이다(문제 2.9를 보라).

그림 2.5는 아래와 같은 두 아인슈타인 고체계에 대하여 컴퓨터로 만든 표와 그래프를 보여준다.

$$N_A = 300\,,\ N_B = 200\,,\ q_{\text{전체}} = 100\,. \tag{2.11}$$

모든 가능한 거시상태는 101가지이지만 표에는 그 중 일부만 보였다. 겹침수를 보라. 모든 에너지가 고체 B에 있는 가장 확률이 낮은 거시상태도 그 겹침수가 3×10^{81}이다. $q_A = 60$인 가장 확률이 높은 거시상태의 겹침수는 7×10^{114}이다. 하지만 이 수들과 관련

* 에너지가 다른 경우 등 전혀 접근이 불가능한 여러 가지 부류의 상태들이 존재할 수 있다. 또한 우리가 기꺼이 기다릴 시간보다 훨씬 긴 시간규모에서야 접근할 수 있는 부류의 상태들도 있을 수 있다. "접근가능"의 개념은 "거시상태"의 개념과 마찬가지로 고려 중인 시간규모에 의존한다. 아인슈타인 고체의 경우, 나는 주어진 에너지 값을 갖는 모든 미시상태들이 접근가능하다고 가정할 것이다.

q_A	Ω_A	q_B	Ω_B	$\Omega_{전체}$
0	1	100	2.8×10^{81}	2.8×10^{81}
1	300	99	9.3×10^{80}	2.8×10^{83}
2	45150	98	3.1×10^{80}	1.4×10^{85}
3	4545100	97	1.0×10^{80}	4.6×10^{86}
4	3.4×10^{8}	96	3.3×10^{79}	1.1×10^{88}
⋮	⋮	⋮	⋮	⋮
59	2.2×10^{68}	41	3.1×10^{46}	6.8×10^{114}
60	1.3×10^{69}	40	5.3×10^{45}	6.9×10^{114}
61	7.7×10^{69}	39	8.8×10^{44}	6.8×10^{114}
⋮	⋮	⋮	⋮	⋮
100	1.7×10^{96}	0	1	1.7×10^{96}
				9.3×10^{115}

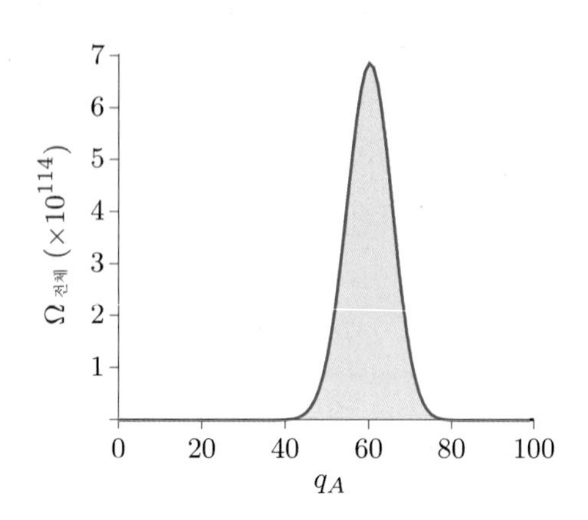

그림 2.5. 총에너지가 100 단위이며 각각 300개와 200개의 진동자로 된 두 아인슈타인 고체계의 거시상태와 겹침수.

해서 중요한 것은 그것들이 크다는 것에 있지 않고 그 수들의 "비"가 크다는데 있다. 즉, 가장 확률이 높은 거시상태는 가장 확률이 낮은 거시상태보다 그 확률이 10^{33}배 크다. 앞으로 이 거시상태들을 각각 "최대확률 거시상태"와 "최소확률 거시상태"로 부르겠다.

이 예를 좀 더 상세하게 들여다보자. 모든 거시상태들에 대한 미시상태들의 총수는 9×10^{115}이기 때문에 최대확률 거시상태를 발견하는 확률은 약 7%로 특별나게 큰 수는 아니다. q_A가 60보다 약간 작거나 큰 다른 거시상태들도 있는데, 그것들의 확률도 그 정도 크기이다. 하지만 q_A가 60에서 위나 밑으로 많이 멀어지면 확률은 매우 가파르게 떨어진다. q_A가 30보다 작거나 90보다 클 확률은 백만분의 일보다 작고, $q_A < 10$일 확률은 10^{-20}보다도 작다. 우주의 나이가 10^{18}초보다 작기 때문에, $q_A < 10$일 경우를 볼 확률이 어느 정도의 값이 되려면 당신은 우주 나이에 해당되는 시간동안 매초 당 100번 이 계를 확인해봐야 할 것이다. 그렇게 한다 하더라도 $q_A = 0$인 상태를 당신은 결코 보지 못할 것이다.

하지만, 처음에 모든 에너지가 고체 B에 있는 경우처럼 q_A가 60보다 훨씬 작은 상태에 계가 있다고 해보자. 에너지가 재배치되도록 잠시 기다리면, 에너지가 B에서 A로 흐른 것을 보게 될 것이라는 것을 당신은 다소간 확신할 것이다. 즉, 계는 비가역적인 거동을 드러낸다. 에너지는 B에서 A로 저절로 흐르고, 절대로 A에서 B로 흐르지 않는다($q_A = 60$ 근처에서 작은 요동을 무시한다면). 분명하게도, 우리는 열에 대한 물리적인 설명을 발견한 것이다. 즉, 열이란, 절대적으로 확정적인 것은 아니지만 지극히 그럼직한,

"확률적인" 현상이다.

또한 우리는 새로운 물리학 법칙을 우연히 발견했다. 계가 최대확률 거시상태에 있거나 거기에 가까울 때 에너지의 자발적인 흐름은 멈춘다는 것이다. 여기서 최대확률 거시상태는 겹침수가 최대인 거시상태이다. 이 "겹침수 증가의 법칙"은 그 유명한 열역학 제이 법칙(the second law of thermodynamics)의 또 다른 이름이다. 하지만 이 법칙은 전혀 "근원적인" 법칙은 아니라는 것에 주목하라. 이 법칙은 확률적인 것에 대한 그저 매우 강한 진술일 뿐이다.

위의 진술을 더욱 강력하게 하기 위해서, 또한 일반적으로 더 실제적이기 위해서, 우리는 수백 개 정도의 입자로 된 계가 아니라 10^{23} 처럼 더 많은 입자들의 계를 고려해야 한다. 불행하게도 10^{23} 개의 진동자들에 10^{23} 단위의 에너지를 배열하는 경우의 수를 계산하는 것은 컴퓨터조차도 할 수 없는 일이다. 다행스럽게도 이 문제를 해석적인 방법으로 대처할 수 있는 어떤 멋진 어림법들이 존재한다. 그것이 다음 절의 주제이다.

문제 2.8. 각각 10개의 진동자로 되어 있으며 총에너지 20 단위를 공유하고 있는 두 아인슈타인 고체 A와 B의 결합계를 고려하자. 고체들이 약한 결합을 하고 있고 총에너지는 고정되었다고 가정하자.
(a) 이 계에서 가능한 서로 다른 거시상태는 몇 가지인가?
(b) 이 계에서 가능한 서로 다른 미시상태는 몇 가지인가?
(c) 이 계가 열평형에 있다고 가정할 때 모든 에너지가 고체 A에 있을 확률은 얼마인가?
(d) 총에너지의 정확히 절반이 고체 A에 있을 확률은 얼마인가?
(e) 어떤 상황에서 이 계가 비가역적인 거동을 드러내겠는가?

문제 2.9. 그림 2.4의 표와 그래프를 컴퓨터를 사용해서 다시 작성하라. 두 개의 아인슈타인 고체는 각각 세 개의 진동자로 되어 있고 6 단위의 총에너지를 공유한다. 그런 다음, 한 고체는 여섯 개의 진동자로, 다른 고체는 네 개의 진동자로 되어 있으며 공유하는 총에너지는 역시 6 단위인 계에 대해서 해당되는 표와 그래프를 수정하라. 모든 미시상태들이 확률적으로 동등하다고 가정할 때, 최대확률 거시상태는 무엇이며, 그 확률은 얼마인가? 최소확률 거시상태는 무엇이며, 그 확률은 얼마인가?

문제 2.10. 한 아인슈타인 고체는 200개의 진동자로 되어 있고 다른 고체는 100개의 진동자로 되어 있으며, 총에너지가 100 단위인 경우에 대하여, 컴퓨터를 사용해서 이 절에서 보인 것처럼 표와 그래프를 작성하라. 최대확률 거시상태는 무엇이며, 그 확률은 얼마인가? 최소확률 거시상태는 무엇이며, 그 확률은 얼마인가?

문제 2.11. 각각 100개의 기본 자기쌍극자로 된, 서로 상호작용하는 두 개의 두 상태 상자성체계에 대하여, 컴퓨터를 사용해서 이 절에서 보인 것처럼 표와 그래프를 작성하라. 한 개의 쌍극자를 "위" 상태에서 "아래" 상태로 뒤집는데 필요한 에너지의 양을 에너지 "단위"로 간주하라. 여기서 "위" 상태란 쌍극자모멘트가 외부자기장과 나란할 때이고, "아래" 상태란 외부자기장과 반대 방향일 때를 의미한다. 모든 쌍극자가 위 방향일 때를 기준으로, 총에너지 단위가 80이라고 가정하라. 이 에너지는 어떤 식으로든 두 개의 상자성체들이 나누어서 공유한다. 최대확률 거시상태는 무엇이며, 그 확률은 얼마인가? 최소확률 거시상태는 무엇이며, 그 확률은 얼마인가?

2.4 큰 계

앞 절에서, 각각 백여 개의 진동자로 된 상호작용하는 두 개의 아인슈타인 고체 계에서, 어떤 거시상태들은 다른 거시상태들보다 훨씬 더 확률이 높다는 것을 보았다. 하지만 거시상태들의 20% 정도에 달하는 상당 부분은 확률이 여전히 꽤 높았었다. 다음으로, 계가 훨씬 더 클 때, 말하자면 각 고체가 10^{20} 혹은 더 많은 진동자로 되어 있을 때, 무슨 일이 일어나는지 들여다보겠다. 이 절의 마지막까지 내 목표는, 모든 거시상태 중에서 단

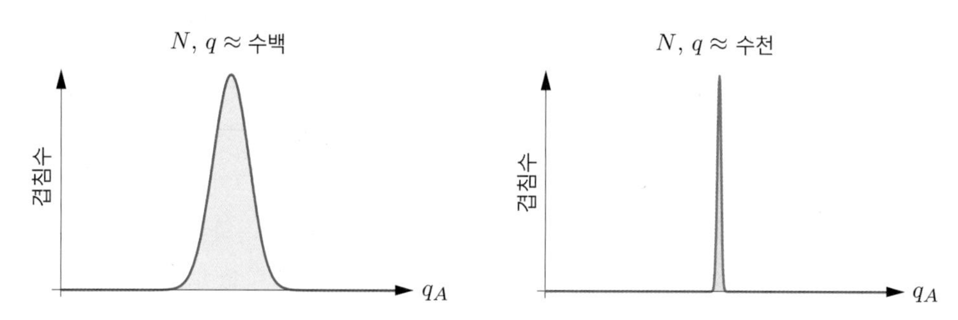

그림 2.6. 진동자수와 에너지 단위가 수백이거나(왼쪽), 수천인(오른쪽) 상호작용하는 두 아인슈타인 고체 계에 대한 전형적인 겹침수 그래프. 계의 크기가 증가할수록, 전체 수평방향의 규모에 비해서 봉우리가 매우 좁아진다. $N \approx q \approx 10^{20}$ 일 때, 봉우리는 너무 뾰족해져서 그릴 수가 없을 정도이다.

지 아주 작은 부분만이 합리적인 확률값을 갖는다는 것을 보이는 것이다. 달리 말하자면, 겹침수 함수가 매우 뾰족해진다는 것이다(그림 2.6을 보라). 하지만 그런 큰 계를 분석하기 위해서는, 우선 아주 큰 수를 다루는 수학을 잠깐 둘러봐야 한다.

아주 큰 수

통계역학에서 자주 등장하는 세 가지 종류의 수들이 있다. 작은 수(small number), 큰 수(large number), 아주 큰 수(very large number)가 그것들이다.

작은 수는 6, 23, 42처럼 보통 지수를 쓰지 않는 작은 수들이다. 당신은 이런 수들을 어떻게 처리하는지 이미 잘 알고 있다.

큰 수는 작은 수보다 훨씬 큰 수이며, 자주 작은 지수를 써서 표시된다. 통계역학에서 가장 중요한 큰 수는 10^{23} 정도의 크기인 아보가드로 수이다. 큰 수의 가장 중요한 성질은, 큰 수에 작은 수를 더해도 원래의 수가 변하지 않는다는 것이다. 예컨대,

$$10^{23} + 23 = 10^{23}. \tag{2.12}$$

(이 규칙이 적용되지 않아야 할 유일한 예외는, $10^{23} + 42 - 10^{23} = 42$와 같은 계산처럼, 당신이 나중에 동일한 큰 수를 빼게 되는 경우이다.)

아주 큰 수는 큰 수보다도 훨씬 더 큰 수인데, 큰 수로 지수를 취할 때 만들어지는 수이다. $10^{10^{23}}$ 같은 수가 예이다.* 아주 큰 수는, 그것에 큰 수를 곱해도 원래의 수가 변하지 않는다는 놀라운 성질을 갖고 있다. (또 다시 예외가 있다. 동일한 아주 큰 수로 나중에 나누게 되는 계산이라면 남은 인수를 버리지 말고 계속 갖고 있어야 한다.)

아주 큰 수를 다루는 흔한 기법은 로그를 취하는 것이다. 로그를 취하면 아주 큰 수가 평범한 큰 수로 바뀐다. 물론 큰 수는 훨씬 더 익숙하고 좀 더 직접적으로 다룰 수가 있다. 그리고 계산의 끝에서 다시 아주 큰 수로 돌아가기 위해 지수함수를 취해주면 된다. 이 절의 뒷부분에서는 이 기법을 사용하겠다.

문제 2.12. 자연로그 함수, ln는 모든 양수 x에 대해서 $e^{\ln x} = x$가 성립하도록 정의된다.
(a) 자연로그 함수의 그래프를 스케치하라.

---

* 여기서 x^{y^z}는 $x^{(y^z)}$을 의미하며, $(x^y)^z$이 아니라는 것에 주의하라.

(b) 다음 등식들을 증명하라.

$$\ln ab = \ln a + \ln b \text{ 와 } \ln a^b = b \ln a$$

(c) $\frac{d}{dx}\ln x = \frac{1}{x}$ 임을 증명하라.

(d) 다음의 유용한 근사식을 유도하라.

$$\ln(1+x) \approx x .$$

이 식은 $|x| \ll 1$ 일 때 성립한다. 계산기를 사용해서 $x = 0.1$, $x = 0.01$ 일 때 근사식이 얼마나 정확한지 확인하라.

문제 2.13. 로그함수와 함께 유희를.

(a) 식 $e^{a \ln b}$ 를 단순하게 만들라. 즉, 로그를 포함하지 않는 방식으로 다시 쓰라.

(b) $b \ll a$ 라고 가정하고, $\ln(a+b) \approx (\ln a) + (b/a)$ 임을 증명하라. (힌트: 로그의 인자(argument)에서 인수 a 를 끄집어낸 후 문제 2.12 (d)의 근사식을 적용하라.)

문제 2.14. $e^{10^{23}}$ 을 10^x 의 형태로 다시 쓰라.

스털링 근사(Stirling's approximation)

겹침수의 식들은 계승이 포함되는 "조합"을 사용하기 때문에, 이 식들을 큰 계에 적용하기 위해서는 큰 수의 계승을 계산하는 기법이 필요하다. 이 기법은 스털링 근사로 불린다.

$$N! \approx N^N e^{-N} \sqrt{2\pi N} \tag{2.14}$$

이 근사는 $N \gg 1$ 인 극한에서 정확해진다. 왜 그런지 설명해보자.

$N!$ 은 1부터 N 까지 N 개의 인수들을 곱한 양이다. 이 양을 매우 거칠게 근사한다면, 모든 인수들을 N 으로 대체하는 것이다. 그렇다면 $N! \approx N^N$ 이 된다. 하지만 실제로 거의 모든 인수들이 N 보다 작기 때문에 이 근사는 과다한 근사가 된다. 대신에 각 인수는 평균적으로 인수 e 만큼 N 보다 작은 것으로 판명되기 때문에 다음 식이 좀 더 좋은 근사라고 할 수 있다.

$$N! \approx \left(\frac{N}{e}\right)^N = N^N e^{-N} \tag{2.15}$$

이것은 스털링의 식과 아직도 큰 인수인 $\sqrt{2\pi N}$ 만큼 차이가 난다. 하지만 N이 큰 수이면, $N!$은 아주 큰 수이기 때문에, 기껏해야 큰 수인 $\sqrt{2\pi N}$을 곱하는 것은 아주 큰 수의 성질에 따라 자주 생략할 수 있다.

게다가 당신이 관심을 두는 양이 단지 $N!$의 로그값이라면, 식 (2.15)로 대개 충분히 좋은 근사가 된다. 또 하나의 방식으로 이 식을 다음과 같이 쓸 수도 있다.

$$\ln N! \approx N \ln N - N \tag{2.16}$$

계산기나 컴퓨터를 사용해서 아주 크지 않은 수에 대한 스털링 근사를 검사해보는 것은 흥미로운 일이다. 표 2.3은 결과의 일부를 보여준다. 보다시피 스털링 근사가 유용하기 위해서 반드시 N이 특별히 커야 할 필요는 없다. 식 (2.14)는 $N=10$일 때 이미 꽤 정확하고, 한편 로그값에 관심이 있을 경우의 식 (2.16)은 $N=100$일 때부터 꽤 정확하다.

스털링 근사식의 유도과정에 대해서는 부록 B를 보라.

표 2.3. $N=1$, 10, 100에 대해서 정확한 값에 대한 스털링 근사(식 (2.14)와 (2.16))의 비교.

N	$N!$	$N^N e^{-N}\sqrt{2\pi N}$	오차	$\ln N!$	$N\ln N - N$	오차
1	1	.922	7.7%	0	−1	∞
10	3628800	3598696	.83%	15.1	13.0	13.8%
100	9×10^{157}	9×10^{157}	.083%	364	360	.89%

문제 2.15. 계산기를 사용해서 $N=50$인 경우에 스털링 근사의 정확도를 확인하라. $\ln N!$의 근사인 식 (2.16)의 정확도도 함께 확인하라.

문제 2.16. 동전 1,000개를 던진다고 하자.

(a) 정확하게 앞면 500개와 뒷면 500개가 나올 확률은 얼마인가? (힌트: 먼저 가능한 결과들의 총수를 나타내는 식을 쓰라. 그런 후 스털링 근사를 사용해서 500-500 "거시상태"의 "겹침수"를 결정하라. 스털링 근사가 필요 없을 정도로 좋은 계산기를 쓴다면, 문제에서 주어진 수들에 10, 100, 1,000 등을 스털링 근사가 필요할 때까지 곱하여 큰 수로 만들어서 계산하라.)

(b) 정확하게 앞면 600개와 뒷면 400개가 나올 확률은 얼마인가?

▌큰 아인슈타인 고체의 겹침수

이제 스털링 근사로 무장을 하고, "큰 수"의 진동자와 에너지 단위를 갖는 아인슈타인 고체의 겹침수를 계산해보자. 완전히 일반적인 경우를 다루기보다는 진동자 수보다 에너지 단위수가 훨씬 더 큰 $q \gg N$인 경우만 고려해보겠다. 이것은 "고온 극한(high-temperature limit)"에 해당된다.

정확한 식으로 시작하겠다.

$$\Omega(N,q) = \binom{q+N-1}{q} = \frac{(q+N-1)!}{q!(N-1)!} \approx \frac{(q+N)!}{q!N!} \tag{2.17}$$

마지막 단계에서의 근사에서, $N!$과 $(N-1)!$의 비는 큰 수(N)이지만 Ω와 같이 아주 큰 수에 곱해지는 경우 무시할 만하기 때문에 가능하다. 다음 단계로 자연로그를 취해서 식 (2.16)에 따른 스털링 근사를 적용해보자.

$$\begin{aligned}\ln\Omega &= \ln\left(\frac{(q+N)!}{q!N!}\right)\\ &= \ln(q+N)! - \ln q! - \ln N!\\ &\approx (q+N)\ln(q+N) - (q+N) - q\ln q + q - N\ln N + N\\ &= (q+N)\ln(q+N) - q\ln q - N\ln N\end{aligned} \tag{2.18}$$

이제까지는 q와 N이 모두 큰 수일뿐 $q \gg N$이라는 것은 고려하지 않았다. 하지만 이제 문제 2.13에서처럼 첫 로그항을 처리해보자.

$$\begin{aligned}\ln(q+N) &= \ln\left[q\left(1+\frac{N}{q}\right)\right]\\ &= \ln q + \ln\left(1+\frac{N}{q}\right)\\ &\approx \ln q + \frac{N}{q}\end{aligned} \tag{2.19}$$

마지막 단계는, $|x| \ll 1$일 때 $\ln(1+x) \approx x$로 근사할 수 있다는 로그의 테일러 전개로부터 온 것이다. 식 (2.19)를 식 (2.18)에 대입하고 $q\ln q$항을 상쇄시키면 다음 식을 얻는다.

$$\ln\Omega \approx N\ln\frac{q}{N} + N + \frac{N^2}{q} \tag{2.20}$$

$q \gg N$인 극한에서 마지막 항은 다른 항들에 비해 무시할 만하다. 따라서 첫 두 항들에만

지수함수를 취하면 다음 식을 얻는다.

$$\Omega(N, q) \approx e^{N\ln(q/N)}e^N = \left(\frac{eq}{N}\right)^N \quad (q \gg N\text{일 때}) \tag{2.21}$$

이 식은 멋지고 간단하긴 한데 기이해 보인다. 지수가 큰 수이기 때문에 알다시피 Ω는 아주 큰 수가 된다. 게다가 N이나 q를 조금만 크게 해도 지수 N이 크기 때문에 Ω가 굉장히 커진다.

문제 2.17. $q \ll N$인 "저온 극한(low-temperature limit)"에서, 고온 극한의 식 (2.21)과 유사한 겹침수 식을 이 절의 방법을 사용해서 유도하라.

문제 2.18. 스털링 근사를 사용해서 임의의 큰 값 N과 q를 갖는 아인슈타인 고체의 겹침수가 근사적으로 다음과 같이 쓸 수 있음을 보여라.

$$\Omega(N, q) \approx \frac{\left(\frac{q+N}{q}\right)^q\left(\frac{q+N}{N}\right)^N}{\sqrt{2\pi q(q+N)/N}}$$

분모의 제곱근은 단지 "큰 수"이기 때문에 종종 무시될 수 있다. 하지만 문제 2.22에서는 무시되어서는 안된다. (힌트: 먼저 $\Omega = \frac{N}{q+N}\frac{(q+N)!}{q!N!}$ 임을 보여라. 그리고 스털링 근사에서 $\sqrt{2\pi N}$을 무시하지 마라.)

문제 2.19. 스털링 근사를 사용해서 두 상태 상자성체의 겹침수에 대한 근사식을 구하라. $N_\downarrow \ll N$인 극한에서 이 식을 간단하게 만들어서 $\Omega \approx (Ne/N_\downarrow)^{N_\downarrow}$임을 보여라. 이 결과는 문제 2.17의 답과 유사하게 보여야 한다. 고려 중인 극한에서 이 두 계가 왜 본질적으로 같은지 설명하라.

겹침수 함수의 뾰족함

드디어 이 절을 시작하면서 제기한 문제로 돌아갈 준비가 되었다. 상호작용하는 두 개의 큰 아인슈타인 고체 계에 대하여 겹침수 함수의 봉우리는 도대체 얼마나 뾰족한가하는 질문이다.

단순하게 하기 위해서 각 고체가 N개의 진동자로 되어 있다고 가정하자. 짧게 쓰기 위해서 총에너지 단위를 $q_{전체}$ 대신 그냥 q라고 부르고, 이것이 N보다 훨씬 크다고 가정하겠다. 즉, 우리는 식 (2.21)을 쓸 수 있다. 그러면 어떤 주어진 거시상태에 대한 결합계의 겹침수는 다음과 같이 된다.

$$\Omega = \left(\frac{eq_A}{N}\right)^N \left(\frac{eq_B}{N}\right)^N = \left(\frac{e}{N}\right)^{2N} (q_A q_B)^N. \tag{2.22}$$

여기서 q_A와 q_B는 각각 고체 A와 B의 에너지 단위이고, $q_A + q_B = q$를 만족시킨다.

식 (2.22)를 q_A의 함수로 그래프를 그리면, 에너지가 고체 두 개에 동일하게 분배되는 값인 $q_A = q/2$에서 그래프는 매우 뾰족한 봉우리를 가질 것이다. 이 봉우리의 높이는 아주 큰 수이다.

$$\Omega_{최대} = \left(\frac{e}{N}\right)^{2N} \left(\frac{q}{2}\right)^{2N} \tag{2.23}$$

나는 이 그래프가 봉우리 근처에서 어떻게 보이는지를 알고 싶다. 그래서 다음과 같이 x를 정의하겠다.

$$q_A = \frac{q}{2} + x, \quad q_B = \frac{q}{2} - x \tag{2.24}$$

여기서 x는 q보다는 훨씬 작지만 그 자체는 꽤 큰 어떤 값이 될 수도 있다. 이것을 식 (2.22)에 대입하면 다음을 얻는다.

$$\Omega = \left(\frac{e}{N}\right)^{2N} \left[\left(\frac{q}{2}\right)^2 - x^2\right]^N \tag{2.25}$$

둘째 인수를 간단히 하기 위해서 로그를 취하고 식 (2.19)에서 했던 것처럼 근사를 해 보자.

$$\begin{aligned}
\ln\left[\left(\frac{q}{2}\right)^2 - x^2\right]^N &= N\ln\left[\left(\frac{q}{2}\right)^2 - x^2\right] \\
&= N\ln\left[\left(\frac{q}{2}\right)^2 \left(1 - \left(\frac{2x}{q}\right)^2\right)\right] \\
&= N\left[\ln\left(\frac{q}{2}\right)^2 + \ln\left(1 - \left(\frac{2x}{q}\right)^2\right)\right]
\end{aligned}$$

$$\approx N\left[\ln\left(\frac{q}{2}\right)^2 - \left(\frac{2x}{q}\right)^2\right] \tag{2.26}$$

이제 마지막 표현에 지수함수를 취해서 식 (2.25)에 다시 대입할 수 있다.

$$\Omega = \left(\frac{e}{N}\right)^{2N} e^{N\ln(q/2)^2} e^{-N(2x/q)^2} = \Omega_{최대} \cdot e^{-N(2x/q)^2} \tag{2.27}$$

이와 같은 형태의 함수를 가우시안(Gaussian)이라고 부른다. 가우시안 함수는 그림 2.7에서처럼 $x=0$ 에서 봉우리를 갖고 양방향으로 급격히 감소하는 함수이다. 우리가 다루고 있는 겹침수 함수는 다음의 값에서 최댓값 $\Omega_{최대}$의 $1/e$로 떨어진다.

$$N\left(\frac{2x}{q}\right)^2 = 1 \quad \text{혹은} \quad x = \frac{q}{2\sqrt{N}} \tag{2.28}$$

이것은 실제로 꽤 큰 수이다. 하지만 $N = 10^{20}$ 이라면, 이 값은 그래프의 전체 수평범위의 불과 백억 분의 일밖에 되지 않는다! 그림의 크기 규모에서처럼 봉우리의 폭이 약 1 cm 라면, 그래프의 전체 수평범위는 10^{10} cm, 혹은 100,000 km 가 된다는 얘기이다. 이것은 지구 두 바퀴보다도 긴 거리이다. 그리고, 봉우리로부터 x가 $q/2\sqrt{N}$의 열 배인 거리에 있는 현재 쪽의 귀퉁이 부근에서 그래프가 보여주는 겹침수는 봉우리의 최댓값에 인수 $e^{-100} \approx 10^{-44}$을 곱한 것만큼 작은 값을 갖는다.

이와 같은 결과가 의미하는 것은 이것이다. 큰 아인슈타인 고체 두 개가 열평형에 있을 때, 최대확률 거시상태로부터 떨어진 어떤 마구잡이 요동도 사실상 "전혀 측정될 수 없다"는 것이다. 그런 요동을 측정하기 위해서는 열 개의 유효숫자를 쓰는 정밀도로 에너지를 측정해야만 할 것이다. 일단 계가 열평형에 도달할 충분한 시간이 지나서 모든

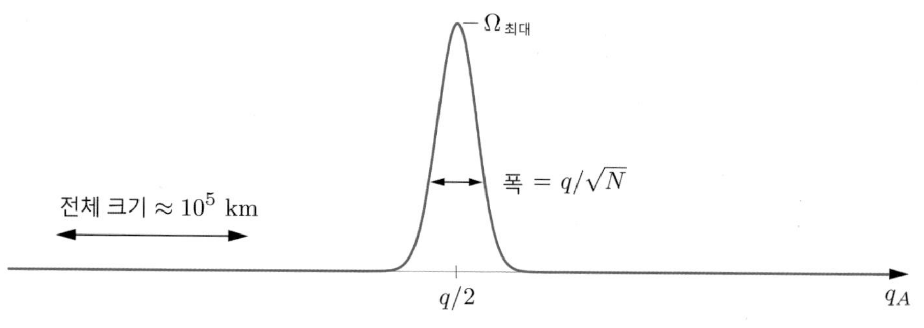

그림 2.7. 진동자당 에너지 단위가 큰 두 개의 큰 아인슈타인 고체 계의 겹침수(고온 극한). 전체 수평범위에서 봉우리 근처의 아주 작은 부분만을 보여주고 있다.

"미시상태"들이 확률적으로 동등해지면, 계는 "최대확률 거시상태"에 머문다고 가정하는 편이 나을 것이다. 계가 무한히 커서 최대확률 거시상태로부터의 측정가능한 요동이 전혀 없는 극한을 열역학적 극한(thermodynamic limit)이라고 부른다.

문제 2.20. 수평축의 전체 범위가 쪽에 맞도록 그림 2.7의 그래프를 축소시킨다고 해보자. 봉우리의 폭은 크기가 얼마나 되겠는가?

문제 2.21. 컴퓨터를 사용해서 식 (2.22)의 그래프를 다음과 같이 직접 그려라. 먼저 $z = q_A/q$, 그리고 $(1-z) = q_B/q$ 라고 정의하라. 상수 인수항을 무시하면 겹침수 함수는 $[4z(1-z)]^N$ 이 된다. 여기서 z 의 범위는 0부터 1까지이고, 인수 4 때문에 봉우리의 높이는 어떤 N에 대해서도 1이 된다. $N = 1$, 10, 100, 1,000, 10,000에 대한 이 함수의 그래프를 그려라. N이 증가할 때 봉우리의 폭이 어떻게 감소하는지 관찰하라.

문제 2.22. 이 문제는, 두 개의 큰 아인슈타인 고체 계에 대하여 겹침수 함수의 봉우리의 폭을 추정하는 또 하나의 접근방법을 제공한다.

(a) 서로 열접촉을 하고 있는 N개의 진동자로 된 동일한 아인슈타인 고체 두 개를 고려하자. 결합계의 총에너지 단위가 정확히 $2N$이라고 하자. 이 결합계에 대하여 서로 다른 거시상태는 몇 가지가 존재하는가? (첫 번째 고체가 가질 수 있는 에너지 값 하나가 한 거시상태에 대응된다.)

(b) 문제 2.18의 결과를 사용해서 결합계의 미시상태의 총수에 대한 근사식을 구하라. (힌트: 결합계를 한 개의 아인슈타인 고체로 취급하라. 계산 과정에서 결국 거의 같은 크기의 "아주 큰" 두 수들을 나누게 될 것이기 때문에, 중간 과정에서 "큰" 수 인수를 생략하지 마라. 답은 $2^{4N}/\sqrt{8\pi N}$.)

(c) 이 계의 최대확률 거시상태는 물론 에너지가 두 고체에 균등하게 분배되는 상태이다. 문제 2.18의 결과를 사용해서 이 거시상태의 겹침수에 대한 근사식을 구하라. (답은 $2^{4N}/(4\pi N)$.)

(d) (b)와 (c)의 답을 비교하면 겹침수 함수의 "뾰족함"에 대한 느낌을 대략 가질 수 있다. (c)는 봉우리의 높이를 말해주고, (b)는 전체 그래프 밑의 면적을 말해준다. 매우 거친 근사이지만, 봉우리의 모양이 직사각형이라고 생각해보자. 이 경우에 직사각형의 폭은 얼마가 되겠는가? 모든 거시상태 중에서 합리적으로 큰 확률을 갖

는 거시상태들의 비율은 얼마인가? $N = 10^{23}$ 인 경우에 대해서 이 비율을 수치적으로 계산하라.

문제 2.23. 기본 쌍극자 10^{23} 개로 된 두 상태 상자성체를 고려하자. 계의 총에너지는 영으로 고정되어 있어서 전체 쌍극자의 정확히 반이 위 방향이고 반이 아래 방향이다.

(a) 이 계가 "접근가능한" 미시상태들의 수는 얼마인가?

(b) 이 계의 미시상태가 초 당 십억 번 바뀐다고 해보자. 대략 우주의 나이인 백억 년 동안 계가 접근할 수 있는 미시상태들의 수는 얼마인가?

(c) 충분히 기다린다면 계가 결국 어떤 "접근가능한" 미시상태라도 모두 접근한다고 말하는 것이 맞는 말인가? 당신의 답을 설명하고, "접근가능한"이라는 단어의 의미에 대해서 논의하라.

문제 2.24. 한 개의 큰 두 상태 상자성체에 대한 겹침수 함수는 $N_\uparrow = N/2$ 에서 매우 뾰족한 봉우리를 갖는다.

(a) 스털링 근사를 사용해서 겹침수 함수의 봉우리의 높이를 계산하라.

(b) 이 절의 방법을 사용해서 봉우리 근처에서의 겹침수 함수를 $x \equiv N_\uparrow - (N/2)$ 의 식으로 써라. 당신의 식이 $x = 0$ 일 때 (a)의 답과 일치하는지 확인하라.

(c) 겹침수 함수의 봉우리의 폭은 얼마인가?

(d) 당신이 동전 백만 개를 던진다고 해보자. 앞면이 501,000 개 그리고 뒷면이 499,000 개가 나온다면 놀라겠는가? 또한, 앞면이 510,000 개 그리고 뒷면이 490,000 개가 나온다면 놀라겠는가? 설명하라.

문제 2.25. 앞 문제의 수학은 일차원 마구잡이 걸음(random walk)에도 적용될 수 있다. 일차원 마구잡이 걸음이란 N 번의 걸음으로 구성되는데, 걸음의 크기는 모두 같은데 매번 앞으로 갈지 뒤로 갈지가 마구잡이로 선택되는 걸음이다. (취한 사람이 비틀거리며 골목길을 걸어가는 모습을 흔히 떠올린다.)

(a) 긴 마구잡이 걸음 끝에 당신이 발견될 확률이 가장 큰 위치는 어디이겠는가?

(b) 한 걸음의 크기가 1야드로 만 걸음을 마구잡이로 걸었다고 하자. 걸음의 끝에 당신은 출발위치로부터 얼마나 멀리 있을 것이라고 기대하겠는가?

(c) 자연에서 마구잡이 걸음의 좋은 예는 분자가 기체를 통해 확산(diffusion)하는 경우

이다. 이 경우 한 걸음의 평균거리는 1.7절에서 계산했던 평균자유거리이다. 걸음의 크기가 매번 다르다는 것과 경로의 다차원성에서 올 수 있는 모든 작은 수치적 인수들을 무시하고, 이 모형을 사용해서 실온대기압에서 1초 동안에 공기분자가 성취하는 알짜 변위의 기댓값을 추정하라. 혹은 공기 중에서 운동하는 일산화탄소 분자를 고려해도 좋다. 경과 시간이나 온도가 다르다면 당신의 추정값이 얼마나 달라질지 논의하라. 당신의 추정이 1.7절에서 다루었던 확산과 일관적인지 확인하라.

모든 것이 작동하는 것은 아보가드로 수가 10보다는 무한대에 더 가깝기 때문이다.

–Ralph Baierlein, *American Journal of Physics* **46**, 1045 (1978). Copyright 1978, American Association of Physics Teachers. Reprinted with permission.

2.5 이상기체

앞 절의 결론, 즉 상호작용하는 큰 계의 수많은 거시상태 중에서 극히 적은 상태들만이 합리적으로 큰 확률을 갖는다는 사실은 아인슈타인 고체 외에도 다른 많은 계들에 적용된다. 사실 입자의 수와 에너지 단위가 둘 다 "크기만" 하다면, 본질적으로 모든 상호작용하는 계들에 대해서도 성립한다. 이 절에서 나는 이상기체에 대해서도 성립한다는 것을 보일 것이다.

이상기체의 겹침수는 입자의 수와 에너지 단위뿐만 아니라 기체의 부피에도 의존하기 때문에, 이상기체는 아인슈타인 고체의 경우보다 더 복잡하다. 게다가 두 기체가 상호작용할 때 그것들은 에너지를 교환하는 것에 더해서, 종종 팽창하거나 압축될 수 있고 분자들을 교환할 수도 있다. 하지만 상호작용하는 두 기체의 겹침수 함수는 전체 거시상태들 중에서 상대적으로 적은 일부 상태들에서만 매우 뾰족한 봉우리를 갖는다는 것을 우리는 여전히 보게 될 것이다.

▌단원자분자 이상기체의 겹침수

단순하게 하기 위해서 헬륨이나 아르곤과 같은 단원자분자 이상기체만을 고려하겠다. 우선 분자 단 하나로 된 기체를 고려하고, 그런 후 N개의 분자들로 된 일반적인 경우를 다루겠다.

운동에너지가 U인 한 기체분자가 부피가 V인 용기 안에 있다고 하자. 이 계의 겹침수는 무엇일까? 즉, 고정된 U와 V의 값이 주어질 때 분자가 가질 수 있는 미시상태의 수는 얼마일까?

용기의 부피가 두 배가 되면 분자가 취할 수 있는 위치가 다양해지므로 상태의 수도 두 배가 된다. 따라서 겹침수는 V에 비례해야 한다. 또한, 분자가 취할 수 있는 서로 다른 운동량 벡터들이 많아지면 분자가 가질 수 있는 상태의 수도 많아진다. 따라서 겹침수는 허용된 운동량 공간(momentum space)의 "부피"에도 비례해야 한다. (여기서 운동량 공간이란 p_x, p_y, p_z 축으로 확장되는 "가상적인" 공간을 의미한다. 운동량 공간에서의 한 점은 입자가 갖는 운동량 벡터에 대응한다.) 따라서 도식적으로 다음과 같이 써보자.

$$\Omega_1 \propto V \cdot V_p \tag{2.29}$$

여기서 V는 통상적인 공간, 즉 위치 공간(position space)의 부피이고, V_p는 운동량 공간의 부피이다. 그리고 아래 첨자 "1"은 단 한 개의 분자로 된 기체라는 것을 나타낸다.

Ω_1의 식은 아직도 꽤 모호하다. 그중 한 문제는 운동량 공간에서 허용된 부피 V_p를 어떻게 결정하느냐 하는 것이다. 그런데 분자의 운동에너지가 U가 되어야 하기 때문에, 분자의 운동량 벡터가 만족시켜야 하는 제약조건이 하나가 있다.

$$U = \frac{1}{2}m(v_x^2 + v_y^2 + v_z^2) = \frac{1}{2m}(p_x^2 + p_y^2 + p_z^2) \tag{2.30}$$

이 식은 다음과 같이 쓸 수도 있다.

$$p_x^2 + p_y^2 + p_z^2 = 2mU \tag{2.31}$$

이 식은 운동량 공간에서 반지름이 $\sqrt{2mU}$인 구의 표면을 정의한다(그림 2.8을 보라). 즉, 운동량 공간의 "부피"는 실제는 이 구의 표면적에 해당되는 것이다(U의 요동을 고려한다면 이 구 표면이 약간의 두께를 갖는 구 껍데기의 부피라고 말할 수도 있다).

식 (2.29)와 관련해서 남아있는 또 하나의 문제는 비례상수이다. Ω_1이 위치 공간의 부

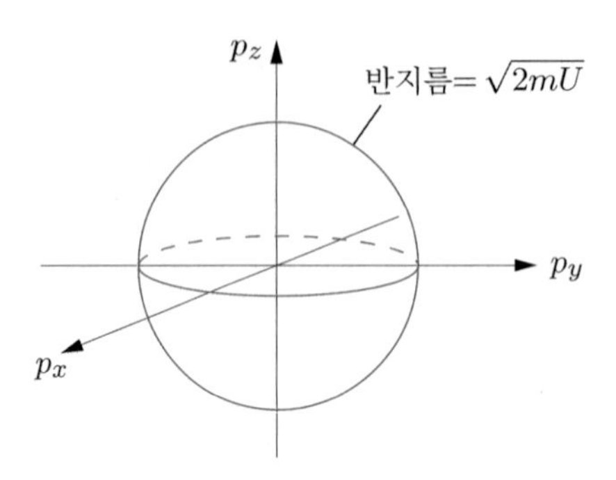

그림 2.8. 반지름이 $\sqrt{2mU}$인 운동량 공간의 구. 분자의 에너지가 U이면 분자의 운동량 벡터는 이 구 표면의 어딘가에 놓여있어야 한다.

피와 운동량 공간의 부피에 비례해야 한다는 것은 꽤 분명해 보이는 한편, 우리가 도대체 어떻게 미시상태들의 수를 세서 유한한 수로 겹침수를 얻는다는 것인가? 언뜻 생각하면, 단 하나의 분자로 된 기체에서조차 허용된 미시상태의 수, 즉 겹침수는 무한대가 될 것으로 보인다.

미시상태의 수를 실제로 세기 위해서는 양자역학을 소환해야 한다(양자역학에 대한 체계적인 개요는 부록 A를 보라). 양자역학에서 계의 상태는 위치 공간과 운동량 공간 둘 다에 퍼져있는 "파동함수(wavefunction)"에 의해 기술된다. 파동함수는, 위치 공간에서 덜 퍼져있으면 운동량 공간에서 더 퍼져있어야 하고, 반대로 운동량 공간에서 덜 퍼져있으면 위치 공간에서 더 퍼져있어야 한다. 이것이 그 유명한 하이젠베르크의 불확정성 원리(Heisenberg uncertainty principle)이다.

$$(\Delta x)(\Delta p_x) \approx h \tag{2.32}$$

여기서 Δx는 x 축 방향의 퍼짐(불확정성), Δp_x는 p_x 축 방향의 퍼짐(불확정성)이고, h는 플랑크 상수이다. (사실 Δx와 Δp_x의 곱은 h보다 같거나 크다는 것이 원래의 원리이다($\Delta x \cdot \Delta p_x \geq h$). 하지만 여기서 우리는 위치와 운동량을 가능한 정밀하게 명시하는 파동함수에 관심을 둔다.) 물론 같은 한계가 y와 p_y의 쌍, z와 p_z의 쌍에도 적용된다.

양자역학에서도 허용된 파동함수의 수는 무한하다. 하지만 허용된 위치 공간과 운동량 공간이 제한되어 있으면, 독립적인(independent) 파동함수의 수는 유한하다('독립'의 정의는 부록 A에서 다루었다). 그런 상황을 그림 2.9처럼 그림으로 나타내고 싶다. 위치와 운동량 값은 각각 Δx와 Δp_x를 단위로 하여 불연속적인 값을 갖고 따라서 셀 수 있는 양이 된다. 즉, 이 일차원 예에서 서로 다른 위치 상태의 수는 $L/(\Delta x)$이고, 한편 서로 다른 운

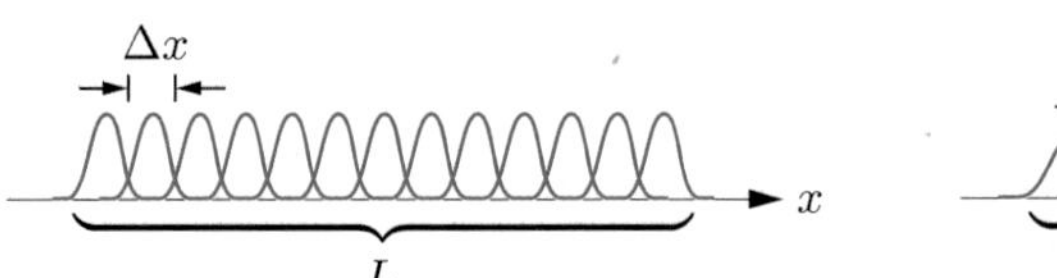

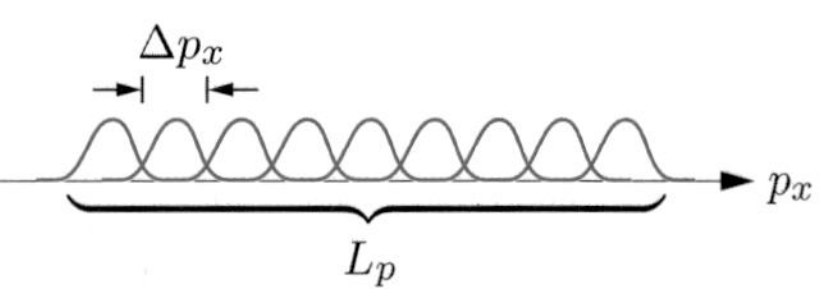

그림 2.9. 일차원을 움직이는 양자역학적 입자의 "독립적인"인 위치상태들과 운동량상태들. 위치 공간에서 파동함수가 좁아지면, 운동량 공간에서는 파동함수가 넓어진다. 반면, 위치 공간에서 파동함수가 넓어지면, 운동량 공간에서는 파동함수가 좁아진다.

동량 상태의 수는 $L_p/(\Delta p_x)$ 이다. 따라서 서로 다른 상태의 총수는 그 곱이 된다.

$$\frac{L}{\Delta x}\cdot\frac{L_p}{\Delta p_x}=\frac{L\,L_p}{h} \tag{2.33}$$

등호 오른쪽은 불확정성 원리를 따른 결과이다. 명백하게, 삼차원에서는 길이를 부피로, 인수 h는 세 개로 바꾸면 된다.

$$\Omega_1=\frac{V V_p}{h^3} \tag{2.34}$$

하지만 이와 같이 Ω_1의 비례상수를 "유도"하는 것은 그다지 엄밀한 방식으로 인정되지는 않는다. 즉, 식 (2.34)에 2나 π 같은 인수가 더 있어야 하는지에 대해서는 확실히 입증하지는 않았다. 하지만 선호한다면, 이 결과를 차원분석(dimensional analysis)적인 것으로 받아들일 수는 있을 것이다. 즉, 겹침수는 차원이 없는 양이어야 하는데, h^3의 차원이 V와 V_p의 차원을 상쇄시킨다는 것은 당신도 쉽게 보일 수 있을 것이다.* 한편, 이와 같은 계산이 대략적인 것이기는 했지만, 그 결과는 위치-운동량 공간에서 부피의 단위크기를 h^3으로 간주할 수 있다는 것을 암시한다.

이제까지 단일 분자 기체에서 꽤 많은 것을 얻었다. 이제 한 분자가 더 추가되어 두 분자 기체가 되면 어찌될까? 각 분자에 대해 식 (2.34) 형태의 인자가 필요하고, 분자 1의 각 상태에 대해서 분자 2의 상태가 Ω_1개가 존재하므로, 결국 두 분자 기체의 총 겹침수는 두 인자를 곱한 양이 될 것으로 기대할 수 있다. 하지만 그렇게 간단한 것만은 아니

* V_p가 부피가 아니라 실제로는 표면적이라는 사실로 걱정할 필요는 없다. 운동량 공간의 구는 항상 약간의 두께를 갖도록 허용할 수 있고, 구의 표면적에 이 두께를 곱하면 결국 p^3의 차원을 갖는 양이 된다. N개의 분자로 된 기체를 다룰 때는 겹침수는 엄청난 양이 될 것이고, 두께로 인한 크기에서의 미소한 부정확성은 문제가 되지 않을 것이다.

다. 제한되는 에너지가 두 분자의 "총에너지"여서 인수 V_p가 좀 더 복잡해지기 때문이다. 즉, 식 (2.31)은 다음과 같이 변형된다.

$$p_{1x}^2 + p_{1y}^2 + p_{1z}^2 + p_{2x}^2 + p_{2y}^2 + p_{2z}^2 = 2mU \tag{2.35}$$

여기서 두 분자의 질량은 동일하다고 가정했다. 이 식은 6차원 운동량 공간에 놓인 "초구(hypersphere)"의 5차원 표면을 정의한다. 그것을 시각화할 수는 없지만 그 "표면적"을 계산하는 것은 가능한데, 그것을 두 개의 분자에 대해서 허용된 운동량 공간의 총부피라고 부를 수 있다.

따라서 두 분자 이상기체의 겹침수는 다음과 같이 되어야 한다.

$$\Omega_2 = \frac{V^2}{h^6} \cdot S \tag{2.36}$$

여기서 S는 6차원 운동량 초구의 표면적을 나타낸다. 이 식은 정말 맞지만, 다만 두 개의 분자들이 서로 "구별될 수 있는(distinguishable)" 경우에만 그렇다. 만약 두 분자들이 "구별될 수 없는(indistinguishable)" 경우라면, 인수 2만큼 과도하게 상태의 수를 센 것이 된다. 두 분자를 서로 교환하는 것이 다른 상태를 만들지 않기 때문이다(그림 2.10을 보라).* 따라서 구별될 수 없는 두 분자 기체의 겹침수는 다음과 같이 수정된다.

$$\Omega_2 = \frac{1}{2}\frac{V^2}{h^6} \cdot S \tag{2.37}$$

이제 구별될 수 없는 동일한 분자 N개로 구성된 이상기체를 고려하자. 위의 결과를 일반화하면, 겹침수 Ω_N은 $3N$개의 인수 h로 나누어진 N개의 인수 V를 포함한다. 과도한 셈을 교정하는 인수는 분자들을 교환하는 방법의 수인 $N!$이다. 그리고 운동량 공간 인수는 반지름이 여전히 $\sqrt{2mU}$인 $3N$차원 초구의 "표면적" S이다.

$$\Omega_N = \frac{1}{N!}\frac{V^N}{h^{3N}} \cdot S \tag{2.38}$$

이 결과를 좀 더 명시적으로 만들기 위해서는 반지름이 r인 d-차원 초구의 표면적

* 이 논리는 두 분자 각각의 상태들이 항상 다르다는 가정을 전제로 한다. 두 분자들이 같은 장소에서 같은 운동량을 갖는 상태에 있을 수도 있다면, 그런 상태는 식 (2.36)에서 중복해서 세어지지 않는다. 하지만, 기체의 밀도가 아주 크지 않다면, 그런 상태는 거의 일어나지 않는다.

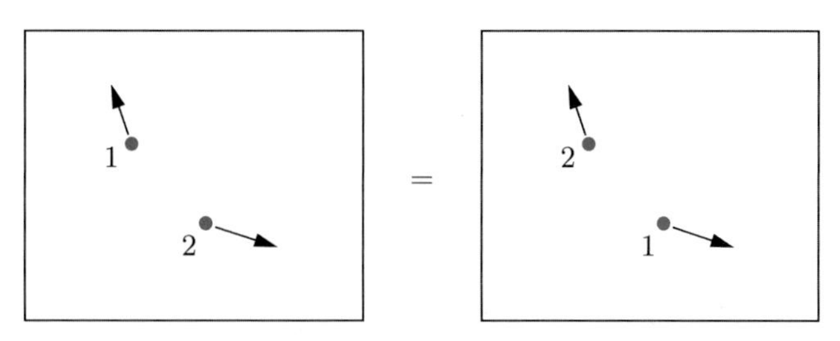

그림 2.10. 동일한 분자 두 개로 된 기체에서, 두 분자들의 상태를 서로 맞바꾸는 것은 이전과 같은 상태에 머물게 할 뿐이다.

"S"에 대한 일반식이 필요하다. $d=2$ 인 경우, 그 면적은 바로 원주의 길이 $2\pi r$ 이다. $d=3$ 인 경우, 답은 $4\pi r^2$ 이다. 일반적인 d 의 경우, 답은 r^{d-1} 에 비례해야 하지만 비례상수를 추측하기란 쉽지 않다. 답은 다음과 같다.

$$S = \frac{2\pi^{d/2}}{\left(\frac{d}{2}-1\right)!} r^{d-1} \tag{2.39}$$

이 식은 수학적 귀납법을 사용해서 증명할 수 있으며, 부록 B에 그 과정이 소개되어 있다. $d=2$인 경우 이 식은 쉽게 눈으로 확인이 되며, $d=3$인 경우를 확인하기 위해서는 $(1/2)! = \sqrt{\pi}/2$ 를 이용해야 한다.

식 (2.39)를 식 (2.38)에 대입하면 다음의 결과를 얻을 수 있다.

$$\Omega_N = \frac{1}{N!}\frac{V^N}{h^{3N}}\frac{2\pi^{3N/2}}{\left(\frac{3N}{2}-1\right)!}(\sqrt{2mU})^{3N-1} \approx \frac{1}{N!}\frac{V^N}{h^{3N}}\frac{\pi^{3N/2}}{(3N/2)!}(\sqrt{2mU})^{3N} \tag{2.40}$$

마지막 단계에서, Ω_N 이 아주 큰 수이므로 큰 인수 곱을 생략하였다.*

식 (2.40)이 조금 복잡해보이긴 하지만 U와 V에의 의존도를 주목해서 다음과 같이 간단히 다시 쓸 수 있다.

$$\Omega(U, V, N) = f(N) V^N U^{3N/2} \tag{2.41}$$

여기서 $f(N)$ 은 N 의 어떤 복잡한 함수이다.

식 (2.41)에서 U 의 지수가 단원자분자 기체의 총자유도($3N$)에 $1/2$을 곱한 값이라는

* 식 (2.40)의 유도과정이 엉성해서 불편하더라도 인내심을 갖기 바란다. 6.7절에서 아주 다른 방법을 사용해서 훨씬 더 근사한 과정을 보일 것이다.

것에 주목하라. 고온 극한에서 아인슈타인 고체의 겹침수에서도 똑같은 결과가 얻어지는 것을 본 바가 있다($\Omega(N, q) \approx \left(\frac{eq}{N}\right)^N$; 식 (2.21)). 사실 이 결과들은 다음과 같은 일반적인 정리의 특별한 예일 뿐이다. 이차항 자유도만을 갖는 계가 에너지 단위가 큰 고전물리 영역에 있을 때, $\Omega \propto U^{Nf/2}$이 성립한다. 여기서 Nf는 계의 총자유도이다. 이 정리에 대한 일반적인 증명은 Stowe (1984)에 있다.

문제 2.26. 이차원 세계("flatland")에 사는 단원자분자 이상기체가 부피 V가 아니라 면적 A를 점유하고 있다. 위의 유도 논리들을 따라서 식 (2.40)과 유사한 이 기체의 겹침수 식을 구하라.

이상기체의 상호작용

이제 에너지가 통과할 수 있는 칸막이로 분리되어 있는 두 이상기체 A와 B를 고려하자(그림 2.11을 보라). 기체가 각각 동일한 종류의 분자 N개로 이루어져 있다면, 이 계의 총겹침수는 다음과 같다.

$$\Omega_{전체} = [f(N)]^2 (V_A V_B)^N (U_A U_B)^{3N/2} \tag{2.42}$$

이 표현은 식 (2.22)로 주어진 한 쌍의 아인슈타인 고체에 대한 결과와 본질적으로 동일한 형태이다. 즉, 두 경우 모두 에너지가 "큰" 지수로 거듭제곱되어 있다. 2.4절에서와 정확히 같은 논리를 따라서, 우리는 겹침수 그래프가 U_A의 함수로 그려질 때 아주 뾰족한 봉우리 하나를 갖고, 봉우리의 폭 ΔU_A는 다음과 같다는 결론을 내릴 수 있다.

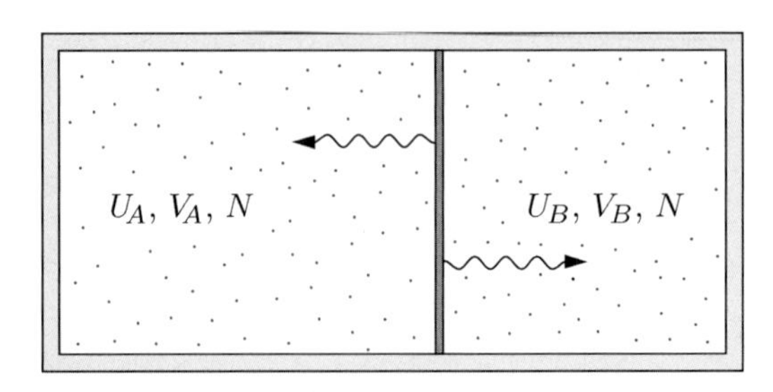

그림 2.11. 두 이상기체는 고정된 부피를 가지며 에너지가 통과할 수 있는 칸막이로 분리되어 있다. 두 기체의 총에너지는 고정되었다.

$$\Delta U_A = \frac{U_{전체}}{\sqrt{3N/2}} \tag{2.43}$$

따라서 N이 큰 수이면, 계가 평형에 있을 때 거시상태들 전체 중에서 아주 미소한 부분만이 합리적인 확률로 나타난다.

에너지뿐만 아니라 각 기체의 부피도 서로 교환되도록 허용할 수도 있다. 즉, 분리 칸막이가 움직일 수 있어 한 기체가 팽창하면서 다른 기체는 압축되는 경우이다. 그러면 위에서 에너지의 교환에 대한 것과 정확히 같은 논리를 부피에 대해서도 적용할 수 있다. 즉, 겹침수가 V_A의 함수로 그려질 때, 그 그래프는 아주 뾰족한 봉우리를 갖고 봉우리의 폭 ΔV_A는 다음과 같다.

$$\Delta V_A = \frac{V_{전체}}{\sqrt{N}} \tag{2.44}$$

그리고 또 다시, N이 큰 수이면, 평형 거시상태는 부피의 가능한 전체 값 중에서 아주 적은 몇 가지 값들에서 본질적으로 결정된다. 그림 2.12는 $\Omega_{전체}$를 두 변수 U_A와 V_A의 함수로 그린 것이다. $N = 10^{20}$이면, 수평축의 전체 범위를 현재 쪽의 폭에 맞추어 그릴 때 봉우리는 원자 하나의 크기보다도 좁을 것이다.

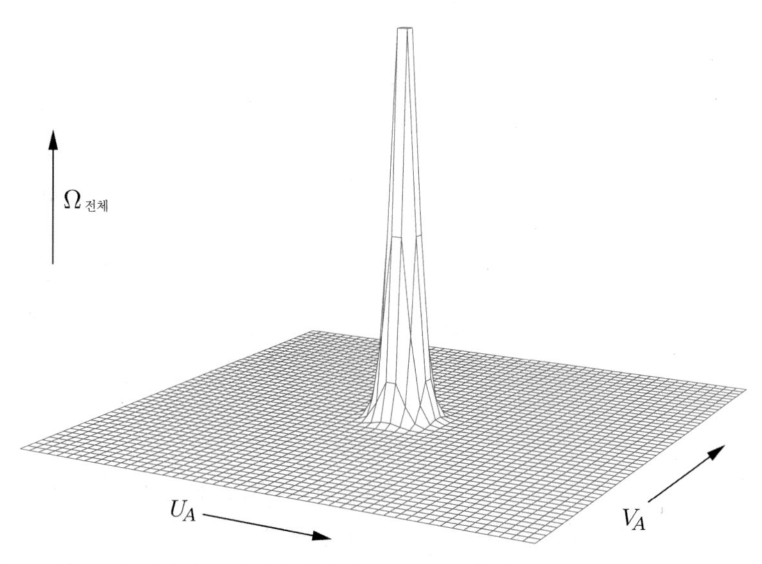

그림 2.12. 기체 A의 에너지와 부피의 함수인 두 이상기체 계의 겹침수. 계의 총에너지와 총부피는 고정되었다. 각 기체를 구성하는 분자의 수가 크면, 수평면의 크기는 현재 쪽의 범위를 훨씬 벗어난다.

이제 칸막이가 움직여서 부피가 변하는 대신에 칸막이는 고정되어 있고, 다만 칸막이에 구멍이 뚫려 있어서 입자들이 양방향으로 왕래할 수 있는 경우를 고려해보자. 물론 이 경우에도 에너지나 입자의 교환이 매우 느리게 일어나서 짧은 시간 동안에는 방 각각에서 평형상태가 유지된다고 간주해야 한다. 이 계의 평형 거시상태를 찾기 위해서는, N_A와 U_A의 함수로서 $\Omega_{\text{전체}}$가 어떻게 거동하는지를 봐야 할 것이다. 식 (2.40)으로부터 이 경우의 분석은 더 어려울 것이라는 것을 알 수 있다. 하지만, 우리는 다시 한 번 그래프에서 아주 뾰족한 봉우리를 보게 될 것이다. 이것은 계의 평형 거시상태가 아주 높은 정밀도로 고정된다는 것을 의미한다. (예상하다시피, 계의 평형 거시상태는 양쪽 방의 기체의 밀도가 서로 같은 상태이다.)

필요하다면, 겹침수 함수인 식 (2.41)의 부피 의존도를 살펴보기만 해도 분자들이 만들 수 있는 다양한 배열에 대한 확률을 계산할 수도 있다. 예컨대, 그림 2.13과 같이 분자들이 모두 용기의 왼쪽 반의 공간에만 놓여있을 확률을 알고 싶다고 하자. 이 배열은 바로 에너지와 입자들의 수는 같지만 부피가 원래의 절반인 거시상태이다. 식 (2.41)을 보면, V가 $V/2$로 대체될 때 겹침수는 인수 2^N만큼 줄어든다. 달리 말하자면, 모든 허용된 미시상태 중에서 전체의 $1/2^N$만이 왼쪽 반의 공간에 모든 분자들이 있는 배열이다. 따라서 그런 배열이 나타날 확률은 2^{-N}이다. $N = 100$이기만 해도 이 값은 10^{-30}보다도 작고, 그런 배열을 한번이라도 보기 위해서는 우주의 나이 동안 매초마다 일조 번씩 배열을 확인해봐야 할 것이다. $N = 10^{23}$이면 그 확률은 "아주" 작은 수가 된다.

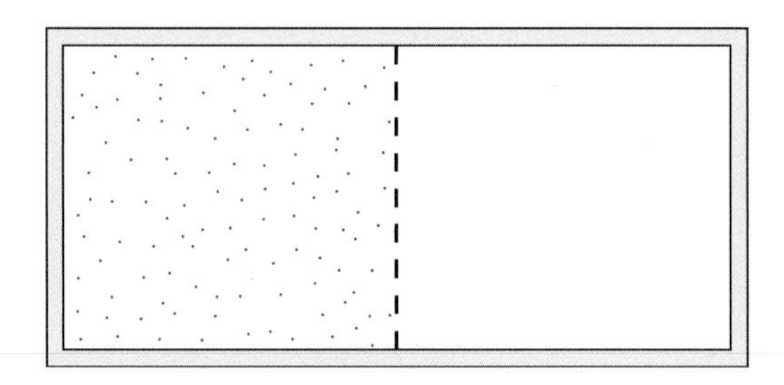

그림 2.13. 거의 나타나지 않을 기체분자들의 배열.

문제 2.27. 용기의 반쪽 공간에 모든 분자들이 있다고 하는 대신에, 왼쪽 99%의 공간에 모든 분자들이 있고 오른쪽 1%의 공간은 비었다고 해보자. 용기 안에 분자 100개가 있을 때 이런 배열이 나타날 확률은 얼마인가? 10,000개의 분자가 있다면 어떻겠는가? 10^{23}개가 있다면 어떻겠는가?

2.6 엔트로피

이제 우리는 다양한 계들에서 겹침수가 최대가 되도록 입자들과 에너지가 재정렬되는 경향이 있다는 것을 보았다. 사실 이 결론은, 계가 아주 큰 수의 통계가 적용될 수 있을 정도로 입자의 수와 에너지 단위가 충분히 클 때, 어떤 계들에서도 성립하는 것으로 보인다.* 즉, 우리가 얻은 결론을 이렇게 쓸 수 있다.

> 평형상태에 있는 어떤 큰 계도 겹침수가 가장 큰 거시상태에서 발견될 것이다(대개 측정되기에는 너무 작은 요동은 논외로 하자).

이것은 바로 열역학 제이 법칙(the second law of thermodynamics)을 더 일반적으로 진술한 것이다. 위의 결론을 더 간단하게 말하는 다른 방법도 있다.

> 계의 겹침수는 증가하는 경향이 있다.

이 법칙이 본질적으로 확률론적인 논리전개 과정을 통해 도출되기 때문에, 그것을 "근원적(fundamental)"이라고 할 수는 없으나, 나는 이제부터 이 법칙을 근원적인 것으로 다루겠다. 가장 큰 겹침수를 갖는 거시상태를 찾는 것만 기억한다면, 당신은 거시상태들의 실제 확률이 무엇인지에 대해서는 상당부분 무시해버릴 수 있다.†

겹침수는 대개 "아주 큰 수"이기 때문에 다루는 것이 불편한 경우가 많다. 이제부터는 겹침수 자체보다도 거기에 자연로그를 취한 양을 다루는 것이 더 편리하다는 것을 알게 될 것이다. 로그는 아주 큰 수인 겹침수를 "큰 수"로 바꾼다. 어떤 역사적인 이유로 인해, 우리는 거기에 볼츠만 상수 k도 곱할 것이다. 이 양이 바로 대개 S로 쓰는 엔트로피(entropy)이다.‡

$$S \equiv k \ln \Omega \tag{2.45}$$

엔트로피의 의미를 이해하고 싶다면, 인수 k를 무시하고 단위가 없는 그냥 $\ln \Omega$로 생각

---

* 내가 아는 한, "모든" 큰 계에 대해서 성립하는지를 증명한 사람은 이제껏 아무도 없다. 혹시 하나의 반례가 어디선가 튀어나올 수도 있다. 하지만 열역학의 실험적 성공 사례들은 그런 예외들이 극히 드물어야 한다는 것을 암시한다.

† 역주: 평형상태에서 어떤 양의 기댓값을 구할 때 원칙적으로는 모든 가능한 거시상태들을 고려해야 한다. 하지만, 실제로는 대부분의 거시상태들의 확률은 미미하므로, 최대확률 거시상태만을 고려하는 것으로 충분하다.

‡ 역주: 볼츠만 상수 $k = 1.381 \times 10^{-23}$ J/K를 곱함으로써 엔트로피는 많은 경우 "작은 수"가 된다.

해볼 것을 추천한다. 하지만 인수 k를 곱하면 S는 에너지 나누기 온도인 J/K의 국제단위를 갖는데, 이 단위가 유용하다는 것을 3장에서 설명하겠다.

첫 번째 예로, 진동자 N개와 $q \gg N$인 에너지 단위가 큰 아인슈타인 고체의 경우로 돌아가보자. 식 (2.21)로부터 $\Omega = (eq/N)^N$이므로 엔트로피는 다음과 같다.

$$S = k \ln(eq/N)^N = Nk[\ln(q/N) + 1] \tag{2.46}$$

따라서 $N = 10^{22}$, $q = 10^{24}$인 경우에 엔트로피는 다음과 같다.

$$S = Nk \cdot (5.6) = (5.6 \times 10^{22})k = 0.77 \text{ J/K} \tag{2.47}$$

비례관계는 아니지만, N이나 q가 증가하면 엔트로피도 증가한다는 것에 주목하라.

일반적으로, 계의 입자수와 에너지가 증가하면, 계의 겹침수와 엔트로피가 증가한다. 입자나 에너지를 추가하지 않고도, 계가 더 넓은 공간으로 팽창하거나, 큰 분자가 작은 분자들로 쪼개지거나, 혹은 잘 분리된 물질들을 섞어도, 엔트로피를 증가시킬 수 있다. 이 모든 경우에 계가 가질 수 있는 상태들의 총수가 증가한다.

어떤 사람들은 엔트로피를 직관적으로 "무질서"와 대략 동의어로 생각하는 것이 도움이 된다고 말한다. 하지만 이 생각이 정확한가는 바로 당신이 무엇을 무질서하다고 여기는가에 달려있다. 대부분의 사람들은 순서대로 '정돈된 놀이카드'보다 가능한 배열의 방법들이 많은 '섞인 카드'들이 더 무질서하다는데 동의할 것이다.* 하지만 많은 사람들은 부서진 얼음 조각들 한 컵이 같은 양만큼의 물 한 컵보다 더 무질서해 보인다고 말할 것이다. 하지만 이 경우엔, 분자들이 배열되는 방법이 더 많고, 그래서 분자들의 더 많은 에너지가 배열되는 방법도 더 많기 때문에, 물이 훨씬 더 큰 엔트로피를 갖는다.

엔트로피의 한 근사한 성질은, 결합계의 총엔트로피가 부분계들의 엔트로피를 그저 합한 값이라는 것이다. 예컨대, 결합계가 부분계 A와 B로 되어 있을 때, 결합계의 총엔트로피는,

$$S_{전체} = k \ln \Omega_{전체} = k \ln(\Omega_A \Omega_B) = k \ln \Omega_A + k \ln \Omega_B = S_A + S_B. \tag{2.48}$$

---

* 이 예는 실제로 다소간 논란의 여지를 준다. 어떤 물리학자들은 이 가능한 배열들을 열역학적 엔트로피의 대상으로 여기지 않는다. 카드들이 외부의 도움없이 자발적으로 배열을 바꾸지는 않기 때문이다. 개인적으로 나는 그렇게 까다로울 필요는 없다고 생각한다. 최악의 경우라 하더라도, 논쟁이 되는 엔트로피의 양이 다른 형태의 엔트로피에 비해 무시할 만하기 때문에, 나처럼 엔트로피를 다소 넓게 정의하는 것이 해롭지는 않다.

여기서 나는 계 A와 B의 거시상태들이 계 별로 각각 별도로 명시되었다는 것을 가정하고 있다. 부분계들이 서로 상호작용할 수 있다면, 각 계의 거시상태들은 시간이 지남에 따라 변동될 수 있다. 그래서 긴 시간 규모에서 $\Omega_{전체}$를 계산하기 위해서는, 각 부분계의 모든 거시상태들에 대한 합을 해야만 한다. 즉, 겹침수와 마찬가지로 엔트로피는 접근가능한 미시상태들의 수의 함수이며, 이 수는 고려하는 시간 규모에 따라 달라진다. 하지만, 실질적으로는, 이 구별은 거의 문제되지 않는다. 우리가 그 결합계가 최대확률 거시상태에 있다고 가정하기만 하면(평형상태), 식 (2.48)은 모든 거시상태들에 대한 합을 한 것과 본질적으로 같은 엔트로피를 준다(문제 2.29와 2.30을 보라).

자연로그는 인자에 대해서 단순히 증가하는 함수이므로, 겹침수가 큰 거시상태는 큰 엔트로피를 갖는다. 따라서 우리는 열역학 제이 법칙을 다음과 같이 다시 진술할 수 있다.

어떤 큰 계라도 계의 평형상태는 엔트로피가 최대인 거시상태이다.
(대개 측정할 수 없을 정도로 작은 요동들은 무시하자.)

혹은 좀 더 간단한 표현으로,

엔트로피는 증가하는 경향이 있다.

하지만 U_A나 V_A와 같은 변수들에 대해서 요동칠 수 있는 엔트로피의 그래프가 일반적으로 뾰족하지 않은 봉우리를 갖는다는 사실을 주목해라. 로그를 취하면 겹침수 함수의 봉우리가 무디어지게 되어있다. 물론 이것은 우리의 결론에 전혀 영향을 미치지는 않는다. 어떤 합리적으로 큰 계에서도 최대 엔트로피 거시상태를 벗어난 요동이 무시할 만하다는 것은 여전히 사실이다.

모든 "자발적인" 과정은 항상 엔트로피가 증가하려는 경향 때문에 일어난다. 그럼에도 불구하고 우리는 인위적인 노력으로 엔트로피가 감소하는 경우들을 자주 보지 않는가? 일상적인 경험들은 그 답이 예라고 부추기는 것 같다. 예컨대, 던져진 동전들을 모두 앞면이 보이도록 뒤집어 놓는다거나, 섞인 카드를 다시 순서대로 정렬한다든가, 혹은 어질러진 방을 정돈하는 것은 누구라도 쉽게 할 수 있는 엔트로피가 감소하는 일들이다. 하지만 이런 상황들에서 감소되는 엔트로피는 극히 미미한 양이며, 반면 이런 일을 사람이 하기 위해서는 에너지가 필요하기 때문에 우리 몸에서 에너지대사가 일어나야 하는데, 이것은 항상 상당한 양의 엔트로피를 만들어낸다. 우리가 말할 수 있는 한도에서, 우리의 몸도 비생명체나 마찬가지로 열역학 법칙들에 의해 지배된다. 따라서 한 장소에서 당신이 무엇이든 해서 엔트로피를 감소시키면, 다른 장소에서 최소한 그만큼의 엔트로피를 창조할 수 밖에 없다. 결과적으로 총엔트로피는 증가한다고 할 수 있다. 즉, 엔트로피 증가 법칙은 계의 부분에 적용되는 것이 아니라, 고립된 계 전체(우주)에 대해 적용되는 것이다.

그렇다면, 우리가 우주의 총엔트로피를 감소시킬 수는 없다 하더라도, 다른 어떤 존재라면 가능하지 않을까? 1867년 맥스웰(James Clerk Maxwell)이 바로 이 질문을 던졌다. 즉, 어떤 "관찰력이 매우 좋고 손놀림이 깔끔한 존재"가 있다면, 이것이 빠른 분자들을 한쪽으로 보내고 느린 분자들은 반대쪽으로 보내서, 결과적으로 열이 찬 데서 뜨거운 데로 흐르게 할 수 있지 않을까라고 그는 생각했다. 훗날 톰슨(William Thomson)은 이 가공의 창조물을 "맥스웰의 도깨비(Maxwell's Demon)"라고 불렀고, 그 이후로 물리학자들과 철학자들은 이 도깨비를 몰아내려고 노력을 해왔다. 이 도깨비를 역학적으로 고안하는 무수히 많은 제안들이 있었지만 모두 효과적이지 않은 것으로 판명되었다. 결국 "지성(intelligence)"을 가진 가상의 도깨비조차도 분자들을 분류하는데 필요한 정보처리 과정에서 엔트로피를 만들어낼 수밖에 없다는 것이 판명되었다. 맥스웰의 시대 이후로 도깨비에 대해 생각하는 것이 비록 엔트로피에 대해서 많은 것을 배우게 해주었지만, 평결은 도깨비조차도 열역학 제이 법칙은 위배할 수 없다는 것으로 보인다.

문제 2.28. 놀이카드 더미의 카드 52장으로 만들 수 있는 배열은 몇 가지인가? (간단하게 하기 위해서, 카드 면이 앞인지 뒤인지는 무시하고 카드의 순서만 고려하라.) 잘 정돈된 카드 더미에서 시작해서 반복적으로 마구 섞어서 모든 배열들이 "접근가능"하다고 가정하라. 이 과정에서 당신이 만들어내는 엔트로피는 얼마인가? k를 무시한 순수한 수로, 또한 국제단위로 답을 나타내라. 이 엔트로피는, 카드의 분자들이 갖는 열에너지를 배치하는 것과 관련된 엔트로피와 비교할 때 의미있는 양인가?

문제 2.29. 2.3절에서 논의했던 $N_A = 300$, $N_B = 200$, $q_{전체} = 100$인 두 아인슈타인 고체 계를 고려하자. 최대확률 거시상태와 최소확률 거시상태의 엔트로피를 각각 계산하라. 모든 미시상태들이 접근가능하다고 가정하고 긴 시간규모에서의 엔트로피를 계산하라. (이 정도의 작은 계에서는 엔트로피를 순수한 수로 생각하는 것이 편리하니 엔트로피의 정의에서 인수 볼츠만 상수를 무시해라.)

문제 2.30. 문제 2.22에서 다루었던 동일한 큰 아인슈타인 고체 두 개로 된 계를 다시 고려하자.

(a) $N=10^{23}$일 때, 모든 미시상태들이 허용된다고 가정하고 계의 엔트로피를 볼츠만 상수 단위로 계산하라. (이것이 긴 시간규모에서의 계의 엔트로피이다.)

(b) 계가 최대확률 거시상태에 머문다고 가정하고 엔트로피를 다시 계산하라. (거의 일어나지 않지만 계가 최대확률 거시상태로부터 매우 멀리 요동할 때를 제외하면, 이것이 짧은 시간규모에서의 계의 엔트로피이다.)

(c) 시간 규모의 문제가 이 계의 엔트로피에 정말로 유의미한가?

(d) 계가 최대확률 거시상태에 가까운 순간에 두 고체 사이에 에너지 교환이 더는 일어나지 않도록 갑자기 칸막이를 끼워 넣는다고 하자. 이제 긴 시간규모에서도 엔트로피는 (b)의 답으로 주어진다. 이것은 (a)의 답보다 작은 수이기 때문에, 어떤 측면에서 당신은 열역학 제이 법칙이 위배되는 사례를 만든 것이다. 이 위배는 유의미한가? 우리가 잠도 못 이루고 염려할 만한가?

이상기체의 엔트로피

단원자분자 이상기체의 엔트로피 식은 복잡하긴 하지만 지극히 쓸모 있다. 식 (2.40)으로부터 시작해서, 스털링 근사를 취하고, 단지 큰 수인 몇 개의 인수들을 생략하고, 또 로그를 취해보자.

$$
\begin{aligned}
\ln\Omega &= \ln\left[\frac{1}{N!}\frac{V^N}{h^{3N}}\frac{\pi^{3N/2}}{(3N/2)!}(\sqrt{2mU})^{3N}\right] \\
&= -\ln N! - \ln(3N/2)! + \ln\left[V^N\left(\frac{2\pi mU}{h^2}\right)^{3N/2}\right] \\
&\approx -N\ln N + N - \frac{3N}{2}\ln\frac{3N}{2} + \frac{3N}{2} + N\ln\left[V\left(\frac{2\pi mU}{h^2}\right)^{3/2}\right] \\
&= -\frac{5N}{2}\ln N + \frac{5N}{2} - \frac{3N}{2}\ln\frac{3}{2} + N\ln\left[V\left(\frac{2\pi mU}{h^2}\right)^{3/2}\right] \\
&= N\left[-\ln N - \frac{3}{2}\ln N - \frac{3}{2}\ln\frac{3}{2} + \ln V\left(\frac{2\pi mU}{h^2}\right)^{3/2} + \frac{5}{2}\right] \\
&= N\left[\ln\frac{V}{N}\left(\frac{4\pi mU}{3Nh^2}\right)^{3/2} + \frac{5}{2}\right]
\end{aligned}
$$

즉, 다음 식을 얻을 수 있다.

$$S = k \ln \Omega = Nk\left[\ln \frac{V}{N}\left(\frac{4\pi mU}{3Nh^2}\right)^{3/2} + \frac{5}{2}\right] \tag{2.49}$$

이 유명한 결과는 사쿠르-테트로드(Sackur-Tetrode) 방정식이라 불린다.

예컨대, 실온 대기압에서 헬륨 1몰을 고려하자. 그러면 부피는 0.025 m^3 이고 내부에너지는 $\frac{3}{2}nRT = 3{,}700\ \mathrm{J}$ 이다. 이 수들을 사쿠르-테트로드 방정식에 대입하면, 로그의 인자는 330,000 이 되고, 로그값은 겨우 12.7 이 된다. 따라서 엔트로피는,

$$S = Nk \cdot (15.2) = (9.1 \times 10^{24})k = 126\ \mathrm{J/K}. \tag{2.50}$$

이상기체의 엔트로피는 기체의 부피, 에너지, 그리고 입자의 수에 의존한다. 이 세 변수 중 어느 하나를 증가해도 엔트로피는 증가한다. 부피에 대한 의존이 가장 간단하다. 예컨대, U와 N을 고정시키고 부피가 V_i에서 V_f로 변할 때, 엔트로피는 다음 식만큼 변한다.

$$\Delta S = Nk \ln \frac{V_f}{V_i} \quad (U\text{와 } N\text{은 고정}) \tag{2.51}$$

예컨대 이 식은 1.5절에서 다루었던 준정적 등온팽창에 적용된다. 온도를 유지하기 위해 외부에서 열이 주입되는 동안 기체가 피스톤을 밀면서 일을 하는 것이 준정적 등온팽창이다. 이 경우에 외부에서 열을 가함으로써 엔트로피를 주입한 것으로 간주할 수 있는데, 나중에 다시 열과 엔트로피의 관계를 살펴보겠지만 이와 같은 해석은 정확하다. 즉, 열이 주입되면 항상 엔트로피가 증가한다.

그림 2.14는 기체를 팽창시키는 아주 다른 방법을 보여준다. 초기에 기체는 진공 공간과 칸막이로 분리되어있다. 그런 후 칸막이에 구멍을 뚫으면 기체는 자유롭게 빠져나와 빈 공간을 채우면서 팽창한다. 이 과정을 자유팽창(free expansion)이라고 부른다. 자유팽창을 하면서 기체가 한 일은 얼마일까? 아무 것도 없다! 기체가 진공으로 확산되기 때문에, 기체는 아무 것도 밀지 않고, 따라서 한 일도 없다. 열은 어떠한가? 역시 아무 것도 없다! 어떤 열도 기체로 유입되거나 흘러 나가지 않았다. 그러므로 열역학 제일 법칙에 의해,

$$\Delta U = Q + W = 0 + 0 = 0. \tag{2.52}$$

자유팽창 과정에서 기체의 내부에너지 양에는 아무런 변화가 없다. 따라서 온도의 변화도 없기 때문에 식 (2.51)이 적용된다. 즉, 등온팽창이건 자유팽창이건, 최종에 도달한 부

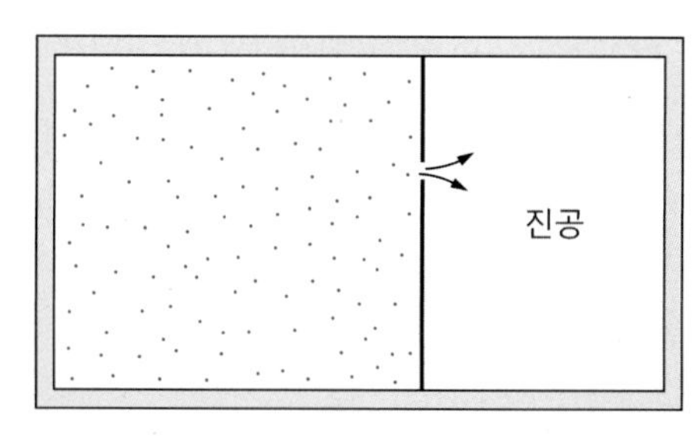

그림 2.14. 진공을 향한 기체의 자유팽창. 기체가 일을 하지도 않고 열을 흡수하지도 않기 때문에 기체의 에너지는 변함이 없다. 하지만 기체의 엔트로피는 증가한다.

피가 같으면 최종 상태는 동일한 상태이고 엔트로피의 변화량도 동일하다. 하지만 자유팽창에서는 엔트로피의 증가가 열의 유입에서 오지 않았다. 보았듯이, 대신에 우리는 즉석에서 새로운 방법으로 엔트로피를 만들어낸 것이다.

문제 2.31. 식 (2.49)의 사쿠르-테트로드 방정식을 유도하는 과정을 보여라.

문제 2.32. 문제 2.26에서 고려했던 이차원 이상기체의 엔트로피 식을 구하라. 결과를 U, A, 그리고 N의 식으로 나타내라.

문제 2.33. 사쿠르-테트로드 방정식을 사용해서 실온 대기압에 있는 아르곤 1몰의 엔트로피를 계산하라. 같은 조건에서 헬륨 1몰의 엔트로피보다 더 큰 이유는 무엇인가?

문제 2.34. 단원자분자 이상기체의 준정적 등온팽창 과정동안 유입된 열과 엔트로피의 변화량은 다음의 간단한 관계를 갖는다.

$$\Delta S = \frac{Q}{T}$$

다음 장에서 어떤 준정적 과정에서도 이 식이 성립한다는 것을 증명할 것이다. 하지만 위에서 언급한 자유팽창 과정에서는 이 식이 성립하지 않는다는 것을 보여라.

문제 2.35. 사쿠르-테트로드 방정식에 따라서, 온도(에너지)가 충분히 낮으면 단원자분자 이상기체의 엔트로피는 음의 값을 가질 수 있다. 물론 엔트로피가 음의 값을 갖는다는 것은 불합리하기 때문에, 사쿠르-테트로드 방정식은 아주 낮은 온도에서는 효력이 없어야 한다. 헬륨 기체를 실온 대기압에서 시작해서 밀도는 고정시키고 온도를 낮춰간다고 하자. 헬륨은 액화되지 않고 계속 기체 상태에 머문다고 가정하자. 사쿠르-테트로드 방정식은 어떤 온도 이하에서 엔트로피가 음의 값이 된다고 예측하는가? (아주 낮은 온도에서 기체의 거동은 7장의 주된 주제이다.)

문제 2.36. 단원자분자 이상기체이건 고온에서의 아인슈타인 고체이건, 엔트로피는 Nk에 어떤 로그값을 곱한 값이 된다. 수의 크기정도(order of magnitude)만 고려하는 것이라면, 로그값은 절대로 큰 값이 아니기 때문에 그것을 무시하고 $S \sim Nk$라고 쓸 수 있다. 즉, 기본 단위(k)로 엔트로피의 크기는 계를 구성하는 입자들의 수의 크기정도이다. (낮은 온도에서 입자들이 질서를 갖는 방식으로 거동하는 중요한 경우를 제외하면,) 이 결론은 대부분의 계에서 사실인 것으로 판명된다. 따라서, 그저 흥미를 위해서, 다음 예들에서 매우 대략적인 엔트로피 값들을 추정해보라: 이 책(탄소화합물 1 kg), 무스(물 400 kg), 태양(수소 이온 2×10^{30} kg).

섞임 엔트로피

엔트로피가 증가하는 또 하나의 방법은 두 개의 다른 물질이 서로 섞이는 것이다. 예컨대, 서로 다른 두 종류의 단원자분자 이상기체 A와 B가 섞이는 것을 고려해보자. 두 기체는 에너지, 부피, 입자수 등이 똑같고, 칸막이에 의해 분리되어있다고 하자(그림 2.15). 이제 칸막이를 제거하면, 각 기체는 상대편으로 확산되어 부피가 증가하므로 엔트로피가 증가하게 된다. 얼마나 증가하는지 계산하려면, 각 기체를 그것들이 섞인 다음에도 별개의 계로 취급하면 된다. 즉, 기체 A가 초기 부피에서 두 배로 팽창하므로, 기체 A의 엔트로피 변화량은 다음과 같다.

$$\Delta S_A = Nk \ln \frac{V_f}{V_i} = Nk \ln 2 \tag{2.53}$$

물론 기체 B도 같은 양만큼 엔트로피가 변화한다. 따라서 총엔트로피 변화는 다음과 같다.

$$\Delta S_{\text{전체}} = \Delta S_A + \Delta S_B = 2Nk \ln 2 \tag{2.54}$$

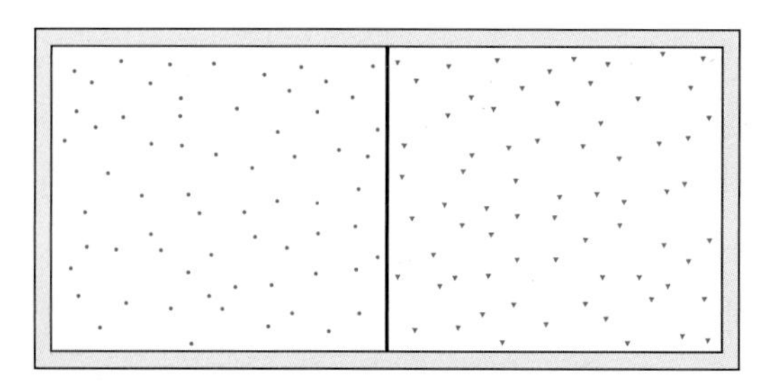

그림 2.15. 칸막이로 분리된 다른 종류의 두 기체. 칸막이가 제거되면, 각 기체는 전체 용기를 채우며 팽창하고, 서로 섞이면서 엔트로피를 만들어낸다.

이것은 순수하게 두 물질이 섞임으로써 발생하는 엔트로피로써, 섞임 엔트로피(mixing entropy)로 불린다.

여기서 중요한 것은 헬륨과 아르곤처럼 두 물질이 다른 종류일 때만 섞임 엔트로피가 있다는 것이다. 다르다는 것은 구별된다는 것을 의미한다. 양쪽에 동일한 종류의 기체가 있었다면 칸막이를 제거해도 엔트로피는 전혀 증가하지 않는다. 예컨대, 양쪽에 모두 헬륨이 있었다면 섞임 엔트로피는 없다. (좀 더 전문적으로 말하자면, 칸막이가 없으면 양쪽 사이에서 분자들의 분포가 요동할 수가 있기 때문에 총겹침수가 증가하는 것은 맞다. 하지만 겹침수는 "큰" 인수만큼만 증가하는데, 이것이 로그값인 엔트로피에 미치는 미미한 영향은 무시할 수 있다.)

약간 다른 시각으로 같은 문제를 볼 수 있다. 칸막이는 잊어버리고, 용기 안에 헬륨 1몰이 있다고 하자. 헬륨의 엔트로피는 식 (2.49)의 사크르-테트로드 방정식에 의해 주어진다.

$$S = Nk\left[\ln\left(\frac{V}{N}\left(\frac{4\pi mU}{3Nh^2}\right)^{3/2}\right)+\frac{5}{2}\right] \tag{2.55}$$

그리고 이 용기에 같은 에너지를 갖는 아르곤 1몰을 추가한다고 하자. 그러면 총엔트로피는 다음과 같이 대략 두 배가 될 것이다.

$$S_{\text{전체}} = S_{\text{헬륨}} + S_{\text{아르곤}} \tag{2.56}$$

(식 (2.55)가 분자의 질량에 의존하기 때문에 아르곤의 엔트로피는 실제로 헬륨보다 약간 더 클 것이다.) 하지만 아르곤 대신에 헬륨 1몰을 추가한다면 어떻게 될까? N과 U는 두 배가 되고 따라서 로그 안의 U/N은 변하지 않는다. 한편 맨 앞의 N은 $2N$이 된다. 하지만 로그 안에 V 밑에 또 하나의 N이 있어서 이것도 $2N$이 되기 때문에, 결과적으로

총엔트로피는 두 배가 되지 않고 두 배에서 $2Nk\ln 2$ 만큼 모자란 양이 된다. 이 "모자란" 항이 바로 정확하게 섞임 엔트로피이다.

따라서 아르곤을 추가하는 것과 헬륨을 더 추가하는 것의 차이는 사쿠르-테트로드 방정식의 V 밑에 있는 또 하나의 N에서 오는 것을 보았다. 이 N은 어디서 온 것인가? 2.5절의 유도과정을 돌이켜보면 이 항이 $1/N!$ 로부터 온 것을 확인할 수 있다. 이 인수는 기체 분자들이 구별될 수 없기 때문에 도입되었던 것을 상기하자. 이 인수를 집어넣지 않는다면, 즉 기체분자들이 구별될 수 있다면, 단원자분자 이상기체의 엔트로피는 다음과 같이 될 것이다.

$$S = k\ln\Omega = Nk\left[\ln\left(V\left(\frac{4\pi mU}{3Nh^2}\right)^{3/2}\right)+\frac{3}{2}\right] \quad \text{(구별될 수 있는 분자들)} \qquad (2.57)$$

그러나 이상기체에 대해 이 식이 맞는 것이라면 이상한 일들이 벌어지게 된다. 예컨대, 용기 안에 헬륨이 들어있고, 칸막이를 집어넣어 기체를 양분한다고 해보자. 식 (2.57)을 적용하면, 각 반쪽 기체의 엔트로피를 합한 값은 원래 기체의 엔트로피보다 $Nk\ln 2$ 만큼 작은 값이 된다. 칸막이를 집어넣는 것만으로도, 엔트로피가 감소하여 열역학 제이 법칙을 위배하는 예가 되는 것이다! 세계가 이런 식이 아니라는 것을 증명할 쉬운 방법을 알고 있지는 않지만, 식 (2.57)이 암시하는 결과는 확실히 혼동스럽다.

이와 관련된 논란은 깁스(J. Willard Gibbs)에 의해 처음으로 제기되었고, 깁스의 역설(Gibbs paradox)로 알려져 있다. 이 역설에 대한 해결책은 주어진 유형의 모든 원자들이 정말로 구별될 수 없다고 단순히 가정하는 것이다. 7장에서 이 가정을 지지하는 더 많은 증거들을 보게 될 것이다.

문제 2.37. 본문과 같은 방법으로 두 단원자분자 이상기체 A와 B가 임의의 조성비로 섞일 때 섞임 엔트로피를 계산하라. 계의 총분자수를 N, 이에 대한 분자 B의 조성비를 x로 나타내면 다음의 결과를 얻어야 한다.

$$\Delta S_{\text{섞임}} = -Nk\,[x\ln x + (1-x)\ln(1-x)]$$

$x = 1/2$이면 이 식이 본문에서 얻은 결과와 같아지는지 확인하라.

문제 2.38. 이전 문제에서 유도한 섞임 엔트로피 식은 어떤 이상기체에도 적용되고, 어떤 경우엔 밀도가 높은 기체, 액체, 그리고 고체에도 마찬가지로 적용된다. 밀도가 높은 계들에서는, 두 종류의 분자들이 크기가 같고, 서로 다른 종류의 분자들 간에도 같은 종류의 분자들처럼 같은 힘으로 상호작용한다고 가정해야 한다. 그런 계들을 이상 혼합물(ideal mixture)이라고 부른다. 이상 혼합물의 섞임 엔트로피가 왜 다음과 같은지 설명하라.

$$\Delta S_{\text{섞임}} = k \ln \binom{N}{N_A}$$

여기서 N은 분자들의 총수이고, N_A는 분자 A의 수이다. N과 N_A가 클 때, 스털링 근사를 사용해서 이 식이 이전 문제의 결과와 동일한 것을 보여라.

문제 2.39. 모든 원자들이 구별될 수 있다고 하고, 실온 대기압에 있는 헬륨 1몰의 엔트로피를 계산하라. 본문에서 얻은 구별될 수 없는 원자들일 때의 실제 엔트로피와 비교하라.

가역과정과 비가역과정

어떤 물리적 과정이 우주의 총엔트로피를 증가시킨다면, 그 과정은 역방향으로 일어날 수 없다. 열역학 제이 법칙에 위배되기 때문이다. 그래서 새로운 엔트로피를 생성하는 과정들은 비가역적(irreversible)이라고 말한다. 같은 이유에서 우주의 총엔트로피를 변화시키지 않는 과정은 가역적(reversible)일 것이다. 실질적인 목적에서는 충분하게 가역적인 과정들도 있지만, 실제로 어떤 거시적 과정도 완벽하게 가역적이지는 않다.

예컨대 앞에서 언급한 기체의 자유팽창처럼, 새로운 엔트로피를 생성하는 과정의 한 예는 아주 갑작스런 계의 팽창이다. 반면, 계가 저절로 점진적으로 압축되거나 팽창하면 계의 엔트로피는 변하지 않는다. 3장에서 어떤 가역적인 부피의 변화도 실제로 "준정적"이 되어야 한다는 것을 증명할 것이다. 즉, 이 경우엔 $W = -P\Delta V$로 쓸 수 있다. (하지만, 드나드는 열이 있거나 어떤 다른 방법으로 엔트로피가 생성된다면, 준정적 과정도 여전히 비가역적일 수 있다.)

기체를 천천히 압축하면 왜 엔트로피를 증가시키지 않는지 생각해보는 것은 흥미롭다. 생각하는 한 방법은, 상자를 채우면서 불연속적인 에너지 준위를 갖는 다양한 양자역학적인 파동함수에 살고 있는 기체분자들을 상상하는 것이다. (상자 안의 입자들이 갖는 에너지 준위들을 좀 더 이해하기 위해서는 부록 A를 보라.) 기체를 천천히 압축시키면, 파동함수들도 압축되어 파동함수의 파장이 짧아지기 때문에, 모든 에너지 준위들이 상승하고, 결국 모든 분자들의 에너지가 증가하게 된다. 하지만 압축이 충분히 천천히 일어난다면, 각 분자의 에너지 준위가 바뀔 일은 없을 것이다. 즉, 에너지 준위의 에너지 값은 증가하지만, n번째 준위에서 시작한 분자는 여전히 n번째 준위에 머물 것이다. 모든 분자들이 자신의 에너지 준위에 머무르므로 분자들을 에너지 준위들에 재배열하는 경우의 수, 즉 겹침수는 변하지 않는다. 이것이 엔트로피가 변하지 않는 이유이다. 반면, 압축이 급격하게 일어나는 경우엔 분자들이 에너지 준위가 높은 쪽으로 전이될 확률이 커지므로, 분자들을 재배열하는 경우의 수가 증가할 것이고 결과적으로 엔트로피도 증가하게 될 것이다.

열역학 과정 중에 아마도 가장 중요한 유형은 뜨거운 물체에서 찬 물체로 열이 흐르는 과정이다. 2.3절에서 이 과정이 일어나는 이유는 이런 과정에서 결합계의 총겹침수가 증가하기 때문이라는 것을 보았다. 따라서 총엔트로피가 증가하기 때문에, 뜨거운 데서 차가운 데로라는 방향성을 가진 열흐름은 항상 비가역적이다. 하지만 다음 장에서 보겠지만, 두 물체의 온도 차이가 영으로 가는 극한에서는 엔트로피의 변화는 무시할 만하다. 따라서 누군가가 "가역적인 열흐름"이라고 말한다면, 그가 실제로 의미하는 것은 거의 같은 온도에 있는 두 물체 사이에서 열이 아주 천천히 흐르는 것이다. 이런 맥락의 가역 극한에서는 한 물체의 온도를 무한소만큼 변화시키면 열흐름의 방향을 바꿀 수 있다는 것에 주목하라. 유사하게, 준정적인 부피변화 동안 압력을 무한소만큼 변화시키면 팽창과 압축의 방향을 뒤바꿀 수 있다. 사실, 무한소만큼 조건을 변화시켜서 방향을 역전시킬 수 있는 과정으로 가역과정을 정의할 수 있다.

태양이 지구를 덥히고, 산불로 나무가 타고, 우리 몸이 물질대사로 영양분을 섭취하고, 주방에서 재료들을 섞어 요리하는 등, 우리의 일상에서 관찰되는 대부분의 과정들은 많은 양의 엔트로피를 생성하고, 따라서 고도로 비가역적이다. 우주의 총엔트로피는 감소할 수 없고 끊임없이 증가하기 때문에, 어떤 철학적인 물리학자들은 우주가 결국은 지루한 세계가 되고 말 것이라고 비관한다. 어느 곳이나 동일한 온도, 동일한 밀도인 최대 엔트로피를 갖는 균질한 유체같은 그런 세계 말이다. 하지만 지금과 같은 속도라면, 그런 "우주의 열죽음(heat death of the universe)"은 짧은 시기 안에는 도래하지 않을 것이다. 예컨대, 우리의 태양은 최소한 또 한번의 50억 년 동안은 계속 밝게 빛날 것이다.*

* 우리 우주에 대한 장기간의 전망을 현대과학적으로 분석한 것에 대해서는 다음을 참조하라. Steven

대신에 시간의 "시작"에 대해서 물어보는 것이 더 유익할지 모른다. 왜 우주는 태초부터 확률이 낮고 엔트로피가 작은, 100억여 년이 지난 지금에도 아직 평형은 요원한 그런 상태로 시작되었을까? 그저 큰 우연이었을 뿐일까? 아니면, 누군가가 언젠가는 더 만족스런 설명을 내놓을 수 있을까?

문제 2.40. 다음의 비가역 과정들에 대해서 우주의 총엔트로피가 증가한다고 말할 수 있는 이유를 설명하라.

(a) 스프에 소금을 넣고 젓는다.

(b) 달걀을 휘저어 스크램블을 만든다.

(c) 험프티 덤프티가 크게 넘어진다.

(d) 파도가 모래성을 친다.

(e) 나무를 잘라 쓰러트린다.

(f) 자동차에서 휘발유를 연소한다.

문제 2.41. 당신이 좋아하거나 싫어하는 비가역 과정들의 예를 몇 개 들어라. 각 경우에 우주의 총엔트로피가 증가한다고 말할 수 있는 이유를 설명하라.

문제 2.42. 블랙홀(black hole)은 중력이 너무 강해서 아무 것도, 빛조차도 빠져나올 수 없는 공간의 영역이다. 그래서 무언가를 블랙홀 안으로 던지는 것은, 최소한 단어의 일상적인 의미에서 비가역 과정이다. 사실 열역학적인 의미로도 이것은 비가역 과정이다. 즉, 질량을 블랙홀에 추가하면 블랙홀의 엔트로피가 증가한다. 블랙홀 안으로 무엇이 사라진 것인지 알 수 있는 방법은, 최소한 외부에서는 전혀 없는 것으로 판명된다.* 따라서 블랙홀의 엔트로피는 그것을 만들었을 것으로 상상할 수 있는 그 어떤 것의 엔트로피보다도 커야만 한다. 이 사실을 안다면, 블랙홀의 엔트로피를 추산하는 것은 그렇게 어렵지는 않다.

(a) 차원 분석을 이용해서 질량 M인 블랙홀의 반지름의 크기 정도가 GM/c^2임을 보여라. 여기서 G는 중력상수이고 c는 빛의 속력이다. 태양의 질량($M = 2 \times 10^{30}$ kg)을

Frautschi, "Entropy in an Expanding Universe," *Science* **217**, 593 – 599 (1982).

* 이 진술은 다소 과장된 것이다. 전하와 각운동량은 블랙홀의 생성과정에서 보존되고, 이 양들은 블랙홀의 외부에서 측정될 수 있다. 이 문제에서는, 간단히 하기 위해, 이 양들이 둘 다 영이라고 가정한다.

갖는 블랙홀의 반지름의 근삿값을 계산하라.

(b) 문제 2.36의 맥락에서, 블랙홀의 엔트로피가 기본 단위(k)로 블랙홀을 만드는데 쓰였을 입자들의 최대수의 크기 정도가 되어야 하는 이유를 설명하라.

(c) 가능한 최대수의 입자들로 블랙홀을 만들기 위해서, 당신은 긴 파장의 광자나 다른 질량없는 입자 등, 가능한 에너지가 가장 작은 입자들을 사용해야 한다. 하지만 파장이 블랙홀의 크기보다 더 길 수는 없다. 광자들의 총에너지를 Mc^2로 놓고, 질량 M인 블랙홀을 만드는데 쓰일 수 있는 광자들의 최대수를 추산하라. 인수 $8\pi^2$을 제외하면, 당신의 결과는 훨씬 더 어려운 계산 과정으로 얻어진 블랙홀 엔트로피의 정확한 식과 일치해야 한다.*

$$S_{\text{블랙홀}} = \frac{8\pi^2 GM^2}{hc} k$$

(d) 태양의 질량을 갖는 블랙홀의 엔트로피를 계산하고, 결과에 대한 의견을 말하라.

우리의 은하에는 별이 10^{11} 개가 있다. 이것은 엄청난 수였다. 하지만 이것은 겨우 천억일 뿐이다. 이것은 국가 재정적자보다도 작다. 우리는 엄청난 수들을 천문학적인 수라고 불러왔다. 이제 우리는 그 수들을 경제학적인 수라고 불러야 한다.

— 파인만(Richard Feynman),
굿슈타인(David Goodstein)의 인용,
Physics Today **42**, 73 (February, 1989)

* 1973년 호킹(Stephen Hawking)에 의한 것이다. 블랙홀 열역학에 대해서 더 이해하기 위해서는 다음 자료들을 참고하라. Stephen Hawking, "The Quantum Mechnics of Black Holes," *Scientific American* **236**, 34-40 (January, 1977); Jacob Beckenstein, "Black Hole Thermodynamics," *Physics Today* **33**, 24-31 (January, 1980); Leonard Susskind, "Black Holes and the Information Paradox," *Scientific American* **276**, 52−57 (April, 1997).

제3장

상호작용과 제이 법칙의 함의

2장에서 주장했듯이, 두 개의 큰 계들이 상호작용하면 그것들은 항상 가능한 최대의 엔트로피를 갖는 거시상태로 진화한다. 이 진술은 열역학 제이 법칙으로 알려져 있다. 살펴보았듯이, 제이 법칙은 근원적인 자연법칙이라기보다는, 순전히 아주 큰 수에 대한 확률론과 수학의 법칙들로부터 자연스럽게 귀결되는 것이다. 그럼에도 불구하고, 보기에 충분히 큰 어떤 계들에서도 평형 거시상태의 확률이 거의 압도적이기 때문에, 우리는 모든 가능한 거시상태들의 확률들은 잊어버리고, 그저 제이 법칙을 근원적인 자연법칙으로 받아들이는 것도 또한 가능하다. 이 책의 남은 부분에서 제이 법칙의 결과들을 탐구할 때, 이것이 내가 취하는 관점이 될 것이다.

3장의 두 가지 주안점은 다음과 같다. 첫째, 온도와 압력처럼 보다 직접적으로 측정될 수 있는 변수들과 엔트로피가 어떻게 연관되는지를 이해할 필요가 있다. 이 관계를 유도하기 위해서, 에너지, 부피, 입자 등을 교환함으로써 상호작용할 수 있는 두 계를 다양한 방법으로 고려할 것이다. 제이 법칙이 적용되기 위해서, 각 경우에 엔트로피가 변화의 방향을 주관해야만 한다. 둘째, 이런 관계들과 다양한 엔트로피 식들을 이용해서, 고체의 열용량에서부터 기체의 압력과 상자성체의 자기화에 이르기까지 실재적인 계들의 열역학적 성질들을 이론적으로 예측하는 결과를 보일 것이다.

3.1 온도

제이 법칙에 따르면, 두 물체가 열평형에 이를 때 계의 총엔트로피도 가능한 최대의 값에 도달한다. 하지만 1.1절에서 두 물체가 열평형에 이를 때 만족되는 또 하나의 기준이 있다는 것을 언급했다. 그것은 평형상태에서 두 물체의 "온도"가 같아진다는 것이었다. 사실 나는 두 물체가 열평형에 이르렀을 때 두 물체에서 같아지는 무언가를 바로 온도로 "정의"했다. 따라서, 우리가 열평형을 엔트로피로써 보다 더 정확하게 이해하게 되었기 때문에, 이제는 온도가 정말로 무엇인지를 규명할 차례가 되었다.

구체적인 예로 얘기해보자. 2.3절에서 다루었듯이, 에너지를 교환하지만 "약하게 결합된" 두 아인슈타인 고체 A와 B의 결합계를 고려해보자: $N_A = 300$, $N_B = 200$, $q_{전체} = 100$. 표 3.1은 그림 2.5의 표처럼 A와 B, 그리고 전체 결합계에 대한 거시상태들의 겹침수와 엔트로피를 나열하고 있다. 여기서 계의 총엔트로피 $S_{전체}$는 S_A와 S_B를 더하거나, $\Omega_{전체}$에 로그를 취해서 얻을 수 있다.

표 3.1. $N_A = 300$, $N_B = 200$, $q_{전체} = 100$인 두 아인슈타인 고체 계의 거시상태, 겹침수, 그리고 엔트로피.

q_A	Ω_A	S_A/k	q_B	Ω_B	S_B/k	$\Omega_{전체}$	$S_{전체}/k$
0	1	0	100	2.8×10^{81}	187.5	2.8×10^{81}	187.5
1	300	5.7	99	9.3×10^{80}	186.4	2.8×10^{83}	192.1
2	45150	10.7	98	3.1×10^{80}	185.3	1.4×10^{85}	196.0
⋮	⋮	⋮	⋮	⋮	⋮	⋮	⋮
11	5.3×10^{19}	45.4	89	1.1×10^{76}	175.1	5.9×10^{95}	220.5
12	1.4×10^{21}	48.7	88	3.4×10^{75}	173.9	4.7×10^{96}	222.6
13	3.3×10^{22}	51.9	87	1.0×10^{75}	172.7	3.5×10^{97}	224.6
⋮	⋮	⋮	⋮	⋮	⋮	⋮	⋮
59	2.2×10^{68}	157.4	41	3.1×10^{46}	107.0	6.7×10^{114}	264.4
60	1.3×10^{69}	159.1	40	5.3×10^{45}	105.3	6.9×10^{114}	264.4
61	7.7×10^{69}	160.9	39	8.8×10^{44}	103.5	6.8×10^{114}	264.4
⋮	⋮	⋮	⋮	⋮	⋮	⋮	⋮
100	1.7×10^{96}	221.6	0	1	0	1.7×10^{96}	221.6

그림 3.1은 볼츠만 상수의 단위로 그린 S_A, S_B, $S_{전체}$의 그래프를 보여준다. 그래프가 보여주듯이, 계의 평형상태는 $S_{전체}$가 최대가 되는 $q_A = 60$인 거시상태이다. 그리고 이 지점에서 그래프의 접선은 수평이다. 즉, 다음 식이 성립한다.

$$\frac{\partial S_{전체}}{\partial q_A} = 0, \quad 혹은 \quad \frac{\partial S_{전체}}{\partial U_A} = 0 \quad (평형에서) \tag{3.1}$$

(전문적으로 말하자면, 여기서 편미분이 되어야 하는 이유는 각 고체의 진동자 수가 고정되어야 하기 때문이다. 그리고 여기서 에너지 U_A는 그저 q_A에 상수 hf를 곱한 양이다.) 그리고 $S_{전체} = S_A + S_B$이기 때문에 다음과 같이 쓸 수 있다.

$$\frac{\partial S_A}{\partial U_A} + \frac{\partial S_B}{\partial U_A} = 0 \quad (평형에서) \tag{3.2}$$

등호 왼쪽의 두 번째 항은 고체 B의 양을 고체 A의 양으로 미분하기 때문에 언뜻 부자연스러워 보일 수도 있다. 하지만 총에너지는 고정되어 있다는 조건으로부터 dU_A는 $-dU_B$로 대체할 수 있기 때문에($dU_A + dU_B = 0$), 그 항은 고체 B에서 자연스러운 미분량이 된다. 따라서 식 (3.2)를 다음과 같이 쓸 수 있다.

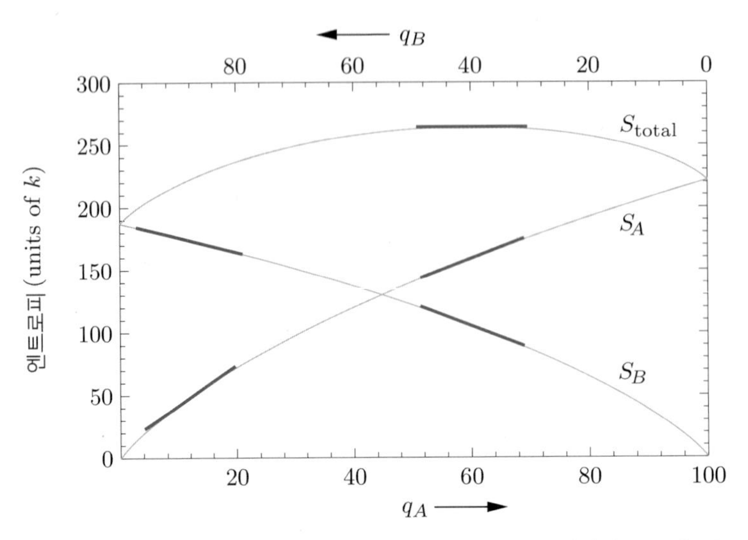

그림 3.1. 표 3.1.의 그래프. $q_A = 60$인 평형상태에서 엔트로피 S는 최대이고 그래프는 수평인 접선을 갖는다. 즉, S_A와 S_B 그래프의 접선의 기울기는 부호는 반대지만 크기는 같다. $q_A = 12$인 경우처럼 평형에서 멀어지면, 접선의 기울기가 더 가파른 계는 저절로 더 많은 에너지를 얻으려는 경향이 생기는데, 그 계가 바로 우리가 더 차다고 말하는 물체이다.

$$\frac{\partial S_A}{\partial U_A} = \frac{\partial S_B}{\partial U_B} \quad (\text{평형에서}) \tag{3.3}$$

즉, 정리하자면, 평형상태에 도달했을 때 같아지는 어떤 양은 바로 에너지에 대한 엔트로피 그래프의 경사도이며, 그렇다면 이 경사도는 온도와 어떤 식으로든 관계를 가져야만 한다.

엔트로피-에너지 그래프의 경사도와 온도가 어떻게 관련되는지 좀 더 나은 착상을 얻기 위해 평형으로부터 멀리 떨어진 곳을 들여다보자. 즉, 그림 3.1에서 $q_A = 12$인 점을 보자. 여기서 그래프 S_A의 경사도가 그래프 S_B의 경사도보다 상당히 더 가파른 것을 볼 수 있다. 이것은 다음을 의미한다. U_A가 증가할 때, 즉 고체 B에서 고체 A로 에너지가 이동할 때, 야기되는 S_A의 증가분이 S_B의 감소분보다 많다는 것이다. 이렇게 되면 총엔트로피가 증가하기 때문에, 제이 법칙에 의하면 이와 같은 과정은 저절로 일어나는 자연스런 과정이다. 분명히 제이 법칙이 말하는 것은, 항상 엔트로피 그래프의 경사가 완만한 물체에서 가파른 물체로 에너지가 이동한다는 것이다. 즉, 그래프의 경사가 가파른 물체는 엔트로피를 증가시키기 위해서 정말로 에너지를 얻기를 “원하고”, 반면 경사가 완만한 물체는 다른 물체가 얻는 것보다 작은 엔트로피를 잃으므로 에너지를 잃는 것을 크게 “개의치 않는다”는 것이다. 우리에게 익숙한 온도의 통상적인 개념과 비교할 때, 완만한 경사는 높은 온도에, 가파른 경사는 낮은 온도에 대응한다고 결론을 내릴 수 있다.

이제 단위를 고려해보자. 엔트로피의 정의에 볼츠만 상수 인수가 있는 덕분에, 그래프의 경사도($\partial S/\partial U$)의 단위는 $(\mathrm{J/K})/\mathrm{J} = 1/\mathrm{K}$ 이다. 따라서 경사도의 역수를 취하면 우리는 켈빈 단위를 갖는 무언가를 얻게 되는데, 이것이 바로 우리가 찾는 온도와 같은 단위를 갖는다. 게다가 이것은 경사가 가파를수록 낮은 온도라는 위의 논의와도 일치한다. 따라서 다음과 같이 온도의 식을 제안해보겠다.

$$T \equiv \left(\frac{\partial S}{\partial U}\right)^{-1} \tag{3.4}$$

계의 온도는 엔트로피-에너지 그래프의 경사도의 역수이다. 편미분을 할 때는 계의 부피와 입자 수를 고정한다.* 이 식을 보다 더 명시적으로 한다면 다음과 같이 쓸 수 있다.

$$\frac{1}{T} \equiv \left(\frac{\partial S}{\partial U}\right)_{N,V} \tag{3.5}$$

이제부터는 식 (3.5)를 온도의 정의로 간주하겠다. (이 정의에 어떤 상수도 곱할 필요가 없다는 것을 입증하기 위해서, 우리가 이미 답을 아는 예들을 통해 확인해볼 수 있다. 이 점은 뒤따르는 소절에서 보이겠다.)

왜 편미분의 분자와 분모 항을 뒤집어서 다음과 같이 더 자연스럽게 쓰지 않을까 의아해할 수도 있다.

$$T = \left(\frac{\partial U}{\partial S}\right)_{N,V} \tag{3.6}$$

물론 이렇게 써도 잘못된 것은 없다. 다만, 에너지를 엔트로피, 부피, 입자수의 식으로 쓰는 경우는 거의 없기 때문에, 이 식은 실제로는 다소 불편한 식이 된다. 하지만 표 3.1과 같은 수치적 예들에서는 식 (3.6)이 더 편리할 수도 있다. 예컨대, 표에서 $q_A = 11$ 행과 $q_A = 13$ 행을 비교하면 다음과 같이 고체 A의 온도를 얻을 수 있다.

$$T_A = \frac{13\epsilon - 11\epsilon}{51.9k - 45.4k} = 0.31\ \epsilon/k \tag{3.7}$$

여기서 $\epsilon\,(= hf)$은 에너지 단위의 크기이다. $\epsilon = 0.1$ eV 이면 온도는 약 360 K 이다. 이 수

* 에너지 단위의 크기가 부피에 의존할 수는 있지만, 아인슈타인 고체에서 부피는 그렇게 중요한 변수는 아니다. 어떤 계에서는 편미분을 할 때 자기장의 세기와 같은 다른 변수들을 고정해야 한다.

는 중간 행인 $q_A = 12$ 에서의 근사적인 온도이다. (전문적이긴 하지만, 12에 비해 1이나 2 정도 에너지 단위가 차이나는 것을 무한소라고 할 수는 없기 때문에, 사실 이런 작은 계에서는 미분이 정확하게 정의되지 않는다. 큰 계에서는 이런 모호성이 사라진다.) 마찬가지로, 같은 지점에서 고체 B 의 온도는 다음과 같다.

$$T_B = \frac{89\epsilon - 87\epsilon}{175.1k - 172.7k} = 0.83\ \epsilon/k \tag{3.8}$$

예상한 것처럼, 에너지를 잃는 것을 선호할 고체 B가 이 지점에서 더 뜨겁다.

아직도 명백하지 않은 점은, 정의 (3.5)가 1.1절에서 주어진 온도의 "조작적" 정의와 완전히 일치하는가이다. 즉, 잘 만들어진 온도계로 측정한 온도와 같은 결과를 주겠는가라는 것이다. 이 질문에 대해 당신이 회의적이라면 이렇게 말해보겠다. 두 정의는 모든 실질적인 목적에서 동등하다. 하지만, 사용하는 기구의 물리적 한계에 의존한다는 점에서, 조작적 정의는 제한적이다. 즉, 온도를 "정의"하기 위해서 당신이 사용하는 어떤 특정한 온도계는 얼어버린다던가, 녹는다던가 하는 등으로 한계를 가질 수밖에 없다. 게다가 어떤 표준온도계도 작동하지 않을 그런 계들도 존재한다. 이 예는 3.3절에서 보게 될 것이다. 따라서, 비록 달라보일지라도, 새 정의는 옛 정의보다 더 낫다.

문제 3.1. 표 3.1을 사용해서 $q_A = 1$ 일 때 고체 A와 고체 B의 온도를 계산하라. 또한 $q_A = 60$ 일 때 두 고체의 온도를 계산하라. 답의 단위를 우선 ϵ/k 로 하고, 그런 후 $\epsilon = 0.1$ eV 일 때 켈빈의 단위로 답을 쓰라.

문제 3.2. 온도의 정의를 이용해서 열역학 제영 법칙(the zeroth law of thermodynamics)을 증명하라. 이 법칙에 의하면, 계 A와 B가 평형을 이루고, 계 B와 C가 평형을 이루면, 계 A와 C 도 평형을 이룬다. (이 문제가 아무런 의미도 없어 보인다고 해도 걱정할 필요는 없다. 1931년 파울러(Ralph Fowler)가 이 진술이 그 전까지 아무도 명시한 적이 없는 고전 열역학의 가정이었다는 것을 지적하기 전까지는, 모두들 이 "법칙"을 완전히 명백한 것으로 간주했었다.)

▎인간사회에의 비유

온도의 이론적 정의식 (3.5)에 대해서 좀 더 직관적인 느낌을 얻기 위해서, 다소 우스꽝스런 비유를 해볼까 한다. 사람들이 더 큰 행복을 추구하는 수단으로 끊임없이 돈을 교환하는, 우리가 사는 세상과 전혀 다르지만은 않은, 그런 세상을 상상해보자. 그들은 그저 자신뿐만 아니라 사회구성원 전체의 행복도 동시에 추구한다. 여기에는 돈이 조금만 생겨도 훨씬 행복해지는 사람들이 있다. 그렇기 때문에, 이들은 돈을 남에게 주는 것은 꺼리고 받는 것은 과도하게 좋아하는 "욕심쟁이"들이다. 한편, 다른 어떤 사람들은 많은 돈이 생겨도 별로 크게 행복해하지 않고, 조금 잃어도 별로 슬퍼하지 않는다. 이들은 "관용"이 있는 너그러운 사람들이어서, 욕심쟁이들에게 돈을 조금 줌으로써 사회 전체의 행복에 기여한다.

열역학과의 비유는 다음과 같다. 위와 같은 사회는 물체들의 고립계에 대응하고, 사람들은 계의 여러 물체들에 대응한다. 총량은 보존되지만 끊임없이 교환되는 돈은 에너지에 대응한다. 행복은 엔트로피에 대응해서, 사회의 전반적인 목표는 전체 행복을 증가시키는데 있다. 한편, 관용은 온도에 대응한다. 관용은 어떤 사람이 얼마나 기꺼이 돈을 포기하는지에 대한 측도이다. 이 비유를 정리하면 다음과 같다.

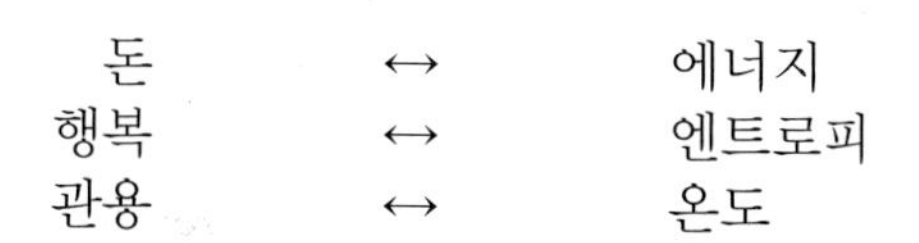
돈	↔	에너지
행복	↔	엔트로피
관용	↔	온도

이 비유를 좀 더 끌어 나아가보자. 정상적이라면, 돈을 많이 벌수록 더 관대해질 것이라고 기대할 것이다. 열역학에서 이것은, 계의 에너지가 증가할수록 온도가 증가하는 것

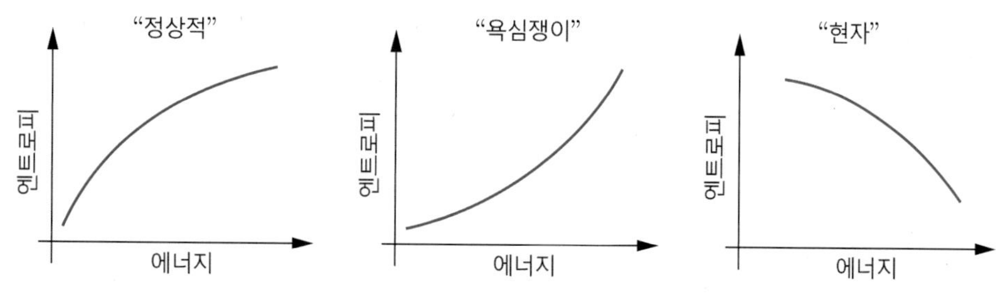

그림 3.2. 엔트로피-에너지 그래프, 혹은 행복-돈 그래프: 에너지를 얻을수록 뜨거워지는, 혹은 더 관대해지는 "정상적"인 계; 에너지를 얻을수록 더 차가와지는, 혹은 더 각박해지는 "욕심쟁이" 계; 에너지에 전혀 집착하지 않는 "현자"들의 계.

을 의미할 것이다. 실제로 대부분의 물체들이 이런 식으로 거동한다. 온도가 증가하는 것은 엔트로피-에너지 그래프의 경사가 감소하는 것에 해당된다. 따라서 그런 물체의 그래프는 어디서나 위로 볼록하다(그림 3.1과 3.2를 보라).

하지만 어느 사회이거나 몇 명의 "욕심쟁이"는 있는 것 같다. 욕심쟁이들은 돈을 벌수록 행복해지지만 더 자린고비가 된다. 마찬가지로, 에너지를 추가할수록 물체의 온도가 낮아지는 것을 금지하는 물리학 법칙은 없다. 그런 물체의 열용량은 음의 값을 가질 것이고, 이 경우 그래프는 아래로 볼록한 모양이 된다. (물리계에도 이런 예들이 존재한다. 중력 상호작용을 하는 별이나 성단의 집단은 정확히 이런 식으로 거동한다. 별들이 서로 더 멀어지고 별들의 속도는 오히려 느려지면서, 추가된 에너지는 계의 퍼텐셜 에너지로 간다. 문제 1.55, 3.7, 3.15를 보라).

더 이상한 경우는 돈을 잃을수록 행복해지는 현자들의 사회이다. 이와 유사한 물리계가 있다면 그 계의 엔트로피-에너지 그래프는 음의 경사(음의 온도)를 가질 것이다. 이런 상황은 극히 비직관적이지만, 3.3절에서 보게 되듯이 실제 물리계에서도 그런 일이 일어난다. (여기서 엔트로피 그래프란 총에너지의 함수로서 단일 물체의 평형 엔트로피의 그래프이기 때문에, 그림 3.1의 총엔트로피 그래프가 음의 경사를 갖는 영역이 "현자" 거동의 예가 되는 것은 아니다.)

문제 3.3. 그림 3.3은 두 물체 A와 B의 엔트로피-에너지 그래프를 보여준다. 두 그래프의 눈금 크기는 같다. 두 물체의 초기 에너지는 표시된 값들이다. 그런 후 두 물체를 열접촉을 시킨다. 이후에 무슨 일이 왜 일어나는지를 "온도"라는 용어를 사용하지 말고 설명하라.

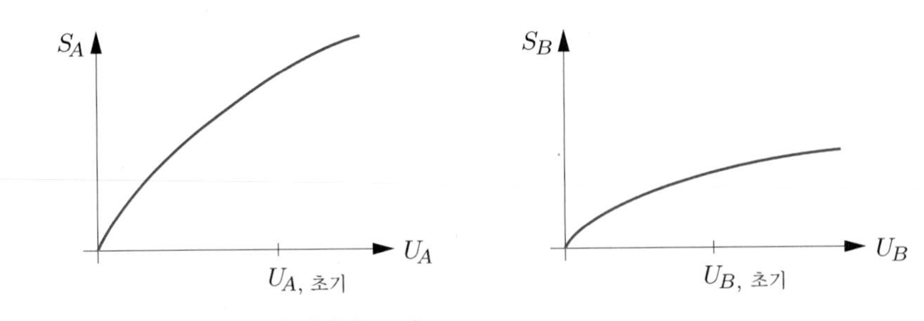

그림 3.3. 두 물체의 엔트로피-에너지 그래프.

문제 3.4. 엔트로피-에너지 그래프가 아래로 볼록한 "욕심쟁이" 계가 다른 계와 안정된 평형을 이룰 수 있을까? 설명하라.

▌실재 세계의 예들

온도의 이론적 정의가 그저 흥미롭고 직관적인 것만은 아니다. 그 정의는 유용하기도 하다. 에너지의 함수로서 계의 엔트로피에 대한 명시적인 식이 있다면, 계의 온도 또한 에너지의 함수로 쉽게 계산할 수 있다.

아마도 가장 간단한 실재적인 예는 고온극한($q \gg N$)에서의 큰 아인슈타인 고체가 될 것이다. 총에너지 U는 q에 어떤 상수 $\epsilon(=hf)$을 곱한 값이다. 식 (2.46)의 엔트로피를 다시 쓰면 다음과 같다.

$$S = Nk[\ln(q/N)+1] = Nk\ln U - Nk\ln(\epsilon N) + Nk \tag{3.9}$$

따라서 온도의 정의식 (3.5)에 의해 온도는 다음과 같다.

$$T = \left(\frac{\partial S}{\partial U}\right)^{-1} = \left(\frac{Nk}{U}\right)^{-1} \tag{3.10}$$

다시 쓰면,

$$U = NkT. \tag{3.11}$$

이 결과는 정확히 에너지등분배 정리가 예측하는 바이다. 즉, 총에너지는 $\frac{1}{2}kT$에 계의 총자유도를 곱한 값이고, 아인슈타인 고체의 진동자 당 자유도는 2이다. (이 결과는 온도의 정의식 (3.5)에서 상수 인수를 추가하여 곱할 필요가 없다는 사실을 입증한다.)

또 다른 예로 단원자분자 이상기체의 온도를 계산해보자. 식 (2.49)로부터 기체의 엔트로피는 다음과 같이 쓸 수 있다.

$$S = Nk\ln V + Nk\ln U^{3/2} + N\text{의 어떤 함수} \tag{3.12}$$

따라서 온도는 다음과 같다.

$$T = \left(\frac{\frac{3}{2}Nk}{U}\right)^{-1} \tag{3.13}$$

이 식을 U에 대해서 풀면, $U = \frac{3}{2}NkT$를 얻는다. 이 결과 역시 에너지등분배 정리의 예측을 입증한다. (이 지점에서 우리는 1.2절의 논리를 뒤집어서, U의 식으로부터 시작해서 이상기체 법칙을 유도할 수도 있다. 하지만, 그 대신에 3.4절까지 기다렸다가, 거기에서 압력에 대한 훨씬 더 일반적인 식으로부터 이상기체 법칙을 유도해보이겠다.)

문제 3.5. 문제 2.17의 결과로부터 시작해서, $q \ll N$인 극한에서 아인슈타인 고체의 온도 식을 구하라. 에너지를 온도의 함수로 풀어서 $U = N\epsilon e^{-\epsilon/kT}$임을 보여라. 여기서 ϵ은 에너지 단위의 크기이다.

문제 3.6. 2.5절에서 이차항 자유도만을 갖는 계들의 겹침수에 대한 정리를 인용했다. 즉, 에너지 단위수가 자유도보다 훨씬 큰 고온극한에서, 그런 계는 어떤 것이라도 $U^{Nf/2}$에 비례하는 겹침수 Ω를 갖는다. 여기서 Nf는 계의 총자유도이다. 그런 계의 에너지를 온도로 표현하는 식을 구하고, 그 결과에 대해서 논하라. 총에너지가 아주 작을 때 이 Ω의 식이 성립할 수 없다는 것을 어떻게 알 수 있는가?

문제 3.7. 문제 2.42의 결과를 이용해서 블랙홀의 온도를 질량 M의 식으로 계산하라. (에너지는 Mc^2이다.) 블랙홀이 태양의 질량을 가질 때 블랙홀의 온도를 계산하라. 에너지의 함수로 엔트로피의 그래프를 스케치하고, 그래프의 형태가 시사하는 점들을 논하라.

3.2 엔트로피와 열

열용량의 이론적 예측

앞 절에서, 계의 겹침수에 대한 명시적인 식이 주어질 때, 온도를 에너지의 함수로, 혹은 에너지를 온도의 함수로, 어떻게 계산하는지를 살펴보았다. 하지만 에너지를 온도의 함수로 실험적으로 측정하는 것은 쉽지 않다. 반면, 다행히도 열용량은 실험적으로 측정할 수 있는 양이다. 따라서 이론적인 예측을 실험과 비교하기 위해서, 함수 $U(T)$를 미분해서 일정부피 열용량, 혹은 "에너지 용량"의 식을 구할 수 있다.

$$C_V \equiv \left(\frac{\partial U}{\partial T}\right)_{N,V} \tag{3.14}$$

따라서 $q \gg N$인 아인슈타인 고체에 대한 열용량은 다음과 같다.

$$C_V = \frac{\partial}{\partial T}(NkT) = Nk \tag{3.15}$$

마찬가지로 단원자분자 이상기체에 대해서는,

$$C_V = \frac{\partial}{\partial T}(\frac{3}{2}NkT) = \frac{3}{2}Nk \tag{3.16}$$

두 경우 모두 열용량은 온도와 무관하며, 간단하게도 ($k/2 \times$ 자유도)로 주어진다. 이 결과는 밀도가 낮은 단원자분자 기체나 적당히 높은 온도에서의 고체에서는 실험측정값과 잘 일치한다. 하지만 이 외의 다른 계들에서는 훨씬 더 복잡한 거동을 보여줄 수 있다. 3.3절에서 그 중 한 예를 주제로 다룰 것이며, 다른 예들은 문제에서 다룰 것이다.

문제의 복잡성을 고려하기 전에, 우리가 개발한 도구들을 사용해서 계의 열용량을 이론적으로 예측하는 과정은 다음과 같이 정리될 수 있다.

1. 양자역학과 조합론을 이용해서, U, V, N과 그 외 다른 관련 변수들로 표현된 겹침수 Ω의 식을 구한다.
2. 로그를 취해서 엔트로피 S를 얻는다: $S = k\ln\Omega$.
3. S를 U로 미분하고 역수를 취해서 온도 T를 U와 그 외 다른 변수들의 함수로 구한다: $T = \left(\frac{\partial S}{\partial U}\right)^{-1}$.
4. U를 T와 그 외 다른 변수들의 함수로 푼다: $U \equiv U(T)$.
5. $U(T)$를 T로 미분해서(모든 다른 변수들은 고정), 이론적 열용량 식을 얻는다: $C_V \equiv \left(\frac{\partial U}{\partial T}\right)_{N,V}$.

이 과정은 다소 복잡하기도 하고, 대부분의 경우 첫 번째 단계에서 난관에 봉착할 확률이 크다. 사실 우리는 겨우 소수의 예들에서만 겹침수의 식을 명시할 수 있을 뿐이다. 우리가 이제껏 다루어왔던 두 상태 상자성체, 아인슈타인 고체, 단원자분자 이상기체와, 이것들과 수학적으로 유사한 몇 개의 예들이 그것들이다. 6장에서는 계의 겹침수나 엔트로피를 통하지 않고도 네 번째 단계의 $U(T)$를 구할 수 있는 다른 방법을 소개하겠다. 하지만 그전에도 여전히 우리는 이 간단한 예들로부터 많은 것들을 배울 수 있다.

문제 3.8. 문제 3.5의 결과로부터 시작해서, 저온극한에서 아인슈타인 고체의 열용량을 계산하라. 이론적인 열용량의 그래프를 온도의 함수로 스케치하라. (주의: 저온에서 실제 고체의 열용량의 측정값들은 이 문제에서 얻은 이론식과 일치하지 않을 것이다.

저온에서 더욱 정확한 고체 모형은 7.5절에서 제공된다.)

▌엔트로피의 측정

계의 엔트로피에 대한 수학식이 없더라도, 그것을 측정하는 것은 여전히 가능하다. 그것은 바로 앞 절에서 정리한 과정 3-4-5를 역으로 따르는 것이다. 온도의 이론적 정의 (3.5)에 따르면, 부피를 고정하고 다른 유형의 일($W_{다른}$)을 하지 않으면서 약간의 열 Q를 계에 가했을 때, 계의 엔트로피 변화량은 다음과 같다.

$$dS = \frac{dU}{T} = \frac{Q}{T} \quad (\Delta V = 0, \text{ 그리고 } W_{다른} = 0) \tag{3.17}$$

열과 온도는 보통 꽤 용이하게 측정할 수 있기 때문에, 이 식은 다양한 과정들에서 엔트로피의 변화를 계산할 수 있게 해준다.* 3.4절에서는, 그 과정이 준정적이면 부피가 변하더라도 이 관계식 $dS = Q/T$가 적용된다는 것을 보일 것이다.

상변환 과정처럼 열이 가해지는 동안에 온도가 변하지 않는 과정에서는, Q와 dS가 무한소는 아니지만 상관없이 식 (3.17)이 적용될 수 있다. 하지만 T가 변할 때는 일정부피 열용량으로 표현한 관계식이 일반적으로 더 편리하다.

$$dS = \frac{C_V dT}{T} \tag{3.18}$$

이제 열이 가해지는 동안 온도가 유의미하게 변하는 경우라면 어떻게 해야 할지 아마 알 수 있을 것이다. 전체 과정을 아주 작은 단계들의 연속으로 간주해서, 각 단계에서 dS를 구하고, 전체 과정에 대해서 그것들을 모두 합하는 것이다. 즉, 온도가 T_i에서 T_f까지 변하는 과정에서 엔트로피 변화량 ΔS는 다음과 같이 쓸 수 있다.

$$\Delta S = S_f - S_i = \int_{T_i}^{T_f} \frac{C_V}{T} dT \tag{3.19}$$

종종 그렇듯이 C_V가 관심있는 온도 범위에서 거의 변하지 않으면, 상수처럼 적분 바깥으

---

* 식 (3.17)은 부피뿐만 아니라 N과 식 (3.5)에서와 같이 다른 변수들도 고정된다는 것을 가정한다. 그리고 계 내부에서 온도가 균일하다는 것도 가정한다. 내부에서 온도가 균일하지 않으면 내부의 열흐름이 생기고 그것이 계의 엔트로피를 증가시키기 때문이다.

로 꺼낼 수 있어서 간단한 적분이 된다. 하지만, 특히 저온의 경우처럼 C_V가 꽤 변하는 온도 범위에서라면 적분 바깥으로 꺼내지 못한다.

빨리 계산해볼 수 있는 예가 있다. 물 한 컵(200 g)을 20℃에서 100℃로 가열한다고 하자. 엔트로피의 변화량은 얼마일까? 물 200 g의 열용량은 200 cal/K, 혹은 약 840 J/K이고, 이 온도범위에서 이 값은 본질적으로 온도에 의존하지 않는다. 따라서 엔트로피의 증가량은 다음과 같다.

$$\Delta S = (840\ \mathrm{J/K}) \int_{293\mathrm{K}}^{373\mathrm{K}} \frac{1}{T} dT = (840\ \mathrm{J/K}) \ln\left(\frac{373}{293}\right) = 200\ \mathrm{J/K} \tag{3.20}$$

그다지 큰 증가로 보이지 않을지 모르겠으나, 기본단위(k)를 사용하면 이것은 1.5×10^{25}만큼 증가한 것이고, 겹침수로 말하자면 아주 큰 수인 "$e^{1.5\times10^{25}}$배"로 증가한 것을 의미한다.

운이 좋아서 절대영도까지의 C_V 값을 충분히 모두 알고 있다면, 계의 총엔트로피를 다음과 같이 쓰는 것이 가능하다.

$$S_f - S(0) = \int_0^{T_f} \frac{C_V}{T} dT \tag{3.21}$$

그렇다면 $S(0)$는 얼마인가? 원리적으로 답은 영이다. 절대영도에서 모든 계는 최소에너지를 갖는 유일한 바닥상태로 가야 하기 때문에, 겹침수는 1이고 엔트로피는 영이 되어야 한다. 이 사실을 종종 열역학 제삼 법칙(the third law of thermodynamics)이라고 부른다.

하지만 실제로는 $S(0)$가 유효하게 영이 아닌 여러 가지 이유들이 존재할 수 있다. 가장 중요한 경우는 다음과 같은 경우이다. 어떤 고체 결정들에서는 에너지 변화가 거의 없이 분자들이 방향(orientation)을 바꾸는 것이 가능하다. 예컨대, 얼음 결정 속의 물 분자들은 여러 방향을 취하는 것이 가능하다. 전문적으로 말하자면, 최소에너지를 갖는 바닥상태 배열은 항상 특정한 한 가지가 존재하지만, 결정이 이런 배열로 귀결되기까지는 영겁의 시간이 필요하다. 그런 경우에 우리는 고체가 얼어붙은 잔여 엔트로피(residual entropy)를 갖는다고 말하는데, 그 값은 가능한 분자적 배열의 수의 로그값에 k를 곱한 양이다.

잔여 엔트로피의 또 다른 유형은 동위원소들의 혼합물에 있다. 많은 원소들은 한 가지 이상의 안정된 동위원소의 형태로 존재한다. 자연에서 이것들은 섞임 엔트로피가 최대화되도록 마구잡이로 섞인 형태로 존재한다. 역시 절대영도에서는, 이것들은 섞이지 않고 완전히 따로 분리되거나, 혹은 어떤 규칙적인 배열을 갖는 식으로 유일한 최소에너지 상태를 갖는다. 하지만 실제로는 동위원소들은 결정 안에서 아무 격자점에나 자리를 잡고서 좀처럼 최소에너지 배열로 이동하지 않는다.*

잔여 엔트로피의 세 번째 유형은 핵스핀 정렬의 겹침수로부터 온다. 절대영도에서 핵스핀들은 이웃과 평행하거나 반평행 상태로 정렬되는 유일한 상태를 갖기 때문에, 엔트로피는 영이다. 하지만 이런 상태는 일반적으로 온도가 1 K 보다도 훨씬 낮은 온도에서만 일어나기 때문에, 통상적인 측정 온도 범위에서 엔트로피는 여전히 영이 아니다.

넓은 범위의 다양한 물질들에 대하여, 식 (3.21)을 이용해서 열용량의 측정값으로부터 계산한 엔트로피 값들이 표준자료집들에 정리되어 있다. (이 책 뒤쪽의 자료표는 수십여 가지 물질들에 대한 자료를 보여주고 있다.) 관례에 따라, 이 값들은 분자들의 방향성에 기인하는 잔여 엔트로피는 포함하지만, 동위원소 혼합물이나 핵스핀의 정렬에 기인하는 잔여 엔트로피는 고려하지 않은 것이다. (표는 일반적으로 화학자들이 편집하는데, 그들은 핵에 대해서 그다지 관심이 없다.)

식 (3.21)의 적분인자가 분모에 T를 갖고 있기 때문에, 적분구간의 하한에서 이 적분이 발산하지 않을까 걱정할지 모르겠다. 만약 발산한다면, S_f가 무한대이거나 $S(0)$이 음의 무한대가 되어야 할 것이다. 하지만 정의 $S = k \ln \Omega$에 따라, 엔트로피는 항상 유한하고 양의 값이어야 한다. 이것이 지켜지기 위해서는, 절대영도에서 C_V 또한 영으로 가야 한다.

$$T \to 0 \text{ 일 때, } C_V \to 0 \tag{3.22}$$

이 결과도 때론 열역학 제삼 법칙이라고 부른다. 아인슈타인 고체와 이상기체에 대하여 우리가 앞서 얻은 결과인 열용량의 식 (3.15)와 (3.16)은 아주 낮은 온도에서는 명백하게 틀린 것이다. 그 이유는 절대영도에서는 모든 자유도가 "얼어붙어야" 하기 때문이다. 문제 3.8에서 당신은 바로 이것을 알아챘어야 했다. 이 책의 나머지 부분에서 다른 많은 예들도 보게 될 것이다.

문제 3.9. 고체 일산화탄소(CO)에서 각 분자들은 두 가지의 방향을 가질 수 있다:

---

* 중요한 예외는 절대영도에서도 액체 상태로 존재하는 헬륨이다. 헬륨의 두 동위원소 ^{3}He와 ^{4}He는 절대영도에서 어떤 규칙적인 방식으로 정렬된다.

CO와 OC. 실제로 그렇지는 않지만 분자들의 방향이 완전히 마구잡이로 주어진다고 가정하고, 일산화탄소 1몰의 잔여 엔트로피를 계산하라.

거시적 관점에서의 엔트로피

역사적으로 엔트로피의 원래 정의는 관계식 $dS = Q/T$였다. 1865년 클라우지우스(Rudolf Clausius)는 온도 T에서 계에 열 Q가 유입될 때마다 Q/T만큼 증가하는 양을 엔트로피로 정의했다. 비록 엔트로피가 실제로 무엇인지에 대해서는 전혀 말하는 바는 없지만, 우리가 계의 미시적인 구조에 상관하지 않는다면 이 정의는 많은 목적에서 여전히 충분하다.

엔트로피에 대한 이런 전통적인 관점을 예시하기 위해서, 뜨거운 물체 A와 차가운 물체 B가 열접촉을 하고 있을 때 어떤 일이 일어나는지를 다시 고려해보자(그림 3.4). 구체적으로 $T_A = 500$ K, $T_B = 300$ K이다. 열이 A에서 B로 흐른다는 것을 우리는 경험으로 잘 알고 있다. 어떤 시간동안 흐르는 열이 1,500 J이고, 이만큼의 열을 얻던 잃던 A와 B가 충분히 큰 물체여서 물체들의 온도는 거의 변하지 않는다고 하자. 그렇다면 이 시간 동안 A의 엔트로피 변화량은 다음과 같다.

$$\Delta S_A = \frac{-1{,}500\ \text{J}}{500\ \text{K}} = -3\ \text{J/K} \tag{3.23}$$

즉, A는 엔트로피를 잃는다. 열이 흘러나가기 때문이다. 유사하게 B의 엔트로피 변화량은 다음과 같다.

$$\Delta S_B = \frac{+1{,}500\ \text{J}}{300\ \text{K}} = +5\ \text{J/K} \tag{3.24}$$

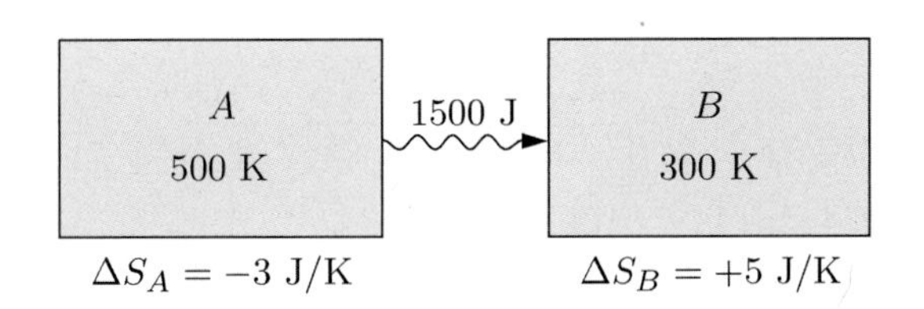

그림 3.4. 1,500 J의 열이 500 K인 물체를 떠날 때, 물체의 엔트로피는 3 J/K만큼 감소한다. 같은 양의 열이 300 K인 물체에 들어올 때 물체의 엔트로피는 5 J/K만큼 증가한다.

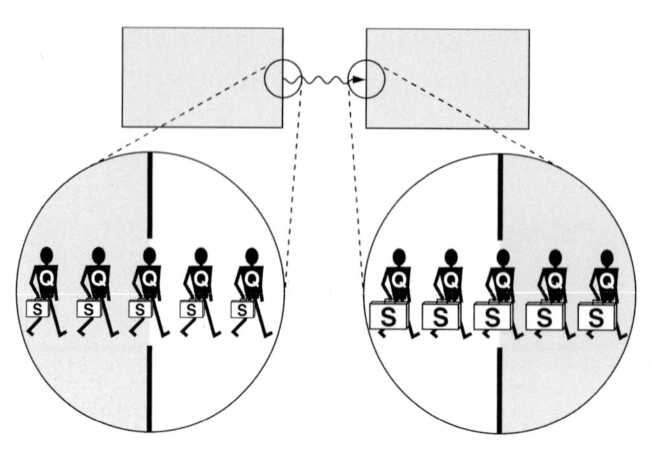

그림 3.5. 뜨거운 물체를 떠나는 열에너지의 단위 Q는 Q/T 만큼의 엔트로피를 수반해야 한다. 그것이 차가운 물체에 들어갈 때는 엔트로피의 양이 증가한다.

즉, 열이 흘러들어오기 때문에 B는 엔트로피를 얻는다. (엔트로피를 이런 식으로 계산할 때 전통적인 엔트로피 단위인 J/K가 편리하다는 점에 주목하라.)

내가 앞에서, 형태를 바꾸면서 돌아다닐 수는 있지만 절대로 생성되거나 소멸될 수 없는 "유체"로 에너지를 시각화했던 것과 마찬가지로, 나는 종종 엔트로피도 역시 유체로 상상해본다. 에너지가 열의 형태로 계에 들어오거나 계를 떠날 때마다, (법칙에 의해) 열이 Q/T만큼의 엔트로피를 항상 수반해야만 한다고 상상한다. 엔트로피에 대해서 신기한 것은, 그것의 반쪽만 보존된다는 것이다. 즉, 엔트로피는 소멸될 수는 없지만 생성되는 것은 가능하다. 온도차가 있는 물체 사이에서 열이 흐를 때는 항상 새로운 엔트로피가 생성된다. 위의 수치적 예에서처럼, 열을 "수반"하는 엔트로피는 뜨거운 물체를 떠날 때보다 차가운 물체에 도달했을 때 더 크다(그림 3.5). 물체들의 온도차가 없는 극한에서만 새로운 엔트로피가 생성되지 않는다. 하지만 이 극한에서는 열이 흐르려고 하지 않을 것이다. 엔트로피의 알짜 증가가 열을 흐르게 하는 근원적인 구동력이라는 것을 기억하는 것이 중요하다. 하지만 엔트로피는 전혀 유체가 아니기 때문에, 내 모형은 근원적으로는 틀린 것이다.

문제 3.10. 온도가 0℃이고 질량 30 g인 얼음 조각이 부엌 식탁 위에 놓여서 서서히 녹고 있다. 부엌의 온도는 25℃이다.

(a) 얼음 조각이 0℃의 물로 모두 녹았을 때 엔트로피의 변화량을 계산하라. (부피가 약간 변한다는 사실에 대해서는 개의치 말라.)

(b) 얼음이 녹은 후 물의 온도가 0℃ 에서 25℃ 로 상승했을 때 물의 엔트로피 변화량을 계산하라.

(c) 부엌이 얼음과 물에 열을 공급하면서 일어난 부엌의 엔트로피 변화량을 계산하라.

(d) 위의 과정에서 우주 엔트로피의 알짜 변화량을 계산하라. (부엌이 잘 고립되어 있을 때 부엌과 얼음(물)을 우주라고 간주한 것이다.) 알짜변화는 양인가, 음인가, 혹은 영인가? 이것은 당신이 기대했던 것인가?

문제 3.11. 따뜻한 물로 근사하게 목욕을 하려고 55℃ 의 뜨거운 물 50리터와 10℃ 의 찬 물 25리터를 섞는다. 물을 섞는데서 생성된 새로운 엔트로피는 얼마인가?

문제 3.12. 추운 겨울날 당신의 집에서 열이 방출되는데서 생기는 우주의 엔트로피 변화량을 추산하라.

문제 3.13. 하늘에 높이 떴을 때 태양은 지표면에 단위 면적당 약 1,000 W 의 일률로 에너지를 공급한다. 태양 표면의 온도는 약 6,000 K 이고, 지표면의 온도는 약 300 K 이다.

(a) 태양열이 일 년 동안 지표면의 단위 면적으로 흘러들어오면서 생성된 엔트로피를 추산하라.

(b) 지표면의 이 단위면적에 잔디를 심는다고 하자. 어떤 사람들은 이 잔디나, 혹은 다른 어떤 생물의 성장도 열역학 제이 법칙을 위배한다고 주장한다. 무질서하게 존재했던 영양분들이 질서를 갖춘 생명체로 변환되었기 때문이다. 당신이라면 어떻게 대응하겠는가?

문제 3.14. 50 K 이하의 저온에서 알루미늄의 열용량의 측정값들은 다음의 식을 잘 따른다.

$$C_V = aT + bT^3$$

여기서 C_V는 알루미늄 1몰의 열용량이고, 상수 a와 b는 근사적으로 각각 $a = 0.00135\ \text{J/K}^2$, $b = 2.48 \times 10^{-5}\ \text{J/K}^4$ 이다. 이 데이터로부터 알루미늄 1몰의 엔트로피의 식을 온도의 함수로 구하라. $T = 1$ K 와 10 K 에서 이 식을 계산하고, 답을 관례적 단위 J/K 와 볼츠만 상수로 나눈 값인 무단위 수로 표시하라. (금속의 열용량이 왜 이런 식인지를 7장에서 설명하겠다. 선형항은 전도전자들에 저장된 에너지에서 기인하고, 3차 항은 결정의 격자진동에서 기인한다.)

문제 3.15. 문제 1.55에서 별의 열용량을 추정하기 위해 비리얼 정리를 이용했다. 이 결과로부터 시작해서, 별의 엔트로피를 우선 별의 평균온도의 식으로, 그런 후 별의 총에너지의 식으로 나타내라. 엔트로피를 에너지의 함수로 스케치하고, 그래프의 형태에 대해서 의견을 제시하라.

문제 3.16. 컴퓨터 메모리 1비트(bit)는 종종 0과 1로 해석되는 두 가지의 다른 상태에 있을 수 있는 어떤 물리적 개체이다. 1바이트(byte)는 8비트, 1킬로바이트(kilobyte)는 1,024 $(=2^{10})$ 바이트, 1메가바이트(megabyte)는 1,024 킬로바이트, 그리고 1기가바이트(gigabyte)는 1,024메가바이트이다.

(a) 당신의 컴퓨터가, 저장된 정보를 기록에 남기지 않고 메모리 1기가바이트를 지우거나 덮어쓴다고 하자. 이 과정에서 어떤 최소량의 엔트로피가 생성될 수밖에 없는 이유를 설명하고, 또한 이 양을 계산하라.

(b) 이 양의 엔트로피가 실온에서 환경으로 버려질 때, 그것과 함께 버려져야만 하는 열은 얼마인가? 이 열량은 유의미한가?

3.3 상자성

앞 절의 서두에서, 겹침수의 조합식으로부터 시작해서 엔트로피와 온도의 정의를 적용하는 등, 어떤 물질의 열적 성질을 이론적으로 예측하는 다섯 단계로 된 과정의 개요를 서술했다. 또한, 단원자분자 이상기체와 고온극한의 아인슈타인 고체의 예에 대해서 이 과정을 수행한 바도 있다. 하지만, 이 두 가지 예들 모두는 수학적으로 매우 간단하며, 그 결과도 단지 에너지등분배 정리를 입증하는 데만 그쳤다. 그 다음으로 나는, 에너지등분배 정리가 더 이상 적용되지 않는 보다 더 복잡한 예를 다루어 보겠다. 이 예는 수학적으로 더 흥미롭기도 하지만, 물리적으로는 다소 반직관적인 것이 될 것이다.

내가 논의하고 싶은 계는 2.1절에서 짧게 소개한 두 상태 상자성체이다. 기본적인 미시적 물리학을 개관하면서 시작하겠다.

계는 스핀 1/2인 입자 N개로 구성되었으며, $+z$축 방향의 일정한 자기장 $\vec{B}$ 안에 놓여 있다(그림 3.6). 각 입자는 자그마한 나침반 바늘처럼 자신의 자기쌍극자모멘트를 자기장에 정렬하려는 돌림힘을 받는다. 이런 거동 때문에 이 입자들을 쌍극자(dipole)라고 일컫겠다. 단순하게 하기 위해서 쌍극자 사이에는 아무런 상호작용이 없다고 가정하겠다. 즉, 각 쌍극자는 오직 외부자기장에 의한 돌림힘만 받는다. 이런 경우에 우리는 계가 "이상적인(ideal)" 상자성체라고 말한다.

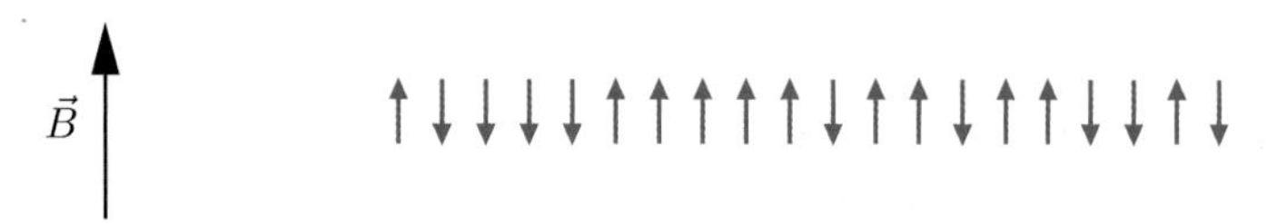

그림 3.6. "위"나 "아래" 중의 한 방향만을 가리키는 미시적 자기쌍극자 N개로 구성된 두 상태 상자성체. 쌍극자들은 오직 외부자기장 B의 영향만 받으며, 교환(exchange) 에너지를 제외하고는 이웃 쌍극자들과 상호작용 하지 않는다.

양자역학에 의하면, 어떤 주어진 축에 대한 쌍극자모멘트 성분은 임의의 값을 가질 수 없고 양자화(quantized)된다. 즉, 어떤 불연속적인 값들만으로 제한된다. 스핀 1/2인 입자의 경우, 단지 두 가지의 값만이 허용된다. 위($+z$축)를 향한 외부자기장의 방향을 기준으로, 그 상태들을 간단하게 "위"와 "아래"로 부르겠다. 외부자기장은 쌍극자들이 위 상태를 선호하게 한다. 한 쌍극자가 위에서 아래로 뒤집어지게 하려면 얼마만큼의 에너지를 더해주어야 한다. 필요한 에너지의 양은 $2\mu B$이다. 여기서 μ는 입자의 자기모멘트와 관련된 상수인데, 본질적으로 나침반 바늘의 "세기"와 같다. 위를 향한 쌍극자의 에너지를 $-\mu B$라고 하면, 아래를 향한 쌍극자의 에너지는 $+\mu B$가 되어 자연스럽게 대칭성을

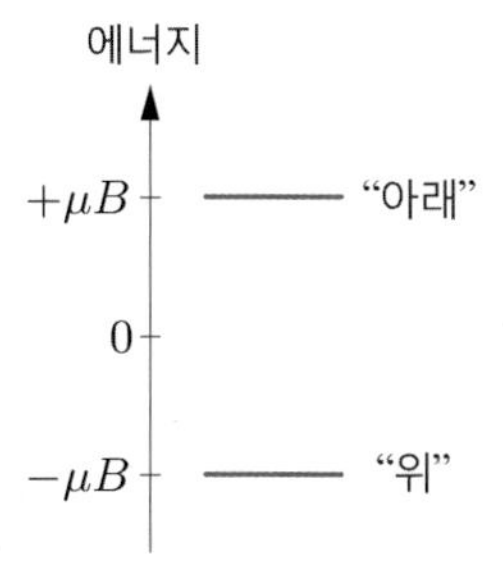

그림 3.7. 이상적인 두 상태 상자성체의 쌍극자가 갖는 두 개의 에너지준위들. "위" 상태와 "아래" 상태의 에너지는 각각 $-\mu B$와 $+\mu B$이다.

갖게 할 수 있다(그림 3.7).

위 스핀과 아래 스핀의 개수를 각각 $N_\uparrow$ 과 $N_\downarrow$ 이라고 하면($N = N_\uparrow + N_\downarrow$), 계의 총에너지는 다음과 같다.

$$U = \mu B(N_\downarrow - N_\uparrow) = \mu B(N - 2N_\uparrow) \tag{3.25}$$

그리고 전체 계의 총자기모멘트를 자기화(magnetization) M이라고 정의하겠다. 위 쌍극자의 자기모멘트는 $+\mu$이고 아래 쌍극자의 자기모멘트는 $-\mu$이므로, 자기화는 다음과 같다.

$$M = \mu(N_\uparrow - N_\downarrow) = -\frac{U}{B} \tag{3.26}$$

이제 U와 M이 온도에 어떻게 의존하는지를 알고 싶다.

먼저 해야 할 것은 겹침수의 식을 쓰는 것이다. N이 고정된 값으로 주어지면 $N_\uparrow$의 값에 따라 U와 M의 값도 결정된다. 따라서 서로 다른 거시상태를 구별하는 변수로 $N_\uparrow$을 택할 수 있다. 그렇다면 겹침수의 계산은 N개의 동전에서 $N_\uparrow$개의 동전을 고르는 경우와 수학적으로 동일하다.

$$\Omega(N_\uparrow) = \binom{N}{N_\uparrow} = \frac{N!}{N_\uparrow! N_\downarrow!} \tag{3.27}$$

▍수치적인 방법

합리적으로 작은 계라면, 겹침수 (3.27)을 직접 계산해서 로그를 취해 엔트로피를 구하는 방식으로 계산하면 된다. 표 3.2는 $N = 100$인 상자성체에 대해 부분적으로는 컴퓨터 계산으로 얻은 수치들을 보여준다. 한 개의 가능한 에너지 값에 표의 행 한 개가 대응한다. 행들은 에너지가 증가하는 순서이고, 모든 쌍극자가 위를 향하는 거시상태로부터 시작된다.

그림 3.8에 보인 것처럼, 에너지의 함수로서 엔트로피의 거동은 특히 흥미롭다. 최대 겹침수와 최대 엔트로피는 전체 쌍극자들의 정확히 반이 아래를 향하는 $U = 0$에서 일어난다. 계에 더 많은 에너지가 더해지면 에너지를 배분하는 경우의 수가 더 작아지기 때문에, 겹침수와 엔트로피는 실제로 감소한다. 3.1절에서 논의한 바가 있지만, 이것은 아

표 3.2. 기본 쌍극자 100개로 구성된 두 상태 상자성체의 열역학적 성질들. 미시적 물리학은 에너지 U와 자기화 M을 위 쌍극자의 수 $N_\uparrow$ 의 식으로 결정한다. 겹침수 Ω는 조합식 (3.27)로부터 계산되고, 엔트로피 S는 $k\ln\Omega$이다. 마지막 두 열은 본문에서 설명한 것처럼 미분을 해서 계산한 온도와 열용량을 보여준다.

$N_\uparrow$	$U/\mu B$	$M/N\mu$	Ω	S/k	$kT/\mu B$	C/Nk
100	−100	1.00	1	0	0	—
99	−98	.98	100	4.61	.47	.074
98	−96	.96	4950	8.51	.54	.310
97	−94	.94	1.6×10^5	11.99	.60	.365
⋮	⋮	⋮	⋮	⋮	⋮	⋮
52	−4	.04	9.3×10^{28}	66.70	25.2	.001
51	−2	.02	9.9×10^{28}	66.76	50.5	—
50	0	0	1.0×10^{29}	66.78	∞	—
49	2	−.02	9.9×10^{28}	66.76	−50.5	—
48	4	−.04	9.3×10^{28}	66.70	−25.2	.001
⋮	⋮	⋮	⋮	⋮	⋮	⋮
1	98	−.98	100	4.61	−.47	.074
0	100	−1.00	1	0	0	—

인슈타인 고체와 같은 "정상적인" 계와 매우 다른 거동이다.

이 거동을 더 자세하게 들여다보자. 모든 쌍극자가 위를 향하는 최소에너지 상태로부터 시작해보자. 여기서 엔트로피-에너지 그래프는 몹시 가파르기 때문에 계가 주위로부터 에너지를 받아들이려는 경향이 강하다. 에너지가 증가할수록 (여전히 음의 값이긴 하지만) 그래프는 무디어지기 때문에, 에너지를 받아들이려는 경향도 감소한다. 이런 거동은 아인슈타인 고체나 다른 어떤 "정상적"인 계와 마찬가지이다. 하지만 상자성체의 에

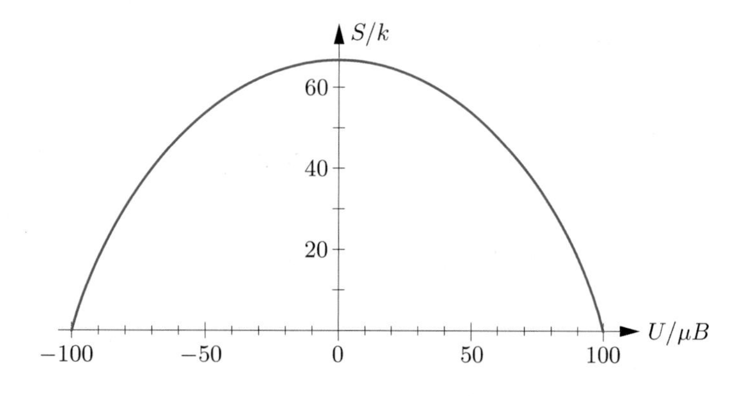

그림 3.8. 기본 쌍극자 100개로 구성된 두 상태 상자성체에 대한 에너지의 함수인 엔트로피.

너지가 영으로 접근하면 그래프의 경사도도 영으로 접근하기 때문에, 더 많은 에너지를 받아들이려는 계의 경향 또한 사라진다. 이 지점에서 쌍극자들의 정확히 반이 아래를 향하고, 계는 자신의 에너지가 조금 더 증가할지 그렇지 않을지에 대해 "더 이상 관심을 가질 수 없게" 된다. 이제 여기서 계에 약간의 에너지를 추가하면, 계는 가장 이상한 방식으로 거동하게 된다. 계의 엔트로피-에너지 그래프의 경사가 음이 되기 때문에, 그래프의 경사가 양인 물체가 이웃하고 있다면 계는 자발적으로 그 물체에 에너지를 주게 될 것이다. (총엔트로피가 증가하기만 하면 어떤 허용된 과정도 자발적으로 일어난다는 것을 상기하라.)

앞선 문단에서 나는 "온도"를 언급하는 것을 일부러 회피했다. 하지만 이제는 에너지의 함수로서 이 계의 온도를 생각해보자. 반 이상의 쌍극자가 위를 향해서 총에너지가 음이면, 이 계는 "정상적"으로 거동한다. 즉, 에너지가 더해질수록 온도가 증가한다. (온도는 엔트로피-에너지 그래프의 경사도의 역수이다.) 3.1절의 비유를 다시 사용하자면, 에너지가 증가할수록 계는 더욱 "관대"해진다. 하지만 $U=0$일 때는 온도가 실제로 무한대가 되는데, 이것은 다른 이웃한 계의 온도가 유한하기만 하면, 계는 그것에 기꺼이 에너지를 준다는 것을 의미한다. 이 지점에서 상자성체는 무한히 관대하다. 에너지가 영을 넘어서 양의 값을 갖는 영역에서는 계의 '관용이 무한대보다도 크다'라고 말하고 싶다. 하지만, 전문적으로 말하자면, 경사가 음이기 때문에 온도의 정의에 따라, '온도가 음이다'라고 해야 할 것이다. 이 결론에 잘못된 것은 없지만, 음의 온도를 갖는 계는 양의 온도를 갖는 계에 에너지를 주기 때문에, 음의 온도는 양의 온도보다 높은 것처럼 거동한다는 사실을 기억해야 한다. 이 예에서는 T보다 "탐욕"에 비유될 수 있을 $1/T$로 얘기하는 것이 더 나았을 것 같다. 에너지가 영일 때 계의 탐욕은 영이고, 더 높은 에너지에서는 계의 탐욕이 음이 된다. 그림 3.9는 온도-에너지 그래프를 보여준다.

음의 온도는, 총에너지가 제한된 계에서만 나타날 수 있다. 이런 계에서는 허용된 최대 에너지 값에 접근할 때 겹침수가 감소한다. 이런 계로 가장 좋은 예는 자기쌍극자가 전자가 아니라 원자핵인 핵상자성체이다. 어떤 결정들에서는, 쌍극자들이 에너지를 서로 교환하는데 관련된 완화시간이 쌍극자들이 결정격자와 평형을 이루는 완화시간보다 훨씬 짧을 수 있다. 따라서 짧은 시간 규모에서는, 쌍극자들은 진동에너지는 없고 오직 자기에너지만 있는 고립된 계처럼 거동한다. 그런 계에 음의 온도를 주기 위해서 할 수 있는 간단한 방법은, 처음에 대부분의 쌍극자들이 외부자기장과 평행하게 정렬된 어떤 양의 온도에서 시작해서, 갑자기 외부자기장의 방향을 역전시켜서 쌍극자들이 자기장에 반평행이 되게 하는 것이다. 1951년 퍼셀(Edward M. Purcell)과 파운드(R. V. Pound)가 불

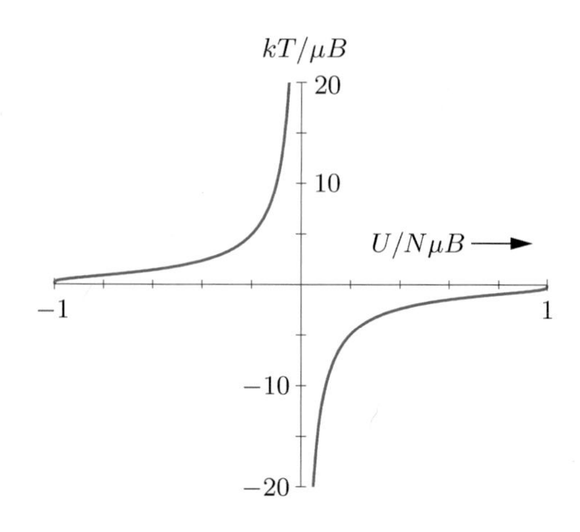

그림 3.9. 두 상태 상자성체에 대한 에너지의 함수인 온도 그래프. (이 그래프는 곧 이어 유도될 해석적인 식을 사용해서 작성되었다. 표 3.2의 데이터를 이용해도 연속적인 곡선은 아니지만 유사한 그래프를 얻을 것이다.)

화리튬 결정 안의 리튬 원자핵을 쌍극자로 이용해서 이 실험을 처음으로 했다. 원래의 실험에서 핵쌍극자들은 단지 10^{-5}초 만에 열평형에 도달했지만, 자기장을 역전시킨 다음에 실온의 결정격자와 다시 평형을 이루는 데는 약 5분이 소요되었다.*

나는 음의 온도와, 다른 통상적이지 않은 거동을 보여주는 상자성체의 예를 좋아한다. 그것이 온도보다는 주로 엔트로피를 이용해서 우리가 문제를 생각하게끔 해주기 때문이다. 엔트로피는 제이 법칙이 주관하는 더욱 근원적인 양이다. 반면, 온도는 덜 근원적이다. 온도는 그저 계가 에너지를 주려는 자발성, 즉 에너지와 엔트로피의 관계를 특성화하는 양일 뿐이다.

표 3.2의 6열은 에너지의 함수로서 계의 온도를 보여준다. 이것들은 이웃 행들의 U와 S의 값과 식 $T = \Delta U/\Delta S$를 사용해서 계산한 값들이다. (좀 더 자세하게 말하자면, 다음 행의 값에서 그전 행의 값을 뺀 “중심차분(centered-difference)” 근사를 사용했다. 예컨대, .47은 $[(-96)-(-100)]/[8.51-0]$을 계산하여 얻은 것이다.) 표의 7열은, 다시 한 번 더 미분을 취해서 얻은 열용량, $C = \Delta U/\Delta T$이다. 그림 3.10은 온도에 대한 열용량과 자기화의 그래프를 보여준다. 계의 열용량이, 익숙한 계들에서는 에너지등분배 정리의 예

---

* 이 실험에 대한 더 자세한 기술은 다음의 자료를 참고하라: *Heat and Thermodynamics* by Zemansky (6판의 공저자는 Dittman) 5판(1968)과 6판(1981). 실험을 기술하는 매우 짧은 편지의 원본은 다음에 게재되었다: *Physical Review* **81**, 279 (1951). 음의 온도에 대한 훨씬 더 극적인 예는 다음 자료를 참고하라: Pertti Hakonen and Olli V. Lounasmaa, *Science* **265**, 1821 – 1825 (23 September, 1994).

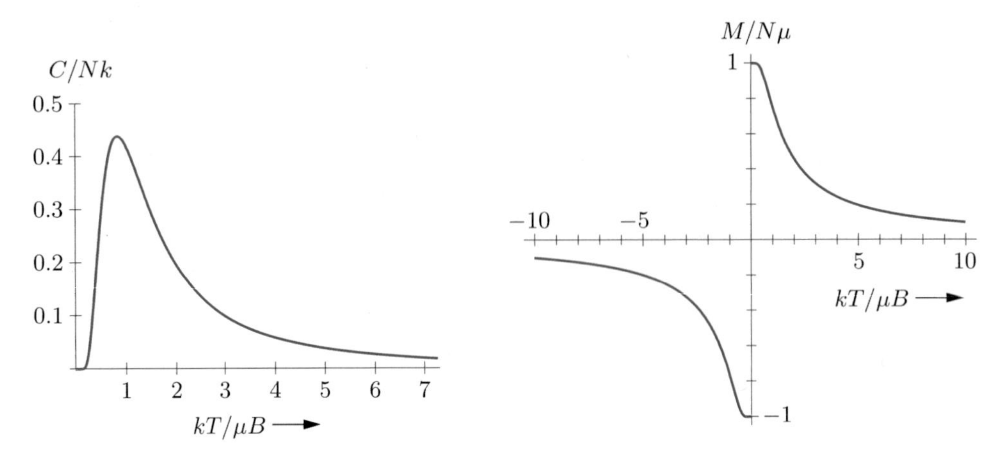

그림 3.10. 두 상태 상자성체의 열용량과 자기화. 본문의 나중에서 유도될 해석적인 식을 사용해서 그린 것이다.

측에 따른 일정한 값이었던 것과는 달리, 이 경우에는 온도에 심하게 의존하는 것에 주목하라. 열역학 제삼 법칙이 요구하듯이, 영도에서 열용량은 영으로 간다. 한편, T가 무한대로 갈 때도 열용량은 영으로 간다. 이것은 그림 3.9의 그래프에서 짐작할 수 있듯이, 이 영역에서는 에너지가 조금만 더해져도 온도가 무한대로 치솟기 때문이다.

온도의 함수로서 자기화의 거동 또한 흥미롭다. 온도가 양의 값에서 영으로 가는 극한에서($T \to 0+$), 계는 "포화"되어 모든 쌍극자는 위로 향하고 자기화는 최대가 된다. 온도가 높아질수록, 쌍극자의 방향이 마구잡이로 변하면서 방향을 뒤집는 쌍극자들이 점점 더 많아진다. 온도가 무한대로 가는 극한에서는($T \to \infty$) 모든 쌍극자가 아래를 향하면서 에너지가 극대화될 것으로 기대할지 모르겠다. 그러나 그렇지 않다. 대신, $T = \infty$는 마구잡이의 정도가 최대인 상태에 해당되어 쌍극자 전체의 정확히 반만 아래를 향한다. 음의 온도에서의 거동은 본질적으로 양의 온도에서의 거동과 거울 대칭이다. 즉, 온도가 음의 값에서 영으로 가는 극한에서($T \to 0-$) 자기화는 역시 포화되지만, 쌍극자들은 반대 방향(아래)을 향한다.

문제 3.17. 표 3.2의 $N_\uparrow = 98$ 행의 각 항들을 확인하라.

문제 3.18. 컴퓨터를 사용해서 표 3.2와, 그것에 관련된 엔트로피, 온도, 열용량, 자기화의 그래프를 다시 작성하라. (이 절의 그래프들은 실제로 다음에 유도될 해석적인 식들을 그린 것이어서, 이 문제에서 그릴 수치적 그래프들은 그렇게 매끄럽게 보이지 않을 것이다.)

해석적인 방법

이 계에서 일어나는 대부분의 물리를 수치적인 계산을 통해 공부했으므로, 처음으로 돌아가서 이제는 해석적인 방법으로 이 현상들을 기술하는 어떤 보다 더 일반적인 식들을 유도해보자.

기본 쌍극자의 수가 크고, 또한 어떤 순간이든 위 쌍극자와 아래 쌍극자의 수가 역시 모두 크다고 가정하겠다($N, N_\uparrow, N_\downarrow \gg 1$). 그렇다면 스털링 근사를 이용해서 겹침수 함수 (3.27)을 간략하게 쓸 수 있다. 실제로 엔트로피를 직접 계산하는 것은 쉽다.

$$\begin{aligned} S/k &= \ln N! - \ln N_\uparrow ! - \ln (N-N_\uparrow)! \\ &\approx N\ln N - N - N_\uparrow \ln N_\uparrow + N_\uparrow - (N-N_\uparrow)\ln(N-N_\uparrow) + (N-N_\uparrow) \\ &= N\ln N - N_\uparrow \ln N_\uparrow - (N-N_\uparrow)\ln(N-N_\uparrow) \end{aligned} \tag{3.28}$$

이제부터의 계산은 꽤 쉽지만 약간 지루하다. 논리와 결과에 대해 윤곽만 그리는 방식으로 설명하고, 자세한 계산 단계들은 당신이 스스로 하도록 하겠다(문제 3.19를 보라).

온도를 구하려면 S를 U로 미분해야 한다. 하지만 $S \equiv S(N_\uparrow)$이므로 연쇄법칙(chain rule)과 식 (3.25)를 사용해서 $N_\uparrow$에 대한 미분을 하는 것이 가장 간단하다.

$$\frac{1}{T} = \left(\frac{\partial S}{\partial U}\right)_{N,B} = \frac{\partial N_\uparrow}{\partial U}\frac{\partial S}{\partial N_\uparrow} = -\frac{1}{2\mu B}\frac{\partial S}{\partial N_\uparrow} \tag{3.29}$$

이제 식 (3.28)의 마지막 줄을 미분하기만 하면 다음을 얻는다.

$$\frac{1}{T} = \frac{k}{2\mu B}\ln\left(\frac{N - U/\mu B}{N + U/\mu B}\right) \tag{3.30}$$

이 식으로부터 알 수 있듯이, T와 U는 항상 반대의 부호를 갖는다.

식 (3.30)을 U에 대해서 풀면 다음과 같이 쓸 수 있다.

$$U = N\mu B\left(\frac{1 - e^{2\mu B/kT}}{1 + e^{2\mu B/kT}}\right) = -N\mu B \tanh\left(\frac{\mu B}{kT}\right) \tag{3.31}$$

여기서 tanh 은 쌍곡탄젠트(hyperbolic tangent) 함수이다.* 따라서 자기화는 $M=-U/B$ 로부터 다음과 같다.

$$M = N\mu \tanh\left(\frac{\mu B}{kT}\right) \tag{3.32}$$

그림 3.11은 쌍곡탄젠트 함수를 그린 것이다. 원점에서 이 곡선의 경사도는 1이며, 함수의 인자가 무한대로 갈 때 그래프가 편평해지면서 함수값은 1에 점근한다. 수평축 $x=\mu B/kT$ 이므로, 따라서 온도가 0으로 갈 때 계는 완전히 자기화가 되며, 온도가 무한대로 가면 자기화는 영이 된다. 음의 온도에 대한 결과를 얻으려면, 앞서 설명한 것처럼 계가 음의 자기화를 갖도록 하면 된다.

상자성체의 열용량을 계산하려면 식 (3.31)을 T로 미분하면 된다.

$$C_B = \left(\frac{\partial U}{\partial T}\right)_{N,B} = Nk \cdot \frac{(\mu B/kT)^2}{\cosh^2(\mu B/kT)} \tag{3.33}$$

수치적인 해에서도 이미 보았듯이(그림 3.10), 이 함수는 낮은 온도와 높은 온도의 양쪽 극한에서 영으로 접근한다.

실재 세계의 상자성체에서 개개의 쌍극자는 전자이거나 원자핵이다. 전자상자성(electronic paramagnetism)은 전자들의 (궤도, 혹은 스핀) 각운동량이 서로 상쇄되지 않

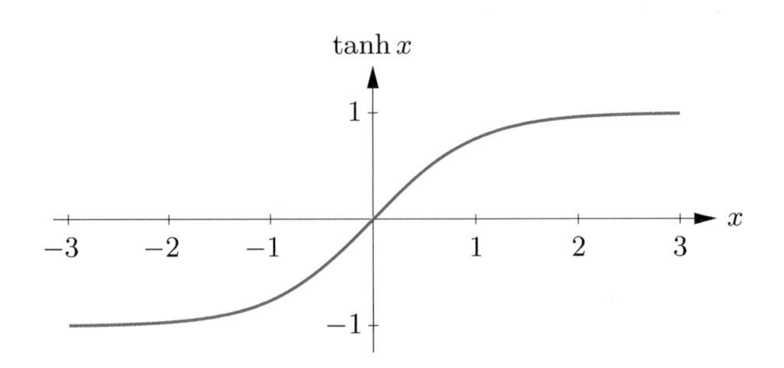

그림 3.11. 쌍곡탄젠트 함수. 두 상태 상자성체의 에너지와 자기화의식에서 쌍곡탄젠트 함수의 인자 x는 $\mu B/kT$이다.

* 기본 쌍곡 함수들의 정의는 다음과 같다: $\sinh x = \frac{1}{2}(e^x - e^{-x})$, $\cosh x = \frac{1}{2}(e^x + e^{-x})$, $\tanh x = (\sinh x)/(\cosh x)$. 이 정의로부터 다음의 미분관계식도 쉽게 얻을 수 있다: $\frac{d}{dx}\sinh x = \cosh x$, $\frac{d}{dx}\cosh x = \sinh x$.

고 남는 경우에 일어난다. 각 쌍극자의 가능한 상태의 수는, 원자나 분자의 전체 전자들의 총각운동량에 의존하지만, 항상 어떤 작은 정수이다. 우리가 고려하고 있듯이, 가장 간단한 경우는 원자당 전자 한 개의 스핀만이 상쇄되지 않은 경우이다. 보통의 경우라면 전자는 궤도각운동량도 갖지만, 어떤 환경에서는 이웃 원자들이 "궤도 담금질(orbital quenching)"하여 결과적으로 스핀각운동량만 갖게 된다.

전자상자성체의 경우, 쌍극자의 자기모멘트인 상수 μ의 값은 보어 마그네톤(Bohr magneton)이다.

$$\mu_B \equiv \frac{eh}{4\pi m_e} = 9.274 \times 10^{-24}\ \mathrm{J/T} = 5.788 \times 10^{-5}\ \mathrm{eV/T} \tag{3.34}$$

여기서 e와 m_e는 각각 전자의 전하와 질량이다. 꽤 강한 자기장이지만 $B = 1$ T라면, 쌍극자의 자기에너지는 $\mu B = 5.8 \times 10^{-5}$ eV가 된다. 하지만 상온에서 열에너지는 $kT \approx 1/40$ eV로 상대적으로 큰 값이다. 따라서 수 켈빈 이상인 상온에서 $\mu B/kT \ll 1$이 성립한다. 이 극한에서는 $\tanh x \approx x$로 근사할 수 있다. 따라서 자기화는 다음과 같이 근사할 수 있다.

$$M \approx \frac{N\mu^2 B}{kT} \quad (\mu B \ll kT \text{일 때}) \tag{3.35}$$

$M \propto 1/T$의 관계는 피에르 퀴리(Pierre Curie)에 의해 실험적으로 발견되었으며, 퀴리의 법칙(Curie's law)으로 불린다. 고온극한에서는 모든 상자성 물질이 퀴리의 법칙을 따르며, 이것은 쌍극자가 두 가지 이상의 상태를 가질 때에도 성립한다. 또한 이 극한에서 열용량은 $1/T^2$에 비례하여 떨어진다.

그림 3.12는 실재하는 두 상태 상자성체의 예로, DPPH로 알려진 유기 자유라디칼(free radical)의 자기화의 실험값을 보여준다.* 기본 쌍극자 간의 상호작용을 최소화하기 위해 벤젠으로 묽게 하면, DPPH와 벤젠은 1:1의 결정복합체를 형성한다. 온도가 수 켈빈으로 떨어지기 전까지는 자기화 데이터가 퀴리의 법칙을 매우 근사하게 따른다는 것을 볼 수 있다. 하지만 온도가 더 떨어지면, 자기화가 최댓값에 접근하면서 퀴리의 법칙에서 벗어나서 식 (3.32)를 따라가는 것을 볼 수 있다.†

---

* 정말로 알고 싶다면, 전체 이름은 α, α'-diphenyl-β-picrylhydrazyl이다. 이 꽤 큰 분자는 상자성인데, 분자의 중간에 짝 짓지 않은 전자 한 개를 갖는 질소원자 한 개가 있기 때문이다.

† 이 자료는 거의 이상적인 두 상태 상자성체로 내가 찾을 수 있는 것 중 최상의 것이다. 쌍극자의 상

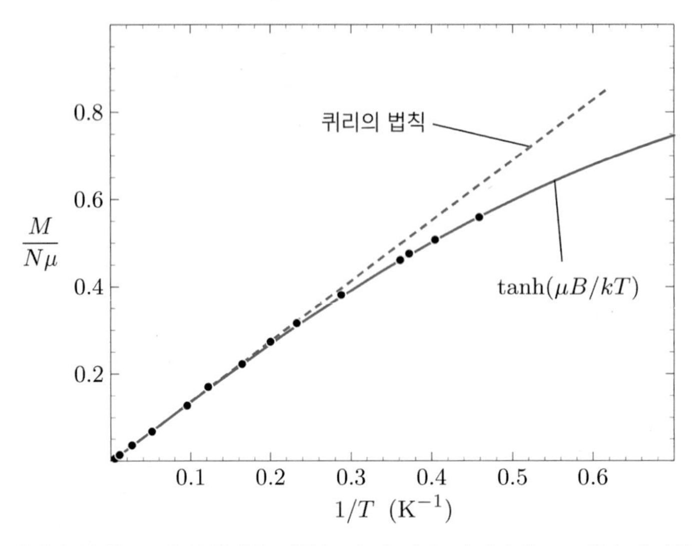

그림 3.12. 벤젠과 함께 1:1의 복합체를 이루는 유기 자유 라디칼 "DPPH"의 자기화의 실험측정. $B = 2.06$ T, 온도범위는 300 K에서 2.2 K까지. 실선곡선은 식 (3.32)의 예측이고($\mu = \mu_B$), 파선직선은 고온극한에서 퀴리법칙의 예측이다. (이 실험에서는 기본 쌍극자의 유효수가 수 퍼센트 범위에서 불확실성을 갖기 때문에, 이론 그래프의 수직 눈금은 가장 좋은 적합도를 위해 조정되었다.) 다음 논문으로부터 채택되었다: P. Grobet, L. Van Gerven, and A. Van den Bosch, *Journal of Chemical Physics* 68, 5225 (1978).

핵상자성(nuclear paramagnetism)의 경우, 전형적인 μ 값은 전자상자성의 보어 마그네톤의 식 (3.34)에서 전자의 질량을 양성자의 질량으로 대체하면 얻을 수 있다. 양성자의 질량이 전자의 거의 2,000배 정도이므로, 핵의 μ는 전형적으로 2,000배 정도로 작은 값이다. 이것은, 같은 정도의 자기화를 달성하려면, 자기장을 2,000배로 강하게 하거나, 아니면 온도를 2,000배로 낮추거나 해야 한다는 것을 의미한다. 대개 실험실에서는 자기장이 수 테슬라의 강도로 제한되기 때문에, 실제로 핵상자성 쌍극자들을 모두 한 방향으로 정렬하기 위해서는 온도를 수 밀리켈빈 범위까지 내려주어야 한다.

태가 두 개보다 많은 이상 상자성체는 더 흔하기도 하고 최소한 준비하기가 더 용이한 것으로 알려져 있다. 가장 광범위하게 연구된 예는, 상자성 이온이 안쪽의 원자각이 채워지지 않은 전이금속이거나 희토성 원소인 염들이다. 이웃 이온들의 상호작용을 최소화하기 위해, 그것들을 자기적으로 불활성인 많은 원자들로 희석해야 한다. 한 예가 $Fe_2(SO_4)_3 \cdot (NH_4)_2SO_4 \cdot 24H_2O$이다. 이 안에는 Fe^{3+}이온 한 개당 (매우 작은 수소원자를 제외하고도) 23개의 불활성 원자들이 있다. 자기화가 99% 이상으로 완성되는 자기장의 세기가 5 T이고, 강하된 온도 1.3 K까지의 범위에서, 이 결정의 자기적 거동은 이상적이라는 것이 밝혀졌다. 참고자료는 W. E. Henry, *Physical Review* **88**, 561 (1952). 두 상태 이상의 이상 상자성체의 이론은 문제 6.22에서 다루어진다.

문제 3.19. 식 (3.30), (3.31), (3.33)의 유도 과정에서 본문에서 건너 뛴 부분들을 채워라.

문제 3.20. DPPH와 같은 $\mu = \mu_B$ 인 이상적인 두 상태 전자상자성체를 고려하자. 위에서 기술한 실험에서 자기장의 세기는 $B = 2.06$ T, 최저온도는 2.2 K 였다. 이 계의 에너지, 자기화, 엔트로피를 각각의 가능한 최댓값에 대한 비율로 계산하라. 99%의 자기화를 구현하기 위해서 실험자들은 무엇을 해야 하겠는가?

문제 3.21. 퍼셀과 파운드의 실험에서 최대 자기장의 세기는 0.63 T이고 초기온도는 300 K 였다. 리튬 원자핵이 단지 두 개의 스핀상태를 갖는다고 하고(사실은 네 개지만), 이 계에서 입자당 자기화(M/N)를 계산하라. 상수 μ를 5×10^{-8} eV/T로 놓아라. 그런 미미한 자기화를 측정하기 위해 실험자들은 라디오파의 공명 흡수와 방출을 이용했다. 핵 한 개를 한 자기상태에서 다른 상태로 뒤집기 위해 라디오파 광자가 가져야 하는 에너지를 계산하라. 그런 광자의 파장은 얼마인가?

문제 3.22. 두 상태 상자성체의 엔트로피 그래프를 온도의 함수로 스케치하라. 혹은, 컴퓨터를 사용해서 그려라. 자기장의 세기가 변하면 이 그래프가 어떻게 바뀌는지 기술하라.

문제 3.23. 두 상태 상자성체에 대하여 온도에 대한 엔트로피의 함수식이 $S = Nk\,[\ln(2\cosh x) - x\tanh x]$ 임을 보여라. 여기서 $x = \mu B/kT$ 이다. 이 식이 $T \to 0$ 과 $T \to \infty$ 의 극한에서 기대한대로 거동하는지 확인하라.

* * *

다음의 두 문제는 이 절의 유도 기법을 임의의 온도에 있는 아인슈타인 고체나, 혹은 동일한 진동자들의 다른 집단들에도 적용해보려는 것이다. 이 문제들의 방법과 결과는 극히 중요하다. 최소한 한 문제는 반드시 풀고, 가능하면 두 문제 모두 풀어보라.

문제 3.24. 컴퓨터를 사용해서 아인슈타인 고체의 엔트로피, 온도, 열용량을 다음과 같이 공부하자. 고체가 진동자 50개로 되어 있으며, 0부터 100까지의 에너지 단위를 갖는다고 하자. 표 3.2와 유사하게, 각 행이 다른 에너지값을 나타내도록 표를 만들라.

에너지, 겹침수, 엔트로피, 온도, 열용량의 열을 사용하라. 온도를 얻기 위해서, 표에서 이웃한 두 개의 행으로부터 $\Delta U/\Delta S$를 계산하라. (어떤 상수 ϵ을 사용해서 $U=q\epsilon$라고 쓸 수 있는 것을 상기하라.) 열용량($\Delta U/\Delta T$)도 유사한 방법으로 계산할 수 있다. 표의 처음 몇 개의 행은 아래처럼 보여야 한다.

q	Ω	S/k	kT/ϵ	C/Nk
0	1	0	0	–
1	50	3.91	.28	.12
2	1275	7.15	.33	.45

(미분값을 계산하기 위해 이 표에서는 “중심차분(centered-difference)” 근사를 사용했다. 예컨대, 온도 .28은 $2/(7.15-0)$을 계산한 것이다.) 엔트로피-에너지 그래프와 열용량-온도 그래프를 그려라. 그런 후 (계를 “희석”시켜서 보다 낮은 온도를 보기 위해) 진동자의 수를 5,000개로 바꾸고, 열용량-온도 그래프를 다시 그려라. 열용량에 대한 당신의 예측을 논하고, 그것을 그림 1.14에서 보였던 납, 알루미늄, 다이아몬드의 데이터와 비교하라. 이 실재 고체 각각에 대해서 ϵ의 수치적 값을 전자볼트 단위로 추정하라.

문제 3.25. 문제 2.18의 결과에 따르면, 진동자 N개로 된 아인슈타인 고체의 에너지 단위가 q일 때, 고체의 겹침수는 대략 다음과 같다.

$$\Omega(N, q) \approx \left(\frac{q+N}{q}\right)^q \left(\frac{q+N}{N}\right)^N$$

(a) 이 식으로부터 시작해서 아인슈타인 고체의 엔트로피를 N과 q의 함수로 구하라. N과 q가 클 때, 겹침수 식에서 생략한 인수들이 엔트로피에는 왜 영향을 주지 않는지 설명하라.

(b) (a)의 결과를 이용해서 아인슈타인 고체의 온도를 에너지의 함수로 구하라. (에너지는 $U=q\epsilon$이고, 여기서 ϵ은 어떤 상수이다.) 결과를 가능한 가장 단순하게 만들라.

(c) (b)의 결과를 역으로 풀어서 에너지를 온도의 함수로 쓰고, 그런 후 미분을 해서 열용량의 식을 구하라.

(d) $T\to\infty$인 극한에서 열용량이 $C=Nk$임을 보여라. (힌트: x가 아주 작을 때, $e^x \approx 1+x$이다.) 이 결과는 당신이 기대할만한 것인가? 설명하라.

(e) (c)의 결과를 그래프로 그려라(컴퓨터를 사용해도 좋다). 부자연스러운 수치 인수들을 피하기 위해 차원없는 변수인 $t = kT/\epsilon$에 대한 C/Nk의 그래프를 범위 $0 < t < 2$에서 그려라. 저온에서 열용량에 대한 당신의 예측을 논하고, 그것을 그림 1.14에서 보였던 납, 알루미늄, 다이아몬드의 데이터와 비교하라. 이 실재 고체 각각에 대해서 ϵ의 수치적 값을 전자볼트 단위로 추정하라.

(f) 고온에서의 열용량에 대한 더 나은 근사식을 유도하라. 이를 위해 지수함수의 전개식에서 x^3항까지 수용한 다음, 분모를 신중하게 전개하고 모든 인수들을 생략하지 말고 곱하라. 그런 후 마지막 결과에서 $(\epsilon/kT)^2$보다 작은 항들을 버려라. 연기가 걷힌 후 당신은 $C = Nk\,[1 - \frac{1}{12}(\epsilon/kT)^2]$을 발견할 것이다.

문제 3.26. 앞의 두 문제 중 어느 한 쪽의 결과도 기체분자의 진동운동에 적용될 수 있다. 그림 1.13에서 보여준 H_2의 열용량 그래프에 순전히 진동운동이 기여한 부분만 고려하여, H_2 분자의 진동운동에 대한 ϵ의 값을 추정하라.

3.4 역학적 평형과 압력

다음으로, 상호작용할 때 부피도 교환할 수 있는 계들을 포함하도록 이 장의 착상을 일반화하고 싶다. 계의 온도가 계 사이에서 저절로 일어나는 에너지 교환을 주관하는 것처럼, 부피의 교환을 주관하는 것은 계의 압력이다. 그러므로, 식 $1/T = \partial S/\partial U$처럼, 압력과 온도 사이에도 밀접한 관계가 있어야 한다.

그림 3.13과 같이 움직일 수 있는 칸막이로 분리된 두 (기체) 계를 고려하자. 계들은 에너지와 부피를 자유롭게 교환할 수 있지만, 에너지와 부피의 총량은 고정되어 있다. 그림 3.14에 보인 것처럼, 총엔트로피는 두 변수 U_A와 V_A의 함수이다. 평형점은 $S_{전체}$가 최댓값을 갖는 곳이다. 이 지점에서는 두 방향 모두에 대한 $S_{전체}$의 편미분값은 영이 된다.

$$\frac{\partial S_{전체}}{\partial U_A} = 0, \quad \frac{\partial S_{전체}}{\partial V_A} = 0 \tag{3.36}$$

첫 번째 조건은 두 계의 온도가 같다는 조건과 동일하다는 것을 앞 절에서 이미 보았으므로, 두 번째 조건을 좀 더 조사해보기로 하자.

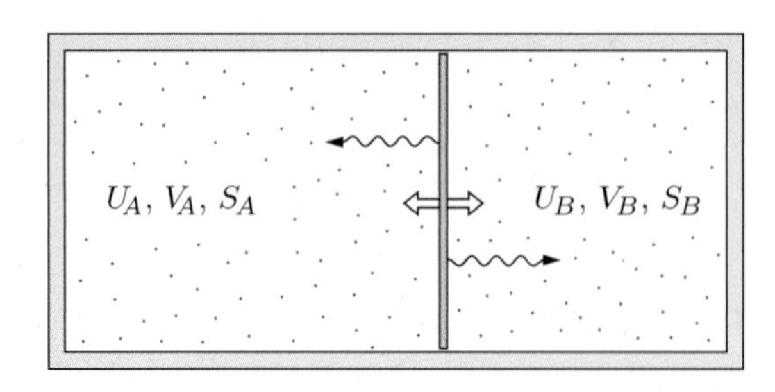

그림 3.13. 에너지와 부피를 서로 교환할 수 있는 두 계. 총에너지와 총부피는 고정된다.

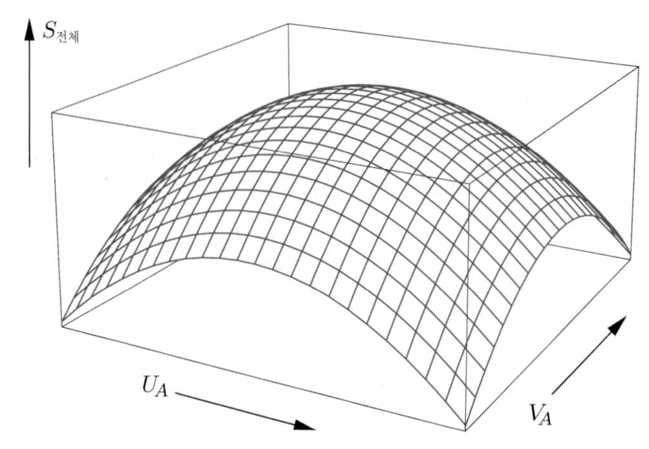

그림 3.14. 그림 3.13의 계에 대한 엔트로피-(U_A, V_A) 그래프. U_A와 V_A의 평형값은 그래프의 최고점이다.

그 방법은 3.1절에서 했던 것과 매우 유사하다.

$$0 = \frac{\partial S_{전체}}{\partial V_A} = \frac{\partial S_A}{\partial V_A} + \frac{\partial S_B}{\partial V_A} = \frac{\partial S_A}{\partial V_A} - \frac{\partial S_B}{\partial V_B} \tag{3.37}$$

마지막 단계에서는 총부피가 고정되었으므로 $dV_A = -dV_B$ 인 것을 이용했다. 즉, 평형상태의 조건은 다음과 같이 쓸 수 있다.

$$\frac{\partial S_A}{\partial V_A} = \frac{\partial S_B}{\partial V_B} \quad (평형에서) \tag{3.38}$$

편미분을 할 때 에너지(U_A, 혹은 U_B)와 입자의 수(N_A, 혹은 N_B)는 고정시킨다. 하지만 계들이 자유롭게 에너지를 교환할 수 있고, 또한 실제로 계들이 열평형에 있다고 가정했던 것에 주목해라. (만약 칸막이가 움직일 수는 있지만 칸막이를 통해 열이 흐를 수 없다면, 계들의 에너지는 고정되지 않고 평형조건은 더 복잡해진다.)

하지만, 두 계가 역학적인 평형에 있을 때, 우리는 경험으로부터 두 계의 압력이 같아야 한다는 것을 알고 있다. 따라서 압력은 $\partial S/\partial V$의 어떤 함수이어야 한다. 어떤 함수인지 파악하기 위해 단위를 살펴보자. 엔트로피의 단위가 J/K 이므로, $\partial S/\partial V$의 단위는 $(\mathrm{N/m^2})/\mathrm{K}$, 혹은 Pa/K 이다. 즉, 압력의 단위를 갖게 하기 위해서는 $\partial S/\partial V$에 온도를 곱해주어야 한다. 과연 그럴까? 그렇다. 두 계가 열평형에 있다고 이미 가정했기 때문에 두 계의 온도는 같아야 하고, 따라서 양 $T(\partial S/\partial V)$도 역시 두 계에서 같다.

또한 우리는, 압력이 클 때 $\partial S/\partial V$가 큰 것을 원하는지, 혹은 작은 것을 원하는지도 생각해보아야 한다. $\partial S/\partial V$가 크다면, 계가 조금만 팽창해도 계는 큰 엔트로피를 얻는다. 엔트로피가 증가하려는 경향이 있으므로, 이 계는 정말로 팽창하기를 "원한다". 그렇다. 그것이 압력이 크다고 말할 때 바로 정확하게 우리가 의미하는 바이다.

그러므로 나는 압력과 엔트로피가 다음과 같은 관계를 가질 것을 제안한다.

$$P = T\left(\frac{\partial S}{\partial V}\right)_{U,N} \tag{3.39}$$

나는 이것을 압력의 정의라고 하지는 않겠다. 하지만, 이 양이 압력과 같은 성질들을 가졌고, 그래서 이 양이 아마도 단위면적당의 힘과 같은 것이라는 데는 당신이 동의하기를 희망한다.

물론 항상 그렇듯이, 우리가 답을 이미 알고 있는 경우에도 이 식이 잘 작동하는지를 확인하는 것이 안전하다. 그래서 단원자분자 이상기체의 겹침수의 식 (2.41)을 소환해보자.

$$\Omega = f(N)V^N U^{3N/2} \tag{3.40}$$

여기서 $f(N)$은 N만의 어떤 복잡한 함수이다. 여기에 로그를 취해서 엔트로피를 얻자.

$$S = Nk\ln V + \frac{3}{2}Nk\ln U + k\ln f(N) \tag{3.41}$$

이제 식 (3.39)로부터 압력은 다음과 같아야 한다.

$$P = T\frac{\partial}{\partial V}(Nk\ln V) = \frac{NkT}{V} \tag{3.42}$$

즉,

$$PV = NkT. \tag{3.43}$$

정말 그렇다. 당신이 이미 식 (3.39)를 믿었다면, 우리는 방금 이상기체 법칙을 "유도"한 것이 된다. 믿지는 않았다면, 당신은 이 계산이 식 (3.39)를 입증하고, 또한 특히 식 (3.39)에 추가적인 상수 인수가 필요하지 않다는 사실을 입증한 것으로 생각할 수 있다.

열역학 항등식

온도의 이론적 정의와 압력의 새로운 식을 둘 다 정리하는 멋진 방정식이 있다. 그것을 유도하기 위해, 계의 에너지와 부피가 둘 다 작은 양 ΔU와 ΔV만큼 변하는 과정을 고려하자. 그렇다면 계의 엔트로피는 얼마만큼 변할까?

이 질문에 답하기 위해서, 이 과정을 머릿속에서 두 단계로 나누어보자. 단계 1: 부피는 고정되어 있고 에너지가 ΔU만큼 변한다. 단계 2: 에너지는 고정되어 있고 부피가 ΔV만큼 변한다. 이 두 단계들이 그림 3.15에 도식화되어 있다. 총엔트로피 변화는 단계 1과 단계 2에서의 변화를 그저 합한 것이다.

$$\Delta S = (\Delta S)_1 + (\Delta S)_2 \tag{3.44}$$

이제 우변에서, 첫째 항을 ΔU로 나눈 뒤 곱해주고, 둘째 항은 ΔV로 나눈 뒤 곱해준다.

$$\Delta S = \left(\frac{\Delta S}{\Delta U}\right)_V \Delta U + \left(\frac{\Delta S}{\Delta V}\right)_U \Delta V$$

아래 첨자들은 통례이듯이 고정된 변수들을 표시한다. 이제 모든 변화량들이 작다면(무한소) 괄호 안의 비들은 편미분값이 되고, 엔트로피 변화는 다음과 같이 쓸 수 있다.

$$\begin{aligned} dS &= \left(\frac{\partial S}{\partial U}\right)_V dU + \left(\frac{\partial S}{\partial V}\right)_U dV \\ &= \frac{1}{T}dU + \frac{P}{T}dV \end{aligned} \tag{3.45}$$

둘째 줄에서는 온도의 정의와 압력의 식 (3.39)가 사용되었다. 이 결과는 열역학 항등식(thermodynamic identity)으로 불린다. 보통 다음과 같은 형식으로 재배열되어 쓰인다.

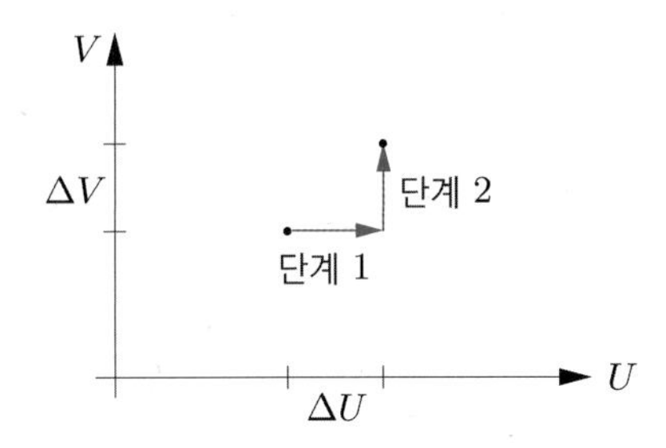

그림 3.15. U와 V가 모두 변할 때 엔트로피의 변화량을 계산하기 위해서, 그 과정을 두 단계로 나누어서 고려하자: V는 고정되고 U가 변하는 단계와, 그 다음에 U는 고정되고 V가 변하는 단계.

$$dU = TdS - PdV \tag{3.46}$$

온도와 압력이 잘 정의되고 다른 변화하는 관련있는 변수들이 없다면, 이 방정식은 어떤 무한히 작은 변화에서도 성립한다. (관련있는 변수의 예로, 나는 계의 입자수가 고정되었다고 가정했다.)

이 장에서 단지 식 한 개만 기억하려 한다면, 열역학 항등식을 선택해라. 그것으로부터 온도와 압력의 식을 엔트로피의 편미분으로 구할 수 있기 때문이다. 예컨대 일정부피 ($dV=0$) 조건에서 일어나는 과정에서, 열역학 항등식은 $dU=TdS$가 되고 이것을 재배열하면 온도의 정의식 (3.5)를 얻을 수 있다. 그리고 $dU=0$인 과정에서는, 열역학 항등식이 $TdS=PdV$가 되어서 재배열하면 압력의 식 (3.39)가 된다.

문제 3.27. 엔트로피가 일정한 조건에서 일어나는 과정을 고려할 때, 열역학 항등식으로부터 어떤 편미분 관계식을 유도할 수 있는가? 결과로 얻은 방정식은 당신이 이미 알고 있는 것과 일치하는가? 설명하라.

엔트로피와 열 다시 둘러보기

열역학 항등식은 열역학 제일 법칙과 굉장히 비슷하다.

$$dU = Q + W \tag{3.47}$$

그래서 Q를 TdS와, 또한 W를 $-PdV$와 연관시키고 싶은 욕구가 자연스럽다. 하지만 이 연관이 항상 정당한 것은 아니다. 이 연관이 정당한 경우는, 어떤 부피 변화도 준정적이고 (그래서 압력이 계 전체에서 균질하고), 다른 유형의 일이 가해지는 것이 없고, 그리고 입자수와 같은 다른 관련있는 변수들이 변하지 않는 그런 경우이다. 그런 경우에는 $W = -PdV$로 쓸 수 있다는 것을 우리는 알고 있다. 따라서 식 (3.46)과 (3.47)은 다음 관계를 암시한다.

$$Q = TdS \quad \text{(준정적 과정)} \tag{3.48}$$

따라서 이런 제한된 상황에서는, 과정 동안 계에 일이 가해지더라도 계의 엔트로피는 Q/T이다. (준정적이면서도 단열인($Q=0$) 특별한 과정에서는 엔트로피가 변하지 않는다. 그런 과정은 등엔트로피(isentropic) 과정으로 불린다. 짧게 말하자면, 단열 + 준정적 = 등엔트로피 과정이다.)

식 (3.48)의 결과는 3.2절로 돌아가서 일정부피라는 제한을 떼고 다시 논의를 반복하게 한다. 예를 들어, 물 1리터가 100℃ 대기압에서 끓을 때 가해지는 열은 2,260 kJ이다. 따라서 엔트로피의 증가량은

$$\Delta S = \frac{Q}{T} = \frac{2{,}260\ \text{kJ}}{373\ \text{K}} = 6{,}060\ \text{J/K}. \tag{3.49}$$

그리고 온도가 변하는 등압과정에 대해서, $Q = C_P dT$로 쓸 수 있고, 이때 엔트로피의 변화량은 적분으로 계산할 수 있다.

$$(\Delta S)_P = \int_{T_i}^{T_f} \frac{C_P}{T} dT \tag{3.50}$$

표준자료집의 열용량은 대부분 일정부피보다는 일정압력 조건에서의 자료이므로, 이 식은 일정부피에서의 유사한 식인 (3.19)보다 더 실제적이다.

많은 익숙한 과정들이 근사적으로 준정적이긴 하지만, 예외가 있다는 것을 기억하는 것이 중요하다. 한 예로, 피스톤이 있는 용기 안에 기체가 있다고 하자. 그리고 피스톤을 매우 강하게 밀어서 피스톤이 기체 분자들보다 더 빠르게 용기 안쪽으로 움직인다고 하자(그림 3.16). 순간적으로 분자들이 피스톤의 앞쪽에 쌓여 피스톤에 매우 큰 반발력을 주기 때문에, 피스톤이 안쪽으로 움직이려면 그 힘을 극복해야만 한다. 피스톤이 아주 짧은 거리만 움직이고 멈춘다고 하자. 그래서 시간이 충분히 흘러서 모든 것들이 진정된 후에는 압력이 단지 무한소만큼만 증가한다고 하자. 기체에 가해진 일은 $-PdV$보다 크다. 이 과정은 준정적이지 않다. 하지만 최종상태가 동일하다면, 그 과정에서 에너지의 변화는 준정적 과정에서와 같아야 한다. 즉, $Q + W = TdS - PdV$이어야 한다. 따라서 이

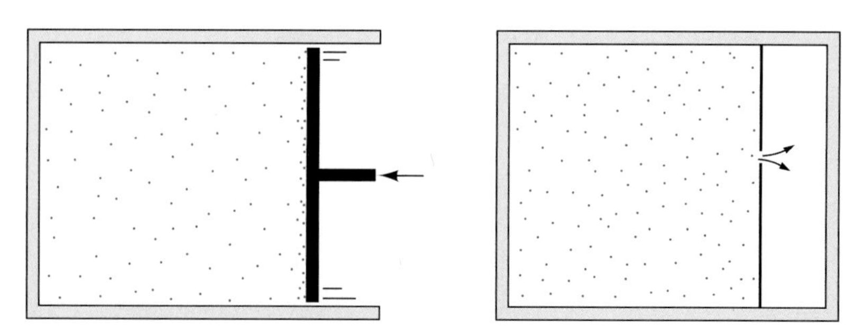

그림 3.16. 두 가지 유형의 비준정적 부피 변화: 내부적인 비평형을 만드는 아주 빠른 압축과(왼쪽), 그리고 진공으로의 자유팽창(오른쪽).

런 과정 동안 기체에 저절로 흘러들어온 열이 있다면 그것은 TdS 보다 작아야 한다. 그렇다면 이 예에서는 다음이 성립한다.

$$dS > \frac{Q}{T} \quad (W > -PdV \text{ 일 때}) \tag{3.51}$$

당신은 열로 유입된 것보다 더 많은 "잉여(extra)" 엔트로피를 생성한 것이다. 부피 변화를 만드는데 필요한 이상으로 잉여 에너지를 가했기 때문이다.

관련된 예로 2.6절에서 논의했던 진공으로 자유팽창하는 기체의 문제가 있다. 한 가림막이 있어서 용기를 두 부분으로 구분한다고 하자. 한쪽은 기체로 채워지고 다른 쪽은 진공이다. 가림막이 갑자기 찢어지면서 기체가 진공으로 팽창할 수가 있게 된다고 하자. 여기서, 기체에 가해지거나 기체가 하는 일도 없고, 어떤 열의 흐름도 없기 때문에, 제일 법칙에 따르면 $\Delta U = 0$ 이어야 한다. 한편, 부피의 증가량이 아주 작으면 열역학 항등식 (3.46)을 여전히 적용할 수 있어서, $TdS = PdV > 0$ 이 성립한다. 즉, 기체의 엔트로피에 양의 변화가 있다. 정리하자면, 유입된 열은 없지만 엔트로피가 증가했다. (이 기체가 이상기체라면, 2.6절에서 논의했듯이 S 의 사쿠르-테트로드 방정식으로부터 이것을 직접 계산할 수도 있다.)

두 가지의 예에서 모두, 열에 의해서 계로 "유입"되는 엔트로피 이상으로 "새로운" 엔트로피가 생성되는 역학적 과정이 존재한다. 더 많은 엔트로피를 생성하는 것은 항상 가능하다. 하지만 제이 법칙이 말하는 것은, 우리가 일단 생성하면 그것을 절대 사라지게 할 수는 없다는 것이다.

문제 3.28. 초기에 실온대기압에 있는 공기 1리터가 일정한 압력에서 그 부피가 두 배가 될 때까지 덥혀진다. 이 과정에서 엔트로피의 증가량을 계산하라.

문제 3.29. 고정된 압력에서 H_2O와 같은 물질의 엔트로피 그래프를 온도의 함수로 정성적으로 정확하게 스케치하라. 물질이 어디에서 고체, 액체, 기체 상태인지 표시하라. 그래프의 특징을 간략하게 설명하라.

문제 3.30. 그림 1.14에 보인 것처럼, 실온 근처에서 다이아몬드의 열용량은 근사적으로 T에 선형적이다. 500 K까지 이 함수를 바깥늘림(extrapolation)하고, 온도가 298 K에서 500 K까지 상승할 때 다이아몬드 1몰의 엔트로피 변화량을 추정하라. 이 책 뒤쪽의 자료값 $S(298\ \text{K})$에 이 양을 더해서 $S(500\ \text{K})$를 구하라.

문제 3.31. 열용량의 실험측정값들이 종종 경험식으로 자료집에 제시된다. 흑연 1몰에 대해서 꽤 넓은 온도범위에서 잘 맞는 식은 다음과 같은 식으로 알려져 있다.

$$C_P = a + bT - \frac{c}{T^2}$$

여기서 $a = 16.86\ \text{J/K}$, $b = 4.77 \times 10^{-3}\ \text{J/K}^2$, $c = 8.54 \times 10^5\ \text{J} \cdot \text{K}$이다. 그러면 이제 흑연 1몰이 일정한 압력에서 298 K에서 500 K까지 덥혀진다고 하자. 이 과정에서 엔트로피의 증가량을 계산하라. 이 책 뒤쪽의 자료값 $S(298\ \text{K})$에 이 양을 더해서 $S(500\ \text{K})$를 구하라.

문제 3.32. 실린더 안에 실온(300 K) 대기압($10^5\ \text{N/m}^2$)의 공기가 1몰 담겨져 있다. 실린더의 한쪽 끝에는 면적이 $0.01\ \text{m}^2$인 피스톤이 있다. 피스톤을 2,000 N의 힘으로 아주 급격하게 민다고 하자. 피스톤은 불과 1밀리미터만 움직이고 어떤 장애물로 인해 멈춘다.

(a) 이 계에 당신이 한 일은 얼마인가?

(b) 기체에 가해진 열은 얼마인가?

(c) 가해진 모든 에너지가 피스톤이나 실린더 벽이 아니라 온전히 기체로만 간다고 가정하면, 기체의 내부에너지는 얼마만큼 증가하는가?

(d) 열역학 항등식을 이용해서, 다시 평형에 도달한 기체의 엔트로피 변화량을 계산하라.

문제 3.33. 열역학 항등식을 이용해서 다음의 열용량 식을 유도하라.

$$C_V = T\left(\frac{\partial S}{\partial T}\right)_V$$

이 식은 U로 써진 더 익숙한 식보다 때때로 더 편리하다. 그러면, 먼저 dH를 dS와 dP의 식으로 쓰고, 그런 후 C_P에 대한 유사한 식을 유도하라.

문제 3.34. 고무와 같은 고분자들은, 보통 엔트로피가 큰 배열로 얽혀져 있는 매우 긴 분자들로 만들어진다. 고무밴드에 대한 매우 거친 모형으로서, 길이가 ℓ인 N개의 연결고리로 된 사슬을 고려하자(그림 3.17). 각 연결고리는 왼쪽이나 오른쪽을 향하는 두 가지의 상태를 갖는다고 상상하자. 고무밴드의 전체길이 L은 첫째 연결고리의 시작점에서 마지막 연결고리의 끝까지 가는 알짜변위이다.

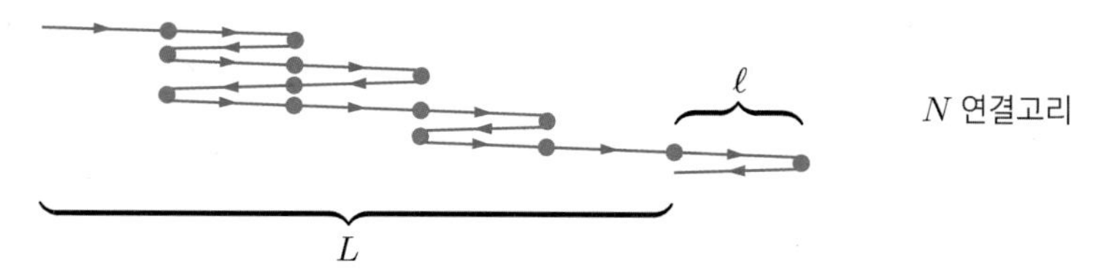

그림 3.17. 각 연결고리가 왼쪽이나 오른쪽만을 향하는 사슬로 간주한 고무밴드의 거친 모형.

(a) 이 계의 엔트로피를 N과 N_R의 식으로 구하라. 여기서 N_R은 오른쪽을 향하는 연결고리의 수이다.

(b) L을 N과 N_R의 식으로 써라.

(c) 이 모형과 같은 일차원계에서, 길이 L은 삼차원계의 부피 V와 유사하다. 마찬가지로 압력 P는 장력 F에 대응된다. 고무밴드가 안쪽으로 당겨질 때 F가 양이 되도록 부호를 정하고, 이 계에 적절한 열역학 항등식을 쓰고 설명하라.

(d) 열역학 항등식을 이용해서, 이제 장력 F를 엔트로피의 편미분의 식으로 나타낼 수 있다. 이 식으로부터 장력 F를 L, T, N, ℓ의 식으로 계산하라.

(e) $L \ll N\ell$일 때 장력 F가 L에 직접 비례하는 것을 보여라(훅의 법칙).

(f) 장력의 온도 의존성에 대하여 논하라. 고무밴드의 온도를 높이면, 그것은 늘어나는가, 줄어드는가? 이 거동은 타당한가?

(g) 느슨한 고무밴드의 양끝을 양손으로 잡고 있다가, 갑자기 그것을 잡아당겨 늘린다고 하자. 고무밴드의 온도가 올라갈지 내려갈지 어느 쪽을 기대하겠는가? 설명하라. 실재 고무밴드를 이용해서 당신의 예측을 검증하라. (무거운 고무밴드일수록

좋을 것이다.) 입술이나 이마를 온도계로 사용할 수 있다. (힌트: (a)에서 계산한 엔트로피는 고무밴드의 총엔트로피는 아니다. 분자들의 진동에너지와 연관된 추가적인 엔트로피가 존재한다. 이 엔트로피는 U에는 의존하지만 L과는 근사적으로 독립적이다.)

3.5 확산평형과 화학퍼텐셜

두 계가 열평형에 있을 때 두 계의 온도는 같다. 두 계가 역학적 평형에 있을 때 두 계의 압력은 같다. 그렇다면, 두 계가 확산평형에 있을 때는 어떤 양이 같은가?

앞 절과 같은 논리를 적용해서 해결할 수 있다. 에너지와 입자를 교환할 수 있는 두 계 A와 B를 고려하자(그림 3.18). (두 계의 부피도 변할 수 있지만 간단히 하기 위해 고정시키겠다.) 나는 두 기체가 상호작용하는 계를 그렸지만, 기체가 액체나 고체와 상호작용하는 계나, 혹은 경계면에서 원자들이 점진적으로 이동하는 두 고체계도 동일한 방식으로 다루어질 수 있다. 아무튼 여기서는 양쪽 계가 H_2O 분자들처럼 같은 종류의 입자들로 구성되었다고 가정하겠다.

총에너지와 총입자수가 고정되었다고 가정하면, 총엔트로피는 U_A와 N_A의 함수이다. 평형에서 엔트로피는 최대이므로 다음 식이 성립한다.

$$\left(\frac{\partial S_{\text{전체}}}{\partial U_A}\right)_{N_A, V_A} = 0 \quad \text{그리고} \quad \left(\frac{\partial S_{\text{전체}}}{\partial N_A}\right)_{U_A, V_A} = 0 \qquad (3.52)$$

(계의 부피가 변할 수 있다면, $\partial S_{\text{전체}}/\partial V_A = 0$도 성립해야 한다.) 또 다시 첫째 조건은 두

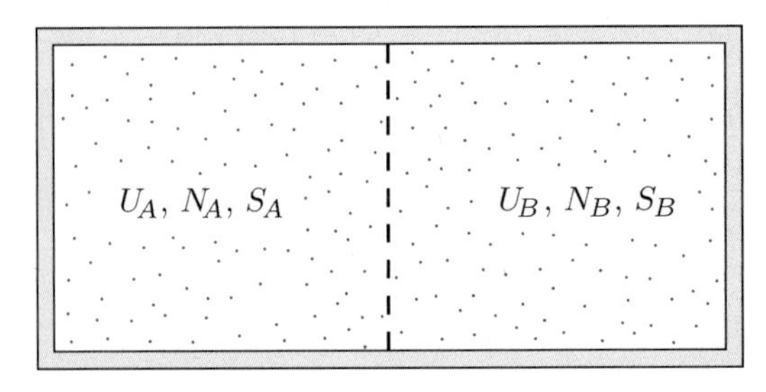

그림 3.18. 에너지와 입자 모두를 교환할 수 있는 두 계.

계의 온도가 같아야 한다는 것을 말할 뿐이다. 둘째 조건은 새로운 것이지만, 앞 절에서 부피에 대한 조건과 전적으로 유사하다. 그러므로 같은 논리를 따라서 다음과 같이 결론을 내릴 수 있다.

$$\frac{\partial S_A}{\partial N_A}=\frac{\partial S_B}{\partial N_B} \quad \text{(평형에서)} \tag{3.53}$$

여기서 편미분은 에너지와 부피를 고정시키고 취한다. 계들이 또한 열평형에 있으므로, 이 방정식의 양쪽에 온도 T의 인수를 자유롭게 곱할 수 있다. 또한 관례에 따라 -1도 곱해서 다음과 같이 조건을 변형시킬 수 있다.

$$-T\frac{\partial S_A}{\partial N_A}=-T\frac{\partial S_B}{\partial N_B} \quad \text{(평형에서)} \tag{3.54}$$

$-T(\partial S/\partial N)$은 온도나 압력보다 덜 익숙한 양이지만, 그래도 여전히 지극히 중요하다. 이 양을 바로 화학퍼텐셜(chemical potential)이라고 부르고 μ로 표시한다.

$$\mu \equiv -T\left(\frac{\partial S}{\partial N}\right)_{U,V} \tag{3.55}$$

이것이 바로, 두 계가 확산평형에 있을 때, 양쪽 계에서 같아지는 양이다. 즉, 화학퍼텐셜로 나타낸 확산평형 조건은 다음과 같다.

$$\mu_A=\mu_B \quad \text{(평형에서)} \tag{3.56}$$

두 계가 확산평형에 있지 않으면, $\partial S/\partial N$이 더 큰 계 쪽으로 입자들이 이동하는 경향이 생긴다. 그렇게 함으로써 다른 계가 엔트로피를 잃는 것보다 더 큰 엔트로피를 얻어서, 결합계의 총엔트로피가 증가하기 때문이다. 즉, 입자는 $\partial S/\partial N$이 작은 쪽에서 큰 쪽으로 이동한다. 하지만, 정의식 (3.55)의 음부호 때문에 μ와 $\partial S/\partial N$는 반대 부호이고, $\partial S/\partial N$이 더 크다는 것은 μ가 더 작다는 것을 의미한다. 따라서 결론적으로, 입자는 μ가 큰 계에서 작은 계로 이동하려고 한다(그림 3.19).

열역학 항등식을 N이 변하는 과정을 포함하도록 일반화하는 것은 어렵지 않다. U가 dU만큼, V가 dV만큼, N이 dN만큼 변한다고 상상하면, 앞 절과 같은 논리에 의해, 엔트로피의 총변화량은 다음과 같이 쓸 수 있다.

$$dS=\left(\frac{\partial S}{\partial U}\right)_{N,V}dU+\left(\frac{\partial S}{\partial V}\right)_{N,U}dV+\left(\frac{\partial S}{\partial N}\right)_{U,V}dN$$

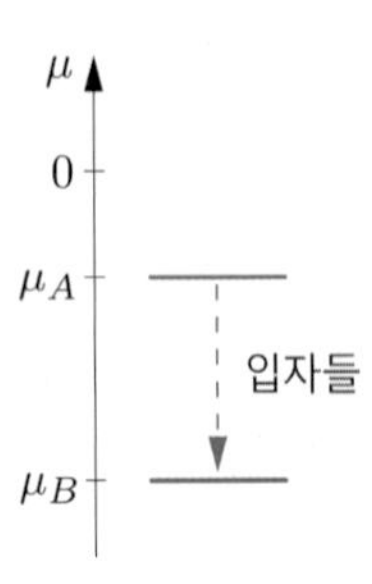

그림 3.19. 두 값이 모두 음이더라도, 입자들은 더 낮은 화학퍼텐셜 값을 향하여 이동하려고 한다.

$$= \frac{1}{T}dU + \frac{P}{T}dV - \frac{\mu}{T}dN \tag{3.57}$$

둘째 줄을 dU에 대해서 풀면 다음 식을 얻는다.

$$dU = TdS - PdV + \mu dN \tag{3.58}$$

$-PdV$ 항이 보통 역학적 일과 연관되는 것과 마찬가지로, μdN 항은 종종 "화학적 일"로 일컬어진다.

이 일반화된 열역학 항등식은 T, P, μ에 대한 다양한 편미분식들을 기억하고, 다른 유사한 식들을 생성하는데 아주 좋은 길잡이 역할을 한다. 방정식 안에 네 개의 변수들이 변하고 있는 것에 주목하라: U, S, V, N. 이제 이 네 개의 변수 중에 두 개의 변수가 고정되는 어떤 과정들을 상상해보자. 예컨대, U와 V가 고정된 과정에서는 다음 식이 성립한다.

$$0 = TdS + \mu dN, \quad 즉, \quad \mu = -T\left(\frac{\partial S}{\partial N}\right)_{U,V} \tag{3.59}$$

마찬가지로 S와 V가 고정된 과정에서는 다음 식이 성립한다.

$$dU = \mu dN, \quad 즉, \quad \mu = \left(\frac{\partial U}{\partial N}\right)_{S,V} \tag{3.60}$$

이 마지막 결과는 화학퍼텐셜의 또 하나의 쓸모있는 표현이다. 이 식은 화학퍼텐셜이 에너지의 단위를 갖는다는 것을 직접 말해준다. 구체적으로, 계의 엔트로피와 부피를 고정시키면서 입자 한 개를 추가할 때, 계의 에너지 증가분이 바로 화학퍼텐셜이다. 보통은 엔트로피, 혹은 겹침수를 고정시키기 위해서는, 입자를 추가하면서 얼마만큼의 에너지를 제거해야 한다. 그렇기 때문에 보통 μ는 음의 값이다. 하지만, 입자를 계에 추가하기 위해서 얼마만큼의 (양의) 퍼텐셜에너지를 입자에 주어야 한다면, 이 에너지도 μ에 기여를 한다. 예컨대, 계가 높은 위치에 있을 때는 중력퍼텐셜에너지를, 계가 고체결정이라면 화학퍼텐셜에너지를 추가해야 할 것이다. 7장에서는, 추가되는 입자에 운동에너지를 주어야 하는 예도 보게 될 것이다.

이제 몇 개의 예들을 보자. 먼저 진동자가 세 개이고 에너지 단위가 3인 아주 작은 아인슈타인 고체를 고려하자. 겹침수가 10이므로 엔트로피는 $k\ln 10$이다. 이제 진동자 한 개를 추가한다고 해보자. (각 진동자는 "입자" 한 개로 간주할 수 있다.) 계의 에너지 단위를 3인 체로 놓아둔다면, 겹침수는 20으로, 엔트로피는 $k\ln 20$으로 증가한다. 엔트로피를 고정시키려면, 그림 3.20에 보인 것처럼 에너지를 한 단위만큼 제거해야 한다. 따라서 이 계의 화학퍼텐셜은 다음과 같다.

$$\mu = \left(\frac{\Delta U}{\Delta N}\right)_S = \frac{-\epsilon}{1} = -\epsilon \tag{3.61}$$

여기서 ϵ은 에너지 단위의 크기이다. (이런 작은 계에서 입자 하나를 추가하는 것은 무한소의 변화가 아니므로, 이 예는 새겨들어야 한다. 엄격하게 말하면, 미분 $\partial U/\partial N$은 여기서 잘 정의되지 않는다. 게다가 실재 고체결정에 원자 하나를 추가하는 것은 진동자 하나가 아니라 세 개를 추가하는 것이다. 또한 추가된 원자 주변에서 화학결합을 만들기 위해 약간의 음의 퍼텐셜에너지도 추가해야만 할 것이다.)

보다 실재적인 예로 단원자분자 이상기체의 μ를 계산해보자. 엔트로피에 대한 완전한 사쿠르-테트로드 방정식 (2.49)가 필요하다.

$$S = Nk\left[\ln\left(V\left(\frac{4\pi mU}{3h^2}\right)^{3/2}\right) - \ln N^{5/2} + \frac{5}{2}\right] \tag{3.62}$$

식 (3.55)를 따라 이 식을 N으로 미분하면 이상기체의 화학퍼텐셜을 얻는다.

$$\mu = -T\left\{k\left[\ln\left(V\left(\frac{4\pi mU}{3h^2}\right)^{3/2}\right) - \ln N^{5/2} + \frac{5}{2}\right] - Nk\cdot\frac{5}{2}\frac{1}{N}\right\}$$

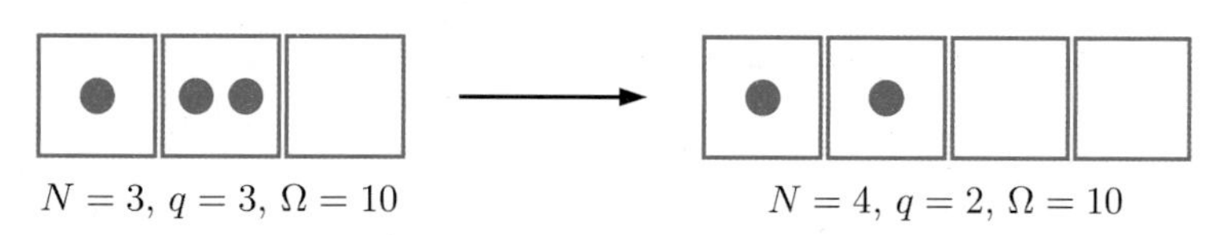

그림 3.20. 이 아주 작은 아인슈타인 고체에서 엔트로피를 고정시키면서 (상자로 표현된) 진동자 한 개를 추가하려면, (점으로 표현된) 에너지를 한 단위만큼 제거해야 한다.

$$=-kT\ln\left[\frac{V}{N}\left(\frac{4\pi mU}{3Nh^2}\right)^{3/2}\right]$$

$$=-kT\ln\left[\frac{V}{N}\left(\frac{2\pi mkT}{h^2}\right)^{3/2}\right] \tag{3.63}$$

(마지막 줄에서 $U=\frac{3}{2}NkT$를 사용했다.) 실온대기압에서 분자당 부피(V/N)는 $4.2\times10^{-26}\ \mathrm{m}^3$ 이고 $(h^2/2\pi mkT)^{3/2}$은 훨씬 더 작은 값이다. 헬륨의 경우, 이 값은 $1.3\times10^{-31}\ \mathrm{m}^3$이기 때문에, 로그의 인자는 3.3×10^5, 로그값 자체는 12.7이다. 따라서 헬륨의 화학퍼텐셜은 다음과 같다.

$$\mu=-0.32\ \mathrm{eV}\quad(\text{표준상태의 헬륨}) \tag{3.64}$$

고정된 온도에서 입자 밀도(N/V)가 증가하면 μ는 증가한다. 즉, 근처의 다른 계로 입자가 이동하는 경향이 높아진다. 일반적으로, 계에서 입자의 밀도가 증가하면 화학퍼텐셜이 항상 증가한다.

이 절을 통해서, 각 계에는 단지 한 가지 유형의 입자들만 있다고 암묵적으로 가정했다. 질소와 산소 분자들의 혼합물인 공기처럼, 계가 여러 유형의 입자들을 포함하고 있으면, 각 유형은 각각 자신의 화학퍼텐셜을 별개로 갖는다.

$$\mu_1\equiv-T\left(\frac{\partial S}{\partial N_1}\right)_{U,V,N_2},\quad \mu_2\equiv-T\left(\frac{\partial S}{\partial N_2}\right)_{U,V,N_1} \tag{3.65}$$

입자 유형 3, 4, … 들에도 마찬가지이다. 일반화된 열역학 항등식도 다음과 같이 확장된다.

$$dU=TdS-PdV+\sum_i\mu_i dN_i \tag{3.66}$$

여기서 수열의 합은 입자들의 모든 유형의 범위에서 취한다. 두 계가 확산평형에 있다면, 각각의 입자유형에 대해서 화학퍼텐셜이 개별적으로 같아야 한다: $\mu_{1A}=\mu_{1B}$, $\mu_{2A}=\mu_{2B}$, 등등. 여기서 첨자 A와 B는 두 계를 각각 나타낸다.

화학퍼텐셜은 화학반응과 상변환에서 중심적인 개념으로 사용된다. 또한, 화학퍼텐셜은 희소한 기체, 밀도가 높은 기체, 그리고 다른 관련된 계들을 다루는 "양자통계물리학"에서도 중심적인 역할을 한다. 5장과 7장에서는 화학퍼텐셜을 자주 사용할 것이다.

한 마디 더 언급해야 한다면, 화학자들은 "입자당"이 아니라 관례상 "몰당" 화학퍼텐셜을 사용한다.

$$\mu_{화학} \equiv -T\left(\frac{\partial S}{\partial n}\right)_{U,V} \tag{3.67}$$

여기서 $n = N/N_A$는 어떤 유형이든 입자들의 몰수이고, N_A는 아보가드로 수이다. 이것은 그들의 화학퍼텐셜이 우리의 정의보다 인수 N_A만큼 항상 크다는 것을 의미한다. 화학의 관례에 따라 이 절을 번역하려면, 모든 N을 n으로 바꾸기만 하면 된다. 다만, 식 (3.61)에서 (3.64)까지는 μ의 식에 N_A를 곱해야 한다.

문제 3.35. 본문에서 진동자가 세 개이고 에너지 단위가 3인 아인슈타인 고체에 대해서, 화학퍼텐셜이 $\mu = -\epsilon$이라는 것을 보였다. (여기서 ϵ은 에너지 단위의 크기이고, 각 진동자를 "입자"로 간주했었다.) 이번에는 대신에, 아인슈타인 고체가 진동자 세 개로 되어있지만 에너지 단위가 4라고 해보자. 그렇다면 화학퍼텐셜은 $-\epsilon$에 비해 어떻게 되는가? (화학퍼텐셜의 실제 값을 굳이 얻을 필요는 없다. 그냥 $-\epsilon$보다 클지 혹은 작을지 만을 설명하라.)

문제 3.36. N과 q가 둘 다 1보다 훨씬 큰 아인슈타인 고체를 고려하자. 각 진동자를 별개의 "입자"로 간주하라.

(a) 화학퍼텐셜이 다음과 같다는 것을 보여라.

$$\mu = -kT\ln\left(\frac{N+q}{N}\right)$$

(b) $N \gg q$와 $N \ll q$의 극한에서, 아무런 에너지도 수반하지 않는 또 다른 입자가 계에 추가될 때 엔트로피가 얼마나 증가하는지에 대한 질문에 집중해서, 이 결과를 논하라. 이 식은 직관적으로 타당한가?

문제 3.37. 해수면으로부터 높이 z에 머물기 때문에 각 분자들이 운동에너지 외에도 퍼텐셜에너지 mgz를 갖는, 단원자분자 이상기체를 고려하자.

(a) 기체의 화학에너지가, 기체가 해수면에서 가졌을 값에 mgz를 추가로 더한 값이라는 것을 보여라.

$$\mu(z) = -kT\ln\left[\frac{V}{N}\left(\frac{2\pi mkT}{h^2}\right)^{3/2}\right] + mgz$$

(이 결과는 정의식 $\mu = -T(\partial S/\partial N)_{U,V}$과 $\mu = (\partial U/\partial N)_{S,V}$ 중에 어느 식을 이용해 서도 유도할 수 있다.)

(b) 온도와 부피가 동일한 헬륨기체 두 덩어리가 있는데, 하나는 해수면에 있고 다른 하나는 해수면으로부터 높이 z에 있다고 하자. 그것들이 확산평형에 있다고 가정하고, 높이 z에 있는 기체 덩어리의 입자수가 다음 식으로 주어진다는 것을 보여라.

$$N(z) = N(0)e^{-mgz/kT}$$

이것은 문제 1.16의 결과와 잘 일치한다.

문제 3.38. 질소와 산소의 혼합물인 공기처럼, 기체들의 혼합물이 있다고 하자. 어떤 분자 유형 i의 몰분율(mole fraction) x_i는 전체 분자들에 대한 유형 i인 분자들의 분율로 정의된다: $x_i = N_i/N_{\text{전체}}$. 그러면, 분자 유형 i의 분압(partial pressure) P_i는 전체 압력에 대한 해당 분율로 정의된다: $P_i = x_i P$. 기체들의 혼합물이 이상적이라고 가정하면, 이 계에서 분자유형 i의 화학퍼텐셜 μ_i는 고정된 분압 P_i에서, 마치 다른 기체들이 없는 것처럼 주어진다는 사실을 논증하라.

3.6 정리, 그리고 미리 보기

이 장은 우리가 이제까지 열물리학의 기본원리들을 다루어왔던 것을 마무리한다. 그 중 가장 중심적인 원리는 "엔트로피는 증가하는 경향이 있다"는 제이 법칙이다. 이 법칙이 에너지, 부피, 입자들을 교환하는 계들의 경향을 주관하기 때문에, 이 세 변수들에 대한 엔트로피의 미분값들은 중요한 관심대상이면서 또한 상대적으로 측정하기 쉬운 양이기도 하다. 표 3.3은 세 가지 유형의 상호작용과, 관련된 엔트로피의 미분값들을 정리한다. 세 개의 편미분 식들은 열역학 항등식으로 편리하게 정리된다.

$$dU = TdS - PdV + \mu dN \tag{3.68}$$

이 개념과 원리들은 이른바 고전열역학(classical thermodynamics)의 근본을 이룬다. 즉,

표 3.3. 이 장에서 고려한 세 가지 유형의 상호작용, 관련된 변수들, 편미분 관계식들.

상호작용 유형	교환되는 양	주관 변수	식
열적	에너지	온도	$\frac{1}{T}=\left(\frac{\partial S}{\partial U}\right)_{V,N}$
역학적	부피	압력	$\frac{P}{T}=\left(\frac{\partial S}{\partial V}\right)_{U,N}$
확산적	입자	화학퍼텐셜	$\frac{\mu}{T}=-\left(\frac{\partial S}{\partial N}\right)_{U,V}$

고전열역학은, 구성원인 입자들의 상세한 미시적 거동에 의존하지 않는 일반적 법칙에 근거하여, 큰 수의 입자들로 구성된 계를 연구하는 학문이다. 여기서 나타나는 식들은 자신의 거시상태가 변수 U, V, N에 의해 결정되는 어떤 큰 계에도 적용되고, 이 식들은 다른 큰 계들에도 어렵지 않게 일반화될 수 있다.

매우 일반적인 이 개념들에 더해서, 우리는 세 가지의 구체적인 모형계도 다루었다. 그것들은 두 상태 상자성체, 아인슈타인 고체, 단원자분자 이상기체였다. 각 계들에서 우리는 미시적 물리학 법칙을 이용해서 겹침수와 엔트로피의 명시적인 식을 구했고, 그래서 열용량과 다양한 다른 측정이 가능한 양들을 계산하기도 했다. 미시적 모형들을 이용해서 이런 부류의 이론적 예측을 유도하는 분야를 통계역학(statistical mechanics)이라고 부른다.

이 책의 남은 부분에서는 열물리학의 응용을 더 널리 탐구할 것이다. 4장과 5장에서는 고전열역학의 일반법칙들을, 공학과 화학, 그리고 관련 있는 다른 분야에서 실질적인 관심을 두고 있는 다양한 계들에 적용한다. 그런 다음, 6, 7, 8장에서는 통계역학으로 돌아와서, 더욱 정교한 미시적 모형들과, 그것들로부터 이론적 예측을 유도하는데 필요한 수학적 도구들을 소개할 것이다.

문제 3.39. 문제 2.32에서 이차원 우주에 사는 단원자분자 이상기체의 엔트로피를 계산했다. 이를 U, A, N으로 편미분해서 이 기체의 온도, 압력, 화학퍼텐셜을 결정하라. (이차원에서 압력은 단위길이당의 힘으로 정의된다.) 결과들을 가능한 가장 간단하게 만들고, 그 결과들이 타당한지 설명하라.

나는, 전통적인 문화의 기준에서 학식이 높다는 사람들과, 무지하다는 것으로 과학자들에 대한 불신을 열렬하게 토로하는 사람들의 모임에 꽤 여러 번 간 적이 있다. 한두 번 나는 도발을 당하여, 그들에게 당신들 중 몇이나 열역학 제이 법칙을 기술할 수 있느냐고 되물어보았다. 반응은 냉담했다. 그리고 부정적이기도 했다. 그러나 나는 단지 문학 분야에서라면 다음 질문과 대략 동등한 수준의 질문을 던진 것일 뿐이었다. 당신은 셰익스피어의 작품을 읽어본 적이 있습니까?

— 스노우(C. P. Snow), *두 문화*(*The Two Cultures*)
(Cambridge University Press, Cambridge, 1959).
원출판사의 허락을 득함.

제4장

열기관과 냉장고

4.1 열기관

열을 흡수해서 그 에너지의 일부를 일로 전환하는 모든 장치를 열기관(heat engine)이라고 부른다. 한 중요한 예가 현재 대부분의 발전소에서 사용하는 증기터빈이다. 자동차에서 사용되는 익숙한 예인 내연기관은 실제로 외부에서 열을 흡수하는 것은 아니지만, 연료의 연소로 발생된 열에너지를 내부보다는 외부에서 오는 것으로 생각하여, 역시 열기관으로 간주한다.

불행하게도, 열기관에서는 열로 흡수된 에너지의 일부만이 일로 전환될 수 있을 뿐이다. 그 이유는, 유입된 열은 항상 엔트로피를 동반하고, 그 엔트로피를 어떤 식으로든 다음 순환과정이 시작하기 전에 버려야 하기 때문이다. 그 엔트로피를 없애려면, 모든 열기관은 환경에 약간의 폐열을 떠넘겨야만 한다. 결과적으로, 엔진이 생산하는 일은 흡수한 열과 내버리는 열의 차이가 된다.

이 절의 목표는 이 개념들을 정밀하게 하고, 열기관에서 얼마만큼의 열이 일로 전환되는지를 정확하게 결정하는 것이다. 놀랍게도, 우리는 열기관이 실제로 어떻게 작동하는지를 전혀 모르고도 상당히 많은 이야기를 할 수가 있다.

그림 4.1은 열기관에 들어오고 나가는 에너지의 흐름을 보여준다. 열기관은 고온열원(hot reservoir)이라고 부르는 장소로부터 열을 흡수하고, 저온열원(cold reservoir)으로 폐열을 방출한다. 이 열원들의 온도는 각각 T_h와 T_c로서, 고정된 값을 갖는다고 가정한다. (일반적으로, 열역학의 열원(reservoir)이란 그 크기가 매우 커서 열이 들어오거나 나가더라도 그 자신의 온도는 눈에 띌 만큼 변하지 않는 어떤 것을 의미한다. 증기기관의 경우,

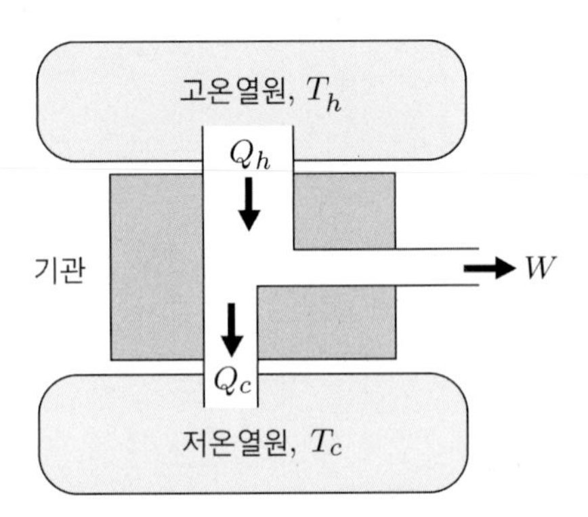

그림 4.1. 열기관의 에너지-흐름 도표. 에너지는 고온열원으로부터 열의 형태로 들어와서, 일과 저온열원에서 버려지는 열의 형태로 열기관을 떠난다.

고온열원은 연료가 연소되는 장소이며, 저온열원은 폐열이 버려지는 주위 환경이다.) 어떤 주어진 시간동안 고온열원으로부터 흡수하는 열을 Q_h 로 표시하고, 저온열원으로 버려지는 열을 Q_c 로 표시하겠다. 그리고 이 시간동안 열기관이 하는 알짜일을 W 로 표시하겠다. 이 세 개의 기호들은 모두 양의 값을 나타낸다. 앞에서 내가 열과 일을 나타낼 때 사용했던 부호의 관례를 이 장에서는 벗어나는 것이다.

열기관이 작동해서 얻는 이득은 생산된 일 W 이다. 작동하느라 투자한 비용은 흡수된 열 Q_h 이다. 따라서 다음과 같이, 기관의 효율(efficiency) e 를 이득/비용의 비로 정의할 수 있다.

$$e = \frac{\text{이득}}{\text{비용}} = \frac{W}{Q_h} \tag{4.1}$$

내가 묻고 싶은 질문은 이것이다. T_h 와 T_c 가 주어질 때, 가능한 최대의 효율 e 는 무엇인가? 이 질문에 답하기 위해서 우리에게 필요한 모든 것은 열역학 제일, 제이 법칙과 거기에 더해서 기관이 순환과정으로 작동한다는 가정이다. 순환한다는 것은 각 순환이 끝나면 기관이 다시 원래의 상태로 되돌아온다는 것을 의미한다.

열역학 제일 법칙은 에너지가 보존된다는 사실을 말한다. 한 순환의 끝에서 기관의 상태가 변하지 않으므로, 기관이 흡수한 에너지는 방출한 에너지와 정확히 같아야 한다.

$$Q_h = Q_c + W \tag{4.2}$$

식 (4.1)에 대입해서 W 를 소거하면, 기관의 효율을 다음과 같이 쓸 수 있다.

$$e = \frac{Q_h - Q_c}{Q_h} = 1 - \frac{Q_c}{Q_h} \tag{4.3}$$

따라서 효율은 1보다 클 수 없고, $Q_c = 0$ 일 때만 1이 될 수 있다.

좀 더 나아가기 위해서 제이 법칙도 역시 소환해야 한다. 제이 법칙은 기관과 그 환경의 총엔트로피가 증가할 수는 있지만 감소할 수는 없다는 사실을 말한다. 한 순환의 끝에서 기관의 상태가 변하지 않으므로, 기관이 방출하는 엔트로피는 최소한 흡수한 엔트로피만큼은 되어야 한다. (3.2절에서처럼 이런 맥락에서, 나는 엔트로피를 생성될 수는 있지만 절대로 소멸되지 않는 유체로 상상하고 싶다.) 고온열원으로부터 뽑아낸 엔트로피는 바로 Q_h/T_h 이고, 한편 저온열원으로 방출하는 엔트로피는 Q_c/T_c 이다. 따라서 제이 법칙은 우리가 다음과 같이 쓸 수 있게 해준다.

$$\frac{Q_c}{T_c} \geq \frac{Q_h}{T_h} \quad \text{혹은} \quad \frac{Q_c}{Q_h} \geq \frac{T_c}{T_h} \tag{4.4}$$

식 (4.3)에 이 식을 대입하면 다음과 같은 결론을 얻는다.

$$e \leq 1 - \frac{T_c}{T_h} \tag{4.5}$$

이것이 바로 우리가 원했던 결과이다. 따라서, 예컨대 $T_h = 500\text{ K}$, $T_c = 300\text{ K}$ 라면, 가능한 최대효율은 40 %이다. 일반적으로 가장 큰 최대효율값을 얻으려면, 저온열원의 온도를 매우 차거나 고온열원의 온도를 매우 높게, 혹은 두 조건이 모두 성립되도록 해야 한다. T_c/T_h의 비가 작을수록 효율은 더 클 수 있다.

기관의 효율이 한계값인 $1 - T_c/T_h$보다 작도록 만드는 것은 쉽다. 그저 작동 중에 추가적인 엔트로피를 생성하면 된다. 그러면 이 엔트로피를 배출하기 위해 저온열원으로 잉여열을 내버려야 하고, 대신에 일로 전환되는 에너지는 더 작아지게 된다. 새로운 엔트로피를 생성하는 가장 명백한 방법은 열전달과정 그 자체이다. 예컨대, 고온열원에서 Q_h의 열이 떠날 때 열원이 잃는 엔트로피는 Q_h/T_h이다. 하지만 이 시각에 기관의 온도는 T_h보다 낮다. 따라서 이 열이 기관으로 들어올 때 수반하는 엔트로피는 Q_h/T_h보다 크다.

기관의 효율의 한계값 식 (4.5)를 유도하는 과정에서 제일 법칙과 제이 법칙 모두를 사용했다. 제일 법칙은 효율이 1보다 클 수 없다는 것을 말한다. 즉, 흡수된 열보다 더 많은 일을 하는 것은 불가능하다. 이 맥락에서 제일 법칙은 종종 다음과 같이 표현되기도 한다: "당신은 이길 수 없어." 하지만 상황을 더 어렵게 하는 것은 제이 법칙이다. $T_c = 0$이나 $T_h = \infty$의 조건은 실제로 불가능한 조건들이지만, 이런 극한적인 경우가 아니라면 $e = 1$이 성취될 수 없다는 것이다. 이런 맥락에서 제이 법칙은 종종 다음과 같이 표현된다: "비길 수도 없어."

문제 4.1. 문제 1.34를 상기하라. 그 문제에서는 PV 도표 상의 직사각형 경로를 순환하는 이원자분자 이상기체를 고려했다. 이제 이 계가 열기관으로 사용되어, 가해진 열을 역학적인 일로 전환시킨다고 하자.

(a) $V_2 = 3V_1$, $P_2 = 2P_1$ 인 경우에 이 기관의 효율을 계산하라.

(b) 동일한 극한 온도에서 작동되는 "이상적인" 기관의 효율을 계산하라.

문제 4.2. 전력 1 GW (10^9 Watts)를 생산하는 발전소에서 증기터빈이 500℃ 에서 증기를 흡수해서 20℃ 에서 환경으로 폐열을 방출한다.

(a) 이 발전소의 가능한 최대효율은 얼마인가?

(b) 증기의 온도가 600℃ 까지 상승할 수 있는 배관과 터빈을 만드는 새로운 물질을 개발한다고 하자. 추가로 생산된 전기를 킬로와트시 당 5센트를 받고 판다면, 이 향상된 장치를 장착해서 일 년 동안에 벌어들일 수 있는 돈은 대략 얼마인가? (발전소에서 소비한 연료의 양은 변함이 없다고 가정하라.)

문제 4.3. 한 발전소에서 효율 40 % 로 전력 1 GW 를 생산한다. (오늘날 석탄 화력발전소의 전형적인 수치이다.)

(a) 이 발전소에서 환경으로 폐열을 방출하는 비율은 얼마인가?

(b) 우선 이 발전소의 저온열원은 흐름률이 100 m^3/s 인 강물이라고 가정하라. 이 강물의 온도는 얼마나 상승하겠는가?

(c) 이런 "열오염"을 피하기 위해서, 강물의 온도를 올리는 대신에 강물을 증발시킴으로써 발전기를 식힐 수도 있다. (이 방법이 비용은 더 들겠지만 어떤 지역에서는 환경적으로 선호될 수 있다.) 물이 증발하는 비율은 얼마인가? 전체 강물 중에서 증발되어야 하는 양의 분율은 얼마인가?

문제 4.4. 해수의 온도 기울기를 이용해서 열기관을 구동시킨다는 제안이 있었다. 어떤 지점에서 해수면의 온도는 22℃ 이고, 해저의 온도는 4℃ 라고 하자.

(a) 이 두 온도 사이에서 작동하는 기관의 가능한 최대효율은 얼마인가?

(b) 이 기관이 전력 1 GW 를 생산하려면, 열을 뽑아내기 위하여 매초 당 처리해야 할 최소한의 해수의 양은 얼마인가?

카르노 순환

이제 T_h 와 T_c 가 주어질 때, 정말로 가능한 최대효율을 구현하는 기관을 어떻게 만드는지 설명해 보이겠다.

모든 기관은 실제로 열을 흡수하거나 방출하고 일을 하는 물질인, 이른바 "작동물질 (working substance)"을 갖고 있다. 많은 열기관에서 작동물질은 기체이다. 그러면 우선 그 기체가 어떤 열 Q_h를 고온열원으로부터 흡수하기를 원한다고 상상해보자. 그 과정에서 열원의 엔트로피는 Q_h/T_h 만큼 감소하고 기체의 엔트로피는 Q_h/T_{gas} 만큼 증가한다. 새로운 엔트로피가 생성되지 않으려면 $T_h = T_{gas}$ 여야 한다. 하지만 이것은 그다지 가능한 것은 아니다. 같은 온도에서 열이 흐르지 않을 것이기 때문이다. 따라서 T_{gas}를 T_h 보다 아주 살짝 작게 만들어 기체가 이 온도를 유지하게 하자. 열이 흡수되는 동안 같은 온도로 유지되려면 기체가 팽창해야 한다. 그렇다면 순환의 이 단계에서는 기체가 등온팽창을 해야 한다는 것을 의미한다.

마찬가지로, 기체가 폐열을 저온열원에 버리는 순환의 부분에서도, 새로운 엔트로피를 생성하지 않기 위해서 기체의 온도는 T_c 보다 단지 무한소만큼만 높아야 한다. 그리고 열이 기체를 떠나는 동안 이 온도를 유지하기 위해서 기체는 등온적으로 압축되어야 한다.

따라서 정리하자면, T_h 보다 조금 낮은 온도에서 등온팽창과 T_c 보다 조금 높은 온도에서 등온압축이 필요하다. 이제 남은 문제는 기체를 한 온도에서 다른 온도로, 또한 그 반대 방향으로 어떻게 보내느냐 하는 것이다. 중간 온도에서 열이 흘러 들어오거나 나가는 일은 없어야하므로, 이 중간 단계들은 단열과정이어야 한다. 그림 4.2와 4.3에 그려진 것처럼 전체 순환은 네 단계로 구성된다: T_h 에서 등온팽창, T_h 에서 T_c 로 가는 단열팽창, T_c 에서 등온압축, T_c 에서 다시 T_h 로 가는 단열압축. 1824년 싸디 카르노(Sadi Carnot)가 이 순환의 이론적 중요성을 처음으로 지적했고, 이 순환은 그래서 카르노 순환(Carnot cycle)으로 알려져 있다.

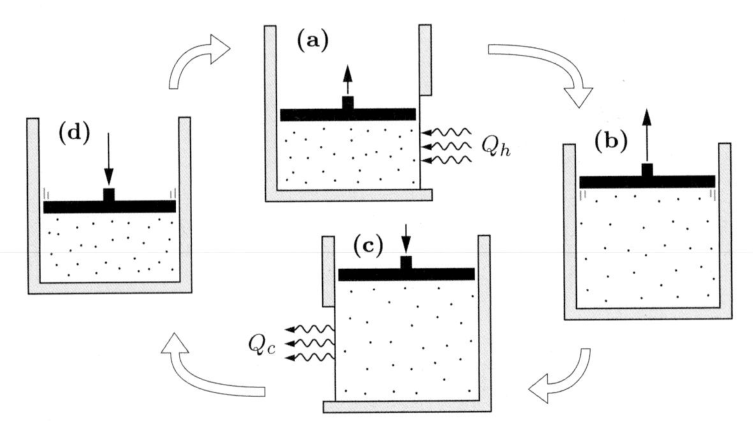

그림 4.2. 카르노 순환의 네 단계: (a) T_h 에서 열을 흡수하면서 등온팽창; (b) T_c 로 가는 단열팽창; (c) T_c 에서 열을 방출하면서 등온압축; (d) 다시 T_h 로 가는 단열압축. 단계 (a)에서 계는 고온열원과 열접촉을 해야 하고, 단계 (c)에서는 저온열원과 열접촉을 해야 한다.

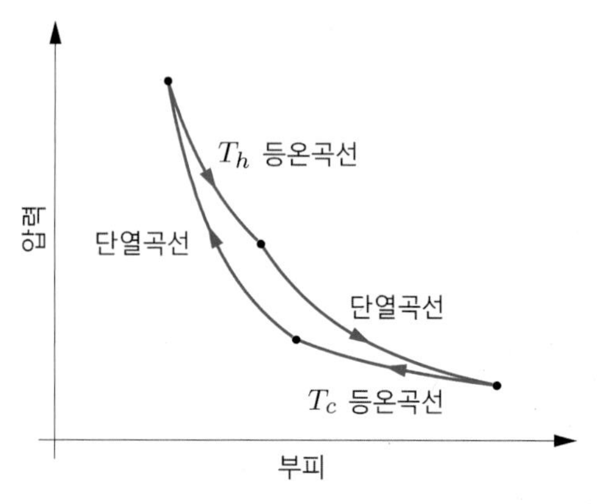

그림 4.3. 카르노 순환을 도는 단원자분자 이상기체의 PV 도표.

1.5절의 등온과정과 단열과정의 식들로부터, 카르노 순환을 하는 이상기체가 최대효율 $1-T_c/T_h$를 구현한다는 것을 직접 증명할 수 있다. 하지만, 그 증명이 흥미로운 연습문제이기는 하지만(문제 4.5), 엔트로피와 제이 법칙을 이해하기만 한다면 증명 자체가 그렇게 필수적인 것은 아니다. 순환과정에서 새로 생성된 엔트로피는 아무 것도 없다는 것을 아는 한, 식 (4.5)의 등호가 엄격하게 성립해야 해서, 효율은 식 (4.5)가 허용하는 최댓값이 되어야 한다. 이 결론은 기체가 이상기체가 아니더라도, 그리고 더 나아가 작동물질이 전혀 기체가 아니더라도 성립한다.

카르노 순환은 매우 효율적이지만 끔찍하게 비실제적이기도 하다. 등온과정에서 열이 너무 천천히 흐르기 때문에 기관이 유의미한 일을 하는데 무한정의 시간이 걸린다. 따라서 카르노 기관을 당신 차에 설치하려고 애쓰지 말라. 연비는 올라가겠지만, 걷는 사람이 차를 앞서 갈 것이다.

문제 4.5. 흡수된 열과 방출된 열을 계산해서, 이상기체를 작동물질로 사용하는 카르노 기관의 효율이 $1-T_c/T_h$임을 직접 증명하라.

문제 4.6. 카르노 기관으로부터 무한소보다 많은 일을 얻으려면, 작동물질의 온도를 고온열원보다 유한한 차이로 더 낮게 유지하고, 또한 저온열원의 온도보다 유한한 차이로 높게 유지해야 한다. 그렇다면, 기관이 고온열원으로부터 열을 흡수할 때 작동물질의 온도가 T_{hw} 이고, 저온열원으로 열을 방출할 때 작동물질의 온도가 T_{cw} 인 카르노 순환을 고려하자. 대부분의 상황에서 열전달율은 온도차에 직접 비례한다.

$$\frac{Q_h}{\Delta t} = K(T_h - T_{hw}) \quad \text{그리고} \quad \frac{Q_c}{\Delta t} = K(T_{cw} - T_c)$$

단순하게 하기 위해서 비례상수 K는 두 과정에서 같다고 가정했다. 그리고 두 과정이 모두 같은 시간만큼 걸린다고 가정했고, 따라서 두 방정식에서 Δt는 동일하다.*

(a) 열원과의 열전달 과정을 제외하고는 순환과정에서 새로운 엔트로피가 생성되지 않는다고 가정하고, 네 온도 T_h, T_c, T_{hw}, T_{cw} 사이의 관계식을 유도하라.

(b) 단열 단계에서 소요되는 시간이 무시할 만하다고 가정하고, 이 기관의 출력(단위 시간 당 일)을 표현하는 식을 써라. 제일 법칙과 제이 법칙을 이용해서, 이 출력을 순전히 네 온도와 상수 K만의 식으로 쓰고, 그런 후 (a)의 결과를 이용해서 T_{cw}를 소거하라.

(c) 자주 그런 것처럼, 기관을 만드는 비용이 연료비용보다 훨씬 클 때, 최대효율이 아니라 최대출력을 얻도록 기관을 최적화하는 것이 바람직하다. T_h와 T_c가 고정될 때 (b)에서 구한 출력식이 $T_{hw} = \frac{1}{2}(T_h + \sqrt{T_h T_c})$에서 최대가 되는 것을 보여라. (힌트: 이차방정식을 풀어야 한다.) 또한, 출력이 최대가 되는 T_{cw}의 식을 구하라.

(d) 이 기관의 효율이 $1 - \sqrt{T_c / T_h}$ 임을 보여라. $T_h = 600$℃와 $T_c = 25$℃에서 작동하는 전형적인 석탄가동 증기터빈의 효율을 수치적으로 계산하고, 이 온도범위에서 작동하는 이상적인 카르노 효율과 비교하라. 실재 석탄화력발전소의 효율인 약 40%에 어느 값이 더 가까운가?

4.2 냉장고

냉장고는 열기관을 반대방향으로 작동시킨 것이라고 할 수 있다. 하지만, 실제로 그것은 전혀 다른 방식으로 작동될 수도 있다. 에어컨디셔너와 열펌프도 같은 원리이다. 에너지 흐름 개요도를 보면 그림 4.4와 같다. 하지만 그것이 어떻게 작동하는가가 아니라, 무엇을 하는가에만 관심이 있다면, 그림 4.1에서 화살표들의 방향만 바꾸어 냉장고의 일반화된 도표인 그림 4.4를 얻을 수 있다. 또 다시, 도표의 모든 기호들은 양의 값을 나타내

* 문제 (d)에서 효율의 최종결과를 얻는 데는 이 가정 중 어느 것도 필수적인 것은 아니다. 이 문제의 근거가 되는 논문은 다음과 같다: F. L. Curzon and B. Ahlborn, "Efficiency of a Carnot engine at maximum power output," *American Journal of Physics* **41**, 22-24 (1975).

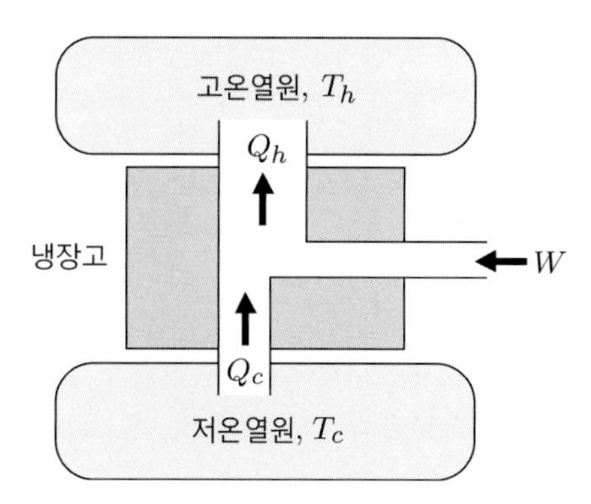

그림 4.4. 냉장고나 에어컨의 에너지-흐름 도표. 부엌 냉장고의 경우라면, 냉장고 내부가 저온열원이고 냉장고 바깥이 고온열원이다. 전력을 동력으로 하는 압축기가 일을 공급한다.

도록 정의되었다. 즉, Q_c 는 냉장고의 내부인 저온열원으로부터 뽑아낸 열이고, 벽의 전원 콘센트로부터 공급되는 전기에너지가 W 이다. 그리고 부엌으로 방출되는 약간의 폐열 Q_h 도 있다. 그런데 동일한 도표가 에어컨에도 적용될 수 있다. 이때는 저온열원이 집 안이고 고온열원은 집 바깥이다.*

어떻게 냉장고의 "효율"을 정의해야 할까? 또 다시 관련있는 수는 "이익/비용"의 비이다. 하지만 이번엔 이익이 Q_c 이고, 비용은 W 이다. 식 (4.1)과의 혼동을 피하기 위해서 이 비 값은 성능계수(coefficient of performance)로 불린다.

$$\mathrm{COP} = \frac{\text{이익}}{\text{비용}} = \frac{Q_c}{W} \tag{4.6}$$

열기관의 경우와 마찬가지로, 이제 제일 법칙과 제이 법칙을 이용해서 COP의 한계값을 온도 T_h 와 T_c 의 식으로 유도할 수 있다. 제일 법칙으로부터 $Q_h = Q_c + W$ 이므로 다음과 같이 쓸 수 있다.

$$\mathrm{COP} = \frac{Q_c}{Q_h - Q_c} = \frac{1}{Q_h/Q_c - 1} \tag{4.7}$$

이 양에 명백한 상한값이 없다는 점을 주목하라. 특히, 제일 법칙은 COP가 1보다 큰 경우도 허용한다.

* 에어컨에는 보통 팬이 달려 있는데, 그것은 집 안에 공기 바람을 일으켜서 집안에서 열이 빨리 흐를 수 있게 해준다. 저온열원을 떠나지 않는 공기와, 팬이 없더라도 천천히 바깥으로 흘러나갈 수 있는 열을 혼동하지 말라.

한편, 제이 법칙에 따르면 고온열원에 버려지는 엔트로피는 최소한 저온열원에서 흡수된 엔트로피의 양만큼이 되어야 한다.

$$\frac{Q_h}{T_h} \geq \frac{Q_c}{T_c}, \quad \text{혹은} \quad \frac{Q_h}{Q_c} \geq \frac{T_h}{T_c} \tag{4.8}$$

(엔트로피가 반대 방향으로 흐르기 때문에 이 관계는 식 (4.4)의 역이다.) 이 부등식을 식 (4.7)에 대입하면 다음의 식을 얻는다.

$$\mathrm{COP} \leq \frac{1}{T_h/T_c - 1} = \frac{T_c}{T_h - T_c} \tag{4.9}$$

냉동실을 갖고 있는 전형적인 부엌 냉장고의 경우, T_h는 298 K 이고 T_c는 255 K 정도로 놓을 수 있다. 이 경우에 성능계수는 5.9 라는 높은 값이 될 수 있다. 즉, 벽의 전원으로부터 오는 전기에너지 1 J 당 5.9 J 의 열을 냉매가 흡수한다. 이 이상적인 경우에 부엌으로 버려지는 폐열은 6.9 J 이 될 것이다. 식 (4.9)를 보면 T_h와 T_c의 차이가 크지 않을 때 COP가 최대로 간다는 것을 알 수 있다. 무언가를 액체 헬륨의 온도(4 K)까지 내릴 수 있는 냉동기는 효율이 훨씬 좋지 않을 수밖에 없다.

가능한 최대 COP를 갖는 냉장고를 만들기 위해서는 또 다시 카르노 순환을 이용할 수 있다. 단, 이번에 역방향으로 작동되어야 한다. 열흐름이 반대 방향이 되려면, 열이 방출될 때 작동물질의 온도가 T_h보다 살짝 높아야 하고, 열이 흡수될 때는 T_c보다 살짝 낮아야 한다. 또 다시, 이것은 실제로 형편없는 방법이다. 열전달이 너무 느리기 때문이다. 보다 실제적인 냉장고는 4.4절에서 기술된다.

역사적으로, 열기관과 냉장고는 제이 법칙을 확립하고 엔트로피를 관심을 둘 양으로 확인하는데 중요한 역할을 했다. 경험으로부터 유도된 제이 법칙의 초기 버전에는, '모든 열기관은 약간의 폐열을 생산해야만 한다', '모든 냉장고는 약간의 일을 입력해야만 한다'와 같은 진술들이 포함되었다. 카르노와 다른 과학자들은 천재적인 주장을 발명해서, 그 효율이 카르노 순환의 것을 능가하는 열기관이나 냉장고를 만들 수 있다면 이 법칙들이 위배될 수 있다는 것을 보였다(문제 4.16과 4.17을 보라). 카르노는 또한 중요한 사실을 인식했는데, 이상적인 기관에서 열과 관련해서, 고온열원으로부터 흘러 들어와서 같은 양이 저온열원으로 흘러 나가는 어떤 양이 존재해야만 한다는 사실이었다. 하지만 카르노의 1824년 회고록은 이 양과 우리가 현재 단순히 "열"이라고 부르는 양을 충분히 신중하게 구별하지 않았다. 당시엔 열과 다른 형태의 에너지들 사이의 관계는 여전히 논란이 많은 주제였고, 절대영도로부터 측정하는 온도눈금을 아직 받아들이지 않은 과학자들에게 Q/T라는 간단한 식도 이해할 수 없는 것이었다. 이런 다른 문제들이 잘 해결된 이후인 1865년이 돼서야, 클라우지우스(Rudolf Clausius)는 과학자 사회가 카르노의 양에 주목하게 했고, 그것에 탄탄한 수학적인 기반을 만들었다. 그 양에 대한 용어 "엔트로피"는, "변환(transformation)"을 의미하는 그리스어에서 온 것으로 그가 고안한 것이다(발음상 "에너지"와 닮기도 했다). 하지만, 엔트로피가 실제로 무엇인지에 대해서는 클라우지우스도 설명하지 않았다. 볼츠만(Ludwig Boltzmann)이 그 이후에 수년간 그 질문을 계승해서, 결국 1877년 그 문제를 해결하였다.

문제 4.7. 왜 에어컨을 방 중앙이 아니라 창 쪽에 놓아야 하는가?

문제 4.8. 부엌냉장고의 문을 연 채로 놓아두면 부엌이 시원해질까? 설명하라.

문제 4.9. 가정용 에어컨의 가능한 최대 COP 값을 추정하라. 열원의 온도를 합리적인 값으로 놓아라.

문제 4.10. 부엌냉장고 안으로 평균비율 300와트로 열이 새어 들어온다고 하자. 이상적인 작동을 가정하고, 벽의 전원으로부터 얼마만큼의 전력을 사용해야 하는가?

문제 4.11. 온도 1 K의 고온열원과 0.01 K의 저온열원 사이에서 작동하는 냉장고의 가능한 최대 COP는 얼마인가?

문제 4.12. 문제 1.34와 4.1에서 고려했던 직사각형 PV 도표를 역으로 순환하는 이상기체는 왜 냉장고로서 작동할 수 없는지 설명하라.

문제 4.13. 많은 조건 하에서, 여름날 냉방 중인 건물의 외부로부터 유입되는 열의 비율은 건물 안팎의 온도차 $T_h - T_c$에 비례한다. (열유입이 순전히 전도에 의한 것이라면 이 진술은 확실히 맞다. 직사하는 햇빛에 의한 복사는 예외가 될 것이다.) 이런 조건 하에서 냉방비용은 대략 온도차의 제곱에 비례한다는 것을 보여라. 이 결과의 시사점을 논의하고, 수치적인 예를 들어라.

문제 4.14. 열펌프(heat pump)는 찬 바깥에서 뽑아낸 열을 건물의 안으로 퍼 올려서 난방을 하는 전기장치이다. 달리 말하자면, 그것은 냉장고와 원리가 같은데, 다만 저온 열원을 더 차게 한다기 보다는 고온열원을 더 따뜻하게 하는 것이 목적일 뿐이다(물론 두 가지 일이 다 일어난다). 다음의 표준기호들을 정의하고, 관례에 따라 모두 양의 값으로 하자.

T_h = 건물 안의 온도

T_c = 바깥의 온도

Q_h = 하루 동안 건물 안으로 퍼 올린 열

Q_c = 하루 동안 바깥에서 뽑아낸 열

W = 하루 동안 열펌프가 사용한 전기에너지

(a) 열펌프의 "성능계수(COP)"가 왜 Q_h/W로 정의되어야 하는지 설명하라.

(b) 에너지보존만을 고려할 때, Q_h, Q_c 그리고 W 사이에 성립하는 관계식은 무엇인가? 에너지보존이 COP가 1보다 커지는 것을 허용하는가?

(c) 제이 법칙을 이용해서 COP의 상한을 T_h와 T_c만의 식으로 유도하라.

(d) 전열기는 전기적인 일을 직접 열로 전환한다. 열펌프가 전열기보다 나은 이유를 설명하라. (약간의 수치적인 추정을 포함하라.)

문제 4.15. 흡수냉장고(absorption refrigerator)에서는 과정을 구동하는 에너지가 일이 아니라 기체불꽃의 열로부터 공급된다. (그런 냉장고는 보통 연료로 프로판을 사용하며, 전기 공급이 되지 않는 곳에서 사용된다.*) 다음과 같이 기호들을 정의하자. 정의상 이것들은 모두 양의 값을 갖는다.

Q_f = 불꽃으로부터 인가된 열

Q_c = 냉장고 내부에서 뽑아낸 열

Q_r = 방으로 버려지는 폐열

T_f = 불꽃의 온도

T_c = 냉장고 내부의 온도

---

* 흡수냉장고가 실제로 어떻게 작동하는지에 대한 설명은 Moran and Shapiro(1995)와 같은 공학용 열역학 교과서를 참조하라.

$T_r =$ 방의 온도

(a) 흡수냉장고의 "성능계수(COP)"가 왜 Q_c/Q_f 로 정의되어야 하는지 설명하라.
(b) 에너지보존만을 고려할 때, Q_f, Q_c, 그리고 Q_r 사이에 성립하는 관계식은 무엇인가? 에너지보존이 COP가 1보다 커지는 것을 허용하는가?
(c) 제이 법칙을 이용해서 COP의 상한을 T_f, T_c, 그리고 T_r 만의 식으로 유도하라.

문제 4.16. 효율이 이상적인 값인 식 (4.5)보다 더 나은 열기관이 있다면, 그 기관을 보통의 카르노 냉장고와 연결해서 일을 인가할 필요가 없는 냉장고를 만들 수 있음을 증명하라.

문제 4.17. COP가 이상적인 값인 식 (4.9)보다 더 나은 냉장고가 있다면, 그 냉장고를 보통의 카르노 기관과 연결해서 폐열을 생성하지 않는 열기관을 만들 수 있음을 증명하라.

4.3 실재 열기관

앞 절에서는 열기관과 냉장고를 이상적인 방법으로 다뤄서, 그것들의 성능에 대한 이론적인 한계를 이해할 수 있었다. 이 이론적인 한계는 기관이나 냉장고의 효율이 작동온도에 어떻게 의존하는 경향이 있는지를 일반적으로 말해주기 때문에 극히 유용하다. 또한, 이 한계는 실재 기관이나 냉장고의 효율을 판정하는 기준이 되기도 한다. 예컨대, 어떤 기관이 $T_c = 300$ K 와 $T_h = 600$ K 사이에서 작동하고 그 효율이 45% 라면, 설계를 더욱 향상시키려고 노력하는 것은 큰 의미가 없다는 것을 알 수 있다. 가능한 최대효율이 불과 50% 이기 때문이다.

하지만 실재 기관과 냉장고가 실제로 어떻게 만들어지는지 궁금할 것이다. 이것은 광대한 주제이지만, 앞 절들의 추상화를 완화하기 위해서 이 절과 다음 절에서 나는 실재 기관과 냉장고의 몇 가지 예들을 기술할 것이다.

❙ 내연기관

대부분의 자동차에서 사용되는 익숙한 휘발유기관에서 시작해보자. 작동물질은 초기에는 공기와 휘발유 증기의 기체 혼합물이다. 처음에 혼합기체가 실린더에 분사되어 피스톤에 의해 단열압축된다. 그러면 점화플러그가 혼합기체를 점화하고, 부피가 변하지 않는 동안 온도와 압력이 상승한다. 다음으로, 고압기체가 피스톤을 바깥쪽으로 밀어내고, 기체는 단열팽창하면서 역학적인 일을 생성한다. 마지막으로, 뜨거운 연소기체가 배기되고, 저온저압의 새로운 혼합기체로 대체된다. 전체 순환이 그림 4.5에 그려져 있다. 여기서 배기/대체 단계는 마치 열의 방출로 인해 그저 압력이 낮아진 것처럼 단순하게 표현되었다. 실제로 일어나는 일은, 한 밸브를 통해 피스톤이 사용된 혼합기체를 밀어내고, 다른 밸브를 통해 새로운 혼합기체가 흡입되는 것이다. 이 과정에서 열은 방출되지만 혼합기체는 아무런 알짜일을 하지 않는다. 독일의 발명가 오토(Nikolaus August Otto)의 이름을 따서 이 순환을 오토 순환(Otto cycle)이라고 부른다.

이 기관에 연결된 "고온열원"이란 없다는 점에 주목하라. 대신에 열에너지는 내부적으로 연료를 연소해서 생성된다. 하지만 이 연소로 생기는 것은 고온고압의 기체이고, 이것은 기체가 외부의 열원으로부터 열을 흡수한 것과 정확히 동일한 결과이다.

휘발유 기관의 효율은 이 순환동안에 한 알짜일을 점화단계에서 흡수한 "열"로 나눈 값이다. 기체를 이상기체로 가정하면, 이 양들을 여러 온도와 부피들로 표현하는 것은 그다지 어렵지 않다(문제 4.18). 그 결과는 꽤 간단하다.

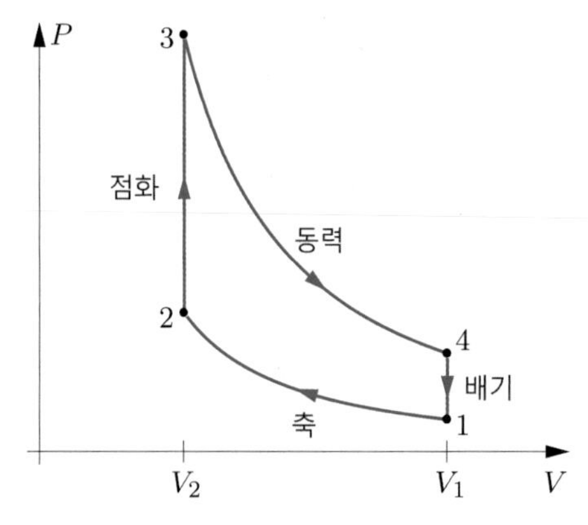

그림 4.5. 이상적인 오토 순환. 휘발유 기관에서 일어나는 일은 이것에 근사하다. 실제 기관에서 압축률 V_1/V_2는 전형적으로 8이나 10이며, 여기서 보여진 것보다 크다.

$$e = 1 - \left(\frac{V_2}{V_1}\right)^{\gamma - 1} \tag{4.10}$$

여기서 V_1/V_2는 압축률(compression ratio)이고 γ는 1.5절에서 소개한 단열지수(adiabatic exponent)이다. $\gamma = 7/5$인 공기의 경우, 전형적인 압축률은 8 정도이고, 따라서 이론적인 효율은 $1-(1/8)^{2/5} = 0.56$이다. 이것은 좋은 값이다. 하지만 동일한 온도 극한에서 작동하는 카르노 기관만큼 좋은 것은 아니다. 이 둘을 비교하기 위해서 단열과정에서 $TV^{\gamma-1}$이 상수인 것을 기억하자. 따라서 우리는 식 (4.10)에서 부피를 소거하고 단열단계 끝에서의 온도로 대체할 수가 있다.

$$e = 1 - \frac{T_1}{T_2} = 1 - \frac{T_4}{T_3} \tag{4.11}$$

온도비 중 어느 값도 카르노의 식에서 나타나는 극한 온도의 비 T_1/T_3보다 크다. 따라서 오토기관은 카르노기관보다 덜 효율적이다. (실제로는 마찰, 전도에 의한 열손실, 불완전 연소 등으로 인해 실재 휘발유 기관은 훨씬 덜 효율적이다. 요즘 자동차기관의 전형적인 효율은 약 20-30%이다.)

휘발유기관의 효율을 더 높이는 명백한 방법은 압축비를 높이는 것이다. 하지만 불행하게도, 혼합물 연료가 너무 뜨거워지면 압축단계가 완료되기 전에 저절로 "전점화(preignition)"가 일어나서, 순환과정의 상태 2에 도달하기 전에 압력이 치솟게 된다. 디젤기관(Diesel engine)에서는 이 전점화를 피해 간다. 이를 위해서 우선 공기만을 압축하고, 공기가 연료를 점화하기에 충분할 정도로 뜨거워질 때 연료를 실린더 안으로 분사하여 점화를 시킨다. 분사/점화는 피스톤이 바깥쪽으로 움직이기 시작하는 시점에 근사적으로 일정한 압력이 유지되도록 비율이 조정되어 행해진다. 그림 4.6은 디젤순환의 이상적 버전을 보여준다. 다소 복잡하지만 디젤순환의 효율을 압축률 V_1/V_2와 차단비(cutoff ratio) V_3/V_2의 식으로 유도할 수 있다(문제 4.20). 주어진 압축률에 대해서 디젤순환의 효율은 오토순환의 효율보다 실제로 낮다. 하지만 디젤기관은 일반적으로 높은 압축률을 갖기 때문에 (전형적으로 20 근처) 효율도 높다(실제로 약 40% 정도를 달성한다). 내가 아는 한, 디젤기관의 압축률에 대한 한계는 오직 기관을 만드는 재료의 강도와 용융점으로부터 온다. 세라믹 기관은 원리적으로 고온을 견딜 수 있으므로 더 높은 효율을 달성할 수 있다.

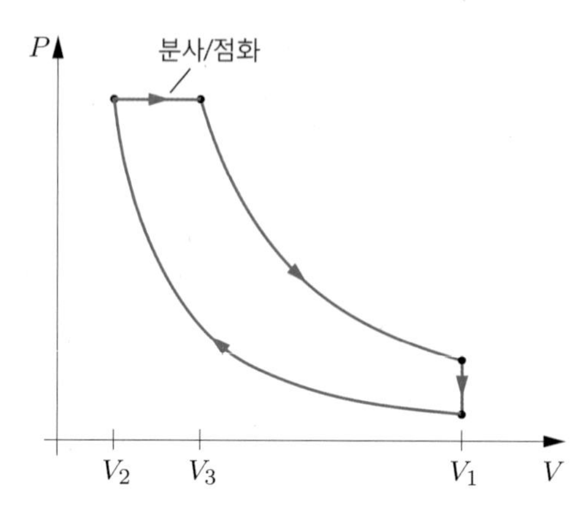

그림 4.6. 디젤순환의 PV 도표.

문제 4.18. 오토 순환과정의 효율에 관한 식 (4.10)을 유도하라.

문제 4.19. 자동차기관의 각 행정마다 하여진 일의 양은 실린더에 분사된 연료의 양에 의해 조절된다. 연료가 많을수록 순환과정의 상태 3과 4에서 온도와 압력이 높다. 하지만 식 (4.10)에 따르면, 순환의 효율은 압축률에 의존하지, 소비된 연료의 양에 의존하지는 않는다(특정한 기관의 압축률은 항상 같은 값이다). 마찰과 같은 다른 여러 가지 효과들을 감안해도 이 결론이 여전히 성립할 것이라고 생각하는가? 실재 기관은 고출력에서 작동할 때 가장 효율적일 것이라고 기대하는가? 혹은 저출력일 때라고 기대하는가? 설명하라.

문제 4.20. 디젤기관의 효율을 압축률 V_1/V_2와 차단비(cutoff ratio) V_3/V_2의 식으로 유도하라. 압축률이 주어질 때, 디젤순환이 오토순환보다 덜 효율적이라는 것을 보여라. 압축률이 18이고 차단비가 2인 디젤기관의 이론적인 효율을 계산하라.

문제 4.21. 스털링기관(Stirling engine)은 외부 열원으로부터 열을 흡수하는 기발한 진정한 열기관이다. 작동물질은 공기이거나 다른 어떤 기체이다. 기관은 피스톤이 달린 두 개의 실린더로 구성되는데, 각각은 자신의 열원과 열접촉하고 있다(그림 4.7). 피스톤들은 복잡한 방법으로 크랭크축에 연결되어 있는데, 여기서는 그 부분은 무시하고 공학자들에게 맡기도록 하자. 두 실린더 사이에는 기체가 축열장치(regenerator)를 지나서 흐르는 통로가 있다. 축열장치는 통상 철망으로 만들어진 일시적인 열원으로, 뜨거운 쪽에서 차가운 쪽으로 온도가 점진적으로 변한다. 축열장치의 열용량은 매우 커서

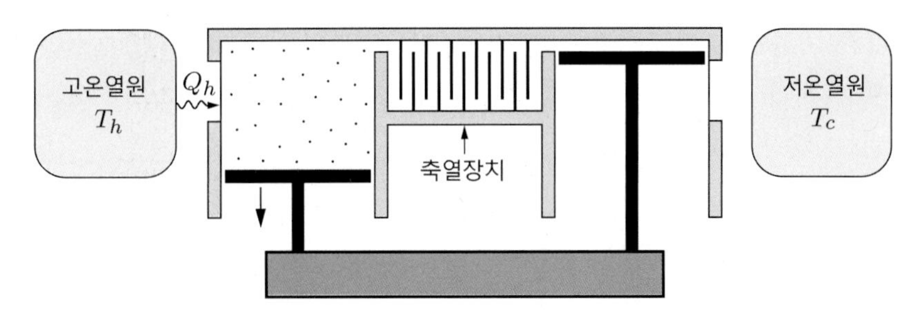

그림 4.7. 고온 피스톤이 바깥으로 나가고 저온 피스톤은 정지해있는, 팽창행정에 있는 스털링 기관. (단순하게 하기 위해서 두 피스톤들의 연결부분은 보이지 않았다.)

기체가 흐르더라도 축열장치의 온도에 거의 영향을 미치지 않는다. 이 기관의 이상적인 순환의 네 단계는 다음과 같다.

1. 팽창행정(power stroke): 온도 T_h에서 고온 실린더의 기체가 흡열 등온팽창을 하며 고온 피스톤을 밀어낸다. 이때 저온 실린더의 피스톤은 그림에서처럼 안으로 끝까지 들어온 상태에 머무른다.
2. 저온 실린더로의 이동: 고온 피스톤이 들어오고 저온 피스톤은 나가면서 기체가 저온 실린더로 일정한 부피로 이동한다. 기체는 축열장치를 통과하면서 열을 방출하고 온도가 T_c로 떨어진다.
3. 압축행정(compression stroke): 저온 피스톤이 들어오면서 원래의 부피가 되고 기체는 등온압축되면서 열이 저온열원으로 방출된다. 이때 고온 피스톤은 끝까지 들어온 상태에 머무른다.
4. 고온 실린더로 이동: 저온 피스톤이 정지 위치로 더 들어오고 고온 피스톤이 나가면서 기체가 고온 실린더로 일정한 부피로 이동한다. 그동안에 기체는 축열장치를 통과하면서 온도가 다시 T_h로 상승할 때까지 열을 흡수한다.

   (a) 이 이상적인 스털링 순환의 PV 도표를 그려라.

   (b) 잠시 축열장치를 무시하자. 그러면 과정 2에서 기체는 축열장치가 아니라 저온열원으로 열을 방출하고, 과정 4에서는 고온열원으로부터 열을 흡수한다. 기체가 이상기체라고 가정하고, 기관의 효율을 구하라. 이때 효율을 온도비 T_c/T_h와 압축비 최대부피/최소부피로 나타내라. 이 값이 동일한 온도들에서 작동하는 카르노기관의 효율보다 작다는 것을 보여라. 수치적인 예를 들어보아라.

   (c) 이제 축열장치를 고려하자. 기관이 완벽하게 작동한다면, 이때 스털링기관의 효율은 카르노기관의 효율과 같다는 것을 논증하라.

(d) 다른 기관들과 비교해서, 스털링기관의 다양한 장점들과 단점들을 약간 상세하게 논하라.

▎증기기관

매우 다른 유형의 기관이 있는데, 19세기에는 흔했고 현재도 여전히 큰 발전소에서 사용되고 있는 증기기관(steam engine)이 그것이다. 피스톤이나 터빈을 미는 일을 하는 것은 바로 증기이고, 열은 화석연료의 연소나 우라늄의 핵융합으로부터 공급된다. 그림 4.8은 이상적인 *PV* 도표와 함께, 랭킨순환(Rankine cycle)이라고 부르는 이 순환을 도식적으로 보인 것이다. 상태 1에서 시작해서 물이 고압으로 펌핑되어서(2) 보일러로 흐른다. 보일러에서는 일정한 압력에서 열이 가해진다. 상태 3에서 증기가 터빈을 때리고, 증기는 단열팽창하면서 식은 후, 원래의 낮은 압력으로 되돌아온다(4). 마지막으로 부분적으로 응축된 유체가 "응축기(condenser)" 안에서 더 식혀진다. (응축기는 저온열원과 열접촉을 하고 있는 관들의 망이다.)

명백하게도 증기기관의 작동물질은 이상기체가 아니다. 증기는 순환과정에서 액체로 응축된다! 이렇듯 응축이 일어나는 복잡한 거동 때문에 *PV* 도표로부터 곧바로 순환의 효율을 계산하는 방법은 없다. 하지만 어느 상태에서든 압력을 알고 또 상태 3에서 온도

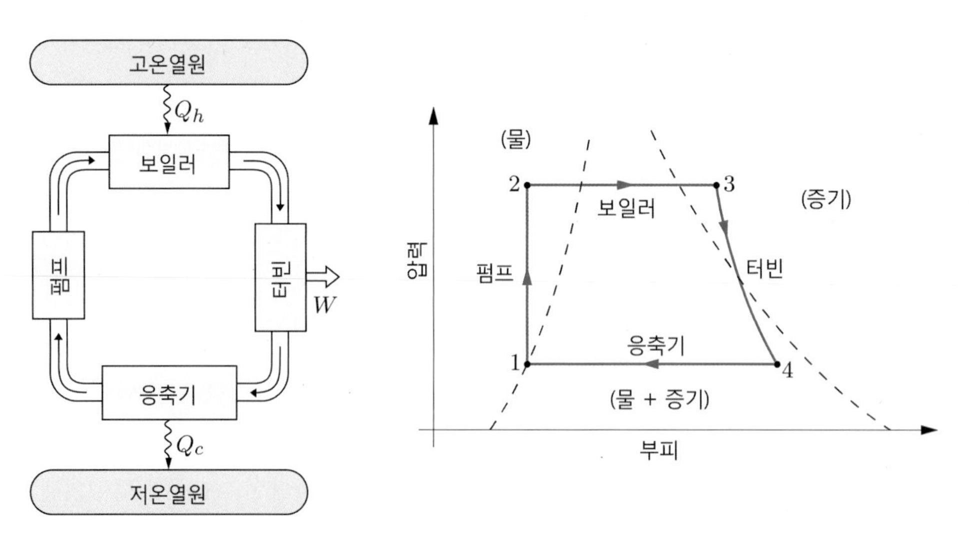

그림 4.8. 증기기관과 랭킨순환이라고 부르는 연관된 *PV* 순환의 도식(눈금크기는 무시하라). 파선들은 유체가 물인 영역, 증기인 영역, 물과 증기의 혼합물인 영역들을 구분한다.

를 안다면, 이른바 "증기표"에서 효율을 계산하기 위한 데이터를 찾을 수 있다.

1.6절에서 어떤 물질의 엔탈피가 $H = U + PV$이었던 것을 상기하라. 즉, 엔탈피는 물질의 에너지에 일정압력 환경에서 그 물질이 들어설 공간을 확보하는데 필요한 일을 더한 양이다. 그러므로, "다른" 유형의 일이 없다고 가정할 때, 엔탈피의 변화는 일정압력 조건에서 흡수된 열과 같다. 랭킨순환 동안 열은 보일러에서 일정한 압력 하에 흡수되고, 응축기에서 일정한 압력 하에 방출된다. 따라서 순환의 효율을 다음과 같이 쓸 수 있다.

$$e = 1 - \frac{Q_c}{Q_h} = 1 - \frac{H_4 - H_1}{H_3 - H_2} \approx 1 - \frac{H_4 - H_1}{H_3 - H_1} \tag{4.12}$$

마지막에 $H_2 \approx H_1$로 놓는 것은 꽤 괜찮은 근사인데, 물을 펌핑하는 것이 물의 에너지에 거의 변화를 주지 않고, H의 PV 항이 기체와 달리 액체의 경우에는 매우 작기 때문이다(문제 4.23).

이제 필요한 H 값을 얻으려면 일반적으로 두 가지의 표를 찾아보아야 한다. 하나는 PV 도표에서 두 개의 파선 사이 영역에 존재하는 "포화"된 물과 증기의 데이터이다(표 4.1). 이 영역에서 온도는 압력(증기압)에 따라 결정된다. 이 표는 끓는점에서 순수한 물과 순수한 증기의 엔탈피와 엔트로피 값들을 나열하는데, 물과 증기의 혼합물에 대해서는 이 두 값들을 사이채움(interpolation)해서 해당 값을 구할 수 있다.

다른 하나는 PV 도표에서 가장 오른쪽 영역에 있는 "과열(superheated)" 증기의 데이터이다(표 4.2). 이 영역에서 압력과 온도는 별개로 명시되어야 한다. 이 표 역시 각 상태에서 엔탈피와 엔트로피 값들을 나열한다.

표 4.1. 포화물과 포화증기의 성질들. 압력의 단위는 바(bar)이고, 1 바 $= 10^5$ Pa $\approx$ 1 atm이다. 모든 값들은 유체 1 kg에 대한 것이고, 삼중점(0.01℃, 0.006 바)에 있는 물에 대한 상대적인 측정값이다. Keenan et al. (1978)에서 발췌.

T (°C)	P (bar)	$H_{물}$ (kJ)	$H_{증기}$ (kJ)	$S_{물}$ (kJ/K)	$S_{증기}$ (kJ/K)
0	0.006	0	2501	0	9.156
10	0.012	42	2520	0.151	8.901
20	0.023	84	2538	0.297	8.667
30	0.042	126	2556	0.437	8.453
50	0.123	209	2592	0.704	8.076
100	1.013	419	2676	1.307	7.355

표 4.2. 과열증기의 성질들. 모든 값들은 유체 1 kg에 대한 것이고, 삼중점(0.01℃, 0.006 바)에 있는 물에 대한 상대적인 측정값이다. Keenan et al. (1978)에서 발췌.

		온도(°C)				
P(bar)		200	300	400	500	600
1.0	H (kJ)	2875	3074	3278	3488	3705
	S (kJ/K)	7.834	8.216	8.544	8.834	9.098
3.0	H (kJ)	2866	3069	3275	3486	3703
	S (kJ/K)	7.312	7.702	8.033	8.325	8.589
10	H (kJ)	2828	3051	3264	3479	3698
	S (kJ/K)	6.694	7.123	7.465	7.762	8.029
30	H (kJ)		2994	3231	3457	3682
	S (kJ/K)		6.539	6.921	7.234	7.509
100	H (kJ)			3097	3374	3625
	S (kJ/K)			6.212	6.597	6.903
300	H (kJ)			2151	3081	3444
	S (kJ/K)			4.473	5.791	6.233

랭킨순환의 효율을 계산하려면, 상태 1, 3, 4에서의 엔탈피 값들이 필요하다. 상태 1에서의 엔탈피는 표 4.1에서, 그리고 상태 3에서의 엔탈피는 표 4.2에서 각각 찾을 수 있다. 상태 4의 위치를 잡으려면, 터빈에서 증기의 팽창이 근사적으로 단열적이고($Q=0$), 결과적으로 증기가 팽창하는 이 과정에서 엔트로피가 변하지 않는다는 사실을 이용한다. 따라서 먼저 표 4.2에서 상태 3에서의 엔트로피 값을 찾고, 그런 후 낮은 압력에서 표 4.1의 데이터들을 사이채움해서 엔트로피 값이 같은 혼합물의 조성비와 해당 혼합물의 엔탈피를 결정한다.

예를 들어, 순환이 최소압력 0.023 바와 최대압력 300 바 사이에서 작동한다고 하자. 여기서, 0.023 바에서 끓는점은 20℃이고, 상태 3에서 과열증기의 최고온도는 600℃이다. 그렇다면 단위질량(1 kg)당 엔탈피는 $H_1 = 84$ kJ (표 4.1), $H_3 = 3{,}444$ kJ (표 4.2)이 된다. 상태 3에서 엔트로피는 $S_3 = 6.233$ kJ/K (표 4.2)이고 과정 3-4가 단열과정이므로, 상태 4의 엔트로피도 같아야 한다. 이제, 상태 4에서 표 4.1의 값들을 사이채움하여 물과 증기의 조성비를 구한다.

$$0.297x + 8.667(1-x) = 6.233, \quad x = 0.29$$

즉, 29%의 물과 71%의 증기에 해당된다. 이 혼합물의 엔탈피 H_4는 역시 표 4.1의 값들을 사용해서 사이채움하여 구할 수 있다.

$$H_4 = 84x + 2{,}538(1-x) = 1{,}824 \text{ kJ}$$

따라서 기관의 효율은 다음과 같다.

$$e \approx 1 - \frac{1{,}824 - 84}{3{,}444 - 84} = 48\% \tag{4.13}$$

비교하자면, 같은 온도 범위에서 작동하는 카르노기관의 효율에 비해 낮은 값이다.

$$e_{Carnot} = 1 - \frac{293}{873} = 66\%$$

위의 예에서 사용한 온도와 압력 값은 실제 화석연료화력발전소에서 사용하는 전형적인 값들이며, 여기서 내가 무시한 여러 가지 복잡한 요인들로 인해 이들 발전소에서의 실제 효율은 약 40%에 불과하다. 핵발전소의 경우는 안전을 고려하여 보다 낮은 온도에서 작동되는데, 그 효율은 약 34%에 그친다.

문제 4.22. 최대 증기압력이 10 바이고 온도 20℃와 300℃ 사이에서 작동하는 작은 규모의 증기기관이 있다. 이 기관의 랭킨순환의 효율을 계산하라.

문제 4.23. 엔탈피 정의를 이용해서 랭킨순환에서 상태 1과 2의 엔탈피 변화를 계산하라(매개변수들은 본문에서 사용된 것과 같은 값들을 사용하라). 수정된 H_2 값을 사용해서 효율을 다시 계산하고, $H_2 \approx H_1$의 근사가 얼마나 정확한지를 논하라.

문제 4.24. 본문의 예에 다음 세 가지 방법으로 변화를 주었을 때, 랭킨순환의 효율을 각각 다시 계산하라. (a) 고온 값을 500℃로 낮춤. (b) 최대압력을 100 바로 낮춤. (c) 저온 값을 10℃로 낮춤.

문제 4.25. 실재 터어빈에서는 증기의 엔트로피가 약간 증가할 것이다. 순환의 상태 4에서 물과 증기의 조성비에 이것이 어떤 영향을 주겠는가? 또한 기관의 효율에는 어떤 영향을 주겠는가?

문제 4.26. 본문의 예와 유사한 매개변수값들을 사용하는 석탄화력발전소에서 1 GW

의 전력을 생산하고자 한다. 초당 터어빈을 통과해야 하는 증기의 양은 몇 kg 인가?

문제 4.27. 표 4.1에서 온도가 상승할 때 물의 엔트로피는 증가하지만 증기의 엔트로피는 감소한다. 그 이유는 무엇인가?

문제 4.28. 당신의 반려견이 표 4.1의 일부를 찢어 먹어서 엔트로피 데이터는 없어졌고 엔탈피 데이터만 남았다고 하자. 잃어버린 데이터를 어떻게 복구할 수 있을지 설명하라. 당신의 방법을 사용해서 일관적인 답을 주는지 몇 개의 항들을 계산해서 구체적으로 확인해보아라. 표 4.2를 잃어버린다면 데이터 중에 얼마만큼을 복구할 수 있겠는가? 설명하라.

4.4 실재 냉장고

실재 냉장고나 에어컨은 앞 절에서 방금 설명한 랭킨순환을 거의 따르는데 다만 그 방향이 역으로 작동된다. 작동물질은 여전히 기체와 액체 사이에서 변환을 반복하며 단지 끓는점만 훨씬 낮을 뿐이다.

근래까지 여러 가지 물질이 냉매로 이용되었다. 이 중 이산화탄소는 다소 높은 압력을 요하고, 암모니아는 독성이 있지만 큰 산업체에서 여전히 사용된다. 1930년 부근에 GM과 뒤퐁(Du Pont)이 처음으로 독성이 없는 CFC(ChloroFluoroCarbon)를 개발해서 생산하였다. 이것이 바로 이후 상표명으로 널리 알려진 프레온(Freon)이다. 이 중에서도 가장 유명한 것이 가정용 냉장고와 차량용 에어컨에 널리 사용되었던 프레온-12(CCl_2F_2)이다. 하지만 현재 잘 알려져 있듯이 대기로 유출된 프레온 기체는 오존층을 파괴한다. 따라서 환경오염의 위험성이 있는 프레온은 비염소 화합물로 대체되고 있다. 프레온-12의 통상적 대체물은 기억하기 좀 더 용이한 HFC-134a 로 불리는 $F_3C_2FH_2$이다.

그림 4.9는 표준 냉동순환에 대한 도식적인 스케치와 *PV* 도표를 보여준다. 상태 1에서 시작하여, 우선 유체(여기서는 기체상태)가 단열압축되어 압력과 온도가 상승한다. 그런 후 응축기에서 열을 방출하며 점차적으로 액화된다. (여기서 응축기는 고온열원과 열접촉하고 있는 관들의 망이다.) 다음 단계로, 유체는 “스로틀링 밸브(throttling valve)”라는 좁은 구멍 혹은 다공질의 마개를 통과해, 반대쪽 출구에서는 훨씬 낮은 압력과 온도를

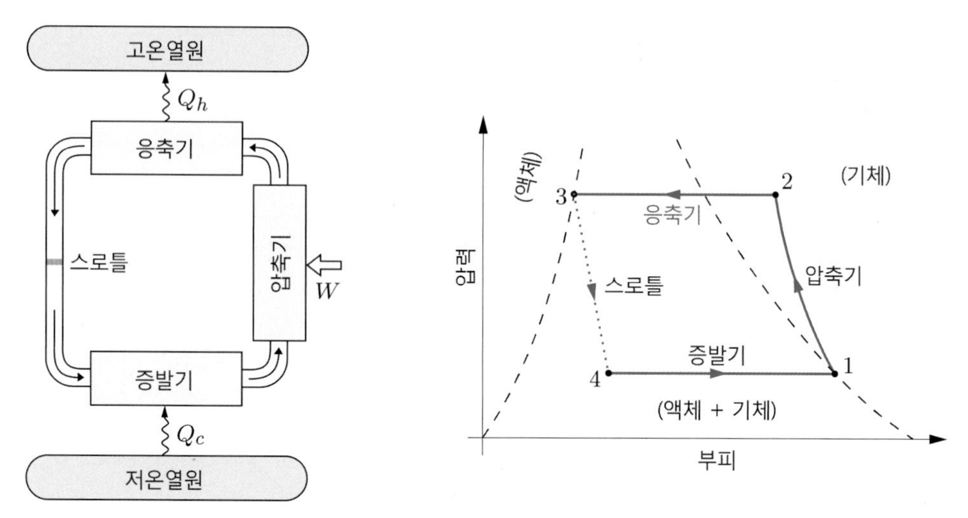

그림 4.9. 표준적인 냉동순환의 도식과 PV 도표(눈금크기는 무시하라). 파선들은 액체 영역, 기체 영역, 그리고 이 둘의 혼합물 영역을 구분한다.

갖는다. 마지막 단계에서 유체는 증발기를 통과하면서 열을 흡수하여 다시 기체로 변환된다. (증발기는 저온열원과 열접촉하고 있는 관들의 망이다.)

표준냉장고의 성능계수를 순환의 여러 상태에서 유체의 엔탈피로 표현하는 것은 쉽다. 증발기에서의 압력이 일정하기 때문에 흡수된 열은 엔탈피 변화와 같다: $Q_c = H_1 - H_4$. 마찬가지로, 응축기에서 방출된 열은 $Q_h = H_2 - H_3$ 이다. 따라서 성능계수는 다음과 같다.

$$\text{COP} = \frac{Q_c}{Q_h - Q_c} = \frac{H_1 - H_4}{H_2 - H_3 - H_1 + H_4} \tag{4.14}$$

상태 1, 2, 3에서의 엔탈피는 표로부터 얻는데, 상태 2는 압축단계에서 엔트로피가 일정하다고 가정함으로써 그 위치를 잡을 수 있다. 상태 4의 위치를 잡으려면 스로틀 밸브를 좀 더 분석할 필요가 있다.

▍스로틀링(throttling) 과정

스로틀링 과정(throttling process)은 줄-톰슨 과정(Joule-Thomson process)으로도 알려져 있는데, 그림 4.10이 그 과정의 개요를 보여주고 있다. 한쪽에서 피스톤에 의해 압력 P_i 로 유체가 다공질 마개를 통해 밀려나가고, 반대쪽에서 두 번째 피스톤이 압력 P_f 로 버

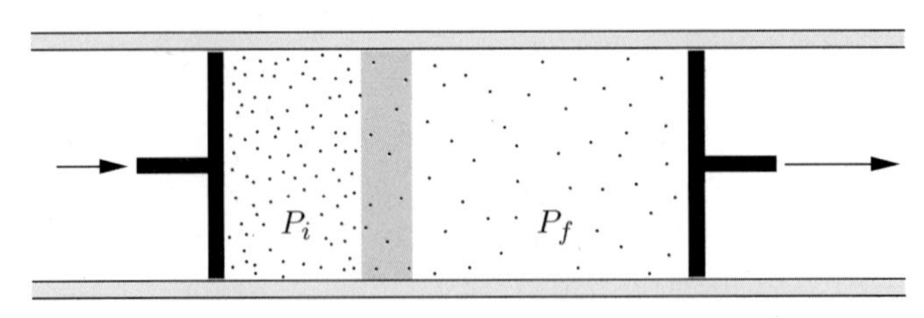

그림 4.10. 스로틀링 과정. 유체가 다공질 마개를 통해 밀려나가서 압력이 더 낮은 영역으로 팽창한다.

티면서 뒤로 물러나면서 만들어지는 공간으로 유체가 빠져나가는 것처럼 생각하는 것이 도움이 될 것이다. 어떤 특정한 유체 덩어리에 대해서, 마개를 빠져나가기 전의 초기부피를 V_i 라고 하고, 반대쪽으로 완전히 빠져나온 유체의 나중부피를 V_f 라고 하자. 이 과정에서 열의 흐름은 없으므로, 유체의 에너지 변화는 다음과 같다.

$$U_f - U_i = Q + W = 0 + W_{좌} + W_{우} \tag{4.15}$$

여기서 $W_{좌}$ 는 왼쪽 피스톤이 하는 양의 일이고, $W_{우}$ 는 오른쪽 피스톤이 하는 음의 일을 나타낸다. (궁극적으로, 실제로 순환의 알짜일은 순환과정의 반대편에 있는 압축기가 하는 일이다. 여기서는 순환의 "일부" 과정에서 일어나는 일에만 관심을 두고 있는 것이다.) 왼쪽에서 하여진 일은 전체부피 V_i 를 마개를 통해 밀어내는 일이므로 P_iV_i 이고, 오른쪽에서 하여진 일은 $-P_fV_f$ 이다. 후자가 음이 되는 것은 피스톤이 뒤로 물러나면서 한 일이기 때문이다. 따라서 에너지의 변화는 다음과 같다.

$$U_f - U_i = P_iV_i - P_fV_f \tag{4.16}$$

'f' 항들을 등식의 왼쪽으로, 그리고 'i' 항들을 오른쪽으로 모으면 다음과 같이 쓸 수 있다.

$$U_f + P_fV_f = U_i + P_iV_i \quad \text{혹은} \quad H_f = H_i \tag{4.17}$$

즉, 스로틀링 과정에서 엔탈피는 일정하다.

스로틀링 밸브의 목적은 저온열원보다 낮은 온도로 유체를 "식히는" 것이다. 그래야만 저온열원으로부터 열을 흡수할 수 있기 때문이다. 그러나 유체가 이상기체라면 이 목적은 실현되지 못할 것이다. 다음과 같은 관계를 보자.

$$H = U + PV = \frac{f}{2}NkT + NkT = \frac{f+2}{2}NkT \quad \text{(이상기체)} \tag{4.18}$$

엔탈피가 같으면 온도도 같다는 것을 암시한다! 그러나 밀도가 높은 기체나 액체에서는 분자 사이의 힘에 기인한 퍼텐셜에너지 항이 중요해서, 이 항이 또한 에너지 U에 포함되어야 한다. 이것은 엔탈피가 단순히 온도에만 의존하지는 않는다는 사실을 암시한다.

$$H = U_{퍼텐셜} + U_{운동} + PV \tag{4.19}$$

두 분자 사이의 힘은 긴 거리에서는 약한 인력이고 짧은 거리에서는 강한 척력이다. 전부는 아니더라도 대부분의 경우에는 인력이 주도적이다. 이 경우 $U_{퍼텐셜}$은 음이다. 하지만 압력이 떨어지고 분자 사이의 거리가 멀어질수록 그 크기는 작아진다. 퍼텐셜에너지의 증가를 보상하기 위해서, 운동에너지는 작아지고 결과적으로 원하는 대로 유체의 온도는 떨어진다.

냉동순환에서 $H_3 = H_4$ 라는 사실을 이용하면, 성능계수 (4.14)는 다음과 같이 간단히 쓸 수 있다.

$$\text{COP} = \frac{H_1 - H_3}{H_2 - H_1} \tag{4.20}$$

이제 표에서 세 개의 엔탈피 값을 찾기만 하면 된다. 표 4.3과 4.4는 냉매 HFC-134a 에 대한 엔탈피와 엔트로피 값들을 보여준다.

문제 4.29. 압력 12바와 해당 끓는 점에서 액체 HFC-134a 가 압력 1바의 공간으로 스로틀된다. 최종 온도는 얼마인가? 기화되는 액체의 분율은 얼마인가?

표 4.3. 포화조건(각 압력에 대한 끓는점)에서 냉매 HFC-134a 의 성질들. 모든 값들은 유체 1 kg 에 대한 것이고, 임의로 선택된 기준상태인 −40℃ 에서의 포화액체에 대한 상대적인 측정값이다. Moran and Shapiro (1995)에서 발췌.

P (bar)	T (℃)	$H_{액체}$ (kJ)	$H_{기체}$ (kJ)	$S_{액체}$ (kJ/K)	$S_{기체}$ (kJ/K)
1.0	−26.4	16	231	0.068	0.940
1.4	−18.8	26	236	0.106	0.932
2.0	−10.1	37	241	0.148	0.925
4.0	8.9	62	252	0.240	0.915
6.0	21.6	79	259	0.300	0.910
8.0	31.3	93	264	0.346	0.907
10.0	39.4	105	268	0.384	0.904
12.0	46.3	116	271	0.416	0.902

표 4.4. 과열(기체) 상태의 냉매 HFC-134a의 성질들. 모든 값들은 유체 1 kg 에 대한 것이고, 임의로 선택된 기준상태인 −40℃ 에서의 포화액체에 대한 상대적인 측정값이다. Moran and Shapiro (1995)에서 발췌.

P (bar)		온도 (℃)		
		40	50	60
8.0	H (kJ)	274	284	295
	S (kJ/K)	0.937	0.971	1.003
10.0	H (kJ)	269	280	291
	S (kJ/K)	0.907	0.943	0.977
12.0	H (kJ)		276	287
	S (kJ/K)		0.916	0.953

문제 4.30. 압력 1.0바와 10바 사이에서 작동하는 냉매 HFC-134a를 사용하는 가정용 냉장고를 고려하자.

(a) 순환의 압축단계는 1바의 포화증기에서 시작해서 10바에서 종료된다. 압축되는 동안 엔트로피가 일정하다고 가정하고, 압축된 후에 증기의 근사적인 온도를 구하라. (표 4.4에 주어진 값들을 사용해서 사이채움 근사를 해야 할 것이다.)

(b) 상태 1, 2, 3, 4에서 각각 엔탈피를 결정하고, 성능계수를 계산하라. 온도가 각각 동일한 열원들을 사용하는 카르노냉장고의 COP와 비교하라. 이 온도범위가 가정용 냉장고로서 합리적으로 보이는가? 간략하게 설명하라.

(c) 스로틀링 단계에서 증발되는 액체의 분율은 얼마인가?

문제 4.31. 문제 4.30의 스로틀링 밸브를, 유체가 단열팽창하면서 압축기를 구동하는 일에 기여하는 작은 터빈발전기로 대체한다고 해보자. 이 변화가 냉장고의 COP에 영향을 주겠는가? 영향을 준다면 얼마나 주겠는가? 실재 냉장고들이 왜 터빈발전기 대신 스로틀을 사용한다고 생각하는가?

문제 4.32. 당신이 냉매 HFC-134a를 작동물질로 사용하는 가정용 에어컨을 설계한다고 해보자. 어떤 압력 범위에서 그것을 작동시키려고 하겠는가? 당신이 설계한 에어컨의 COP를 계산하고, 온도가 동일한 열원들을 사용하는 이상적인 카르노냉장고의 COP와 비교하라.

기체의 액화

당신이 무언가를 "정말로" 차갑게 하기를 원한다면, 그것을 그저 냉장고에 처박아 두지는 않을 것이다. 대신에 드라이아이스에 넣거나(대기압에서 195 K), 액체 질소에 담가 두거나(77 K), 아니면 액체 헬륨에 담글 것이다(4.2 K). 하지만 먼저 질소나 헬륨같은 기체들이 어떻게 액화될까(CO_2의 경우엔 어떻게 고체가 될까)? 가장 통상적인 방법들은 스로틀링 과정을 포함한다.

실온에서 이산화탄소는 그저 등온적으로 약 60기압으로 압축만 하면 액화된다. 그런 다음에 다시 그것을 낮은 압력으로 스로틀시키면, 위에서 논의한 냉장순환에서와 마찬가지로 부분적으로 증발이 일어나면서 온도가 떨어진다. 하지만 5.1기압 이하의 압력에서 CO_2는 액체로 존재할 수 없다. 대신에 응집상태는 고체, 즉 드라이아이스가 된다. 따라서 드라이아이스를 만들기 위해서 당신이 해야 할 모든 것은, 액체 CO_2 탱크를 스로틀링 밸브에 연결하고 기체가 몰려나올 때 분사구 근처에 생기는 서리를 쳐다보는 것일 뿐이다.

질소, 혹은 질소가 주성분인 공기를 액화하는 것은 그리 간단하지는 않다. 실온에서는 아무리 압축을 해도 질소는 절대로 액체로 가는 상변환을 보이지 않는다. 대신에 그것은 연속적으로 점점 더 밀도가 진해지기만 한다. (이 거동에 대한 더 자세한 논의는 5.3절에 있다.) 말하자면 300 K 100기압에서 시작해서 1기압으로 스로틀시키면, 질소는 겨우 약 280 K로 온도가 떨어진다. 이 압력에서 약간의 액체라도 얻으려면 초기온도가 약 160 K 이하이어야만 한다. 초기압력이 더 높으면 초기온도를 조금 더 높일 수 있다. 하지만 여

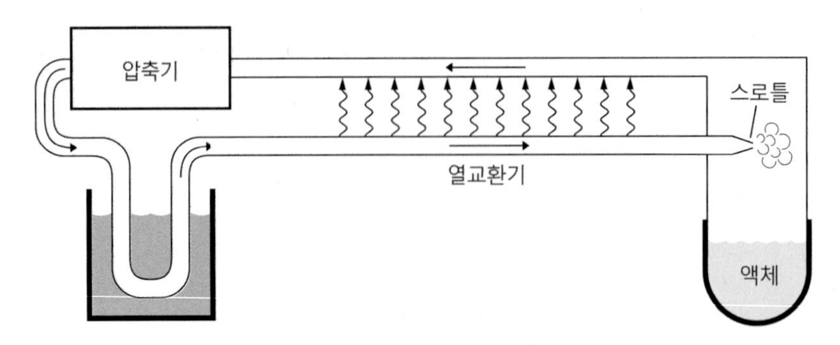

그림 4.11. 기체액화를 위한 햄슨-린데 순환의 도식. 압축기체가 처음에 냉각된다. (질소나 산소라면 처음의 냉각온도는 실온도 충분하다.) 그런 후 열교환기를 지나 스로틀링 밸브에 도달한다. 스로틀링되면서 기체는 냉각되고, 다시 돌아오는 경로에서 열교환기를 지나는 동안 주입되는 기체를 전냉각(precooling)시키면서 압축기로 되돌아온다. 결과적으로, 주입되는 기체는 충분히 냉각되어서 스로틀될 때 부분적으로 액화하기 시작한다. 이후로는, 액화된 양을 대체하기 위해서 압축기에 새 기체가 추가되어야 한다.

전히 실온보다는 충분히 낮아야 한다. 산소와 질소를 액화하는데 처음으로 성공한 것은 1877년 캘레테(Louis Cailletet)였다. 그는 초기압력을 300기압으로 하고, 다른 찬 액체를 사용해서 먼저 냉각한 기체를 사용했다. 하지만 주입될 기체를 전냉각(precooling)하는 더욱 편리한 방법은 스로틀된 기체 자체를 사용하는 것이다. 이것을 할 수 있는 장치가 1895년 햄슨(William Hampson)과 린데(Carl von Linde)에 의해서 서로 독립적으로 발명되었다. 그림 4.11은 그 장치를 도식적으로 보여준다. 스로틀된 기체는 버려지는 대신 주입되는 기체를 전냉각하는 열교환기(hear exchanger)로 보내진다. 주입된 기체는 스로틀을 통과하면서 더욱 차게 냉각된다. 따라서 계는 스로틀된 기체가 액화하기 시작할 때까지 점점 더 냉각된다.

햄슨-린데 순환은 실온에서 시작해서 수소와 헬륨을 제외한 어떤 기체도 액화시킬 수 있다. 실온과 임의의 압력에서 시작해서 스로틀될 때, 이 기체들은 실제로 더 뜨거워진다. 이런 일이 일어나는 이유는 분자들 사이의 인력이 매우 약하기 때문이다. 즉, 고온에서 분자들은 너무 빨리 움직이기 때문에 인력을 느끼지 못한다. 대신에 그것들은 자주 부딪치는데 충돌하는 동안에 강한 양의 퍼텐셜에너지를 느낀다. 기체가 팽창하면 충돌은 덜 자주 일어나고, 그래서 평균 퍼텐셜에너지는 감소하고 평균 운동에너지가 증가한다.

따라서 수소나 헬륨을 액화시키려면, 우선 기체를 실온보다 충분히 냉각해서 척력보다 인력이 중요해지도록 분자들의 운동을 늦추는 것이 필요하다. 그림 4.12는 그 이하에서 수소가 스로틀시켰을 때 냉각되는 온도와 압력의 범위를 보여준다. 그 이하에서 냉각이

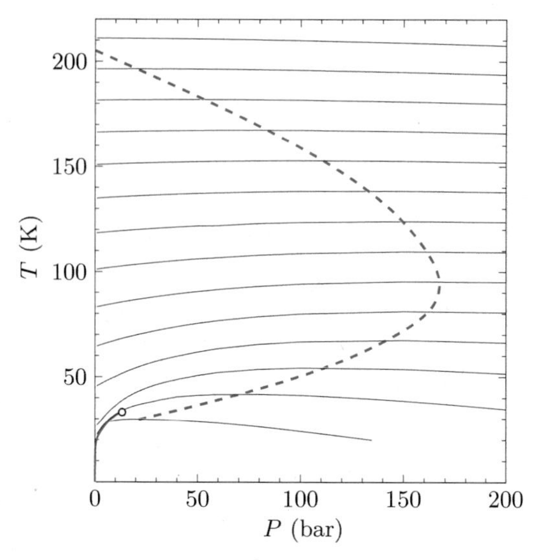

그림 4.12. 수소의 등엔탈피 곡선(대략 수평인 실선들의 간격은 400 J/mol)과 역전곡선(파선). 스로틀링 과정에서 엔탈피가 일정하므로, 냉각은 등엔탈피 곡선이 음의 경사를 갖는 역전곡선의 왼쪽에서만 일어난다. 좌하단의 두꺼운 실선은 액체-기체 상경계를 나타낸다. 데이터 출처는 Vargaftik (1975)와 Woolley (1948).

일어나는 온도를 역전온도(inversion temperature)라고 부른다. 수소의 경우 최대 역전온도는 204 K 이고, 헬륨의 경우는 겨우 43 K 이다. 수소는 1898년 드와(James Dewar)에 의해 전냉각을 위해 액체공기를 사용해서 처음으로 액화되었다. 헬륨은 1908년 오너스(Heike Kamerlingh Onnes)에 의해 전냉각을 위해 액체수소를 사용해서 처음으로 액화되었다. 하지만 오늘날은 헬륨을 전냉각하기 위해 보통 액체수소를 사용하지 않고, 때로는 액체질소조차도 사용하지 않고, 헬륨이 피스톤을 밀면서 단열팽창하도록 하는 방법을 이용한다. 이 기술은 안전성 측면에서는 매우 발전된 것이지만 역학적으로는 더 어려운 방법이다. 피스톤은 8 K 정도의 낮은 온도에서 작동되어야 하는데, 이 온도에서 통상적인 윤활제는 얼어버리기 때문이다. 따라서 헬륨 자체가 윤활제로 활용되는데, 이때 유의미한 양의 헬륨이 빠져나오는 일이 없도록 피스톤과 실린더 사이의 간극이 극히 작아야 한다.

표 4.5. 1바와 100바에서 질소의 엔탈피[J/mol]. Lide (1994)에서 발췌.

	온도 (K)							
	77 (liq.)	77 (gas)	100	200	300	400	500	600
1 bar	−3407	2161	2856	5800	8717	11,635	14,573	17,554
100 bar			−1946	4442	8174	11,392	14,492	17,575

문제 4.33. 표 4.5는 1바와 100바에서 질소의 몰당 엔탈피의 실험값들을 보여준다. 이 데이터를 사용해서, 이 두 압력 사이에서 작동하는 질소의 스로틀링 과정에 대한 다음 질문들에 답하라.

(a) 초기온도가 300 K 라면 최종온도는 얼마인가? (힌트: 표의 값들을 이용해서 사이채움을 해야 할 것이다.)

(b) 초기온도가 200 K 라면 최종온도는 얼마인가?

(c) 초기온도가 100 K 라면 최종온도는 얼마인가? 이 경우에 액화되는 질소의 분율은 얼마인가?

(d) 액화가 일어나는 초기온도의 최고값은 얼마인가?

(e) 초기온도가 600 K 라면 어떤 일이 일어나겠는가? 설명하라.

문제 4.34. 환경으로의 열유출이 전혀 없는 햄슨-린데 순환을 고려하자.

(a) 스로틀링 밸브와 열교환기의 조합은 등엔탈피 장치이고, 그래서 이 조합에서 나오는 유체의 총엔탈피는 들어가는 유체의 엔탈피와 같다는 것을 논증하라.

(b) 순환을 한 번 거쳤을 때 액화되는 유체의 분율을 x 라고 하자. 다음 식이 성립함을 보여라.

$$x = \frac{H_{\text{out}} - H_{\text{in}}}{H_{\text{out}} - H_{\text{liq}}}$$

여기서 H_{in}은 열교환기로 들어가는 압축기체 1몰의 엔탈피, H_{out}은 열교환기로부터 나오는 저압 기체 1몰의 엔탈피이고, H_{liq}은 생성된 액체 1몰의 엔탈피이다.

(c) 표 4.5의 데이터를 사용해서, 1바와 100바 사이에서 작동하는 햄슨-린데 순환을 한 번 거쳤을 때 액화되는 질소의 분율을 계산하라. 주입되는 질소의 온도는 300 K 라고 하자. 열교환기가 완벽하게 작동해서, 그것을 빠져나오는 저압 기체의 온도가 들어가는 고압 기체의 온도와 같다고 가정하라. 주입되는 질소의 온도가 200 K 일 때 계산을 반복하라.

절대영도를 향하여

대기압에서 액체 헬륨은 4.2 K 에서 끓는다. 압력이 낮아지면 끓는점도 낮아지므로, 압력을 낮추기 위해서 헬륨증기를 뽑아내서 액체 헬륨의 끓는점을 더 낮추는 것은 어렵지 않다. 즉, 헬륨은 증발을 통해서 온도가 내려간다. 하지만 약 1 K 이하에서 이 방법은 실제적이지 않다. 왜냐하면, 미소량의 열이 새어 들어가더라도 헬륨의 온도가 상당히 상승하고, 최고의 진공상자조차도 이 열누출을 보상할 정도로 신속하게 증기를 뽑아낼 수 없기 때문이다. 정상적인 끓는점이 겨우 3.2 K 인 희귀 동위원소 헬륨-3은 저압으로 펌핑하여 약 0.3 K 까지 냉각시킬 수 있다.

하지만 1 K 이면 충분히 찬 것 아닌가? 왜 온도를 더 낮추려고 애태우는가? 그것은 아마 놀랍게도, 헬륨의 상변환, 원자와 핵의 자기거동, 묽은 기체의 보즈-아인슈타인 응축을 포함하는 다양한 매혹적인 현상들이 반드시 밀리켈빈, 마이크로켈빈, 때로는 나노켈빈 영역에서만 일어나기 때문이다. 이런 현상들을 탐구하기 위해서 실험물리학자들은 극저온을 구현하는 또 다른 매혹적인 일련의 기술들을 발전시켜 왔다.*

1 K 로부터 수 밀리켈빈에 도달하기 위해 선택하는 방법은, 보통 그림 4.13에서 도식적으로 보인 헬륨 희석 냉장고(helium dilution refrigerator)이다. 여기서 냉각은 액체 ^{3}He 의 "증발"에 의해 일어난다. 하지만 진공으로 증발되는 대신, ^{3}He 는 더 흔한 동위원소인 ^{4}He 액체통(섞임상자)에서 용해된다. 1 K 이하에서 두 동위원소들은 상대적이긴 하지만 거의 물과 기름처럼 서로 섞이지 않는다. 약 0.1 K 이하에서는 ^{4}He 는 순수한 ^{3}He 에 본질적으로 전혀 용해되지 않는 반면에, 순수한 ^{4}He 에서는 소량이지만 약 6%의 ^{3}He 가 용해된다. 이것이, ^{3}He 가 ^{4}He 로 연속적으로 용해되면서("증발되면서") 열을 흡수하는, "섞임상자" 안에서 일어나는 일이다. 그런 후 ^{3}He 는 열교환기를 통과해서 0.7 K 의 "증류기"로 확산된다. 증류기에서 ^{3}He 는 통상적인 의미에서 증발을 한다. ^{4}He 는 과정 전반에 걸쳐 본질적으로 불활성적이다. 즉, 이 온도범위에서 ^{4}He 는 "초유체(superfluid)"여서 ^{3}He 원자들의 확산에 대한 저항은 무시할 만하고, 또한 ^{3}He 보다 덜 휘발성이기 때문에 증류기에서 거의 증발하지 않는다. 증류기에서 증발된 후에 기체 ^{3}He 는 압축되고, 별개의 ^{4}He 액체통을 지나면서 다시 액체로 냉각되어, 열교환기를 통과해서 섞임상자로 다시 보내진다.

---

* 1 K 이하의 온도를 구현하는 방법들에 대한 개관은 다음을 참조하라: Olli V. Lounasmaa, "Towards the Absolute Zero," Physics Today **32**, 32–41 (December, 1979). 헬륨 희석(dilution) 냉장고에 대한 더 자세한 정보는 다음을 참조하라: John C. Wheatley, American Journal of Physics **36**, 181-210 (1968).

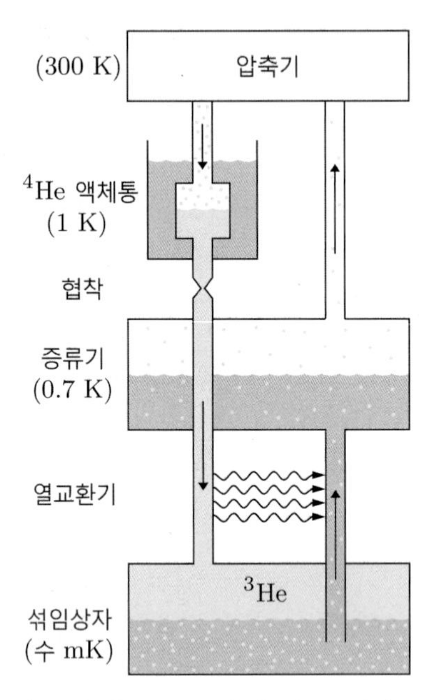

그림 4.13. 헬륨 희석 냉장고의 도식. ^{3}He(옅은 색)가 작동물질이며, 반시계방향으로 순환한다. ^{4}He(짙은 색)는 순환하지 않는다.

밀리켈빈에 도달하는 또 다른 대안은, 상자성 물질의 물성에 기반한 자기냉각(magnetic cooling)이다. 3.3절에서 보았듯이, 이상적인 두 상태 상자성체의 총자기화가 자기장의 세기 B 대 온도의 비에 대한 함수라는 사실을 상기하라.

$$M = \mu(N_\uparrow - N_\downarrow) = N\mu \tanh\left(\frac{\mu B}{kT}\right) \tag{4.21}$$

(입자당 두 가지 이상의 상태들을 갖는 이상 상자성체의 경우에 이 식은 더 복잡하지만, 정성적으로는 동일한 거동을 보여준다.) 기본쌍극자가 전자인 전자상자성체에 대해서, 자기장이 1 T이고 온도가 1 K일 때 $M/N\mu = 0.59$이다. 즉, 쌍극자 중 상당 수가 위를 향한다(자기장 방향). 이제 이런 상태에 있는 계로부터 출발해서, 어떤 열도 유입되지 않도록 하고 자기장의 세기를 줄여간다고 하자. 위상태와 아래상태의 분포는 변하지 않을 것이므로 총자기화도 고정되고, 따라서 자기장의 세기가 감소하면 온도도 감소해야만 한다. 자기장이 인수 1,000만큼 감소하면, 온도도 그만큼 감소한다.

이 과정을 잘 시각화하는 방법을 그림 4.14가 보여준다. 그림에서는 두 가지의 다른 자기장의 세기에서 엔트로피를 온도의 함수로 보여준다. 자기장의 세기가 영이 아닐 때는 항상 온도가 영으로 갈 때 엔트로피도 영으로 가고, 충분히 높은 온도에서는 엔트로피가

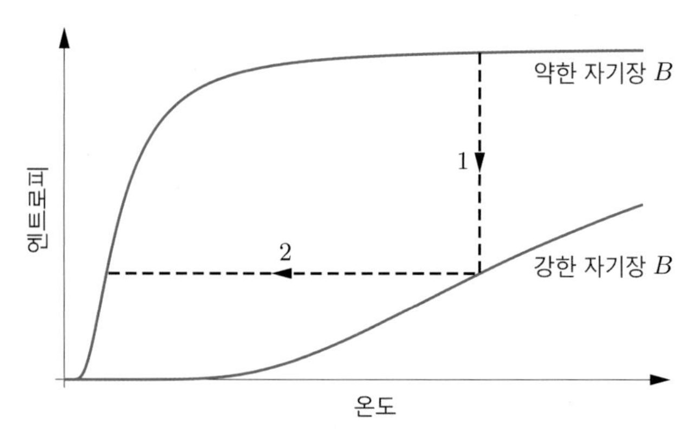

그림 4.14. 이상적인 두 상태 상자성체에서 온도에 대한 엔트로피 그래프. 두 가지 다른 값의 자기장의 세기에서 그려졌다. (이 그래프들은 문제 3.23에서 유도한 식으로부터 작도한 것이다.) 자기냉각 과정은 자기장 세기의 등온 증가(단계 1)와 단열 감소(단계 2)로 구성된다.

영이 아닌 어떤 상수값으로 간다. 엔트로피가 영인 것은 모든 쌍극자들이 한 방향을 가리킨다는 것을 의미하고, 영이 아닌 때는 쌍극자의 정렬이 마구잡이라는 것을 의미한다. 자기장이 세어질수록 자기장에 정렬하려는 경향이 더욱 커지고, 따라서 온도의 함수로서 엔트로피는 더욱 점진적으로 증가한다. 자기냉각 과정에서는 먼저 시료를 액체헬륨통과 같은 일정온도 "열원"과 충분히 열접촉을 시킨다. 그런 후 온도를 고정시키고 자기장을 증가시켜 시료의 엔트로피를 떨어트린다. 그 다음엔 시료를 열원으로부터 떼어놓고 자기장을 줄여주는데, 이렇게 하면 일정한 엔트로피에서 온도만 떨어지게 된다. 자기냉각 과정은 이상기체를 단열팽창 후 등온압축하여 냉각시키는 과정과 유사하다.

하지만 위의 단계 2에서 자기장의 세기를 왜 그저 줄이기만 하는가? 왜 완전히 영으로 보내지 않는가? 그렇게 하면, 식 (4.21)에 따라 자기화 M을 일정하게 유지하기 위해서 상자성체의 온도는 절대영도로 가야만 할 것이다. 하지만, 아마 짐작하겠지만 절대영도를 성취하는 것이 그렇게 쉽지는 않다. 이 경우에 문제는, 어떤 상자성체도 아주 낮은 온도에서는 진정으로 이상적이지 않다는 사실이다. 즉, 기본쌍극자들은 서로 상호작용하며 유효한 자기장을 만들어내는데, 이 자기장은 외부자기장이 없을 때도 존재한다. 이 상호작용의 세부사항에 의존하여, 쌍극자들은 자신들의 가장 가까운 이웃 쌍극자들과 평행하거나 반평행하게 정렬한다. 어떤 정렬이든, 마치 외부 자기장이 존재하는 것처럼 계의 엔트로피는 거의 영으로 떨어진다. 가능한 가장 낮은 온도에 도달하려면, 상자성 물질은 이웃하는 쌍극자 사이의 상호작용이 극도로 약한 것이라야 한다. 전자상자성체의 경우에, 자기냉각을 통해 도달할 수 있는 가장 낮은 온도는 약 1 mK 이다(문제 4.35).

핵상자성체에서는 쌍극자-쌍극자 상호작용이 훨씬 약하기 때문에, 훨씬 낮은 온도를 구현할 수 있다. 다만 기억해야 할 것은, 한 스핀 정렬이 다른 정렬들보다 유의미하게 주도적이도록 더 낮은 온도에서 출발해야 한다는 것이다. 첫 핵자기냉각 실험은 1 μK 을 달성했고, 그 이후에 수년마다 누군가가 기술을 향상시켜서 훨씬 더 낮은 온도들을 구현해온 것으로 보인다. 1993년 헬싱키 대학의 연구진들은 로듐(Rh)의 핵자기냉각을 이용해서 280피코켈빈, 즉 2.8×10^{-10} K 정도의 저온을 구현했다.*

한편, 다른 실험물리학자들은 완전히 다른 기술을 사용해서 극저온을 구현했다. 레이저 냉각(laser cooling)이 그것이다. 여기서 계는 액체나 고체가 아니라, 묽은 기체라고 할 수 있는 것이다. 이것은 매우 낮은 밀도로 인해서 고체로 응집되지 않는, 작은 구름을 이루는 원자들이다.

어떤 원자를 더 높은 에너지 상태로 흥분시키는 정확한 진동수에 조율된 레이저 빛으로 그 원자를 맞춘다고 상상해보자. 원자는 광자 하나를 흡수하면서 에너지를 얻을 것이고, 그런 후 같은 진동수를 갖는 광자 하나를 자발방출(spontaneous emission)하면서 순식간에 그 에너지를 잃는다. 광자는 에너지뿐만 아니라 운동량도 동반하므로, 원자가 광자를 흡수하거나 방출할 때마다 원자는 되튄다. 하지만 레이저로부터 오는 광자들은 모두 한 방향에서 오는 반면, 방출되는 광자들은 모든 방향으로 방출된다(그림 4.15). 결국 원자는, 평균적으로 레이저가 지나가는 방향으로 힘을 느낀다.

이제 레이저를 약간 낮은 진동수(긴 파장)에 조율시킨다고 하자. 정지한 원자는 이 진동수의 광자를 거의 흡수하지 않기 때문에, 힘을 거의 느끼지 않는다. 하지만 레이저를 "향해" 움직이는 원자는 도플러 효과로 인해 좀 더 높은 진동수의 빛을 볼 것이다. 따라서 그런 원자는 많은 광자들을 흡수하고, 움직이는 방향과 반대 방향을 향하는 역방향의 힘을 느낀다. 레이저로부터 멀어지는 원자는 정지한 원자보다 훨씬 더 작은 힘을 느끼겠지만, 동일한 레이저를 반대편에 놓고 그 원자를 조준하면 그 원자도 역시 역방향의 힘

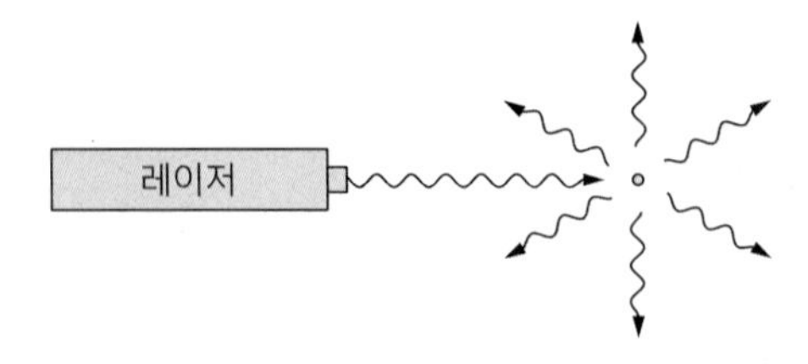

그림 4.15. 레이저 빛을 간헐적으로 흡수하고 재방출하는 원자는 레이저 빛이 지나가는 방향으로 힘을 느낀다. 흡수되는 광자들은 모두 한 방향에서 오는 반면, 방출되는 광자들은 모든 방향으로 나아가기 때문이다.

---

* Pertti Hakonen and Olli V. Lounasmaa, *Science* **265**, 1821-1825 (23 September, 1994).

을 느낀다. 레이저빔이 여섯 개의 방향으로부터 오도록 배치하면, 원자가 어느 방향으로 움직이든 역방향의 힘을 가해 원자들의 운동을 거스르게 할 수 있다. 레이저빔들이 조준하는 영역에 수천 개 혹은 수백만 개의 원자들을 놓으면, 원자들은 모두 늦춰지고 아주 낮은 온도로 냉각될 수 있다.

하지만 매우 느린 속력에서도, 용기의 중앙을 향하도록 원자들을 가두는 추가적인 힘이 없다면, 원자들은 용기의 뜨거운 벽을 신속하게 때리거나 혹은 바닥으로 떨어질 것이다. 그런 가두는 힘(trapping force)은 비균일한 자기장으로 만들 수 있는데, 비균일 자기장을 이용해서 원자의 에너지준위를 이동시키고 원자들이 있는 위치에 따라 광자를 흡수하는 경향이 달라지게 할 수 있다. 레이저냉각과 가둠을 조합하면, 액체 헬륨이나 통상적인 진공장비를 다루는 번거로움을 피하고도, 원자구름을 약 1 mK 까지 냉각시킬 수 있다. 한층 더 정교해진 이 기술은 최근에 마이크로켈빈과 나노켈빈 범위의 온도에 도달하는데 사용된 바가 있다.*

문제 4.35. 한 쌍극자에 의한 자기장의 세기는 대략 $(\mu_0/4\pi)(\mu/r^3)$ 이다. 여기서 r 은 쌍극자로부터의 거리이고, μ_0 는 "진공의 투자율"로서 국제단위로 $4\pi \times 10^{-7}$ 의 값을 갖는다. (식에서 방향에 따른 세기의 변화를 무시했는데, 기껏해야 인수 2 정도의 크기이다.) 각 쌍극자의 자기모멘트 μ 가 근사적으로 1보어마그네톤(9×10^{-24} J/T)이고, 쌍극자들이 1 nm 간격으로 떨어져있는, iron ammonium alum과 같은 상자성염을 고려하자. 쌍극자들이 통상적인 자기력으로만 상호작용한다고 가정하라.

(a) 자신의 이웃 쌍극자들로 인해 한 쌍극자의 위치에 만들어지는 자기장의 세기를 추정하라. 이것이 외부 자기장이 없더라도 존재하는 유효자기장의 세기이다.

(b) 이 물질을 사용하는 자기냉각 실험이 외부자기장의 세기가 1 T 에서 시작된다면, 외부자기장을 껐을 때, 온도는 근사적으로 얼마만한 인수만큼 감소하는가?

(c) 외부자기장이 없을 때, 이 물질의 엔트로피가 온도의 함수로 가장 가파르게 증가하는 온도를 추정하라.

(d) 한 냉각실험에서 달성한 최종온도가 (c)에서 구한 온도보다 현저히 작다면, 그 물질은 $\partial S/\partial T$ 가 매우 작아서 열용량도 매우 작은 그런 상태에 머무는 것이다. 이 물

---

* 레이저냉각과 그 응용에 관련된 기초적인 보고서는 다음을 참조하라: Steven Chu, "Laser Trapping of Neutral Particles," *Scientific American* **266**, 71-76 (February, 1992). 중성원자들의 가둠과 관련된 논문들의 참고문헌 목록은 다음 논문에서 편집된 바가 있다: N. R. Newbury and C. Wieman, *American Journal of Physics* **64**, 18-20 (1996).

질을 사용해서 그런 낮은 온도에 도달하려고 하는 것이 왜 실제적이지 않겠는지 설명하라.

문제 4.36. 레이저냉각으로 성취될 수 있는 온도의 분명한 한계는, 원자가 한 광자를 흡수하거나 방출하면서 얻는 원자의 되튐 에너지가 원자의 총운동에너지와 비슷할 때 온다. 파장이 780 nm 인 레이저 빛을 사용해서 루비듐(Rb) 원자를 냉각시키고자 할 때, 이 한계온도를 대략적으로 추정하라.

문제 4.37. 열역학 제삼 법칙을 진술하는 통상적이긴 하지만 정확하지는 않은 방식은, "절대영도에는 도달할 수 없다"이다. 3.2절에서 진술된 바와 같이, 다양한 냉동기술들이 달성할 수 있는 낮은 온도를 제삼 법칙이 어떻게 제한하는지를 논의하라.

이 원리에 따르면, 열을 생성하는 것만으로는 밀고 나아가는 동력의 원인이 되기에는 충분하지 않다. 찬 것도 있어야만 한다. 그것이 없이는 열은 쓸모가 없을 것이다.

–카르노(Sadi Carnot), *Reflections on the Motive Power of Fire*, trans. R. H. Thurston (Macmillan, New York, 1890).

자유에너지와 화학열역학

앞 장에서 다루었던 열기관과 냉장고는 긴 시간동안에는 계의 에너지와 엔트로피가 변화가 없는 순환과정이 일어나는 예들이다. 앞 장에서는 이러한 순환과정에서 열역학법칙들이 어떻게 적용되는지 살펴보았다. 하지만 순환과정은 아니더라도 중요한 열역학과정의 예들이 또한 많이 존재한다. 예컨대, 화학반응은 열역학법칙들의 제한을 받지만, 계의 나중상태는 처음과 달라진다.

이 장의 목적은 물질의 화학반응과 다른 변환들에 열역학법칙들을 적용하고자 하는 것이다. 여기서 당장 봉착하게 되는 복잡한 문제가 있는데, 그것은 이 변환이 일어나는 계가 고립되어 있지 않고, 열적으로, 때로는 역학적으로도, 외부환경과 상호작용한다는 것이다. 계의 에너지 자체는 대개 일정하게 유지되지 않는다. 오히려 외부환경과의 상호작용을 통해 대개 온도가 일정하게 유지되는 경우가 많다. 마찬가지로, 많은 경우에 계의 부피보다는 압력이 일정하게 유지된다. 따라서 우리의 첫 과제는 온도와 압력이 일정한 열역학 과정을 이해하는데 필요한 개념적 도구를 개발하는 것이다.

5.1 자유에너지 – 일로 회수할 수 있는 에너지

1.6절에서 계의 엔탈피는 계의 에너지와 일정한 압력에서 계가 차지하는 공간을 만드는데 필요한 일의 합으로 정의하였다.

$$H \equiv U + PV \tag{5.1}$$

이 양은 무(無)로부터 계를 창조해서(U) 계가 위치한 공간에 놓고자 할 때(PV) 필요한 에너지의 총합이다. 계가 존재하지 않을 때와 존재할 때의 부피의 변화는 바로 계의 부피이므로 $\Delta V = V$이다. 달리 표현하자면, 엔탈피는 존재하는 계를 완전히 소멸시켰을 때 회수할 수 있는 총에너지이기도 하다. 즉, 이 양은 계의 에너지와 계의 공간을 붕괴하는데 환경이 하는 일을 합한 값이다.

하지만 위에서 언급한 총에너지가 관심 대상이 아닌 경우가 종종 있다. 온도가 일정한 환경에서는 환경으로부터 계로 열이 저절로 유입된다. 따라서 무에서 계를 창조하는데 필요한 에너지는 추가적인 일 뿐이다. 계를 소멸시키는 경우라면 모든 에너지를 일로 회수하는 것은 일반적으로 불가능하다. 엔트로피를 버리기 위해서 환경으로 열을 방출해야 하기 때문이다.

그래서 엔탈피와 마찬가지로, 에너지와 관련 있으면서도 더 쓸모 있는 두 가지 양을 도입할 필요가 있다. 그 하나는 헬름홀츠 자유에너지(Helmholtz free energy)이다.

$$F \equiv U - TS \tag{5.2}$$

이것은 계를 창조하는데 필요한 에너지 U에서 온도 T인 환경으로부터 저절로 유입되는 열을 뺀 양이다. 계의 최종 엔트로피를 S라고 할 때 이 열은 $T\Delta S = TS$에 해당된다. 계의 엔트로피가 클수록 더 많은 열이 에너지로써 유입되어야 한다. 따라서 F는 무에서 계를 창조할 때 일로 공급해야 하는 에너지다.* 혹은, 존재하는 계를 소멸시키는 경우라면, 계의 엔트로피를 버리기 위해 환경으로 방출되는 TS의 열을 제외한 일로 회수될 수 있는 에너지가 F이다. '얻을 수 있는', 혹은 '방출되는' 에너지가 헬름홀츠 자유에너지 F인 것이다.

위 단락에서 언급한 '일'은 환경이 계에 한 일을 포함한 모든 유형의 일을 의미한다. 계가 일정한 온도와 일정한 압력 하에 있다면, 계를 창조하기 위해 해주어야 하는 일, 혹은 계를 소멸시켰을 때 회수할 수 있는 일은 깁스 자유에너지(Gibbs free energy)로 주어진다.

$$G \equiv U - TS + PV \tag{5.3}$$

그림 5.1. 마법사가 무에서 토끼 한 마리를 창조해서 그것을 탁자 위에 올려놓기 위해서 엔탈피 전량($H=U+PV$)을 공급해야 할 필요는 없다. TS에 해당되는 에너지는 환경으로부터 열로써 저절로 유입된다. 따라서 마법사에게 필요한 에너지는 일로 공급해야 하는 차이 값인 $G=H-TS$이다.

---

* 계를 창조하는 맥락일 때, '자유(공짜)에너지'는 오해의 소지가 있는 용어다. 공짜로 얻는 에너지는 F를 정의할 때 빼주었던 TS이다. 이 맥락으로 보면 F는 '비용으로 치러야 할 에너지'로 부르는 것이 옳다. 용어를 고안했던 사람은 반대의 과정을 고려했던 것이다. 즉, 계를 소멸할 때 F는 당신이 회수하는 일에너지에 해당되기 때문이다.

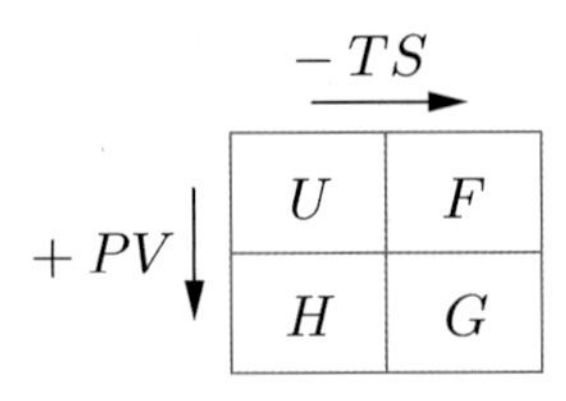

그림 5.2. U로부터 H, 혹은 F로부터 G를 얻기 위해서는 PV를 더한다. 한편, U로부터 F, 혹은 H로부터 G를 얻기 위해서는 TS를 뺀다.

여기서 '일'이란 환경이 저절로 해주거나 환경으로 회수되는 일을 제외한 양이다. 즉, 이 양은 계의 에너지에서 F에 포함된 열에너지를 빼고, H에 포함된 환경에 한 일을 더한 것이다(그림 5.1).

네 가지의 함수 U, H, F, G는 열역학 퍼텐셜(thermodynamic potential)이라고 부른다. 그림 5.2는 그 정의들을 기억하는데 쓸모 있는 도표를 보여준다.

물론, 대개 우리가 다루는 과정들은 계를 창조하거나 소멸하는 것과 같은 과격한 경우들은 아니다. F나 G 자체보다는 이 양들의 변화량을 구하는 것에 관심을 두는 경우가 더 많다.

일정한 온도에서 일어나는 어떤 과정에서도 F의 변화는 다음과 같이 쓸 수 있다.

$$\Delta F = \Delta U - T\Delta S = Q + W - T\Delta S \tag{5.4}$$

여기서 Q는 유입된 열이고 W는 계에 하여진 일이다. 과정동안 새로운 엔트로피가 발생하지 않는다면 $Q = T\Delta S$이고, F의 변화량은 계에 하여진 일과 정확히 같다. 하지만 새로운 엔트로피가 발생한다면 $T\Delta S \geq Q$일 것이고, 결과적으로 ΔF는 W보다 작은 값을 갖는다. 따라서 일정한 온도에서 일반적으로 다음 식이 성립한다.

$$\Delta F \leq W \quad (\text{일정한 } T\text{에서}) \tag{5.5}$$

여기서 W는 계가 팽창하거나 혹은 환경이 붕괴되면서 자동적으로 하여진 어떤 일들도 포함해서, 계에 하여진 모든 일들을 의미한다.

계의 압력이 환경과 같은 값으로 일정하게 유지되고, 환경이 자동적으로 해주는 일을 추적하는 데에 관심을 두지 않는다면, F 대신에 G를 고려하는 것이 편리하다. 온도와 압력이 일정한 조건에서 일어나는 어떠한 과정에서도 G의 변화량은 다음과 같이 쓸 수 있다.

$$\Delta G = \Delta U - T\Delta S + P\Delta V = Q + W - T\Delta S + P\Delta V \tag{5.6}$$

식 (5.5)의 유도 과정에서도 언급했듯이, $Q-T\Delta S \le 0$가 항상 성립한다. 한편, 여기서 W는 환경이 하는 일($-P\Delta V$)과, 전기적인 일처럼 그밖에 계에 가해진 모든 "다른" 유형의 일들을 포함한다.

$$W = -P\Delta V + W_{다른} \tag{5.7}$$

이 두 가지 사실을 식 (5.6)에 적용하면 다음과 같이 쓸 수 있다.

$$\Delta G \le W_{다른} \quad (\text{일정한 } T\text{와 } P\text{에서}) \tag{5.8}$$

자유에너지가 이처럼 쓸모 있는 양이기에, 많은 다양한 화학반응과 다른 과정들에 대해서 ΔG의 측정값들을 자료표로 만들어 사용하고 있다. ΔG를 측정하는 방법들은 여러 가지가 있다. 개념적으로 가장 쉬운 방법은, 우선 일정한 압력에서 환경이 저절로 하는 일 외에 "다른" 일이 가해지지 않는 과정에서 유입되는 열을 측정함으로써 ΔH를 측정하는 것이다. 그 다음에 3.2와 3.4절에서 언급한 비열 자료를 사용해서, 계의 처음과 나중상태 사이의 ΔS를 계산한다. 마지막으로, 정의에 따라 다음과 같이 ΔG를 계산하면 된다.

$$\Delta G = \Delta H - T\Delta S \tag{5.9}$$

선정된 화합물과 용액들에 대해서, $T = 298\ \text{K}$, $P = 1$ 바에서 그것들이 생성될 때의 ΔG 값이 책 말미의 표에 주어져 있다. 다른 반응들에 대해서는 반응물들이 우선 기본적인 구성 원소들로 변환되고, 이것들이 다시 생성물로 변환된다고 상상하여 ΔG의 값을 계산할 수 있다.

U와 H처럼 F와 G가 절대적인 값을 갖으려면, 입자들의 정지에너지(mc^2)를 포함한 '모든' 에너지를 포함시켜야 할 것이다. 일상적인 상황에서는 이것은 어리석은 일일 뿐이다. 따라서 그 대신에 U에 대해서 어떤 편리하지만 임의로 정한 기준점을 도입한다. 이 기준점은 H, F, G에 대한 기준도 제공하게 된다. 이 양들의 '변화량'은 선택된 기준점의 영향을 받지 않는다. 우리는 대개 변화량에만 관심을 갖기 때문에, 실제로 기준점을 정하는 것조차도 생략할 수 있을 때가 많다.

문제 5.1. 실온대기압에 있는 아르곤 기체 1몰의 계에 대해서 총에너지, 엔트로피, 엔탈피, 헬름홀츠 자유에너지, 깁스 자유에너지를 계산하라. 단, 여기서 총에너지는 운동에너지만을 고려하고 원자의 정지에너지는 무시하라. 모든 답의 단위를 국제단위로 하라.

문제 5.2. 표준상태($T = 298$ K, $P = 1$ 바)에서 질소와 수소로부터 암모니아가 생성되는 반응을 고려하자.

$$N_2 \quad + \quad 3H_2 \quad \rightarrow \quad 2NH_3$$

책 말미의 표에 있는 ΔH와 S의 값을 사용해서 이 반응의 ΔG를 구하고, 이 값이 표에 실린 값과 같은지 확인하라.

전기분해, 연료전지, 전지

ΔG를 활용하는 예로서 물이 수소기체와 산소기체로 변환되는 전기분해 과정을 고려하자(그림 5.3). 물 1몰로 시작해서 수소 1몰과 산소 0.5몰을 얻는다고 가정하자.

$$H_2O \quad \rightarrow \quad H_2 \quad + \quad \frac{1}{2}O_2 \tag{5.10}$$

표준자료표에 따르면 표준상태에서 이 반응의 ΔH는 286 kJ이다. 이 양은 수소 1몰이 연소되는 역반응이 일어난다면 당신이 얻게 될 열량이기도 하다. 물 1몰로부터 수소와 산소를 얻으려면 어떤 방법으로든 이만큼의 에너지를 계에 인가하여야 한다. 286 kJ의 에너지 중에서 기체들이 들어설 공간을 만드는데 필요한 에너지는 작은 양이다; $P\Delta V =$ 4 kJ. 나머지 282 kJ은 계에 남는다(그림 5.4). 어쨌든, 필요한 에너지 286 kJ은 전량을

그림 5.3. 물을 수소와 산소로 분해하기 위해서는 그저 물에 전류를 흘려주기만 하면 된다. 가정에서도 할 수 있는 이 실험에서는 전극으로 연필심(흑연)을 사용한다. 너무 작아서 눈으로는 보기 어렵겠지만, 음극(왼쪽)에 수소기체 방울이 형성되고 양극(오른쪽)에는 산소기체 방울이 형성된다.

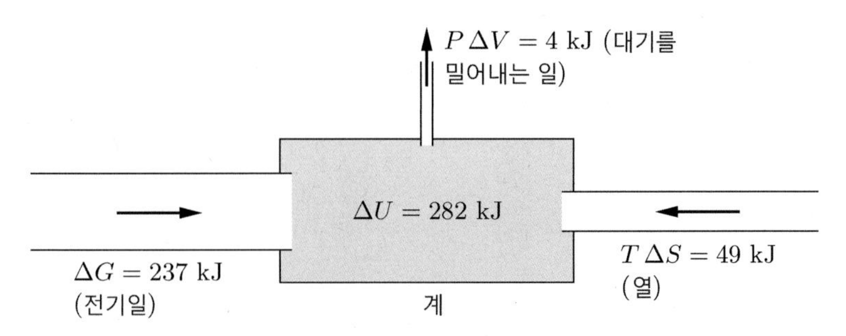

그림 5.4. 물 1몰의 전기분해에 대한 에너지-흐름 도표. 이상적인 조건이라면, 에너지 49 kJ은 열($T\Delta S$)로써 유입되고, 237 kJ만이 전기일로 유입된다; $\Delta G = \Delta H - T\Delta S$. ΔH와 ΔU의 차이는 생성된 기체들이 차지하는 공간을 만드는데 필요한 일에너지인 $P\Delta V = 4$ kJ이다.

일로 공급해야 하는가, 혹은 일부를 열로 공급할 수도 있는가?

이 질문에 답하기 위해서는 계의 엔트로피의 변화를 고려해야 한다. 표로부터 읽을 수 있는 각 물질의 엔트로피는 다음과 같다.

$$S_{H_2O} = 70\ \text{J/K};\quad S_{H_2} = 131\ \text{J/K};\quad S_{O_2} = 205\ \text{J/K} \tag{5.11}$$

즉, $(131 + \frac{1}{2}\cdot 205) - 70$으로부터 계의 엔트로피가 163 J/K 만큼 증가하는 것을 알 수 있다. 따라서 계에 유입되는 열의 최댓값은 $T\Delta S = (298\ \text{K})(163\ \text{J/K}) = 49$ kJ이다. 이로부터 "다른" 일인 전기에너지로 계에 해주어야 할 일은 $286 - 49 = 237$ kJ이 됨을 알 수 있다.

이 양 237 kJ은 계의 깁스 자유에너지의 변화량과 같다. 즉, 이 양은 반응이 일어나기 위해 계에 해주어야 할 "다른" 일의 최솟값이다. 계산을 정리하면 다음과 같다.

$$\begin{aligned} \Delta G &= \Delta H - T\,\Delta S \\ 237\ \text{kJ} &= 286\ \text{kJ} - (298\ \text{K})(163\ \text{J/K}) \end{aligned} \tag{5.12}$$

책 말미의 자료와 같은 일반적인 표준자료표는 이런 계산을 할 필요가 없도록 편의를 위해 이미 ΔG 값을 포함하고 있다.

역과정에도 ΔG를 적용할 수 있다. 어떤 제어 방법으로 수소와 산소를 결합시켜 물을 생성한다면, 원리적으로 수소 1몰 당 237 kJ의 전기적 일을 추출할 수 있다. 이것이 바로 앞으로 현재의 자동차 엔진을 대체하게 될지도 모르는 연료전지(fuel cell)의 원리이다(그림 5.5).* 이 전기적 일을 생성하는 과정에서 기체와 함께 유입된 잉여 엔트로피를 배출

* 다음 논문을 참조하라: Kartha and Patrick Grimes, "Fuel Cells: Energy Conversion for the Next Century," *Physics Today* **47**, 54-61 (November, 1994).

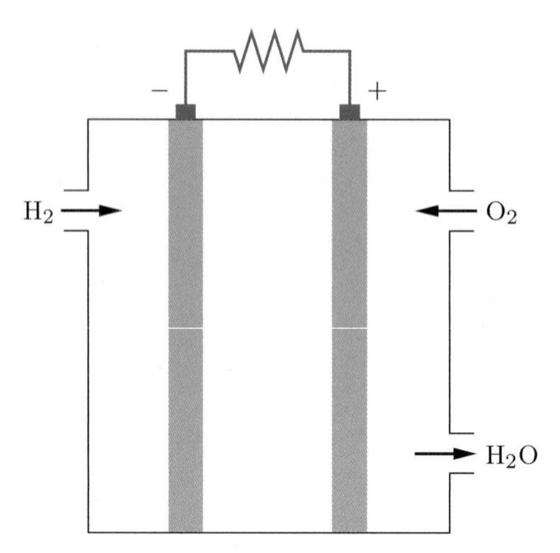

그림 5.5. 수소연료전지 내에서 수소와 산소 기체가 다공질 전극을 통과하면서 반응하여 물이 생성된다. 반응 동안에 음극에서는 전자가 쌓이고 양극에서는 전자가 제거된다. 회로가 연결되면, 전자는 음극으로부터 나와서 회로를 통해 양극으로 이동한다.

하기 위해서 연료전지는 49 kJ의 폐열을 방출할 것이다. 이 폐열은 수소를 연소하여 열기관을 작동할 때 생성되는 열에너지 286 kJ의 17%에 불과하다. 따라서 이상적인 수소연료전지의 효율은 83%가 된다. 이 값은 어떤 실제 열기관보다도 나은 효율이다. (실제로 폐열은 좀 더 많이 발생되고, 그래서 효율은 좀 더 작은 값을 가질 것이다. 하지만 전형적인 연료전지는 여전히 거의 모든 기관보다도 우월하다.)

비슷한 분석을 통해서 전지의 전기에너지 출력도 구할 수 있다. 전지는 연료전지와 비슷하나 기체상태가 아닌 한정된 내부 연료공급원을 갖는다는 점에서 차이가 있을 뿐이다. 예컨대, 차량용 전지로 흔히 사용되는 납축전지(lead-acid cell)에서는 다음과 같은 반응이 일어난다.

$$\mathrm{Pb} + \mathrm{PbO_2} + 4\,\mathrm{H^+} + 2\,\mathrm{SO_4^{2-}} \rightarrow 2\,\mathrm{PbSO_4} + 2\,\mathrm{H_2O} \qquad (5.13)$$

자료표에 따르면, 온도와 압력의 표준상태와 용액의 표준농도(1 kg의 물에 용질 1몰이 용해된 농도)에서 이 반응의 ΔG는 −394 kJ/mol이다. 따라서 이 조건에서 납 1몰당 생성되는 전기일은 394 kJ이다. 한편, 이 반응의 ΔH는 −316 kJ/mol로 이 반응에서 소모되는 화학에너지는 반응으로 얻는 전기일보다 78 kJ만큼 작다. 이 차이는 환경으로부터 유입되는 열이 충당한다. 물론, 열과 함께 엔트로피가 유입되지만 문제가 되지 않는다. 생성물이 반응물보다 바로 이만큼의 엔트로피가 크기 때문이다: (78 kJ)/(298 K) = 260 J/K/mol. 전지에서의 에너지-흐름 도표를 그림 5.6이 보여준다. 전지를 충전할 때는

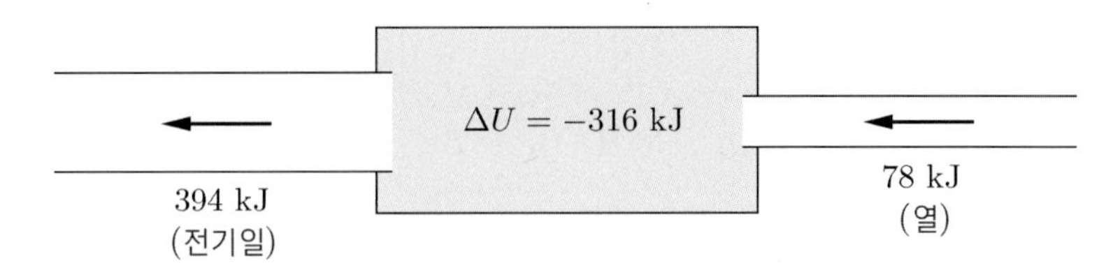

그림 5.6. 이상적인 납축전지의 에너지-흐름 도표. 반응물질 1몰당 계의 에너지는 316 kJ 감소하고 엔트로피는 260 J/K 증가한다. 엔트로피 증가는 환경으로부터 유입되는 78 kJ의 열에 기인한다. 따라서 전지가 하는 일의 최댓값은 394 kJ이다. (반응에서 기체가 간여하지 않기 때문에 부피의 변화는 무시할만하다. 즉, $\Delta U \approx \Delta H$, $\Delta F \approx \Delta G$이다.)

위 반응이 역방향으로 일어나고, 방전된 전지는 초기 상태로 돌아간다. 충전과정에서 전지는 엔트로피와 함께 78 kJ의 열을 환경으로 배출한다.

반응분자들이 몇 개의 전자를 회로로 밀어내는지를 알면 전지나 연료전지의 기전력을 계산하는 것도 가능하다. 다만, 그러려면 반응의 화학을 좀 더 자세히 들여다봐야 한다. 납축전지에서 반응 식 (5.13)은 다음의 세 단계로 일어난다.

$$\begin{aligned} \text{전해용액: } & 2\,SO_4^{2-} + 2\,H^+ \rightarrow 2\,HSO_4^- ; \\ \text{음극: } & Pb + HSO_4^- \rightarrow PbSO_4 + H^+ + 2e^- ; \\ \text{양극: } & PbO_2 + HSO_4^- + 3H^+ + 2e^- \rightarrow PbSO_4 + 2H_2O \end{aligned} \tag{5.14}$$

따라서 연결된 전체 반응이 한 번 일어날 때마다 2개의 전자가 회로로 공급된다. 생성된 전기에너지를 전자 1개당으로 계산하면 다음과 같다.

$$\frac{394\ \text{kJ}}{2 \cdot 6.02 \times 10^{23}} = 3.27 \times 10^{-19}\ \text{J} = 2.04\ \text{eV} \tag{5.15}$$

1 eV의 에너지는 전자 1개가 1 V로 가속될 때 얻는 에너지이다. 따라서 전지의 기전력은 2.04 V가 된다. 실제로는 자료표의 조건으로 주어진 표준농도와는 차이가 있기 때문에, 기전력도 조금 다른 값을 갖는다. 한편, 차량용 전지는 납축전지 6개를 직렬로 조합하기 때문에 총기전력은 대략 12 V이다.

문제 5.3. 책 말미의 자료표를 사용해서 위의 납-산 반응에서 계산한 ΔH와 ΔG의 값을 확인하라.

문제 5.4. 수소연료전지에서 반응이 일어나는 단계들은 다음과 같다.

$$\text{음극}: H_2 + 2OH^- \rightarrow 2H_2O + 2e^-;$$

$$\text{양극}: \frac{1}{2}O_2 + H_2O + 2e^- \rightarrow 2OH^-$$

전지의 기전력을 계산하라. 물의 전기분해에 필요한 전압의 최솟값을 구하고 답을 간략하게 설명하라.

문제 5.5. 메탄(천연가스)을 연료로 하는 연료전지를 고려하자. 반응식은 다음과 같다.

$$CH_4 + 2O_2 \rightarrow 2H_2O + CO_2$$

(a) 책 말미의 자료표를 사용해서 메탄 1몰에 대한 반응의 ΔH와 ΔG의 값을 구하라.
(b) 이상적인 경우 메탄 1몰당 전기일을 얼마만큼 얻을 수 있는가?
(c) 메탄 1몰당 생성되는 열은?
(d) 이 반응을 단계별로 보면 다음과 같다.

$$\text{음극}: CH_4 + 2H_2O \rightarrow CO_2 + 8H^+ + 8e^-;$$

$$\text{양극}: 2O_2 + 8H^+ + 8e^- \rightarrow 4H_2O$$

전지의 기전력은 얼마인가?

문제 5.6. 근육은 글루코우스 대사로부터 일을 생성하는 연료전지로 간주할 수 있다.

$$C_6H_{12}O_6 + 6O_2 \rightarrow 6CO_2 + 6H_2O$$

(a) 책 말미의 자료표를 사용해서 글루코우스 1몰당 ΔH와 ΔG의 값을 구하라. 표준상태를 가정하라.
(b) 글루코우스 1몰이 소모될 때 이상적인 과정에서 근육이 하는 일의 최댓값은 얼마인가?
(c) 역시 이상적인 과정을 가정했을 때, 글루코우스 1몰이 대사되는 과정에서 흡수되거나 방출되는 열은 얼마인가? (열흐름의 방향을 분명히 밝히라.)
(d) 엔트로피의 개념을 사용해서 열흐름의 방향을 설명하라.
(e) 근육에서의 과정이 이상적이지 않다면 (b), (c)의 답들이 어떻게 바뀌겠는가?

문제 5.7. 글루코우스 대사는 여러 단계를 거치는데 결과를 요약하자면, ADP(adenosine diphosphate)와 인(phosphate) 이온으로부터 ATP(adenosine triphosphate) 분자 38개가 합성된다. ATP가 다시 ADP와 인으로 분리될 때 에너지가 방출되며, 이 에너지는 단백질 합성, 세포막을 투과하는 능동적 물질전달, 근육의 수축 등 많은 중요한 과정들에서 사용된다. 근육에서 이 분리과정은 근육섬유(muscle filament)에 붙어있는 미오신(myosin)이라는 효소에 의해 촉매된다. 이 과정에서 미오신 분자는 이웃 근육섬유를 잡아당겨서 근육이 수축되도록 한다. 미오신 분자가 가하는 힘의 크기는 약 4 pN이며, 힘의 범위는 약 11 nm이다. 이 자료와 이전 문제의 결과로부터 근육의 "효율"을 계산하라. 여기서 효율이란, 열역학법칙이 허용하는 일의 최댓값에 대한 실제 일의 비율이다.

열역학 항등식

어떤 한 조건 하에서 물질의 엔탈피나 자유에너지를 알고 있는데, 어떤 다른 조건에서 이 값들을 다시 구해야 하는 경우가 있다. 이때 종종 쓸모 있는 간편한 식들이 있다. 이 식들은 다음과 같은 에너지 U의 열역학 항등식과 닮은꼴로 주어진다.

$$dU = TdS - PdV + \mu dN \tag{5.16}$$

단지, U 대신에 H나 F, 혹은 G로 써지는 것이 다를 뿐이다.

H의 변화량에 대한 식을 유도하는 것으로 출발해보자. H, U, P, V가 무한소만큼 변한다고 상상하면, 정의 $H = U + PV$에 의해 다음 식이 성립한다.

$$dH = dU + PdV + VdP \tag{5.17}$$

마지막 두 항은 곱 PV의 변화량이며 곱에 대한 미분법을 따른 것이다. 이제 dU 대신에 식 (5.16)의 열역학 항등식을 대입하면, PdV 항이 상쇄되어 없어지고 다음 식을 얻는다.

$$dH = TdS + VdP + \mu dN \tag{5.18}$$

이것이 "H에 대한 열역학 항등식"이며 엔트로피, 압력, 입자들의 개수가 변할 때 엔탈피가 얼마나 변하는지를 말해준다.*

* U에 대한 열역학 항등식으로부터 변수 S, V, N이 함수 U의 가장 자연스러운 변수들이 된다는 것

같은 논리가 F나 G에도 적용될 수 있다. 헬름홀츠 자유에너지의 정의 $F=U-TS$로부터 다음 식이 성립한다.

$$dF=dU-TdS-SdT \tag{5.19}$$

그리고 이 식에 식 (5.16)을 삽입하여 TdS가 상쇄되면, 다음 식을 얻을 수 있다.

$$dF=-SdT-PdV+\mu dN \tag{5.20}$$

이 식을 "F에 대한 열역학 항등식"이라고 부르겠다. 이 식으로부터 편미분으로 표현되는 여러 가지 양들을 얻을 수 있다. 예컨대, V와 N을 고정하면 다음 식을 얻는다.

$$S=-\left(\frac{\partial F}{\partial T}\right)_{V,N} \tag{5.21}$$

마찬가지로, T와 N, 혹은 T와 V를 고정하고 미분하면 다음 식들을 얻는다.

$$P=-\left(\frac{\partial F}{\partial V}\right)_{T,N}, \qquad \mu=\left(\frac{\partial F}{\partial N}\right)_{T,V} \tag{5.22}$$

마지막으로 "G에 대한 열역학 항등식"은 다음과 같이 얻어진다.

$$dG=-SdT+VdP+\mu dN \tag{5.23}$$

이로부터 얻어지는 편미분식들은 다음과 같다.

$$S=-\left(\frac{\partial G}{\partial T}\right)_{P,N}, \quad V=\left(\frac{\partial G}{\partial P}\right)_{T,N}, \quad \mu=\left(\frac{\partial G}{\partial N}\right)_{T,P} \tag{5.24}$$

이 식들은 특히 비표준상태에서 G의 값을 계산하는데 매우 쓸모가 있다. 예컨대, 흑연 1몰의 부피는 $5.3\times10^{-6}\ \mathrm{m^3}$이기 때문에, 압력이 1 Pa 증가하면 G는 5.3×10^{-6} J 증가한다는 것을 알 수 있다.

여기에서는 모든 식에서 계가 같은 한 종류의 입자들로만 되어있다는 것을 암묵적으로 가정하였다. 계를 구성하는 입자들이 여러 가지 종류라면 모든 식에서 μdN 항을 $\sum\mu_i dN_i$로 대체해야 한다. 또한 N이 고정되었던 편미분에서는 다른 모든 N_i들이 고정

을 알 수 있다. 마찬가지로, H는 변수 S, P, N의 함수이다. 따라서 U에 PV를 더하는 것은 변수를 V에서 P로 바꾸는 것에 해당한다. 마찬가지로, TS를 빼는 것은 변수를 S에서 T로 바꾸게 한다. 전문용어로 이와 같은 변환을 르장드르 변환(Legendre transformation)이라고 한다.

되어야 한다. 그래서 N에 대한 편미분은 여러 개의 식이 된다. 즉, 두 종류의 입자들이 섞여있는 경우 다음 두 식이 원래의 식을 대체한다.

$$\mu_1 = \left(\frac{\partial G}{\partial N_1}\right)_{T,P,N_2}, \qquad \mu_2 = \left(\frac{\partial G}{\partial N_2}\right)_{T,P,N_1} \tag{5.25}$$

문제 5.8. G에 대한 열역학 항등식 (5.23)을 유도하고 그로부터 식 (5.24)의 편미분관계식들을 유도하라.

문제 5.9. 어떤 순수한 물질이 일정한 압력에서 고체로부터 액체, 그리고 기체로 변환될 때, 온도에 대한 G의 변화를 정성적으로 보여주는 그래프를 그려라. 그래프의 기울기를 신중하게 생각하라. 상변환 점들을 표시하고 그래프의 특성을 간략하게 논하라.

문제 5.10. 물 1몰이 25℃ 대기압 하에 있다. 온도를 30℃로 올릴 때 G가 얼마나 변하는지 책 말미의 자료표를 사용해서 답하라. 이 변화를 상쇄하는 한 방법은 물에 가해지는 압력을 증가시키는 것이다. 얼마의 압력을 가해야 하겠는가?

문제 5.11. 본문에서 묘사되었던 수소연료전지가 75℃ 대기압의 조건에서 작동된다고 하자. 책 말미의 실온에서의 자료만을 사용해서 전지가 하는 전기일의 최댓값을 추정하고자 한다. 우선 각 물질 H_2, O_2, H_2O에 대해 영점을 설정하는 것이 편리하다. 25℃에서 H_2와 O_2에 대한 G의 값을 0으로 하자. 그러면 25℃에서 물 1몰의 G는 -237 kJ이 된다.

(a) 이 기준을 사용해서, 75℃에서 H_2 1몰의 G 값을 추정하라. O_2와 H_2O에 대해서도 반복하라.

(b) (a)의 결과를 이용해서 75℃에서 수소연료 1몰을 소모했을 때 전지가 하는 전기일의 최댓값을 계산하라. 25℃에서 작동되는 전지의 이상적인 성능과 비교하라.

문제 5.12. 물리학에서 만나는 함수들은 일반적으로 거동이 충분히 근사한 함수들이기 때문에, 그것들의 혼합 편미분은 어떤 변수에 대한 미분을 먼저 취하든 그 순서에 의존하지 않는다. 따라서 예컨대, 다음 식이 일반적으로 성립한다.

$$\frac{\partial}{\partial V}\left(\frac{\partial U}{\partial S}\right)=\frac{\partial}{\partial S}\left(\frac{\partial U}{\partial V}\right)$$

여기서 $\partial/\partial V$는 S를 고정하고 취하며, $\partial/\partial S$는 V를 고정하고 취한다. 그리고 N은 항상 고정한다. U에 대한 열역학 항등식을 이용해서, 괄호 안의 편미분을 우선 취하면 위 식은 다음과 같이 쓸 수 있다.

$$\left(\frac{\partial T}{\partial V}\right)_S=-\left(\frac{\partial P}{\partial S}\right)_V$$

이런 뻔하지 않은(nontrivial) 등식들을 맥스웰 관계식(Maxwell relation)이라고 부른다. 이런 관계식을 얻기 위한 유도과정을 한 단계씩 진행해서, 다른 세 개 H, F, G의 열역학 항등식으로부터 위 식과 유사한 맥스웰 관계식을 유도하라. 모든 편미분에서 N을 고정하라. N에 대한 편미분을 취하면 다소 신기해 보이는 다른 맥스웰 관계식들이 유도될 수 있다. 하지만 그런 네 가지 편미분 값들을 다 얻은 후에는 신기함은 사라지기 시작한다. 이 맥스웰 관계식의 응용에 대해서는 다음 네 문제들을 보라.

문제 5.13. 앞 문제의 맥스웰 관계식과 열역학 제삼 법칙을 이용해서, 문제 1.7에서 정의한 열팽창계수 β가 절대영도에서 영이 되어야 하는 것을 증명하라.

문제 5.14. 문제 1.46, 3.33, 5.12에서 유도된 편미분 관계식과 약간의 편미분 요령을 이용하면, C_P와 C_V 사이의 완전히 일반적인 관계식을 유도할 수 있다.

(a) 문제 3.33의 열용량 식을 염두에 두고, 우선 S를 T와 V의 함수로 고려하라. 그런 후, dS를 $(\partial S/\partial T)_V$와 $(\partial S/\partial V)_T$의 식으로 전개하라. 이 편미분 중의 하나가 C_V와 관련이 있다는 것에 주목하라.

(b) C_P를 불러들이기 위해, V를 T와 P의 함수로 고려하고 dV를 (a)와 유사하게 편미분 항들의 식으로 전개하라. 이 dV의 식을 (a)의 결과에 대입하고, $dP=0$이라고 놓아라. 이렇게 해서 $(\partial S/\partial T)_P$의 뻔하지 않은 표현식을 유도한 것에 주목하라. 이 편미분은 C_P와 관련이 되기 때문에, (a)의 결과와 결합하면 결국, C_P-C_V의 식을 얻은 것이다.

(c) 맥스웰 관계식과 문제 1.46의 결과를 이용해서 남은 편미분들을 측정가능한 양들로 써라. 최종결과는 다음과 같아야 한다.

$$C_P = C_V + \frac{TV\beta^2}{\kappa_T}$$

(d) (c)의 식이 이상기체에 대한 정확한 값 $C_P - C_V$와 같은 결과를 주는지 확인하라.

(e) (c)의 식을 이용해서 C_P가 C_V보다 작을 수 없다는 사실을 논증하라.

(f) 문제 1.46의 데이터를 사용해서 실온의 물과 수은에 대한 $C_P - C_V$의 값을 계산하라. 두 열용량 값은 몇 %의 차이가 있는가?

(g) 그림 1.14는 세 가지 기본적인 고체들에 대한 C_P의 측정값들을 보여주고, 또한 이를 이론적으로 예측된 C_V의 값들과 비교하였다. 고체에 대한 β 대 T의 그래프는 열용량의 그래프와 일반적인 형태가 동일한 것으로 판명된다. 이 사실을 이용해서, C_P와 C_V가 저온에서는 잘 일치하지만 고온으로 가면서 서로 멀어지는 이유를 설명하라.

문제 5.15. 앞 문제에서 유도한 $C_P - C_V$의 식은 U와 H의 식으로 쓴 이 양들의 정의로부터 출발해서 유도할 수도 있다. 그렇게 유도해보라. 유도과정의 대부분은 매우 유사하지만, 다만 $P = -(\partial F/\partial V)_T$ 식이 필요한 지점이 있을 것이다.

문제 5.16. 식 $C_P - C_V$와 유사한 식이 물질의 등온압축률과 등엔트로피 압축률을 관련시킨다.

$$\kappa_T = \kappa_S + \frac{TV\beta^2}{C_P}$$

(여기서 $\kappa_S = -(1/V)(\partial V/\partial P)_S$는 문제 1.39에서 고려했던 단열부피탄성률의 역수이다.) 이 식을 유도하라. 이상기체에 대해서 이 식이 맞는 결과를 주는지 확인하라.

문제 5.17. 이 절에서 정의한 엔탈피와 깁스 자유에너지는 역학적(압축-팽창) 일 $-PdV$를 특별하게 다룬다. 하지만, 예컨대 자기적 일과 같은 다른 유형의 일에 대해서도 유사한 양들이 정의될 수 있다.* 그림 5.7에서 보여주는 상황을 고려하자. 그림에

* 이 문제를 풀기 위해서는 물질의 자기이론에 약간 익숙해야 한다. 예컨대, 다음과 같은 문헌을 참조하라: David J. Griffiths, *Introduction to Electrodynamics*, third edition (Prentice-Hall, Englewood Cliffs, NJ, 1999), Chapter 6.

서는 코일이 N번 감긴 길이 L인 긴 솔레노이드가 상자성 고체와 같은 자성 시료를 감싸고 있다. 시료 내부의 자기장이 $\vec{B}$이고 시료의 자기화가 $\vec{M}$이면, 보조장 $\vec{\mathcal{H}}$는 다음과 같이 정의된다. (보조장(auxiliary field)을 그냥 간단하게 자기장이라고 부르기도 한다.)

$$\vec{\mathcal{H}} \equiv \frac{1}{\mu_0}\vec{B} - \frac{\vec{M}}{V}$$

여기서 μ_0는 진공의 투자율, $4\pi \times 10^{-7}\ \mathrm{N/A^2}$이다. 원통 대칭성을 가정하면 모든 벡터는 왼쪽이나 오른쪽을 향해야 하므로, 벡터를 나타내는 위 화살표 기호를 생략하고 오른쪽 방향을 양, 왼쪽 방향을 음의 값으로 표시할 수 있다. 앙페르의 법칙으로부터 도선에 흐르는 전류가 I일 때, 솔레노이드 내부의 보조장 $\mathcal{H}$는 시료가 있든 없든 NI/L임을 보일 수 있다.

(a) 도선에 흐르는 전류에 무한소의 변화를 만들어서 B, M, $\mathcal{H}$에 무한소의 변화가 일어나는 것을 상상하자. 패러데이의 법칙을 이용해서, 이 변화를 달성하기 위해서 전원이 공급해야 하는 일이 $W_{전체} = V\mathcal{H}dB$임을 보여라. (단, 도선의 저항은 무시한다.)

(b) (a)의 결과를 $\mathcal{H}$와 M의 식으로 다시 쓰고, 그런 후 시료가 없더라도 필요할 일을 빼라. 이때 남은 양을 계*에 하여진 일 W라고 정의할 때, $W = \mu_0\mathcal{H}dM$임을 보여라.

(c) 이 계의 에너지에 대한 열역학 항등식은 무엇인가? 자기적 일은 포함하되 역학적 일과 입자들의 흐름(화학적 일)은 배제하라.

(d) 자기계에 대하여 엔탈피와 깁스 자유에너지와 각각 유사한 양을 어떻게 정의하겠는가? (헬름홀츠 자유에너지는 역학적 계에서와 동일한 방식으로 정의된다.) 이 양들에 대한 열역학적 항등식들을 각각 유도하고 그것들의 해석에 대해서 논하라.

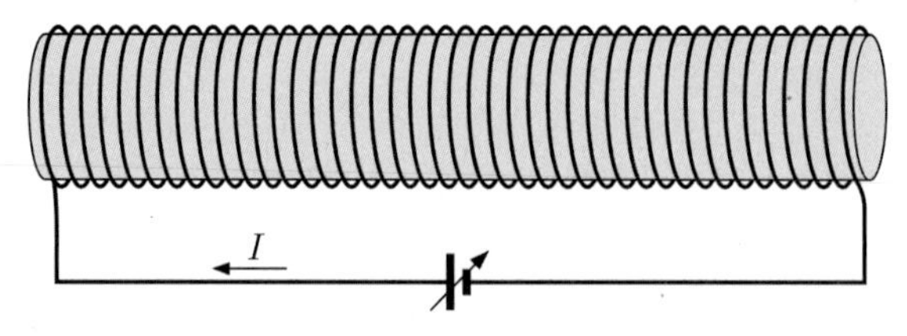

그림 5.7. 자성시료를 감싸고 있는 긴 솔레노이드가 가변전류를 공급하는 전원에 연결되어 자기적 일을 하고 있다.

---

* 이것이 "계"를 정의하는 유일하게 가능한 방법은 아니다. 다른 물리적 상황에서는 다른 정의가 더 잘 어울리겠지만, 불행히도 이런 방식은 용어에 큰 혼란을 일으킬 수 있다. 자성의 열역학에 대한 보다 더 완전한 논의는 Mandl (1988), Carrington (1994), Pippard (1957)를 참조하라.

5.2 자유에너지 - 평형을 향한 힘

고립계에서 엔트로피는 증가하는 경향이 있다. 계가 저절로 변화한다면, 그때 변화의 방향을 결정하는 것이 바로 엔트로피이다. 하지만 계가 고립되어 있지 않다면 어떻게 될까? 고립되어 있지 않고, 대신에 환경과 충분한 열접촉을 하고 있다고 가정해보자(그림 5.8). 그렇다면 에너지가 계와 환경 사이에서 교환될 수 있고, 따라서 증가하는 경향을 갖는 것은 계의 엔트로피라기보다는 계와 환경 전체의 엔트로피이다. 이 절에서는 이 표현을 좀 더 유용한 형태로 다시 써보겠다.

환경이 에너지의 "저장체(reservoir)"로서 역할을 한다고 가정하겠다. 여기서 저장체란, 그 크기가 충분히 커서 에너지를 방출하거나 받아들여도 자신의 온도는 변하지 않는 성질을 갖는다는 것을 의미한다. 단지 관례상의 편의로, 이후로는 열저장체를 열원이라고 부르겠다.* 우주의 총엔트로피는 $S+S_R$로 쓸 수가 있다. 여기서 아래첨자 R은 열원의 변수임을 나타내고, 아래첨자가 붙지 않은 변수는 계의 변수임을 의미한다. 기본적인 법칙은 우주의 총엔트로피가 증가하는 경향이 있다는 것이다. 그래서 다음과 같은 총엔트로피의 작은 변화를 고려해보자:

$$dS_{전체} = dS + dS_R \tag{5.26}$$

이 양을 순전히 계의 변수로만 쓰고 싶다. 그러기 위해서 다음과 같은 열역학 항등식

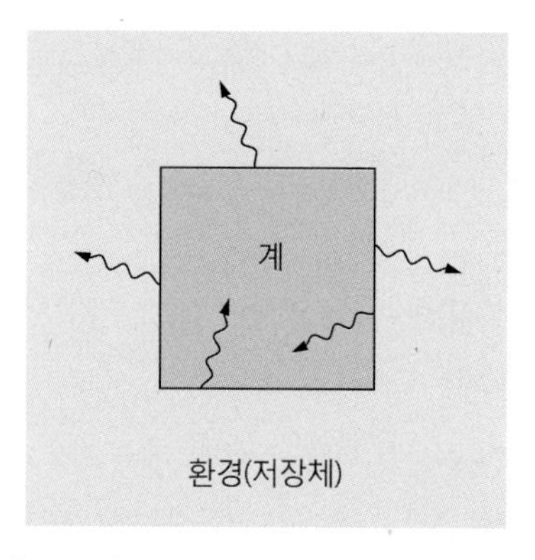

그림 5.8. 계가 환경과 에너지를 교환할 수 있을 때, 계와 환경 전체의 엔트로피는 증가하는 경향이 있다.

* [역주] "heat reservoir"는 "열저장체"로 번역되지만, 4장에서 이미 사용한 "열원"도 같은 의미로 쓰인다.

을 열원의 변수들에 적용해보자.

$$dS = \frac{1}{T}dU + \frac{P}{T}dV - \frac{\mu}{T}dN \tag{5.27}$$

여기서 열원의 V와 N은 일정하고, 에너지만이 변할 수 있다고 가정한다. 그러면 $dS_R = dU_R/T_R$ 이어서, 식 (5.26)을 다음과 같이 쓸 수 있다.

$$dS_{전체} = dS + \frac{1}{T_R}dU_R \tag{5.28}$$

하지만 열원의 온도는 계의 온도 T와 같고, 우주의 총에너지는 보존되므로 $dU_R = -dU$ 이다. 결과적으로 식 (5.28)은 다음과 같이 쓸 수 있다.

$$dS_{전체} = dS - \frac{1}{T}dU = -\frac{1}{T}(dU - TdS) = -\frac{1}{T}dF \tag{5.29}$$

와! T, V, N이 고정된다는 조건에서, 우주의 엔트로피 증가량은 계의 헬름홀츠 자유에너지의 감소량과 같다는 것이다. 그래서 계에서 저절로 일어나는 변화의 방향을 물을 때, 우리는 열원인 환경에 대해서는 잊어도 좋다. 다만, 계는 어떤 식으로든 헬름홀츠 자유에너지를 최소화하려는 경향을 갖는다는 사실을 기억해야 할 것이다. 사실 식 (5.5)의 $\Delta F \leq W$ 로부터도 이 사실을 짐작할 수는 있었다. 즉, 계에 아무런 일도 가하지 않으면, 계의 F는 단지 감소할 수 있을 뿐이다.

이번에는 계의 부피도 변할 수 있다고 가정해보자. 단, 계의 압력은 열원의 압력과 같은 일정한 값을 유지한다. 그러면 같은 논리에서 다음의 결과를 얻을 수 있다.

$$dS_{전체} = dS - \frac{1}{T}dU - \frac{P}{T}dV = -\frac{1}{T}(dU - TdS + PdV) = -\frac{1}{T}dG \tag{5.30}$$

즉, 이 조건에서는 감소하는 경향을 갖는 양은 깁스 자유에너지이다. 물론 이 사실도 식 (5.8)의 $\Delta G \leq W_{다른}$ 로부터 짐작할 수도 있었다.

강조하기 위해서 이제까지 얻은 결과들을 정리해보자.

- 에너지와 부피가 일정할 때, S는 증가하는 경향이 있다.
- 온도와 부피가 일정할 때, F는 감소하는 경향이 있다.
- 온도와 압력이 일정할 때, G는 감소하는 경향이 있다.

이 세 개의 진술은 모두 계의 입자들의 수가 일정하다는 것을 가정한다. (문제 5.23은 그렇지 않은 경우를 다룬다.)

자유에너지들의 정의를 다시 들여다보면 이와 같은 경향을 직관적으로 이해할 수 있다.

$$F \equiv U - TS \tag{5.31}$$

즉, 온도가 일정한 조건에서 F가 감소하는 경향이 있다는 것은, U가 감소하고 동시에 S가 증가하는 경향이 있다는 것과 동등하다. S가 증가하는 경향이 있다는 것은 이미 잘 알고 있다. 그런데 계의 에너지는 과연 저절로 감소하는 경향이 있는가? 당신의 직관은 긍정적일 것이고, 이것은 맞는 답이다. 하지만 그것은 단지 계가 에너지를 잃을 때 환경이 그 에너지를 얻어서 "환경"의 엔트로피가 증가하기 때문일 뿐이다. 저온에서 이 효과는 더욱 중요하다. 전달되는 에너지가 일정할 때 전달되는 엔트로피의 양이 $1/T$에 비례하기 때문이다. 반면, 고온에서는 환경이 얻는 엔트로피는 저온일 때만큼 크지는 않다. 따라서 이 경우에는 F의 값이 어떻게 될지를 결정하는데 있어서 "계"의 엔트로피가 더욱 중요한 역할을 한다.

깁스 자유에너지도 유사하게 고려할 수 있다.

$$G \equiv U + PV - TS \tag{5.32}$$

하지만 이번에는 환경의 엔트로피가 두 가지 방법으로 증가할 수 있다. 즉, 환경은 계로부터 에너지를 획득할 수도 있고, 공간을 획득할 수도 있다. 따라서 모든 관심이 결국 우주의 엔트로피를 최대화하는데 있기 때문에, 계의 U와 V는 감소하기를 "원할" 것이고 S는 증가하기를 "원할" 것이다.

문제 5.18. 벽돌이 떨어지면서 쿵 소리와 함께 땅바닥에 닿았다. 이 계의 자유에너지는 분명히 자발적으로 감소하는 경향을 보인다. 왜 그런지 설명하라.

문제 5.19. 앞 절에서 식 $(\partial F/\partial V)_T = -P$를 유도하였다. 경사가 다른 F 대 V의 그래프를 논함으로써, 이 식이 직관적인 의미를 갖는 이유를 설명하라.

문제 5.20. 수소원자의 바닥상태의 에너지를 영으로 하면, 첫째 들뜬상태의 에너지는 10.2 eV이다. 하지만 첫째 들뜬상태는 실제로 에너지가 같은 네 개의 독립적인 상태들이 겹쳐진 상태이다. 따라서 주어진 에너지 값에 대한 겹침수가 4이기 때문에, 이 들뜬상태의 엔트로피는 $S = k\ln 4$이다. 첫째 들뜬상태에 있는 수소원자의 헬름홀츠 자유에너지가 양이 되는 온도는 얼마이며, 음이 되는 온도는 얼마인가? (참고: 바닥상태에 대해 $F=0$ 이고, F는 항상 감소하려고 하므로 그 들뜬상태에서 F가 음이면 원자는 바닥상태에서 그 들뜬상태로 저절로 전이될 것이다. 하지만 이런 작은 계에서 이 결론은 단지 확률적인 진술일 뿐이고, 마구잡이 요동이 매우 클 것이다.)

크기변수와 세기변수

잠재적으로 관심 대상이 될 수 있는 열역학 변수들이 최근 점점 많아지고 있다. 그것들은 U, V, N, S, T, P, μ, H, F 그리고 G들이다. 이 양들을 정리하는 한 방법은 계를 원래와 똑같은 상태에서 양만 두 배로 했을 때, 마찬가지로 두 배가 되는 양들을 고르는 것이다(그림 5.9). 이런 가상적인 작업을 하면, 예컨대 그 계의 에너지와 부피는 두 배가 되겠지만, 온도가 두 배로 되지는 않을 것이다. 이때, 두 배가 되는 양들을 크기변수라고 부른다. 그리고 계를 두 배로 해도 변하지 않는 양들을 세기변수라고 부른다. 이런 방식으로 양들을 분류하면 다음과 같은 목록을 만들 수 있다.

크기변수: U, V, N, S, H, F, G, 질량
세기변수: T, P, μ, 밀도

크기변수에 세기변수를 곱하면 그 결과는 크기변수이다. "부피$\times$밀도$=$질량"이 그 예이다. 같은 방식으로, 크기변수를 크기변수로 나누면 그 결과는 세기변수이다. 크기변수에 크기변수를 곱하면 이도저도 아닌 것을 얻게 된다. 계산 중에 그런 결과가 있다면 계산 과정에서 오류가 있었을 확률이 높다. 같은 부류의 두 양을 더하면 결과도 같은 부류가 된다. $H=U+PV$가 그 예이다. 세기변수에 크기변수를 더하는 것은 허용되지 않는다. 예

그림 5.9. 토끼가 두 마리가 되면 부피, 에너지, 엔트로피도 두 배가 된다. 하지만 압력이나 온도는 두 배가 되지 않는다.

컨대, G와 μ는 같은 단위를 갖지만 $G+\mu$와 같은 합은 있을 수 없다. 하지만 크기변수를 지수로 사용하는 것은 아무런 문제가 되지 않는다. 다만, 그 때 얻어지는 양은 $\Omega = e^{S/k}$처럼 곱해지는 양이다.

여기서 F와 G를 포함하는 여러 방정식들을 다시 돌아보고, 크기변수와 세기변수의 관계들이 만족되는지 따져보는 것은 좋은 연습이 될 것이다. 예를 들어, G에 대한 열역학 항등식을 보자.

$$dG = -SdT + VdP + \sum_i \mu_i dN_i \tag{5.33}$$

모든 곱은 세기변수와 크기변수의 곱이기 때문에 각 항은 모두 크기변수여서, 이 식은 일관성이 있다.

문제 5.21. 열용량(C)은 크기변수인가, 세기변수인가? 비열(c)은 어떠한가? 간략하게 설명하라.

깁스 자유에너지와 화학퍼텐셜

크기변수와 세기변수의 개념을 이용하여 G와 관계있는 또 하나의 유용한 관계식을 유도할 수 있다. 먼저 다음의 편미분식을 상기해보자.

$$\mu = \left(\frac{\partial G}{\partial N}\right)_{T,P} \tag{5.34}$$

이 식은 온도와 압력을 고정시키고 계에 입자 하나를 추가할 때, 깁스 자유에너지가 μ만

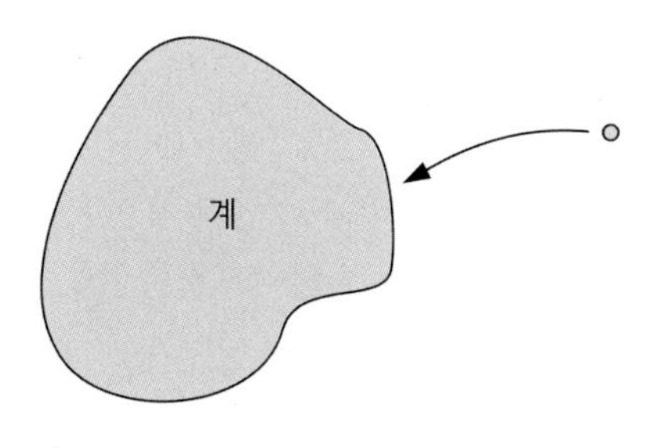

그림 5.10. 온도와 압력을 고정시키고 입자 한 개를 계에 추가할 때, 계의 깁스 자유에너지는 μ 만큼 증가한다.

큼 증가한다는 것을 말해주고 있다(그림 5.10). 계속해서 입자들을 추가하면 추가할 때마다 μ 만큼의 에너지가 G에 추가된다. 여기서 당신은 이와 같은 과정에서 μ의 값이 점차 변해서 입자들의 수가 두 배가 되면 μ의 값이 시작할 때보다 상당히 달라질 것이라고 생각할지도 모르겠다. 하지만 사실은 온도와 압력이 일정하다면 이런 일은 일어나지 않는다. 입자들이 추가될 때마다 G는 정확히 같은 양만큼 증가한다. 이는 단지, G가 N에 비례하여 증가하는 "크기변수"이기 때문이다. 그 비례상수는 식 (5.34)에 따라 간단하게도 μ이다.

$$G = N\mu \tag{5.35}$$

이 놀랍도록 간단한 식은 최소한 한 종류의 입자로 된 순수한 계에 대해서, 화학퍼텐셜에 대한 새로운 해석을 준다. 즉, μ는 바로 입자 한 개당의 깁스 자유에너지이다.

앞의 주장은 미묘한 측면이 있기 때문에 주의 깊게 생각하기 바란다. 아마 이 주장을 제일 잘 이해할 수 있는 방법은, 헬름홀츠 자유에너지에 대해서는 왜 같은 논리가 적용되지 않는가에 대해 생각해보는 것이다. 아래의 식으로 시작해보자.

$$\mu = \left(\frac{\partial F}{\partial N}\right)_{T,V} \tag{5.36}$$

여기서 문제는 입자 한 개를 추가하여 F를 μ만큼 증가시킬 때, 온도와 "부피"를 고정시켜야 한다는 것이다. 이제 입자들을 계속해서 추가할 때 μ는 점차 변하게 된다. 계의 밀도가 점점 증가하기 때문이다. F는 크기변수다. 하지만 이것이 계의 부피를 고정하고 밀도를 두 배로 할 때, F가 두 배로 되는 것을 의미하는 것은 아니다. 이전 단락의 논의에서는 식 (5.34)에서처럼 고정된 두 개의 변수가 T와 P라는 사실이 중요했다. 이 두 변수는 세기변수이고, 따라서 모든 크기변수는 N에 비례해서 커질 수 있었다.

계가 여러 종류의 입자들을 포함할 때 식 (5.35)는 자연스럽게 다음과 같이 일반화된다.

$$G = N_1\mu_1 + N_2\mu_2 + \cdots = \sum_i N_i\mu_i \tag{5.37}$$

각 종류의 입자들의 구성비를 일정하게 하고 무한소만큼 입자들의 수를 증가시키는 과정에서 최종적으로 계를 구축하여야 한다는 점을 제외하고는, 그 증명은 전과 동일하다. 하지만 그 결과는 혼합물의 G가 단순히 각 순수 성분들의 G를 합한 것과 같다는 것을 의미하지는 않는다. 식 (5.37)의 μ_i 들은 각각 순수물질로 있을 때와 일반적으로 다른 값을 갖는다.

식 (5.35)의 첫 번째 응용으로 이상기체의 화학퍼텐셜에 대한 매우 일반적인 식을 유도해보자. 고정된 온도에서 고정된 양의 기체에 대해 압력을 변화시킬 때를 고려하자. 식 (5.35)와 (5.24)로부터 다음 식을 얻는다.

$$\frac{\partial \mu}{\partial P} = \frac{1}{N}\frac{\partial G}{\partial P} = \frac{V}{N} \tag{5.38}$$

그러나 이상기체 법칙에 의하면 이 양은 바로 kT/P이다. 따라서 양 쪽을 P°에서 P까지 적분하면 다음 식을 얻는다.

$$\mu(T, P) - \mu(T, P^\circ) = kT\ln(P/P^\circ) \tag{5.39}$$

여기서 P°는 편의로 선택할 수 있는 기준값이다. 보통 P°는 대기압으로 한다(좀 더 정확하게는 1바). 대기압에서 기체의 μ에 대한 표준기호는 μ°이고, 이것을 사용해서 다음과 같이 쓸 수 있다.

$$\mu(T, P) = \mu^\circ(T) + kT\ln(P/P^\circ) \tag{5.40}$$

실온에서 μ°의 값들은 자료표의 깁스 자유에너지로부터 얻을 수 있다($\mu = G/N$). 식 (5.40)은 압력, 혹은 밀도가 변화할 때 μ의 값이 어떻게 변하는가를 보여준다. 혼합 이상기체에 대해서 P를 각 성분기체의 분압으로 간주하면 식 (5.40)은 각 성분에 개별적으로 적용된다. 이상기체는 대체로 빈 공간이기 때문에 이와 같은 논리에는 무리가 없다. 이상기체가 환경과 입자들을 교환하는데 있어 다른 이상기체가 존재한다는 사실은 아무런 영향도 미치지 않는 것이다.

문제 5.22. 식 (5.40)이 3.5절에서 유도했던 단원자분자 이상기체의 화학퍼텐셜 식과 일치함을 보여라. 단원자분자 이상기체에 대해 μ°를 계산하는 방법을 보여라.

문제 5.23. U, H, F 혹은 G로부터 μN을 빼어 네 가지의 새로운 열역학 퍼텐셜을 얻을 수 있다. 그 중에 가장 유용한 것이 대자유에너지(grand free energy) 혹은 대퍼텐셜(grand potential)이라고 부르는 다음 식이다.

$$\Phi \equiv U - TS - \mu N.$$

(a) Φ에 대한 열역학 항등식을 유도하고, T, V, μ에 대한 Φ의 편미분과 관련된 식들을 유도하라.

(b) 에너지와 입자들을 공급할 수 있는 저장체와 접촉하여 열 및 확산 평형에 있는 계에서 Φ가 감소하는 경향이 있다는 사실을 증명하라.

(c) $\Phi = -PV$ 임을 증명하라.

(d) 간단한 응용으로 양성자 한 개로 된 계를 고려하자. 계는 전자 한 개로 채워지거나(에너지 -13.6 eV 인 바닥상태의 수소원자), 전자로 채워지지 않은 두 가지의 상태가 가능하다. 원자의 다른 들뜬상태들과 전자의 스핀을 무시하면, 이 두 가지 상태의 엔트로피는 각각 영이다. 이 양성자가 온도가 5,800 K 이고 전자 밀도가 약 $2 \times 10^{19}\ \mathrm{m}^{-3}$ 인 저장체인 태양의 대기에 놓여 있다고 하자. 이 조건에서 어떤 상태가 더 안정적인지 결정하기 위해서, 채워진 상태와 채워지지 않은 상태에 대한 Φ를 구하라. 전자들의 화학퍼텐셜을 계산하기 위해서는 전자들을 이상기체로 간주하라. 주어진 전자 밀도에서 채워진 상태와 채워지지 않은 상태가 동등하게 안정한 온도는 대략 얼마인가? (문제 5.20에서와 마찬가지로, 이런 작은 계에 대한 예측은 단지 확률적일 뿐이다.)

5.3 순수한 물질의 상변환

상변환(phase transformation)은 물질의 환경이 겨우 무한소만큼 변함에도 불구하고, 물질의 성질이 불연속적으로 과격하게 변하는 현상이다. 흔한 예로 얼음이 녹거나 물이 끓는 현상 등을 포함하는데, 어떤 경우이든 온도가 아주 조금 변해도 이런 상변환이 일어날 수 있다. 얼음, 물, 수증기와 같은 물질의 다른 형상들을 상(phase)이라고 부른다.

한 물질의 상에 영향을 미치는 변수가 한 개보다 많은 경우들이 종종 있다. 예를 들어, 수증기를 응축시키기 위해 온도를 낮출 수도 있지만 압력을 높일 수도 있다. 따라서 물질의 상은 이런 변수들에 의해서 결정된다고 할 수 있는데, 평형상태의 상들을 온도와 압력의 함수로 보여주는 그래프를 상도표(phase diagram)라고 부른다.

그림 5.11은 상변환에 대한 몇 개의 정량적 자료와 함께 H_2O 의 정성적인 상도표를 보여준다. 도표는 세 개의 영역으로 나뉘며, 각 영역은 얼음, 물, 수증기가 각각 가장 안정적인 조건을 나타낸다. 하지만 "준안정적(metastable)"인 상도 존재할 수 있다는 사실을 이해하는 것이 중요하다. 예컨대, 물은 어는점 이하에서도 "과냉각"되어 얼마간 액체상으로 남아있을 수 있다. 고압에서 얼음은 실제로 다른 결정구조와 물리적 성질을 갖는

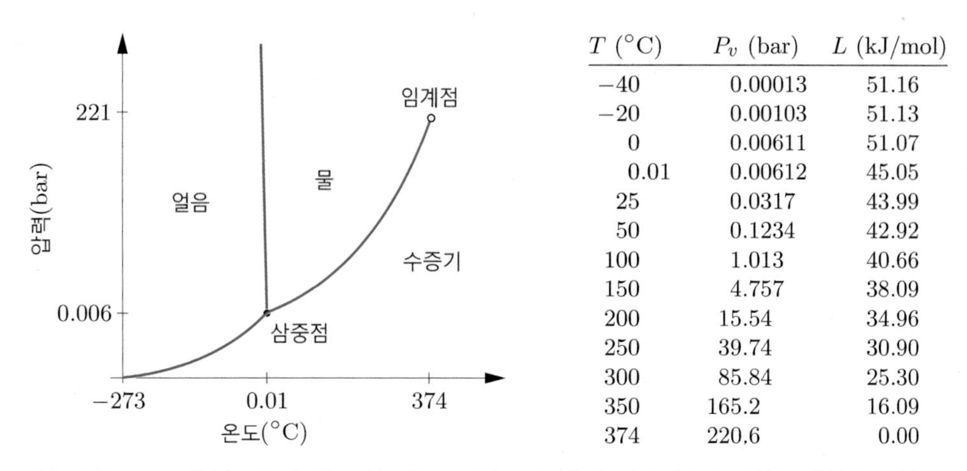

T (°C)	P_v (bar)	L (kJ/mol)
−40	0.00013	51.16
−20	0.00103	51.13
0	0.00611	51.07
0.01	0.00612	45.05
25	0.0317	43.99
50	0.1234	42.92
100	1.013	40.66
150	4.757	38.09
200	15.54	34.96
250	39.74	30.90
300	85.84	25.30
350	165.2	16.09
374	220.6	0.00

그림 5.11. H_2O의 상도표 (눈금크기는 무시). 표는 증기압과 해당 (몰당) 잠열을 나열하고 있다; 첫 세 자료는 고체-기체 변환에서, 나머지 자료는 액체-기체 변환에서의 값들이다. 출처는 Keenan et. al.(1978)과 Lide(1994).

여러 가지 다른 상에 있을 수 있다.

상도표 상의 선들은 서로 다른 상영역들의 경계선이며, 평형상태에서 두 개의 다른 상들이 공존할 수 있는 조건을 나타내기도 한다. 예를 들어 0℃, 1기압(≈1바) 하에서 얼음과 물은 안정되게 공존한다. 어떤 기체가 그것의 고체상이나 액체상과 공존할 수 있는 압력을 증기압이라고 한다; 실온에서 물의 증기압은 약 0.03바이다. $T = 0.01$℃, $P = 0.006$바에서는 세 개의 상 모두가 공존할 수 있다. 이 점을 삼중점이라고 부른다. 압력이 이보다 낮으면 액체상인 물은 평형상태로 존재할 수 없다. 이 경우 얼음은 직접 수증기로 "승화"된다.

얼은 이산화탄소인 "드라이아이스"의 승화를 아마 본 적이 있을 것이다. 이산화탄소의 삼중점은 명백하게 대기압보다 높은 압력에 있다. 실제 삼중점에서의 압력은 5.2바이다. 그림 5.12는 이산화탄소의 정성적인 상도표를 보여준다. CO_2와 H_2O의 또 하나의 차이는 고체-액체 상경계선의 기울기이다. 대부분의 물질들은 이산화탄소의 경우와 유사하다. 즉, 압력을 가하면 녹는점이 높아진다. 하지만 얼음은 이런 통상적인 물질과 다르다. 즉, 압력을 가하면 녹는점이 낮아진다. 이런 차이가 얼음이 물보다 밀도가 작다는 사실에 기인한다는 것을 우리는 곧 보게 될 것이다.

액체-기체 상경계선은 항상 양의 기울기를 갖는다. 이것은 액체와 기체가 평형상태에 있을 때 온도를 높이면, 압력도 증가시켜야 액체의 증발을 막아 평형상태를 유지할 수 있다는 것을 의미한다. 하지만 압력이 증가할수록 기체의 밀도도 증가하고, 따라서 액체

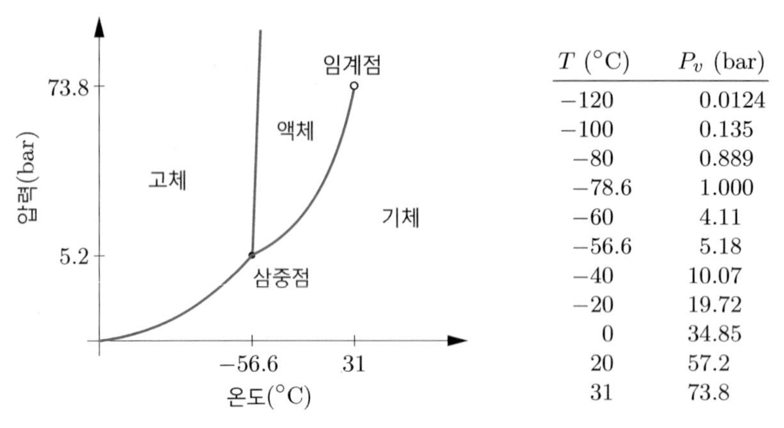

T (°C)	P_v (bar)
−120	0.0124
−100	0.135
−80	0.889
−78.6	1.000
−60	4.11
−56.6	5.18
−40	10.07
−20	19.72
0	34.85
20	57.2
31	73.8

그림 5.12. 이산화탄소의 상도표 (눈금크기는 무시). 표는 고체-기체 및 액체-기체 평형곡선을 따라 증기압의 변화를 보여준다. 출처는 Lide(1994)와 Reynolds(1979).

와 기체의 차이가 점점 작아지게 된다. 종국에는, 액체에서 기체로의 변환이 더 이상 불연속적이지 않은 점에 도달하게 된다. 이 점을 임계점(critical point)이라고 부르며, H_2O의 경우 374℃와 221바에 해당한다. 이산화탄소의 임계점은 좀 더 접근이 수월한 31℃와 74바이고, 질소의 경우는 겨우 126 K와 34바이다. 임계점 근처에서는 어느 쪽에 치우치지 않고, 물질의 상을 단순히 "유체"라고 부르는 것이 최선이다. 고체-액체 상경계선 상에는 임계점이 없다. 고체와 액체의 차이는 단지 자유도의 문제가 아니라, 결정구조를 갖는 고체와 분자들이 무작위하게 배열된 액체 사이의 정성적인 측면에 있기 때문이다. 하지만 긴 분자로 된 어떤 물질들은, 액체에서처럼 분자들이 무작위하게 돌아다니지만 서로 평행하게 정렬하는 경향을 갖는 액정(liquid crystal) 상을 형성한다.

헬륨은 모든 원소 중에서 가장 희한한 상변환을 보인다. 흔한 동위원소인 ^{4}He와 희귀 동위원소인 ^{3}He와 같이 두 가지의 동위원소로 존재하는 헬륨의 상도표를 그림 5.13이 보여주고 있다. 대기압에서 ^{4}He의 끓는점은 4.2 K에 불과하며, 임계점은 그보다 약간 높은 5.2 K와 2.3바이다; ^{3}He는 이보다 약간 낮은 값들을 갖는다. 헬륨은 절대영도에서 액체인 유일한 물질이다. 절대영도에서 고체가 될 수는 있지만, ^{4}He의 경우는 약 25바, ^{3}He의 경우는 약 30바의 높은 압력을 가해주어야 한다. ^{4}He의 고체-액체 상경계선은 1 K 이하에서 거의 수평선이다. 반면, ^{3}He의 상경계선은 0.3 K 이하에서 음의 기울기를 갖는다. 더욱 흥미로운 것은 ^{4}He가 두 가지의 상이한 액체상을 갖는다는 사실이다. 헬륨I이라고 부르는 "정상" 상과 약 2 K 이하에서 나타나는 헬륨II라고 부르는 "초유체" 상이 그것들이다. 초유체(superfluid)는 무점성과 매우 높은 열전도도 등 많은 놀라운 성질들을

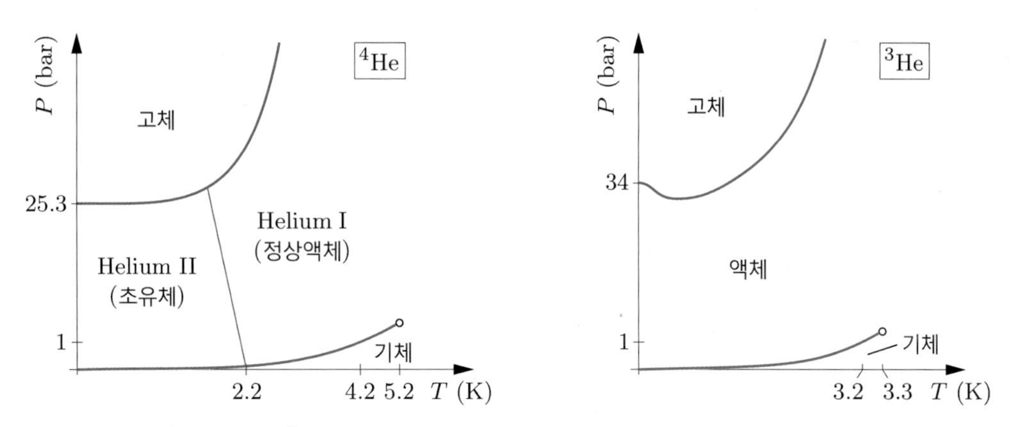

그림 5.13. ^{4}He(왼쪽)와 ^{3}He(오른쪽)의 상도표. 양쪽 모두 눈금크기는 무시했지만 정성적인 관계는 정확하도록 그려졌다. 각 동위원소의 세 가지의 고체상(결정구조)과 3 mK 이하에서 ^{3}He의 초유체상들은 표시되지 않았다.

갖고 있다. 실제로 ^{3}He도 두 가지의 상이한 초유체 상을 가지지만 온도가 3 mK 이하에서만 나타난다.

온도와 압력 외에도 조성비나 자기장의 세기와 같은 다른 변수들을 조정해도 상변환을 야기할 수 있다. 그림 5.14는 두 가지의 다른 자기계에 대한 상도표를 보여준다. 왼쪽은 주석, 수은, 납과 같은 전형적인 제일종초전도체(type-I superconductor)의 도표이다. 전기저항이 영인 초전도상은, 온도와 외부자기장의 세기가 둘 다 충분히 낮을 때만 존재할 수 있다. 오른쪽은 철과 같은 강자성체(ferromagnet)의 상도표이다. 강자성체는 외부자기장의 방향에 따라 위 방향이나 아래 방향을 향하는 자기화 상(magnetized phase)을 갖는다. (단순하게 하기 위해 주어진 축에 대해 외부자기장은 위나 아랫방향을 향한다고 가정한다.) 외부자기장이 없을 때 양쪽 방향의 자기화 상이 공존할 수 있다. 하지만 온도가 상승할수록 이 두 상의 자기화는 둘 다 점점 약해진다. 결국 퀴리온도(Curie temperature)(철의 경우 1,043 K)에 도달하면 자기화는 완전히 소멸하여 상경계선은 임계점에서 끝나게 된다.*

* 수십 년 동안 사람들은 변화의 갑작성에 따라서 상변환을 분류하고자 하였다. 고체-액체, 액체-기체 상변환은 "일차"로 분류된다. G의 일차미분인 S와 V가 상경계선에서 불연속적이기 때문이다. 임계점이나 헬륨I-헬륨II 상변환의 경우와 같이 덜 갑작스러운 전이들은 불연속적인 양이 될 때까지 몇 번이나 미분이 가능한가에 따라 "이차" 등등으로 분류되었다. 이 분류법이 다양한 예들에 적용되면서, 현재는 모든 고차 전이들을 간단히 "연속적"이라고 부르고 있다.

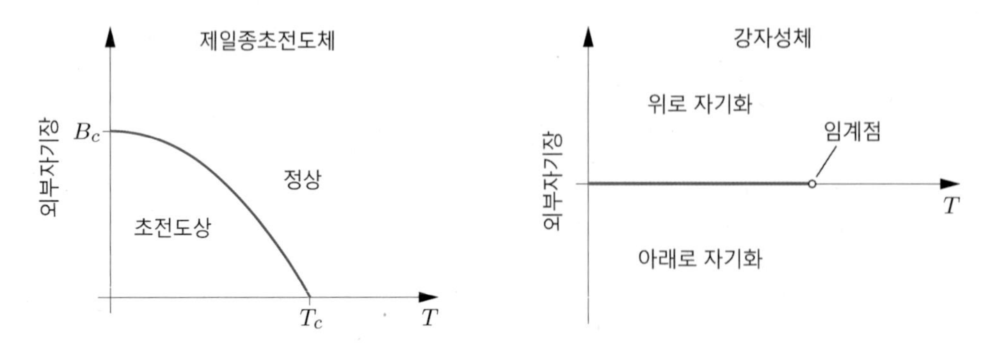

그림 5.14. 왼쪽: 전형적인 제일종초전도체의 상도표. 납의 경우 $T_c = 7.2\,\text{K}$, $B_c = 0.08\,\text{T}$이다. 오른쪽: 강자성체의 상도표. 외부자기장과 자기화가 항상 주어진 축과 나란한 방향이라고 가정하였다.

다이아몬드와 흑연

탄소는 잘 알려진 두 가지의 상이 존재한다. 그것들은 다이아몬드와 흑연으로, 둘 다 고체이지만 다른 결정구조를 갖는다. 통상적인 압력에서는 흑연이 더 안정하다. 따라서 다이아몬드는 자발적으로 흑연으로 전환된다. 하지만 실온에서 이것은 극히 느린 과정이다. (높은 온도에서 이 전환은 더 빨라진다. 그러니 다이아몬드를 갖고 있다면 절대 그것을 화로로 던져서는 안 된다.*)

표준상태에서 흑연이 다이아몬드보다 더 안정하다는 사실은 이 물질들의 깁스 자유에너지 값에서도 반영된다: 다이아몬드의 깁스 자유에너지는 흑연보다 1몰당 2,900 J만큼 크다. 5.2절의 분석에 따르면, 주어진 온도와 압력에서 안정된 상은 항상 깁스 자유에너지가 더 낮은 쪽이다.

하지만 2,900 J의 차이는 298 K, 대기압(1 바)인 표준상태에서일 뿐이다. 압력이 더 높으면 어떻게 될까? 압력에 대한 깁스 자유에너지의 의존도는 다음 식이 말해주듯이 그 물질의 부피에 의해 결정된다.

$$\left(\frac{\partial G}{\partial P}\right)_{T,N} = V \tag{5.41}$$

그리고 흑연이 다이아몬드보다 1몰당 부피가 크기 때문에 압력이 증가할 때 흑연의 깁스 자유에너지는 다이아몬드보다 더 빨리 증가한다. 그림 5.15는 두 물질에 대해서 P에 대

* 다이아몬드가 흑연으로 신속하게 전환되는 온도는 실제로 매우 높아서 약 1,500℃에 달한다. 하지만 산소가 공급되면 다이아몬드건 흑연이건 모두 쉽게 연소하여 이산화탄소가 된다.

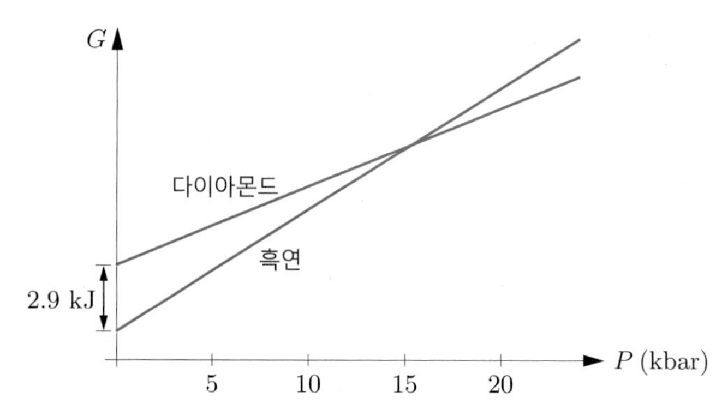

그림 5.15. 실온에서 압력에 대한 다이아몬드와 흑연의 몰당 깁스 자유에너지. 이 직선그래프들은 압력에 대한 부피의 변화를 무시하고, 낮은 압력으로부터 바깥늘림법을 사용하여 얻었다.

한 G의 그래프를 보여주고 있다. 두 물질의 압축률을 무시하고 압력의 변화에 대해서 부피가 일정하다고 간주하면, 각 그래프는 직선이다. 직선의 기울기는 흑연의 경우 $V = 5.31 \times 10^{-6}\ \mathrm{m}^3$이고 다이아몬드의 경우 $V = 3.42 \times 10^{-6}\ \mathrm{m}^3$이다. 따라서 그림이 보여주듯이 두 그래프는 약 15 kbar에서 교차한다. 대단히 높은 이 압력 이상에서는 다이아몬드가 흑연보다 더 안정해야 한다. 천연 다이아몬드는 분명히 매우 깊은 지하에서 형성되었을 것이다. 암석의 밀도가 물의 세 배 정도 된다고 간주하면, 지하로 10 m 깊어짐에 따라 압력이 3 바 증가한다는 것을 쉽게 추정할 수 있다. 따라서 15 kbar의 압력이 되려면 약 50 km의 깊이가 되어야 할 것이다.

깁스 자유에너지의 온도의존도는 유사한 방법으로 다음의 식으로부터 결정된다.

$$\left(\frac{\partial G}{\partial T}\right)_{P,N} = -S \tag{5.42}$$

온도가 증가하면 두 물질 모두 깁스 자유에너지가 감소한다. 하지만 흑연의 엔트로피가 크기 때문에 흑연이 더 빨리 감소한다. 따라서 온도가 증가할수록 다이아몬드보다 흑연이 더 안정한 경향이 있다. 달리 말하자면, 온도가 높을수록 다이아몬드를 더 안정되게 하기 위해서는 더 높은 압력을 가해야 한다.

이런 방식의 분석은 암석을 관찰하고 그것들이 형성된 조건들을 결정하는 일을 하는 지구화학자들에게 매우 유용하다. 좀 더 일반화시켜 말하자면, 깁스 자유에너지는 상변환을 정량적으로 이해하는 문을 여는 열쇠이다.

문제 5.24. 약 15 kbar에서 흑연보다 다이아몬드가 더 안정적이라는 사실을 수치적으로 확인하라.

문제 5.25. 고압 지구화학 문제를 다룰 때 부피를 kJ/kbar 단위로 나타내는 것이 종종 편리하다. 이 단위와 m^3 사이의 환산인수를 구하라.

문제 5.26. 다이아몬드가 흑연보다 엔트로피가 작으면서도 어떻게 더 높은 안정성을 가질 수가 있는가? 고압에서 흑연이 다이아몬드로 변환될 때 어떻게 탄소와 환경의 총 엔트로피가 증가할 수 있는지 설명하라.

문제 5.27. 다이아몬드보다 흑연이 압축하기가 더 쉽다.

(a) 압축률을 고려할 때 흑연에서 다이아몬드로의 전이가 본문에서 예측한 것보다 더 높은 압력에서 일어나겠는가, 혹은 더 낮은 압력에서 일어나겠는가? (힌트: 그림 5.15는 고압에서의 부피변화를 무시하고 저압의 결과를 바깥늘림한 근사이다.)

(b) 흑연의 등온압축률은 $3\times 10^{-6}\ \text{bar}^{-1}$이고, 다이아몬드는 이보다 10배 이상으로 작아서 상대적으로 무시할만하다. (등온압축률은 문제 1.46에서 정의한 것처럼 압력 1단위 증가당 부피의 감소비율이다.) 이 정보를 이용해서 실온에서 다이아몬드가 흑연보다 더 안정해지는 압력 값을 개선하라. (힌트: $\partial V/\partial P = -\kappa_T V$가 일정하다고 가정하고 $V(P)$를 구한 후, 다시 $\left(\frac{\partial G}{\partial P}\right)_{T,N} = V$ 식을 P로 적분하여 G를 구한다.)

문제 5.28. 탄산칼슘($CaCO_3$)은 방해석(calcite)과 아라고나이트(aragonite)의 두 가지 결정형상을 갖는다. 이 상들에 대한 열역학 자료들은 책 말미의 자료표에서 찾을 수 있다. (문제 5.37과 연계하여 고려하자.)

(a) 방해석과 아라고나이트 중 어느 것이 지표상에서 안정한가?

(b) 다른 결정형상이 안정해지는 실온에서의 압력을 구하라.

문제 5.29. aluminum silicate(Al_2SiO_5)는 kyanite, andalusite, sillimanite의 세 가지 다른 결정형상을 갖는다. 각각이 서로 다른 온도-압력 조건에서 안정하고 모두 변성암에서 흔히 발견되기 때문에, 이 광물들은 암석의 지질학적 역사를 가리키는 중요한 표지가 된다.

(a) 책 말미의 자료표를 참조해서, 298 K 에서 안정된 상은 압력에 관계없이 kyanite이어야 함을 논증하라.

(b) 고정된 압력에서 온도를 변화시킬 때 어떤 일이 일어나는지 고려하자. 임의의 두 상들의 깁스 자유에너지와 엔트로피의 차이를 각각 ΔG, ΔS 라고 하자. ΔG 의 T 의존성이 다음과 같다는 것을 보여라.

$$\Delta G(T_2) = \Delta G(T_1) - \int_{T_1}^{T_2} \Delta S(T)\, dT$$

온도가 올라갈수록 주어진 어떤 상의 엔트로피도 상당히 증가하지만, 실온보다 높은 온도에서는 두 상의 엔트로피의 차이인 ΔS 가 온도와 무관하다고 간주하는 것이 종종 좋은 근사이다. 이것은 3장에서 보았듯이 S 의 온도 의존성이 열용량에서 오고, 고온에서 고체의 열용량이 상당히 근사적으로 고체가 함유하고 있는 원자들의 수만에 의존하기 때문이다.

(c) ΔS 가 T 에 독립적이라고 가정하고, 1바의 압력에서 kyanite, andalusite, sillimanite 가 안정한 온도의 범위를 각각 구하라.

(d) Al_2SiO_5 의 세 가지 결정들의 실온에서의 열용량 값을 참조해서, ΔS 가 상수라는 근사의 정확성에 대해서 논의하라.

문제 5.30. 대기압에서 H_2O 의 세 가지 상인 얼음, 물, 수증기에 대해서 온도 T 에 대한 자유에너지 G 의 그래프를 정성적으로 정확하게 스케치하라. 세 개의 그래프를 같은 평면에 그리고, 온도축에 0℃와 100℃를 표시하라. 압력이 0.001바라면 그래프가 어떻게 달라지겠는가?

문제 5.31. 0℃에서 H_2O 의 세 가지 상인 얼음, 물, 수증기에 대해서 압력 P 에 대한 자유에너지 G 의 그래프를 정성적으로 정확하게 스케치하라. 세 개의 그래프를 같은 평면에 그리고, 압력축에 대기압에 해당되는 위치를 표시하라. 온도가 약간 높아지면 그래프가 어떻게 달라지겠는가?

클라우지우스-클라페이론(Clausius-Clapeyron) 관계식

엔트로피가 깁스 자유에너지의 온도 의존성을 결정하고 부피는 압력 의존성을 결정하기 때문에, PT 도표 상의 모든 상경계선의 형태는 두 상의 엔트로피와 부피에 매우 간단하게 연관이 되어있다. 이제 이 관계식을 유도해보겠다. 다른 어떤 상경계에서도 적용이 되지만, 단지 구체적이기 위해서 액체와 기체 사이의 상경계를 논의하겠다. 고정된 양, 예컨대 어떤 물질 1몰을 고려하자. 상경계에서 이 물질은 액체로서든 기체로서든 동등하게 안정하다. 따라서 어떤 상에 있더라도 깁스 자유에너지는 같아야 한다:

$$G_l = G_g \quad \text{(상경계에서)} \tag{5.43}$$

(이 조건을 화학퍼텐셜의 맥락에서 생각해도 좋다. 만약 어떤 액체와 어떤 기체가 서로에 대해 확산평형에 있다면 화학퍼텐셜, 즉 분자당 깁스 자유에너지는 같아야 한다.)

이제 두 상이 항상 동등하게 안정하도록 하면서 온도를 dT, 압력을 dP 만큼 증가시킨다고 상상해보라(그림 5.16). 변화하는 동안 두 상의 깁스 자유에너지는 여전히 같아야 한다.

$$dG_l = dG_g \quad \text{(상경계에 머물기 위해)} \tag{5.44}$$

그러므로 식 (5.23)의 G에 대한 열역학항등식에 의해서 다음 식이 성립한다.

$$-S_l\,dT + V_l\,dP = -S_g\,dT + V_g\,dP \tag{5.45}$$

(물질의 총량이 고정되었다고 가정했기 때문에 μdN항은 생략되었다.) 이제 상경계선의 기울기인 dP/dT에 대해 이 방정식을 푸는 과정은 쉽다.

$$\frac{dP}{dT} = \frac{S_g - S_l}{V_g - V_l} \tag{5.46}$$

예상대로 경계선의 기울기는 두 상의 엔트로피와 부피에 의해 결정된다. 엔트로피가 크게 차이가 난다는 것은 온도가 약간만 변해도 평형상태가 매우 크게 바뀔 수 있다는 것을 의미한다. 이 작은 온도 변화를 보상하기 위해 매우 큰 압력이 필요하기 때문에, 이것

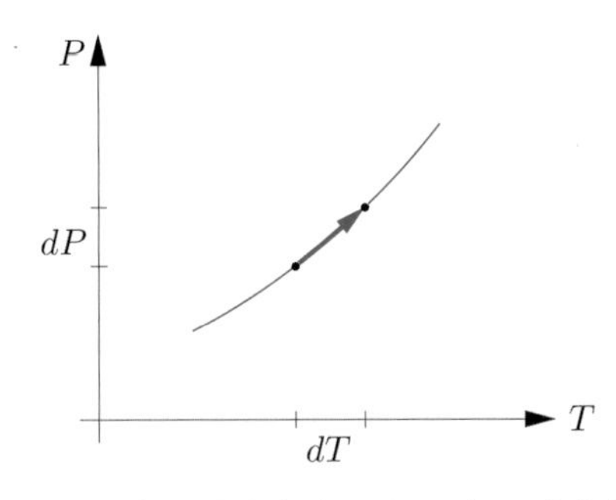

그림 5.16. 상경계선에 머물기 위해서 압력과 온도의 무한소 변화량들이 관계를 갖는다.

은 가파른 상경계선을 초래하게 된다. 다른 한편, 부피의 차이가 큰 것은 조그만 압력의 변화가 중대할 수 있다는 것을 의미하고, 이 경우 상경계선은 완만한 경사를 갖는다. 엔트로피의 차이를 물질을 액체에서 기체로 변환하는데 필요한 잠열 L로 나타내는 것이 편리한 경우가 자주 있다: $S_g - S_l = L/T$. 그러면 식 (5.46)은 다음과 같이 된다.

$$\frac{dP}{dT} = \frac{L}{T\Delta V} \tag{5.47}$$

여기서 $\Delta V = V_g - V_l$이다. (L과 ΔV가 둘 다 크기변수이기 때문에 그들의 비는 물질의 양과 관계없는 세기변수가 된다는 것에 주목하라.) 이 결과는 클라우지우스-클라페이론 관계식(Clausius-Clapeyron relation)으로 알려져 있다. 물론 이 식은 액체-기체 상경계선 뿐만 아니라 PT 도표 상의 어떤 상경계선의 기울기에도 적용이 된다.

예로써, 다이아몬드-흑연계를 다시 고려하자. 다이아몬드 1몰이 흑연으로 변환될 때 엔트로피는 3.4 J/K 증가하고, 부피도 $V = 1.9 \times 10^{-6}\ \mathrm{m}^3$ 증가한다. (이 수치들은 실온에서이고, 더 높은 온도에서는 엔트로피의 차이가 약간 크다.) 그러므로, 다이아몬드와 흑연의 상경계선의 기울기는 다음과 같다.

$$\frac{dP}{dT} = \frac{\Delta S}{\Delta V} = \frac{3.4\ \mathrm{J/K}}{1.9 \times 10^{-6}\ \mathrm{m}^3} = 1.8 \times 10^6\ \mathrm{Pa/K} = 18\ \mathrm{bar/K} \tag{5.48}$$

앞 절에서 실온에서 압력이 약 15 kbar 이상일 때 다이아몬드가 안정하다는 것을 보았

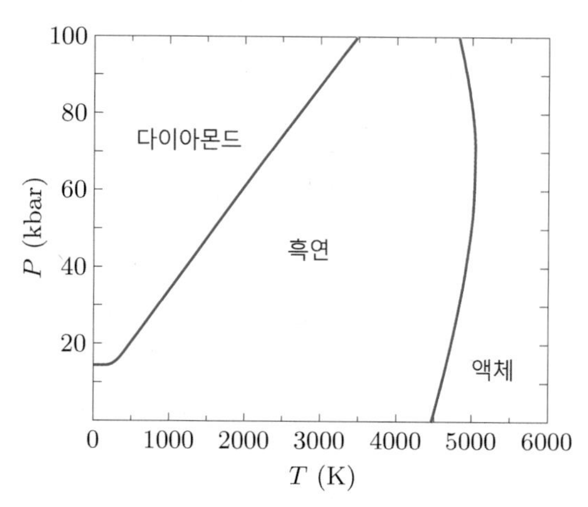

그림 5.17. 탄소의 실험적인 상도표. 기체상의 안정영역은 이 눈금크기에서는 보이지 않는다. 흑연-액체-기체의 삼중점은 흑연-액체 상경계의 바닥인 압력 110 bar의 위치에 있다. 출처는 David A. Young, *Phase Diagrams of the Elements* (University of California Press, Berkeley, 1991).

다. 이제 온도가 100 K 더 높아지면, 다이아몬드가 안정하기 위해 압력이 1.8 kbar 만큼 추가되어야 한다는 것을 본다. 흑연이 다이아몬드로 신속하게 변환되기 위해서는, 훨씬 높은 온도와 또한 더욱 높은 압력이 필요하다는 것을 그림 5.17의 상도표가 보여준다. 흑연으로부터 다이아몬드를 처음으로 합성한 것은 약 1,800 K, 60 kbar에서 이루어졌다. 천연 다이아몬드는 지표로부터 100～200 km 깊이에서 비슷한 압력과 다소 낮은 온도에서 형성되었을 것으로 추측되고 있다.*

문제 5.32. 얼음의 밀도는 917 kg/m^3 이다.

(a) 클라우지우스-클라페이론 관계식을 사용해서 물과 얼음의 상경계선의 기울기가 음인 이유를 설명하라.

(b) 얼음조각이 -1℃ 에서 녹도록 하려면 얼마만큼의 압력을 가해주어야 하는가?

(c) 얼음의 무게로 (b)와 같은 압력을 얻으려면 빙하의 밑으로 대략 얼마나 깊이 내려가야 하겠는가? (빙하가 돌출된 암석 위를 흐른다던지 하는 경우처럼 실제 압력은 장소에 따라 더 클 수도 있다.)

(d) 스케이트 날 밑의 압력을 근사적으로 추정하고 이 압력에서 얼음의 녹는점을 계산하라. 어떤 과학자들은 스케이트를 신고 거의 마찰 없이 미끄러질 수 있는 이유가 날 밑의 압력이 얼음을 녹여서 얇은 층의 물을 만들기 때문이라고 주장한다. 이 설명을 어떻게 생각하는가?

문제 5.33. 어떤 발명가가 물이 얼 때 팽창한다는 사실에 착안하여 물-얼음을 작동물질로 사용하는 열기관을 만들겠다고 제안한다. 1℃ 의 물이 들어 있는 실린더의 피스톤 위에 추를 올려놓는다. 그런 다음, 계를 -1℃ 의 저온열원과 열접촉시켜서, 물이 얼면서 추를 들어 올리도록 한다. 그 다음엔 추를 제거하고 계를 1℃ 의 고온열원과 접촉시켜서, 얼음이 녹아 다시 물이 되도록 한다. 이 기관이 단지 유한한 양의 열만 흡수하면서도 일을 무제한으로 할 수 있을 것으로 보이기 때문에, 발명가는 기뻐한다. 이 발명가의 논리가 안고 있는 결점을 설명하라. 클라우지우스-클라페이론 관계식을 사용해서, 이 기관의 최대효율이 여전히 카르노 식인 $1-T_c/T_h$로 주어진다는 것을 증명하라.

---

* 천연 다이아몬드의 형성과 그것들이 지표면 근처로 이동되는 과정에 대한 더 많은 정보는 다음 문헌을 참조하라: Keith G. Cox, "Kimberlite Pipes," *Scientific American* **238**, 120-132 (April, 1978).

문제 5.34. 0.3 K 이하에서 ^{3}He의 고체-액체 상경계선의 기울기는 음의 값을 갖는다 (그림 5.13).

(a) 고체와 액체 중 어느 상이 더 밀도가 큰가? 몰당 엔트로피가 더 큰 상은 어느 것인가? 추론 과정을 신중하게 설명하라.

(b) 열역학 제삼 법칙을 사용해서, $T=0$에서 상경계선의 기울기가 영으로 가야 한다는 것을 논증하라. (1 K 이하에서 ^{4}He의 고체-액체 상경계선이 본질적으로 수평이라는 것에 주목하라.)

(c) ^{3}He가 고체가 될 때까지 그것을 단열적으로 압축한다고 가정하자. 상변환 직전의 온도가 0.1 K일 때 상변환 후의 온도는 올라가는가, 내려가는가? 추론 과정을 신중하게 설명하라.

문제 5.35. 클라우지우스-클라페이론 관계식 (5.47)은 전체 상경계선의 형태를 알기 위해 원리적으로 풀 수 있는 미분방정식이다. 하지만 방정식을 풀기 위해서는, L과 ΔV가 온도와 압력에 어떻게 의존하는지를 알아야만 한다. 상경계선 상의 합리적으로 작은 부분에 대해서, L은 종종 상수로 취급할 수 있다. 또한, 둘 중의 한 상이 기체상일 때, 응축된 상의 부피는 보통 무시할 수 있어서 ΔV를 그냥 기체의 부피로 간주할 수 있다. 그러면 이상기체 법칙을 적용해서 ΔV는 온도와 압력으로 표현할 수 있다. 이런 가정들을 모두 사용하여 미분방정식을 명시적으로 풀어서, 상경계선에 대한 다음 식을 얻을 수 있음을 보여라.

$$P = (\text{상수}) \times e^{-L/RT}$$

이 결과를 증기압 방정식(vapor pressure equation)이라고 부른다. 주의: 위에서 열거한 가정들이 모두 성립할 때만 이 식을 사용해야 한다.

문제 5.36. 물의 끓는점에 대한 고도의 효과.

(a) 이전 문제의 결과와 그림 5.11의 자료들을 사용해서 50℃와 100℃ 사이에서 물의 증기압 그래프를 그려라. 양쪽 끝점에서 자료들과 얼마나 잘 일치시킬 수 있는가?

(b) 역으로 그래프를 읽어서, 문제 1.16에서 압력을 구했던 장소들에서의 물의 끓는점을 추정하라. 산중에서 야영할 때 면을 삶는데 시간이 더 걸리는 이유를 설명하라.

(c) 고도에 대한 끓는점의 의존성이 정확하지는 않더라도 거의 선형적이라는 것을 보여라. 이 직선의 기울기를 킬로미터당 섭씨온도의 단위로 계산하라.

문제 5.37. 책 말미의 자료표를 사용해서 298 K 에서 calcite-aragonite 상경계선의 기울기를 계산하라. 문제 5.28에서 이 상경계선의 한 점을 찾은 적이 있다. 이 정보를 사용해서 탄산칼슘(calcium carbonate)의 상도표를 스케치하라.

문제 5.38. 문제 3.30과 3.31에서 500 K 에서의 다이아몬드와 흑연의 엔트로피를 계산한 적이 있다. 이 값들을 사용해서 500 K 에서 흑연-다이아몬드 상경계선의 기울기를 예측하고 그림 5.17과 비교하라. 훨씬 높은 온도에서도 기울기가 거의 일정한 이유는 무엇인가? $T = 0$ 에서 기울기가 영인 이유는 무엇인가?

문제 5.39. 문제 5.29에서 다루었던 규산알루미늄 계를 다시 고려하자. kyanite-andalusite, kyanite-sillimanite, andalusite-sillimanite 상경계선의 기울기를 모두 계산하라. 상도표를 스케치하고 삼중점의 온도와 압력을 계산하라.

문제 5.40. 이 절의 방법론은 한 무리의 고체들이 다른 고체들로 전환되는 반응에서도 적용될 수 있다. 지질학적으로 중요한 예가 경옥(jadeite)과 석영(quartz)으로 변하는 조장석(albite)의 변환이다.

$$\mathrm{NaAlSi_3O_8} \leftrightarrow \mathrm{NaAlSi_2O_6} + \mathrm{SiO_2}$$

책 말미의 자료표를 사용해서 경옥과 석영의 조합이 조장석보다 더 안정적인 온도와 압력을 결정하라. 이 계의 상도표를 스케치하라. 단순하게 하기 위해 ΔS 와 ΔV 가 온도와 압력에 의존하는 것을 무시하라.

문제 5.41. 예컨대 물과 같은 액체가 어떤 닫힌 용기 안에서 기체상과 평형을 이루고 있다고 하자. 이때 공기와 같은 불활성기체를 부어넣어 액체에 가해지는 압력을 높인다면 어떤 일이 일어날까?

(a) 액체가 기체상과 확산평형에 머무르기 위해서는 각각의 화학퍼텐셜이 같은 양만큼 변해야 한다($d\mu_l = d\mu_g$). 이 사실과 식 (5.40)을 이용해서 전체 압력 P 의 함수로써 평형증기압 P_v 에 대한 미분방정식을 유도하라. (기체를 이상기체로 다루고, 불활성기체는 액체에 전혀 용해되지 않는다고 가정하라.)

(b) (a)의 미분방정식을 풀어서 다음의 해를 구하라.

$$P_v(P) = P_v(P_v) \cdot e^{(P-P_v)V/NkT}$$

여기서 지수의 비값 V/N은 액체에 대한 값이다. ($P_v(P_v)$는 바로 불활성기체가 없을 때의 증기압이다.) 따라서 불활성기체가 존재하면 증기압이 살짝 증가한다. 즉, 불활성기체는 더 많은 액체를 증발시킨다.

(c) 25℃에서 평형상태에 있는 물과 수증기의 계에 대기압의 공기가 인가될 때 증기압의 증가백분율을 계산하라. 불활성기체의 존재로 인한 증기압의 증가가 극한조건이 아니면 무시해도 될 정도라는 것을 좀 더 일반적으로 논증하라.

문제 5.42. 통상적으로 공기 중 수증기의 분압은 주변 온도에서의 평형증기압보다 작다. 이것이 컵에 담긴 물이 저절로 증발하는 이유이다. 평형증기압에 대한 수증기의 분압의 비는 상대습도(relative humidity)로 불린다. 상대습도가 100%여서 대기의 수증기가 컵 안의 물과 확산평형에 있을 때, 우리는 공기가 포화되었다고 말한다.* 이슬점(dew point)은 주어진 수증기 분압에서 상대습도가 100%가 되는 온도이다.

(a) 문제 5.35의 증기압방정식과 그림 5.11의 자료를 사용해서, 0℃와 40℃ 사이에서 물의 증기압 그래프를 그려라. 온도가 10℃ 상승할 때마다 증기압이 대략 두 배가 된다는 것을 주목하라.

(b) 어느 여름날의 기온이 30℃이다. 상대습도가 90%라면 이슬점은 몇 도인가? 상대습도가 40%라면 어떻게 되는가?

문제 5.43. 당신이 내쉬는 날숨은 온도가 35℃이고 상대습도는 90%인 공기라고 가정하자. 이 공기는 온도가 10℃이고 상대습도는 알려지지 않은 주변의 공기와 곧 섞인다. 섞이는 동안 다양한 중간 온도들과 수증기 백분율 값들이 일시적으로 나타난다. 이렇게 섞이는 동안에 형성되는 물방울 구름으로 당신의 날숨을 볼 수 있다면, 주변의 상대습도에 대해서 무엇을 말할 수 있겠는가? (문제 5.42에서 그렸던 증기압 그래프를 참조하라.)

문제 5.44. 불포화 공기덩어리가 떠오르면서 문제 1.40에서 얻었던 건조단열 경과율

* 이 용어는 널리 쓰이지만 불행하게도 오해를 불러일으키기 쉽다. 공기는 어떤 일정한 양의 액체를 담고 있을 수 있는 스펀지는 아니다. "포화"된 공기조차도 대부분은 빈 공간이다. 이전 문제에서 보인 것처럼, 평형상태에서 존재할 수 있는 수증기의 밀도는 공기의 존재와 거의 아무런 상관이 없다.

(dry adiabatic lapse rate)로 식는다고 가정하자. 지표면에서 기온이 25℃ 이고 상대습도가 50%라면, 이 공기덩어리가 포화되어서 응축이 시작되고 구름이 형성되는 고도는 얼마겠는가(그림 5.18)? (문제 5.42에서 그렸던 증기압 그래프를 참조하라.)

그림 5.18. 뭉게구름(적운)은 떠오르는 공기가 단열팽창하면서 온도가 이슬점 밑으로 떨어질 때 형성된다(문제 5.44). 응축이 시작되면 냉각 속도가 느려져서 공기가 상승하려는 경향은 더 커진다(문제 5.45). 이 구름들은 사진을 찍기 전 불과 한 시간 전까지는 맑았던 하늘에서 늦은 아침에 형성되기 시작했다. 오후 중반에 이 구름들은 뇌우로 발전했다.

문제 5.45. 문제 1.40에서 불포화된 공기가 저절로 대류를 하는데 필요한 대기의 온도기울기를 계산했었다. 하지만 떠오르는 공기덩어리가 포화상태가 되면 응축하는 물방울들이 에너지를 내어놓기 때문에 단열냉각과정이 둔화된다.

(a) 열역학 제일 법칙을 사용해서 단열팽창과정에서 응축이 일어날 때 공기덩어리의 온도가 다음 식에 따라 변하는 것을 보여라.

$$dT = \frac{2}{7}\frac{T}{P}dP - \frac{2}{7}\frac{L}{nR}dn_w$$

여기서 n_w는 공기 중에 존재하는 수증기의 몰수, n은 공기의 몰수, L은 몰당 기화열이고, 공기에 대해 $\gamma = 7/5$을 사용했다. H_2O는 공기덩어리에서 아주 적은 부분을 차지할 뿐이라고 가정할 수 있다.

(b) 이 과정동안에 공기가 항상 포화되어 있다고 가정하면 비 n_w/n는 온도와 압력의 알려진 함수이다. dn_w/dz를 dT/dz, dP/dz 그리고 증기압 $P_v(T)$로 주의 깊게 표현하라. 클라지우스-클라페이론 관계식을 사용해서 dP_v/dT를 소거하라.

(c) (a)와 (b)의 결과들을 결합해서 온도기울기 dT/dz를 압력기울기 dP/dz에 관계 짓

는 식을 구하라. 그리고 문제 1.16의 대기압방정식(barometric equation)을 사용해서 dP/dz 항을 소거하라. 최종적으로 다음과 같은 식을 얻을 수 있다.

$$\frac{dT}{dz}=-\left(\frac{2}{7}\frac{Mg}{R}\right)\frac{1+\dfrac{P_v}{P}\dfrac{L}{RT}}{1+\dfrac{2}{7}\dfrac{P_v}{P}\left(\dfrac{L}{RT}\right)^2}$$

여기서 M은 공기 1몰의 질량이다. 이 식에서 앞의 인수는 바로 문제 1.40에서 계산했던 건조단열 경과율이고, 식의 나머지 부분은 응축하는 수증기의 발열로 인한 보정항이다. 전체 결과는 습윤단열 경과율(wet adiabatic lapse rate)로 불리며, 그 이상의 값에서 포화된 공기가 저절로 대류하게 되는 온도기울기의 임계값을 의미한다.

(d) 대기압(1바) 25℃에서 습윤단열 경과율을 계산하고 대기압 0℃에서도 계산하라. 결과가 왜 다른지 설명하고 그것이 암시하는 바를 논의하라. 압력이 낮은 높은 고도에서는 무슨 일이 일어나는가?

문제 5.46. 이 절까지의 모든 논의에서는 물질의 두 상 사이에 존재하는 "경계"를 무시하였다. 즉, 물질을 구성하는 분자는 항상 한 상이나 다른 상에 확실하게 속하는 것처럼 여긴 것이다. 그러나 실제로는, 경계는 분자가 두 상과는 또 다른 어떤 환경에 놓이게 되는 일종의 전이영역(transition zone)이다. 이 경계영역은 분자 몇 개 정도에 불과한 두께를 갖기 때문에, 계의 총자유에너지에 기여하는 바가 자주 무시되곤 한다. 하지만, 중요한 예외는 물질이 상전이를 할 때 형성되는 최초의 작은 방울, 거품, 혹은 알갱이라고 부르는 것들이다. 새로운 상이 나타나는 초기에 이런 조그만 알갱이들이 형성되는 것을 핵형성(nucleation)이라고 한다. 이 문제에서는 구름 속에서 일어나는 물방울들의 핵형성을 다룰 것이다.

두 상의 사이에 존재하는 경계면의 두께는 일반적으로 그 면적에 관계없이 일정하다. 따라서 이 경계면에 대한 추가적인 깁스 자유에너지는 경계면적의 크기에 직접 비례한다. 이때 이 비례상수를 표면장력(surface tension) σ라고 부른다.

$$\sigma \equiv \frac{G_{경계}}{A}$$

그 주변의 증기와 평형상태에 있는 물방울을 잡아당겨서, 부피는 같지만 표면적은 더 큰 형태로 변형시키려고 해보자. 이때 고정된 온도와 압력에서 추가되는 단위 면적당 해주어야 하는 최소한의 일이 바로 σ 이다. 20℃ 에서 물의 표면장력은 $\sigma = 0.073\ \mathrm{J/m^2}$ 이다.

(a) 수증기 분자 $N-N_l$ 개로 둘러싸인 분자 N_l 개로 구성된 구형의 물방울을 고려하자. 잠시 표면장력을 무시하고, 이 계의 총 깁스 자유에너지를 N, N_l, 액체와 기체의 화학퍼텐셜의 식으로 나타내라. 그리고 N_l 을 액체분자당의 부피 v_l 과 물방울의 반지름 r 로 다시 써라.

(b) 이제 r 과 σ 로 써진 표면장력 항을 (a)의 총 깁스 자유에너지에 포함시켜라.

(c) r 에 대한 G 의 그래프를 $\mu_g - \mu_l$ 의 부호에 따라 정성적으로 그리고, 그래프가 암시하는 바를 논하라. $\mu_g - \mu_l$ 의 부호가 어느 것일 때 영이 아닌 평형반지름이 존재하는가? 이 평형은 안정한가?

(d) (c)에서 정성적으로 논의했던 임계 평형반지름을 r_c 로 나타내자. r_c 를 $\mu_g - \mu_l$ 의 식으로 쓰라. 그런 다음 수증기가 이상기체처럼 거동한다고 가정하고 화학퍼텐셜의 차이를 상대습도의 식으로 써라(문제 5.42). (상대습도는 편평한 수면, 혹은 무한히 큰 물방울과 평형상태에 있는 수증기의 압력을 사용해서 정의된다.) 수를 포함한 상대습도의 함수로써 임계반지름의 그래프를 스케치하라. 그래프가 암시하는 바를 논하라. 특히, 대기에서 물분자들이 자발적으로 합쳐져서 구름이 형성되는 가능성이 낮은 이유를 설명하라. (실제로 구름의 물방울들은 상대습도가 100% 에 가까울 때 먼지 입자나 다른 외인성 물질을 핵으로 하여 형성된다.)

문제 5.47. 일정한 온도 T 와 자기장 $\mathcal{H}$(문제 5.17)에 놓여있는 자기계에 대해서 최소화되는 양은 깁스 자유에너지의 자기적 유사체 G_m 인데, G_m 은 다음의 열역학 항등식을 만족한다.

$$dG_m = -S\,dT - \mu_0 M\,d\mathcal{H}$$

두 가지 자기계의 상도표가 그림 5.14에 그려져 있다. 여기서 각 그림의 수직축은 $\mu_0\mathcal{H}$ 이다.

(a) $\mathcal{H}-T$ 평면에서 상경계선의 기울기에 대한 클라우지우스-클라페이론 관계식의 유사식을 유도하라. 두 상의 엔트로피의 차이로 방정식을 써라.

(b) 그림 5.14에 보인 강자성 상도표에 (a)의 식을 어떻게 적용할지에 대해서 논의하라.

(c) 제일종초전도체에서 표면전류는 내부의 자기장($\mathcal{H}$가 아니라 B)을 완전히 상쇄하는 방식으로 흐른다. 물질이 초전도상태가 아닌 정상상태에 있을 때 M이 무시할 수 있는 정도라고 가정하고, 그림 5.14가 보여주는 초전도체의 상도표에 (a)의 식을 어떻게 적용할지에 대해서 논하라. 어느 상이 더 큰 엔트로피를 갖는가? 상경계선의 양끝에서 두 상 사이의 엔트로피의 차이에는 무슨 일이 일어나는가?

판데르발스 모형

상변환을 조금 더 깊이 이해하는 좋은 방법 중의 하나는 구체적인 수리모형을 도입하는 것이다. 액체-기체 계에 대해서 알려진 가장 유명한 모형은 1873년 판데르발스(Johannes van der Waals)에 의해 제안된 판데르발스 방정식이다.

$$\left(P+\frac{aN^2}{V^2}\right)(V-Nb)=NkT. \tag{5.49}$$

이것은 분자간의 상호작용을 어떤 근사적인 방법으로 고려한, 이상기체 법칙의 변형이다. (이상기체 법칙이나 판데르발스 방정식처럼 P, V, T 사이의 제안된 모든 관계식을 상태방정식(equation of state)이라고 부른다.)

판데르발스 방정식은 이상기체 법칙에 두 가지의 변형을 준다. P 항에 aN^2/V^2을 더한 것과 V 항에서 Nb를 뺀 것이 그것이다. 두 번째 변형이 이해하기가 더 쉽다. 유체는 부피가 영이 될 때까지 압축될 수는 없다. 그래서 압축할 때 압력이 무한대가 되는 최소한의 부피 Nb로 유체의 부피는 제한이 된다. 여기서 상수 b는, 분자가 그 이웃들과 “닿아” 있을 때 분자 하나가 차지하는 최소한의 부피를 나타낸다. P에 aN^2/V^2을 더하는 첫 번째 변형은 분자들이 닿지 않을 정도로 가까이 있을 때 분자 사이에 작용하는 인력을 설명한다(그림 5.19). 모든 분자들이 제자리에서 움직이지 않아서, 실재하는 에너지는 분자 사이의 인력에서 기인하는 음의 퍼텐셜에너지가 전부라고 상상해보자. 만약 계의 밀도를 두 배로 하면 각 분자들은 두 배로 많은 이웃들을 갖게 될 것이다. 그래서 이웃과의 상호작용에 기인하는 퍼텐셜에너지도 두 배가 될 것이다. 달리 말하자면, 한 개의 분자와 그 분자의 모든 이웃들과의 상호작용과 관련된 퍼텐셜에너지는 분자들의 밀도 N/V에 비례한다. 전부 N개의 분자들이 있기 때문에, 모든 분자들의 상호작용과 관련된 총퍼텐셜에너지는 N^2/V에 비례해야만 한다.

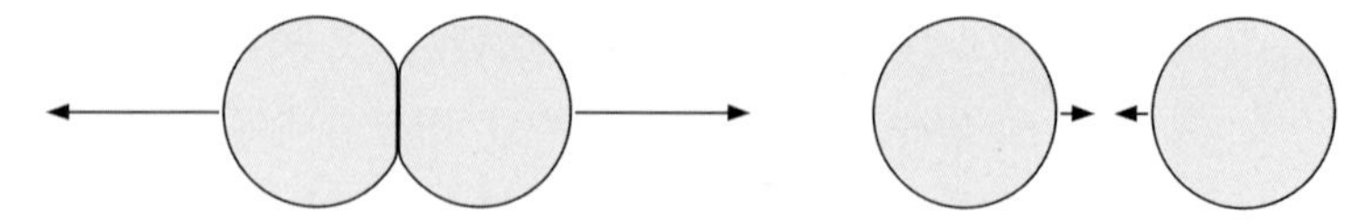

그림 5.19. 두 개의 분자가 너무 가까우면 서로 강하게 밀어낸다. 분자들이 가까운 거리에 떨어져 있으면 서로 잡아당긴다.

$$\text{총퍼텐셜에너지} = -\frac{aN^2}{V} \qquad (5.50)$$

여기서 a는 분자의 종류에 의존하는 어떤 양의 비례상수이다. 압력을 계산하기 위해서 엔트로피를 고정하고 부피를 약간 변화시킨다고 상상해보자. (모든 열운동을 고정시켰기 때문에 엔트로피를 고정시키는 것은 문제가 되지 않는다.) 그러면 열역학 항등식에 의해 $dU = -PdV$, 혹은 $P = -(\partial U/\partial V)_S$가 성립한다. 따라서 퍼텐셜에너지만으로 기여하는 압력은 다음과 같다.

$$P_{\text{퍼텐셜}} = -\frac{d}{dV}\left(-\frac{aN^2}{V}\right) = -\frac{aN^2}{V^2} \qquad (5.51)$$

이 음의 압력을 인력이 없었을 경우의 압력인 $NkT/(V-Nb)$에 더하면 바로 판데르발스 방정식을 얻는다.

$$P = \frac{NkT}{V-Nb} - \frac{aN^2}{V^2} \qquad (5.52)$$

판데르발스 방정식이 실제 유체의 정성적인 거동을 설명하는데 맞는 성질들을 갖고 있지만, 이 방정식이 절대로 정확하지는 않다는 점을 강조할 필요가 있다. 방정식을 유도하는 과정에서 많은 효과들을 무시했지만 그 중 가장 심각한 것은, 기체의 밀도가 증가할수록 미시적인 크기 규모에서 기체가 비균질적일 수 있다는 사실이다. 즉, 분자 무더기가 형성되기 시작하면 한 분자의 이웃들의 수가 N/V에 직접 비례한다는 주장이 깨어지게 될 것이다. 따라서 정확한 정량적인 예측을 시도하지는 않을 것이라는 사실을 이 절 내내 잊지 말라. 우리가 하고자 하는 것은 다만 정성적인 이해이며, 그럼에도 불구하고 이것은 나중에 당신이 액체-기체 상변환을 더 깊게 연구하고자 할 때 유용한 출발점이 될 수 있다.

상수 a와 b 값은 물질에 따라 다르고, (정확한 모형이 아니기 때문에) 같은 물질이더라도 조건이 다르면 달라진다. N_2나 H_2O와 같은 작은 분자들에 대해서 적절한 b 값은 약 6×10^{-29} $m^3 \approx (4Å)^3$이며, 이 값은 대략 분자들의 평균 폭의 세제곱이다. 어떤 종류의 분자들은 다른 종류보다 서로 잡아당기는 힘이 훨씬 더 크기 때문에, 상수 a 값은 변동이 크다. N_2에 대한 적절한 a 값은 약 4×10^{-49} J·m^3, 혹은 2.5 eV·Å^{3}이다. a를 대략 평균상호작용에너지와 상호작용이 작용하는 공간의 부피를 곱한 것으로 간주한다면, 십분의 수 eV와 수십 Å^{3}의 곱이라는 점에서 이 값은 상당히 그럴듯하다. H_2O에 대한 a 값은 분자의 영구 전기분극 때문에 네 배가량 크다. 반대쪽 극한에 있는 헬륨은 상호작용이 매우 약해서, a 값이 질소보다 40배 정도 작다.

이제 판데르발스 모형의 결과들을 조사해보자. 시작하는 좋은 방법은, 다양한 온도에서 부피에 대한 함수로 압력 값을 그려보는 것이다(그림 5.20). 부피가 Nb보다 훨씬 클 때 등온곡선은 이상기체처럼 아래로 볼록하다. 충분히 높은 온도에서는 부피를 줄이면 압력이 서서히 증가하고, 종국에 부피가 Nb로 가면 압력은 무한대로 접근한다. 그러나 저온에서는 복잡한 거동을 보인다. 즉, 부피가 감소할 때 압력은 증가하다 감소하고 다시 증가한다. 언뜻 보기에 이것은 어떤 상태에서는 유체를 압축할 때 압력이 감소한다는 것을 암시한다. 하지만 실재 유체는 이런 거동을 보이지 않는다. 좀 더 주의 깊게 분석하면, 판데르발스 모형도 이런 거동을 예측하지는 않는다는 것을 알 수 있다.

주어진 온도와 압력에서 어떤 계의 진짜 평형상태는 계의 깁스 자유에너지에 의해 결정된다. 판데르발스 유체의 G를 계산하기 위해 G에 대한 열역학 항등식으로부터 시작해보자.

$$dG = -SdT + VdP + \mu dN \tag{5.53}$$

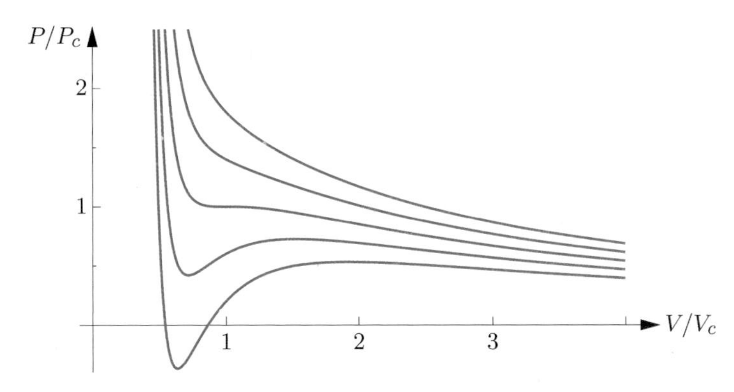

그림 5.20. 판데르발스 유체에 대한 등온곡선. 밑에서부터 위로 온도가 0.8, 0.9, 1.0, 1.1, 1.2T_c일 때의 곡선들이고, 여기서 T_c는 임계온도이다. 축의 수치는 임계점에서의 압력과 부피를 각각 단위로 한다. 즉, 이 단위들로 유체분자의 최소 부피는 $Nb = 1/3$이다.

주어진 일정한 온도에서 물질의 양이 고정되었다면, 이 식은 $dG = VdP$가 된다. 양쪽을 dV로 나누면 다음 식을 얻는다.

$$\left(\frac{\partial G}{\partial V}\right)_{N,T} = V\left(\frac{\partial P}{\partial V}\right)_{N,T} \tag{5.54}$$

오른쪽은 판데르발스 방정식 (5.52)로부터 직접 계산할 수 있어서 다음의 결과를 얻는다.

$$\left(\frac{\partial G}{\partial V}\right)_{N,T} = -\frac{NkTV}{(V-Nb)^2} + \frac{2aN^2}{V^2} \tag{5.55}$$

오른쪽을 적분하기 위해서, 첫 항의 분자의 V를 $(V-Nb)+(Nb)$로 나누어 쓰고 두 항을 따로 적분을 하면 다음의 결과를 얻는다.

$$G = -NkT\ln(V-Nb) + \frac{(NkT)(Nb)}{V-Nb} - \frac{2aN^2}{V} + c(T) \tag{5.56}$$

여기서 적분상수 $c(T)$는 온도에 따라 다른 값을 갖지만 현재의 목적상 그것이 중요하지는 않다. 이 식을 사용하여 고정된 T 값에서 깁스 자유에너지를 그릴 수 있다.

G를 부피의 함수로 그리는 것보다, V를 매개변수로 해서 G와 P를 계산하고 이 값들을 사용해서 GP 도표를 그리는 것이 더 유용하다. 그림 5.21은 그 예로써, 주어진 온도에서의 등온곡선도 같이 보여주고 있다. 판데르발스 방정식이 한 압력 값을 한 개 이상의 부피 값들에 관련짓는 것처럼 보이지만, 실제 열역학적으로 안정된 상태는 깁스 자유에너지가 가장 낮은 한 상태일 뿐이다. 즉, G의 그래프에서 점 2-3-4-5-6으로 이어지는

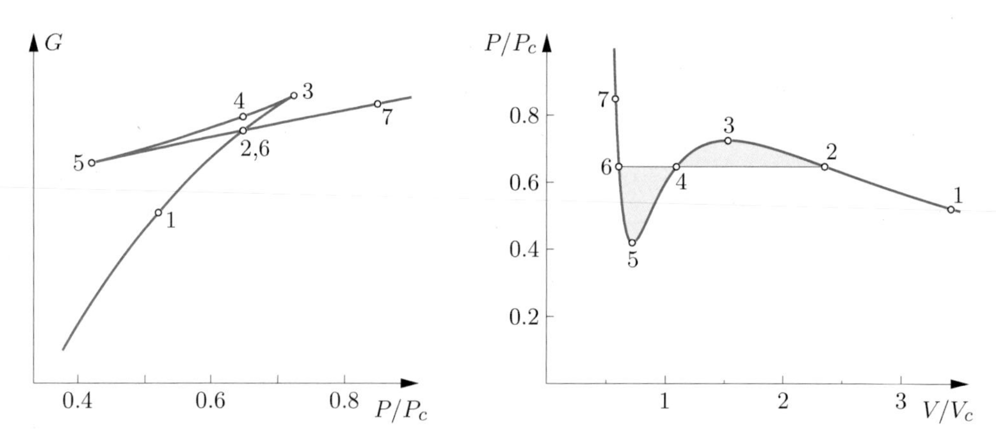

그림 5.21. $T = 0.9T_c$에서 압력에 대한 판데르발스 유체의 깁스 자유에너지. 오른쪽은 대응하는 등온곡선이다. 범위 2-3-4-5-6에 놓인 상태들은 불안정한 상태들이다.

삼각형 고리는 불안정한 상태들에 해당된다. 압력이 점차 증가될 때 계는 부피가 갑자기 감소하면서 점 2에서 점 6으로 직접 가게 될 것이다. 즉, 상변환이 일어난다. 압력이 증가할 때 부피가 급속히 감소하는 영역에 있으므로, 점 2에서 유체는 기체라고 불러야 할 것이다. 마찬가지로 압력이 크게 변하더라도 부피가 거의 변하지 않는 점 6에서 유체는 액체라고 불러야 할 것이다. 이 두 점 사이에서 열역학적으로 안정된 상태는 실제로 액체와 기체의 혼합물이다. 이 상태는 *PV* 도표의 수평선으로 나타낸 전이압력에 놓여있다. 이 직선으로 잘려진 등온곡선의 부분은, 유체가 균일했다면 허용되었을 상태들을 정확히 나타낸다. 하지만 같은 압력에서 깁스 자유에너지가 더 낮은 또 다른 상태가 항상 존재하기 때문에 이 균일한 상태들은 불안정하다.

상변환이 일어나는 압력 값은 G의 그래프로부터 쉽게 결정할 수 있다. 하지만 G를 전혀 그릴 필요 없이 *PV* 도표에서 그 값을 직접 읽어낼 수 있는 재미있는 방법이 있다. 이 방법을 유도하기 위해, 삼각형 고리 2-3-4-5-6을 돌아왔을 때 G 값의 총변화가 없다는 사실에 주목하자.

$$0 = \int_{\text{고리}} dG = \int_{\text{고리}} \left(\frac{\partial G}{\partial P}\right)_T dP = \int_{\text{고리}} V dP \tag{5.57}$$

마지막 식의 적분은 *PV* 도표에서 계산될 수 있다. 실제로는 도표를 옆으로 돌려서 보는 것이 더 쉽다(그림 5.22). 점 2에서 점 3까지의 적분은 P축까지 이 그래프 밑의 총면적에 해당된다. 점 3에서 점 4까지의 적분도 마찬가지로, 그 크기는 이 그래프 밑의 총면적이다. 단, 이 적분은 음의 값이므로 음의 부호를 갖는 총면적이라고 하는 것이 정확하다. 따라서 점 2에서 점 3을 거쳐 점 4까지의 적분값은 상쇄되고 남는 부분인 그림에서 A로

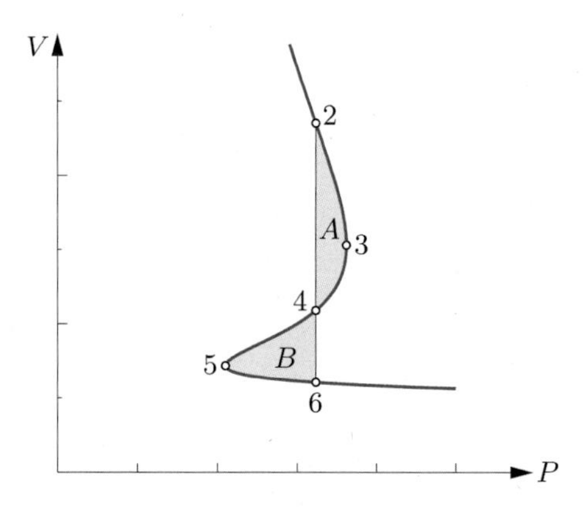

그림 5.22. 그림 5.21과 같은 등온곡선을 옆으로 그린 것. 영역 A와 B는 같은 면적을 갖는다.

표시된 면적이다. 마찬가지로, 점 4에서 점 5를 거쳐 점 6까지 적분한 값은 그 크기가 B로 표시된 면적이고 부호는 음이 된다. 따라서 점 2에서 점 6까지 전체 적분값은 면적 A에서 면적 B를 뺀 값이다. 식 (5.57)처럼 이 값이 영이라면 면적 A와 B는 같아야 한다고 결론을 내릴 수 있다. 이와 같이 면적 A와 B가 같도록 직선을 긋는 것을 맥스웰(James Clerk Maxwell)의 이름을 따서 맥스웰 작도(Maxwell construction)라고 한다.

다양한 온도 값에서 맥스웰 작도를 반복하면 그림 5.23과 같은 결과를 얻는다. 각 온도에서 액체-기체 상변환이 일어나는 증기압 값이 잘 정의되어 있다. 온도에 대해 이 압력 값들을 도표로 그리면 액체-기체 상경계선을 얻게 된다. 한편, PV 도표에서 등온곡선의 직선 부분들은 액체와 기체의 혼합물이 안정한 상태인 영역을 채운다. 이 영역은 그림에서 색으로 표시되어 있다.

하지만 부피가 감소할 때 압력이 단순히 증가하는 것을 보여주는 고온에서의 등온곡선들은 어떠한가? 이들 온도에서는 저밀도에서 고밀도로 갑자기 전이되는 상변환이 일어나지 않는다. 따라서 어떤 온도 이상에서는 상경계선이 사라지는데, 이 온도를 임계온도(critical temperature) T_c 라고 한다. 그리고 T_c 에서의 증기압을 임계압력(critical pressure) P_c 라고 하며, 또 이때의 부피를 임계부피(critical volume) V_c 라고 부른다. 이 값들은 액체와 기체 상의 성질이 동일해지는 임계점(critical point)을 정의한다.

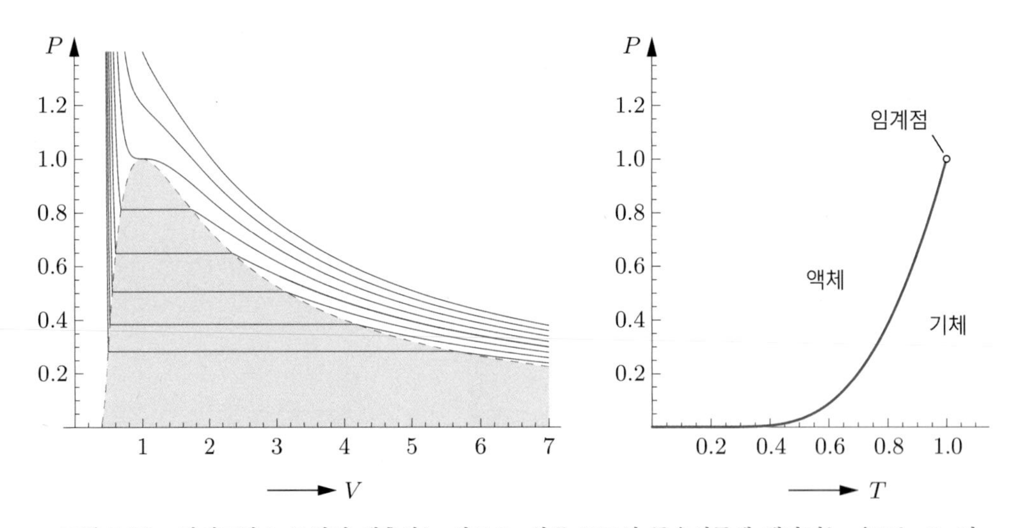

그림 5.23. 판데르발스 모형이 예측하는 상도표. 왼쪽 도표의 등온선들에 해당되는 온도는 T_c 단위로 0.75에서 1.1까지 0.05 간격의 값들이다. 색으로 표시된 영역에서 안정한 상태는 액체와 기체가 섞인 상태이다. 완전한 증기압 곡선이 오른쪽에 그려져 있다. 모든 축들은 임계값들을 단위로 하여 나타내어졌다.

판데르발스 방정식처럼 간단한 모형이 액체-기체 상변환, 상경계선의 일반적 형태, 그리고 임계점에 이르기까지, 실제 유체가 갖는 모든 중요한 정성적인 성질들을 예측할 수 있다는 것은 매우 놀라운 일이다. 하지만 불행히도 수치적으로는 이 모형은 성공적이지 않다. 예컨대, 실험적으로 측정한 H_2O 의 상경계선은 모형의 예측보다 임계점에서 더 가파르게 떨어진다. 즉, $T/T_c = 0.8$ 에서 증기압에 대한 예측값은 $0.4\,P_c$ 이지만 측정값은 $0.2\,P_c$ 이다. 고밀도 유체의 거동에 대한 좀 더 정확한 모형이 있지만 이 책의 범위를 넘어선다.* 하지만 우리는 최소한 액체-기체 상변환을 이해하기 위한 첫걸음을 내디딘 것이다.

문제 5.48. 그림 5.20에서 볼 수 있듯이, 임계점은 맥스웰 작도를 하기 전인 원래의 판데르발스 등온곡선 상에서 V 에 대한 P 의 일차미분과 이차미분이 영인 유일한 점이다. 이 사실을 이용해서 임계값들이 다음 식을 만족함을 보여라.

$$V_c = 3Nb, \quad P_c = \frac{1}{27}\frac{a}{b^2}, \quad kT_c = \frac{8}{27}\frac{a}{b}$$

문제 5.49. 앞 문제의 결과와 본문에서 주어진 a 와 b 의 근삿값을 사용해서 N_2, H_2O, He 에 대한 임계값 T_c, P_c, V_c/N 을 추정하라. (종종 a 와 b 의 자료값들은 임계온도와 임계압력의 측정값들로부터 거꾸로 계산된다.)

문제 5.50. 유체의 압축인수(compression factor)는 비값 PV/NkT 로 정의된다. 이 양이 1로부터 이탈한 정도는 해당 유체가 이상기체와 얼마나 다른가에 대한 척도이기도 하다. 임계점에서 판데르발스 유체의 압축인수를 계산하고, 그 값이 a 와 b 에 무관하다는 것에 주목하라. (임계점에서 압축인수의 실험값들은 일반적으로 판데르발스 유체보다 더 작은 값을 갖는다. 예컨대, 그 값들은 H_2O 에 대해서 0.227, CO_2 에 대해서 0.274, He 에 대해서는 0.305이다.)

문제 5.51. 그래프를 그리고 수치적 계산을 할 때는 다음과 같은 환원변수(reduced variable)들을 사용하는 것이 편리하다.

* 약하게 상호작용하는 기체들을 다루는 정확한 근사법과 보다 더 일반적인 몬테카를로(Monte Carlo) 시늉내기 기법이 8장에서 소개된다. 이 방법들은 밀도가 높은 유체에도 적용될 수 있다.

$$t \equiv T/T_c, \quad p \equiv P/P_c, \quad v \equiv V/V_c$$

이 환원변수들을 사용해서 판데르발스 방정식을 다시 쓰고, 상수 a와 b가 사라지는 것에 주목하라.

문제 5.52. 환원변수들을 사용해서 $T/T_c = 0.95$에서 판데르발스 등온곡선을 그려라. 그래프를 사용하거나 수치적인 계산을 해서 맥스웰 작도를 하여 증기압을 구하라. 그런 후 같은 온도에서 압력에 대한 함수로써 NkT_c의 단위로 깁스 자유에너지의 그래프를 그리고, 이 그래프가 같은 값의 증기압을 예측하는지 확인하라.

문제 5.53. $T/T_c = 0.8$에서 문제 5.52와 동일한 작업을 반복하라.

문제 5.54. 식 (5.56)과 같이 결정되지 않은 온도의 어떤 함수를 포함하는 형태로, 판데르발스 유체의 헬름홀츠 자유에너지 F를 계산하라. 환원변수들을 사용해서 $T/T_c = 0.8$에서 부피에 대한 함수로써 NkT_c의 단위로 F의 그래프를 주의 깊게 그려라. (전이)증기압에서 각각 액체와 기체상에 해당하는 그래프 상의 두 점을 찾아서 표시하라. (앞 문제를 풀지 않았다면, 그림 5.23으로부터 적절한 값을 읽어라.) 그런 후, 액체와 기체가 섞여서 혼재하는 상태들의 헬름홀츠 자유에너지가 이 두 점을 잇는 직선 상의 점들로 표현된다는 것을 증명하라. 주어진 부피에서 원래의 F 곡선이 나타내는 균질한 상태보다 이 직선 상의 조합상태가 더 안정하다는 것을 설명하라. 또한, 원래의 F의 곡선으로부터 직접, 전이점에서의 두 가지의 부피를 어떻게 결정할 수 있는지를 기술하라.

문제 5.55. 이 문제에서는 임계점 근처에서 판데르발스 유체의 거동을 분석할 것이다. 환원변수들을 사용해서 하는 것이 가장 쉬운 길이다.

(a) 판데르발스 방정식을 $(V-V_c)$의 테일러 수열로 전개하고 $(V-V_c)^3$항까지 유지하라. T가 T_c에 충분히 가까우면, $(V-V_c)$의 이차항이 다른 항들보다 무시할 수 있을 정도로 작아서 이 항이 생략될 수 있다는 것을 논증하라.

(b) 결과적으로 $P(V)$는 점 $V=V_c$를 기준으로 반대칭(antisymmetric)이 된다. 이 사실을 이용해서 온도의 함수로써 증기압의 근사식을 구하라. (등온곡선을 그려보는 것이 도움이 될 것이다.) 임계점에서 상경계선의 기울기 dP/dT를 계산하라.

(c) 역시 T가 T_c로 가는 극한에서, (전이)증기압에서 기체상과 액체상의 부피의 차이값의 식을 구하라. 답은 $(V_g - V_l) \propto (T_c - T)^\beta$ 이다. 여기서 β는 임계지수(critical exponent)로 알려져 있다. 실험측정에 따르면 β는 약 1/3인 보편적인 값을 갖지만, 판데르발스 모형은 더 큰 값을 예측한다.

(d) 이전 결과를 사용해서 온도의 함수로써 상변환의 잠열의 예측값을 계산하라. 그리고 이 함수를 스케치하라.

(e) $T = T_c$에서 등온곡선의 형태가 또 다른 임계지수 δ를 정의한다. 즉, $(P - P_c) \propto (V - V_c)^\delta$의 거동을 보여준다. 판데르발스 모형의 δ를 계산하라. (δ의 실험값은 전형적으로 4나 5 근처이다.)

(f) 세 번째 임계지수는 다음 식으로 정의된 등온압축률의 온도에 대한 의존성을 묘사한다.

$$\kappa \equiv -\frac{1}{V}\left(\frac{\partial V}{\partial P}\right)_T$$

임계점에서 이 양은 $(T - T_c)$의 거듭제곱에 비례하여 발산하는데, 임계점을 어느 방향에서 접근하느냐에 따라 원리적으로 그 값이 다를 수 있다. 그러므로 임계지수 γ와 γ'은 다음 식들로 정의된다.

$$\kappa \propto \begin{cases} (T - T_c)^{-\gamma} & T \to T_{c+} \text{일 때,} \\ (T_c - T)^{-\gamma'} & T \to T_{c-} \text{일 때.} \end{cases}$$

임계점의 양쪽에서 판데르발스 모형의 κ를 계산하고, $\gamma = \gamma'$임을 보여라.

5.4 혼합물의 상변환

계가 두 가지 이상의 다른 물질들로 되어 있으면 상변환은 훨씬 복잡해진다. 예를 들어, 약 79%의 질소와 21%의 산소의 혼합물인 공기를 고려해보자. 단순하게 하기 위해 비주류 구성분자들을 무시하자. 대기압에서 이 혼합물의 온도를 낮출 때 무슨 일이 일어날까? 순수 산소의 끓는점인 90.2 K에 도달하면 산소 전량이 액화하고, 아직 질소가 액화되기 전의 온도이므로 질소는 모두 기체 상태로 남아있을 것으로 예상할지도 모르겠다(순수 질소의 끓는점은 77.4 K이다). 하지만, 실제로는 온도가 81.6 K에 이르러서야 비로

소 액체로 응축되기 시작하며, 이때의 액체는 48%의 산소를 함유한다. 합금과 화성암의 결정화 과정에서처럼 액체-고체 상전이에서도 비슷한 현상이 일어난다. 어떻게 이런 현상들을 이해할 수 있겠는가?

혼합물의 자유에너지

늘 그렇듯이 열쇠는 깁스 자유에너지에 있다.

$$G = U + PV - TS \tag{5.58}$$

A와 B 두 가지 종류의 분자들로 구성된 계를 고려하자. 처음에 이 분자들은 같은 온도와 압력에서 칸막이로 분리되어 옆에 나란히 놓여 있다(그림 5.24). 분자들의 총수는 예컨대 1몰로 고정해놓고, A와 B의 비율을 조정한다고 상상하자. 순수한 A 분자 1몰의 자유에너지를 G_A°, 순수한 B 분자 1몰의 자유에너지를 G_B°라고 하자. 섞이지 않은 A와 B 분자들의 총자유에너지는 바로 각 분자들로 된 계들의 자유에너지를 합한 양이다.

$$G = (1-x)G_A^\circ + xG_B^\circ \quad (\text{섞이지 않은 계}) \tag{5.59}$$

여기서 x는 B 분자들의 비율이다. 즉, 계가 순수한 A 분자들인 경우 $x=0$이고, 순수한 B 분자들일 경우 $x=1$이다. 그림 5.25의 왼쪽에 보인 것처럼, 섞이지 않은 계의 경우 x에 대한 G의 그래프는 직선이다.

이제 양쪽 사이의 칸막이를 없애고 A와 B 분자들을 잘 휘저어서 균질한 혼합물을 만든다고 가정해보자. (물질들이 분자들의 수준에서 섞일 때만 혼합물이라고 부르겠다. 즉, 소금과 후춧가루의 혼합물은 섞이지 않았다고 말하거나, 섞이지 않은 혼합물(조합)이라고 부르겠다.) 균질한 혼합물의 자유에너지는 어떻게 되겠는가? 정의 $G = U + PV - TS$로

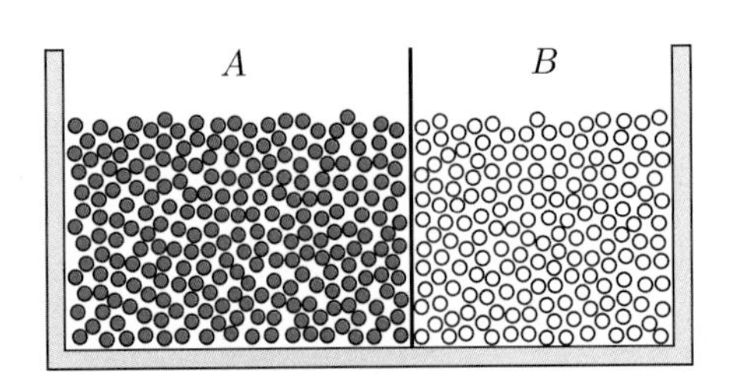

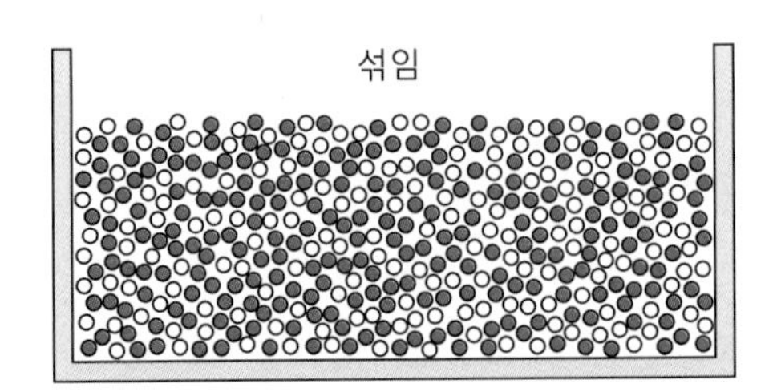

그림 5.24. 섞이기 전과 섞인 후의 두 종류의 분자들의 모임.

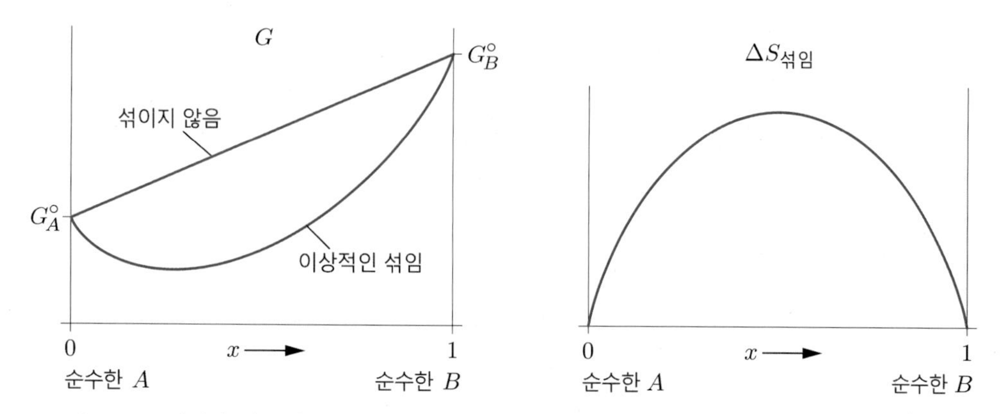

그림 5.25. 섞이기 전 A와 B 분자들의 모임에 대한 자유에너지는 $x=N_B/(N_A+N_B)$의 선형함수이다. 섞인 후 자유에너지는 더욱 복잡한 함수가 된다. 여기서 보인 것은 오른쪽의 그래프와 같은 섞임엔트로피를 갖는 이상혼합물(ideal mixture)의 경우이다. 이 크기규모에서는 분명히 볼 수 없겠지만, 오른쪽의 $\Delta S_{섞임}$과 왼쪽에 보인 섞인 후의 G 그래프는 양끝에서 수직 경사도를 갖는다.

부터 U, V, 혹은 S가 변하기 때문에 G도 변할 것이다. 동일한 종류와 동일하지 않은 종류의 분자들 사이의 힘이 어떻게 비교되는지에 따라 에너지 U는 증가하거나 감소할 것이다. 혼합물의 부피도 마찬가지로 이 힘들과 분자들의 형태에 따라 증가하거나 감소할 것이다. 하지만, 엔트로피는 언제나 확실히 증가하는데, 분자들을 배열하는 경우의 수가 증가하기 때문이다.

첫 단계의 근사로써, U와 V의 변화를 무시하고 모든 G의 변화가 오로지 섞임엔트로피에서 기인한다고 가정하자. 더욱 단순하게 하기 위해, 섞임엔트로피가 문제 2.38과 같이 계산될 수 있다고 가정하자. 즉, 1몰에 대한 섞임엔트로피는 다음과 같다.

$$\Delta S_{섞임} = -R[x\ln x + (1-x)\ln(1-x)] \tag{5.60}$$

그림 5.25의 오른쪽은 이 식의 그래프를 보여준다. 이 식은 이상기체들에서 성립하지만, 두 종류의 분자들이 크기가 같고 이웃 분자들의 종류에 선호도가 없는 액체나 고체에서도 성립한다. 따라서 섞임엔트로피가 이 식으로 주어지고, 섞인 후에 U와 V가 변하지 않을 때, 혼합물의 자유에너지는 다음과 같다.

$$G = (1-x)G_A^\circ + xG_B^\circ + RT[x\ln x + (1-x)\ln(1-x)] \quad (이상혼합물) \tag{5.61}$$

이 함수가 그림 5.25의 왼쪽에 그려져 있다. 자유에너지가 이와 같이 간단한 함수로 주어지는 혼합물을 이상혼합물(ideal mixture)이라고 부른다. 액체와 고체의 혼합물들이 근사적으로나마 이상적이 되는 경우는 거의 없다. 그럼에도 불구하고, 이상적인 경우는 어떤 현상을 질적으로 이해하는데 좋은 출발점이 된다.

섞임엔트로피와 관련해서 식 (5.60)이 갖는 중요한 한 성질은, x에 대한 미분값이 $x=0$에서 무한대가 되고 $x=1$에서는 음의 무한대가 된다는 사실이다. 즉, 이 함수의 그래프는 구간의 양끝에서 수직 경사도를 갖는다. 마찬가지로 깁스 자유에너지의 식 (5.61)도 구간의 양끝에서 무한대의 미분값을 갖는다. 이것은 절대영도의 경우를 제외하고는, 순수한 물질에 약간의 불순물이 더해져도 자유에너지가 상당히 감소한다는 것을 의미한다.* 위에 언급한 식들은 이상혼합물에서만 정확히 성립하지만, 양끝에서의 무한대의 경사도는 어떤 혼합물에도 성립하는 일반적인 성질이다. 계는 최소 자유에너지를 갖는 상태를 저절로 찾아가기 때문에, 이 성질은 평형상태의 상이 항상 불순물을 포함한다는 것을 의미한다.

이상적이지 않은 혼합물도 대체로 이상혼합물과 정성적으로 같은 성질을 갖는 경우가 많다. 하지만 항상 그런 것은 아니다. 가장 중요한 예외는 두 물질이 섞일 때 에너지가 증가하는 경우이다. 이런 경우는 기름과 물과 같은 액체 혼합물에서처럼, 다른 종류의 분자들보다 같은 종류의 분자들이 서로 더 세게 잡아당길 때 일어난다. 그렇다면 섞일 때 에너지 변화량 $\Delta U_{섞임}$은 그림 5.26에서 보인 것처럼 위로 볼록한 x의 함수가 된다. 따라서 부피의 변화를 무시한다면, 절대영도에서 자유에너지($G=U+PV-TS$)도 역시 위로

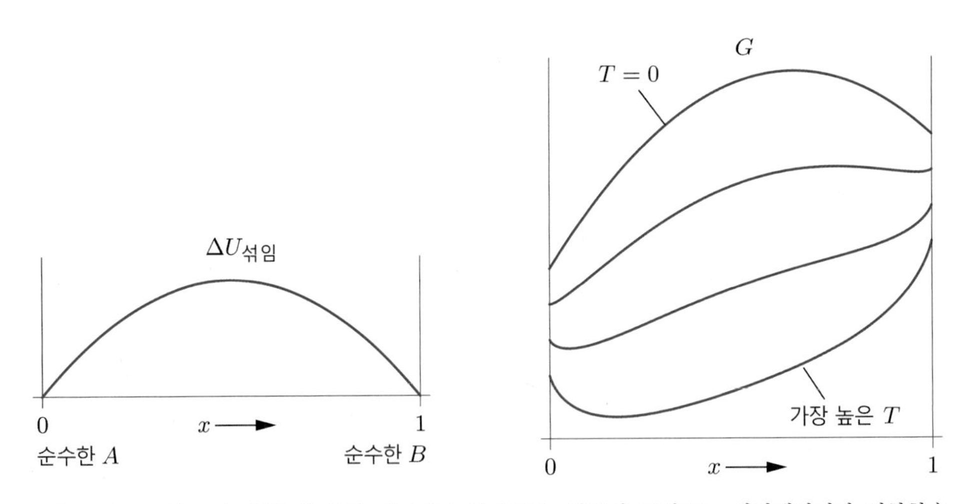

그림 5.26. A와 B가 섞일 때 종종 에너지가 증가한다. 왼쪽의 그래프는 섞임에너지가 이차함수로 주어지는 간단한 경우이다(문제 5.58 참조). 이 경우 네 가지의 다른 온도에서 자유에너지의 그래프가 오른쪽에 그려져 있다.

* 이미 천 개의 바늘이 섞여있는 짚단 속에 바늘 하나를 더하는 것에 비해, 다른 아무것도 없는 순수한 짚단에 바늘 하나를 떨어뜨리는 것이 엔트로피를 훨씬 더 많이 증가시킨다.

볼록한 함수가 된다. 하지만 절대영도가 아닌 경우에는 G를 결정하는데 있어, $\Delta U_{섞임}$ 으로 인한 위로 볼록하려는 경향과 $-T\Delta S_{섞임}$ 으로 인한 아래로 볼록하려는 경향 사이에 경쟁이 있게 된다. 충분히 온도가 높다면 엔트로피의 기여가 항상 이기고, G는 어디서나 아래로 볼록하게 된다. 하지만 매우 낮은 온도에서도 $x=0$과 $x=1$의 양끝 근처에서는 G에 대한 엔트로피의 기여가 여전히 우세하다. 이것은 양끝에서 섞임엔트로피가 무한대의 미분값을 갖는데 반해, 섞임에너지는 유한한 미분값을 갖기 때문이다. 불순물의 양이 아주 적을 때 섞임에너지는 단순히 불순물 분자들의 수에 비례한다. 따라서 영도가 아닌 낮은 온도에서는, 그림 5.26에서 보인 것처럼 자유에너지는 양끝 근처에서는 아래로 볼록하고 중간에서는 위로 볼록하다.

하지만 위로 볼록한 자유에너지 함수는 불안정한 혼합물을 나타낸다. G그래프 상에서 어디에 위치하던 두 점을 선택하고 그것들을 직선으로 연결해보자. 그림 5.25의 직선이 섞이지 않은 두 순수한 상의 조합이 갖는 자유에너지를 나타내는 것처럼, 이 직선도 양끝점으로 표시되는 두 (혼합물) 상의 섞이지 않은 조합이 갖는 자유에너지를 나타낸다. G그래프가 위로 볼록할 때는 항상 원래 그래프의 아래에 놓인 연결직선을 그을 수 있다. 즉, 섞이지 않은 조합은 균질하게 섞인 혼합물보다 항상 낮은 자유에너지를 갖는다. 그래프와 만나면서 가능한 가장 낮은 연결직선은 양끝에서 그래프와 접하는 직선이다(그림 5.27). 두 접점은 분리된 두 가지의 조성비를 나타내며, 그림에서 x_a와 x_b로 표시되어 있다. 따라서 계의 조성비가 x_a와 x_b 사이의 값을 가지면, 계는 조성비 x_a인 A가 풍부한 (혼합물)상과 조성비 x_b인 B가 풍부한 (혼합물)상으로 저절로 분리되게 된다. 이와 같은

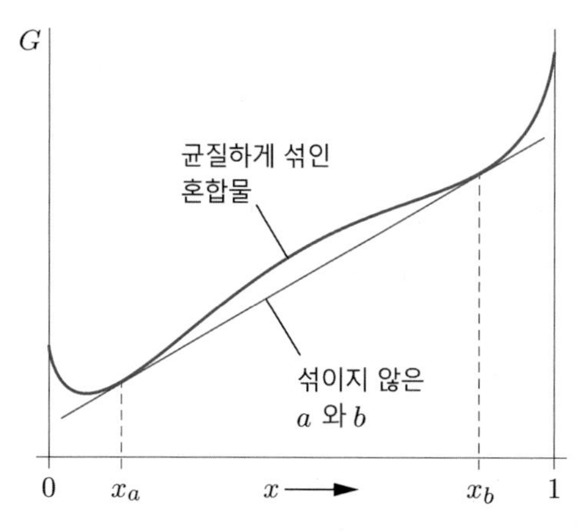

그림 5.27. 평형상태의 자유에너지 곡선을 작성하기 위해서는 위로 볼록한 부분을 양끝에서 곡선에 접하는 직선으로 연결하라. 이것이 가능한 가장 낮은 G 값이다. 두 접점 사이의 조성비 값을 갖는 혼합물은 자유에너지를 낮추기 위해, 조성비가 각각 x_a와 x_b인 두 상으로 저절로 분리된다.

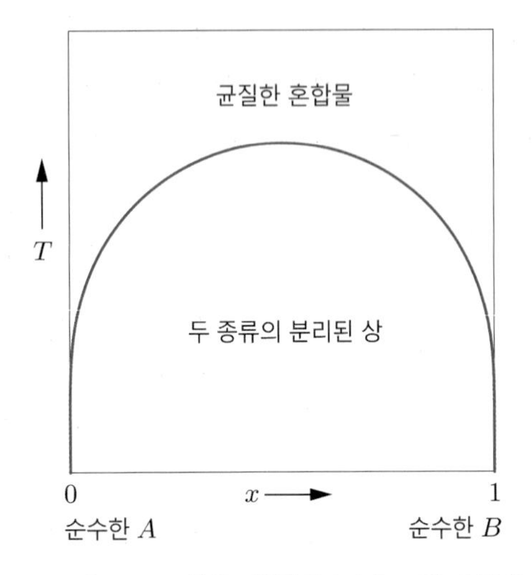

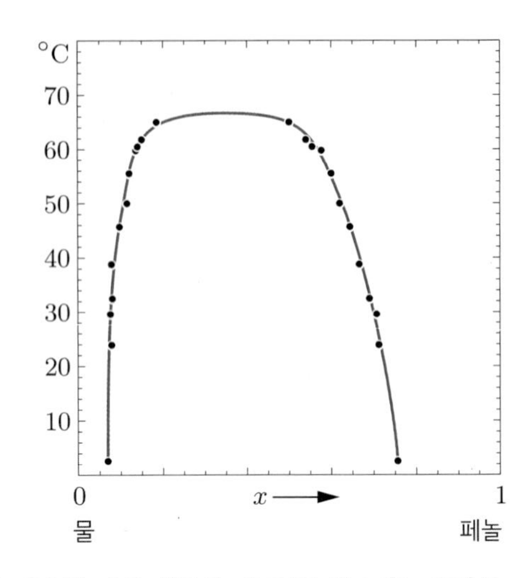

그림 5.28. 왼쪽: 섞임에너지가 그림 5.26과 같은 단순한 계의 상도표. 오른쪽: 물+페놀 혼합물의 실재 실험자료이며, 왼쪽과 정성적으로 유사한 거동을 보여준다. 논문 "Alan N. Campbell and A. Jean R. Campbell, *Journal of the American Chemical Society* 59, 2481 (1937)"로부터 저자의 허락 하에 인용하였음. 저작권은 American Chemical Society에 있음.

경우를 계가 용해도간격(solubility gap)을 갖는다거나, 혹은 두 상이 "섞이지 않는다(immiscible)"고 일컫는다. 계의 온도를 낮추면 용해도 간격이 더 넓어진다(그림 5.26). 반면에 온도를 높이면 이 간격이 좁아지고, G가 어디서나 아래로 볼록할 때 이 간격은 완전히 사라진다.

조성비 값 x_a와 x_b를 각 온도에 대해서 도표로 그리면, 그림 5.28과 같은 $T-x$ 상도표를 얻는다. 곡선 윗부분에서 계의 평형상태는 한 종류의 균질한 혼합물이고, 곡선 밑 부분에서 계는 두 종류의 (혼합물)상으로 분리된다. 두 상의 조성비 값은 주어진 온도에 대응되는 곡선 상의 두 점에서의 x 값이다. 기름과 물이 섞이는 흔한 예에서, 대기압에서 완전한 혼합이 일어나는 임계온도는 물의 끓는점보다 훨씬 높다. 오른쪽 그림은 이보다는 덜 흔하지만 임계온도가 67℃인 물과 페놀(C_6H_5OH)의 혼합물의 경우를 보여준다.

용해도간격은 고체 혼합물에도 존재한다. 하지만 고체의 경우에는, 순수 A고체와 순수 B고체가 질적으로 다른 결정구조를 갖는다는 복잡성이 종종 추가된다. 이 결정구조들을 각각 α와 β로 부르자. α상에 몇 개의 B 분자들을 더하거나, β상에 몇 개의 A 분자들을 더하는 것은 항상 가능하다. 또 다시 섞임엔트로피가 무한대의 경사도를 갖기 때문이다. 하지만 너무 많은 양의 불순물은 대개 결정구조에 심각한 변형력(stress)을 가하게 되고, 에너지도 크게 증가하게 한다. 따라서 그런 계의 자유에너지 도표는 그림 5.29와 같은 것이 된다. 또 다시 두 개의 아래로 볼록한 부분들에 접하는 직선을 그을 수 있으며,

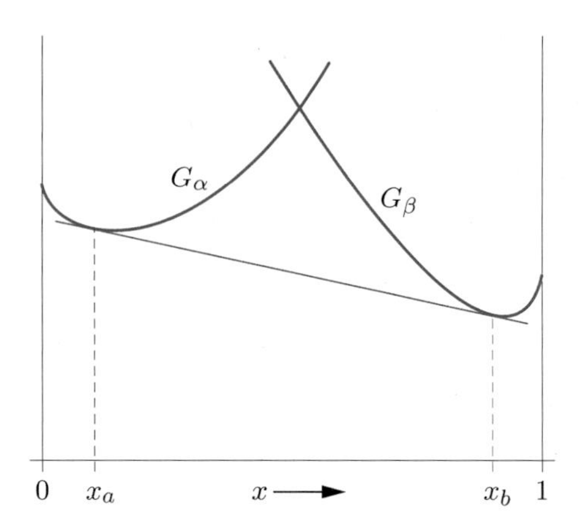

그림 5.29. 상이한 결정구조인 α와 β를 갖는 두 가지 고체의 혼합물에 대한 자유에너지 그래프. 또 다시 가능한 가장 낮은 연결직선은, 섞이지 않은 a와 b상의 조합이 균질하게 섞인 혼합물보다 더욱 안정적인 조성비 영역을 나타낸다.

용해도간격이 존재함을 볼 수 있다. 이 중간 조성비 영역에서, 안정적인 배열은 두 접점들에 해당되는 두 상의 섞이지 않은 조합이다. 어떤 고체들의 경우에 상황은 훨씬 더 복잡하다. 중간 조성비 영역에서 또 다른 결정구조들이 안정적이기 때문이다. 예를 들면, 구리와 아연의 합금인 황동은 다섯 가지의 안정적인 결정구조를 가지며 각각은 특정한 조성비 영역에서 안정적이다.

문제 5.56. 이상혼합물에 대해서 조성비 x에 대한 섞임엔트로피의 그래프의 기울기가 $x = 0$과 $x = 1$에서 무한대가 된다는 것을 증명하라.

문제 5.57. 분자 100개의 조성이 순수한 A에서 순수한 B로 변하는 이상혼합물을 고려하자. 컴퓨터를 사용해서 섞임엔트로피를 N_A의 함수로 계산하고 이 함수를 k의 단위로 그려라. 모두 A분자인 상태로 시작해서 한 분자를 B로 바꿀 때 엔트로피는 얼마만큼 증가하는가? 두 번째 분자와 세 번째 분자를 B로 바꿀 때 엔트로피는 각각 얼마만큼 증가하는가?

문제 5.58. 이 문제에서는 용해도간격의 존재를 분자적인 거동과 연결시키기 위해서, 상대적으로 단순한 방식으로 혼합물의 섞임에너지의 모형을 만들 것이다. 한 가지를 제외하고는 이상적인 A와 B분자들의 혼합물을 고려하자. 그 한 가지란, 이웃하는 분자들의 상호작용에 의한 퍼텐셜에너지가 분자들이 동일한 종류인지 아닌지에 의존한다는 것이다. n을 주어진 분자의 평균이웃수라고 하자(전형적인 수들은 6, 8 또는 10이다). u_0를 $A-A$, 혹은 $B-B$와 같이 동일한 종류의 이웃분자들 사이의 상호작용과 관련된 평균퍼텐셜에너지라고 하고, u_{AB}를 $A-B$처럼 다른 종류의 이웃들 사이의 상호작용과 관련된 평균퍼텐셜에너지라고 하자. 오직 가장 가까운 이웃들하고만 상호작용을 하기 때문에, u_0와 u_{AB}는 A와 B의 전체 양과는 무관하다. 섞임엔트로피는 이상적인 용액과 동일하다.

(a) 계가 섞이지 않았을 때, 모든 이웃 간의 상호작용으로 인한 총퍼텐셜에너지가 $\frac{1}{2}Nnu_0$임을 보여라. (힌트: 각 이웃 짝을 한 번씩만 세라.)

(b) 계가 섞였을 때 B분자들의 분률을 x라고 하자. 계의 총퍼텐셜에너지의 식을 구하라. (섞임은 완전히 마구잡이라고 가정하라.)

(c) (a)와 (b)의 차이로부터 섞임에 따른 에너지의 변화량을 구하라. 결과를 가능한 가장 단순하게 만들어서, $x(1-x)$에 비례하는 표현을 얻어야 한다. $u_{AB}-u_0$의 가능한 부호에 따라서, x에 대한 이 함수의 그래프를 스케치하라.

(d) 섞임엔트로피의 경우와는 달리, 섞임에너지 함수의 기울기는 양쪽 끝점에서 유한하다는 것을 보여라.

(e) $u_{AB}>u_0$일 때, x에 대한 이 계의 깁스 자유에너지의 그래프를 몇 가지의 온도에서 그려라. 시사점들에 대해서 논하라.

(f) 이 계가 용해도간격을 갖는 최대온도에 대한 식을 구하라.

(g) 100℃ 이하에서 용해도간격을 갖는 액체혼합물에 대한 $u_{AB}-u_0$의 아주 대략적인 추정값을 구하라.

(h) 그림 5.28과 같은 이 계의 $T-x$ 상도표를 그려라.

균질하게 섞이는 혼합물의 상변환

이제 이 절의 처음에서 언급한 질소와 산소의 혼합물의 액화과정의 문제로 돌아 가보자. 액체질소와 액체산소는 완전히 잘 섞일 수 있다. 그래서 액체 혼합물의 자유에너지 함수는 어디서나 아래로 볼록하다. 기체 혼합물의 자유에너지도 어디서나 아래로 볼록하다. 여러 온도에서 이 두 함수들의 관계를 고려함으로써, 이 계의 거동을 이해하고 계의 상도표를 대략 그려볼 수 있다.

그림 5.30은 기체상과 액체상에서 모두 이상혼합물로서 거동하는 모형계의 자유에너지

함수를 보여준다. 성분 A와 B를 거동이 정성적으로 비슷할 질소와 산소로 생각해도 좋다. 순수한 A와 B의 끓는점을 각각 T_A, T_B라고 표시했다($T_B > T_A$). T_B보다 높은 온도에서 안정적인 상은 조성비와 관계없이 항상 기체상이다. 따라서 기체의 자유에너지 곡선은 모든 조성비 값에서 액체의 자유에너지 곡선의 밑에 놓여 있다. 온도가 낮아지면 두 상의 자유에너지는 모두 증가한다($\partial G/\partial T = -S$). 하지만 기체의 엔트로피가 더 크기 때문에 기체의 자유에너지가 더 많이 증가한다. 따라서 두 곡선은 $T = T_B$일 때 $x = 1$에서 만난다. 이 점은 순수한 B의 액체상과 기체상이 공존하는 평형상태이다. 온도가 더 낮아질

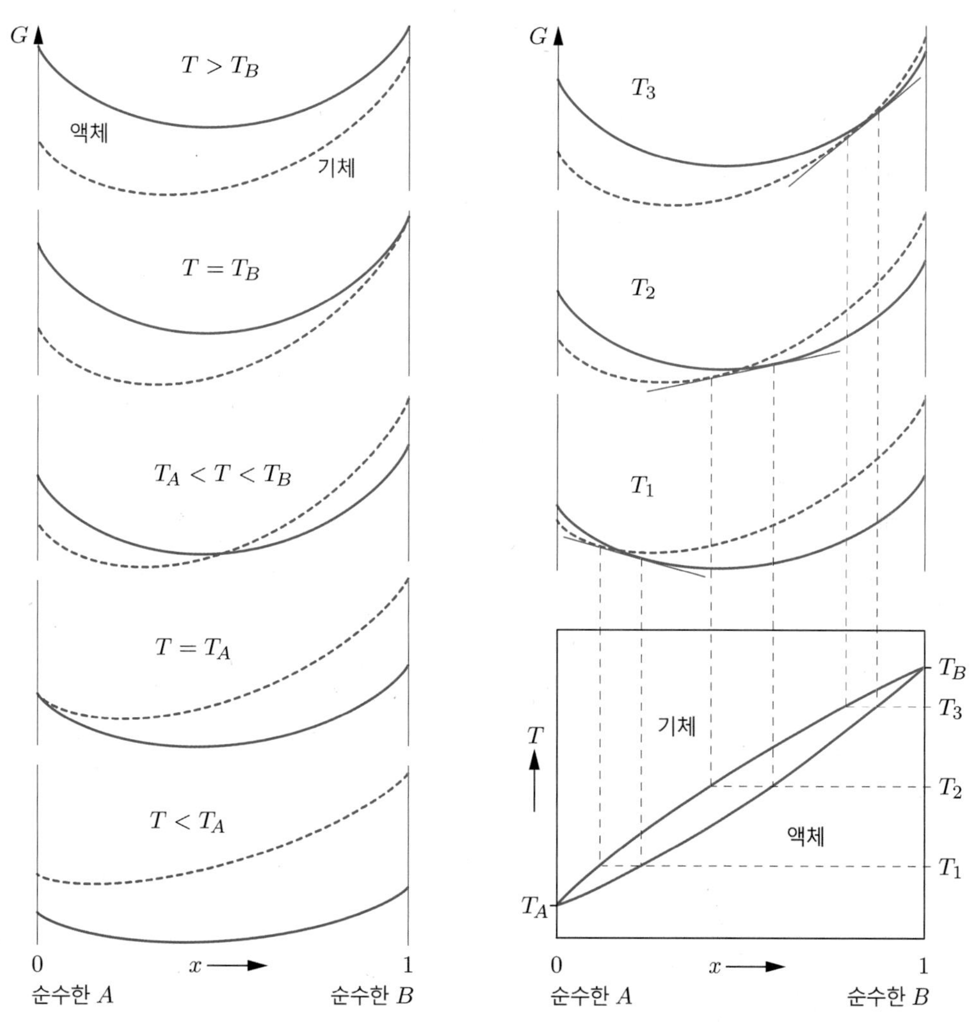

그림 5.30. 왼쪽의 다섯 그래프들은 이상혼합물의 액체상과 기체상의 자유에너지이며, 끓는점 T_A와 T_B를 기준으로 온도가 이보다 클 때, 작을 때, 끓는점일 때, 그리고 그 사이에 있는 경우들이다. 오른쪽에는 중간 온도의 세 그래프들과 함께 상도표의 작성원리를 보여주고 있다.

수록 이 교점은 왼쪽으로 이동하며, 종국에 $T=T_A$에 이르렀을 때 두 곡선은 $x=0$에서 만난다. 온도가 더욱 더 낮아지면 액체상의 자유에너지는 모든 조성비 값에서 기체상의 자유에너지보다 작은 값을 갖는다.

T_A와 T_B 사이의 온도에서는 조성비에 따라 액체나 기체 어느 한 쪽이 더 안정할 수 있다. 하지만, 두 곡선의 밑에서 두 곡선에 접하는 직선을 그을 수 있다는 것을 곡선의 형태로부터 알아챌 수 있다. 따라서 이 두 접점 사이에서의 안정한 배열은, 왼쪽 접점에서의 조성비를 갖는 기체와 오른쪽 접점에서의 조성비를 갖는 액체의 섞이지 않은 조합이다. 직선은 이 조합의 자유에너지를 나타낸다. T_A와 T_B 사이의 모든 온도에서 그런 직선들을 그리면 이 계의 $T-x$ 상도표를 작성할 수 있다. 상도표의 윗부분에서 혼합물은 완전히 기체이며, 밑 부분에서는 완전히 액체이다. 그리고 두 곡선의 사이 영역에서는 기체와 액체의 섞이지 않은 조합이다.

그림 5.31은 질소-산소계의 실험적인 상도표를 보여준다. 이 도표가 이상적인 $A-B$ 모형계의 경우와 정확하게 일치하는 것은 아니지만, 그것은 정성적으로 동일한 특성들을 갖고 있다. 공기와 같은 질소 79%, 산소 21%의 기체혼합물로 시작해서 온도를 낮추어 가면, 81.6 K에 도달할 때 액체가 응축되기 시작한다는 것을 도표는 말해준다. 이때 온도 수평선이 아래 곡선과 $x=0.48$에서 교차하므로 이 액체는 산소 48%로 되어 있다. 질소보다 산소가 쉽게 응축하므로 혼합기체와 비교할 때 혼합액체가 더 풍부한 산소를 포함하는 것이다. 하지만 이것은 순수한 산소는 아니다. 혼합 엔트로피가 순수하지 않은 상

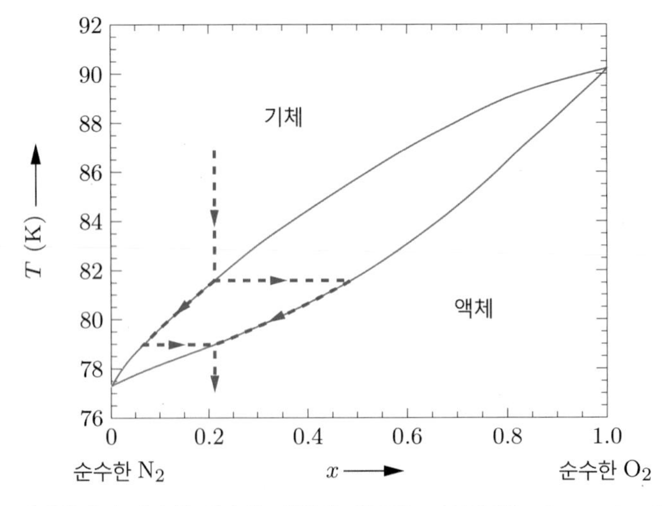

그림. 5.31. 대기압에서 질소와 산소의 실험적 상도표. 자료출처는 *International Critical Tables* (volume 3)이며 끝점들은 Lide(1994)의 값으로 조정되었다.

을 열역학적으로 더 유리하게 하기 때문이다. 온도가 더 내려가면 기체에서는 산소함량이 감소하고 조성비도 위 곡선을 따라서 왼쪽으로 감소한다. 반면 액체의 조성비는 아래 곡선을 따라 변하며 질소 대 산소의 조성비는 감소한다. 79.0 K에서 액체의 조성비는 전체적 조성비인 산소 21%에 도달하며, 따라서 이때 기체는 더 이상 남아있지 않게 된다. 사라지기 직전의 기체에서 조성비는 산소 약 7%에 해당된다.

많은 다른 혼합물들의 액체-기체 상전이도 비슷한 거동을 보인다. 게다가, 어떤 혼합물들은 고체-액체 상전이도 같은 방식으로 거동한다. 그런 예들은 구리-니켈, 규소-게르마늄, 그리고 흔한 광물인 olivene(Fe_2SiO_4에서 Mg_2SiO_4에 이르는)와 plagioclase feldspar (문제 5.64 참조) 등을 포함한다. 이 모든 계들에서 고체의 결정구조는 모든 조성비에 걸쳐 기본적으로 동일하다. 따라서 두 순수 고체는 모든 조성비에서 근사적으로 이상혼합물을 형성할 수 있다. 그런 혼합물을 고체용액(solid solution)이라고 부른다.

문제 5.59. 50% 질소와 50% 산소의 혼합물을 액화할 때까지 냉각한다고 하자. 냉각과정을 상세하게 기술하라. 액화가 시작하고 끝나는 지점의 온도와 조성비를 포함하라.

문제 5.60. 60% 질소와 40% 산소의 혼합액체로 시작한다고 하자. 혼합물의 온도가 증가할 때 무슨 일이 일어나는지 기술하라. 기화가 시작하고 끝나는 지점의 온도와 조성비를 포함하는 것을 잊지 마라.

문제 5.61. 95% 순도의 산소 한 탱크가 필요하다고 하자. 공기로부터 시작해서 그런 기체를 얻을 수 있는 과정을 기술하라.

문제 5.62. 전체 조성비 x로 두 성분이 완전히 섞인 혼합물이 액체상과 기체상이 공존하는 온도에 놓여 있다. 이 온도에서 기체상의 조성비는 x_a이고, 액체상의 조성비는 x_b이다. 이때 기체 대비 액체의 비가 $(x-x_a)/(x_b-x)$라는 지렛대 법칙(lever rule)을 증명하라. 이 법칙을 상도표에서 도표를 사용해서 해석하라.

문제 5.63. 이 절에서는 항상 계의 총압력이 고정되었다는 것을 가정한다. 총압력이 증가하거나 감소할 때 질소-산소 상도표에는 어떤 변화가 있을 것으로 기대하는가? 당신의 답을 정당화하라.

문제 5.64. 그림 5.32는 조장석(albite, $NaAlSi_3O_8$)과 회장석(anorthite, $CaAl_2Si_2O_8$)의 혼합물로 볼 수 있는 사장석(plagioclase feldspar)의 상도표를 보여준다.

(a) 내부의 사장석 결정들이 중심으로부터 바깥 방향으로 조성비가 변하는 어떤 암석을 발견한다고 하자. 큰 결정들의 중심은 70% 회장석이고, 모든 결정들의 바깥쪽은 본질적으로 순수 조장석이다. 이런 조성의 변화가 어떻게 일어날 수 있는지 상세하게 설명하라. 그로부터 암석이 형성되었을 액상 마그마의 조성은 무엇이었겠는가?

(b) 꼭대기 쪽의 결정들엔 조장석이 풍부하고 바닥 쪽의 결정들엔 회장석이 풍부한 또 다른 암석을 발견한다고 하자. 이런 변화가 어떻게 일어날 수 있는지 설명하라.

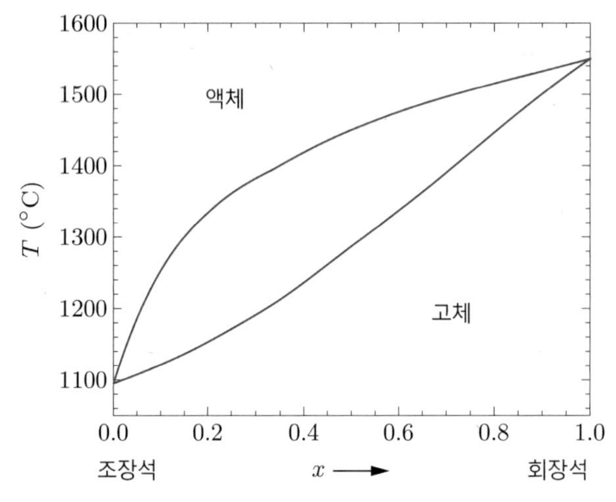

그림 5.32. 대기압에서 사장석의 상도표. 출처는 N. L. Bowen, "The Melting Phenomena of the Plagioclase Feldspars," *American Journal of Science* 35, 577-599 (1913).

문제 5.65. 그림 5.30에서 자유에너지 그래프로부터 상도표를 작성할 때, 액체와 기체 혼합물이 이상혼합물이라는 것을 가정했다. 그 대신에, 혼합액체가 이상적이 아니어서 상당한 양의 섞임에너지를 갖고, 결과적으로 혼합액체의 자유에너지 그래프가 여전히 아래로 볼록하지만 훨씬 편평하다고 하자. 이 경우에 온도 T_A에서 액체의 자유에너지 그래프가 기체의 그래프보다 위쪽에 놓이는 구간이 생긴다. 자유에너지 그래프를 사용해서 그런 계의 상도표를 정성적이지만 정확하게 그려라. 이때 기체혼합물이 조성비 값이 변하지 않고 순수물질처럼 갑자기 액체로 응축하는 특별한 조성비 값이 존재하는 것을 보여라. 이 특별한 조성을 공비혼합물(azeotrope)이라고 부른다.

문제 5.66. 앞 문제와 반대로 혼합액체가 상당한 음의 섞임에너지를 가져서, T_B 보다 높은 온도에서 액체의 자유에너지 그래프가 기체의 그래프 밑으로 내려가는 계를 고려하자. 같은 방법으로 상도표를 작성하고, 이 계도 공비혼합물을 갖는다는 것을 보여라.

문제 5.67. 이 문제에서는 그림 5.31과 5.32와 같은 도표의 상경계선의 형태에 대한 근사식을 유도할 것이다. 각 상들이 이상혼합물이라고 가정할 것이다. 구체적으로 두 상들이 각각 액체와 기체라고 하자.

(a) A와 B의 이상혼합물에서 A의 화학퍼텐셜을 다음과 같이 쓸 수 있다.

$$\mu_A = \mu_A^\circ + kT\ln(1-x)$$

여기서 μ_A°은 동일한 온도와 압력에서 순수 A의 화학퍼텐셜이고, $x = N_B/(N_A + N_B)$이다. B의 화학퍼텐셜에 대해서도 유사한 식을 유도하라. 두 식은 액체상이나 기체상 어느 것에도 적용된다는 것에 주목하라.

(b) 어떤 주어진 온도 T에서 서로 평형상태에 있는 액체상과 기체상의 조성비를 각각 x_l과 x_g라고 하자. 두 상의 적절한 화학퍼텐셜이 서로 같다고 설정하여, x_l과 x_g가 다음의 식을 만족한다는 것을 보여라.

$$\frac{1-x_l}{1-x_g} = e^{\Delta G_A^\circ/RT}, \qquad \frac{x_l}{x_g} = e^{\Delta G_B^\circ/RT}$$

여기서 ΔG°은 온도 T에서 상변환을 하는 순수물질의 G의 변화량을 나타낸다.

(c) 온도의 어떤 제한된 범위에서, $\Delta G^\circ = \Delta H^\circ - T\Delta S^\circ$의 온도 의존성이 주로 명시적인 T로부터 오고, ΔH°과 ΔS°은 둘 다 근사적으로 일정하다고 종종 가정할 수 있다. 이렇게 단순화하여, (b)의 결과를 ΔG와 ΔS를 제거하고 ΔH_A°, ΔH_B°, T_A, T_B의 식으로 다시 써라. x_l과 x_g를 T의 함수로 구하라.

(d) (c)의 결과를 사용해서 질소-산소계의 상도표에서 상경계선들을 그려라. 순수물질들의 잠열은 각각 다음과 같다: $\Delta H_{N_2}^\circ = 5{,}570\,\mathrm{J/mol}$, $\Delta H_{O_2}^\circ = 6{,}820\,\mathrm{J/mol}$. 그림 5.31의 실험적 상도표와 비교하라.

(e) 적절하게 선택한 ΔH° 값들로 그림 5.32의 형태를 잘 설명할 수 있다는 것을 보여라. 그 값들은 얼마인가?

❙ 공융계의 상변화

대부분의 두 성분 고체 혼합물들은 조성비의 전 범위에서 동일한 결정구조를 유지하지는 않는다. 그림 5.29에서 보여준 상황이 더 흔하다. 즉, 순수한 A와 순수한 B에 가까운 조성비에서는 두 가지의 상이한 결정구조인 α와 β 구조를 각각 갖고, 그 사이의 조성비에서는 섞이지 않은 α와 β 구조의 조합이 안정하다. A와 B가 액체상에서 완전히 섞인다고 가정하고 그런 계의 고체-액체 전이를 고려해보자. 역시, 여러 온도에서 자유에너지 함수를 살펴보는데 착안점이 있다(그림 5.33). 명확히 하기 위해서 순수한 B의 녹는점 T_B가 순수한 A의 녹는점 T_A보다 높다고 가정하자.

충분히 높은 온도에서는 액체상의 자유에너지 그래프가 어느 쪽의 고체상 그래프보다도 아래에 있을 것이다. 온도가 낮아지면서 세 가지 자유에너지 함수가 모두 증가할 것이다($\partial G/\partial T = -S$). 하지만 이중에서도 엔트로피가 가장 큰 액체의 자유에너지가 가장 빨리 증가할 것이다. T_B 이하의 온도 T_3에서 액체의 자유에너지 곡선은 β상의 곡선과 교차하게 되어, 액체와 β상의 섞이지 않은 조합이 안정적인 조성비 영역이 나타나게 된다. 온도가 더 낮아질수록 이 영역은 더 넓어지며 도표의 A쪽으로 뻗어나간다. 온도가 낮아지면서 액체곡선은 α상의 곡선과도 교차하게 되며(그림의 T_2), 마찬가지로 액체와 α상의 섞이지 않은 조합이 안정적인 조성비 영역이 도표의 왼쪽에 나타나게 된다. 온도가 낮아질수록 이 영역도 넓어지면서 도표의 B쪽으로 뻗어나간다. 마침내 이 영역은 액체+β의 영역과 만나게 되는데 이때의 온도가 공융점(eutectic point)이다. 온도가 더욱더 낮아지면 α와 β 고체의 섞이지 않은 조합이 안정적인 영역이 대부분을 차지하게 된다(그림의 T_1). 이 온도영역에서 액체의 자유에너지는 모든 조성비에서 이 조합의 자유에너지보다 높다.

공융점은 합금의 녹는점이 가장 낮은 특별한 조성비를 정의한다. 이 온도는 순수한 물질 어느 것의 녹는점보다도 낮다. 공융점에 가까운 조성비를 갖는 액체상은 섞이지 않은 고체의 조합보다도 엔트로피가 크기 때문에 낮은 온도에서도 안정하다. (고체 혼합물이라면 액체 혼합물 정도의 섞임엔트로피를 가질 것이다. 하지만 결정격자의 변형에서 기인하는 높은 섞임에너지가 고체 혼합물을 허용하지 않는다.)

공융혼합물의 좋은 예가 전기회로에서 사용하는 주석과 납의 합금인 땜납이다. 그림 5.34는 주석-납 계의 상도표를 보여준다. 흔히 사용되는 전기땜납은 납의 무게 조성비가 38%인 공융조성에 매우 가깝다(원자수 조성비로 따지면 26%에 해당됨). 이 조성비를 사용하는 것은 여러 장점을 갖게 한다. 첫째는 녹는점이 가장 낮다는 것이다(183℃). 둘째

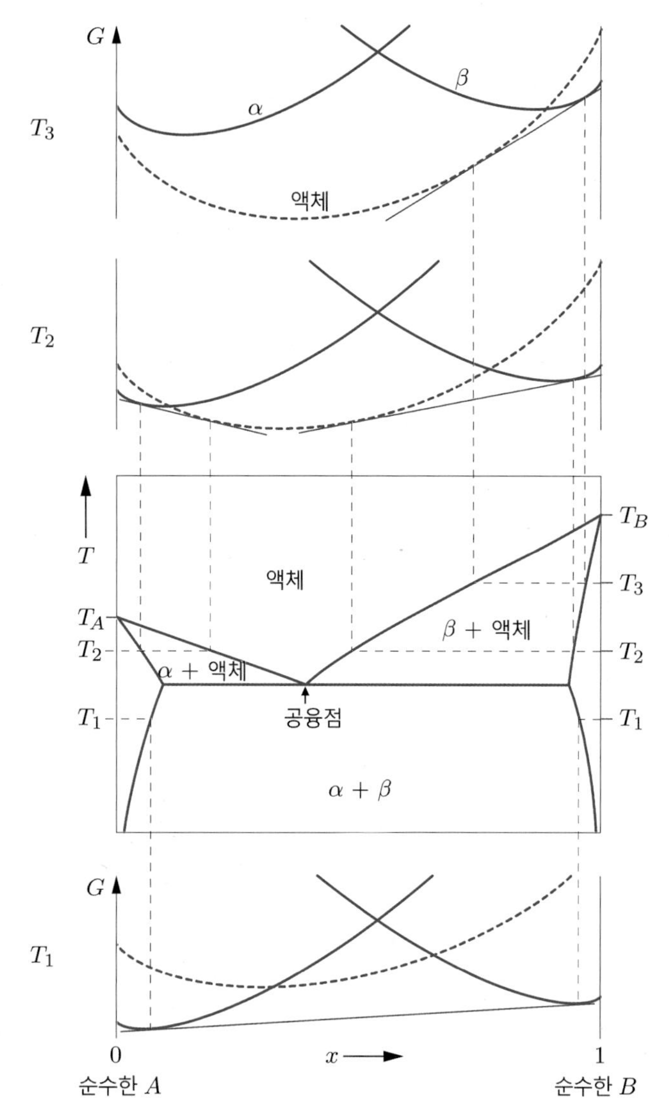

그림 5.33. 자유에너지 그래프를 이용하여 공융계의 상도표 작성하기.

로는 땜납이 급속히 굳는다는 점이다. 마지막으로, 식은 땜납이 상대적으로 견고하다는 것인데, 이는 두 종류의 작은 결정들이 미시적 규모에서 번갈아가며 균질적으로 퍼져있기 때문이다.

다른 많은 혼합물들도 비슷한 거동을 보여준다. 대부분의 순수한 액정들은 불편할 정도로 높은 온도에서 굳는다. 따라서 실온에서 사용할 수 있는 액정을 얻기 위해 공융혼합물이 자주 이용된다. 물과 식염(NaCl)의 혼합물도 흔한 예인데, 이 혼합물은 식염의

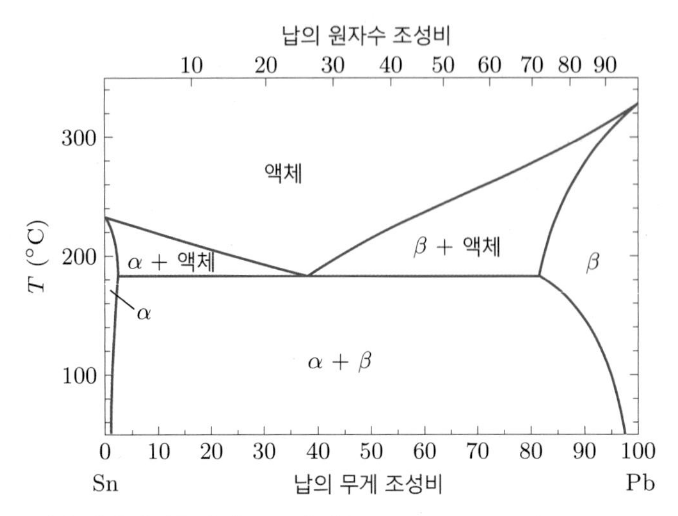

그림 5.34. 주석과 납의 혼합물의 상도표. 출처는 Thaddeus B. Massalski, ed., *Binary Alloy Phase Diagrams*, second edition (ASM International, Materials Park, OH, 1990).

무게 조성비가 23%인 공융조성에서 −21℃에서도 얼지 않는다.* 또 다른 흔한 예는 자동차 엔진을 식히는데 사용하는 냉각액으로, 이것은 물과 에틸렌글리콜(ethylene glycol; $HOCH_2CH_2OH$)의 혼합물이다. 순수한 물은 0℃에서, 그리고 순수한 에틸렌글리콜은 −13℃에서 언다. 따라서 어느 것도 추운 기후지역의 겨울밤에 액체로 남아 있을 수가 없다. 다행히, 부피조성비가 50-50인 두 액체의 혼합물은 온도가 −31℃에 이르기까지 얼지 않는다. 실제의 공융점은 이보다 낮은 −49℃이고, 공융조성은 에틸렌글리콜의 부피가 56%일 때이다.†

공융계의 상도표도 이미 충분히 복잡해보이긴 하지만, 많은 두 성분 계들은 중간 조성에서 여러 가지의 결정구조가 존재한다는 것 때문에 더욱 복잡하다. 문제 5.71과 5.72에서 이 같은 가능성들 중 몇 가지를 조사한다. 게다가 세 성분 계도 존재한다. 이 경우에는 상도표의 조성비 값이 평면에 표시되어야 한다(보통은 삼각형을 사용한다). 야금학, 요업, 암석학 등과 관련된 책들에는 복잡한 상도표들이 수없이 많이 있다. 모든 도표들은 이 책에서처럼 자유에너지 그래프를 사용해서 정성적으로 이해될 수 있다. 하지만 이 책은 입문서이기 때문에 복잡한 경우는 젖혀두고, 몇 가지의 단순한 혼합물들에 대해서만 그 성질들을 좀 더 정량적으로 조사해보겠다.

---

* 물 + NaCl의 상도표는 다음 문헌에서 볼 수 있다: Zemansky and Dittman (1997).

† 전체 상도표는 다음 문헌을 참조하라: J. Bevan ott, J. Rex Goates, and John D. Lamb, *Journal of Chemical Thermodynamics* **4**, 123 − 126 (1972).

문제 5.68. 배관공의 땜납은 납 67%와 주석 33%의 무게 조성비를 갖는다. 이 혼합물이 식을 때 어떤 일이 일어나는지 기술하라. 관을 연결할 때 이 조성비가 공융조성비보다 유리한 이유를 설명하라.

문제 5.69. 빙판 길에 소금을 뿌리면 어떤 일이 일어나는가? 아주 추운 기후에서는 이런 시도를 거의 하지 않는 이유는 무엇인가?

문제 5.70. 아이스크림 제조기의 얼음통에 소금을 추가하면 어떤 일이 일어나는가? 온도가 저절로 0℃ 이하로 떨어지는 것이 어떻게 가능한가? 가능한 상세하게 설명하라.

문제 5.71. 그림 5.35의 왼쪽은 결정구조가 다른 세 가지의 고체상을 가질 수 있는 두 성분 혼합물계의 자유에너지 곡선들을 보여준다. 각 고체상의 자유에너지 곡선들은 각각 본질적으로 순수한 A인 상, 본질적으로 순수한 B인 상, 그리고 중간 조성비를 갖는 혼합물에 대한 것들이다. 접선들을 그려서 조성비 x값들에 해당되는 상들을 결정하라. 다른 온도에서는 어떤 일이 일어나는지 정성적으로 결정하기 위해서, 단순하게는 액체의 자유에너지 곡선을 위나 아래로 이동시키면 된다. (액체의 엔트로피가 고체보다 크기 때문이다.) 그런 방식으로 이 계의 상도표를 정성적으로 작성하라. 두 개의 공융점을 찾을 수 있어야 한다. 이런 거동을 보이는 계들의 예로는, 물과 에틸렌글리콜의 혼합물과 주석과 마그네슘의 혼합물이 있다.

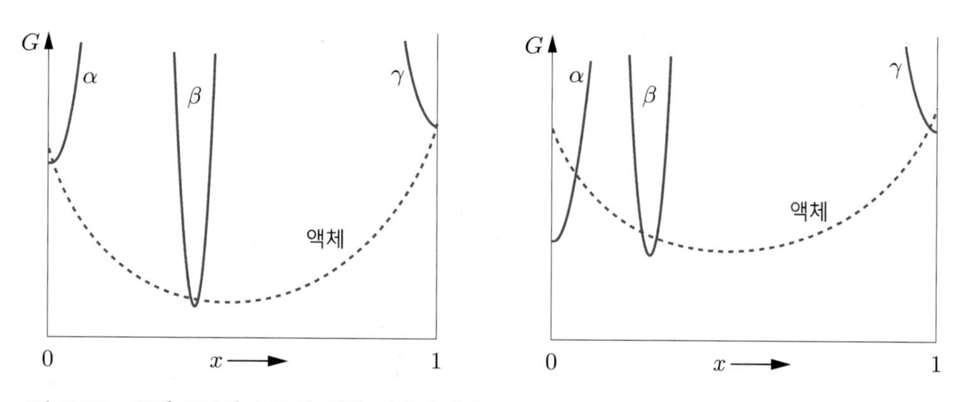

그림 5.35. 문제 5.71과 5.72를 위한 자유에너지 도표.

문제 5.72. 그림 5.35의 오른쪽 도표에 대해서 앞 문제를 반복하라. 하지만 이 계에는 중요한 정성적인 차이가 있다. 이 상도표에서는 액체가 무한히 적은 α와 β와 평형을 이루는 온도 이하에서만 β와 액체가 평형을 이룬다는 것을 알아채야 한다. 이 점은 비합치 녹는점(peritectic point)이라고 불린다. 이런 거동을 보이는 계들의 예로는, 물과 소금의 혼합물과 백류석(leucite)과 석영의 혼합물이 있다.

5.5 묽은 용액

용액(solution)은, 한 성분이 주가 되고 다른 성분이 부수적이라고 간주하는 것을 제외하고는 혼합물과 다름이 없다. 여기서 주된 성분을 용매(solvent)라고 부르고, 부수적인 성분을 용질(solute)이라고 부른다. 묽은 용액(dilute solution)은 그림 5.36과 같이 용매분자들에 비해 용질분자가 훨씬 적은 용액을 일컫는데, 각 용질분자는 "항상" 용매분자들로 둘러싸여 있어서 다른 용매분자들과 "절대로" 직접 상호작용하지 않는 상황에 놓여 있다. 묽은 용액의 용질분자들은 여러 측면에서 이상기체처럼 거동한다. 따라서 이상기체 근사로부터 끓는점이나 어는점을 포함한 묽은 용액의 많은 성질들을 정량적으로 예측하는 것이 가능하다.

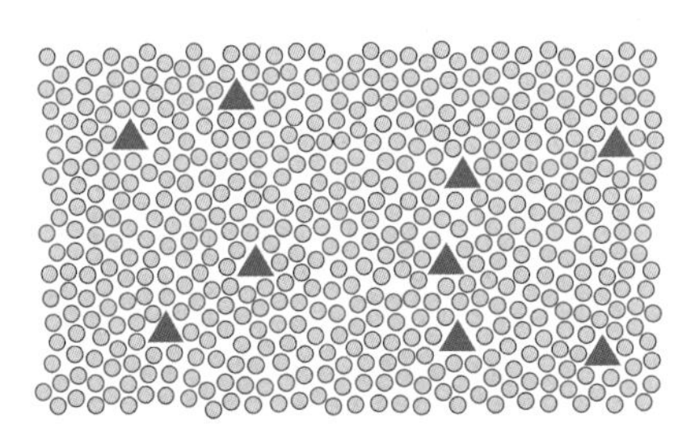

그림 5.36. 묽은 용액. 용매분자들에 비해 용질분자가 훨씬 적다.

용매와 용질의 화학퍼텐셜

환경과 상호작용하는 묽은 용액의 성질들을 예측하기 위해서는 용매와 용질의 화학퍼텐셜에 대하여 알아야 할 필요가 있다. 분자 A의 화학퍼텐셜 μ_A는 식 $\mu_A = \partial G/\partial N_A$에 의해 묽은 용액의 깁스자유에너지와 관련되어 있다. 따라서 우리에게 필요한 것은 용매와 용질의 분자수에 대한 함수로 주어지는 묽은 용액의 자유에너지 G의 식이다. 정확한 식을 얻는 것은 다소 까다롭긴 하지만 매우 가치 있는 일이다. 이 식만 있으면 많은 응용이 가능해지기 때문이다.

A분자들로만 된 순수용매로부터 시작해보자. 이때 깁스자유에너지는 그냥 화학퍼텐셜에 A분자의 수 N_A를 곱하기만 하면 얻어진다.

$$G = N_A \mu_0(T, P) \quad (\text{순수용매}) \tag{5.62}$$

여기서 μ_0는 순수용매의 화학퍼텐셜이며, 온도와 압력의 함수이다.

이제 온도와 압력을 고정하고, 용질분자 B 한 개를 추가한다고 상상해보자. 이때 자유에너지의 변화량은 다음과 같이 쓸 수 있다.

$$dG = dU + PdV - TdS \tag{5.63}$$

여기서 dU와 PdV 항들과 관련해서 중요한 것은, 이것 중 어느 것도 N_A에 의존하지 않는다는 것이다. 이 항들은 모두 B분자가 이웃하는 A분자들과 어떻게 상호작용하는가에만 의존할 뿐이고, 전체 A분자의 수 N_A와는 무관하다. 하지만 TdS 항에 대해서는 상황이 좀 복잡하다. 엔트로피의 변화량 dS는 N_A와 무관한 부분도 포함하지만, 추가된 B분자가 차지할 위치를 선택할 자유도에서 기인되는 부분도 포함한다. 후자의 경우 선택의 경우수가 N_A에 비례하므로, 겹침수도 N_A에 비례하는 인수만큼 증가하고, 따라서 dS에는 N_A에 의존하는 항으로 $k\ln N_A$가 포함된다. 즉, dS는 다음과 같이 쓸 수 있다.

$$dS = k\ln N_A + (N_A\text{와 무관한 항들}) \tag{5.64}$$

그래서 자유에너지의 변화량은 다음과 같이 쓸 수 있다.

$$dG = f(T, P) - kT\ln N_A \quad (B\text{분자가 한 개일 때}) \tag{5.65}$$

여기서 $f(T, P)$는 온도와 압력만의 함수이며 N_A와는 무관하다.

다음으로, 순수용매에 B분자 두 개를 넣는다고 상상해보자. 이때의 자유에너지 변화량은 위의 논리단계를 두 번 적용하면 얻을 수 있어서, 다음과 같은 결론을 얻을 것이다.

$$dG = 2f(T, P) - 2kT\ln N_A \quad (\text{오류}) \tag{5.66}$$

하지만 이것은 한 가지 문제를 간과한 것이라 아직 정확한 결론은 아니다. 즉, B분자 두 개가 동일하기 때문에 엔트로피가 보정되어야 한다. 동일한 분자 두 개를 서로 교환하는 것은 여전히 같은 상태일 뿐이므로, 총겹침수를 2로 나누거나 엔트로피에서 $k\ln 2$를 빼주어야 한다. 이렇게 보정하면 다음의 결과를 얻는다.

$$dG = 2f(T, P) - 2kT\ln N_A + kT\ln 2 \quad (B\text{분자가 두 개일 때}) \tag{5.67}$$

이제 B분자가 많은 경우로 일반화하는 것은 쉽다. 우선 dG는 $N_B f(T, P)$와 $-N_B kT\ln N_A$를 포함한다. 그리고 B분자들의 교환성을 고려하면 마지막 항은 $kT\ln N_B! \approx N_B kT(\ln N_B - 1)$이 된다. 이 항들을 모두 포함하면 자유에너지는 다음과 같이 쓸 수 있다.

$$G = N_A \mu_0(T, P) + N_B f(T, P) - N_B kT\ln N_A + N_B kT\ln N_B - N_B kT \tag{5.68}$$

이 식은 $N_B \ll N_A$인 극한에서, 즉 묽은 용액에 대해서 성립한다. 묽지 않은 용액의 경우라면 B분자들이 서로 상호작용할 것이기 때문에 상황이 훨씬 더 복잡해질 것이다. 용질분자의 종류가 한 가지 이상인 경우에는, 식 (5.68)에서 첫 항을 제외하고 N_B를 N_C, N_D 등으로 교체하여 계속 더하면 된다.

용매와 용질의 화학퍼텐셜은 이제 식 (5.68)로부터 즉각 얻을 수 있다.

$$\mu_A = \left(\frac{\partial G}{\partial N_A}\right)_{T, P, N_B} = \mu_0(T, P) - \frac{N_B kT}{N_A}, \tag{5.69}$$

$$\mu_B = \left(\frac{\partial G}{\partial N_B}\right)_{T, P, N_A} = f(T, P) + kT\ln(N_B/N_A) \tag{5.70}$$

기대할 수 있듯이, 용질을 더 추가할수록 용매분자 A의 화학퍼텐셜은 감소하고 용질분자 B의 화학퍼텐셜은 증가한다. 화학퍼텐셜은 세기변수이기 때문에, 이 두 양들은 비값 N_B/N_A에만 의존하고 용매나 용질의 분자수와는 무관하다는 것에 주목하라.

식 (5.70)은 용액의 몰랄농도(molality)*로 다시 쓰는 것이 관례이다. 몰랄농도는 다음과 같이 용매 킬로그램당 용질의 몰수로 정의된다.

$$\text{몰랄농도} = m = \frac{\text{용질의 몰수}}{\text{용매의 kg수}} \tag{5.71}$$

몰랄농도는 비값 N_B/N_A에 어떤 상수를 곱한 값이기 때문에, 이 상수를 $f(T, P)$에 포함시켜 $\mu^\circ(T, P)$라는 새로운 함수를 만들 수 있다. 그러면 용질의 화학퍼텐셜은 다음과

* 몰랄농도는 용액 리터당 용질의 몰수인 몰농도(molarity)와는 다르다. 하지만 물에 녹은 묽은 용액의 경우 두 정의는 거의 동일하다.

같이 쓸 수 있다.

$$\mu_B = \mu^\circ(T, P) + kT\ln m_B \tag{5.72}$$

여기서 m_B는 용질의 몰랄농도이고, μ°는 $m_B = 1$인 표준용액의 화학퍼텐셜이다. μ°의 값은 깁스자유에너지의 자료표로부터 얻을 수 있기 때문에, 식 (5.72)는 묽은 용액이기만 하면 다른 몰랄농도에서도 용질의 화학퍼텐셜을 얻는데 사용될 수 있다.

문제 5.73. 식 (5.68)이 옳다면 크기변수의 성질을 만족해야 한다. 즉, 다른 모든 세기변수들을 고정하고 N_A와 N_B를 어떤 같은 인수만큼 증가하면, G도 같은 인수만큼 증가해야 한다. 식 (5.68)이 이 조건을 만족하는지 보여라. 또한, $\ln N_B!$에 비례하는 항이 포함되지 않았다면 이 성질이 만족되지 않는다는 것을 보여라.

문제 5.74. 식 (5.69)와 (5.70)이 식 (5.37), $G = N_A\mu_A + N_B\mu_B$를 만족한다는 것을 보여라.

문제 5.75. 묽은 용액의 깁스자유에너지인 식 (5.68)과 이상혼합물의 깁스자유에너지인 식 (5.61)을 비교하라. 어떤 조건에서 이 두 식이 일치하는가? 그 조건에서 이 식들이 정말로 일치한다는 것을 보이고, 이 경우에 함수 $f(T,P)$가 무엇인지 확인하라.

삼투압(Osmotic Pressure)

식 (5.69)의 첫 번째 응용으로, 그림 5.37과 같이 반투막에 의해 순수용매와 분리된 용

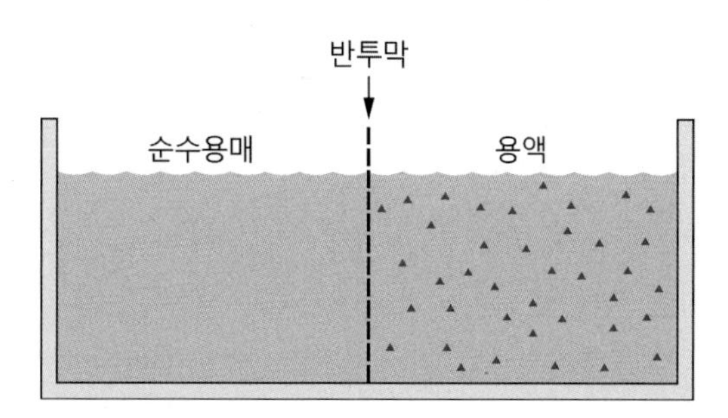

그림 5.37. 막 양쪽의 온도와 압력이 동일한 조건에서 용액과 순수용매가 반투막에 의해 분리되어 있을 때, 용매는 용액으로 저절로 흘러 들어간다.

액을 고려해보자. 용매분자들은 반투막을 투과할 수 있지만, 용질분자들은 투과할 수 없다. 식물이나 동물의 세포막이 그런 반투막의 예인데, 물이나 매우 작은 분자들은 세포막을 투과할 수 있지만, 큰 분자들이나 전하들은 투과할 수 없다. 반투막들은 산업적으로 사용되기도 하는데, 예컨대 바닷물에서 염분을 제거하는 담수화 공정에서도 사용된다.

식 (5.69)에 따르면, 용액 중 용매의 화학퍼텐셜은 주어진 온도와 압력에서 순수용매의 화학퍼텐셜보다 작다. 따라서 입자들은 화학퍼텐셜이 낮은 쪽으로 이동하는 경향이 있으므로, 그림 5.37과 같은 상황에서는 용매분자들이 순수용매로부터 용액으로 저절로 흐르게 될 것이다. 이러한 분자들의 흐름을 삼투현상(osmosis)이라고 부른다. 분자들의 운동을 상상해보면 삼투현상은 그리 놀라운 일은 아니다. 즉, 용매분자들은 반투막의 양쪽에서 끊임없이 반투막에 충돌한다. 그런데 용매분자의 농도가 높은 쪽에서 충돌이 더 자주 일어나고 반투막의 구멍을 통과하는 분자들도 더 많을 것이기 때문에, 농도가 높은 쪽에서 낮은 쪽으로 반투막을 투과하는 용매분자의 알짜수가 더 많은 것이다.

용액에 어떤 추가적인 압력을 가하여 삼투현상을 막는 것이 가능하다(그림 5.38). 얼마만큼의 압력을 가해야 할까? 삼투현상에 의한 흐름이 그 압력에서 정지되었다면, 그때 막 양쪽에서 용매분자의 화학퍼텐셜은 같은 값을 가져야 한다. 식 (5.69)를 사용하면, 이 조건은 다음과 같다.

$$\mu_0(T, P_1) = \mu_0(T, P_2) - \frac{N_B kT}{N_A} \tag{5.73}$$

여기서 P_1은 순수용매 쪽의 압력이고, P_2는 용액 쪽의 압력이다. 이 압력들이 크게 다르지 않다고 가정하면 $\mu_0(T, P_2)$를 $P = P_1$ 근처에서 테일러 전개하여 다음과 같이 근사할 수 있다.

$$\mu_0(T, P_2) \approx \mu_0(T, P_1) + (P_2 - P_1)\frac{\partial \mu_0}{\partial P} \tag{5.74}$$

이 식을 식 (5.73)에 대입하면 다음 식을 얻는다.

$$(P_2 - P_1)\frac{\partial \mu_0}{\partial P} = \frac{N_B kT}{N_A} \tag{5.75}$$

순수물질의 경우 $\mu = G/N$인 것을 상기하자. 그리고 $\left(\frac{\partial G}{\partial P}\right)_{T,N} = V$이기 때문에 식 (5.75)의 미분항은 다음과 같이 쓸 수 있다.

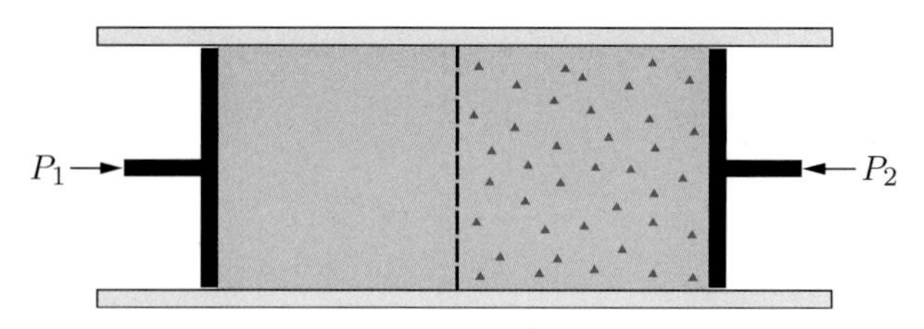

그림 5.38. 삼투현상을 막기 위해 P_2는 P_1보다 삼투압만큼 커야 한다.

$$\frac{\partial \mu_0}{\partial P} = \frac{V_A}{N_A} \tag{5.76}$$

또한 묽은 용액의 경우 순수용매와 용액의 부피는 본질적으로 같기 때문에 $V_A = V$로 쓸 수 있어서, 식 (5.75)는 다음과 같이 다시 쓸 수 있다.

$$(P_2 - P_1)\frac{V}{N_A} = \frac{N_B kT}{N_A} \tag{5.77}$$

혹은 더욱 간단하게,

$$(P_2 - P_1) = \frac{N_B kT}{V} = \frac{n_B RT}{V}. \tag{5.78}$$

(여기서 n_B/V는 단위부피당 용질의 몰수이다.) 이 압력차를 삼투압(osmotic pressure)이라고 부른다.

묽은 용액의 삼투압에 대한 식 (5.78)은 반트호프(Jacobus Hendricus van't Hoff)의 이름을 따서 반트호프의 식이라고 부른다. 이 식은 용액의 삼투압이 용질과 같은 농도를 갖는 이상기체의 압력과 정확히 같다는 것을 말해준다. 사실 이 식은, 막 양쪽에서 용매의 압력이 같다고 하고, 삼투압을 용질분자들에 의해서 가해지는 압력이라고 여기도록 유혹한다. 물론 이것은 물리학적으로 옳지 않은 해석이다. 하지만 그저 반트호프의 식을 기억하기 위한 도구로 이 잘못된 해석을 이용하긴 하겠다.

삼투현상의 한 예로 이온, 당, 아미노산, 그리고 다른 분자들을 함유하는 생물의 세포질 용액을 고려하자. 전형적인 세포에는 물이 아닌 다른 분자 하나당 대략 200개의 물분자들이 존재한다. 따라서 이 용액은 묽은 용액으로 보는 것이 합리적이다. 물 1몰의 질량은 18 g이고 부피는 18 cm^{3}이기 때문에, 단위부피당 용질의 몰수는 다음과 같다.

$$\frac{n_B}{V} = \left(\frac{1}{200}\right)\left(\frac{1\ \text{mol}}{18\ \text{cm}^3}\right)\left(\frac{100\ \text{cm}}{1\ \text{m}}\right)^3 = 278\ \text{mol/m}^3 \tag{5.79}$$

세포를 순수한 물에 넣으면, 삼투현상에 의해 세포내의 압력이 삼투압과 같아질 때까지 물이 세포로 침투한다. 실온에서 삼투압의 크기는 다음과 같다.

$$(278 \text{ mol/m}^3)(8.3 \text{ J/mol}\cdot\text{K})(300 \text{ K}) = 6.9\times 10^5 \text{ N/m}^2 \tag{5.80}$$

이것은 대략 7기압에 해당된다. 이런 압력에서 동물세포는 견디지 못하고 파괴되지만, 식물세포는 단단한 세포벽 덕분에 견딜 수 있다.

문제 5.76. 바닷물의 염도는 3.5%이다. 이것은 바닷물 1 kg을 끓여서 증발시켰을 때 냄비에 대부분이 NaCl 인 고체 35 g이 남는다는 것을 의미한다. 물에 녹을 때 NaCl 은 Na^+ 와 Cl^- 이온으로 해리된다.

(a) 바닷물과 민물 사이의 삼투압을 계산하라. 단순하게 하기 위해서 바닷물에 녹아있는 염분은 모두 NaCl 이라고 가정하라.

(b) 반투막을 사이에 두고 용액에서 순수용매 쪽으로 삼투압보다 큰 압력을 가하면 용액에서 용매가 흘러나가는 역삼투현상(reverse osmosis)이 일어난다. 이 과정이 바닷물을 담수화하는데 이용될 수 있다. 바닷물 1리터를 담수화하는데 필요한 최소한의 일을 계산하라. 실제로 필요한 일이 이 최솟값보다 더 클 이유들을 논하라.

문제 5.77. 삼투압 측정은 단백질과 같은 큰 분자들의 분자량을 결정하는데 사용될 수 있다. "묽다"고 판정될 수 있는 큰 분자들의 용액은 그 몰농도가 너무 낮고 삼투압도 매우 작기 때문에 삼투압을 정확하게 측정하는 것이 어렵다. 이런 이유에서 통상적인 절차는, 다양한 농도에서 삼투압을 측정하고 그 값들을 농도 영의 극한으로 바깥늘림하는 것이다. 여기에 3℃ 의 물에 용해된 헤모글로빈에 대한 데이터*가 있다.

농도 (그램/리터)	Δh (cm)
5.6	2.0
16.6	6.5
32.5	12.8
43.4	17.6
54.0	22.6

* 출처는 H. B. Bull, *An Introduction to Physical Biochemistry*, second edition (F. A. Davis, Philadelphia, 1971), p. 182. 측정자는 H. Gutfreund.

그림 5.39에서처럼 Δh는 평형상태에서 용액과 순수용매의 수면의 높이차이다. 이 측정값들로부터 헤모글로빈의 분자량(몰당 그램)의 근삿값을 결정하라.

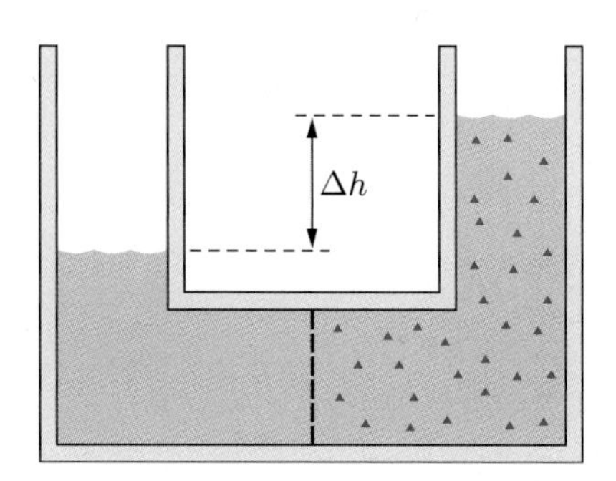

그림 5.39. 삼투압을 측정하는 실험장치. 높이차 Δh가 삼투압의 크기에 해당하는 압력을 줄 때까지 용매가 반투막의 왼쪽에서 오른쪽으로 흐른다.

문제 5.78. 삼투압이 상당히 클 수도 있기 때문에, 식 (5.74)의 근사가 실제로 정당한지 의심할 수 있다. 즉, 원하는 정밀도에서 μ_0는 정말로 P의 선형함수인가? 실재적인 예들에 대해서 관련 있는 압력 범위에서 이 함수의 미분이 유의미하게 변하는지를 논함으로써 이 질문에 답하라.

끓는점과 어는점

우리는 5.4절에서 불순물이 물질의 끓는점과 어는점을 어떻게 변화시키는지를 보았다. 이제 묽은 용액에서 이 변화를 정량적으로 계산하고자 한다.

우선 묽은 용액이 그것의 기체상과 평형을 이루고 있는 끓는점의 경우를 살펴보자(그림 5.40). 단순하게 하기 위해 용질은 전혀 증발하지 않는다고 가정하자. 예컨대, 물에 녹은 소금의 경우 이것은 아주 훌륭한 근사이다. 따라서 기체가 용질을 전혀 함유하지 않으므로, 다음과 같이 용매의 평형조건만 고려하면 된다.

$$\mu_{A,\text{액체}}(T, P) = \mu_{A,\text{기체}}(T, P) \tag{5.81}$$

식 (5.69)를 사용하여 등호의 왼쪽을 다시 쓰면 다음과 같은 조건이 된다.

$$\mu_0(T, P) - \frac{N_B kT}{N_A} = \mu_{\text{기체}}(T, P) \tag{5.82}$$

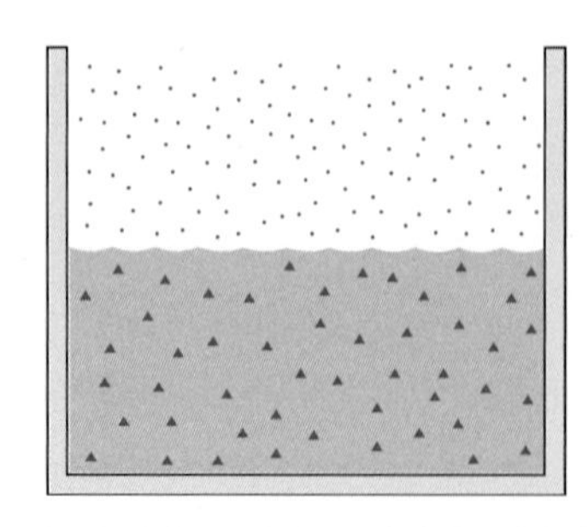

그림 5.40. 용질이 존재함으로써 용매가 증발하는 경향이 경감된다.

여기서 μ_0는 순수용매의 화학퍼텐셜이다.

이제 우리가 진행할 과정은, 삼투압을 유도했을 때처럼 순수용매가 기체상과 평형을 이루는 점 근처에서 각각의 μ 함수를 전개하는 것이다. μ가 온도와 압력 모두에 의존하므로, 두 변수 중 어느 한 변수를 고정하고 다른 변수를 변하도록 할 수 있다. 먼저 압력을 변하게 하자. 온도 T에서 순수용매의 증기압을 P_0라고 하면 다음 식이 성립한다.

$$\mu_0(T, P_0) = \mu_{\text{기체}}(T, P_0) \tag{5.83}$$

식 (5.82)를 $P = P_0$ 근처에서 전개한 후 일차항까지만 취하면 다음 식을 얻는다.

$$\mu_0(T, P_0) + (P - P_0)\frac{\partial \mu_0}{\partial P} - \frac{N_B kT}{N_A} = \mu_{\text{기체}}(T, P_0) + (P - P_0)\frac{\partial \mu_{\text{기체}}}{\partial P} \tag{5.84}$$

식 (5.83)에 의해 등호 양쪽에서 첫째항들을 서로 상쇄시키고, $\partial\mu/\partial P = V/N$를 액체와 기체상에 모두 적용하면 다음 식을 얻는다.

$$(P - P_0)\left(\frac{V}{N}\right)_{\text{액체}} - \frac{N_B kT}{N_A} = (P - P_0)\left(\frac{V}{N}\right)_{\text{기체}} \tag{5.85}$$

기체상에서는 $\frac{V}{N} = \frac{kT}{P_0}$가 만족되고, 액체상에서의 부피는 매우 작으므로 등호 왼쪽의 첫째 항은 무시할 수 있다. 따라서 윗식은 다음과 같이 쓸 수 있다.

$$P - P_0 = -\frac{N_B}{N_A}P_0 \quad \text{혹은} \quad \frac{P}{P_0} = 1 - \frac{N_B}{N_A} \tag{5.86}$$

즉, 증기압은 용질분자수와 용매분자수의 비만큼의 분율로 감소한다. 이 결과는 라울의 법칙(Raoult's law)으로 알려져 있다. 분자 수준에서 보자면, 추가된 용질이 용액 표면에서 용매분자수를 줄임으로써 용매분자들이 표면을 벗어나는 빈도를 작게 만들기 때문에 증기압이 감소한다.

이번에는 고정된 압력에서 순수용매에 용질이 추가되었을 때 평형을 유지하기 위해서 온도가 변하는 정도를 계산해보자. 압력 P에서 순수용매의 끓는점을 T_0라고 하면 다음 식이 성립한다.

$$\mu_0(T_0, P) = \mu_{기체}(T_0, P) \tag{5.87}$$

식 (5.82)를 이번에는 $T = T_0$ 근처에서 전개한 후 일차항까지만 취하면 다음 식을 얻는다.

$$\mu_0(T_0, P) + (T - T_0)\frac{\partial \mu_0}{\partial T} - \frac{N_B kT}{N_A} = \mu_{기체}(T_0, P) + (T - T_0)\frac{\partial \mu_{기체}}{\partial T} \tag{5.88}$$

역시 양쪽에서 첫 번째 항들은 서로 상쇄된다. 그리고 $\partial G/\partial T = -S$로부터 $\partial \mu/\partial T = -S/N$이므로, 식 (5.88)은 다음과 같이 쓸 수 있다.

$$-(T - T_0)\left(\frac{S}{N_A}\right)_{액체} - \frac{N_B kT}{N_A} = -(T - T_0)\left(\frac{S}{N_A}\right)_{기체} \tag{5.89}$$

여기서 S는 용매분자 N_A개의 엔트로피이므로 $N = N_A$로 한 것이다. 상변환의 기화열을 L이라고 할 때 기체상과 액체상의 엔트로피의 차이는 L/T_0이다. 따라서 식 (5.89)로부터 온도의 이동량은 다음과 같다.

$$T - T_0 = \frac{N_B kT_0^2}{L} = \frac{n_B RT_0^2}{L} \tag{5.90}$$

여기서 등호의 오른쪽은 $T \approx T_0$라고 근사한 것이다.

예로써 바닷물이 끓는 온도를 계산해보자. 편리하게 바닷물 1 kg을 고려하자. 그러면 기화열은 2,260 kJ이 된다. 바닷물 1 kg에는 염분 35 g이 녹아 있는데 그것들은 대부분 NaCl이다. Na와 Cl의 원자량이 각각 23과 35이므로 NaCl의 분자량은 58이고, NaCl 35 g은 35 g/58 g = 0.6 mol에 해당된다. 따라서 NaCl이 완전히 해리된다고 가정하면 전체 용질이온들의 몰수는 1.2몰이 된다. 따라서 끓는 온도는 순수물에 비해 다음과 같이 이동된다.

$$T - T_0 = \frac{(1.2\,\mathrm{mol})(8.3\,\mathrm{J/mol \cdot K})(373\,\mathrm{K})^2}{2{,}260\,\mathrm{kJ}} = 0.6\,\mathrm{K} \tag{5.91}$$

주어진 온도에서 증기압의 이동량을 계산하려면 물 1 kg이 1 kg/18 g = 56 mol의 물분자에 해당된다는 것을 알아야 한다. 그러면 증기압의 이동량은 라울의 법칙에 의해 주어진다.

$$\frac{\Delta P}{P_0} = -\frac{1.2\,\mathrm{mol}}{56\,\mathrm{mol}} = -0.022 \tag{5.92}$$

이 두 가지 효과 모두는 미미한 정도여서, 바닷물은 거의 순수한 물처럼 기화한다고 여길 수 있다. 끓는 온도는, 역설적이게도 이 절의 근사식들이 부정확해지는 묽지 않은 용액에서만 두드러지게 이동한다. (하지만 묽지 않은 용액에 대한 대략적인 추정값은 될 것이다.)

묽은 용액의 어는 온도의 이동량도 식 (5.90)과 본질적으로 동일하다. 증명과정이 비슷하기 때문에 이것은 당신의 연습문제로 남기겠다(문제 5.81). 그리고 어는 온도는 증가하지 않고 감소하는데, 왜 그런지도 스스로 생각해보기 바란다. 물과 대부분의 다른 용매들에 대해서 어는 온도가 끓는 온도보다 약간 더 이동하는데, 이것은 어는점의 잠열 L이 끓는점에 비해 더 작은 값을 갖기 때문이다.

삼투압과 함께, 증기압, 끓는 온도, 그리고 어는 온도의 이동은 모두 묽은 용액의 총괄성(colligative property)이라고 알려져 있다. 즉, 이 모든 효과들은 용질의 양에만 의존하고 용질의 종류와는 무관하다.

문제 5.79. 대부분의 파스타 요리법에서는 냄비의 끓는 물에 소금을 한 찻숟가락 넣으라고 가르친다. 이것은 물이 끓는 온도에 유의미한 영향을 주는가? 대략적인 수치적 추정을 통해 당신의 답을 정당화해 보라.

문제 5.80. 클라우지우스-클라페이론 관계식을 사용해서 라울의 법칙으로부터 식 (5.90)을 직접 유도하라. 논리적 단계들을 반드시 주의 깊게 설명하라.

문제 5.81. 묽은 용액의 어는 온도의 이동과 관련해서 식 (5.90)과 유사한 식을 유도하라. 고체상이 용질이 아니라 순수용매라고 가정하라. 이동양은 음이어야 한다. 즉, 용액의 어는 온도는 순수용매보다 낮다. 이동양이 왜 음이어야 하는지 일반적인 용어로 설명하라.

문제 5.82. 앞 문제의 결과를 사용해서 바닷물이 어는 온도를 계산하라.

5.6 화학 평형

화학반응에서 흥미로운 한 측면은 반응이 어느 한 방향으로 완전하게 일어나지는 않는다는 사실이다. 예를 들어 물 분자의 해리를 고려해보자.

$$H_2O \leftrightarrow H^+ + OH^- \tag{5.93}$$

평상적인 조건에서 이 반응은 왼쪽 방향으로 강하게 편향되어 일어난다. 평형상태에 있는 한 잔의 물에는 H^+와 OH^-이온 한 쌍당 약 5억 개의 물 분자가 존재한다. 이것을 물 분자가 이온들보다 더 안정하기 때문이라고 단순하게 생각하기 쉽다. 하지만 그것이 이야기의 전부는 아니다. 그렇다면 물잔 안에 이온들이 전혀 없어야 하는데, 수천조 개의 이온들이 또한 존재하기 때문이다.

왜 이온들과 공존할까? 분자들의 충돌의 관점에서 말하자면, 물 분자들은 끊임없이 서로 충돌하는데, 이런 와중에서 어떤 충돌은 충분히 과격해서 이온으로 해리되는 일이 드물게 일어난다. 해리된 이온들은 다시 상대 이온들과 다시 충돌해야 결합해서 물 분자로 회복될 수 있는데, 이온들이 묽은 용액의 용질분자들처럼 드물게 존재하므로 결합이 일어날 확률이 매우 작다. 따라서 물 분자들이 해리되고 다시 결합하는 양방향의 경향이 균형을 이루는 상태에서 평형이 이루어지기 때문에, 결과적으로 이온들은 상대적으로 그 농도가 매우 낮을 수밖에 없다.

좀 더 추상적인 차원에서 깁스자유에너지를 사용해서 평형상태를 생각해볼 수 있다. 상온대기압에서 평형에 있는 구성물 각각의 농도는 총깁스자유에너지가 최소화되는 조건으로부터 결정된다.

$$G = U - TS + PV \tag{5.94}$$

이 최소점이 이온은 없고 물분자들만 있을 때라고 기대할지 모르겠다. 실제로 물 한 잔은 H^+와 OH^-이온 한 잔보다 깁스자유에너지가 훨씬 작다. 에너지가 작기 때문이다. 하지만 물분자 몇 개를 이온들로 쪼개면 엔트로피가 극적으로 증가하기 때문에 깁스자유에너지가 더욱 작아진다. 온도가 높을수록 이 엔트로피의 기여가 커지기 때문에 평형상태에서 더 많은 이온들이 존재한다.

깁스자유에너지를 반응의 정도(extent)에 대한 함수로 그래프를 그리는 것이 도움이 된다. 우리 경우에는 이온들로 쪼개지는 물분자의 비율 x를 반응의 정도로 삼으면 된다. 모든 물분자들이 그대로 있으면 $x=0$이고, 모두 이온들로 해리하면 $x=1$이다. 해리된 이온들을 물분자들로부터 분리할 수 있다면, 그때의 G그래프는 경사도가 큰 '직선'이 될 것이다(그림 5.41). 하지만 이온들이 물분자들과 섞이면, 섞임엔트로피가 G그래프가 아래로 볼록해지게 하는 항을 준다. 5.4절에서 논의했듯이, 양끝점인 $x=0$과 $x=1$에서 섞임엔트로피의 미분값은 무한대이다. 따라서 반응물과 생성물의 에너지 차이가 아무리 크더라도 G의 최소점인 평형점은 낮은 끝점의 살짝 안쪽에 놓이게 될 것이다. (실제 그 거리는 아보가드로 수의 역수보다도 작을 수 있는데, 그런 경우 반응은 낮은 끝점 방향으로 실질적으로 완전히 치우쳐서 일어난다.)

평형점은 깁스자유에너지 그래프의 경사가 영이 되는 조건으로 특정화될 수 있다. 이것은 온도와 압력이 고정되었을 때 물분자 한 개가 더 해리되어도 G는 변하지 않는다는 것을 의미한다.

$$0 = dG = \sum_i \mu_i dN_i \tag{5.95}$$

여기서 합은 H_2O와, H^+와 OH^-이온 등 반응물과 생성물 모두에 대한 것이다. 하지만 세 개의 dN_i들이 서로 독립적이진 않다. H^+이온이 한 개 증가하면, 반드시 OH^-가 한

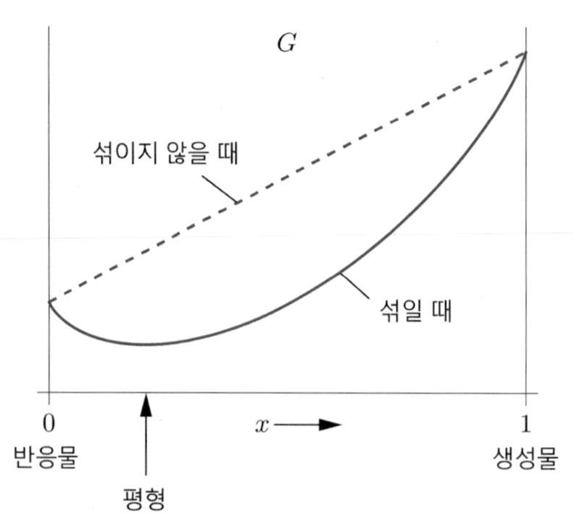

그림 5.41. 반응물과 생성물이 분리되어 섞이지 않으면 G는 반응정도의 선형함수가 될 것이다. 하지만 잘 섞인다면, G는 $x=0$과 $x=1$의 사이 어딘가에서 최솟값을 갖는다.

개 증가하고 H_2O가 한 개 감소한다. 즉, 이 경우는 다음과 같이 쓸 수 있다.

$$dN_{H_2O} = -1, \quad dN_{H^+} = 1, \quad dN_{OH^-} = 1 \tag{5.96}$$

이것을 식 (5.95)에 대입하면 다음의 관계식을 얻는다.

$$\mu_{H_2O} = \mu_{H^+} + \mu_{OH^-} \tag{5.97}$$

화학퍼텐셜 사이의 이 관계식은 평형에서 반드시 만족되어야 한다. 각 화학퍼텐셜은 해당 물질의 농도의 함수이므로, 결국 이 조건은 평형에서 물질들의 농도를 결정하게 된다.

이 결과를 임의의 화학반응에 대하여 일반화하기 전에, 질소와 산소가 반응하여 암모니아를 생성하는 또 하나의 예를 고려해보자.

$$N_2 \;+\; 3H_2 \;\leftrightarrow\; 2NH_3 \tag{5.98}$$

또 다시, 평형에서의 반응은 $\sum_i \mu_i dN_i = 0$을 만족시킨다. dN_i들이 만족시키는 한 조합은 다음과 같다.

$$dN_{N_2} = -1, \quad dN_{H_2} = -3, \quad dN_{NH_3} = +2 \tag{5.99}$$

이것은 다음과 같은 평형조건을 준다.

$$\mu_{N_2} + 3\mu_{H_2} = 2\mu_{NH_3} \tag{5.100}$$

아마 이제 다음과 같은 일정한 양상을 발견할 수 있을 것이다. 즉, 평형조건은 항상 반응식 자체와 동일하다. 다만, 각 화학물질의 이름을 해당 화학물질의 화학퍼텐셜로 대체하고, "↔"를 "="로 대체하기만 하면 된다. 이 규칙을 식으로 쓰려면 어떤 표기법이 있어야 한다. 반응에 관련된 i번째 화학물질의 이름을 X_i, 화학양론계수(stoichiometric coefficient)를 ν_i라고 하자. (화학양론계수는 반응에 참여하는 해당 화학물질의 분자수로, 예컨대 위의 질소고정 반응에서는 $\nu_{H_2} = 3$이다.) 이 표기법을 사용하면 임의의 반응식은 다음과 같이 쓸 수 있다.

$$\nu_1 X_1 + \nu_2 X_2 + \;\cdots\; \leftrightarrow \;\nu_3 X_3 + \nu_4 X_4 + \;\cdots \tag{5.101}$$

그리고 해당 평형조건은 다음과 같은 화학퍼텐셜의 식이 된다.

$$\nu_1 \mu_1 + \nu_2 \mu_2 + \;\cdots\; = \;\nu_3 \mu_3 + \nu_4 \mu_4 + \;\cdots \tag{5.102}$$

이제 평형상태를 이해하는 다음 단계는, 화학퍼텐셜을 농도의 식으로 써서 평형상태에서 화학물질들의 농도를 찾는 것이다. 이것을 일반적인 틀에서 설명할 수도 있지만, 기체, 용질, 용매, 순수물질들이 모두 다른 방식으로 다뤄져야 하기 때문에, 아래에서 보일 것처럼 네 가지의 구체적인 예를 다루면서 그 방법을 예시하는 것이 더 쉽고 흥미로울 것으로 생각한다.

문제 5.83. 다음 반응들에 대한 평형조건을 각각 써라.

(a) $2H \leftrightarrow H_2$

(b) $2CO + O_2 \leftrightarrow 2CO_2$

(c) $CH_4 + 2O_2 \leftrightarrow 2H_2O + CO_2$

(d) $H_2SO_4 \leftrightarrow 2H^+ + SO_4^{2-}$

(e) $2p + 2n \leftrightarrow {}^4He$

질소고정

먼저 N_2와 H_2가 결합하여 암모니아(NH_3)를 합성하는 식 (5.98)의 기체 반응을 고려하자. 이 반응은 질소 "고정(fixation)"이라고 불리는데, 식물들이 이 과정을 통해 아미노산과 그리고 다른 중요한 분자들을 합성하는데 필요한 형태로 질소를 변환하기 때문이다.

이 반응의 평형조건은 식 (5.100)이다. 각 화학물질을 이상기체로 간주하면, 식 (5.40)의 이상기체의 화학퍼텐셜 식을 사용해서 다음과 같이 쓸 수 있다.

$$\mu^\circ_{N_2}(T) + kT\ln\left(\frac{P_{N_2}}{P^\circ}\right) + 3\mu^\circ_{H_2}(T) + 3kT\ln\left(\frac{P_{H_2}}{P^\circ}\right) = 2\mu^\circ_{NH_3}(T) + 2kT\ln\left(\frac{P_{NH_3}}{P^\circ}\right) \qquad (5.103)$$

여기서 μ°는 기체의 분압이 P°인 "표준상태"에서의 화학퍼텐셜이다. 보통 P°는 1바로 놓는다. 항들을 정리하여 다음과 같이 쓸 수 있다.

$$kT\ln\left(\frac{P_{N_2}}{P^\circ}\right) + 3kT\ln\left(\frac{P_{H_2}}{P^\circ}\right) - 2kT\ln\left(\frac{P_{NH_3}}{P^\circ}\right) = 2\mu^\circ_{NH_3}(T) - \mu^\circ_{N_2}(T) - 3\mu^\circ_{H_2}(T) \qquad (5.104)$$

등호 양쪽에 아보가드로 수를 곱하면, 오른쪽은 반응의 "표준" 깁스자유에너지 ΔG°가 된다. 이 양은 1바의 압력에서 순수질소 1몰이 순수수소 3몰과 반응하여 순수암모니아 2몰이 생성될 때의 가상적인 자유에너지의 변화량이다. 중요한 것은, ΔG°를 대개는 자료표에서 얻을 수 있다는 점이다. 한편, 등호의 왼쪽은 로그항들을 하나로 결합할 수 있어서, 윗식을 다음과 같은 식으로 쓸 수 있다.

$$RT\ln\left(\frac{P_{N_2}P_{H_2}^3}{P_{NH_3}^2(P^\circ)^2}\right)=\Delta G^\circ \tag{5.105}$$

혹은, 조금 더 정리하면 다음 식이 된다.

$$\frac{P_{NH_3}^2(P^\circ)^2}{P_{N_2}P_{H_2}^3}=e^{-\Delta G^\circ/RT} \tag{5.106}$$

식 (5.106)이 최종 결과이다. 등호의 왼쪽은 각각의 화학양론계수로 거듭제곱한 세 기체의 평형분압의 비이다. 이 비값이 단위차원을 갖지 않도록 P°가 거듭제곱되어 있는 것에 주목하라. 등호 오른쪽의 양은 평형상수(equilibrium constant) K로 불린다.

$$K\equiv e^{-\Delta G^\circ/RT} \tag{5.107}$$

평형상수는 ΔG°와 명시적인 T 의존성에 따른 온도의 함수이고, 현존하는 기체의 양과는 무관하다. 주어진 온도 T에서 K는 한 번만 계산하면 되고, 그러면 평형조건은 단순히 다음과 같이 쓸 수 있다.

$$\frac{P_{NH_3}^2(P^\circ)^2}{P_{N_2}P_{H_2}^3}=K \tag{5.108}$$

이 방정식은 질량작용의 법칙(law of mass action)으로 불린다.

K의 값을 모르더라도 식 (5.108)은 해당 반응에 대해서 많은 것들을 말해준다. 평형상태에 있는 기체에 질소나 수소가 추가되면, 평형을 유지하기 위해서 추가된 기체의 일부가 반응하여 암모니아를 생성할 것이다. 반면, 암모니아를 추가하면 그 일부는 질소와 수소로 분해될 것이다. 수소와 질소의 분압을 둘 다 두 배로 하면, 평형을 유지하기 위해서 암모니아의 분압은 네 배가 되어야 한다. 따라서 전체압력을 증가시키는 것은 더 많은 암모니아의 생성을 촉진할 것이다. 최소한 정성적으로라도, 계의 평형이 이런 식의 변화에 대해 어떻게 반응하는지를 기억하는 법이 르샤틀리에의 원리(Le Chatelier's principle)이다.

평형상태의 계를 교란시키면 계는 그 교란을 상쇄하려는 방향으로 반응한다.

즉, 예컨대 계의 전체압력을 증가시키면 질소와 수소가 더 많이 반응하여 암모니아를 생성하여 전체 분자수를 줄임으로써, 전체압력을 감소시키게 된다.

보다 정량적으로 이야기하기 위해 평형상수 K의 수치가 필요하다. 평형상수 값이 직접 주어질 때도 있지만, 대개는 식 (5.107)을 사용해서 ΔG°로부터 계산해야 한다. 질소 고정 반응의 경우 298 K 에서 암모니아 2몰이 생성될 때 표로부터 $\Delta G^\circ = -32.9\,\text{kJ}$로 읽을 수 있다. 따라서 실온에서 평형상수의 값은 다음과 같다.

$$K = \exp\left(\frac{+32{,}900\,\text{J}}{(8.31\,\text{J/K})(298\,\text{K})}\right) = 5.9 \times 10^5 \qquad (5.109)$$

따라서 이 반응은 질소와 수소로부터 암모니아가 생성되는 방향으로 강하게 치우친 평형상태를 갖는다.

고온에서 K의 값은 훨씬 작아진다(문제 5.86). 따라서 암모니아를 산업적으로 합성할 때 온도를 낮추는 것이 유리하다고 짐작할지 모르겠다. 하지만 사실 평형조건이 "반응속도"에 대해서 말해주는 것은 하나도 없다. 약 700℃ 이하의 온도에서는 좋은 촉매가 없는 한, 이 반응이 극도로 느리게 일어난다는 사실이 알려져 있다. 어떤 박테리아는 실온에서도 질소를 고정시킬 수 있는 훌륭한 촉매(효소)를 갖고 있기도 하다. 하지만 산업공정에서는, 가장 좋은 것으로 알려진 촉매를 사용하더라도 수용할만한 생산율을 달성하기 위해서는 여전히 500℃ 정도의 온도를 요구한다. 이 온도에서 평형상수는 겨우 6.9×10^{-5}에 불과하기 때문에 적절한 양의 암모니아를 생산하기 위해서는 엄청난 고압을 가해줘야 한다. 오늘날 사용되는 산업적 질소고정 공정은 20세기 초에 독일의 화학자인 하버(Fritz Haber)에 의해 개발되었는데, 철-몰리브데넘 촉매를 사용하면서 약 500℃ 온도와 400기압의 작업조건에서 진행된다. 이 과정은 화학비료의 생산에 일대 혁신을 일으켰지만, 불행하게도 폭약의 제조도 용이하게 하였다.

문제 5.84. 분자수 1 대 3 비율의 질소와 수소의 혼합물이 적절한 촉매가 있는 상태에서 500℃로 가열된다. 최종 총압력이 400기압이라면 원래의 질소 중에서 암모니아로 변환되는 질소의 비율은 얼마인가? 단순하게 하기 위해서, 아주 높은 압력에도 불구하고 기체들을 이상기체처럼 간주하라. 500℃에서 평형상수는 6.9×10^{-5}이다. (힌트: 이차방정식을 풀어야 할 것이다.)

문제 5.85. 평형상수가 온도에 어떻게 의존하는지를 말해주는 다음과 같은 반트호프 방정식(van't Hoff equation)*을 유도하라.

$$\frac{d\ln K}{dT} = \frac{\Delta H^\circ}{RT^2}$$

여기서 ΔH°는 표준상태(기체의 경우 1기압)에 있는 순수물질들에 대한 반응의 엔탈피 변화량이다. ΔH°가 양이면, 즉 대충 말해서 흡열반응이면, 기대할 수 있듯이 온도가 높을수록 반응이 오른쪽으로 더 치우치는 경향이 있다. 종종 ΔH°의 온도 의존성을 무시할 수 있다. 이 경우에 위의 방정식을 풀어서 다음의 식을 구하라.

$$\ln K(T_2) - \ln K(T_1) = \frac{\Delta H^\circ}{R}\left(\frac{1}{T_1} - \frac{1}{T_2}\right)$$

문제 5.86. 앞 문제의 결과를 사용해서 500℃에서 질소고정 반응의 평형상수를 추정하라. 책 말미에 있는 실온 자료만을 사용하라. 얻은 결과를 본문에서 언급한 실제 K의 값(6.9×10^{-5})과 비교하라.

물의 해리

화학평형의 두 번째 예로 이 절을 시작하면서 짧게 논의했던 물의 해리를 다시 고려해보자.

$$H_2O \leftrightarrow H^+ + OH^- \tag{5.110}$$

평형상태에서 이 세 가지 화학물질의 화학퍼텐셜은 다음 식을 만족시킨다.

$$\mu_{H_2O} = \mu_{H^+} + \mu_{OH^-} \tag{5.111}$$

묽은 용액을 가정하면, 용매(H_2O)에 대한 식 (5.69)와 용질(H^+와 OH^-)에 대한 식 (5.72)를 사용할 수 있다. 이 가정은 통상적인 조건에서는 매우 좋은 근사이다. 게다가,

* 반트호프 방정식과 삼투압과 관련된 반트호프의 식을 혼동하지 말라. 같은 과학자이지만 다른 물리학 원리들이다.

μ_{H_2O}는 순수물의 화학퍼텐셜과 거의 같다. 따라서 평형조건을 다음과 같이 쓸 수 있다.

$$\mu^{\circ}_{H_2O} = \mu^{\circ}_{H^+} + kT\ln m_{H^+} + \mu^{\circ}_{OH^-} + kT\ln m_{OH^-} \tag{5.112}$$

여기서 μ°는 물질의 "표준상태"에서의 화학퍼텐셜이다. 즉, 물에 대해서는 순수물의 화학퍼텐셜이고 이온들에 대해서는 몰랄농도 1인 용액에서의 화학퍼텐셜이다. m들은 몰랄농도이다.

이전의 예에서처럼 다음 단계는, μ°들을 오른쪽에, 그리고 로그항들은 왼쪽에 모으고, 양쪽에 아보가드로 수를 곱하는 것이다.

$$RT\ln(m_{H^+}m_{OH^-}) = -N_A(\mu^{\circ}_{H^+} + \mu^{\circ}_{OH^-} - \mu^{\circ}_{H_2O}) = -\Delta G^{\circ} \tag{5.113}$$

여기서 ΔG°는 반응에서 자유에너지의 변화량이며 자료표에서 그 값을 읽을 수 있다. 이 식을 약간 더 정리하면 다음과 같이 이온들의 몰랄농도에 대한 평형조건으로 쓸 수 있다.

$$m_{H^+}m_{OH^-} = e^{-\Delta G^{\circ}/RT} \tag{5.114}$$

이 식에 숫자들을 넣기 전에 잠시 쉬면서 이 결과를 이전 예에서의 평형조건인 식 (5.106)과 비교해볼 가치가 있다. 양쪽 경우 모두 등호의 오른쪽은 평형상수로 불린다.

$$K = e^{-\Delta G^{\circ}/RT} \tag{5.115}$$

두 경우 모두 깁스자유에너지의 "표준" 변화량의 지수함수로 주어진다. 하지만 "표준"상태는 전혀 다른 의미를 갖는다. 이 예에서 표준상태란 용매의 경우는 순수액체 상태를, 용질의 경우 몰랄농도가 1인 상태를 의미하는데, 이전 예에서는 기체들의 분압이 1바인 상태를 의미한다. 그래서 식 (5.114)의 왼쪽은 분압 대신에 몰랄농도를 포함한다. 하지만 여전히 화학양론계수만큼 거듭제곱되는 것은 마찬가지이다(이 예에서는 이 값들이 1이어서 눈에 띄지는 않는다). 가장 중요한 것은, 물의 양이나 농도가 식 (5.114)의 왼쪽에 전혀 나타나지 않는다는 사실이다. 이것은, 얼마만큼의 반응이 일어났는지에 무관하게 묽은 용액에는 항상 충분한 양의 용매가 존재하기 때문이다. (오직 표면에서만 반응이 일어나는 순수 액체나 고체의 경우에도 결과는 마찬가지일 것이다.)

이상기체들의 반응과 용액에서의 반응 사이의 마지막 차이점은, 후자의 경우 평형상수가 원리적으로 총압력에 의존할 수 있다는 점이다. 하지만 실제로는 이 의존성은 매우 높은 압력이 아니라면 보통 무시할 만하다(문제 5.88).

실온대기압에서 물 1몰의 해리에 대한 $\Delta G°$는 79.9 kJ이다. 따라서 이 반응의 평형상수는 다음과 같다.

$$K = \exp\left(-\frac{79{,}900\,\mathrm{J}}{(8.31\,\mathrm{J/K})(298\,\mathrm{K})}\right) = 1.0 \times 10^{-14} \tag{5.116}$$

만약 모든 H^+와 OH^- 이온들이 물분자의 해리에 기인한 것이라면, 그 양들은 같아야 한다.

$$m_{H^+} = m_{OH^-} = 1.0 \times 10^{-7} \tag{5.117}$$

마지막 결과에서 수 "7"이 바로 순수물의 pH를 나타낸다. pH의 일반적인 정의는 다음과 같다.

$$\mathrm{pH} \equiv -\log_{10} m_{H^+} \tag{5.118}$$

다른 물질들이 물에 해리되어 있다면 pH는 상당히 다른 값을 가질 수 있다. pH가 7보다 작으면 H^+ 이온의 농도가 더 높은 것인데, 이런 용액은 산성(acidic)이라고 말한다. 반면에 pH가 7보다 크면 용액이 염기성(basic)이라고 말한다.

문제 5.87. 황산(H_2SO_4)은 H^+와 HSO_4^- 이온으로 기꺼이 해리된다.

$$H_2SO_4 \rightarrow H^+ + HSO_4^-$$

이어서 황산수소염 이온은 다시 다음과 같이 해리될 수 있다.

$$HSO_4^- \leftrightarrow H^+ + SO_4^{2-}$$

298 K의 수용액에서 이 반응들의 평형상수들은 각각 약 10^2과 $10^{-1.9}$이다. (산의 해리와 관련해서 보통 $\Delta G°$보다 K를 찾는 것이 더 편리하다. 그런데 그런 반응에서 K의 음의 상용로그는 pH와 유사하게 pK로 불린다. 따라서 첫 반응에 대해서 pK = −2이고, 둘째 반응에 대해서는 pK = 1.9이다.)

(a) 묽다고 간주할 수 있는 어떤 용액에서도 첫 반응은 아주 강하게 오른쪽으로 치우쳐 일어나기 때문에, 그 반응은 완결된 것으로 간주할 수 있다는 것을 논증하라. 또한 어떤 pH 값에서 상당한 양의 황산이 해리되지 않겠는가?

(b) 대량의 석탄이 연소되는 공업지역에서는 빗물에서 황산염의 농도가 전형적으로 5×10^{-5} mol/kg 이다. 황산염은 위에서 언급된 어떤 형태가 될 수도 있다. 이 농도에서는 둘째 반응도 본질적으로 완료되기 때문에, 모든 황산염은 SO_4^{2-} 의 형태라는 것을 보여라. 이 빗물의 pH는 얼마인가?

(c) 이전 질문에 답할 때 물분자가 H^+ 와 OH^- 로 해리되는 것을 무시할 수 있는 이유를 설명하라.

(d) 용해된 황산염에서 HSO_4^- 와 SO_4^{2-} 가 균등하게 분포하는 pH는 얼마인가?

문제 5.88. 묽은 용매의 화학반응에 대해서 $\partial(\Delta G^\circ)/\partial P$ 를 반응물과 생성물의 용액의 부피들로 표현하라. 어떤 합리적인 수들을 대입해서, 압력이 1기압 증가하는 것이 평형상수에 미치는 영향은 무시할만한 정도라는 것을 보여라.

▍산소 수용액

산소가 물에 녹는 것은 화학반응이 아니고 물리적인 과정이지만, 여전히 이 절의 방법을 이용해서 산소의 용해도를 알 수 있다(그림 5.42). "반응" 방정식과 자료표의 ΔG° 의 값은 다음과 같다.

$$O_2(g) \quad \leftrightarrow \quad O_2(aq), \qquad \Delta G^\circ = 16.4 \text{ kJ} \tag{5.119}$$

여기서 g 는 기체(gas)를 의미하고 aq 는 수용액(aqueous)을 의미한다. 그리고 ΔG° 의 값은 298 K 에서 물 1 kg 에 용해된 압력 1바의 산소 1몰에 대한 것이다. 즉, 산소수용액의 몰랄농도는 1이다.

용해된 산소가 인접한 기체 산소와 평형을 이룰 때 각 산소의 화학퍼텐셜은 같아야 한다.

$$\mu_{\text{기체}} = \mu_{\text{용질}} \tag{5.120}$$

$\mu_{\text{기체}}$ 에 대해서는 식 (5.40)을, 그리고 $\mu_{\text{용질}}$ 에 대해서는 식 (5.72)를 사용하면 화학퍼텐셜들을 표준상태의 값들과 각각의 농도의 식으로 쓸 수 있다.

$$\mu^\circ_{\text{기체}} + kT\ln(P/P^\circ) = \mu^\circ_{\text{용질}} + kT\ln m \tag{5.121}$$

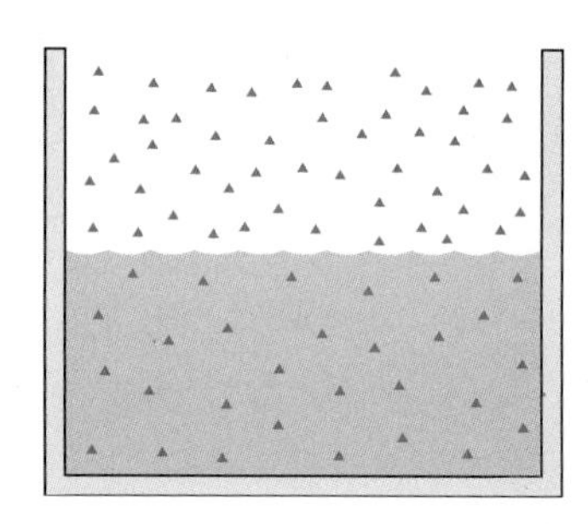

그림 5.42. 산소수용액처럼 기체가 액체에 용해된 경우를 평형상수 값을 갖는 한 화학반응처럼 취급할 수 있다.

여기서 P는 기체 중 산소의 분압, P°는 표준압력인 1바, m은 용해된 산소의 몰랄농도이다. μ° 항들을 등호의 오른쪽에 모아서 정리하고, 양쪽에 아보가드로 수를 곱하면 다음 식을 얻는다.

$$RT\ln\left(\frac{P/P^\circ}{m}\right) = N_A\left(\mu^\circ_{\text{용질}} - \mu^\circ_{\text{기체}}\right) = \Delta G^\circ \tag{5.122}$$

혹은, 동등하게 다음과 같이 쓸 수 있다.

$$\frac{m}{P/P^\circ} = e^{-\Delta G^\circ/RT} \tag{5.123}$$

식 (5.123)은 주어진 온도와 총압력에서 인접한 기체 산소의 양 대 용해된 산소의 양의 비는 일정하다는 것을 말한다. 이 결과는 헨리의 법칙(Henry's law)으로 알려져 있다. 이전의 예에서처럼, 압력이 아주 크지 않으면 총압력에 대한 ΔG°의 의존성은 보통 무시할 만하다. 식에서 등호 오른쪽의 상수는 "헨리의 법칙 상수"로 불리기도 하지만, 종종 이 상수가 역수로 정의되거나 몰랄농도가 아니라 몰분율을 사용하는 등 매우 다른 방법으로 표에 실리기도 한다.

실온에서의 산소수용액에 대해서 식 (5.123)의 오른쪽은 다음과 같다.

$$\exp\left(-\frac{16{,}400\,\text{J}}{(8.31\,\text{J/K})(298\,\text{K})}\right) = 0.00133 = \frac{1}{750} \tag{5.124}$$

이것은 산소의 분압이 1바라면, 물 1 kg에 산소가 1/750몰이 용해된다는 것을 의미한다. 해수면에서 대기 중 산소의 분압은 약 1/5바이고 물에 용해된 산소의 양도 비례해서 작다. 하지만 물 1리터에는 대기압에서 $7\,\text{cm}^3$의 부피에 해당하는 산소가 여전히 용해되어 있고, 이는 물고기가 호흡하기에 충분한 양이다.

문제 5.89. 25℃ 에서 산소 1몰이 용해될 때 표준 엔탈피 변화량은 −11.7 kJ 이다. 이 수와 반트호프 방정식(문제 5.85)을 사용해서, 0℃ 와 100℃ 의 물에 용해되는 산소에 대한 헨리의 법칙이 언급하는 평형상수를 각각 계산하라. 결과의 의미를 간단하게 논하라.

문제 5.90. 고체 석영이 물에 "용해"될 때, 석영은 물분자들과 다음과 같이 결합한다.

$$SiO_2\,(s) + 2H_2O\,(l) \leftrightarrow H_4SiO_4\,(aq)$$

(a) 책 말미의 자료를 사용해서 25℃ 에서 고체 석영과 평형을 이루는 물에 용해된 이산화규소의 양을 계산하라.
(b) 반트호프 방정식(문제 5.85)을 사용해서 100℃ 에서 고체 석영과 평형을 이루는 물에 용해된 이산화규소의 양을 계산하라.

문제 5.91. 이산화탄소가 물에 용해될 때, 본질적으로 전량이 반응하여 탄산(H_2CO_3)을 생성한다.

$$CO_2\,(g) + H_2O\,(l) \leftrightarrow H_2CO_3\,(aq)$$

탄산은 다시 H^+와 중탄산염(HCO_3^-) 이온으로 해리될 수 있다.

$$H_2CO_3\,(aq) \leftrightarrow H^+\,(aq) + HCO_3^-\,(aq)$$

(책 말미의 자료표는 이 반응들에 대한 열역학 자료들을 준다.) 순수한 물방울이 해수면 근처에서 이산화탄소의 분압이 3.4×10^{-4} 바인 대기와 평형상태에 있다고 하자. 빗방울을 상상해도 좋다. 물 안의 탄산과 중탄산 이온의 몰랄농도를 계산하고, 용액의 pH를 결정하라. "자연" 강수조차도 다소 산성을 띤다는 점에 주목하라.

▌수소원자의 이온화

화학평형의 마지막 예로써 수소원자가 양성자와 전자로 이온화되는 것을 고려하자.

$$\text{H} \leftrightarrow p + e \tag{5.125}$$

이것은 우리의 태양과 같은 항성들에서 중요한 반응이다. 이 반응은 너무 단순해서 자료표를 조회하지 않고도 제일 원리들로부터 평형상수를 계산할 수 있다.

이전 예들에서와 같은 과정을 따라서, 기체들의 분압에 대한 평형조건을 다음과 같이 쓸 수 있다.

$$kT\ln\left(\frac{P_{\text{H}}P^{\circ}}{P_p P_e}\right) = \mu_p^{\circ} + \mu_e^{\circ} - \mu_{\text{H}}^{\circ} \tag{5.126}$$

여기서 μ°는 $P^{\circ} = 1$바에서의 화학퍼텐셜이다. 대부분의 조건에서 세 종류 기체 모두를 구조가 없는 단원자 기체로 취급할 수 있고, 화학퍼텐셜은 3.5절에서 유도한 명시적인 식 (3.53)을 사용할 수 있다.

$$\mu = -kT\ln\left[\frac{V}{N}\left(\frac{2\pi mkT}{h^2}\right)^{3/2}\right] = -kT\ln\left[\frac{kT}{P}\left(\frac{2\pi mkT}{h^2}\right)^{3/2}\right] \tag{5.127}$$

(여기서 m은 물론 질량이고 몰랄농도가 아니다.) 이 식과 관련해서 미묘한 점 한 가지는, 에너지의 영점을 입자들이 정지한 상태로 하고 입자들의 운동에너지만 고려했다는 점이다. 따라서 μ°들의 차이값을 계산할 때 이온화에너지 $I = 13.6\,\text{eV}$를 포함시켜야 한다. 이것은, 운동에너지가 없더라도 수소원자를 $p+e$로 변환할 때 이 에너지를 인가해야 한다는 것을 의미한다. 즉, 수소원자가 이만큼의 에너지가 낮은 상태이므로, 이를 위해서 μ_{H}에서 I를 빼겠다.

$$\mu_{\text{H}}^{\circ} = -kT\ln\left[\frac{kT}{P^{\circ}}\left(\frac{2\pi m_{\text{H}}kT}{h^2}\right)^{3/2}\right] - I \tag{5.128}$$

μ_p°와 μ_e°는 질량을 해당 입자의 질량으로 대체하고 I를 빼지 않으면, 동일한 식으로 쓸 수 있다.

식 (5.126)에 μ°들을 대입하면 다소 복잡한 식이 되지만, $m_p \approx m_{\text{H}}$로 근사하면 μ_p°와 μ_{H}의 항들은 모두 상쇄되고 $-I$만 남는다. 그 결과를 $-kT$로 나누면 다음 식을 얻는다.

$$-\ln\left(\frac{P_{\rm H}P^\circ}{P_pP_e}\right)=\ln\left[\frac{kT}{P^\circ}\left(\frac{2\pi m_ekT}{h^2}\right)^{3/2}\right]-\frac{I}{kT} \tag{5.129}$$

좀 더 정리해서 다음과 같이 최종적인 결과를 얻을 수 있다.

$$\frac{P_p}{P_{\rm H}}=\frac{kT}{P_e}\left(\frac{2\pi m_ekT}{h^2}\right)^{3/2}e^{-I/kT}=\frac{N_e}{V}\left(\frac{2\pi m_ekT}{h^2}\right)^{3/2}e^{-I/kT} \tag{5.130}$$

이 식은 사하방정식(Saha equation)으로 불린다. 이 식은 이온화되지 않은 수소원자의 양에 대한 이온화된 수소원자의 양의 비를 온도와 전자의 밀도의 함수로 준다. 예컨대 $T\approx 5{,}800\,\mathrm{K}$ 인 태양표면에서 $e^{-I/kT}=1.5\times 10^{-12}$ 에 불과하다. 게다가 전자의 밀도는 $N_e/V\approx 2\times 10^{19}\,\mathrm{m}^{-3}$ 이므로, 사하방정식은 다음과 같은 비값을 예측한다.

$$\frac{P_p}{P_{\rm H}}=\frac{(1.07\times 10^{27}\,\mathrm{m}^{-3})(1.5\times 10^{-12})}{2\times 10^{19}\,\mathrm{m}^{-3}}=8\times 10^{-5} \tag{5.131}$$

태양표면처럼 뜨거운 환경에서도, 수소원자 만 개 중에 이온화되는 원자는 겨우 한 개도 안 된다는 것이다!

문제 5.92. 수소원자 한 상자가 초기에 실온대기압에 있다고 하자. 그 다음 온도를 높이고 부피는 고정시킨다.

(a) 이온화되는 수소원자의 비율에 대한 식을 온도의 함수로 구하라. (이차방정식을 풀어야 할 것이다.) 아주 낮은 온도와 아주 높은 온도에서 얻은 식이 기대한대로 거동하는지 확인하라.

(b) 수소원자들의 정확히 반이 이온화되는 온도는 얼마인가?

(c) 초기압력을 증가시키면 (b)에서 구한 온도가 상승하겠는가, 감소하겠는가? 설명하라.

(d) (a)에서 구한 식을 차원 없는 변수인 $t=kT/I$ 의 함수로 그려라. t 의 범위를 적절히 선택해서 그래프의 흥미 있는 부분이 명확하게 보이도록 하라.

열역학은 모든 것에 대해서 무언가를 말해준다. 하지만 모든 것을 말해주는 것은 아무 것도 아니다.

— Martin Goldstein and Inge F. Goldstein, *The Refrigerator and the Universe.*

제 6 장

볼츠만 통계

이제까지 이 책의 대부분은 열역학 제이 법칙을 다루었다. 큰 수의 입자들이 보이는 통계적 거동에서 살펴본 제이 법칙의 근원과 물리학, 화학, 지구과학, 공학에서 제이 법칙의 응용 등이 포함되었다. 하지만 제이 법칙 자체는 우리가 알고 싶어 하는 모든 것을 얘기해주지는 않는다. 특히 앞선 두 장에서는, 제이 법칙으로부터 어떤 예측을 이끌어내려면 우리는 자주 엔탈피와 엔트로피 등의 실험측정값들에 의존해야만 했다. 필요한 측정을 만족스러운 정밀도로 실행할 수 있다면 열역학을 이런 방식으로 접근하는 것은 극히 강력한 것이다.

하지만 이상적으로는, 관심 있는 다양한 계들의 미시적인 모형들로부터 출발해서 "모든" 열역학 양들을 제일 원리로부터 계산할 수 있기를 원한다. 이 책에서 우리는 이미 세 개의 중요한 미시적 모형들을 다루었다. 두 상태 상자성체와 아인슈타인 고체, 그리고 단원자 이상기체가 그것들이다. 각 모형에 대해서 겹침수의 조합식을 명시적으로 쓸 수 있었고, 그것으로부터 엔트로피와 온도, 그리고 다른 열역학적 성질들을 계산했다. 이 장과 다음 두 장에서는 우리는 훨씬 더 다양한 물리계들을 나타내는 많은 좀 더 복잡한 모형들을 공부할 것이다. 이 모형들은 더 복잡하기 때문에, 2장과 3장에서 했듯이 직접 조합론적인 접근을 하는 데는 수학적인 어려움이 너무 크다. 따라서 우리는 어떤 새로운 이론적인 도구를 개발할 필요가 있다.

6.1 볼츠만인자

이 장에서 나는 모든 통계역학을 통틀어 가장 강력한 도구를 도입할 것이다. 계가 어떤 명시된 온도에 있는 "열원(reservoir)"과 열평형에 있을 때, 그 계가 어떤 특정한 미시상태에서 발견될 "확률"에 대한 놀랍도록 간단한 식이 바로 그것이다(그림 6.1).

계가 무엇이라도 상관은 없지만, 구체적으로 하기 위해 계가 한 개의 원자라고 해보자. 그렇다면 계의 미시상태들은 그 원자의 다양한 에너지준위들에 해당될 것이다. 때론 주어진 에너지준위에 한 개 이상의 독립적인 상태들이 존재하기도 한다. 예컨대, 스핀을 무시하면 수소원자는 에너지가 $-13.6\,\mathrm{eV}$인 단 하나의 바닥상태를 갖고 있다. 하지만 에너지가 $-3.4\,\mathrm{eV}$인 준위에는 네 개의 독립적인 상태들이 있고, 에너지가 $-1.5\,\mathrm{eV}$인 준위에는 아홉 개의 독립적인 상태들이 있으며, 이런 양식은 에너지가 더 높은 준위들에도 계속된다(그림 6.2). 한 개의 에너지준위가 한 개 이상의 독립적인 상태들에 대응할 때, 이 준위는 겹친(degenerate) 준위라고 말한다. (겹침(degeneracy)에 대한 더욱 정확한 정의와

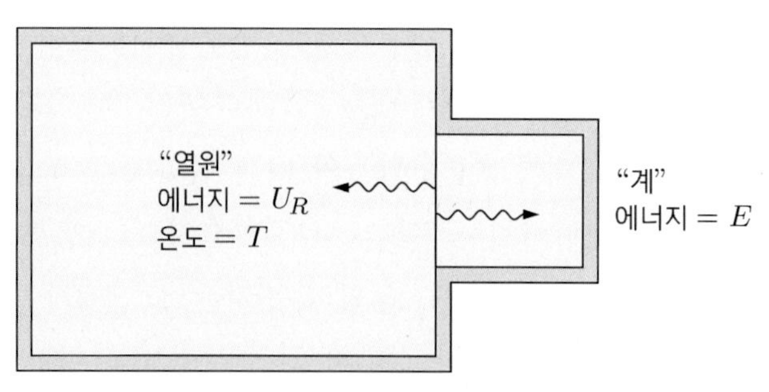

그림 6.1. "계"가 어떤 잘 정의된 온도에 있는 훨씬 큰 "열원"과 열접촉하고 있다.

수소원자에 대한 보다 완전한 논의는 부록 A를 보라.)

이 수소원자가 자신을 제외한 우주의 남은 부분으로부터 완전히 고립되어 있다면, 원자의 에너지는 고정될 것이고, 같은 에너지를 갖는 미시상태들은 모두 확률적으로 동등할 것이다. 하지만 우리는 원자가 고립되어 있지 않은 상황에 관심이 있다. 고립되는 대신에, 원자가 온도가 고정된 "열원" 역할을 하는 많은 다른 원자들과 에너지를 교환하는 상황을 고려하자. 상상컨대 이 경우에 원자는 자신의 어떤 미시상태에서도 발견될 것이다. 다만 미시상태의 에너지에 따라서, 그 중 어떤 미시상태의 확률은 다른 상태들보다 높을 것이다. (물론 미시상태의 에너지가 같으면 발견될 확률도 같다.)

원자가 어떤 특정한 미시상태에서 발견될 확률은 다른 미시상태들이 얼마나 있는지에 의존한다. 그러므로 문제를 단순하게 만들기 위해서, 그림 6.2에서 원 표시를 한 상태들

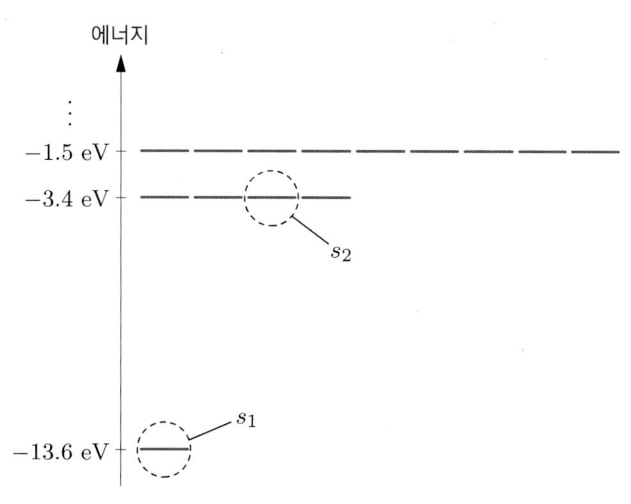

그림 6.2. 에너지가 가장 낮은 세 개의 에너지준위들을 보여주는 수소원자의 에너지준위 도표. 에너지가 −3.4 eV인 네 개의 독립적인 상태들과, 에너지가 −1.5 eV인 아홉 개의 독립적인 상태들이 존재한다.

처럼 관심 있는 어떤 특정한 두 미시상태들의 확률의 비를 우선 고려해보겠다. 이 상태들을 각각 s_1과 s_2로 부르고, 그것들의 에너지를 $E(s_1)$과 $E(s_2)$로, 그것들이 발견될 확률을 $\mathcal{P}(s_1)$과 $\mathcal{P}(s_2)$로 각각 나타내자. 이 확률들의 비를 나타내는 식을 어떻게 찾을 수 있을까? '고립계에서 접근 가능한 미시상태들은 모두 확률적으로 동등하다'는, 2장 3절의 통계역학의 기본가정으로 되돌아가보자. 우리의 원자는 고립계가 아니지만, 원자와 열원은 함께 고립계를 구성하며, 따라서 이 결합계의 접근 가능한 어떤 미시상태도 발견될 확률은 같다.

우리는 열원의 상태에 대해서는 상관하지 않는다. 다만 원자가 어떤 상태에 있는지를 알고 싶을 뿐이다. 하지만 만약 원자가 상태 s_1에 있으면, 열원은 어떤 아주 큰 수의 접근 가능한 상태들을 가질 것이고, 이 상태들의 확률은 모두 같다. 이 수는 바로 열원의 겹침수이며, 이를 $\Omega_R(s_1)$이라고 표시하겠다. 마찬가지로, 원자가 상태 s_2에 있을 때 열원의 겹침수를 $\Omega_R(s_2)$라고 표시하겠다. 계의 에너지가 작을수록 열원의 에너지는 커지므로, 일반적으로 이 두 겹침수는 다르다.

예를 들어 상태 s_1의 에너지가 더 작다고 하면, $\Omega_R(s_1) > \Omega_R(s_2)$이다. 구체적으로 $\Omega_R(s_1) = 100$, $\Omega_R(s_2) = 50$이라고 하자. (물론 진짜 열원의 겹침수는 훨씬 클 것이지만.) 이제 근원적으로, 결합계의 접근 가능한 미시상태들은 모두 확률적으로 동등하다. 따라서 원자가 상태 s_1에 있을 때 결합계의 접근 가능한 미시상태들의 수가 원자가 상태 s_2에 있을 때에 비해 두 배이므로, 원자가 상태 s_1에 있을 확률도 두 배가 된다. 좀 더 일반적으로, 원자가 어떤 특정한 상태에서 발견될 확률은 열원의 접근 가능한 미시상태들의 수에 직접 비례한다. 따라서 두 상태들에 대한 확률의 비는 다음과 같다.

$$\frac{\mathcal{P}(s_2)}{\mathcal{P}(s_1)} = \frac{\Omega_R(s_2)}{\Omega_R(s_1)} \tag{6.1}$$

이제 어떤 수학과 약간의 열역학을 사용해서 이 식을 좀 더 편리한 형태로 만들기만 하면 된다.

먼저, $S = k \ln \Omega$를 이용해서 Ω를 엔트로피로 다시 써보자.

$$\frac{\mathcal{P}(s_2)}{\mathcal{P}(s_1)} = \frac{e^{S_R(s_2)/k}}{e^{S_R(s_1)/k}} = e^{[S_R(s_2) - S_R(s_1)]/k} \tag{6.2}$$

이 식에서 지수는 원자의 상태가 s_1에서 s_2로 전이할 때 열원의 엔트로피의 변화량을 포함한다. 원자가 열원에 비해 아주 작기 때문에 이 변화량은 미미할 것이다. 그래서 다음과 같은 열역학 항등식을 소환할 수 있다.

$$dS_R = \frac{1}{T}(dU_R + PdV_R - \mu dN_R) \tag{6.3}$$

여기서 등호의 오른쪽은 열원의 에너지, 부피, 그리고 입자들의 수를 포함한다. 하지만 열원이 얻는 모든 것은 원자가 잃은 것이다. 따라서 우리는 오른쪽의 항들을 모두 대응하는 원자의 항들의 음의 값으로 나타낼 수 있다.

PdV와 μdN은 각각 다른 이유에서 없앨 수 있다. PdV_R은 보통 영은 아니다. 하지만 dU_R에 비하면 훨씬 작기 때문에 무시할 수 있다. 예컨대, 들뜬상태가 되면 원자의 유효부피가 세제곱 옹스트롬 정도 커지기 때문에, 대기압에서 PdV항은 10^{-25} J 정도의 크기이다. 이것은 원자에너지 변화량의 전형적 크기인 수 eV에 비해 백만분의 일 정도로 작다. 한편, 최소한 계가 원자 하나인 경우나 이 장에서 고려할 다른 경우들에서는 dN은 실제로 영이다. (다음 장에서 다른 유형의 계를 다룰 때는 dN항이 그냥 사라지지는 않을 것이다.)

따라서 식 (6.2)의 엔트로피 항은 다음과 같이 쓸 수 있다.

$$S_R(s_2) - S_R(s_1) = \frac{1}{T}[U_R(s_2) - U_R(s_1)] = -\frac{1}{T}[E(s_2) - E(s_1)] \tag{6.4}$$

여기서 E는 원자의 에너지를 나타낸다. 이 식을 다시 식 (6.2)에 대입하면 다음의 결과를 얻는다.

$$\frac{\mathcal{P}(s_2)}{\mathcal{P}(s_1)} = e^{-[E(s_2) - E(s_1)]/kT} = \frac{e^{-E(s_2)/kT}}{e^{-E(s_1)/kT}} \tag{6.5}$$

확률의 비는 간단한 지수인자의 비와 같고, 각 지수인자는 해당 미시상태의 에너지와 열원의 온도에 대한 함수이다. 이 지수인자들을 볼츠만인자(Boltzmann factor)라고 부른다.

$$\text{볼츠만인자} = e^{-E(s)/kT} \tag{6.6}$$

각 상태의 확률이 바로 해당 볼츠만인자라면 좋을 텐데, 불행하게도 그렇지는 않다. 옳은 진술을 찾기 위해서 식 (6.5)를 조작해서 한 쪽에는 s_1만 포함하고 다른 쪽에는 s_2만 포함하도록 해보자.

$$\frac{\mathcal{P}(s_2)}{e^{-E(s_2)/kT}} = \frac{\mathcal{P}(s_1)}{e^{-E(s_1)/kT}} \tag{6.7}$$

이 등식의 왼쪽은 s_1에 무관하고, 마찬가지로 오른쪽은 s_2에 무관한 것에 주목하라. s_1과 s_2는 임의로 택한 상태이기 때문에 이것은 양쪽이 s_1과 s_2 모두에 무관하다는 것을 의미하며, 따라서 양쪽 항들은 상수가 되어야 하고, 이것은 모든 상태들에 대해서도 마찬가지여야 한다. 그 상수는 $1/Z$로 불리며, 볼츠만인자를 확률로 환산하는 비례상수가 된다. 결론적으로, 모든 상태에 대해 확률은 다음과 같이 쓸 수 있다.

$$\mathcal{P}(s) = \frac{1}{Z} e^{-E(s)/kT} \tag{6.8}$$

이것은 통계역학을 통틀어 가장 쓸모 있는 식이니 기억하도록 하자.*

식 (6.8)을 해석하기 위해서 당분간 원자의 바닥상태 에너지 E_0를 영이라고 하고, 모든 들뜬상태들의 에너지는 양의 값을 갖도록 하자. 그러면 바닥상태의 확률은 $1/Z$이며, 다른 모든 상태들은 이보다 작은 확률을 갖는다. 에너지가 kT보다 훨씬 작은 상태들은 $1/Z$보다 살짝 작은 정도의 확률을 갖지만, 에너지가 kT보다 훨씬 큰 상태들의 확률은 지수함수인 볼츠만인자에 눌려 미미한 값을 갖는다. 그림 6.3은 가상계의 상태들에 대한 확률을 막대그래프로 그린 것이다.

바닥상태의 에너지가 영이 아니라면 어떻게 될까? 물리학적으로 보자면, 모든 에너지를 상수만큼 이동하는 것은 확률에 아무 영향도 미치지 않아야 하고, 실제로 확률들은

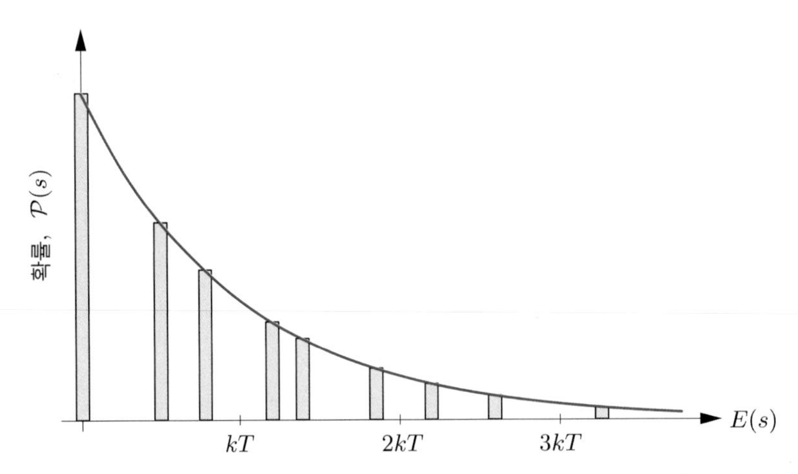

그림 6.3. 가상계의 상태들에 대한 상대적 확률의 막대그래프. 수평축은 에너지를 나타낸다. 매끄러운 곡선은 어떤 특정한 온도에서 식 (6.8)의 볼츠만 분포를 보여준다. 더 낮은 온도에서라면 곡선은 더욱 급격하게 감소할 것이고, 더 높은 온도에서는 더욱 천천히 감소할 것이다.

* 식 (6.8)은 때론 볼츠만 분포(Boltzmann distribution) 혹은 바른틀 분포(canonical distribution)라고 불린다.

변하지 않는다. 볼츠만인자들이 추가적인 인수 $e^{-E_0/kT}$ 만큼 곱해지는 것은 맞지만, Z도 같은 인수로 곱해지게 되어 확률의 식 (6.8)에서는 이 인수들이 서로 상쇄된다. 따라서 바닥상태는 여전히 가장 높은 확률을 갖고, 나머지 상태들은 바닥상태로부터의 에너지가 kT와 비교하여 얼마나 되는지에 따라 다소의 정도가 다를지언정 모두 작은 확률을 갖는다.

문제 6.1. 진동자 한 개로 된 첫 번째 고체와 진동자 100개로 된 두 번째 고체가 결합된 두 아인슈타인 고체 계를 고려하자. 결합계의 총에너지 단위는 500으로 고정되어 있다. 컴퓨터를 사용해서, 첫 번째 고체의 에너지 단위가 0에서 20까지 변할 때 결합계의 겹침수를 보여주는 표를 만들어라. 첫 번째 고체의 에너지에 대한 총겹침수의 그래프를 그리고, 그래프의 모양이 기대한 것인지 상세하게 논하라. 총겹침수의 로그 그래프를 그리고 이 그래프의 모양에 대해서 논하라.

문제 6.2. 원자가 어떤 특정한 에너지 준위에 있을 확률이 $\mathcal{P}(E) = (1/Z)e^{-F/kT}$임을 증명하라. 여기서 $F = E - TS$이고, S는 그 준위의 "엔트로피"인데, 어떤 준위의 엔트로피는 해당 준위의 겹침수의 로그에 k를 곱한 값이다.

분배함수

지금쯤은 Z를 실제로 어떻게 계산하는지 궁금해 할 것이다. 한 기교를 사용하면 되는데, 허용된 모든 상태들에서 원자가 발견될 확률을 모두 합한 것이 1이 되어야 한다는 것을 기억하는 것이다.

$$1 = \sum_s \mathcal{P}(s) = \sum_s \frac{1}{Z} e^{-E(s)/kT} = \frac{1}{Z} \sum_s e^{-E(s)/kT} \tag{6.9}$$

따라서 이를 Z에 대해서 풀면 다음 식을 얻는다.

$$Z = \sum_s e^{-E(s)/kT} = \text{모든 볼츠만인자들의 합} \tag{6.10}$$

상태들의 수가 무한대일 수 있고 상태들의 에너지 $E(s)$를 간단한 식으로 얻는 것이 어려울 수 있기 때문에, 이 합을 계산하는 것이 항상 쉽지만은 않다. 하지만 $E(s)$가 커질수록 볼츠만인자들이 점점 더 작아지기 때문에, 종종 합에서 처음 몇 개의 항들만 계산하고, 에너지가 kT보다 훨씬 큰 나머지 항들은 무시할 수 있다.

Z는 분배함수(partition function)라고 불리는데, 생각보다 훨씬 더 쓸모 있는 것으로 드러난다. 어떤 특정한 상태에 의존하지 않는다는 점에서 그것은 "상수"이지만, 온도에는 의존한다. 분배함수를 좀 더 해석하기 위해서, 바닥상태의 에너지를 영으로 다시 가정하자. 그러면 바닥상태의 볼츠만인자는 1이 되고, 나머지 볼츠만인자들은 해당상태들의 확률에 비례하여 그 크기는 달라지지만 모두 1보다 작은 값들이 된다. 따라서 분배함수는 본질적으로 각 상태의 확률로 가중하여, 원자가 접근할 수 있는 상태들의 수를 센 것이라고 말할 수 있다. 아주 낮은 온도에서는 모든 들뜬상태들의 볼츠만인자들이 아주 작아지기 때문에 $Z \approx 1$ 이다. 높은 온도에서 Z는 훨씬 클 것이다. 상태들의 에너지를 모두 E_0 만큼 이동하면 분배함수는 인수 $e^{-E_0/kT}$ 만큼 곱해진 양이 되는데, 이 인수는 우리가 확률을 계산할 때는 상쇄되므로 별로 의미 없는 수이다.

문제 6.3. 에너지가 영인 바닥상태와 에너지가 $2\,\mathrm{eV}$인 들뜬상태로 된 두 가지 상태만 갖고 있는 가상적인 원자를 고려하자. 이 계의 분배함수의 그래프를 온도의 함수로 그리고, $T = 300\,\mathrm{K}$, $3{,}000\,\mathrm{K}$, $30{,}000\,\mathrm{K}$, $300{,}000\,\mathrm{K}$에서 분배함수를 수치적으로 계산하라.

문제 6.4. 그림 6.3에 표현된 가상적인 계의 분배함수를 계산하라. 그런 후 계가 바닥상태에 있을 확률을 계산하라.

문제 6.5. 에너지가 각각 $-0.05\,\mathrm{eV}$, 0, $+0.05\,\mathrm{eV}$인 세 가지 상태에만 있을 수 있는 입자를 상상하자. 이 입자는 $300\,\mathrm{K}$의 열원과 평형을 이루고 있다.

(a) 이 입자의 분배함수를 계산하라.

(b) 이 입자가 각각의 상태에 있을 확률을 계산하라.

(c) 에너지의 영점은 임의로 정할 수 있기 때문에, 세 상태들의 에너지를 각각 0, $+0.05\,\mathrm{eV}$, $+0.10\,\mathrm{eV}$라고 할 수도 있다. 이 수들을 사용해서 (a)와 (b)를 반복하라. 무엇이 바뀌고 무엇이 바뀌지 않는지 설명하라.

▌원자의 열들뜸

볼츠만인자의 간단한 응용으로 표면의 온도가 5,800 K 인 태양의 대기에 있는 수소원자 한 개를 고려하자. (다음 장에서 이 온도를 지구에서 어떻게 측정할 수 있는지 보게 될 것이다.) 이 원자가 첫 들뜬상태(s_2)에서 발견될 확률과 바닥상태(s_1)에서 발견될 확률을 비교해보자. 확률의 비는 바로 볼츠만인자의 비이다.

$$\frac{\mathcal{P}(s_2)}{\mathcal{P}(s_1)} = \frac{e^{-E_2/kT}}{e^{-E_1/kT}} = e^{-(E_2-E_1)/kT} \tag{6.11}$$

에너지의 차이는 10.2 eV 이고, $kT = (8.62 \times 10^{-5}\,\text{eV/K})(5{,}800\,\text{K}) = 0.50\,\text{eV}$ 이다. 따라서 확률의 비는 대략 $e^{-20.4} = 1.4 \times 10^{-9}$ 이다. 즉, 바닥상태에 있는 원자 10억 개당 평균적으로 대략 1.4개가 첫 들뜬상태에 있을 것이다. 그리고 에너지가 같은 그런 들뜬상태가 네 가지가 있으므로 들뜬상태에 있는 원자의 수는 그것의 네 배, 즉 대략 5.6개가 될 것이다.

태양대기의 원자들은 지구로 오는 경로에서 태양빛을 흡수할 수 있다. 하지만 원자들을 더 높은 들뜬상태들로 전이할 수 있는 파장값에서만 흡수가 일어날 수 있다. 첫 들뜬상태에 있는 수소원자는 656 nm , 486 nm , 434 nm 등 발머계열의 파장에서만 흡수할 수 있다. 따라서 우리가 받는 햇빛에서 이 파장의 빛들만 일부 소실된다. 잘 만든 회절격자에 좁은 햇살을 비추면 이 소실된 파장값 자리에 어두운 선들이 있는 것을 볼 수 있다(그림 6.4). 물론 다른 어두운 선들도 뚜렷이 보이는데, 이것들은 철, 마그네슘, 소듐, 칼슘 등 태양대기가 포함하는 다른 유형의 원자들로 인한 것이다. 기묘한 것은, 이 모든 다른 파장들은 바닥상태나 에너지 차이가 3 eV 보다 작은 저에너지 들뜬상태에 있는 원자나 이온들이 흡수한 것이라는 사실이다. 반면에 발머선들은 바닥상태로부터 10 eV 이상으로 들뜬 매우 드문 수소원자들에서만 기인한다. (바닥상태의 수소원자들은 가시광선을 흡수하지 않는다.) 발머선들이 다른 것들보다도 워낙 두드러지기 때문에, 태양대기에는 수소원자들이 다른 유형의 원자들보다 훨씬 더 풍부하다고 결론지을 수 있다.*

---

* 별들의 요리법에 대해서 처음 연구한 사람은 1924년 페인(Cecilia Payne)이었다. 이 이야기는 다음 책에서 아름답게 묘사되었다: *The Ring of Truth*, Philip and Phylis Morrison (Random House, New York, 1987).

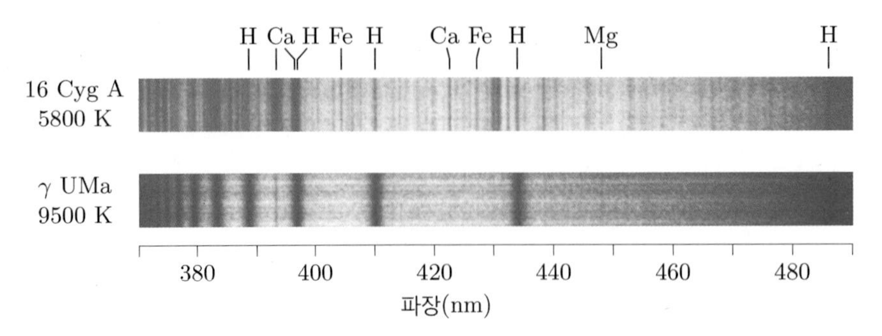

그림 6.4. 두 별의 스펙트럼 사진. 위는 백조자리(the constellation Cygnus)에 있는 표면온도가 약 5,800K인 태양 같은 별의 스펙트럼이다. 다른 원소들로 인한 많은 선들 안에서도 수소원자 흡수선들이 명확하게 보이는 것에 주목하라. 아래는 표면온도가 더 높은 9,500K인 큰곰자리(the Ursa Major), 즉 북두칠성(the Big Dipper)의 한 별의 스펙트럼이다. 이 온도에서는 수소원자들이 훨씬 더 큰 비율로 첫 번째 들뜬상태에 있어서, 수소원자선들이 다른 선들보다도 훨씬 더 두드러진다. 게재 허락을 얻은 출처는 Helmut A. Abt et al., *An Atlas of Low-Dispersion Grating Stellar Spectra* (Kitt Peak National Observatory, Tucson, AZ, 1968).

문제 6.6. 실온에서 수소원자가 바닥상태에 있을 확률에 대한 들뜬상태 중의 한 상태에 있을 상대적 확률을 계산하라. 표면온도가 9,500K인 큰곰자리의 별(the γ UMa)의 대기에 있는 수소원자에 대해서도 같은 계산을 반복하라.

문제 6.7. 전자는 본질적으로 에너지가 같은 두 가지의 독립적인 스핀상태들에 있을 수 있기 때문에, 그림 6.2의 수소원자 상태들은 실제로 각각 두 겹으로 겹쳐진 상태들이다. 스핀겹침도를 고려해서 첫 들뜬상태에 있을 상대적인 확률에 대한 본문의 계산을 반복하라. 결과가 달라지지 않는다는 것을 보여라.

문제 6.8. 수소원자를 이온화시키는데 필요한 에너지가 13.6eV이기 때문에, 태양의 대기에서 이온화된 수소원자의 수가 첫 들뜬상태에 있는 수소원자의 수보다 훨씬 작을 것이라고 기대할지 모른다. 하지만 5장 끝에서 보인 것처럼, 거의 만 개 중에 하나 정도로, 이온화된 수소원자의 분율은 기대보다 훨씬 더 크다. 이 결과가 왜 모순되지 않는지, 그리고 이 절의 방법들을 사용해서 이온화된 수소원자의 분율을 계산하는 것이 왜 옳지 않은지 설명하라.

문제 6.9. 본문의 수치적 예에서는, 수소원자가 다른 두 상태에 있을 확률의 비만을 계산했다. 그런 낮은 온도에서는 첫 들뜬상태에 있을 '절대적인' 확률은 바닥상태에 대한 상대적인 확률과 본질적으로 같다. 하지만 수소원자가 무한히 많은 들뜬상태들을 갖기 때문에, 이것을 엄격하게 증명하는 것에는 약간의 문제가 있다.

(a) 그림 6.2에서 명시적으로 보인 모든 상태들에 대한 볼츠만인자들을 합함으로써 5,800 K 에서 수소원자의 분배함수를 계산하라. (간단하게 하기 위해서 바닥상태의 에너지를 영으로 놓고 다른 에너지들을 그만큼 이동시키는 것이 편리하다.)

(b) 모든 얽매인 상태들에 대해서 합을 하면 영이 아닌 어떤 온도에서도 분배함수가 무한대가 되는 것을 보여라. (수소원자의 전체 에너지준위 구조는 부록 A를 참조하라.)

(c) 수소원자가 에너지준위 n에 있을 때 전자 파동함수의 대략적인 반지름은 $a_0 n^2$이다. 여기서 a_0는 보어반지름이며 대략 5×10^{-11} m 이다. 식 (6.3)으로 다시 가서, n이 아주 큰 상태들에 대해서는 PdV항이 무시할만한 정도가 아니고, 따라서 이 문제에서 찾으려는 물리적으로 의미가 있는 분배함수는 (b)가 아니라 (a)의 결과라는 것을 논증하라.

문제 6.10. 물분자는 다양한 방법으로 진동할 수 있다. 하지만 가장 쉽게 흥분되는 유형은 HO 결합이 늘어나지 않으면서 수소원자들이 가까워졌다 멀어지는 식으로 “휘는” 모드이다. 이 모드의 진동은 대략적으로 진동수가 4.8×10^{13} Hz 인 조화진동이다. 모든 양자조화진동자의 에너지준위는 $\frac{1}{2}hf$, $\frac{3}{2}hf$, $\frac{5}{2}hf$ 등등이며, 모든 준위는 겹침이 없다.

(a) 물분자가 대기와 같은 300 K 의 열원과 평형에 있다고 가정하고, 휘는 진동의 바닥상태에 있을 확률과 처음 두 개의 들뜬상태에 있을 확률을 계산하라. (힌트: 나머지 항들을 무시할 수 있을 정도로 처음 몇 개의 볼츠만인자들만을 합함으로써 Z를 계산하라.)

(b) 증기터빈의 내부에서처럼 700 K 의 열원과 평형에 있는 물분자에 대해서 같은 계산을 반복하라.

문제 6.11. 리튬핵은 네 개의 독립적인 스핀방향을 갖는데, 관례적으로 그것들은 양자수 m으로 식별된다: $m = -3/2, -1/2, 1/2, 3/2$. 자기장 B 안에서 각 상태들의 에너지는 $E = -m\mu B$이고, 여기서 상수 μ는 1.03×10^{-7} eV/T 이다. 3.3절에서 기술한 퍼셀-파운드(Purcell-Pound) 실험에서 최대자기장의 세기는 0.63 T 이고 온도는 300 K 이었다. 이 조건 아래에서 리튬핵이 네 가지의 스핀상태에 있을 확률을 각각 계산하라. 그런 다음, 자기장이 갑자기 역전되면 네 상태의 확률들이 $T = -300\,\text{K}$ 에서의 볼츠만분포를 따른다는 것을 보여라.

문제 6.12. 찬 성간의 분자구름은 종종 시아노젠(CN) 분자를 포함한다. 이 분자의 첫 회전들뜬상태는 바닥상태를 기준으로 $4.7\times10^{-4}\,\text{eV}$ 의 에너지를 갖는다. 실제로 그런 들뜬상태는 에너지가 같으면서 세 가지의 상태들이 존재한다. 1941년 이런 분자구름들을 통과하는 별빛의 흡수스펙트럼 연구에서, 바닥상태에 있는 CN 분자 10개 중에서 그런 들뜬상태들에 각각 하나씩 있는 세 개의 분자들이 존재한다는 사실이 알려졌다. 이 자료를 설명하기 위해서, 천문학자들은 어떤 잘 정의된 온도에 있는 어떤 "열원"과 이 분자들이 평형상태에 있다는 것을 제안했다. 그 온도는 얼마이겠는가?*

문제 6.13. 초기우주에서와 같이 아주 높은 온도에서는, 양성자와 중성자는 "핵자(nucleon)"라고 부르는 같은 입자의 다른 상태들이라고 간주할 수 있다. (양성자가 중성자로, 혹은 그 반대로 변환되는 반응들에는 전자나 양전자, 혹은 중성미자의 흡수가 필요하다. 하지만 이 입자들은 모두 충분히 높은 온도에서는 아주 풍부하게 공급된다.) 중성자의 질량이 양성자보다 $2.3\times10^{-30}\,\text{kg}$ 만큼 크기 때문에, 중성자의 에너지도 이 양에 c^2 을 곱한 것만큼 크다. 그렇다면 우주의 아주 이른 초기에 핵자들이 우주의 나머지 부분과 $10^{11}\,\text{K}$ 의 온도에서 평형에 있었다고 가정해보자. 그 시절에 양성자이었을 핵자들의 분율은 얼마이며, 중성자 핵자들의 분율은 얼마인가?

문제 6.14. 문제 1.16과 3.37에서 이미 유도한 바가 있지만, 이번에는 볼츠만인자들을 사용해서 등온대기의 밀도에 대한 지수함수식을 유도하라. (힌트: 계를 공기분자 한 개라고 하고, s_1 을 해수면에서 분자의 상태, s_2 를 고도 z 에서 분자의 상태라고 하라.)

6.2 평균값

계가 온도 T 의 열원과 평형에 있을 때, 계가 어떤 특정한 미시상태 s 에 있을 확률을

* 이 측정과 계산에 대한 보고서는 다음 자료를 참조하라: Patrick Thaddeus, *Annual Reviews of Astronomy and Astrophysics* **10**, 305-334 (1972).

계산하는 방법을 앞 절에서 보았다.

$$\mathcal{P}(s) = \frac{1}{Z} e^{-\beta E(s)} \tag{6.12}$$

여기서 β는 $1/kT$를 나타낸다. 지수인자는 볼츠만인자를 나타내고, Z는 다음과 같은 분배함수이다.

$$Z = \sum_s e^{-\beta E(s)} \tag{6.13}$$

즉, 모든 가능한 상태들에 대한 볼츠만인자들의 합이다.

하지만, 계가 놓일 수 있는 상태들의 확률을 모두 아는 데에만 관심이 있는 것이 아니라, 에너지처럼 계의 어떤 성질에 대한 평균적인 값을 알고 싶어 한다고 하자. 이 평균값을 계산하는 쉬운 방법이 있을까? 있다면 어떻게 계산할 수 있을까?

간단한 예를 생각해보자. 계가 단지 세 개의 가능한 상태들만 갖고 있는 한 원자라고 해보자. 구체적으로, 에너지가 0 eV인 바닥상태와 에너지가 각각 4 eV와 7 eV인 들뜬상태들이 있다고 하자. 하지만 실제로 그런 원자가 다섯 개 있고, 현재 그 중 두 원자는 바닥상태에, 두 원자는 4 eV 상태에, 그리고 한 원자는 7 eV 상태에 있다고 하자(그림 6.5). 이 원자 한 개의 평균 에너지는 얼마일까? 그저 원자들의 에너지를 모두 합해서 5로 나누면 된다.

$$\overline{E} = \frac{(0\,\text{eV})\cdot 2 + (4\,\text{eV})\cdot 2 + (7\,\text{eV})\cdot 1}{5} = 3\,\text{eV} \tag{6.14}$$

하지만 생각해볼만한 또 하나의 방법이 있다. 분자를 먼저 계산한 후 5로 나누는 대신에, 1/5에 각 상태에 있는 원자의 수만큼 인수를 곱한 그룹을 만들 수 있다.

$$\overline{E} = (0\,\text{eV})\cdot\frac{2}{5} + (4\,\text{eV})\cdot\frac{2}{5} + (7\,\text{eV})\cdot\frac{1}{5} = 3\,\text{eV} \tag{6.15}$$

이 표현에서 각 상태의 에너지는 그 상태의 확률만큼 곱해지는데,* 그 확률은 각각 2/5, 2/5, 1/5이다.

이 예를 식으로 일반화하는 것은 어렵지 않다. 원자 N개로 된 샘플이 있고 어떤 특정한 상태 s에 있는 원자의 수를 $N(s)$라고 하면, 원자당 에너지의 평균값은 다음과 같다.

---

* 이를 확률로 "가중(weight)"한다고 말한다.

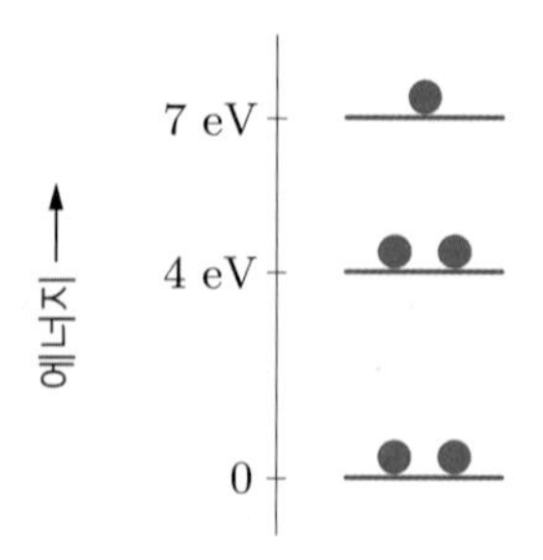

그림 6.5. 세 개의 다른 상태들에 분포된 가상적인 다섯 개의 원자들.

$$\overline{E} = \frac{\sum_s E(s)N(s)}{N} = \sum_s E(s)\frac{N(s)}{N} = \sum_s E(s)\mathcal{P}(s) \tag{6.16}$$

여기서 $\mathcal{P}(s)$는 원자가 상태 s에서 발견될 확률이며 볼츠만인자로 주어진다. 따라서 평균에너지는 해당 확률로 가중된 모든 에너지의 합이다.

우리가 고려하고 있는 통계역학적 계들에서 각 확률은 항상 식 (6.12)로 주어지기 때문에 평균에너지는 다음과 같이 쓸 수 있다.

$$\overline{E} = \frac{1}{Z}\sum_s E(s)e^{-\beta E(s)} \tag{6.17}$$

각 항에 추가적인 인수 $E(s)$가 곱해진다는 것 말고는 이 합이 분배함수의 식 (6.13)과 유사하다는 것에 주목하라.*

에너지 외에 다른 관심 있는 변수들의 평균값도 같은 방법으로 계산할 수 있다. 즉, 계가 상태 s에 있을 때 어떤 변수 X가 갖는 값을 $X(s)$라고 하면, X의 평균값은 다음과 같다.

$$\overline{X} = \sum_s X(s)\mathcal{P}(s) = \frac{1}{Z}\sum_s X(s)e^{-\beta E(s)} \tag{6.18}$$

평균값이 갖는 좋은 성질 중의 하나는 그것들이 가산적이라는 것이다. 예컨대, 두 물체의 평균 총에너지는 각각의 평균에너지의 합이다. 이것은 동일하고 독립적인 입자들이

* 이 장에서 우리가 평균을 취하는 계의 집합은 가상적인 집합으로, 각 원소에는 볼츠만 분포에 따른 계의 상태들이 할당된다. 계들의 이와 같은 가상적 집합을 종종 바른틀모둠(canonical ensemble)이라고 부른다. 이 대신에, 2장과 3장에서는 허용된 모든 상태들이 확률적으로 동등한 고립계를 다루었다. 그런 뻔한(trivial) 확률분포를 갖는 계들의 가상적인 집합을 작은바른틀모둠(microcanonical ensemble)이라고 부른다.

많이 있을 때, 그것들의 평균 총에너지는 한 입자의 평균에너지에 입자들의 총수를 곱하기만 하면 된다는 것을 의미한다.

$$U = N\overline{E} \tag{6.19}$$

(나는 기호 E는 원자의 에너지를, 그리고 기호 U는 그 원자를 포함하는 훨씬 더 큰 계의 에너지를 표시하는데 사용할 것이다.) 따라서 내가 앞 절에서 대상을 "원자"와 "열원"으로 나누었을 때, 그것은 부분적으로 그저 하나의 기교였다. 전체 계의 총에너지를 알기 원하더라도, 우선 계의 한 입자에 집중하고 다른 입자들을 열원으로 다루어서 그 한 입자의 에너지를 구할 수 있다. 한 입자에 대한 관심 양을 알기만 하면 전체에 대한 양은 그저 거기에 N만 곱하면 된다.

전문적으로 말하자면, 식 (6.19)의 U는 전체 계의 "평균" 에너지일 뿐이다. 이 큰 계가 다른 물체와 열접촉을 하고 있더라도, 순간적인 U의 값은 평균값을 벗어나서 요동칠 것이다. 하지만 N이 크면 이 요동은 거의 항상 무시할만한 정도이다. 문제 6.17은 전형적인 요동의 크기를 어떻게 계산하는지를 보여준다.

문제 6.15. 어떤 미지의 원자 10개가 있는데, 그 중 4개는 에너지가 각각 0 eV, 3개는 1 eV, 2개는 4 eV, 그리고 1개는 6 eV 라고 하자.

(a) 원자들의 에너지를 모두 합해서 10으로 나눔으로써 원자 한 개의 평균에너지를 계산하라.

(b) 마구잡이로 선택한 원자의 에너지가 E일 확률을 각각 계산하라. 여기서 E는 (a)에서 제시한 네 가지의 값을 나타낸다.

(c) 식 $\overline{E} = \sum_s E(s)\mathcal{P}(s)$을 사용해서 평균에너지를 다시 계산하라.

문제 6.16. 온도 T인 열원과 평형에 있는 어떤 계에 대해서도 에너지의 평균값을 다음과 같이 쓸 수 있다는 것을 증명하라.

$$\overline{E} = -\frac{1}{Z}\frac{\partial Z}{\partial \beta} = -\frac{\partial}{\partial \beta}\ln Z$$

여기서 $\beta = 1/kT$이다. 분배함수가 명시적으로 주어질 때 이 식은 극히 유용할 수 있다.

문제 6.17. 어떤 수들의 집합에 대해서 그 수들의 평균값을 벗어나는 요동의 측도로 가장 흔하게 사용되는 양이 아래와 같이 정의되는 표준편차(standard deviation)이다.

(a) 그림 6.5의 다섯원자 모형에서 평균에너지로부터 각 원자의 에너지의 편차 $E_i - \overline{E}$를 계산하라. 이 편차를 ΔE_i로 표시하자.

(b) 다섯 개의 편차들의 제곱의 평균값, 즉 $\overline{(\Delta E_i)^2}$를 계산하라. 그런 후 이 양의 제곱근을 계산하라. 이것이 바로 제곱평균제곱근(rms) 편차, 혹은 표준편차이다. 이 수를 σ_E라고 표시하자. σ_E는 개별적인 값들이 평균값을 벗어나는 정도를 합리적으로 측정하는가?

(c) 다음 식이 일반적으로 성립한다는 것을 증명하라.

$$\sigma_E^2 = \overline{E^2} - (\overline{E})^2$$

즉, 표준편차의 제곱은 제곱의 평균값에서 평균값의 제곱을 뺀 값이다. 대개 이 식이 표준편차를 좀 더 쉽게 계산하는 방법을 준다.

(d) 그림 6.5의 다섯원자 모형에 대해서 (c)의 식을 확인하라.

문제 6.18. 온도 T인 열원과 평형에 있는 어떤 계에 대해서도 E^2의 평균값을 다음과 같이 쓸 수 있다는 것을 증명하라.

$$\overline{E^2} = \frac{1}{Z}\frac{\partial^2 Z}{\partial \beta^2}$$

이 결과와 앞의 두 문제의 결과들을 사용해서, σ_E를 열용량 $C = \partial \overline{E}/\partial T$의 식으로 나타내라. 다음과 같은 결과를 얻어야 한다.

$$\sigma_E = kT\sqrt{C/k}$$

문제 6.19. 문제 6.18의 결과를 적용해서, 아인슈타인 고체에서처럼 조화진동자 N개로 구성된 계에 대해서 고온극한에서 에너지의 표준편차의 식을 구하라. 그 양을 에너지로 나눈 것이 에너지의 요동분율(fractional fluctuation)이다. $N = 1$, 10^4, 10^{20}일 때 이 분율을 수치적으로 계산하라. 결과를 간략하게 논의하라.

▎상자성

이 도구들을 사용하는 첫 응용으로, 3.3절에서 다루었던 이상적 두 상태 상자석에 대해서 얻은 결과들을 다시 유도해보겠다.

이상 두 상태 상자석의 기본쌍극자가 에너지가 각각 $-\mu B$와 $+\mu B$인 "위" 상태와 "아래" 상태의 두 가지 상태만 가지는 것을 상기하자. (여기서 B는 외부자기장의 세기이며, 자기장 방향으로 쌍극자의 자기모멘트의 성분은 $\pm\mu$이다.) 따라서 쌍극자 한 개의 분배함수는 다음과 같다.

$$Z = \sum_s e^{-\beta E(s)} = e^{+\beta\mu B} + e^{-\beta\mu B} = 2\cosh(\beta\mu B) \tag{6.20}$$

쌍극자가 "위" 상태에서 발견될 확률은 다음과 같고,

$$\mathcal{P}_{\uparrow} = \frac{e^{+\beta\mu B}}{Z} = \frac{e^{+\beta\mu B}}{2\cosh(\beta\mu B)} \tag{6.21}$$

"아래" 상태에서 발견될 확률은 다음과 같다.

$$\mathcal{P}_{\downarrow} = \frac{e^{-\beta\mu B}}{Z} = \frac{e^{-\beta\mu B}}{2\cosh(\beta\mu B)} \tag{6.22}$$

두 확률을 합하면 1이 된다는 것은 쉽게 확인할 수 있을 것이다.

이제 쌍극자의 평균에너지는 다음과 같다.

$$\begin{aligned}\overline{E} &= \sum_s E(s)\mathcal{P}(s) = (-\mu B)\mathcal{P}_{\uparrow} + (+\mu B)\mathcal{P}_{\downarrow} = -\mu B(\mathcal{P}_{\uparrow} - \mathcal{P}_{\downarrow}) \\ &= -\mu B\frac{e^{\beta\mu B} - e^{-\beta\mu B}}{2\cosh(\beta\mu B)} = -\mu B\tanh(\beta\mu B)\end{aligned} \tag{6.23}$$

그런 쌍극자가 N개 있다면 총에너지는 다음과 같다.

$$U = -N\mu B\tanh(\beta\mu B) \tag{6.24}$$

이것은 3.3절의 결과와 일치한다. 하지만 3.3절에서 이 결과를 유도하기 위해서 훨씬 더 많은 노력을 했어야 했다. 겹침수에 대한 정확한 조합식으로 시작해서, 엔트로피를 간단하게 하기 위해 스털링 근사를 적용했고, 미분을 하고 최종적으로 온도의 함수로 U를 얻기 위해 많은 대수계산을 했다. 그것에 반해, 여기서 필요한 모든 것은 볼츠만인자였다.

문제 6.16의 결과에 따르면, Z를 β로 미분하고 $-1/Z$를 곱해주어도 평균에너지를 얻을 수 있다.

$$\overline{E} = -\frac{1}{Z}\frac{\partial Z}{\partial \beta} \tag{6.25}$$

두 상태 상자석에 대하여 이 식을 확인해보자.

$$\overline{E} = -\frac{1}{Z}\frac{\partial}{\partial \beta} 2\cosh(\beta\mu B) = -\frac{1}{Z}(2\mu B)\sinh(\beta\mu B) = -\mu B\tanh(\beta\mu B) \tag{6.26}$$

그렇다. 잘 작동한다.

마지막으로, 쌍극자의 자기장 B 방향의 자기모멘트의 평균값을 계산할 수 있다.

$$\overline{\mu_z} = \sum_s \mu_z(s)\mathcal{P}(s) = (+\mu)\mathcal{P}_\uparrow + (-\mu)\mathcal{P}_\downarrow = \mu\tanh(\beta\mu B) \tag{6.27}$$

따라서 샘플의 총자기화는 다음과 같으며, 역시 식 (3.32)와 일치한다.

$$M = N\overline{\mu_z} = N\mu\tanh(\beta\mu B) \tag{6.28}$$

문제 6.20. 아인슈타인 고체나 기체분자들의 내부 진동에서처럼 이 문제는 온도 T에서 동일한 조화진동자 N개의 모음을 다룬다. 2.2절에서처럼 진동자에 허용된 에너지는 0, hf, $2hf$, 등등이다.

(a) 나눗셈을 직접 해서 다음 식을 증명하라.

$$\frac{1}{1-x} = 1 + x + x^2 + x^3 + \cdots$$

이 수열의 합이 유한한 x의 값들은 무엇인가?

(b) 조화진동자 한 개에 대한 분배함수를 계산하라. (a)의 결과를 이용해서 답을 가능한 가장 간단하게 만들라.

(c) 식 (6.25)를 이용해서 온도 T에서 단일 진동자의 평균에너지를 나타내는 식을 구하라. 답을 가능한 가장 간단하게 만들라.

(d) 온도 T에서 진동자 N개로 된 계의 총에너지는 얼마인가? 결과가 문제 3.25에서 얻은 것과 일치해야 한다.

(e) 문제 3.25를 아직 풀지 않았다면 이 계의 열용량을 계산하고, $T \to 0$과 $T \to \infty$의

극한에서 기대하는 바와 같은지 확인하라.

문제 6.21. 실재 세상의 진동자들은 대부분 완전한 조화진동자는 아니다. 양자진동자의 경우, 이것은 에너지준위 간의 간격이 정확하게 균일하지는 않다는 것을 의미한다. 예컨대, H_2 분자의 진동에너지준위들은 다음의 근사식으로 더 정확하게 묘사된다.

$$E_n \approx \epsilon(1.03n - 0.03n^2), \qquad n = 0,\ 1,\ 2,\ \cdots$$

여기서 ϵ은 가장 낮은 두 준위 사이의 간격이다. 즉, 에너지가 증가할 때 준위들은 더 가까워진다. (이 식은 대략 $n = 15$까지만 합리적으로 정확할 뿐이다. 좀 더 큰 n에 대해서는 n이 증가할 때 E_n이 감소한다고 말해야 한다. 실제로 $n \approx 15$를 넘어서면 분자들이 해리되고 준위들은 더 이상 불연속적이지 않다.) 컴퓨터를 사용해서 이 에너지준위를 갖는 계의 분배함수, 평균에너지, 열용량을 계산하라. $n = 15$까지 모든 준위들을 포함시키지만, 보다 적은 준위들만을 포함시킬 때 결과가 얼마나 달라지는지 확인하라. 열용량을 kT/ϵ의 함수로 그려라. 균일한 준위간격을 갖는 완전한 조화진동자의 경우와 비교하고, 그림 1.13 그래프의 진동에너지 범위와도 비교하라.

문제 6.22. 대부분의 상자성 물질에서 개별적인 자기입자들은 두 개보다 많은 독립적인 상태들(스핀의 방향)을 갖고 있다. 독립상태들의 수는 1/2의 배수인 입자의 각운동량 "양자수" j에 의존한다. $j = 1/2$인 경우에는 본문 위나 3.3절에서 논의한 것처럼 두 개의 독립상태들만을 갖는다. 하지만 더 일반적으로는, 입자의 자기모멘트의 z성분으로 다음과 같은 값들이 허용된다.

$$\mu_z = -j\delta_\mu,\ (-j+1)\delta_\mu,\ \cdots,\ (j-1)\delta_\mu,\ j\delta_\mu$$

여기서 δ_μ는 상수이며, 한 상태와 다음 상태에서 μ_z값의 차이와 같다. (입자의 각운동량이 모두 전자의 스핀에서 온다면, δ_μ는 보어마그네톤의 두 배와 같다. 궤도각운동량도 기여한다면, δ_μ는 다소 다른 값을 갖지만 그 크기는 크게 달라지지 않는다. 원자핵의 경우에 δ_μ는 대략 천배 정도 작다.) 따라서 상태들의 수는 $2j+1$이다. z축 방향의 자기장 B가 있으면, (쌍극자 간의 상호작용을 무시할 때) 입자의 자기에너지는 $-\mu_z B$이다.

(a) 다음과 같은 유한한 기하수열의 합에 대한 등식을 증명하라.

$$1 + x + x^2 + \cdots + x^n = \frac{1-x^{n+1}}{1-x}$$

(힌트: n에 대한 귀납법을 사용하거나 수열을 두 개의 무한수열의 차이로 쓴 후, 문제 6.20(a)의 결과를 사용해서 증명하라.)

(b) 단일 자기입자의 분배함수가 다음과 같음을 보여라.

$$Z = \frac{\sinh[b(j+\frac{1}{2})]}{\sinh\frac{b}{2}}$$

여기서 $b = \beta\delta_\mu B$이다.

(c) 그런 입자 N개로 된 계의 총자기화가 다음과 같음을 보여라.

$$M = N\delta_\mu\left[(j+\frac{1}{2})\coth[b(j+\frac{1}{2})] - \frac{1}{2}\coth\frac{b}{2}\right]$$

여기서 $\coth x$는 쌍곡코탄젠트(hyperbolic cotangent)이며, $\cosh x/\sinh x$와 같다. 몇 개의 다른 j값들에 대해서 b에 대한 $M/N\delta_\mu$의 그래프를 그려라.

(d) $T \to 0$일 때 자기화가 기대하는 거동을 한다는 것을 보여라.

(e) $T \to \infty$인 극한에서 자기화가 $1/T$에 비례한다는 퀴리의 법칙이 성립함을 보여라.

(힌트: 우선, $x \ll 1$일 때 $\coth x \approx \frac{1}{x} + \frac{x}{3}$임을 보여라.)

(f) $j = 1/2$이면, (c)의 결과가 본문에서 유도한 두 상태 상자석의 식으로 환원된다는 것을 보여라.

이원자분자의 회전

이제 조금 더 복잡한 응용문제로, 저밀도기체에서처럼 고립된 것으로 가정할 수 있는 이원자분자의 회전운동을 고려해보자.

회전에너지는 양자화된다. (상세한 내용은 부록 A를 보라.) CO나 HCl 같은 이원자분자에 대해서 허용된 에너지들은 다음과 같다.

$$E(j) = j(j+1)\epsilon \tag{6.29}$$

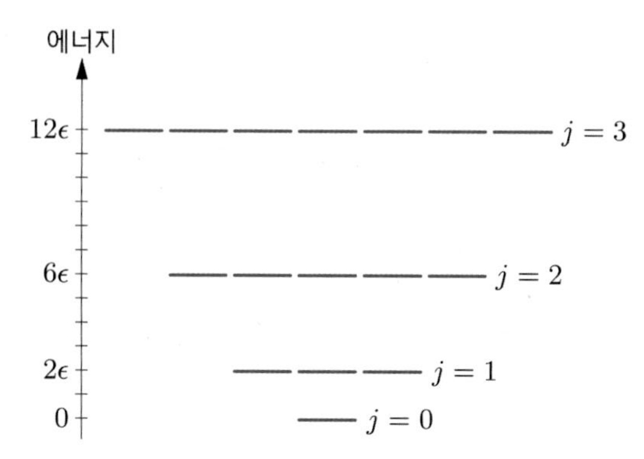

그림 6.6. 이원자분자의 회전상태들에 대한 에너지준위 도표.

여기서 $j = 0, 1, 2, \cdots$ 이고, ϵ은 분자의 회전관성에 역비례하는 상수이다. 준위 j의 겹침수는 그림 6.6에서 보인 것처럼 $2j+1$이다. (분자를 구성하는 두 원자가 다른 종류라고 가정했다. H_2나 N_2처럼 동일한 원자들의 경우는 나중에 다루겠지만 약간의 미묘한 점이 있다.)

에너지준위들의 구조가 이와 같이 주어지면, 분배함수는 다음과 같이 j에 대한 합으로 써진다.

$$Z_{\text{회전}} = \sum_{j=0}^{\infty}(2j+1)e^{-E(j)/kT} = \sum_{j=0}^{\infty}(2j+1)e^{-j(j+1)\epsilon/kT} \tag{6.30}$$

그림 6.7은 이 합을 막대그래프 밑의 면적으로 그려서 표현한 것이다. 불행하게도 이 합을 정확한 하나의 식으로 표현하는 방법은 없다. 하지만 이 합을 어떤 특정한 온도에서

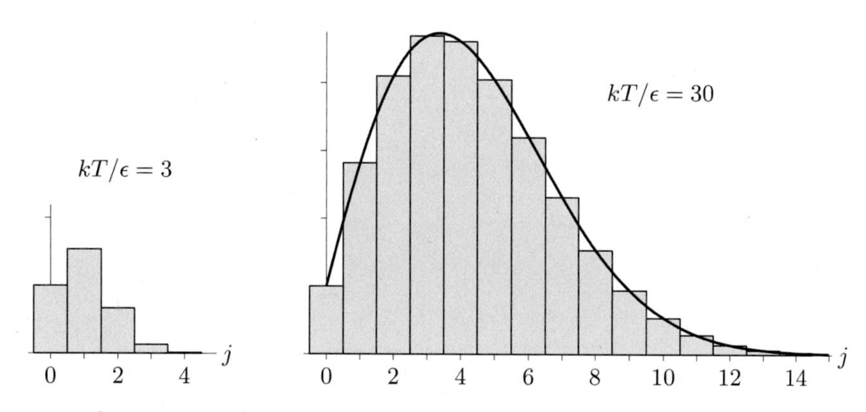

그림 6.7. 다른 두 온도에서의 분배함수 합 (6.30)을 나타내는 막대그래프. 고온에서 합은 매끄러운 곡선 밑의 면적으로 근사할 수 있다.

수치적으로 계산하는 것은 어렵지 않다. 더 좋은 것은, 대부분의 관심 있는 경우에 이 합을 아주 간단한 결과를 주는 적분으로 근사할 수 있다는 것이다.

몇 개의 수들을 보자. 상수 ϵ은 회전들뜸에 대한 에너지 크기정도를 설정하는데, 1 eV 보다 작은 어떤 크기를 절대로 넘어서지는 않는다. 예컨대 CO 분자의 경우, $\epsilon = 0.00024\,\text{eV}$이고 따라서 $\epsilon/k = 2.8\,\text{K}$이다. 보통 2.8 K 보다 훨씬 높은 온도에만 관심을 갖기 때문에, kT/ϵ은 대개 1보다 훨씬 큰 값이다. 이 경우에 분배함수에 유의미하게 기여하는 항들의 수는 꽤 클 것이다. 따라서 그림 6.7의 막대그래프를 매끄러운 곡선으로 대체하는 것은 좋은 근사가 된다. 그렇다면 분배함수는 근사적으로 이 곡선의 밑면적이다.

$$Z_{\text{회전}} \approx \int_0^\infty (2j+1)e^{-j(j+1)\epsilon/kT}dj = \frac{kT}{\epsilon} \quad (kT \gg \epsilon\text{일 때}) \tag{6.31}$$

(이 적분을 하기 위해서는 $x = j(j+1)\epsilon/kT$의 변수 치환을 하는 것이 좋다.) 이 결과는 $Z_{\text{회전}} \gg 1$인 고온극한에서 정확해야 한다. 기대한 것처럼, 온도가 증가할 때 분배함수도 증가한다. 실온의 CO에 대해서 $Z_{\text{회전}}$은 100보다 약간 크다(문제 6.23).

여전히 고온근사에서, 마법의 식 (6.25)를 사용해서 분자의 평균 회전에너지를 계산할 수 있다.

$$\overline{E}_{\text{회전}} = -\frac{1}{Z}\frac{\partial Z}{\partial \beta} = -(\beta\epsilon)\frac{\partial}{\partial \beta}\frac{1}{\beta\epsilon} = \frac{1}{\beta} = kT \quad (kT \gg \epsilon\text{일 때}) \tag{6.32}$$

이원자분자의 회전운동 자유도가 2이기 때문에, 이것은 바로 에너지등분배 정리가 예측하는 바이다. $\overline{E}$를 T로 미분한 값인 k는 분자당 이 에너지가 열용량에 기여하는 정도를 말하는데, 이것도 역시 에너지등분배 정리와 일치한다. 하지만 저온에서는 제삼 법칙에 따라 열용량이 영으로 가야 하는데, 정확한 표현인 식 (6.30)으로부터 확인할 수 있듯이 실제로 그렇다(문제 6.26).

구별되는 원자들로 구성된 이원자분자들에 대해서 많은 것을 알았다. 이제 중요한 분자들인 N_2나 O_2처럼 동일한 분자들의 경우에는 어떻게 될까? 여기서 미묘한 점은, 분자를 180° 회전시키는 것이 분자의 공간적 배열을 전혀 바꾸지 않는다는 점이다. 따라서 분자의 가능한 상태의 수는 원자들이 구별되는 경우에 비해 절반이 될 뿐이다. $Z \gg 1$인 고온극한에서는 분배함수에 인수 1/2을 삽입함으로써 이 대칭성을 반영할 수 있다.

$$Z_{\text{회전}} \approx \frac{kT}{2\epsilon} \quad (\text{동일한 원자들, } kT \gg \epsilon) \tag{6.33}$$

인수 1/2은 평균에너지를 계산할 때 식 (6.32)에서 서로 상쇄되므로 에너지의 값에 영향을 주지는 않는다. 열용량의 값도 마찬가지로 영향을 받지 않는다. 하지만 저온에서는 상황이 더 복잡해진다. 분배함수 (6.30)에서 어떤 항들이 생략되어야 하는지 정확하게 파악을 해야만 한다. 통상적인 압력에서 수소를 제외한 모든 이원자분자 기체들은 그런 저온에 도달하기 전에 이미 액화해버린다. 저온에서 수소의 거동은 문제 6.30의 주제이다.

문제 6.23. CO 분자의 경우, 상수 ϵ은 약 0.00024 eV 이다. (이 수는 마이크로파 분광기술을 이용해서, 즉 분자들을 더 높은 회전상태들로 들뜨게 하는데 필요한 마이크로파 진동수를 측정함으로써 정한다.) 실온(300 K)에서 CO 분자의 회전분배함수를 계산하라. 처음엔 정확한 식 (6.30)을 사용하고, 그 다음엔 근사식 (6.31)을 사용하라.

문제 6.24. O_2 분자의 경우, 상수 ϵ은 약 0.00018 eV 이다. 실온에서 O_2 분자의 회전분배함수를 계산하라.

문제 6.25. 이 절의 분석은 대칭축에 대한 회전은 불가능한 선형 다원자분자들에도 적용된다. 한 예는 $\epsilon = 0.000049$ eV 인 CO_2 이다. 실온에서 CO_2 분자의 회전분배함수를 계산하라. (원자들의 배열이 OCO 이고, 산소원자들이 동일하다는 것에 주목하라.)

문제 6.26. 저온극한($kT \ll \epsilon$)에서 식 (6.30)의 회전분배함수의 각 항들은 자신의 앞항보다 훨씬 더 작다. 첫 항이 T와 무관하기 때문에, 합에서 둘째 항 이후의 항들을 잘라내는 근사를 하여 평균에너지와 열용량을 계산하라. 계산의 각 단계에서 가장 큰 온도의존항들만 유지하라. 결과가 열역학 제삼 법칙과 부합하는가? 고온과 저온의 표현들을 사이채움(interpolation)해서 모든 온도범위에서 열용량의 거동을 스케치하라.

문제 6.27. 컴퓨터를 사용해서 식 (6.30)의 정확한 회전분배함수를 수치적으로 계산하고, 그 결과를 kT/ϵ의 함수로 그려라. 수열이 수렴한 것으로 확신할 수 있을 정도로, 합의 식에서 충분히 많은 항들을 포함시켜라. 식 (6.31)의 근사가 약간 작은 것을 보이고, 얼마나 작은지 계산하라. 그림 6.7을 참조해서 그 불일치를 설명하라.

문제 6.28. 컴퓨터를 사용해서 식 (6.30)의 회전분배함수를 $j = 6$ 항까지 대수적으로 합하라. 그런 후 평균에너지와 열용량을 계산하라. 0에서 3까지 kT/ϵ의 범위에서 열용량

그래프를 그려라. 이 온도범위에서 정확한 결과를 얻는데 충분할 정도로 많은 항들이 포함되었다고 생각하는가?

문제 6.29. 보통의 H_2 분자는 두 개의 동일한 원자들로 구성되지만, 한 원자가 중수소(^{2}H)인 HD 분자의 경우는 그렇지 않다. HD 분자의 회전관성이 작기 때문에 ϵ은 0.0057 eV 라는 상대적으로 큰 값을 갖는다. HD 분자 기체의 회전열용량이 대략 몇 도에서 "얼어붙을" 것으로 기대하겠는가? 즉, 에너지등분배 정리가 예측하는 상수값의 아래로 유의미하게 떨어지는 것은 대략 몇 도이겠는가?

문제 6.30. 이 문제에서는 저온에서 통상적인 H_2의 거동을 조사할 것이다. 상수 ϵ은 0.0076 eV 이다. 본문에서 주목했듯이, 어떤 주어진 분자에 대해서도 식 (6.30)의 회전분배함수의 항들 중 절반만이 기여를 한다. 좀 더 정밀하게 말하자면, 허용된 j 값들의 집합은 두 원자핵들의 스핀배열에 의해 결정된다. 네 가지의 독립적인 스핀배열이 존재하는데, 한 개의 "홑겹(singlet)" 상태와 세 개의 "세겹(triplet)" 상태들로 분류가 된다. 한 분자가 홑겹 배열에서 세겹 배열로 변환되는데 필요한 시간은 보통 꽤 길어서, 두 가지 유형의 분자들의 성질들이 독립적으로 탐구될 수 있다. 홑겹 분자들은 비정규수소(parahydrogen), 세겹 분자들은 정규수소(orthohydrogen)로 알려져 있다.

(a) 비정규수소에서는 j가 짝수인 회전상태들만 허용된다.* 문제 6.28에서와 같이 컴퓨터를 사용해서 비정규수소분자의 회전분배함수, 평균에너지, 열용량을 계산하라. 열용량의 그래프를 kT/ϵ의 함수로 그려라.†

(b) 정규수소에서는 j가 홀수인 회전상태들만 허용된다. 정규수소에 대해서 (a)를 반복하라.

(c) 접근 가능한 짝수-j 상태들의 수가 접근 가능한 홀수-j 상태들의 수와 본질적으로 같은 고온에서는, 수소기체 샘플은 통상적으로 1/4의 비정규수소와 3/4의 정규수

---

* 양자역학을 공부한 적이 있다면 그 이유는 이렇다. 짝수-j 파동함수는 $\vec{r}$을 $-\vec{r}$로 바꾸는 변환에 대해서 변하지 않는다(대칭이다). 이 변환은 두 핵들을 서로 교환하는 것과 동일하다. 홀수-j 파동함수는 이 변환에 대해 반대칭이다. 두 수소핵(양성자)들은 페르미온이기 때문에 그들의 전체적인 파동함수는 교환에 대해서 반대칭이어야 한다. 홑겹 상태($\uparrow\downarrow - \downarrow\uparrow$)는 스핀에서 이미 반대칭이어서 공간파동함수는 대칭이어야 한다. 반면, 세겹 상태($\uparrow\uparrow$, $\downarrow\downarrow$, 그리고 $\uparrow\downarrow + \downarrow\uparrow$)는 스핀에서 대칭이기 때문에 공간파동함수는 반대칭이어야 한다.

† O_2와 같이 스핀-0인 핵을 갖는 분자는 이 그래프가 전부를 얘기해준다. 가능한 핵스핀 배열은 홑겹 상태뿐이고, 짝수-j 상태들만 허용된다.

소의 혼합물로 구성된다. 이런 비율의 혼합물을 정상수소(normal hydrogen)라고 부른다. 분자들의 스핀배열이 변하는 것을 허용하지 않으면서 정상수소를 낮은 온도로 냉각시킨다고 해보자. 이 혼합물의 회전열용량 그래프를 온도의 함수로 그려라. 회전열용량이 고온값의 절반(분자당 $k/2$)으로 떨어지는 온도는 얼마인가?

(d) 이제, 핵스핀들의 정렬이 자주 바뀌게 하는 촉매가 있는 조건에서 약간의 수소를 냉각시킨다고 가정해보자. 이 경우엔 원래의 분배함수에서 모든 항들이 허용된다. 하지만 홀수-j 항들은 핵스핀의 겹침 때문에 하나당 세 번씩 세어져야 한다. 이 계의 회전분배함수, 평균에너지, 열용량을 계산하고, 열용량 그래프를 kT/ϵ의 함수로 그려라.

(e) 중수소 분자 D_2는 아홉 개의 독립적인 핵스핀 배열을 가지며, 그것들 중 여섯 개는 "대칭적"이고 세 개는 "반대칭적"이다. 용어의 규칙은 이렇다. 더 많은 독립상태들을 갖는 종류는 "정규(ortho-)"라고 불리고, 다른 종류는 "비정규(para-)"라고 불린다. 정규중수소에서는 짝수-j만이 허용되고, 비정규중수소에서는 홀수-j만이 허용된다.* 그렇다면, 정상적인 평형혼합인 2/3의 정규와 1/3의 비정규로 구성된 D_2 기체 샘플을 핵스핀 배열의 변화를 허용하지 않으면서 냉각시킨다고 해보자. 이 계의 회전열용량을 계산하고, 그것의 그래프를 온도의 함수로 그려라.†

6.3 에너지등분배 정리

이 책에서 에너지등분배 정리를 여러 차례 소환했고 많은 특별한 경우들에서 그것이 성립한다는 것을 확인했다. 하지만 이제껏 실제로 증명을 한 적은 없다. 볼츠만인자를 사용하면 그 증명은 상당히 쉽다.

에너지등분배 정리가 모든 계들에 적용되는 것은 아니다. 에너지가 다음과 같은 이차 "자유도"의 형태일 때만 적용된다.

$$E(q) = cq^2 \tag{6.34}$$

여기서 c는 상수계수이며 q는 x, p_x 혹은 L_x와 같은 위치나 운동량변수이다. 이 단일

---

* 중수소핵은 보손이기 때문에, 전체적인 파동함수는 교환에 대해서 대칭이어야 한다.

† 실험에 대한 참고문헌을 포함해서 저온에서의 수소에 대해서 잘 논의한 문헌은 Gopal(1966)이다.

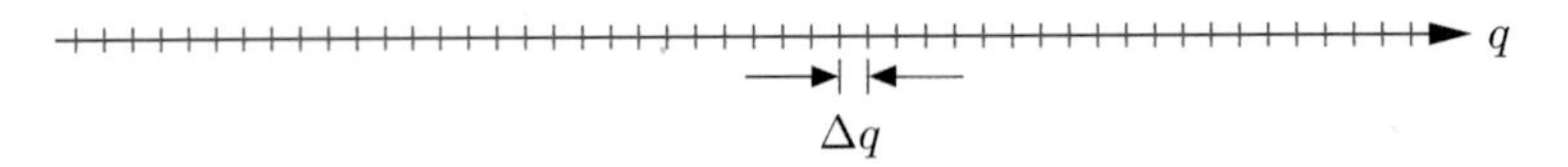

그림 6.8. 연속적인 변수 q가 나타내는 상태들을 세기 위하여, 그것들이 Δq의 간격으로 불연속적으로 떨어져 있는 것처럼 생각하라.

자유도를 나의 "계"로 간주하고 계가 온도 T인 열원과 평형에 있다고 가정하여, 평균에너지 $\bar{E}$를 계산해보겠다.

각 q의 값이 별개의 독립적인 상태에 해당하는 고전역학적인 계를 분석해보자. 상태들을 세기 위해 그림 6.8처럼 상태들이 작은 간격 Δq만큼 불연속적으로 떨어져 있는 것처럼 생각하겠다. Δq가 극히 작기만 하면, $\bar{E}$의 최종 결과에서는 그것이 상쇄되어 없어질 것으로 기대한다.

이 계의 분배함수는 다음과 같다.

$$Z = \sum_q e^{-\beta E(q)} = \sum_q e^{-\beta c q^2} \tag{6.35}$$

합을 계산하기 위해서, 합의 안에 Δq를 곱하고 바깥에서 Δq로 나누겠다.

$$Z = \frac{1}{\Delta q} \sum_q e^{-\beta c q^2} \Delta q \tag{6.36}$$

합은 그림 6.9에서처럼 높이가 볼츠만인자로 주어지는 막대그래프 밑의 면적으로 해석될 수 있다. 이제, Δq가 아주 작기 때문에 막대그래프는 매끄러운 곡선으로, 그리고 합은 적분으로 근사할 수 있다.

$$Z = \frac{1}{\Delta q} \int_{-\infty}^{\infty} e^{-\beta c q^2} dq \tag{6.37}$$

적분하기 전에 우선 변수를 $x = \sqrt{\beta c}\, q$로 치환하자. 그러면 $dq = dx / \sqrt{\beta c}$이고 다음과 같은 적분식이 된다.

$$Z = \frac{1}{\Delta q} \frac{1}{\sqrt{\beta c}} \int_{-\infty}^{\infty} e^{-x^2} dx \tag{6.38}$$

여기서 변수 x에 대한 적분은 그저 어떤 수이고, 물리학적 측면에서 그 값 자체는 큰 의미는 없다. 그럼에도 불구하고 수학적으로는 흥미로운 적분이다. 함수 e^{-x^2}은 가우시안

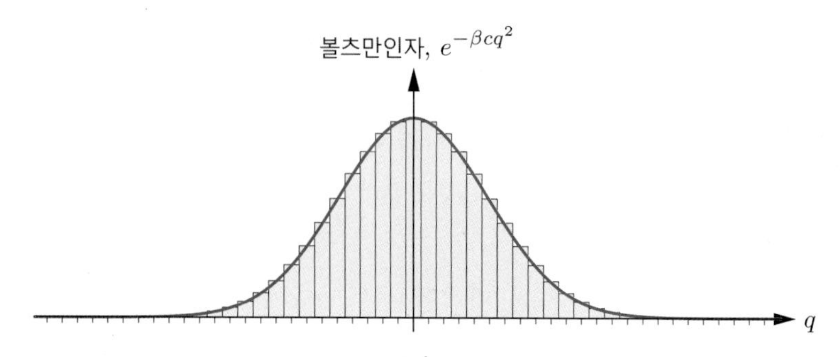

그림 6.9. 분배함수는 높이가 볼츠만인자 $e^{-\beta c q^2}$ 인 막대그래프 밑의 면적이다. 이 면적을 계산하기 위해서 막대그래프가 매끄러운 곡선인 것처럼 간주한다.

(Gaussian)이라고 불리며, 불행하게도 기본함수들로 그 (부정)적분을 쓸 수는 없다. 하지만 부록 B에 기술되어 있는 것처럼 $-\infty$ 에서 ∞ 의 구간에서의 정적분 값을 영리하게 구하는 방법이 존재하는데, 그 결과는 간단하게도 $\sqrt{\pi}$ 이다. 따라서 분배함수의 최종결과는 다음과 같다.

$$Z = \frac{1}{\Delta q}\sqrt{\frac{\pi}{\beta c}} = C\beta^{-1/2} \tag{6.39}$$

여기서 C는 $\sqrt{\pi/c}/\Delta q$를 간략하게 쓴 것이다.

분배함수가 명시적으로 주어지면 마법의 식 (6.25)를 사용해서 평균에너지를 계산하는 것은 쉽다.

$$\begin{aligned}\overline{E} &= -\frac{1}{Z}\frac{\partial Z}{\partial \beta} = -\frac{1}{C\beta^{-1/2}}\frac{\partial}{\partial \beta}C\beta^{-1/2} \\ &= -\frac{1}{C\beta^{-1/2}}\left(-\frac{1}{2}\right)C\beta^{-3/2} = \frac{1}{2}\beta^{-1} = \frac{1}{2}kT\end{aligned} \tag{6.40}$$

이것이 바로 에너지등분배 정리이다. c, Δq, $\sqrt{\pi}$ 등의 상수들이 모두 상쇄된 것에 주목하라.

이 증명에 대해서 가장 중요한 사실은, 이 증명이 양자역학적 계들에는 통하지 않는다는 것이다. 그림 6.9로부터 이 점을 파악할 수도 있다. 유의미한 확률을 가진 상태들의 수가 너무 작으면, 매끄러운 가우시안 곡선은 막대그래프의 좋은 근사가 될 수 없다. 정말로 아인슈타인 고체의 경우에도 보았듯이, 에너지등분배 정리는 많은 다른 상태들이 기여해서 상태들 간의 간격이 중요하지 않은 고온 극한에서만 성립한다. 일반적으로, 에너지등분배 정리는 에너지준위 간의 간격이 kT보다 훨씬 작은 때에만 적용된다.

문제 6.31. 에너지가 $E=c|q|$로 주어지는, 이차항이 아니라 선형적인 고전적인 "자유도"를 고려하자. 여기서 c는 어떤 상수이다. (한 예는 고도로 상대론적인 일차원 입자의 운동에너지가 될 것이다. 이 경우 에너지는 운동량의 식으로 써진다.) 이 계에 대한 에너지등분배 정리의 유도를 반복하고, 평균에너지가 $\bar{E}=kT$임을 보여라.

문제 6.32. 그림 6.10과 같은 일차원 퍼텐셜 우물 $u(x)$에서 움직이는 고전 입자를 고려하자. 입자는 온도 T인 열원과 열평형 상태에 있어서, 그것의 다양한 상태들의 확률이 볼츠만통계에 의해 결정된다.

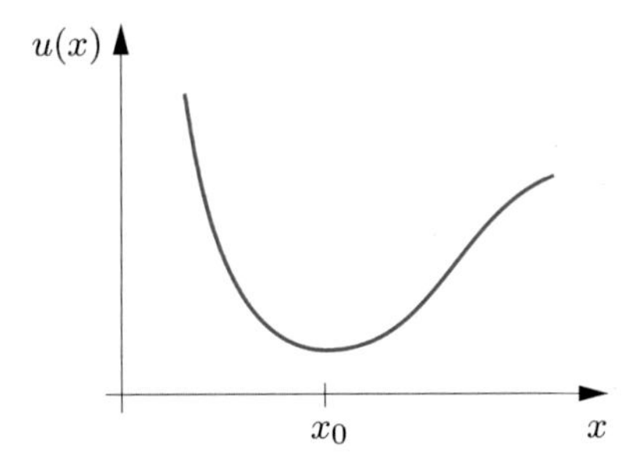

그림 6.10. 일차원 퍼텐셜 우물. 온도가 높을수록 입자는 평형점으로부터 더 멀리 벗어난다.

(a) 입자의 평균위치가 다음 식으로 주어진다는 것을 보여라.

$$\bar{x}=\frac{\int xe^{-\beta u(x)}dx}{\int e^{-\beta u(x)}dx}$$

여기서 각 적분의 범위는 전체 x축이다.

(b) 온도가 합리적으로 낮으면(하지만 고전역학이 적용될 정도로 여전히 충분히 고온이면), 입자는 퍼텐셜 우물의 바닥에서 대부분의 시간을 보낼 것이다. 그런 경우에 다음과 같이 $u(x)$를 평형점 x_0 근처에서 테일러급수로 전개할 수 있다.

$$u(x)=u(x_0)+(x-x_0)\left.\frac{du}{dx}\right|_{x_0}+\frac{1}{2}(x-x_0)^2\left.\frac{d^2u}{dx^2}\right|_{x_0}$$
$$+\frac{1}{3!}(x-x_0)^3\left.\frac{d^3u}{dx^3}\right|_{x_0}+\cdots$$

선형항은 영이어야 한다는 것과, 이차 이상의 항들을 잘라내면 $\bar{x}=x_0$ 라는 뻔한 예측을 낳는다는 것을 보여라.

(c) 테일러급수에서 3차 항도 유지하면, $\bar{x}$ 에 대한 적분식들이 어려워진다. 적분을 단순하게 하기 위해서, 3차 항이 작아서 그것의 지수함수가 테일러급수로 전개될 수 있다고 가정하라(이때 지수에서 2차 항은 그대로 두어야 한다). 온도에 의존하는 가장 작은 항만 유지해서, 이 극한에서 $\bar{x}$ 가 x_0 와 kT 에 비례하는 항만큼만 차이가 난다는 것을 보여라. 이 항의 계수를 $u(x)$ 에 대한 테일러급수의 계수들로 표현하라.

(d) 불활성기체 원소의 상호작용은 다음과 같은 레너드-존스 퍼텐셜(Lennard-Jones potential)을 사용해서 모형화할 수 있다.

$$u(x) = u_0\left[\left(\frac{x_0}{x}\right)^{12} - 2\left(\frac{x_0}{x}\right)^{6}\right]$$

이 함수를 스케치하고, 퍼텐셜 우물의 최소점이 $x=x_0$ 이고 깊이는 u_0 라는 것을 보여라. 아르곤에 대해서 $x_0 = 3.9\,\text{Å}$ 이고 $u_0 = 0.010\,\text{eV}$ 이다. 레너드-존스 퍼텐셜을 평형점 근처에서 테일러수열로 전개하고, (c)의 결과를 사용해서 불활성기체 결정의 선형 열팽창계수(문제 1.8)를 u_0 의 식으로 예측하라. 아르곤에 대해서 결과를 수치적으로 계산하고, 80 K 에서 측정값인 $\alpha = 0.0007\,\text{K}^{-1}$ 과 비교하라.

6.4 맥스웰 속력 분포

볼츠만인자의 다음 응용으로, 이상기체 분자들의 운동을 상세하게 살펴보고 싶다. 분자들의 rms(root-mean-square) 속력이 에너지등분배 정리로부터 다음의 식으로 주어진다는 것을 우리는 이미 알고 있다.

$$v_{\text{rms}} \equiv \sqrt{\overline{v^2}} = \sqrt{\frac{3kT}{m}} \tag{6.41}$$

하지만 이것은 일종의 평균값일 뿐이다. 어떤 분자들은 이보다 빠르고, 다른 분자들은 이보다 느릴 것이다. 실제로 우리는 어떤 주어진 속력으로 움직이는 분자들이 정확히 몇 개나 되는지를 알고 싶어할 것이다. 동등한 질문으로, 어떤 특정한 분자가 어떤 주어진

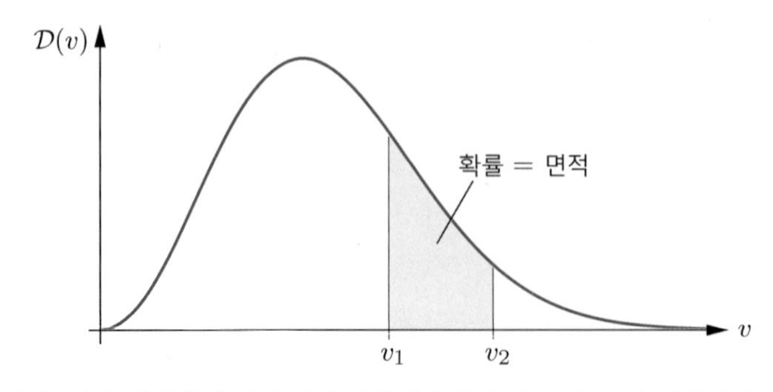

그림 6.11. 기체분자의 다양한 속력에 대한 상대적인 확률의 그래프. 더 정확하게 말하자면, 어떤 구간에서 그래프 밑의 면적이 분자가 그 구간 내의 속력으로 운동할 확률과 같도록 수직축의 눈금이 정의되었다.

속력으로 운동할 확률이 얼마인지를 물어보자.

한 분자가 어떤 주어진 속력 v로 운동할 확률은 기술적으로는 영이다. 다시 말하자면, 속력은 연속적인 값이어서 가능한 값들이 무한히 많이 존재하기 때문에, 어떤 특정한 속력값에 대한 확률은 무한소, 즉 본질적으로 영이라고 할 수 있다. 하지만 어떤 속력값들은 다른 것들에 비해 확률이 크거나 작을 수 있고, 우리는 다양한 속력값들에 대한 "상대적인" 확률을 그래프로 나타낼 수 있다. 그런 그래프는 그림 6.11처럼 그려진다. 가장 확률이 높은 속력은 그래프의 최고점에 해당하고, 다른 속력들은 그래프의 높이에 비례하여 더 작은 확률을 갖는다. 게다가 수직축을 조정하여 그래프를 적절하게 규격화하면, 그래프는 보다 정확한 의미를 갖는다. 즉, 임의의 두 속력 v_1과 v_2 사이의 그래프 밑의 면적은 그 분자의 속력이 v_1과 v_2 사이에 있을 확률과 동등하다.

$$\text{확률}(v_1 \cdots v_2) = \int_{v_1}^{v_2} \mathcal{D}(v)dv \tag{6.42}$$

여기서 $\mathcal{D}(v)$는 그래프의 높이이다. v_1과 v_2 사이의 간격이 무한소이면, $\mathcal{D}(v)$가 그 구간 내에서 유의미하게 변하지 않으므로, 적분 대신에 간단히 다음과 같이 쓸 수 있다.

$$\text{확률}(v \cdots v+dv) = \mathcal{D}(v)dv \tag{6.43}$$

함수 $\mathcal{D}(v)$를 분포함수(distribution function)라고 부른다. 어떤 점에서 그 함수의 값 자체만으로는 큰 의미가 없다. 대신에 $\mathcal{D}(v)$는 적분이 되었을 때 의미를 갖는 함수이다. $\mathcal{D}(v)$로부터 확률을 얻기 위해서는 v의 어떤 구간에서 $\mathcal{D}(v)$를 적분해야만 한다. 혹은, 그 구간이 아주 작다면 그저 그 구간의 폭을 곱해도 된다. 함수 $\mathcal{D}(v)$ 자체는 확률로써의 옳은 단위를 갖지도 않는다. 즉, 확률의 단위는 없는데 반해 $\mathcal{D}(v)$의 단위는 $(\mathrm{m/s})^{-1}$ 이다.

이제 답을 어떻게 해석할지를 알고 있으므로, 함수 $\mathcal{D}(v)$의 식을 유도해보자. 유도과정에서 가장 중요한 요소는 볼츠만인자이다. 하지만 또 다른 중요한 요소는, 공간이 삼차원이고 주어진 속력에 해당하는 수많은 속도 "벡터"들이 존재한다는 사실이다. 사실 $\mathcal{D}(v)$는 도식적으로 다음과 같이 쓸 수 있다.

$$\mathcal{D}(v) \propto \begin{pmatrix} \text{분자의 속도가} \\ \vec{v} \text{ 일 확률} \end{pmatrix} \times \begin{pmatrix} \text{속력 } v \text{ 에 해당하는} \\ \text{속도 } \vec{v} \text{ 의 수} \end{pmatrix} \tag{6.44}$$

비례상수에 대해서는 나중에 고려하겠다.

식 (6.44)의 첫 인자는 바로 볼츠만인자이다. 속도벡터 각각은 서로 다른 분자상태에 해당되고, 분자가 어떤 주어진 상태 s에 있을 확률은 볼츠만인자 $e^{-E(s)/kT}$에 비례한다. 우리의 경우에 에너지는 바로 병진운동에너지 $\frac{1}{2}mv^2$이다. (여기서 $v = |\vec{v}|$ 이다.) 즉, 첫 인자는 다음과 같이 쓸 수 있다.

$$\begin{pmatrix} \text{분자의 속도가} \\ \vec{v} \text{ 일 확률} \end{pmatrix} \propto e^{-mv^2/2kT} \tag{6.45}$$

속도 외에 분자의 상태에 영향을 미칠 수도 있는 공간상의 위치나 내부자유도 등의 변수들은 무시했다. 병진운동이 다른 모든 변수들과 무관한 이상기체의 경우에는 이렇게 단순화하는 것이 정당화된다.

식 (6.45)는 이상기체의 분자들이 갖는 가장 확률이 높은 속도벡터가 영이라는 것을 말한다.* 볼츠만인자를 잘 이해한다면 이와 같은 결과는 전혀 놀랍지 않다. 즉, 어떤 유한한 온도에 있는 계도 에너지가 낮은 상태에 있을 확률이 에너지가 높은 상태들에 비해 항상 더 크다. 하지만 가장 확률이 높은 속도 벡터가 가장 확률이 높은 속력에 대응하는 것은 아니다. 어떤 속력에 대해서 다른 속력들보다 가능한 속도벡터들이 더 많을 수 있기 때문이다.

이제 식 (6.44)의 두 번째 인자를 살펴보자. 이 인자를 계산하기 위해서, 각 점이 속도벡터를 나타내는 삼차원 "속도 공간"을 상상해보자(그림 6.12). 어떤 주어진 속력 v를 갖는 속도벡터들의 집합은 반지름이 v인 구의 표면에 있는 점들이다. v가 클수록 구는 더 크고, 가능한 속도벡터들은 더 많아진다. 따라서 나는 식 (6.44)의 두 번째 인자가 다음과 같이 속도공간의 구의 표면적에 비례한다고 주장한다.

---

* 가장 확률이 높은 변수의 값을 최빈값(most probable value)이라고 부른다.

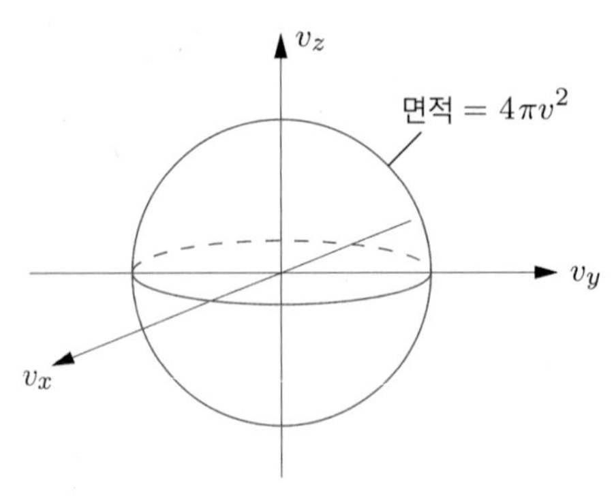

그림 6.12. "속도공간"에서 각 점은 가능한 속도벡터를 나타낸다. 주어진 속력 v를 갖는 모든 속도벡터들의 집합은 반지름이 v인 구의 표면적에 놓여 있다.

$$\begin{pmatrix} \text{속력 } v \text{ 에 해당하는} \\ \text{속도 } \vec{v} \text{ 의 수} \end{pmatrix} \propto 4\pi v^2 \tag{6.46}$$

이 "겹침(degeneracy)" 인자를 식 (6.45)의 볼츠만인자와 병합해서 다음과 같이 쓸 수 있다.

$$\mathcal{D}(v) = C \cdot 4\pi v^2 e^{-mv^2/2kT} \tag{6.47}$$

여기서 C는 비례상수이다. C를 결정하기 위해서, 어떤 속력에서건 그 분자를 발견하는 확률이 1이 되어야 한다는 것을 상기하자.

$$1 = \int_0^\infty \mathcal{D}(v)dv = 4\pi C \int_0^\infty v^2 e^{-mv^2/2kT} dv \tag{6.48}$$

적분변수를 $x = v\sqrt{m/2kT}$와 같이 치환하면 다음과 같이 된다.

$$1 = 4\pi C \left(\frac{2kT}{m}\right)^{3/2} \int_0^\infty x^2 e^{-x^2} dx \tag{6.49}$$

순수한 가우시안 함수 e^{-x^2}과 마찬가지로, 함수 $x^2 e^{-x^2}$도 부정적분이 기본적인 함수들로 표현되지 않는다. 하지만 부록 B에 설명된 것처럼 역시 0에서 무한대까지의 정적분을 계산하는 영리한 방법이 존재한다. 이 정적분의 답은 $\sqrt{\pi}/4$ 이다. 결론적으로, $C = (m/2\pi kT)^{3/2}$ 이다.

그러므로 분포함수 $\mathcal{D}(v)$의 최종 결과는 다음과 같다.

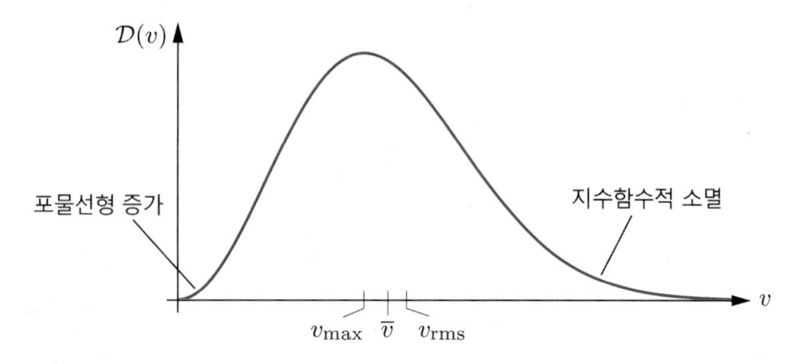

그림 6.13. 맥스웰 분포는 $v \to 0$일 때, 또한 $v \to \infty$일 때 영으로 떨어진다. 평균속력은 최빈속력보다 약간 크고, rms 속력은 평균속력보다 약간 크다.

$$\mathcal{D}(v) = \left(\frac{m}{2\pi kT}\right)^{3/2} 4\pi v^2 e^{-mv^2/2kT} \tag{6.50}$$

이 결과는 맥스웰(James Clerk Maxwell)의 이름을 따서 이상기체 분자들의 속력에 대한 맥스웰 분포(Maxwell distribution)라고 불린다. 복잡한 식이긴 하지만 중요한 부분들을 기억하는 것이 어렵지 않을 것으로 기대한다. 중요한 부분들이란, 병진운동에너지를 포함하는 볼츠만인자와 속도공간에서의 구의 표면적인 기하적 인자이다.

그림 6.13은 맥스웰 분포의 또 다른 그림이다. v가 아주 작을 때는 볼츠만인자가 거의 1이기 때문에 곡선은 포물선이다. 특히, $v=0$에서 분포함수는 영으로 간다. 이 결과가 확률이 가장 높은 속도벡터가 영이라는 사실과 모순이 되는 것은 아니다. 여기서 우리가 얘기하는 것은 속력이며, 아주 작은 속력에 해당하는 속도벡터들이 그저 아주 적기 때문에 분포함수가 영으로 가는 것일 뿐이다.

한편, 속력이 $\sqrt{kT/m}$ 보다 훨씬 클 때도 분포함수는 영으로 가는데, 볼츠만인자가 지수함수적으로 급격하게 감소하기 때문이다.

$v=0$과 $v=\infty$ 사이에서 맥스웰 분포는 증가했다가 감소한다. 따라서 식 (6.50)의 미분이 영인 방정식을 풀면 $\mathcal{D}(v)$가 $v_{\max} = \sqrt{2kT/m}$ 에서 최대가 되는 것을 알 수 있다. ($v_{\max}$는 최빈값으로 불린다.) 기대하듯이, 최고점은 온도가 상승할수록 오른쪽으로 이동한다. $v_{\max}$는 rms 속력과 다른 값이다. 식 (6.41)에 의하면 rms 속력이 $v_{\max}$보다 22% 정도 더 크다. "평균" 속력은 이 둘과 또한 다르다. 평균속력을 구하려면 모든 속력들을 각각의 확률로 가중하여 더하면 된다.

$$\bar{v} = \sum_{\text{모든 } v} v\mathcal{D}(v)dv \tag{6.51}$$

이 식은 속력값들이 dv 간격으로 불연속적으로 떨어져 있다고 가정하고 쓴 것이다. 이 합을 적분으로 바꾸고 계산하면 다음 결과를 얻는다.

$$\bar{v} = \sqrt{\frac{8kT}{\pi m}} \tag{6.52}$$

세 개의 값들은 $v_{\max} < \bar{v} < v_{\text{rms}}$의 관계를 만족시킨다.

예로써, 실온에서 공기 중의 질소를 고려해보자. 최빈속력을 쉽게 계산할 수 있을 것이다. 300 K에서 422 m/s이다. 하지만 어떤 분자들은 이보다 빠르게, 또 다른 분자들은 이보다 느리게 운동한다. 그렇다면 어떤 특정한 분자가 1,000 m/s보다 빠른 속도로 운동할 확률은 얼마일까?

우선 그래프로부터 대략 추정을 해보자. 속력 1,000 m/s는 422 m/s보다 다음의 인수만큼 크다.

$$\frac{1{,}000\,\text{m/s}}{422\,\text{m/s}} = 2.37 \tag{6.53}$$

그림 6.13을 보면 이 지점에서 맥스웰 분포는 급격하게 작아지지만 아직 완전히 영은 아니다. $2.37v_{\max}$를 넘어서는 그래프 밑의 면적은 전체 그래프 밑면적의 1~2% 정도로 보인다.

정량적으로 계산하자면, 그 확률은 1,000 m/s부터 무한대까지 맥스웰 분포를 적분하면 된다.

$$\text{확률}(v > 1{,}000\ \text{m/s}) = 4\pi\left(\frac{m}{2\pi kT}\right)^{3/2}\int_{1{,}000\ \text{m/s}}^{\infty} v^2 e^{-mv^2/2kT}\,dv \tag{6.54}$$

적분구간의 하한점이 자명하지 않기 때문에, 이 적분은 해석적인 방법으로는 할 수가 없다. 최선의 방책은 계산기나 컴퓨터를 사용해서 수치적으로 적분을 하는 것이다. 당장 수들을 집어넣어서 컴퓨터가 일을 하도록 할 수도 있을 것이다. 하지만 식 (6.49)에서처럼 먼저 변수를 $x = v\sqrt{m/2kT} = v/v_{\max}$로 치환하는 것이 훨씬 더 깔끔하다. 그러면 적분은 다음과 같은 식이 된다.

$$4\pi\left(\frac{m}{2\pi kT}\right)^{3/2}\left(\frac{2kT}{m}\right)^{3/2}\int_{x_{\min}}^{\infty} x^2 e^{-x^2}\,dx = \frac{4}{\sqrt{\pi}}\int_{x_{\min}}^{\infty} x^2 e^{-x^2}\,dx \tag{6.55}$$

여기서 적분구간의 하한점은 $x_{\min} = (1{,}000\,\mathrm{m/s})/(422\,\mathrm{m/s}) = 2.37$이다. 이제 컴퓨터에 적분식을 입력하기는 쉽다. 결과인 확률은 0.0105이다. 전체 질소분자의 겨우 약 1%만이 1,000 m/s 보다 빠른 속력으로 움직인다.

문제 6.33. 실온에서 산소(O_2)분자의 최빈속력, 평균속력, rms 속력을 계산하라.

문제 6.34. $T = 300$ K와 $T = 600$ K에서 질소분자의 맥스웰 속력 분포함수를 주의 깊게 그려라. 그래프들을 같은 축에 그리고 축에 숫자 눈금을 표시하라.

문제 6.35. 맥스웰 속력 분포로부터 한 분자의 최빈속력이 $\sqrt{2kT/m}$ 임을 입증하라.

문제 6.36. 식 (6.51)과 (6.52) 사이의 계산단계를 채워서, 이상기체 분자들의 평균속력을 결정하라.

문제 6.37. 맥스웰 분포를 이용해서 이상기체 분자들에 대한 v^2의 평균값을 계산하라. 답이 식 (6.41)과 일치하는지 확인하라.

문제 6.38. 실온의 공기에서 300 m/s 보다 느린 속력으로 움직이는 질소분자들의 분율은 얼마인가?

문제 6.39. 지표면 근처에서 약 11 km/s 보다 빨리 움직이는 입자는 중력을 극복하고 지구를 완전히 벗어나는데 충분한 운동에너지를 갖는다. 따라서 이 정도로 빨리 움직이는 대기권 상층부의 분자들은 다른 입자들과 충돌하지 않는다면 지구를 탈출할 것이다.

(a) 지구대기권 상층부의 온도는 실제로 꽤 높아서 약 1,000 K 에 달한다. 이 온도에서 질소분자가 11 km/s 보다 빨리 움직일 확률을 계산하고, 결과에 대해서 논평하라.

(b) 수소분자와 헬륨원자에 대해서도 같은 계산을 반복하고, 시사점을 논하라.

(c) 달표면으로부터의 탈출속력은 겨우 약 2.4 km/s 이다. 달에는 왜 대기가 없는지 설명하라.

문제 6.40. 열평형상태에 있는 기체의 분자들이 왜 모두 정확히 같은 속력을 갖지 않는지 의아해 할 수 있다. '결국엔 두 분자들이 충돌할 때, 빠른 분자는 에너지를 잃고 느린 분자는 에너지를 얻게 되지 않아? 그리고 그렇다면 충돌이 계속 반복되면서 종국에는 모든 분자들이 같은 속력을 갖게 되지 않아?' 이것이 사실이 아닌 당구공 충돌의 예를 기술하라. 그 예에서 빠른 공은 에너지를 얻고 느린 공은 에너지를 잃는다. 수들을 포함해서 예시하고, 충돌에서 에너지와 운동량이 반드시 보존되도록 하라.

문제 6.41. 공간차원은 이차원이지만 물리법칙은 똑같은 그런 세계를 상상해보자. 이 가상적인 세계에서 비상대론적 입자들로 된 이상기체에 대하여 속력 분포함수를 유도하고, 이 분포의 그래프를 그려라. 이차원과 삼차원 경우의 유사점과 상이점을 주의 깊게 설명하라. 최빈속도벡터는 무엇인가? 최빈속력은 무엇인가?

6.5 분배함수와 자유에너지

에너지가 U로 고정된 고립계에 대해서 가장 근원적인 통계량은 가능한 미시상태들의 수인 겹침수 $\Omega(U)$이다. 겹침수의 로그값은 엔트로피이며, 엔트로피는 증가하는 경향이 있다.

온도 T의 열원과 평형에 있는 계에 대해서(그림 6.14) Ω와 가장 유사한 양은 분배함수 $Z(T)$이다. $\Omega(U)$처럼 분배함수는 대략 계에 가능한 미시상태들의 수이다. (다만 분배함수에서는 에너지가 고정된 것이 아니라 온도가 고정된다.) 따라서 이 조건에서 분배함수의 로그값도 증가하는 경향이 있는 양이라고 기대할 수 있다. 하지만 우리는 같은 조건에서 감소하는 경향이 있는 양을 이미 알고 있다. 그것은 바로 헬름홀츠 자유에너지 F이다. 따라서 증가하는 경향을 갖는 양은 $-F$일 것이다. 혹은 차원이 없는 양을 원한다면 $-F/kT$이다. 따라서 큰 직관적 도약이지만, 다음의 식을 추측해볼 수 있다.

$$F = -kT\ln Z \quad \text{혹은} \quad Z = e^{-F/kT} \tag{6.56}$$

정말로 이 식은 사실인 것으로 판명된다. 그것을 증명해보자.

먼저 F의 정의를 상기해보자.

$$F \equiv U - TS \tag{6.57}$$

그리고 다음의 편미분 관계식도 상기하자.

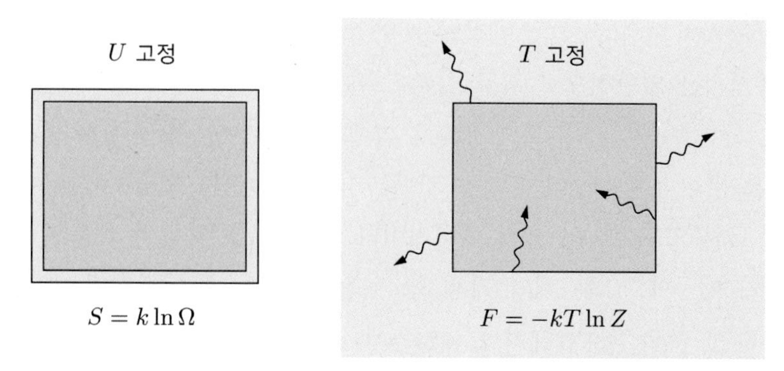

그림 6.14. 에너지가 일정한 고립계에서 S는 증가하는 경향이 있다(왼쪽). 온도가 일정한 계에서 F는 감소하는 경향이 있다(오른쪽). 분배함수와 자유에너지처럼 분배함수와 자유에너지도 어떤 통계량, 이 경우는 Z의 로그값으로 쓸 수 있다.

$$\left(\frac{\partial F}{\partial T}\right)_{V,N} = -S \tag{6.58}$$

식 (6.57)을 S에 대해서 풀어서 식 (6.58)에 대입하면 다음 식을 얻는다.

$$\left(\frac{\partial F}{\partial T}\right)_{V,N} = \frac{F-U}{T} \tag{6.59}$$

이것은 고정된 V와 N에 대한 $F(T)$의 미분방정식이다. 식 (6.56)을 증명하기 위해서 $T=0$의 같은 "초기" 조건에서 $-kT\ln Z$가 같은 미분방정식을 만족시키는 것을 보일 것이다.

$\tilde{F} \equiv -kT\ln Z$라고 정의하여, V와 N을 고정시켰을 때 T에 대한 $\tilde{F}$의 미분식을 써보자.

$$\frac{\partial \tilde{F}}{\partial T} = \frac{\partial}{\partial T}(-kT\ln Z) = -k\ln Z - kT\frac{\partial}{\partial T}\ln Z \tag{6.60}$$

두 번째 미분항을 $\beta = 1/kT$로 다시 쓰기 위해서 연쇄법칙(chain rule)을 사용하자.

$$\frac{\partial}{\partial T}\ln Z = \frac{\partial \beta}{\partial T}\frac{\partial}{\partial \beta}\ln Z = -\frac{1}{kT^2}\frac{1}{Z}\frac{\partial Z}{\partial \beta} = \frac{U}{kT^2} \tag{6.61}$$

(여기서 계의 평균에너지로 $\overline{E}$ 대신에 U를 쓴 것은, 꽤 큰 계들에 적용될 때 이 착상이 매우 쓸모 있기 때문이다.) 이 결과를 다시 식 (6.60)에 대입하면 다음의 식을 얻는다.

$$\frac{\partial \tilde{F}}{\partial T} = -k\ln Z - kT\frac{U}{kT^2} = \frac{\tilde{F}}{T} - \frac{U}{T} \tag{6.62}$$

즉, $\tilde{F}$는 F와 정확하게 같은 미분방정식을 만족시킨다.

일차 미분방정식은 일반적으로 서로 다른 "초기" 조건들에 대응하는 무한히 많은 해를 갖는다. 따라서 $\tilde{F}=F$라는 증명을 완결하기 위해서는 최소한 한 특정한 T값에서 이것들이 같다는 것을 보여야 한다. 이 특정한 값을 $T=0$으로 하자. $T=0$이면 F는 그냥 U이다. 이때 U는 물론 영도에서의 계의 에너지이다. 따라서 모든 들뜬 계들의 볼츠만인자들이 영으로 가기 때문에, U는 계가 가질 수 있는 가장 낮은 에너지인 바닥상태 에너지 U_0가 되어야 한다. 한편, $T=0$에서 분배함수도 마찬가지 이유로 $e^{-U_0/kT}$이다. 따라서 다음의 식이 성립한다.

$$\tilde{F}(0) = -kT\ln Z(0) = U_0 = F(0) \tag{6.63}$$

이것은 모든 T에서 $\tilde{F}=F$가 성립한다는 증명을 완결한다.

$F=-kT\ln Z$가 유용한 것은 F로부터 다음의 편미분식들을 이용하여 엔트로피, 압력, 화학퍼텐셜 등을 계산할 수 있다는 데에 있다.

$$S = -\left(\frac{\partial F}{\partial T}\right)_{V,N}, \quad P = -\left(\frac{\partial F}{\partial V}\right)_{T,N}, \quad \mu = \left(\frac{\partial F}{\partial N}\right)_{T,V} \tag{6.64}$$

계의 분배함수를 알기만 하면 이런 방법으로 계의 모든 열역학 성질들을 계산할 수가 있다. 이 기법을 6.7절에서 이상기체를 분석하는데 적용하겠다.

문제 6.42. 문제 6.20에서 양자조화진동자 한 개의 분배함수를 계산한 적이 있다. 즉, $Z_{\text{조화진동자}} = 1/(1-e^{-\beta\epsilon})$이고 $\epsilon = hf$는 에너지준위 간의 간격이다.
(a) 조화진동자 N개로 된 계의 헬름홀츠 자유에너지의 식을 구하라.
(b) 이 계의 엔트로피를 온도에 대한 함수식으로 구하라. (식은 꽤 복잡하다.)

문제 6.43. 어떤 고등교과서는 엔트로피를 다음과 같은 식으로 정의한다.

$$S = -k\sum_s \mathcal{P}(s)\ln\mathcal{P}(s)$$

여기서 합은 계가 접근가능한 모든 미시상태들에 대한 것이고, $\mathcal{P}(s)$는 계가 미시상태 s에 있을 확률이다.
(a) 고립계에서 모든 미시상태 s에 대해서 $\mathcal{P}(s) = 1/\Omega$이다. 이 경우에 위의 정의가

우리가 앞서 내렸던 엔트로피의 익숙한 정의로 환원된다는 것을 보여라.

(b) 온도 T의 열원과 열평형에 있는 계에 대해서 $\mathcal{P}(s) = e^{-E(s)/kT}/Z$이다. 이 경우도 마찬가지로, 위의 정의가 우리가 이미 잘 알고 있는 엔트로피의 정의와 일치한다는 것을 보여라.

6.6 결합계의 분배함수

이상기체의 분배함수를 쓰려고 하기 전에, 먼저 입자 여러 개로 이루어진 계의 분배함수가 각 입자 개개의 분배함수와 일반적으로 어떻게 관련이 되는지 물어보는 것이 유용하다. 예컨대 입자 1과 2, 단 두 개의 입자로 된 계를 고려하자. 이 입자들이 서로 상호작용하지 않으면 계의 총에너지는 간단하게 $E_1 + E_2$이고, 따라서 계의 분배함수는 다음과 같다.

$$Z_{\text{전체}} = \sum_s e^{-\beta[E_1(s) + E_2(s)]} = \sum_s e^{-\beta E_1(s)} e^{-\beta E_2(s)} \tag{6.65}$$

여기서 합은 결합계의 모든 상태 s에 대한 것이다. 주어진 위치나 어떤 속성들에 의해 두 입자들을 구별할 수 있다면, 결합계의 상태들의 집합은 입자 개개의 상태를 나타내는 (s_1, s_2)의 모든 가능한 순서쌍들의 집합과 동등하다. 이 경우 분배함수는 다음과 같이 다시 쓸 수 있다.

$$Z_{\text{전체}} = \sum_{s_1} \sum_{s_2} e^{-\beta E_1(s_1)} e^{-\beta E_2(s_2)} = \left[\sum_{s_1} e^{-\beta E_1(s_1)} \right] \left[\sum_{s_2} e^{-\beta E_2(s_2)} \right] \tag{6.66}$$

여기서 s_1은 입자 1의 상태를, s_2는 입자 2의 상태를 각각 나타낸다. 볼츠만인자들이 각각 한 상태변수에만 의존하고 다른 상태변수와는 무관하므로, $Z_{\text{전체}}$는 인수 두 개의 곱으로 다시 쓸 수 있는 것에 주목하라. 첫 번째 인수는 바로 입자 1의 분배함수이며, 두 번째 인수는 입자 2의 분배함수이다.

$$Z_{\text{전체}} = Z_1 Z_2 \quad \text{(상호작용하지 않는 구별될 수 있는 입자들)} \tag{6.67}$$

하지만 입자들이 구별될 수 없다면, 식 (6.65)에서 식 (6.66)으로 가는 단계는 정당하지 않다. 그 문제는 바로 2.5절에서 이상기체의 겹침수를 계산할 때 맞닥뜨렸던 것과 정

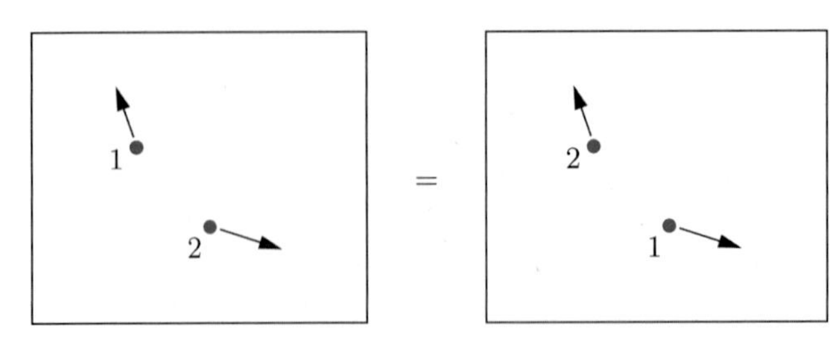

그림 6.15. 구별할 수 없는 입자 두 개의 상태를 서로 교환하는 것은 계의 상태를 바꾸지 않는다.

확히 같다. 즉, 입자 1이 상태 A에 있고 입자 2가 상태 B에 있는 결합계의 상태는, 입자 2가 상태 A에 있고 입자 1이 상태 B에 있는 결합계의 상태와 다름이 없다(그림 6.15). 따라서 식 (6.66)은 결합계의 거의 모든 상태들을 각각 두 번씩 센 것이기 때문에, 더 정확한 식은 이를 보정하여 다음과 같아야 한다.

$$Z_{\text{전체}} = \frac{1}{2} Z_1 Z_2 \quad \text{(상호작용하지 않는 구별될 수 없는 입자들)} \qquad (6.68)$$

사실 이 식도 여전히 정확하게 옳은 것은 아니다. 식 (6.66)의 이중합에는 두 입자들이 같은 상태에 있는, 즉 $s_1 = s_2$인 경우에 해당하는 항들이 있기 때문이다. 이 경우들에서는 결합계의 상태가 두 번씩 세어지지 않았으므로 2로 나누는 것은 옳지 않다. 하지만 이상기체나 다른 많은 익숙한 계들에서는 입자들의 밀도가 충분히 낮기 때문에, 입자 두 개가 동일한 상태에 있을 가능성은 희박하다. 따라서 $s_1 = s_2$인 항들이 식 (6.66)의 항들에서 아주 미미한 부분이기 때문에, 그것들을 정확히 세건 그렇지 않건 그리 중요하지 않다.*

식 (6.67)과 (6.68)을 두 개 이상의 입자계로 일반화하는 것은 어렵지 않다. 입자들이 구별될 수 있다면 계의 분배함수는 각 입자의 분배함수들을 모두 곱한 것이다.

$$Z_{\text{전체}} = Z_1 Z_2 Z_3 \cdots Z_N \quad \text{(상호작용하지 않는 구별될 수 있는 입자들)} \qquad (6.67)$$

이 식은 에너지를 여러 방식으로 저장할 수 있는 단일 입자의 전체분배함수들에도 적용된다. 예컨대, Z_1은 x방향의 운동에 대한 분배함수, Z_2는 y방향의 운동에 대한 분배함수, 등등이 될 수 있다.

구별될 수 없는 입자 N개의 계가 밀도가 아주 크지 않으면, 일반적인 식은 다음과 같다.

---

* 다음 장에서는 이 문제가 중요해지는 밀도가 아주 높은 계들을 다룬다. 그때까지는 이 문제에 대해서 염려하지 말자.

$$Z_{\text{전체}} = \frac{1}{N!} Z_1^N \quad \text{(상호작용하지 않는 구별될 수 없는 입자들)} \tag{6.67}$$

여기서 Z_1은 단일 입자의 분배함수이다. 입자 N개를 서로 교환하는 방법의 수는 $N!$이므로 그것으로 나눈 것이다.

다입자계를 다룰 때 혼돈스러울 수 있는 용어가 있다. 개별 입자의 "상태"와 전체 계의 "상태"를 구별하는 것이 중요하다. 이 두 개의 개념을 구별하는 간략하고 좋은 방법을 나는 알지 못한다. 맥락이 분명하지 않을 때 나는 "단일입자의 상태"나 "계의 상태"라고 분명하게 구별해서 쓰겠다. 앞선 논의에서 s는 계의 상태로, s_1과 s_2는 단일입자의 상태로 쓰였다. 일반적으로 계의 상태를 명시하기 위해서는 계를 구성하는 모든 입자들의 단일입자 상태를 명시해야 한다.

문제 6.44. 구별될 수 없고 상호작용하지 않는 분자 N개로 된 큰 계를 고려하자. 예는 이상기체나 묽은 용액이 될 수 있다. 이 계의 헬름홀츠 자유에너지를 단일 분자의 분배함수인 Z_1의 식으로 구하라. (스털링근사를 사용해서 $N!$을 없애라.) 그런 후 그 결과를 사용해서 화학퍼텐셜을 Z_1의 식으로 구하라.

6.7 이상기체 다시 보기

분배함수

이제 우리는 이상기체의 분배함수를 계산할 수 있는 도구들을 모두 갖고 있고, 따라서 다른 열역학적 양들도 계산할 수 있다. 여러 차례 언급했듯이, 이상기체의 분자들은 충분히 멀리 떨어져 있어서 그들 사이에 작용하는 힘에 의한 에너지를 무시할 수 있다. 기체가 동일한 분자 N개를 포함하고 있으면, 분배함수는 다음과 같은 형식이다.

$$Z = \frac{1}{N!} Z_1^N \tag{6.71}$$

여기서 Z_1은 단일분자의 분배함수이다.

Z_1을 계산하려면 단일분자의 모든 가능한 미시상태들에 대한 볼츠만인자를 모두 더해야 한다. 볼츠만인자 각각은 다음과 같은 형식이다.

$$e^{-E(s)/kT} = e^{-E_{병진}(s)/kT} e^{-E_{내부}(s)/kT} \tag{6.72}$$

여기서 $E_{병진}$은 분자의 병진운동에너지이고 $E_{내부}$는 회전운동, 진동운동 등 상태 s의 내부에너지이다. 볼츠만인자들의 합은 단일입자의 모든 상태에 대한 것이며, 이 합은 병진운동상태와 내부상태들에 대한 이중합으로 쓸 수 있기 때문에 앞 절에서처럼 분배함수를 두 인수들로 나누어 다음과 같이 쓸 수 있다.

$$Z_1 = Z_{병진} Z_{내부} \tag{6.73}$$

여기서 $Z_{병진}$과 $Z_{내부}$는 각각 다음과 같다.

$$Z_{병진} = \sum_{\text{모든 병진상태}} e^{-E_{병진}/kT}, \quad Z_{내부} = \sum_{\text{모든 내부상태}} e^{-E_{내부}/kT} \tag{6.74}$$

회전운동과 진동운동상태들에 대한 내부분배함수는 6.2절에서 다루었다. 주어진 회전운동과 진동운동상태에 대해서도, 분자는 서로 다르고 독립적인 파동함수를 갖는 다양한 전자상태들에 있을 수 있다. 통상적인 온도에 있는 대부분의 분자들에 대해서 이 전자들뜬상태들은 에너지가 비교적 크기 때문에 이들에 대응하는 볼츠만인자의 크기는 무시할 정도로 작다. 하지만 전자바닥상태는 종종 겹침(degeneracy)이 일어날 수 있다. 예컨대 산소분자의 바닥상태의 겹침수는 3이어서, 내부분배함수에 인수 3을 기여한다.

이제 내부분배함수는 제쳐두고 병진분배함수 $Z_{병진}$에 집중하자. $Z_{병진}$을 계산하려면 단일분자의 모든 가능한 병진상태들에 대한 볼츠만인자들을 모두 더해야 한다. 이 상태들을 계산하는 한 방법은, 한 분자가 취할 수 있는 모든 위치와 운동량 벡터들을 세는 것이다. 그런데 이 벡터들은 2.5절에서 살펴본 것처럼 양자역학적 본질을 반영하기 위해 $1/h^3$만큼 떨어져 있다. 하지만 이것을 고려하는 대신에, 원자와 분자들의 내부상태들을 다룰 때처럼, 모든 독립적인 '명확한-에너지' 파동함수들을 모두 세는 좀 더 엄밀한 방법을 쓰고 싶다.* 일차원 상자에 갇힌 단일 분자의 경우로부터 시작해서 삼차원으로 확장해보겠다.

그림 6.16은 일차원 상자 안의 단일 분자의 명확한-에너지 파동함수들의 일부를 보여주고 있다. 분자가 상자 안에 갇혀 있기 때문에 파동함수는 상자의 각 끝에서 영으로 가

* [역주] '명확한-에너지' 파동함수는 총에너지가 명확하게 정의된 상태에 해당하는 파동함수를 의미한다. 하지만 의미 전달이 혼동되지 않을 때는 간략하게 에너지 파동함수로 부르겠다. 더 자세한 설명은 부록 A.3을 참조하라.

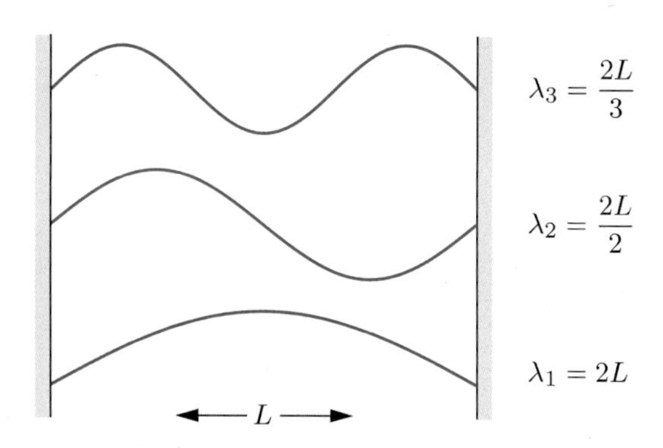

그림 6.16. 일차원 상자 안에 갇힌 입자의 파동함수들. 에너지가 가장 낮은 세 가지 경우를 보였다.

야 한다. 따라서 허용된 정상파들의 파장은 다음과 같이 제한된다.

$$\lambda_n = \frac{2L}{n}, \quad n = 1,\ 2,\ \cdots \tag{6.75}$$

여기서 L은 상자의 길이이고 n은 진동의 "배"의 수이다. 각 정상파는 운동량의 크기는 같지만 방향이 반대인 진행파(traveling wave) 두 개가 중첩된 것으로 볼 수 있다. 물론 운동량의 크기는 드브로이 관계식 $p = h/\lambda$로 주어진다.

$$p_n = \frac{h}{\lambda_n} = \frac{hn}{2L} \tag{6.76}$$

마지막으로, 비상대론적 입자에 대한 에너지-운동량 관계식은 $E = p^2/2m$ (m은 질량)이다. 따라서 일차원 상자 안의 단일 분자에 허용된 에너지는 다음과 같다.

$$E_n = \frac{p_n^2}{2m} = \frac{h^2 n^2}{8mL^2} \tag{6.77}$$

에너지를 알았으므로 일차원 분자의 병진분배함수를 금방 쓸 수 있다.

$$Z_{1\text{차원}} = \sum_n e^{-E_n/kT} = \sum_n e^{-h^2n^2/8mL^2kT} \tag{6.78}$$

L과 T가 둘 다 극히 작지 않다면, 에너지준위들이 서로 극히 가깝기 때문에 합을 다음과 같이 적분으로 근사할 수 있다.

$$Z_{1\text{차원}} = \int_0^\infty e^{-h^2n^2/8mL^2kT}\,dn = \frac{\sqrt{\pi}}{2}\sqrt{\frac{8mL^2kT}{h^2}} = \sqrt{\frac{2\pi mkT}{h^2}}\,L \equiv \frac{L}{\ell_Q} \tag{6.79}$$

여기서 ℓ_Q는 이전 식의 제곱근의 역수로 정의된다.

$$\ell_Q \equiv \frac{h}{\sqrt{2\pi mkT}} \tag{6.80}$$

ℓ_Q를 양자길이(quantum length)라고 부르고 싶다. π가 없다면, 이것은 운동에너지가 kT이고 질량이 m인 입자의 드브로이 파장이다. 실온의 질소분자의 경우, 양자길이를 계산하면 1.9×10^{-11} m가 된다. 실재적인 상자에서라면 비 L/ℓ_Q는 상당히 큰 값을 갖는데, 이것은 이와 같은 조건에서 분자에 허용된 병진상태들이 많다는 것을 의미한다. 즉 대충 말하자면, 상자 안에 들어가는 드브로이 파장값의 수가 많다는 것을 의미한다.

일차원 분자에 대해 많은 것을 알았다. 이제 삼차원으로 확장하면, 총 운동에너지는 다음과 같다.

$$E_{\text{병진}} = \frac{p_x^2}{2m} + \frac{p_y^2}{2m} + \frac{p_z^2}{2m} \tag{6.81}$$

여기서 각 운동량 성분들은 식 (6.76)에 따라 무수히 많은 값들을 가질 수 있다. 운동량 성분 세 개에 대해 n을 각각 독립적으로 취할 수 있기 때문에, 전체 분배함수는 또 다시 세 조각으로 나눌 수 있다.

$$\begin{aligned} Z_{\text{병진}} &= \sum_s e^{-E_{\text{병진}}/kT} = \sum_n e^{-h^2 n_x^2/8mL_x^2 kT} e^{-h^2 n_y^2/8mL_y^2 kT} e^{-h^2 n_z^2/8mL_z^2 kT} \\ &= \frac{L_x}{\ell_Q}\frac{L_y}{\ell_Q}\frac{L_z}{\ell_Q} = \frac{V}{v_Q} \end{aligned} \tag{6.82}$$

여기서 V는 상자의 부피이고, v_Q는 양자부피(quantum volume)이다.

$$v_Q = \ell_Q^3 = \left(\frac{h}{\sqrt{2\pi mkT}}\right)^3 \tag{6.83}$$

양자부피가 양자길이의 세제곱이기 때문에 실온의 분자에 대해 v_Q는 아주 작다. 병진분배함수는 본질적으로 상자 안에 들어갈 수 있는 한 변의 길이가 드브로이 파장인 정육면체의 수라고 할 수 있고, 따라서 통상적인 조건에서는 상당히 큰 값이다.

이 결과를 식 (6.73)과 결합하면 다음과 같이 단일분자의 분배함수를 얻는다.

$$Z_1 = \frac{V}{v_Q} Z_{\text{내부}} \tag{6.84}$$

여기서 $Z_{내부}$는 관련 있는 모든 내부상태들에 대한 합이다. 따라서 분자 N개로 구성된 전체 기체의 분배함수는 다음과 같다.

$$Z = \frac{1}{N!}\left(\frac{VZ_{내부}}{v_Q}\right)^N \tag{6.85}$$

그리고 앞으로 사용하게 되겠지만, 분배함수의 로그는 다음과 같다.

$$\ln Z = N[\ln V + \ln Z_{내부} - \ln N - \ln v_Q + 1] \tag{6.86}$$

이론적 예측

이제 우리는 이상기체의 열적 성질들을 모두 계산할 수 있다. 총(평균)에너지부터 시작해보자. 문제 6.16에서 유도한 식을 사용하면 된다.

$$U = -\frac{1}{Z}\frac{\partial Z}{\partial \beta} = -\frac{\partial}{\partial \beta}\ln Z \tag{6.87}$$

식 (6.86)에서 β에 의존하는 양들은 $Z_{내부}$와 v_Q이므로 다음 결과를 얻는다.

$$U = -N\frac{\partial}{\partial \beta}\ln Z_{내부} + N\frac{1}{v_Q}\frac{\partial v_Q}{\partial \beta} = N\overline{E}_{내부} + N\cdot\frac{3}{2}\frac{1}{\beta} = U_{내부} + \frac{3}{2}NkT \tag{6.88}$$

여기서 $\overline{E}_{내부}$는 단일분자의 평균내부에너지이다. 에너지등분배 정리로부터 이미 알고 있듯이, 평균 병진운동에너지는 $\frac{3}{2}kT$이다. 한 번 더 미분을 하면 열용량을 얻는다.

$$C_V = \frac{\partial U}{\partial T} = \frac{\partial U_{내부}}{\partial T} + \frac{3}{2}Nk \tag{6.89}$$

이원자분자 기체의 경우 열용량에 대한 내부의 기여는 회전과 진동에서 온다. 6.2절에서 보인 것처럼 고온에서 이 기여는 각각 열용량에 대략 Nk를 더하는 것이고, 저온에서는 기여하는 것이 없다. 병진운동의 기여도 아주 낮은 온도에서는 이론상 얼어붙을 수 있다. 하지만 그때의 온도는 아주 낮아서 ℓ_Q가 L의 크기가 되고, 이 경우 식 (6.79)에서처럼 합을 적분으로 근사하는 것이 더 이상 정당하지 않게 된다. 이미 그림 1.13에서 보여주었지만, 수소의 C_V 그래프의 모든 특징들은 이제 모두 설명된 것이다.

이상기체의 나머지 성질들을 계산하기 위해서는 헬름홀츠 자유에너지가 필요하다.

$$F = -kT\ln Z = -NkT[\ln V + \ln Z_{\text{내부}} - \ln N - \ln v_Q + 1]$$
$$= -NkT[\ln V - \ln N - \ln v_Q + 1] + F_{\text{내부}} \tag{6.90}$$

여기서 $F_{\text{내부}} = -NkT\ln Z_{\text{내부}}$는 F에 대한 내부상태들의 기여이다. 이 식으로부터 압력을 쉽게 계산할 수 있다.

$$P = -\left(\frac{\partial F}{\partial V}\right)_{T,N} = \frac{NkT}{V} \tag{6.91}$$

엔트로피와 화학퍼텐셜의 계산은 스스로 해보기 바란다. 그 결과들은 다음과 같다.

$$S = -\left(\frac{\partial F}{\partial T}\right)_{V,N} = Nk\left[\ln\left(\frac{V}{Nv_Q}\right) + \frac{5}{2}\right] - \frac{\partial F_{\text{내부}}}{\partial T} \tag{6.92}$$

$$\mu = \left(\frac{\partial F}{\partial N}\right)_{T,V} = -kT\ln\left(\frac{VZ_{\text{내부}}}{Nv_Q}\right) \tag{6.93}$$

내부의 기여들을 무시하면 이 두 양들은 단원자분자에 대해서 이미 얻은 결과와 일치한다.

문제 6.45. 이상기체의 엔트로피와 화학퍼텐셜에 대한 식 (6.92)와 (6.93)을 각각 유도하라.

문제 6.46. 엔트로피와 화학퍼텐셜에 대한 식 (6.92)와 (6.93)은 $VZ_{\text{내부}}/Nv_Q$의 로그를 포함한다. 정상적인 경우에 이 로그값은 양인가 음인가? 보통의 기체에 대해서 수들을 대입해서 확인하고 토론하라.

문제 6.47. 1 cm 너비의 상자 안에서 질소분자의 병진운동이 얼어붙는 온도를 추정하라.

문제 6.48. 실온 근처에 있는 이원자분자 기체에서 내부분배함수는 간단하게도 6.2절에서 계산했던 회전분배함수에 전자바닥상태의 겹침도 $Z_{\text{전자}}$를 곱한 것이다.

(a) 이 경우에 엔트로피가 다음과 같음을 보여라.

$$S = Nk\left[\ln\left(\frac{VZ_{전자}Z_{회전}}{Nv_Q}\right) + \frac{7}{2}\right]$$

실온대기압에서 $Z_{전자} = 3$ 인 산소 1몰의 엔트로피를 계산하고, 책 말미의 자료표에 주어진 측정값과 비교하라.*

(b) 실온의 해수면 근처의 대기에서 산소의 화학퍼텐셜을 계산하라. 결과를 eV 단위로 말하라.

문제 6.49. 실온대기압의 질소기체 1몰에 대해서 U, H, F, G, S, μ를 계산하라. (질소 분자의 회전운동과 관련된 상수는 $\epsilon = 0.00025\,\text{eV}$ 이다. 전자바닥상태는 겹침이 없다.)

문제 6.50. 이 절의 결과들로부터 이상기체에 대해 $G = N\mu$ 임을 명시적으로 보여라.

문제 6.51. 이 절에서 우리는 모든 에너지 파동함수들에 대한 합을 해서 단일입자의 병진분배함수 $Z_{병진}$ 을 계산했다. 하지만 대안적인 접근방법은, 2.5절에서 했던 것처럼 모든 가능한 위치와 운동량 벡터들에 대한 합을 하는 것이다. 다만, 위치와 운동량은 연속적이기 때문에 합은 실제로는 적분이 되고, 독립적인 파동함수들을 단위 없는 수로 실제로 세기 위해서 인수 $1/h^3$ 을 집어넣어야 한다. 따라서 다음과 같은 식을 추측할 수 있다.

$$Z_{병진} = \frac{1}{h^3}\int d^3r\, d^3p\, e^{-E_{병진}/kT}$$

여기서 적분부호는 실제로 6중적분을 나타내는데, d^3r 로 나타낸 세 개는 위치성분들에 관한 것이고, d^3p 로 나타낸 세 개는 운동량성분들에 관한 것이다. 적분영역은 모든 운동량벡터들과 위치의 경우는 상자의 부피 V 내부로 제한된 위치벡터들이다. 이 적분을 명시적으로 계산해서, 본문에서 얻었던 병진분배함수와 이 식이 같은 결과를 준다는 것을 보여라. (이 식이 성립하지 않는 유일한 경우는, 상자가 너무 작아서 식 (6.78)의 합을 적분으로 변환하는 것이 정당화되지 않을 때뿐일 것이다.)

문제 6.52. 광자나 고속의 전자들의 경우처럼 고도로 상대론적인 입자들의 이상기체

* 엔트로피의 이론값과 실험값의 비교에 대한 논의는 Rock(1983)이나 Gopal(1966)을 참고하라.

를 고려하자. 에너지-운동량 관계식은 $E = p^2/2m$ 대신에 $E = pc$가 된다. 이 입자들이 일차원 우주에 산다고 가정하자. 앞 문제와 같은 논리를 따라서, 이 기체입자 한 개에 대한 단일입자 분배함수 Z_1의 식을 유도하라.

문제 6.53. 다음과 같이 수소분자 한 개가 수소원자 두 개로 분리되는 과정을 고려하자.

$$H_2 \leftrightarrow 2H$$

이 과정은 5.6절의 기법을 사용해서 이상기체 반응으로 다룰 수 있다. 이 반응의 평형상수 K는 다음과 같이 정의된다.

$$K = \frac{P_H^2}{P^\circ P_{H_2}}$$

여기서 P°은 기준압력이며 관례상 1바로 취한다. 다른 P들은 평형에서의 분압들이다. 이제, 이 장에서 개발한 볼츠만 통계 방법을 사용해서 제일 원리로부터 K를 계산할 준비가 되어 있다. 그렇게 하라. 즉, 분자 한 개를 분리하는데 필요한 에너지(문제 1.53)와 같은 더욱 기본적인 양들과 수소분자의 내부분배함수의 식으로 K의 식을 유도하라. 이 내부분배함수는 회전과 진동운동이 기여하는 부분들의 곱이고, 그것들은 6.2절의 방법들과 자료를 사용해서 추정할 수 있다. (H_2 분자는 전자스핀 겹침이 없지만, H 원자는 있다. 즉, H 원자의 전자는 두 개의 다른 스핀상태들에 있을 수 있다. 아주 높은 온도에서만 중요해지는 전자들뜬상태들은 무시하라. 핵스핀 정렬로 인한 겹침은 상쇄되지만 원하면 포함시킬 수는 있다.) $T =$ 300 K, 1,000 K, 3,000 K, 6,000 K에서 K를 수치적으로 계산하라. 시사점들을 논하라. 한두 개의 예들을 실제로 해보면서, 수소분자가 언제 대부분 분리가 되고, 언제 그렇지 않은지 보여라.

제 7 장

양자통계역학

7.1 깁스인자

6.1절에서 볼츠만인자를 유도할 때, 계와 열원은 에너지를 교환할 수는 있지만 입자들을 교환할 수는 없었다. 하지만 종종 계와 환경이 입자들을 교환할 수 있는 경우를 고려하는 것이 유용하다(그림 7.1). 이 가능성을 허용하기 위해서 예전의 유도과정을 수정해 보자.

6.1절에서처럼 두 개의 다른 미시상태들을 발견하는 확률의 비를 다음과 같이 쓸 수 있다.

$$\frac{\mathcal{P}(s_2)}{\mathcal{P}(s_1)}=\frac{\Omega_R(s_2)}{\Omega_R(s_1)}=\frac{e^{S_R(s_2)/k}}{e^{S_R(s_1)/k}}=e^{[S_R(s_2)-S_R(s_1)]/k} \tag{7.1}$$

여기서 지수는 계가 상태 1에서 2로 갈 때, 열원의 엔트로피의 변화를 포함한다. 그런데 열원 입장에서 이것은 무한소의 변화이므로, 다음과 같은 열역학 항등식을 소환할 수 있다.

$$dS_R=\frac{1}{T}(dU_R+PdV_R-\mu dN_R) \tag{7.2}$$

에너지나 부피 혹은 입자들의 수 등 열원이 얻는 어떤 양도 계가 잃은 것이기 때문에, 식 (7.2)에서 오른쪽의 변화량들은 계의 변화량들의 음으로 쓸 수 있다.

6.1절에서처럼 PdV 항은 없앨 수 있는데, 이 항은 종종 영이거나 혹은 최소한 다른 항들에 비해 아주 작기 때문이다. 하지만 이번에는 6.1절에서와는 달리 μdN 항은 유지하겠다. 그렇다면 엔트로피의 변화량은 다음과 같이 쓸 수 있다.

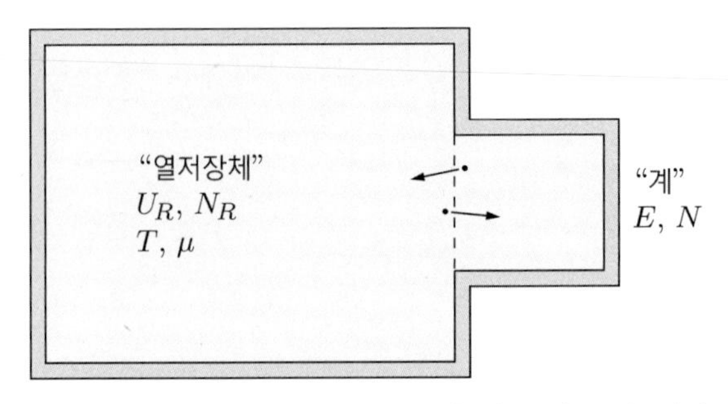

그림 7.1. 훨씬 큰 열원과 열적이고 확산적인 접촉을 하고 있는 계. 계의 온도와 화학퍼텐셜은 열원과 실질적으로 같다.

$$S_R(s_2) - S_R(s_1) = -\frac{1}{T}[E(s_2) - E(s_1) - \mu N(s_2) + \mu N(s_1)] \tag{7.3}$$

등호 오른쪽은 E와 N이 모두 계의 변수들이기 때문에 전체적으로 음의 부호가 붙었다. 이 식을 식 (7.1)에 대입해서 다음 식을 얻는다.

$$\frac{\mathcal{P}(s_2)}{\mathcal{P}(s_1)} = \frac{e^{-[E(s_2) - \mu N(s_2)]/kT}}{e^{-[E(s_1) - \mu N(s_1)]/kT}} \tag{7.4}$$

예전처럼 확률의 비는 간단한 지수함수 인수들의 비이고, 지수함수 인수들은 열원의 온도와 해당 미시상태의 에너지의 함수로 주어진다. 하지만 지금은, 그 지수가 상태 s에 있는 계의 입자들의 수에도 의존한다. 이 새로운 지수함수 인수를 깁스인자(Gibbs factor)라고 부른다.

$$\text{깁스인자} = e^{-[E(s) - \mu N(s)]/kT} \tag{7.5}$$

확률의 비 대신에 절대적인 확률을 원한다면, 다시금 다음과 같이 지수함수 인자 앞에 비례상수를 집어넣어야 한다.

$$\mathcal{P}(s) = \frac{1}{\mathcal{Z}} e^{-[E(s) - \mu N(s)]/kT} \tag{7.6}$$

$\mathcal{Z}$는 큰분배함수(grand partition function)* 혹은 깁스 합(Gibbs sum)이라고 불린다. 모든 가능한 상태들에 대한 확률의 합이 1이 되도록 하면, $\mathcal{Z}$는 바로 다음과 같다는 것을 쉽게 보일 수 있다.

$$\mathcal{Z} = \sum_s e^{-[E(s) - \mu N(s)]/kT} \tag{7.7}$$

여기서 합은 모든 가능한 상태들에 대한 것이며, 물론 N의 모든 가능한 값들이 포함된다.

한 가지보다 많은 유형의 입자들이 계에 존재한다면, 식 (7.2)의 μdN 항은 $\sum_i \mu_i dN_i$로 대체되어야 하며, 후속적인 식들에서도 마찬가지로 대체되어야 한다. 예컨대, 두 가지 유형의 입자들이 존재한다면 깁스인자는 다음과 같다.

* 2, 3장과 6장의 방법들을 기술할 때 사용했던 용어들인 "작은바른틀(microcanonical)"과 "바른틀(canonical)"과 유사하게, 여기서의 접근 방법은 "큰바른틀(grand canonical)"로 불린다. 식 (7.6)의 확률이 할당된 계들의 가상적인 집합은 큰바른틀 모둠(grand canonical ensemble)이라고 불린다.

$$\text{깁스인자} = e^{-[E(s) - \mu_A N_A(s) - \mu_B N_B(s)]/kT} \quad (\text{두 입자유형}) \tag{7.8}$$

❙ 예시: 일산화탄소 중독

깁스인자를 사용하는 법을 예시하는 좋은 예는, 혈액 내에서 산소를 운반하는 헤모글로빈(hemoglobin) 분자의 흡착자리이다(헴(heme) 자리로 불린다). 헤모글로빈 분자 한 개에는 네 개의 흡착자리가 있고, 각 자리는 다양한 다른 원자들로 둘러싸인 Fe^{2+} 이온으로 구성된다. 각 자리는 O_2 분자 한 개를 운반할 수 있다. 단순하게 하기 위해서, 네 자리 중에 한 자리만을 계로 간주하고, 그것이 다른 자리들과는 완전히 독립적이라고 간주하겠다.* 산소가 그 자리를 점유할 수 있는 유일한 분자라면, 계는 비어 있거나(Hb 상태), 혹은 차 있거나(HbO_2 상태) 하는 오직 두 가지의 상태에만 있을 수 있다(그림 7.2). 이 두 상태의 에너지를 각각 0과 $\epsilon = -0.7\,\text{eV}$ 라고 하겠다.†

이와 같은 단일자리계의 큰분배함수는 두 개의 항들만 갖고 있다.

$$\mathcal{Z} = 1 + e^{-(\epsilon - \mu)/kT} \tag{7.9}$$

화학퍼텐셜 μ 는 산소가 풍부한 폐에서 상대적으로 높고, 산소가 소비되는 세포들에서는 훨씬 낮다. 폐 근처에서의 상황을 고려해보자. 폐에서 혈액은 대기와 근사적으로 확산평

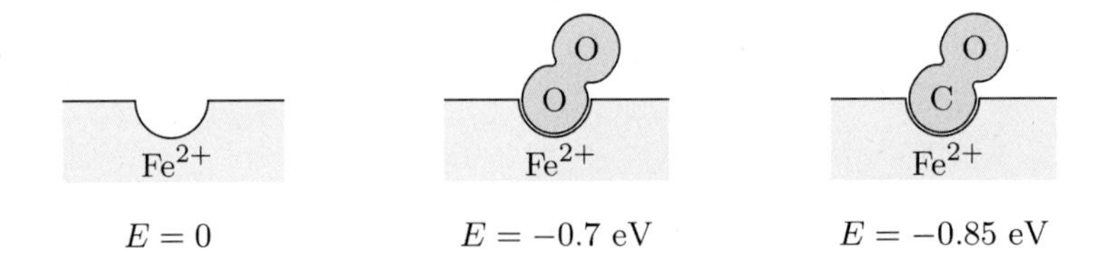

그림 7.2. 헤모글로빈 분자의 흡착자리(heme site) 한 개는 비어 있거나, 산소로 차 있거나 혹은 일산화탄소로 차 있을 수 있다. (여기서 에너지 값들은 근삿값일 뿐이다.)

---

* 미오글로빈(myoglobin)의 경우에는 부위가 독립적이라고 가정하는 것은 꽤 정확하다. 미오글로빈은 근육에서 일어나는 산소의 결합과 관련된 단백질이며, 분자당 한 개의 흡착부위만 갖고 있다. 좀 더 정확한 헤모글로빈 모형이 문제 7.2에서 제시되어 있다.

† 생화학자들은 에너지를 eV 단위로 표시하지 않는다. 실제로 그들은 개별적인 결합에너지를 결코 얘기하는 법이 없다. (아마도 조건이 달라지면 이 에너지들이 아주 크게 변할 수 있기 때문일 것이다.) 이 절에서 ϵ 값들은 실험측정과 대략 일치하는 결과를 줄 수 있도록 선택되었다.

형에 있고, 대기는 산소의 분압이 약 0.2기압인 이상기체로 간주할 수 있다. 따라서 체온인 310K에서 화학퍼텐셜은 식 (6.93)으로부터 계산될 수 있다.

$$\mu = -kT\ln\left(\frac{VZ_{내부}}{Nv_Q}\right) \approx -0.6\,\mathrm{eV} \tag{7.10}$$

이 수들을 대입해서 두 번째 깁스인자의 값을 얻는다.

$$e^{-(\epsilon-\mu)/kT} \approx e^{(0.1\,\mathrm{eV})/kT} \approx 40 \tag{7.11}$$

따라서 흡착자리가 차 있을 확률은 다음과 같다.

$$\mathcal{P}(\mathrm{HbO_2}) = \frac{40}{1+40} = 98\% \tag{7.12}$$

하지만 역시 같은 자리에 흡착될 수 있는 약간의 일산화탄소가 존재한다고 해보자. 그렇다면 이 자리의 상태는 세 가지의 상태가 가능해진다. 즉, 그 자리가 비어 있거나, 산소로 차 있거나(HbO_2 상태), 혹은 일산화탄소로 차 있을 수 있다(HbCO 상태). 계의 큰분배함수는 다음과 같이 된다.

$$\mathcal{Z} = 1 + e^{-(\epsilon-\mu)/kT} + e^{-(\epsilon'-\mu')/kT} \tag{7.13}$$

여기서 ϵ'은 CO 분자가 결합된 상태의 음의 에너지이고, μ'은 주어진 환경에서 CO의 화학퍼텐셜이다. 한편, CO는 절대로 산소만큼 풍부하지는 않다. 따라서 CO의 양이 산소의 1/100 정도라고 가정하면, CO의 화학퍼텐셜은 대략 $kT\ln 100 = 0.12\,\mathrm{eV}$ 만큼 낮게 된다. 따라서 μ'은 대략 $-0.72\,\mathrm{eV}$가 된다. 한편 $\epsilon' \approx -0.85\,\mathrm{eV}$로, CO는 산소보다 더 강하게 흡착부위에 결합한다. 이 수들을 대입하면 다음과 같이 세 번째 깁스인자의 값을 얻는다.

$$e^{-(\epsilon'-\mu')/kT} \approx e^{(0.13\,\mathrm{eV})/kT} \approx 120 \tag{7.14}$$

따라서 산소분자가 그 자리를 채울 확률은 다음과 같이 훨씬 작아진다.

$$\mathcal{P}(\mathrm{HbO_2}) = \frac{40}{1+40+120} = 25\% \tag{7.15}$$

문제 7.1. 산소가 소비되는 세포들 근처에서 산소의 화학퍼텐셜은 폐 근처에서보다 현저하게 낮다. 이 세포들 근처에서 산소가 기체상태로 있는 것은 아니지만, 혈액과 평형을 이룰 기체산소의 분압으로 산소의 함유율을 나타내는 것이 통상적이다. 본문에서 제시한 독립자리 모형을 사용해서, 주위에 산소만 존재한다고 가정하고 찬 흡착자리의 분율을 산소분압의 함수로 계산하고, 그래프를 그려라. 이 곡선을 랭뮤어 흡착등온곡선(Langmuir adsorption isotherm)이라고 부른다. 헴 자리를 한 개만 갖고 있는 미오글로빈에 의한 흡착이 이 곡선의 형태를 정확히 따른다는 것을 실험들에서 보인 바가 있다.

문제 7.2. 실재 헤모글로빈 분자에서는 세 개의 헴 자리들이 차면 남은 한 헴 자리에 산소가 결합하는 경향이 증가한다. 이 효과에 대한 간단한 모형으로, 헤모글로빈 분자가 두 개의 흡착자리만 갖고 있다고 가정하자. 이 자리들은 하나만 차거나 둘 모두 찰 수 있다. 따라서 산소만 존재할 때, 이 계는 네 개의 가능한 상태들을 갖는다. 빈 상태의 에너지를 영으로 하고, 한 자리만 찬 두 상태들의 에너지를 각각 $-0.55\,\mathrm{eV}$, 두 자리가 모두 찬 상태의 에너지를 $-1.3\,\mathrm{eV}$ 라고 하자. (즉, 두 번째 산소가 결합할 때 에너지 변화는 $-0.75\,\mathrm{eV}$ 가 된다.) 앞 문제에서처럼, 찬 흡착자리의 분율을 유효 산소분압의 함수로 계산하고, 그래프를 그려라. 독립자리에 대한 앞 문제의 결과와 비교하라. 헤모글로빈의 기능을 위해서 이런 거동이 선호될 수 있는 이유를 생각할 수 있겠는가?

문제 7.3. 수소원자(혹은 이온) 한 개로 된 계를 고려하자. 이 계는 두 가지의 가능한 상태들을 갖는데, 전자가 없는 빈 상태(이온)와 바닥상태의 전자 한 개로 채워진 상태가 그것들이다. 5.6절에서 유도된 사하 방정식을 얻기 위해서, 이 두 상태에 있을 확률의 비를 계산하라. 전자의 μ 를 결정하기 위해서 전자들을 단일원자 이상기체로 취급하라. 전자가 두 가지의 독립적인 스핀상태들을 갖는다는 사실을 무시하라.

문제 7.4. 전자가 두 가지의 독립적인 스핀상태들을 갖는다는 점을 고려해서 앞 문제를 반복하라. 즉, 계는 이제 각 스핀배열을 갖는 전자를 갖는 두 가지의 "찬" 상태들을 갖는다. 게다가 전자기체의 화학퍼텐셜도 약간 달라진다. 하지만 확률의 비는 전과 같다. 즉, 스핀겹침은 사하 방정식에서 상쇄된다.

문제 7.5. 반도체 내부에서 불순물 원자(혹은 이온) 한 개로 된 계를 고려하자. 규소 결정 내에서 한 격자점을 점유하고 있는 인 원자 한 개가 그러하듯이, 불순물 원자가 이웃 원자들에 비해 "잉여" 전자 한 개를 갖는다고 가정하라. 그렇다면, 잉여전자는 쉽게 떨어져 나가고, 불순물 원자는 양전하를 띤 이온으로 남게 된다. 물질을 관통해서 자유롭게 움직일 수 있기 때문에, 이 이온화된 전자는 전도전자(conduction electron)로 불린다. 그리고 전도전자를 내어줄 수 있기 때문에, 불순물 원자는 주개(donor)라고 불린다. 이 계는 앞의 두 문제들에서 고려한 수소원자와 유사하다. 다만, 매질의 유전적(dielectric) 거동에 의해서 일어나는 이온전하의 가리기(screening) 현상이 주된 원인이 되어서, 이온화에너지가 훨씬 작다는 점에서는 차이가 있다.

(a) 단일 주개원자가 이온화될 확률의 식을 구하라. 전자가 존재한다면 그것이 두 가지의 독립적인 스핀상태를 가질 수 있다는 사실을 무시하지 말라. 확률식을 온도, 이온화에너지 I, 이온화된 전자"기체"의 화학퍼텐셜의 식으로 나타내라.

(b) 전도전자들이 입자당 두 개의 스핀상태들을 가진 입자들로 된 통상적인 이상기체처럼 거동한다고 가정하고, 전자들의 화학퍼텐셜을 단위부피당 전도전자의 수 N_c/V의 식으로 써라.

(c) 이제 모든 전도전자들이 이온화된 주개원자들로부터 온다고 가정하자. 이 경우에 전도전자들의 수는 이온화된 주개원자들의 수와 같다. 이 조건을 사용해서 N_c에 대한 이차방정식을, μ는 소거하고 주개원자들의 수 N_d의 식으로 유도하라. 이차방정식의 근의 공식을 사용해서 N_c를 구하라. (힌트: 무차원의 양들에 대한 축약기호들을 도입하는 것이 도움이 된다. 즉, $x=N_c/N_d$, $t=kT/I$, 등등을 시도해보라.)

(d) 규소 내부의 인에 대해서, 이온화에너지는 0.044 eV이다. cm^3당 인 원자가 10^{17}개가 있다고 해보자. 이 수들을 사용해서 이온화된 주개원자들의 분율을 온도의 함수로 계산하고 그래프를 그려라. 결과에 대해서 논평하라.

문제 7.6. 계가 열원과 열적 확산적 평형에 있을 때, 계 안의 입자들의 평균수가 다음과 같음을 보여라.

$$\overline{N}=\frac{kT}{\mathcal{Z}}\frac{\partial \mathcal{Z}}{\partial \mu}$$

여기서 편미분은 고정된 온도와 부피에서 취해진다. 또한, 입자들의 수의 제곱의 평균은 다음과 같음을 보여라.

$$\overline{N^2}=\frac{(kT)^2}{\mathcal{Z}}\frac{\partial^2 \mathcal{Z}}{\partial \mu^2}$$

이 결과들을 사용해서 N의 표준편차가 문제 6.18과 유사하게 다음과 같음을 보여라.

$$\sigma_N = \sqrt{kT(\partial \overline{N}/\partial \mu)}$$

마지막으로, 이 식을 이상기체에 적용해서 σ_N을 $\overline{N}$의 간결한 식으로 나타내라. 결과를 간략하게 논평하라.

문제 7.7. 6.5절에서 헬름홀츠 자유에너지와 분배함수 사이의 유용한 관계식인 $F = -kT\ln Z$를 유도한 바가 있다. 유사한 과정을 따라서 다음 식을 증명하라.

$$\Phi = -kT\ln \mathcal{Z}$$

여기서 $\mathcal{Z}$는 큰분배함수이고, Φ는 문제 5.23에서 도입했던 큰자유에너지이다.

7.2 보손과 페르미온

깁스인자가 응용되는 가장 중요한 예는, 두 개 이상의 입자가 동일한 '단일입자 상태'를 점유할 기회가 상당할 정도로 계의 밀도가 높은 계들을 탐구하는 양자통계역학(quantum statistics)이다. 이런 상황에서는 6.6절에서 유도했던, 구별할 수 없으며 상호작용하지 않는 동일한 입자 N개로 된 계의 다음과 같은 분배함수의 식이 작동하지 않는다.

$$Z = \frac{1}{N!}Z_1^N \tag{7.16}$$

문제는, 다양한 상태들에 있는 입자들을 교환하는 방법의 수인 셈 인수 $N!$은 입자들이 '다른' 상태들에 있을 때에만 옳다는 것이다. (이 장에서 용어 "상태"는 단일입자 상태를 의미할 때 쓰겠다. 계 전체의 상태를 의미할 때는 "계상태"라고 쓰겠다.)

이 주제를 더 잘 이해하기 위해서 아주 간단한 예를 고려해보자. 그것은 서로 상호작용하지 않는 입자 두 개로 된 계이며, 여기서 각 입자는 다섯 가지의 상태들 중에 어느 상태라도 점유할 수 있다. 이 다섯 상태들의 에너지는 모두 영이어서 모든 볼츠만인자들도 1이고, 따라서 Z는 Ω와 같다고 상상해보자.

두 입자들을 '구별할 수 있다면', 각 입자는 다섯 가지의 접근 가능한 상태들을 갖고, 가능한 계상태의 총수는 $Z = 5 \times 5 = 25$가 된다. 두 입자들을 '구별할 수 없다면', 식

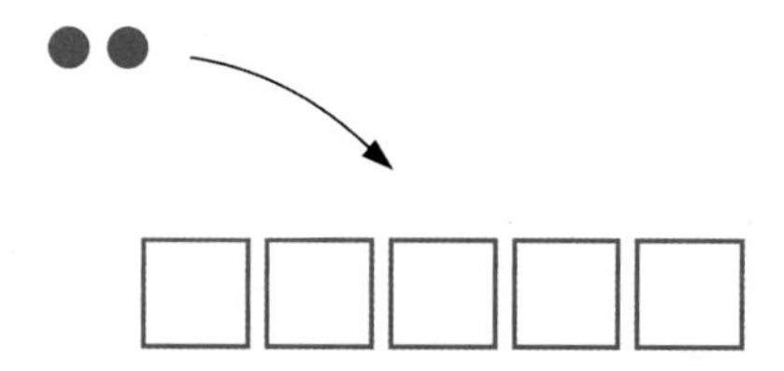

그림 7.3. 간단한 다섯-단일입자상태 모형. 두 입자들이 이 상태들을 점유할 수 있다.

(7.16)의 예측에 따라 $Z = 5^2/2 = 12.5$가 되고, 이 계에 대해서 Z는 정수이어야 하기 때문에, 이것은 옳을 수가 없다.

따라서 계상태의 수를 좀 더 주의 깊게 세어보자. 입자들을 구별할 수 없기 때문에, 의미가 있는 것은 주어진 상태를 점유하는 입자들의 수이다. 따라서 계상태를 나타내기 위해서 다섯 정수들의 열을 사용하고, 각 정수가 특정한 상태를 점유하는 입자들의 수를 나타내도록 할 수 있다. 예컨대, 01100은 두 번째 상태와 세 번째 상태가 각각 입자 한 개로 차 있고 다른 상태들은 비어 있는 계상태를 나타낸다. 이런 방식으로 모든 허용된 계상태들을 나열하면 다음과 같다.

11000	01010	20000
10100	01001	02000
10010	00110	00200
10001	00101	00020
01100	00011	00002

(상태들이 조화진동자들이고 입자들이 에너지단위라고 여기면, 아인슈타인 고체에 대해서 했던 것과 같은 방법으로 계상태들을 셀 수 있다.) 모두 15가지의 계상태들이 존재하고, 그 중 10가지는 두 입자들이 다른 상태에 있으며 나머지 5가지는 두 입자들이 같은 상태에 있다. 입자들을 구별할 수 있다면, 첫 10가지 계상태 각각은 입자들의 순서를 바꿀 수 있기 때문에 실제로 두 개의 다른 계상태를 나타낼 것이다. 따라서 인수 $1/N!$은 20을 10으로 올바르게 잘라낸다. 반면, 뒤 쪽의 다섯 계상태들을 반으로 잘라내는 것은 옳지 않다.

여기서 나는 동일한 두 입자들이 같은 상태를 점유할 수 있다고 암묵적으로 가정하고 있다. 하지만 어떤 유형의 입자들은 그럴 수 있지만, 다른 유형의 입자들은 그럴 수 없다는 것으로 판명된다. 같은 종류의 다른 입자들과 한 상태를 공유할 수 있는 입자들을 보손(boson)*이라고 부르며, 광자, 파이온(pion), ^{4}He 원자 그리고 다양한 다른 입자들이 보손에 해당된다. 어떤 주어진 상태에 있을 수 있는 동일한 보손들의 수에는 제한이 없다. 하지만 많은 유형의 입자들은 같은 종류의 다른 입자들과 한 상태를 공유할 수 없다는 것을 여러 실험들이 보여주기도 했다. 이것은 입자들이 물리적으로 서로 배척하기 때문이어서가 아니고, 여기서 설명하지는 않겠지만 양자역학의 기괴함에서 오는 것이다. (이 점에 대한 좀 더 상세한 논의는 부록 A를 참고하라.) 이 입자들을 페르미온(fermion)† 이라고 부르며, 전자, 양성자, 중성자, 중성미자, ^{3}He 원자 그리고 다른 입자들이 포함된다. 앞선 예에서 입자들이 동일한 페르미온들이라면, 표의 마지막 열의 다섯 계상태들은 허용되지 않아서 Z는 15가 아니라 10이 된다. (식 (7.16)에서 두 입자가 같은 상태에 있는 계상태는 반만 세어진다. 이 점에서 이 식은 페르미온들에 대한 옳은 결과와 보손들에 대한 옳은 결과 사이를 연결한다고 말할 수 있다.) 두 개의 동일한 페르미온들이 같은 상태를 점유할 수 없다는 규칙을 파울리 배타원리(Pauli exclusion principle)라고 부른다.

입자들의 스핀에 의해서 그 입자들이 보손인지, 페르미온인지 구별할 수 있다. $h/2\pi$ 단위로 0, 1, 2 등과 같은 정수 스핀을 갖는 입자들은 보손이고, 1/2, 3/2 등과 같이 반정수 스핀을 갖는 입자들은 페르미온이다. 하지만 이 규칙이 보손이나 페르미온의 정의는 아니다. 그것은 뻔하지 않은 자연의 사실이며, 파울리(Wolfgang Pauli)에 의해 처음으로 유도되었지만 상대론과 양자역학의 심오한 결과이다.

하지만 많은 상황에서는 유체 내의 입자들이 보손인지 페르미온인지 상관이 없다. 허용된 단일입자 상태들의 수가 입자수보다 훨씬 크면,

$$Z_1 \gg N \tag{7.17}$$

두 입자가 같은 상태를 점유하려고 할 가능성은 무시할만한 정도로 작다. 더 정확히 말하자면, 이중으로 채워진 상태들이 상당한 수가 되는 것은 모든 계상태들 중에 미미한 부분에서일 뿐이다. 이상기체에 대해서 단일입자 분배함수는 $Z_1 = VZ_{\text{내부}}/v_Q$ 이다. 여기서 $Z_{\text{내부}}$ 는 어떤 합리적으로 작은 수이고, v_Q 는 대략 평균 드브로이 파장의 세제곱인 양자부피이다.

* 7.4절에 제시된 광자기체를 다루는 방법을 1924년에 도입했던 보스(Satyendra Nath Bose)의 이름을 딴 것이다. 다른 보손들에 대한 일반화는 그 이후에 곧 아인슈타인이 했다.

† 1926년 통계역학에 대한 배타원리의 시사점들을 연구한 페르미(Enrico Fermi)의 이름을 딴 것이다. 디락(Paul A. M. Dirac)도 같은 연도에 같은 연구를 독립적으로 했다.

$$v_Q = \ell_Q^3 = \left(\frac{h}{\sqrt{2\pi mkT}}\right)^3 \tag{7.18}$$

따라서 식 $Z = Z_1^N/N!$ 이 적용되는 조건 (7.17)은 다음과 같이 번역될 수 있다.

$$\frac{V}{N} \gg v_Q \tag{7.19}$$

즉, 입자들 간의 평균거리가 평균 드브로이 파장보다 훨씬 길어야 한다. 우리가 호흡하는 공기에 대해서, 분자들 간의 평균거리는 약 3 nm 이고 평균 드브로이 파장은 0.02 nm 보다 작기 때문에 이 조건은 확실하게 만족된다. 그런데 이 조건은 계의 밀도뿐만 아니라, v_Q를 통해서 온도와 입자의 질량에도 의존한다는 것에 주목하라.

조건 (7.17)이 깨어지고 여러 입자들이 같은 상태에 들어오려고 하기 시작할 때, 기체 안에서 실제로 어떤 일이 일어나는지를 시각화하는 것은 어렵다. 부족하긴 하지만, 그림 7.4는 이 점에 대해서 내가 최선으로 할 수 있는 것을 보여준다. 각 입자를 v_Q의 부피를 채우는 양자 파동함수의 얼룩자국으로 묘사하자. (이것은 입자를 공간적으로 국한된 파동함수에 집어넣는 것과 동등하다. 파동함수를 더 좁게 조이기 위해서는 평균운동량 h/ℓ_Q보다 큰 운동량 불확정성을 도입해야 하고, 따라서 계의 에너지와 온도를 높여야 할 것이다.) 통상적인 기체라면, 그렇게 채워진 모든 입자들의 유효부피는 용기의 부피보다 훨씬 더 작을 것이다. (양자부피는 종종 분자의 물리적 부피보다 작다.) 하지만 기체의 밀도가 충분히 높거나 v_Q가 충분히 크면, 파동함수들이 닿고 겹쳐지기 시작할 것이다. 이 지점에서 입자들이 보손인지 페르미온인지가 중요해지기 시작한다. 어느 쪽이건 기체의 거동은 통상적인 기체의 거동과 많이 달라질 것이다.

조건 (7.17)을 위배하는 계들은 무수히 많다. 그런 계들은 중성자별처럼 밀도가 아주

통상적인 기체, $V/N \gg v_Q$

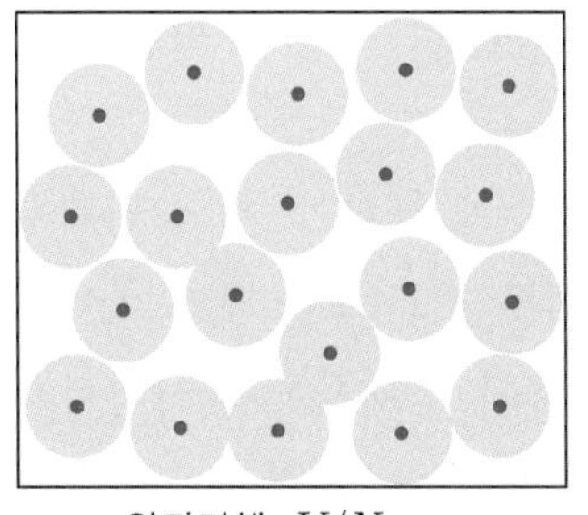

양자기체, $V/N \approx v_Q$

그림 7.4. 통상적인 기체에서 입자들 사이의 공간은 입자의 파동함수의 전형적인 크기보다 훨씬 크다. 파동함수가 "닿아서" 겹치기 시작할 때, 그 기체를 양자기체(quantum gas)라고 부른다.

높기 때문에, 액체 헬륨처럼 아주 온도가 낮기 때문에, 혹은 금속 중의 전자나 뜨거운 오븐 속의 광자처럼 입자들이 아주 가볍기 때문일 수도 있다. 이 장의 남은 부분은 이런 매력적인 계들을 탐구하는데 할애할 것이다.

문제 7.8. 내부의 입자가 10가지의 단일입자 상태들 중 하나를 점유할 수 있는 상자가 있다고 하자. 단순하게 하기 위해서 이 상태들의 에너지는 모두 영이라고 가정하자.

(a) 상자에 입자가 한 개만 들어있다면 이 계의 분배함수는 무엇인가?

(b) 상자에 구별할 수 있는 입자 두 개가 들어있다면 이 계의 분배함수는 무엇인가?

(c) 상자에 동일한 보손 두 개가 들어있다면 이 계의 분배함수는 무엇인가?

(d) 상자에 동일한 페르미온 두 개가 들어있다면 이 계의 분배함수는 무엇인가?

(e) 식 (7.16)을 따른다면 이 계의 분배함수는 무엇이겠는가?

(f) 구별할 수 있는 입자들일 때, 동일한 보손들일 때, 그리고 동일한 페르미온들일 때 등의 세 가지 경우에, 입자 두 개가 모두 같은 단일입자 상태에 있을 확률은 각각 얼마인가?

문제 7.9. 실온에 있는 N_2 분자에 대한 양자부피를 계산하고, 대기압에서 그런 분자들의 기체는 볼츠만통계를 사용해서 다룰 수 있다는 것을 논증하라. 이 계에서 양자통계가 적절해지는 온도는 대략 얼마인가? (밀도가 일정하게 유지되고 기체는 액화하지 않는다고 가정하라.)

문제 7.10. 허용된 에너지준위들이 겹침이 없고 등간격인, 용기에 들어 있는 입자 다섯 개로 된 계를 고려하자. 예컨대, 입자들은 일차원 조화진동자의 퍼텐셜에 갇힌 것일 수 있다. 이 문제에서는 이 계에 허용된 상태들이, 입자들이 동일한 페르미온들인지, 동일한 보손들인지, 혹은 구별할 수 있는 입자들인지에 어떻게 의존하는지를 고려할 것이다.

(a) 각 세 경우에 대해서 계의 바닥상태를 묘사하라.

(b) 바닥상태를 기준으로 계가 에너지단위 1을 갖는다고 하자. 각 세 경우에 대해서 계의 허용된 상태들을 묘사하라. 각 경우에 가능한 계상태들은 몇 가지인가?

(c) 에너지단위가 2와 3일 때 (b)를 각각 반복하라.

(d) 계의 온도가 낮아서, 영일 필요는 없지만 총에너지도 작다고 하자. 보손계의 거동은 구별할 수 있는 입자계의 경우와 어떤 방식으로 다른가? 논의하라.

▎분포함수

계가 조건 $Z_1 \gg N$을 만족시키지 않아서 6장의 방법을 사용해서 다룰 수 없을 때, 대신에 깁스인자를 사용할 수 있다. 착상은 이렇다. 먼저, 입자 자체보다는 한 단일입자상태로 된 "계"를 고려하라. 그러면 계는 어떤 특정한 한 공간 파동함수로 구성될 것이고, 스핀을 갖고 있는 입자라면 어떤 특정한 스핀방향에 해당하는 파동함수 성분이 추가될 것이다. 이 착상은 처음엔 이상해보일 수 있는데, 그 이유는 우리는 보통 에너지 파동함수들을 다루는데 이 파동함수들이 다른 파동함수들과 공간을 공유하기 때문이다. 즉, 그림 7.5에서처럼 "계"와 "열원"은 같은 물리적 공간을 점유한다. 다행하게도, 깁스인자를 유도하는 과정에서 사용했던 수학은 계의 공간이 열원의 공간과 같은지 혹은 다른지에 상관하지 않으므로, 모든 식들은 단일입자상태 계에도 여전히 적용된다.

따라서 계의 단일입자상태 하나에만 집중해보자. 상자 안에 갇힌 입자 한 개의 경우를 생각해도 좋다. 입자 한 개가 그 상태를 채우면 에너지는 ϵ이라고 하자. 그 상태가 비어 있으면 에너지는 영이다. 그 상태가 입자 n개로 찰 수 있다면, 에너지는 $n\epsilon$이 될 것이다. 그 상태가 입자 n개로 찰 확률은 다음과 같다.

$$\mathcal{P}(n) = \frac{1}{\mathcal{Z}} e^{-(n\epsilon - \mu n)/kT} = \frac{1}{\mathcal{Z}} e^{-n(\epsilon - \mu)/kT} \tag{7.20}$$

여기서 $\mathcal{Z}$는 계의 큰분배함수, 즉 모든 가능한 n에 대한 깁스인자들의 합이다.

문제의 입자들이 페르미온이면 n은 0이나 1만 될 수 있기 때문에, 큰분배함수는 다음과 같이 된다.

$$\mathcal{Z} = 1 + e^{-(\epsilon - \mu)/kT} \qquad \text{(페르미온)} \tag{7.21}$$

이것으로부터 그 상태가 차 있거나 비어 있을 확률을 ϵ, μ, T의 함수로 계산할 수 있다.

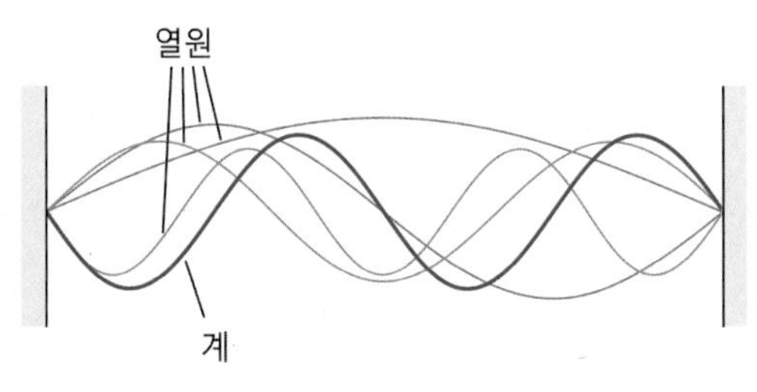

그림 7.5. 깁스인자를 사용해서 양자기체를 다루기 위해서 단일입자상태 하나로 된 "계"를 고려한다. "열원"은 가능한 다른 모든 단일입자상태들로 구성된다.

그 상태에 있는 입자들의 평균수, 즉 상태의 점유도(occupancy)라고 불리는 양도 다음과 같이 계산할 수 있다.

$$\bar{n} = \sum_n n\mathcal{P}(n) = 0 \cdot \mathcal{P}(0) + 1 \cdot \mathcal{P}(1) = \frac{e^{-(\epsilon-\mu)/kT}}{1+e^{-(\epsilon-\mu)/kT}} \tag{7.22}$$

$$= \frac{1}{e^{(\epsilon-\mu)/kT}+1} \quad \text{(페르미온)}$$

이 중요한 식은 페르미-디랙 분포(Fermi-Dirac distribution)라고 불리며, 여기서는 $\bar{n}_{\text{FD}}$로 표시하겠다.

$$\bar{n}_{\text{FD}} = \frac{1}{e^{(\epsilon-\mu)/kT}+1} \tag{7.23}$$

페르미-디랙 분포는 $\epsilon \gg \mu$일 때 영으로 가고, $\epsilon \ll \mu$일 때 1로 간다. 따라서 에너지가 μ보다 훨씬 작은 상태들은 찰 경향이 있고, 에너지가 μ보다 훨씬 큰 상태들은 빌 경향이 있다. 에너지가 정확히 μ인 상태는 찰 가능성이 50%이고, 점유도가 1에서 0으로 떨어지는 영역의 폭은 kT 정도의 크기이다. 그림 7.6은 다른 세 가지 온도에서 ϵ에 대한 페르미-디랙 분포의 그래프를 보여준다.

문제의 입자들이 보손인 경우에는, n은 음이 아닌 어떤 정수도 될 수 있기 때문에, 큰 분배함수는 다음과 같이 주어진다.

$$\mathcal{Z} = 1 + e^{-(\epsilon-\mu)/kT} + e^{-2(\epsilon-\mu)/kT} + \cdots$$

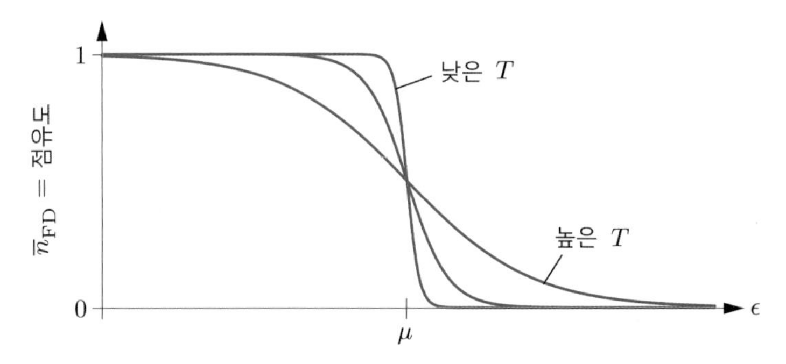

그림 7.6. 페르미-디랙 분포는 아주 낮은 에너지 상태들에 대해서는 1로 가고, 아주 높은 에너지 상태들에 대해서는 0으로 간다. 에너지가 μ인 상태에서는 1/2과 같고, 낮은 T에서는 급격하게 떨어지고, 높은 T에서는 점진적으로 떨어진다. (이 그래프에서 μ는 고정되었지만, 다음 절에서는, 정상적이라면 μ가 온도에 따라 변한다는 것을 보게 될 것이다.)

$$= 1 + e^{-(\epsilon-\mu)/kT} + \left(e^{-(\epsilon-\mu)/kT}\right)^2 + \cdots \tag{7.24}$$

$$= \frac{1}{1 - e^{-(\epsilon-\mu)/kT}} \qquad \text{(보손)}$$

(깁스인자들이 제한 없이 계속 커질 수는 없기 때문에, μ는 ϵ보다 작아야 하고 따라서 급수는 수렴해야만 한다.) 한편, 그 상태에 있는 입자들의 평균수는 다음과 같다.

$$\bar{n} = \sum_n n\mathcal{P}(n) = 0 \cdot \mathcal{P}(0) + 1 \cdot \mathcal{P}(1) + 2 \cdot \mathcal{P}(2) + \cdots \tag{7.25}$$

이 합을 계산하기 위해서 $x \equiv (\epsilon - \mu)/kT$라고 놓으면 다음과 같이 쓸 수 있다.

$$\bar{n} = \sum_n n\frac{e^{-nx}}{\mathcal{Z}} = -\frac{1}{\mathcal{Z}}\sum_n \frac{\partial}{\partial x}e^{-nx} = -\frac{1}{\mathcal{Z}}\frac{\partial \mathcal{Z}}{\partial x} \tag{7.26}$$

이 식은 페르미온들에 대해서도 성립한다는 것을 쉽게 확인할 수 있을 것이다. 보손의 경우에 이 식은 다음과 같이 된다.

$$n = -(1-e^{-x})\frac{\partial}{\partial x}(1-e^{-x})^{-1} = (1-e^{-x})(1-e^{-x})^{-2}(e^{-x})$$

$$= \frac{1}{e^{(\epsilon-\mu)/kT} - 1} \qquad \text{(보손)} \tag{7.27}$$

이 중요한 식은 보스-아인슈타인 분포(Bose-Einstein distribution)라고 불리며, 여기서는 $\bar{n}_{\text{BE}}$로 표시하겠다.

$$\bar{n}_{\text{BE}} = \frac{1}{e^{(\epsilon-\mu)/kT} - 1} \tag{7.28}$$

페르미-디락 분포처럼 보스-아인슈타인 분포도 $\epsilon \gg \mu$일 때 영으로 간다. 하지만 페르미-디락 분포와는 달리 ϵ이 μ를 위로부터 접근할 때 $\bar{n}_{\text{BE}}$는 무한대로 발산한다(그림 7.7). ϵ이 μ보다 작다면 $\bar{n}_{\text{BE}}$가 음이 되겠지만, 이런 일이 일어나지 않는다는 것을 우리는 이미 보았다.

페르미-디락 분포와 보스-아인슈타인 분포를 더 잘 이해하기 위해서 볼츠만통계를 따르는 입자들의 $\bar{n}$가 무엇인지를 묻는 것이 쓸모가 있다. 이 경우에 한 입자가 에너지가 ϵ인 어떤 상태에 있을 확률은 다음과 같다.

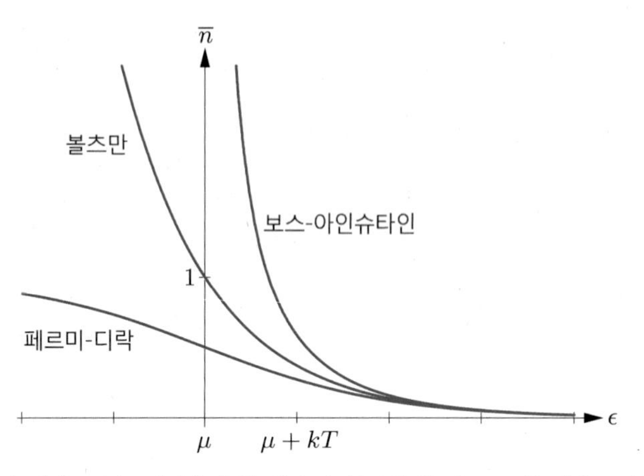

그림 7.7. 페르미-디락, 보스-아인슈타인, 볼츠만 분포들의 비교. μ의 값은 모두 같다. $(\epsilon-\mu)/kT \gg 1$일 때 세 분포들은 같아진다.

$$\mathcal{P}(s) = \frac{1}{Z_1} e^{-\epsilon/kT} \qquad \text{(볼츠만)} \tag{7.29}$$

전체적으로 독립적인 입자들이 N개가 있다면 이 상태에 있는 입자들의 평균수는 다음과 같다.

$$\overline{n}_{\text{볼츠만}} = N\mathcal{P}(s) = \frac{N}{Z_1} e^{-\epsilon/kT} \tag{7.30}$$

하지만 문제 6.44의 결과를 따르면, 그런 계에 대한 화학퍼텐셜은 $\mu = -kT\ln(Z_1/N)$이다. 따라서 평균점유도는 다음과 같이 쓸 수 있다.

$$\overline{n}_{\text{볼츠만}} = e^{\mu/kT} e^{-\epsilon/kT} = e^{-(\epsilon-\mu)/kT} \tag{7.31}$$

ϵ이 μ보다 충분히 커서 이 지수함수가 아주 작으면, 페르미-디락 분포 (7.23)이나 보스-아인슈타인 분포 (7.28)에서 분모의 1을 무시할 수 있어서, 두 분포는 모두 볼츠만 분포 (7.31)로 환원된다. 이 극한에서 세 개의 분포함수들이 같아지는 것을 그림 7.7에서 볼 수 있다. 세 개의 분포들이 일치하는 정확한 조건은 $(\epsilon-\mu)/kT \gg 1$이다. 최저에너지 상태의 에너지를 $\epsilon \approx 0$로 잡으면, $\mu \ll -kT$이기만 하면, 즉 $Z_1 \gg N$이면 모든 상태들에 대해서 이 조건이 만족된다. 이것은 이 절을 시작할 때 다른 논리과정을 통해서 우리가 얻었던 같은 조건이다.

이제 우리는 단일입자상태를 채우는 입자들의 평균수를 상태의 에너지, 온도, 화학퍼텐셜의 식으로 어떻게 계산하는지 알고 있다. 입자들은 페르미온일 수도 보손일 수도 있다. 어떤 입자계이든 이 착상을 적용하기 위해서는, 우리는 여전히 모든 상태들의 에너지를 알아야 한다. 이것은 양자역학의 문제이고 많은 경우에 극히 어려울 수 있다. 이 책에서는 대부분 상자에 갇힌 입자들을 다룰 것이다. 이 경우 양자역학적인 파동함수들은 간단한 사인파들이고 해당 에너지들도 어렵지 않게 구할 수 있다. 입자들은 금속 내의 전자들일 수도 있고, 중성자별의 중성자들, 아주 낮은 온도에 있는 유체의 원자들, 뜨거운 오븐 안의 광자들, 혹은 고체 내부의 진동에너지의 양자들인 "소리양자(phonon)"들에 이르기까지 다양한 것들이 될 수 있다,

어떤 응용이 되더라도 페르미-디락이나 보스-아인슈타인 분포를 적용하기 전에, 화학퍼텐셜이 무엇인지도 알아야 할 것이다. 몇 가지 경우들에서는 이것이 꽤 쉽지만, 다른 경우들에서는 상당한 노력이 필요하다. 보게 되겠지만, μ는 대개 계의 입자들의 총수에 의해서 간접적으로 결정된다.

문제 7.11. 실온에 있는 페르미온 계에 대해서 단일입자상태의 에너지가 다음과 같을 때, 그 상태가 찰 확률을 계산하라.

(a) μ보다 1 eV 작은 경우

(b) μ보다 0.01 eV 작은 경우

(c) μ와 같은 경우

(d) μ보다 0.01 eV 큰 경우

(e) μ보다 1 eV 큰 경우

문제 7.12. 페르미온 계의 두 단일입자상태 A와 B를 고려하자. $\epsilon_A = \mu - x$이고 $\epsilon_B = \mu + x$이다. 즉, A의 준위는 μ 밑에 있고, B의 준위는 같은 간격으로 μ 위에 있다. 준위 B가 찰 확률이 준위 A가 빌 확률과 같다는 것을 증명하라. 달리 말하자면, 페르미-디락 분포는 $\epsilon = \mu$인 점에 대해서 "대칭(symmetry)"이다.

문제 7.13. 실온에 있는 보손 계에 대해서 단일입자상태의 에너지가 다음과 같을 때 그 상태의 평균점유도와 그 상태가 보손 0개, 1개, 2개로 찰 확률을 각각 구하라.

(a) μ보다 0.001 eV 큰 경우

(b) μ보다 0.01 eV 큰 경우

(c) μ 보다 0.1 eV 큰 경우

(d) μ 보다 1 eV 큰 경우

문제 7.14. 실온에 있는 입자계에 대해서 페르미-디락, 보스-아인슈타인, 볼츠만 분포가 1% 오차 이내로 일치하기 위해서는 $\epsilon-\mu$ 가 얼마나 커야 하는가? 대기압의 기체들이 이 조건을 위배하는 경우가 있는가? 설명하라.

문제 7.15. 볼츠만통계를 따르는 계에 대해서 μ 가 무엇인지를 6장으로부터 알고 있다. 하지만 μ 는 모르지만 분포함수 (7.31)은 알고 있다고 해보자. 모든 단일입자상태들에 대한 점유도의 합을 해서 얻는 입자들의 총수가 N 이 되도록 하면 여전히 μ 를 결정할 수 있다. 이 계산을 수행해서 식 $\mu=-kT\ln(Z_1/N)$ 을 다시 유도하라. (수학이 보통 좀 더 어렵긴 하지만, 이것이 정상적으로 양자통계에서 μ 를 결정하는 방법이다.)

문제 7.16. 용기 안에 들어있는 동일한 페르미온 N 개로 된 고립계를 고려하자. 허용된 에너지준위들은 겹침이 없고 등간격이다.* 예컨대, 페르미온들은 일차원 조화진동자의 퍼텐셜에 갇힌 것일 수 있다. 단순하게 하기 위해서 페르미온들이 여러 개의 스핀방향들을 가질 수 있다는 사실을 무시하자. 혹은 같은 스핀방향을 갖도록 억제되어 있다고 가정하자. 그렇다면 각 에너지준위는 차거나 비어 있을 수 있고, 모든 허용된 계상태는 점들의 열로 표현될 수 있다. 즉, 속이 찬 점은 찬 준위를, 빈 점은 빈 준위를 나타낸다. 최저에너지 계상태는 어떤 점 이하에서는 모든 준위들이 차 있고 그 점 위의 준위들은 모두 비어 있는 상태이다. η 를 준위 사이의 간격이라고 하고, 바닥상태를 기준으로 η 를 단위로 하는 에너지단위 수를 q 라고 하자. $q<N$ 이라고 가정하라. 그림 7.8은 $q=3$ 까지의 모든 계상태들을 보여준다.

(a) $q=4$, $q=5$, $q=6$ 일 때 모든 허용된 계상태들을 그림처럼 점도표로 나타내라.

(b) 통계역학의 기본가정에 따라서, 주어진 q 값에서 허용된 모든 계상태들은 확률적으로 동등하다. $q=6$ 인 경우에 각 에너지준위가 점유될 확률을 계산하라. 이 확률의 그래프를 준위의 에너지에 대한 함수로 그려라.

(c) q 가 아주 큰 열역학적 극한에서는 한 준위가 찰 확률은 페르미-디락 분포에 의해

---

* 이 문제와 문제 7.27은 다음 논문을 기초로 한 것이다: J. Arnaud et al., *American Journal of Physics* **67**, 215 (1999).

주어져야 한다. 비록 6이 큰 수는 아니지만, (b)에서 그린 그래프와 최선으로 적합하기 위해서 페르미-디락 분포식에 대입할 μ와 T의 값을 추정하라.

(d) 0에서 6까지의 q값에 대해서 이 계의 엔트로피를 계산하고 에너지에 대한 엔트로피의 그래프를 그려라. $q=6$에서 이 그래프의 기울기를 대략 추정하고, 그 점에서 계의 온도에 대한 추정값을 구하라. 이것이 (c)의 답과 대략 일치하는지 확인하라.

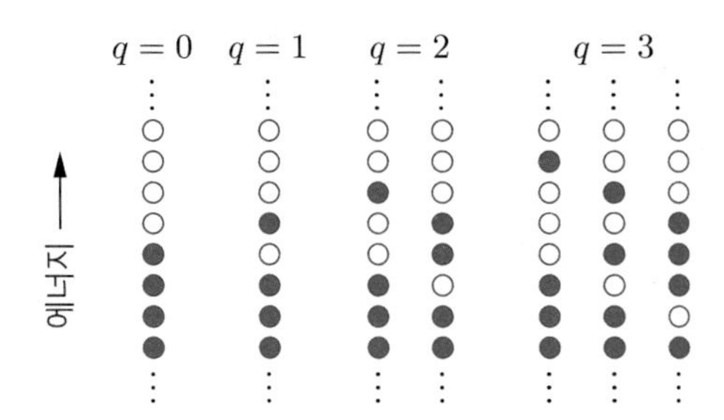

그림 7.8. 에너지준위가 등간격이고 겹침이 없는 페르미온계의 계상태들의 점도표 표현. 속이 찬 점은 찬 단일입자상태를, 빈 점은 빈 단일입자상태를 나타낸다.

문제 7.17. 앞 문제와 유사하게, 에너지준위들이 등간격인 어떤 영역에 갇힌 스핀-0인 동일한 보손들의 계를 고려하라. N이 큰 수라고 가정하고, q를 에너지단위 수라고 하자.

(a) $q=0$에서 $q=6$까지 모든 허용된 계상태들을 나타내는 도표를 그려라. 앞 문제에서처럼 점들을 사용하는 대신에 각 준위를 점유하는 보손들의 수를 나타내는 수를 사용하라.

(b) $q=6$일 때 각 에너지준위의 점유도를 계산하라. 준위의 에너지에 대한 함수로 점유도의 그래프를 그려라.

(c) (b)에서 그린 그래프와 최선으로 적합하기 위해서 보스-아인슈타인 분포식에 대입할 μ와 T의 값을 추정하라.

(d) 앞 문제의 (d)에서처럼 에너지에 대한 엔트로피의 그래프를 그리고, 이 그래프로부터 $q=6$에서의 온도를 추정하라.

문제 7.18. 한 단일입자상태를 같은 유형의 다른 입자 한 개까지만 공유할 수 있는 세 번째 유형의 입자가 존재한다고 상상해보자. 즉, 어떤 상태를 채운 입자들의 수는 0, 1, 2 중의 하나가 될 수 있다. 이 입자들로 인한 한 상태의 평균점유도인 분포함수를 유도하고, 상태의 에너지에 대한 함수로 점유도의 그래프를 그려라. 여러 가지 다른 온도에 대해서 그려라.

7.3 겹친 페르미 기체

양자통계와 페르미-디락 분포의 첫 응용으로써 아주 낮은 온도에서 페르미온들의 "기체"를 고려하고 싶다. 그 페르미온들은 헬륨-3 원자들이거나, 원자핵 내부의 양성자와 중성자들, 백색왜성 내부의 전자들, 혹은 중성자별의 중성자들일 수 있다. 하지만 가장 낯익은 예는 금속 덩어리 안의 전도전자들이다. 이 절에서는 구체적이기 위해서 "전자"들을 말하겠지만, 결과는 다른 유형의 페르미온들에도 마찬가지로 적용된다.

"아주 낮은 온도"라고 해서 반드시 온도가 실온보다 낮아야 하는 것을 의미하지는 않는다. 내가 실제로 의미하는 것은, 볼츠만통계가 이상기체에 적용될 수 있는 조건인 $V/N \gg v_Q$가 심하게 위배되는 경우이다. 즉, $V/N \ll v_Q$인 상황을 의미한다. 실온의 전자에 대해서 양자부피는 다음과 같다.

$$v_Q = \left(\frac{h}{\sqrt{2\pi mkT}} \right)^3 = (4.3\,\mathrm{nm})^3 \tag{7.32}$$

하지만 전형적인 금속 내부에는 원자당 전도전자가 약 한 개 존재하기 때문에, 전도전자당 부피는 대략 원자의 부피인 $(0.2\,\mathrm{nm})^3$이다. 따라서 볼츠만통계가 적용되기에는 온도가 너무 낮다. 즉, 실온이라기보다는 대신에 여러 목적상 $T=0$에 있는 것처럼 생각할 수 있는 반대극한에 있는 것이다. 그러므로 우선 $T=0$에서 전자기체의 성질들을 고려하고, 나중에 영이 아닌 작은 온도에서 어떤 일이 일어나는지 물어보도록 하자.

영도에서

$T=0$에서 페르미-디락 분포는 계단함수가 된다(그림 7.9). 에너지가 μ보다 작은 단일입자상태들은 모두 차 있고, 에너지가 μ보다 큰 상태들은 모두 비어 있다. 이 맥락에서 μ는 페르미에너지(Fermi energy)라고도 불리고, ϵ_F로 표시된다.

$$\epsilon_F \equiv \mu(T=0) \tag{7.33}$$

페르미온 기체가 너무 차서 ϵ_F 밑의 거의 모든 상태들은 차 있고 ϵ_F 위의 거의 모든 상태들은 비어 있으면, 이 기체를 겹친(degenerate) 기체라고 말한다. (이 용어를 이렇게 사용할 때 그 의미는, 에너지가 같은 양자상태들을 기술할 때의 의미와는 완전히 무관하다.)

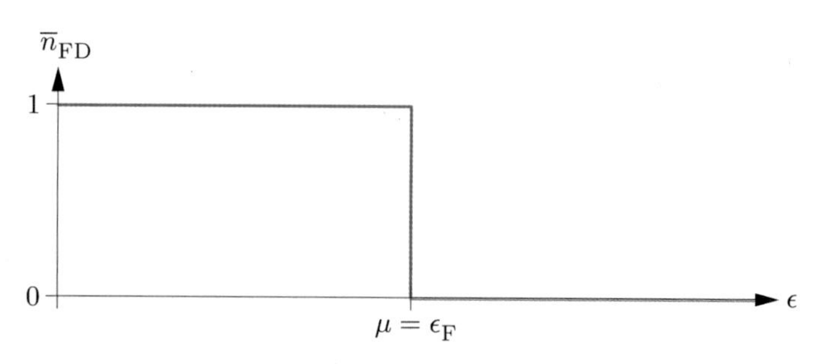

그림 7.9. $T=0$에서 페르미-디락 분포는 $\epsilon<\mu$인 모든 상태들에서는 1이고, $\epsilon>\mu$인 모든 상태들에서는 0이다.

ϵ_F의 값은 존재하는 전자들의 총수에 의해 결정된다. 잉여에너지가 없도록 한 번에 한 개씩 전자를 집어넣을 빈 상자를 상상해보자. 추가되는 각 전자는 에너지가 ϵ_F 바로 밑인 상태로 마지막 전자가 들어갈 때까지, 에너지가 가장 낮은 허용된 상태로 들어간다. 전자를 한 개 더 넣으려면 그 전자에 본질적으로 $\epsilon_F = \mu$와 같은 에너지를 주어야 할 것이다. 이 맥락에서 $dN=1$일 때 $dU=\mu$이므로, 식 $\mu = (\partial U/\partial N)_{S,V}$은 물리적으로 완벽한 의미를 갖는다. (물론 추가되는 전자들이 최저에너지 상태를 유지하면서 쌓이는 동안 S는 영으로 고정된다.)

전자기체의 총에너지와 압력 같은 다른 흥미로운 양들은 물론이고 ϵ_F를 계산하기 위해서도, 전자들이 부피가 $V=L^3$인 상자에 갇혀있다는 점을 제외하고는 어떠한 힘도 받지 않는 자유입자라는 근사를 하겠다. 금속 내부의 전도전자들에 대해서 이 근사가 특별히 잘 맞는 것은 아니다. 어떤 전기적으로 중성인 물질이더라도 그 내부에서 긴 거리 정전기력을 무시하는 것이 합리적이긴 하지만, 전도전자는 여전히 결정격자의 인접한 이온들로부터 인력을 느낀다. 하지만 이 힘들을 무시한다는 것이다.*

상자 안의 자유전자의 에너지 파동함수들은 6.7절에서 다루었던 기체분자들에서처럼 그냥 사인파들이다. 앞서 보인 것처럼, 일차원 상자에 대해서 허용된 파장과 운동량은 다음과 같다.

$$\lambda_n = \frac{2L}{n}, \qquad p_n = \frac{h}{\lambda_n} = \frac{hn}{2L} \tag{7.34}$$

여기서 n은 모든 양의 정수가 될 수 있다. 삼차원 상자라면 이 식들은 x, y, z 방향으로

* 문제 7.33과 7.34는 결정격자가 전도전자들에 미치는 효과들의 일부를 다룬다. 더 상세한 것들은 Kittel(1996)이나 Ashcroft and Mermin(1976)과 같은 고체물리학 교과서를 참조하라.

별개로 다 적용되기 때문에 다음과 같이 쓸 수 있다.

$$p_x = \frac{hn_x}{2L}, \quad p_y = \frac{hn_y}{2L}, \quad p_z = \frac{hn_z}{2L} \tag{7.35}$$

여기서 (n_x, n_y, n_z)는 양의 정수의 세겹항이다. 따라서 허용된 에너지는 다음과 같다.

$$\epsilon = \frac{|\vec{p}|^2}{2m} = \frac{h^2}{8mL^2}(n_x^2 + n_y^2 + n_z^2) \tag{7.36}$$

허용된 상태들의 집합을 가시화하기 위해서 n_x, n_y, n_z의 세 축을 갖는 삼차원 공간인 "n-공간"의 그림을 그리고 싶다(그림 7.10). 각 허용된 $\vec{n}$ 벡터는 양의 좌표를 갖는 이 공간의 한 점에 해당된다. 즉, 모든 허용된 상태들은 n-공간의 첫 팔분공간(octant)을 채우는 거대한 격자를 형성한다. 각 격자점은 실제로 두 상태들을 나타내는데, 각 공간파동함수에 대해서 두 개의 독립적인 스핀방향이 존재하기 때문이다.

n-공간에서 어떤 상태라도 그 에너지는 원점으로부터의 거리의 제곱 $n_x^2 + n_y^2 + n_z^2$에 비례한다. 따라서 전자들을 상자에 하나씩 추가할 때, 그들은 원점에서 시작해서 점진적으로 바깥쪽 상태들로 쌓인다. 쌓이는 것이 끝나면 찬 상태들의 총수는 아주 커서 n-공간에서 찬 영역의 크기는 본질적으로 구의 팔분의 일이 된다. (가장자리가 매끄럽지 않은 것은 전체 구의 엄청난 크기에 비하면 무시할만한 정도이다.) 이 구의 반지름을 $n_{최대}$라고 부르겠다.

이제 전자들의 총수 N을 화학퍼텐셜이나 페르미에너지($\mu = \epsilon_F$)에 관련짓는 것은 꽤 쉽

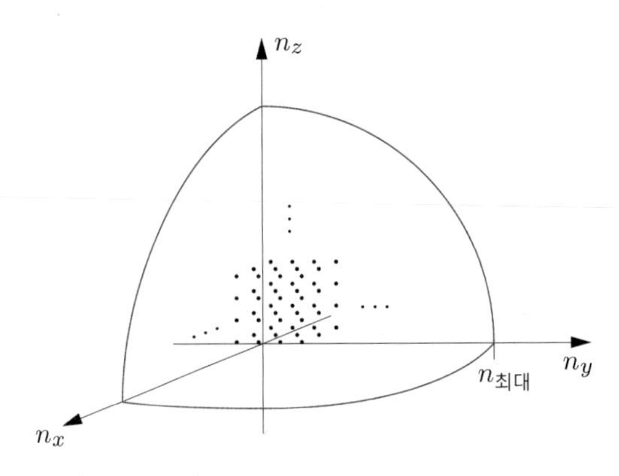

그림 7.10. 정수의 세겹항 (n_x, n_y, n_z) 각각은 에너지가 명시된 한 쌍의 전자상태들을 나타낸다. (두 상태는 서로 다른 스핀방향을 갖는다.) 모든 독립적인 상태들은 n-공간에서 양의 팔분공간(octant)을 채운다.

다. 한편으로 ϵ_F는 n-공간의 구의 표면에 자리 잡은 상태의 에너지이다. 즉, 다음과 같이 쓸 수 있다.

$$\epsilon_F = \frac{h^2 n_{\text{최대}}^2}{8mL^2} \tag{7.37}$$

다른 한편으로는 n-공간에서 격자점들 사이의 거리는 모든 세 방향으로 1이기 때문에, 팔분의 일 구의 부피는 둘러싸인 격자점들의 총수와 같다. 따라서 두 개의 스핀방향을 고려하면, 찬 상태들의 총수는 이 부피의 두 배가 된다.

$$N = 2 \times (\text{팔분의 일 구의 부피}) = 2 \cdot \frac{1}{8} \cdot \frac{4}{3} \pi n_{\text{최대}}^3 = \frac{\pi n_{\text{최대}}^3}{3} \tag{7.38}$$

이 두 개의 식을 결합하면 페르미에너지를 N과 상자의 부피 $V = L^3$의 함수로 얻을 수 있다.

$$\epsilon_F = \frac{h^2}{8m}\left(\frac{3N}{\pi V}\right)^{2/3} \tag{7.39}$$

오직 전자들의 수밀도 N/V에만 의존하기 때문에, 이 양은 세기변수라는 것에 주목하라. 즉, 용기가 더 크고 전자들의 수가 따라서 많아지더라도, 수밀도가 같으면 ϵ_F는 달라지지 않는다. 정육면체 형태의 상자 안에 갇힌 전자들에 대해서만 유도했지만, 이 결과는 실제로 어떤 형태의 용기나 금속 덩어리에도 적용된다.

페르미에너지는 모든 전자가 갖는 것 중에서 가장 높은 에너지이다. 평균적으로 전자들은 ϵ_F보다는 어느 정도 작지만 그 반보다는 약간 큰 에너지를 갖는다. 좀 더 정확하기 위해서는 적분을 해서 모든 전자들의 총에너지를 구해야 한다. 평균은 바로 그것을 N으로 나눈 값이다.

모든 전자들의 총에너지를 계산하기 위해서 모든 찬 상태에 있는 전자들의 에너지를 합해보자. 이것은 n_x, n_y, n_z에 대한 다음과 같은 삼중합을 수반한다.

$$U = 2\sum_{n_x}\sum_{n_y}\sum_{n_z}\epsilon(\vec{n}) = 2\int\int\int \epsilon(\vec{n})\, dn_x\, dn_y\, dn_z \tag{7.40}$$

여기서 인수 2는 각 $\vec{n}$에 대해서 두 개의 스핀방향들이 존재하는데서 기인한 것이다. 합을 적분으로 바꿀 수 있는 것은, 항들의 수가 매우 커서 그것이 연속함수라고 하는 편이 낫기 때문이다. 삼중적분을 하기 위해서 그림 7.11에 그려진 구좌표계를 사용하겠다. 부

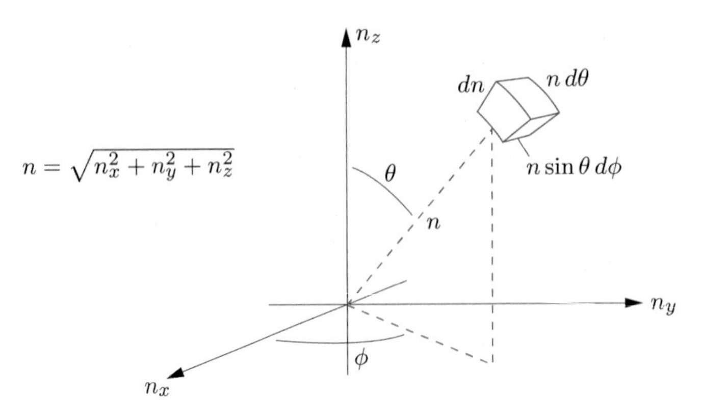

그림 7.11. 구좌표$(n,\ \theta,\ \phi)$에서 무한소 부피요소는 $(dn)(nd\theta)(n\sin\theta d\phi)$이다.

피요소 $dn_x dn_y dn_z$가 $n^2\sin\theta\, dn\, d\theta\, d\phi$가 된다는 것에 유의하라. 따라서 모든 전자들의 총 에너지는 다음과 같이 쓸 수 있다.

$$U = 2\int_0^{n_{최대}} dn \int_0^{\pi/2} d\theta \int_0^{\pi/2} d\phi\ n^2 \sin\theta\ \epsilon(n) \tag{7.41}$$

회전각에 대한 적분 구간들은 $\pi/2$까지로, 단위구의 팔분의 일 표면적을 덮는다. 회전각에 대한 적분을 먼저하고 n에 대한 적분을 하면 다음 식을 얻는다.

$$U = \pi \int_0^{n_{최대}} \epsilon(n) n^2 dn = \frac{\pi h^2}{8mL^2}\int_0^{n_{최대}} n^4 dn = \frac{\pi h^2 n_{최대}^5}{40mL^2} = \frac{3}{5}N\epsilon_F \tag{7.42}$$

따라서 전자들의 평균에너지는 페르미에너지의 3/5이다.

약간의 수들을 대입하면 전형적인 금속 내부에서 전도전자들의 페르미에너지가 수 eV 정도라는 것을 알게 될 것이다. 실온에서 입자의 평균열에너지인 대략 $kT \approx 1/40\,\text{eV}$와 비교하면 페르미에너지는 엄청나게 큰 것이다. 사실, 페르미에너지를 평균열에너지와 비교하는 것은 양자부피를 입자당 평균부피와 비교하는 것과 본질적으로 동일하다. 이 절을 시작할 때 후자를 다룬 바가 있다.

$$\frac{V}{N} \ll v_Q \text{는 } kT \ll \epsilon_F \text{와 동일하다.} \tag{7.43}$$

이 조건이 만족되면, $T \approx 0$라고 근사하는 것은 많은 목적에서 꽤 정확하다. 이 극한에서 기체는 겹친 기체라고 일컫는다. 페르미기체가 갖게 될 열에너지 kT가 ϵ_F와 같아지는 온도를 페르미온도(Fermi temperature)라고 부른다. 즉, $T_F \equiv \epsilon_F/k$로 정의된다. 금속 내부의 전자들에 대해서는 이 온도는 순전히 가상적인데, 이 온도에 도달하기 한참 전에 이미 금속이 녹아서 증발할 것이기 때문이다.

열역학항등식으로부터 직접 유도하거나 고전역학으로부터 곧바로 유도할 수 있는 식 $P=-(\partial U/\partial V)_{S,N}$를 사용해서, 겹친 전자기체의 압력을 다음과 같이 계산할 수 있다.

$$P=-\frac{\partial}{\partial V}\left[\frac{3}{5}N\frac{h^2}{8m}\left(\frac{3N}{\pi}\right)^{2/3}V^{-2/3}\right]=\frac{2N\epsilon_F}{5V}=\frac{2}{3}\frac{U}{V} \tag{7.44}$$

이 양은 겹침압력(degeneracy pressure)이라고 불린다. 겹친 전자기체를 압축하면 모든 파동함수들의 파장이 짧아지고 그래서 파동함수들의 에너지가 증가하게 되므로, 이 양은 양의 값을 갖는다. 전자들과 양성자들을 서로 잡아당기게 하는 막대한 정전기력 하에서 물질이 붕괴되는 것을 막는 것이 바로 겹침압력이다. 겹침압력은 우리가 무시한 전자들 사이의 정전기적 반발과는 아무런 상관이 없다는 것에 유의하기 바란다. 겹침압력은 순전히 배타원리 덕분에 일어난다.

전형적인 금속에 대해서 겹침압력은 수치적으로 수십억 N/m^2의 크기이다. 하지만 이 수는 직접 측정될 수 있는 것은 아니다. 우선 전자들을 금속 내부에 붙드는 정전기력에 의해 상쇄되기 때문이다. 더 잘 측정할 수 있는 양은, 물질이 압축될 때 압력의 변화량을 부피변화량의 분율로 나눈 부피탄성률(bulk modulus)이다.

$$B=-V\left(\frac{\partial P}{\partial V}\right)_T=\frac{10}{9}\frac{U}{V} \tag{7.45}$$

SI 단위로 이 양 역시 꽤 크지만, 부피탄성률은 정전기력에 의해 완전히 상쇄되지는 않는다. 대부분의 금속들에 대해서 식 (7.45)는 실제로 인수 3 정도 내에서 실험과 잘 일치한다.

문제 7.19. 구리 덩어리 안의 원자들은 각각 전도전자 한 개씩을 기여한다. 구리원자의 원자량과 밀도를 찾아서 페르미에너지, 페르미온도, 겹침압력, 부피팽창률에 대한 겹침압력의 기여도를 계산하라. 이 계를 겹친 전자기체로 다룰 수 있을 정도로 실온은 충분히 낮은 온도인가?

문제 7.20. 태양의 중심에서 온도는 약 10^7 K이고 전자밀도는 약 $10^{32}\,m^{-3}$이다. 이 전자들을 볼츠만통계를 적용할 수 있는 "고전적" 이상기체나, $T\approx 0$에서의 겹친 페르미기체로 다루는 것이 근사적으로 정당한가? 혹은 둘 다 정당하지 않은가?

문제 7.21. 원자핵의 거친 모형으로 수밀도가 $0.18\,\mathrm{fm}^{-3}$ 인 핵자들의 기체를 고려할 수 있다. ($1\,\mathrm{fm} = 10^{-15}\,\mathrm{m}$ 이다.) 핵자는 스핀이 각각 1/2인 양성자와 중성자의 두 유형으로 존재하기 때문에, 핵자의 공간파동함수 각각은 네 가지의 핵자상태를 지닐 수 있다. 이 계의 페르미에너지를 MeV 단위로 계산하라. 페르미온도도 계산하고 결과를 논평하라.

문제 7.22. 본질적으로 모든 전자들이 고도로 상대론적이어서($\epsilon \gg mc^2$) 에너지가 $\epsilon = pc$ 인 겹친 전자기체를 고려하라. 여기서 p 는 운동량벡터의 크기이다.

(a) 위에서 보인 유도과정을 수정해서, 절대영도의 상대론적 전자기체에 대해서 화학퍼텐셜, 혹은 페르미에너지가 $\mu = hc(3N/8\pi V)^{1/3}$ 으로 주어지는 것을 보여라.

(b) 이 계의 총에너지를 N과 μ 의 식으로 구하라.

문제 7.23. 백색왜성(white dwarf star)은 전하의 균형을 이루고 별을 흩어지지 않게 유지하는 중력을 제공하는 핵자무리와 섞여 있는, 본질적으로 겹친 전자기체이다(그림 7.12). 이 문제에서는 백색왜성을 균질한 밀도의 구로 모형화하여 별의 질량과 반지름 사이의 관계식을 유도할 것이다. 우리의 기준으로 백색왜성은 극히 뜨거운 경향이 있다. 하지만 이 문제에서는 $T = 0$ 이라고 하는 것이 훌륭한 근사이다.

(a) 차원분석을 해서, 질량이 M 이고 반지름이 R 인 균질한 밀도의 구의 중력퍼텐셜에너지가 다음과 같아야 함을 논증하라.

$$U_{중력} = -(상수)\frac{GM^2}{R}$$

여기서 (상수)는 어떤 수치적인 상수이다. 음부호를 반드시 설명하라. 상수는 3/5으로 판명되는데, 안쪽에서 바깥쪽으로 구껍질을 하나씩 쌓아서 구를 조립하는데 필요한 (음의) 일을 계산해서 유도할 수 있다.

(b) 별이 전자 하나당 양성자와 중성자를 각각 한 개씩 포함하고, 전자들은 비상대론적이라고 가정하자. 겹친 전자들의 총(운동)에너지가 다음과 같음을 보여라.

$$U_{\text{운동}} = (0.0088)\frac{h^2 M^{5/3}}{m_e m_p^{5/3} R^2}$$

여기서 수치인수는 π, 세제곱근, 등등으로 정확하게 표시될 수는 있지만 그럴 가치는 없다.

(c) 백색왜성의 평형반지름은 총에너지 $U_{\text{중력}} + U_{\text{운동}}$을 최소화하는 양이다. 총에너지를 R의 함수로 스케치하고, 평형반지름을 질량의 식으로 구하라. 질량이 증가할수록 반지름이 증가하는가, 혹은 감소하는가? 이것은 타당한가?

(d) 질량이 태양의 질량, 즉 $M = 2\times 10^{30}\,\text{kg}$일 때, 평형반지름을 계산하라. 밀도도 계산하라. 물에 비해서 밀도는 어떠한가?

(e) (d)에서 고려한 경우에 대해서 페르미에너지와 페르미온도를 계산하라. $T=0$의 근사가 정당한지 논의하라.

(f) 대신에 백색왜성의 전자들이 고도로 상대론적이라고 가정하자. 앞 문제의 결과를 사용해서 전자들의 총운동에너지가 이제 $1/R^2$ 대신에 $1/R$에 비례한다는 것을 보여라. 그런 별에 대해서는 안정된 평형반지름이 존재하지 않는다는 것을 논증하라.

(g) 비상대론적 영역에서 초상대론적 영역으로의 전이는 대략 전자의 평균운동에너지가 정지에너지 mc^2과 같을 때 일어난다. 태양 한 개의 질량을 갖는 백색왜성에 대해서 비상대론적 근사는 정당한가? 질량이 얼마보다 클 때 백색왜성이 상대론적이 되고 따라서 불안정적이 될 것이라고 기대하는가?

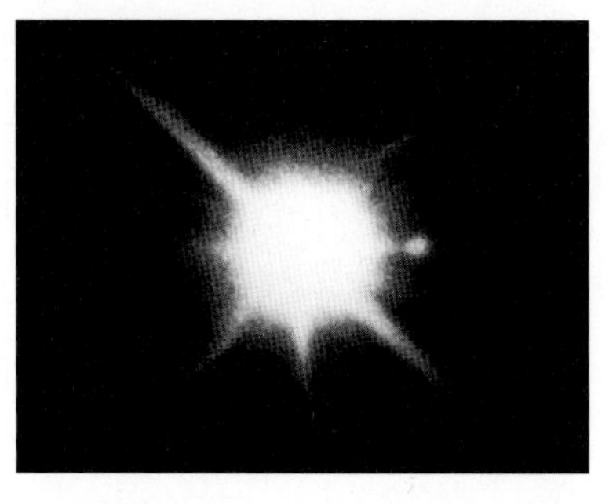

그림 7.12. 이중성계인 시리우스(Sirius) A와 B. 사진에서 매우 과잉 노출된 시리우스 A는 밤하늘에서 가장 밝은 별이다. 그 짝인 시리우스 B는 온도가 더 높음에도 불구하고 아주 희미해서 극히 작은 별, 즉 백색왜성이라는 것을 암시한다. 이 쌍의 궤도운동으로부터 시리우스 B의 질량이 우리 태양의 두 배 정도가 된다는 것을 알 수 있다. (UCO/Lick 천문대의 사진.)

문제 7.24. 백색왜성으로 안정되기에 너무 무거운 별은 보다 더 붕괴해서 중성자별 (neutron star)을 형성한다. 중성자별은 전체가 중성자로 되어 있고, 중성자들의 겹침압력에 의해 중력붕괴로부터 유지된다. 앞 문제의 단계들을 태양 한 개의 질량을 갖는 중성자별에 대해서 반복해서, 다음 양들을 결정하라: 질량-반지름 관계식, 반지름, 밀도, 페르미에너지, 페르미온도, 그 이상의 값에서 중성자별이 상대론적이 되고 따라서 불안정하여 더 붕괴하게 되는 한계질량.

영이 아닌 작은 온도에서

페르미기체의 한 성질은 $T=0$ 의 근사를 사용해서는 열용량을 계산할 수 없다는 것이다. 열용량은 계의 에너지가 어떻게 온도에 의존하는지에 대한 측도이기 때문이다. 따라서 온도가 아주 작긴 하지만 영은 아닐 때 어떤 일이 일어나는지 고려해보자. 신중한 계산을 하기 전에, 어떤 일이 일어나는지 정성적으로 설명을 하고, 어떤 개연성 위주의 주장을 우선 해보려고 한다.

온도 T 에서 모든 입자들은 전형적으로 대략 kT 크기의 열에너지를 획득한다. 하지만 겹친 전자기체의 경우에는 대부분의 전자들이 그런 작은 양의 에너지를 획득할 수 없는데, 전자들이 들뜰 수 있는 모든 상태들이 이미 차 있기 때문이다. (그림 7.6에서 보인 페르미-디락 분포의 형태를 상기하라.) 그 정도의 작은 열에너지를 획득할 수 있는 전자들은 페르미에너지로부터 대략 kT 범위 안의 에너지준위에 이미 놓인 것들뿐이다. 즉, 그 전자들만이 ϵ_F 위의 빈 상태들로 뛰어오를 수 있다. (그 전자들이 남긴 많지는 않은 빈 자리들은 더 낮은 에너지를 갖는 전자들이 에너지를 획득할 수 있게 해준다.) T 의 증가로 영향을 받는 전자들의 수는 T 에 비례한다는 것에 주목하라. 이 수는 크기변수이기 때문에 N 에도 비례해야 한다.

따라서 온도가 영에서 T 로 상승할 때, 겹친 전자기체가 획득하는 추가적인 에너지는 T 의 제곱에 비례한다.

$$\begin{aligned} \text{추가 에너지} &\propto (\text{영향받는 전자의 수}) \times (\text{각 전자가 획득하는 에너지}) \\ &\propto (NkT) \times (kT) \\ &\propto N(kT)^2 \end{aligned} \tag{7.46}$$

단위차원분석을 통해서 비례상수를 추측할 수 있다. $N(kT)^2$ 이 (에너지)^2 의 단위를 갖기 때문에 (에너지)^1 단위의 결과를 얻으려면 에너지 단위를 갖는 무언가로 나누어야 한다. 쓸 수 있는 그런 상수는 오직 ϵ_F 뿐이기 때문에, 추가 에너지는 $N(kT)^2/\epsilon_F$에 크기 1인 어떤 단위 없는 상수를 곱한 것이라야 한다. 앞으로 몇 쪽 안에서, 이 상수가 $\pi^2/4$이라는 것을 알게 될 것이다. 따라서 $T \ll \epsilon_F/k$ 일 때 겹친 페르미기체의 총에너지는 다음과 같다.

$$U = \frac{3}{5}N\epsilon_F + \frac{\pi^2}{4}N\frac{(kT)^2}{\epsilon_F} \tag{7.47}$$

이 결과로부터 다음과 같이 열용량을 쉽게 계산할 수 있다.

$$C_V = \left(\frac{\partial U}{\partial T}\right)_V = \frac{\pi^2 N k^2 T}{2\epsilon_F} \tag{7.48}$$

제삼 법칙이 요구하듯이, $T=0$에서 열용량이 영으로 간다는 것에 주목하라. 영으로의 접근은 T에 선형적이고, 이 예측은 저온에서 금속의 실험과도 잘 일치한다. (수 켈빈 이상에서는 격자진동도 금속의 열용량에 역시 상당히 기여한다.) 예외는 있지만, 계수 $\pi^2/2$는 보통 50% 이내 또는 더 좋은 결과로 실험과 일치한다.

문제 7.25. 이 절의 결과들을 사용해서, 실온에서 구리 1몰의 열용량에 대한 전도전자들의 기여를 추정하라. 얼어붙지 않는다면 격자진동의 기여에 비교하면 어떠한가? (전자들의 기여가 저온에서 측정되었는데, 여기서 사용한 자유전자 모형에 의해서 예측된 것보다 약 40% 더 큰 것으로 드러난다.)

문제 7.26. 이 문제에서는 헬륨-3를 상호작용하지 않는 페르미기체로 모형화할 것이다. 저온에서 ^{3}He는 액화하지만, 그 액체는 드물게 밀도가 낮고, 원자 간의 힘이 아주 약하기 때문에 많은 방식에서 기체처럼 거동한다. 핵 안의 짝이 없는 중성자로 인해 ^{3}He 원자는 스핀 1/2인 페르미온이다.

(a) 액체 ^{3}He가 상호작용하지 않는 페르미기체라고 여기고, 페르미에너지와 페르미온도를 계산하라. (저압에서) 몰당 부피는 $37\,\text{cm}^3$이다.

(b) $T \ll T_F$에서 열용량을 계산하고, 저온극한에서 실험결과인 $C_V = (2.8\,\text{K}^{-1})NkT$와 비교하라. (완벽하게 일치할 것이라고 기대하지는 말라.)

(c) 1K 이하에서 고체 ^{3}He의 엔트로피는 거의 전적으로 핵스핀 정렬의 겹침수에 의

한 것이다. 저온에서 액체와 고체 ^3He에 대해서 T에 대한 S의 그래프를 스케치하고, 액체와 고체가 동일한 엔트로피를 갖는 온도를 추정하라. 그림 5.13에서 보인 고체-액체 상경계선의 형태를 논의하라.

문제 7.27. $C_V \propto T$인 이유에 대해서 위에서 한 주장은, 페르미온들에 허용된 에너지준위들의 세부사항들에 의존하지 않는다. 따라서 그 주장은 문제 7.16에서 고려했던 모형에도 적용되어야 한다. 그 모형이란 에너지준위들이 등간격이고 겹침이 없는 방식으로 갇힌 페르미온들의 기체였다.

(a) 이 모형에서, 주어진 q값에 대해서 가능한 계상태들의 수가, q를 양의 정수들의 합으로 쓸 수 있는 서로 다른 방법의 수와 같다는 것을 보여라. (예컨대, $q=3$인 경우에 3, 2+1, 1+1+1에 각각 해당하는 세 가지의 계상태들이 존재한다. 2+1과 1+2가 별개로 세어지지 않는 것에 유의하라.) 이 조합함수는 q의 무제한분할(unrestricted partition) 수라고 불리며, $p(q)$로 표시된다. 예컨대, $p(3)=3$이다.

(b) 분할을 명시적으로 계산해서, $p(7)$과 $p(8)$을 구하라.

(c) 수학자료집을 참조하던가, 그런 계산을 해주는 소프트웨어 패키지를 사용하던가, 혹은 직접 프로그래밍을 해서 100까지의 q값에 대해서 $p(q)$의 표를 만들라. 3.3절과 동일한 방법으로 이 표로부터 이 계의 엔트로피, 온도, 열용량을 계산하라. 열용량을 온도의 함수로 그리고, 그것이 근사적으로 선형적인 것을 확인하라.

(d) 유명한 수학자인 라마누잔(Ramanujan)과 하디(Hardy)는 q가 클 때 q의 무제한분할 수가 근사적으로 다음과 같이 주어진다는 것을 보인 바가 있다.

$$p(q) \approx \frac{e^{\pi\sqrt{2q/3}}}{4\sqrt{3}\,q}$$

$q=10$과 $q=100$의 경우에 이 식의 정확도를 확인하라. 라마누잔-하디 식을 사용해서 이 계의 엔트로피, 온도, 열용량을 계산하라. 열용량을 kT/η의 감소하는 차수의 급수로 표현하는데, 이 비가 큰 값이라고 가정하고 가장 큰 두 개항까지만 유지하라. (c)에서 얻은 수치적 결과들과 비교하라. 이 계의 열용량이 본문에서 논의했던 삼차원 상자 안의 페르미온의 경우와 달리, N과 무관한 이유는 무엇인가?

▍상태밀도

영이 아닌 작은 온도에서 페르미기체의 거동을 더 잘 가시화하고 또한 정량화하기 위해서는 새로운 개념을 도입할 필요가 있다. 에너지 적분 (7.42)로 돌아가서 변수 n을 전자의 에너지 ϵ으로 바꿔보자.

$$\epsilon = \frac{h^2}{8mL^2}n^2, \qquad n = \sqrt{\frac{8mL^2}{h^2}}\sqrt{\epsilon}, \qquad dn = \sqrt{\frac{8mL^2}{h^2}}\frac{1}{2\sqrt{\epsilon}}d\epsilon \tag{7.49}$$

이렇게 치환하면 영도에서 페르미기체의 에너지 적분이 다음과 같이 되는 것을 보일 수 있다.

$$U = \int_0^{\epsilon_F} \epsilon \left[\frac{\pi}{2}\left(\frac{8mL^2}{h^2}\right)^{3/2}\sqrt{\epsilon}\right] d\epsilon \qquad (T=0) \tag{7.50}$$

중괄호 안의 양은 멋진 해석이 가능하다. 즉, 그것은 단위에너지당 단일입자상태들의 수이다. 계의 총에너지를 계산하기 위해서는, 주어진 에너지와 그 에너지를 갖는 단일입자상태들의 수를 곱해서 모든 에너지 범위에서 합하면 된다.

단위에너지당 단일입자상태들의 수는 상태밀도(density of states)라고 불린다. 그것을 나타내는 기호로 $g(\epsilon)$을 사용하며 다양한 방법으로 써질 수 있다.

$$g(\epsilon) = \frac{\pi(8m)^{3/2}}{2h^3}V\sqrt{\epsilon} = \frac{3N}{2\epsilon_F^{3/2}}\sqrt{\epsilon} \tag{7.51}$$

두 번째 표현은 간결하지만, $g(\epsilon)$이 N에 의존하는 듯이 보여서 혼동을 줄 수 있다. 사실 N 의존성은 ϵ_F로 인해 상쇄된다. 나는 첫 번째 표현을 선호하는데, $g(\epsilon)$이 V에 비례하고 N과 무관하다는 것을 명시적으로 보여주기 때문이다. 하지만 어느 쪽이건 가장 중요한 점은, 삼차원 상자 안의 자유입자들에 대해서 $g(\epsilon)$이 $\sqrt{\epsilon}$에 비례한다는 것이다. 이 함수의 그래프는 그림 7.13에 보인 것처럼 오른쪽으로 열린 포물선이다. 어떤 두 에너지 ϵ_1과 ϵ_2 사이에 얼마나 많은 상태들이 존재하는지를 알고 싶다면, 이 범위에서 이 함수를 적분하기만 하면 된다. 상태밀도는 적분되기 위한 목적으로만 존재하는 함수이다.

상태밀도의 착상은 이 예를 넘어서 다른 많은 계들에도 적용될 수 있다. 식 (7.51)과 그림 7.13은 고정된 부피의 상자 안에 갇혀서 다른 아무런 힘도 받지 않는 "자유"입자들이라는 특정한 경우에 한정된 것이다. 금속에 대한 더 실재적인 모형에서라면, 전자들이 결정격자의 양이온들에 끌리는 인력도 고려하기를 원할 것이다. 그렇다면 파동함수들과

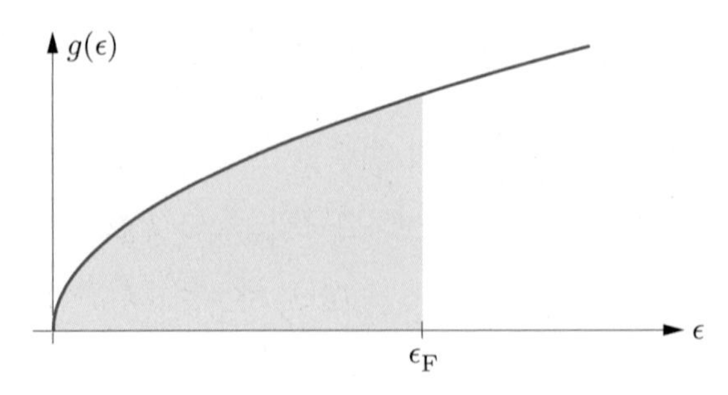

그림 7.13. 삼차원 상자 안에서 상호작용이 없고 비상대론적인 입자들로 된 계에 대한 상태밀도. 어떤 에너지 범위이더라도 상태들의 수는 그래프 밑의 면적이다. $T=0$ 에서의 페르미기체에 대해서 $\epsilon<\epsilon_F$ 인 모든 상태들은 차 있고, $\epsilon>\epsilon_F$ 인 모든 상태들은 비어 있다.

전자들의 에너지도 상당히 다를 것이기 때문에 $g(\epsilon)$ 은 훨씬 더 복잡한 함수가 될 것이다. 다행스러운 일은 $g(\epsilon)$ 을 결정하는 것은 순전히 양자역학의 문제이고, 열효과나 온도하고는 무관하다는 점이다. 그리고 어떤 계에 대해서 $g(\epsilon)$ 을 알기만 하면, 양자역학에 대해서는 잊어버리고 열물리학에 대해서만 집중할 수 있다는 것이다.

영도의 전자기체에 대해서 상태밀도를 페르미에너지까지 적분하면 전자들의 총수를 구할 수 있다.

$$N=\int_0^{\epsilon_F} g(\epsilon)d\epsilon \qquad (T=0) \tag{7.52}$$

(자유전자기체에 대해서 이것은 ϵ 이 빠진 식 (7.50)과 동일하다.) 하지만 T가 영이 아니면 어떨까? 그렇다면 우리는 $g(\epsilon)$ 에 해당 에너지를 갖는 상태의 확률, 즉 페르미-디락 분포함수를 곱해주어야 한다. 또한, 어떤 상태도 찰 확률을 가지므로 적분의 상한은 무한대까지 가야 한다.

$$N=\int_0^\infty g(\epsilon)\bar{n}_{FD}(\epsilon)\,d\epsilon=\int_0^\infty g(\epsilon)\frac{1}{e^{(\epsilon-\mu)/kT}+1}d\epsilon \qquad (\text{모든 } T) \tag{7.53}$$

그리고 모든 전자들의 총에너지를 구하기 위해서는 ϵ 만 삽입하면 된다.

$$U=\int_0^\infty \epsilon g(\epsilon)\bar{n}_{FD}(\epsilon)\,d\epsilon=\int_0^\infty \epsilon g(\epsilon)\frac{1}{e^{(\epsilon-\mu)/kT}+1}d\epsilon \qquad (\text{모든 } T) \tag{7.54}$$

그림 7.14는 T가 영이 아닐 때 자유전자기체에 대한 식 (7.53)의 피적분함수의 그래프를 보여준다. $\epsilon=\epsilon_F$ 에서 즉각 영으로 떨어지는 대신에, 이제 단위에너지당 전자들의 수

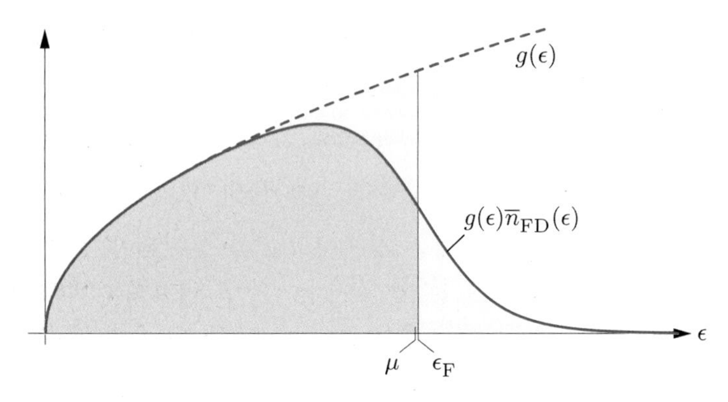

그림 7.14. T가 영이 아닐 때, 단위에너지당 페르미온들의 수는 상태밀도에 페르미-디락 분포를 곱해서 얻는다. 온도를 증가시키는 것이 페르미온들의 총수를 변하게 하지는 않으므로, 연하게 덧칠한 두 개의 영역들은 같은 면적을 가져야 한다. ϵ_{F}의 밑보다 위에서 $g(\epsilon)$이 크다는 것은 온도가 증가할 때 화학퍼텐셜이 감소한다는 것을 의미한다. 이 그래프는 $T/T_{\mathrm{F}}=0.1$인 경우이다. 이 온도에서 μ는 ϵ_{F}보다 약 1% 만큼 작다.

는 kT의 수 배에 달하는 범위에 걸쳐 보다 점진적으로 떨어진다. 화학퍼텐셜 μ는 상태가 찰 확률이 정확히 1/2인 지점이고, 이 점이 더 이상 영도에서와 같은 지점이 아니라는 사실에 주의하는 것이 중요하다.

$$\mu(T) \neq \epsilon_{\mathrm{F}} \qquad T\text{가 영이 아닐 때} \tag{7.55}$$

왜 같은 지점이 아닌가? 문제 7.12로부터 페르미-디락 분포함수가 $\epsilon=\mu$에 대해서 대칭이라는 사실을 상기하자. 즉, μ보다 높은 준위의 상태들이 찰 확률은 μ보다 낮은 준위의 상태들이 빌 확률과 같다. 이제 T가 영으로부터 증가할 때 μ가 일정하게 유지된다고 가정해보자. 그렇다면, 상태밀도가 μ의 왼쪽보다 오른쪽에서 더 크므로 분포가 대칭적이기 위해서는 $\epsilon>\mu$에서 얻는 전자들의 수가 $\epsilon<\mu$에서 잃는 전자들의 수보다 커야 한다. 달리 말하자면, 온도를 올리기만 하면 전자들의 총수가 증가하게 되는 것이다! 이런 이치에 맞지 않는 일을 막기 위해서는, 화학퍼텐셜이 약간 작아져서 모든 확률들이 같은 양만큼 낮아져야 한다.

$\mu(T)$에 대한 정확한 식은 식 (7.53)의 N 적분에 의해서 간접적으로 결정된다. 이 적분을 해낼 수 있다면, N은 고정된 상수이기 때문에 결과식을 $\mu(T)$에 대해서 풀 수 있을 것이다. 그러면 $\mu(T)$의 값을 에너지 적분식 (7.54)에 대입해서, 그 적분을 계산해서 $U(T)$와 또한 그것으로부터 열용량도 구할 수 있을 것이다. 좋지 않은 소식은 간단한 경우인 자유전자기체에서조차도 이 적분을 정확하게 계산할 수 없다는 것이다. 하지만 좋은 소식은 $kT \ll \epsilon_{\mathrm{F}}$의 극한에서 이 적분을 근사적으로는 계산할 수 있다는 사실이다. 이

극한에서 에너지 적분의 답이 바로 식 (7.47)로 쓴 것이다.

문제 7.28. 이차원 정사각형의 면적 $A = L^2$에 갇힌 자유페르미기체를 고려하자.

(a) 페르미에너지를 N과 A의 식으로 구하고, 입자들의 평균에너지가 $\epsilon_F/2$임을 보여라.

(b) 상태밀도의 식을 유도하라. 결과는 상수이고 ϵ과 무관해야 한다.

(c) 이 계의 화학퍼텐셜이 온도의 함수로써 $kT \ll \epsilon_F$일 경우와 T가 훨씬 높을 경우에 어떻게 거동해야 하는지 설명하라.

(d) 이 계의 $g(\epsilon)$이 상수이기 때문에, 입자들의 수의 적분식 (7.53)을 해석적으로 적분하는 것이 가능하다. 적분을 해서 μ를 N의 함수로 구하라. 결과식이 기대한대로 정성적인 거동을 갖는다는 것을 보여라.

(e) $kT \gg \epsilon_F$인 고온극한에서 이 계의 화학퍼텐셜이 통상적인 이상기체의 것과 동일하다는 것을 보여라.

좀머펠트 전개

적분 (7.53)과 (7.54)를 꽤 길게 얘기했기 때문에, 이제 그것들을 어떻게 계산해서 자유전자기체의 화학퍼텐셜과 총에너지를 구하는지를 얘기할 즈음이 되었다. $kT \ll \epsilon_F$인 극한에서 이 계산을 하는 방법은 좀머펠트(Arnold Sommerfeld)가 제안한 것이기 때문에, 좀머펠트 전개(Sommerfeld expansion)라고 불린다. 어떤 단계도 특별히 어렵다고 할 수는 없지만, 전반적으로 계산이 다소 기교적이면서 복잡하다. 곧 그런 점들을 보게 될 것이니 기다려보자.

N의 적분식에서부터 시작하겠다.

$$N = \int_0^\infty g(\epsilon)\bar{n}_{FD}(\epsilon)\,d\epsilon = g_0\int_0^\infty \epsilon^{1/2}\bar{n}_{FD}(\epsilon)\,d\epsilon \qquad (7.56)$$

(두 번째 표현에서 상태밀도의 식 (7.51)에서 $\sqrt{\epsilon}$에 곱해지는 상수를 g_0로 축약해서 표시했다.) 이 적분의 적분구간이 모든 양의 ϵ을 포괄하지만, $kT \ll \epsilon_F$일 때 가장 중요한 영역은 $\bar{n}_{FD}(\epsilon)$가 급격하게 떨어지는 $\epsilon = \mu$ 근처의 영역이다. 따라서 첫 번째 기교는 이 영역을 부분적분을 이용해서 고립시키는 것이다.

$$N = \frac{2}{3} g_0 \epsilon^{3/2} \overline{n}_{\text{FD}}(\epsilon) \Big|_0^\infty + \frac{2}{3} g_0 \int_0^\infty \epsilon^{3/2} \left(-\frac{d\overline{n}_{\text{FD}}}{d\epsilon} \right) d\epsilon \tag{7.57}$$

첫 번째의 경계항은 양쪽 극한에서 영으로 가기 때문에, 두 번째 항만 남는다. 이 항은 훨씬 다루기 좋은 적분인데, $d\overline{n}_{\text{FD}}/d\epsilon$ 이 $\epsilon = \mu$ 근처의 좁은 영역을 제외하고는 무시할만한 정도로 작기 때문이다(그림 7.15를 보라). $\overline{n}_{\text{FD}}$ 의 미분은 다음과 같이 명시적으로 계산할 수 있다.

$$-\frac{\overline{n}_{\text{FD}}}{d\epsilon} = -\frac{d}{d\epsilon}\left(e^{(\epsilon-\mu)/kT}+1\right)^{-1} = \frac{1}{kT}\frac{e^x}{(e^x+1)^2} \tag{7.58}$$

여기서 $x = (\epsilon - \mu)/kT$ 이다. 따라서 우리가 계산할 적분은 다음과 같다.

$$N = \frac{2}{3} g_0 \int_0^\infty \frac{1}{kT}\frac{e^x}{(e^x+1)^2}\epsilon^{3/2} d\epsilon = \frac{2}{3} g_0 \int_{-\mu/kT}^\infty \frac{e^x}{(e^x+1)^2}\epsilon^{3/2} dx \tag{7.59}$$

마지막 표현에서는 적분변수를 x 로 바꾼 것이다.

$|\epsilon - \mu| \gg kT$ 일 때 이 적분의 피적분함수가 지수함수적으로 영으로 가기 때문에, 이제 두 가지의 근사를 할 수 있다. 첫째, 적분구간의 밑을 $-\infty$ 로 확장해서 적분식을 좀 더 대칭적으로 만들 수 있다. 이것은 음의 ϵ 에서 피적분함수가 완전히 무시할만한 정도로 작기 때문에 어쨌든 해가 될 것은 없다. 둘째로, $\epsilon^{3/2}$ 을 $\epsilon = \mu$ 근처에서 테일러전개를 해서 첫 몇 개 항들만 취할 수 있다.

$$\epsilon^{3/2} = \mu^{3/2} + (\epsilon - \mu)\frac{d}{d\epsilon}\epsilon^{3/2}\Big|_{\epsilon=\mu} + \frac{1}{2}(\epsilon-\mu)^2 \frac{d^2}{d\epsilon^2}\epsilon^{3/2}\Big|_{\epsilon=\mu} + \cdots$$

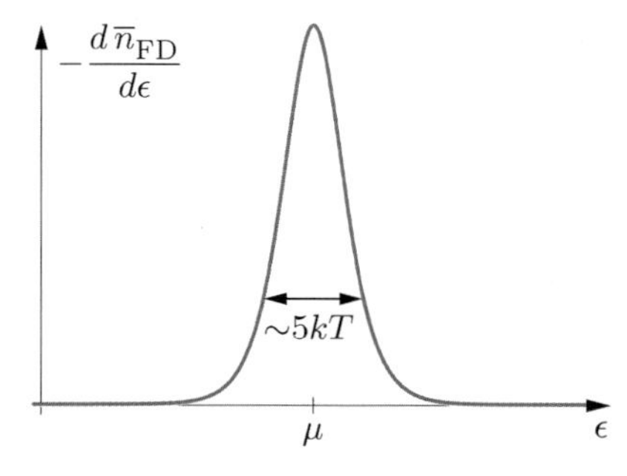

그림 7.15. 페르미-디락 분포의 미분은 μ 근처에서 수 kT 범위 안을 제외하면 어디서나 무시할만한 정도로 작다.

$$= \mu^{3/2} + \frac{3}{2}(\epsilon - \mu)\mu^{1/2} + \frac{3}{8}(\epsilon - \mu)^2\mu^{-1/2} + \cdots \qquad (7.60)$$

이렇게 근사를 하면 식 (7.59)의 적분은 다음과 같이 된다.

$$N = \frac{2}{3}g_0\int_{-\infty}^{\infty}\frac{e^x}{(e^x+1)^2}\left[\mu^{3/2} + \frac{3}{2}xkT\mu^{1/2} + \frac{3}{8}(xkT)^2\mu^{-1/2} + \cdots\right]dx \qquad (7.61)$$

이제 x의 정수제곱들만 있기 때문에, 각 항 별로 실제로 적분을 하면 된다.

첫째 항은 쉽다.

$$\int_{-\infty}^{\infty}\frac{e^x}{(e^x+1)^2}dx = \int_{-\infty}^{\infty} -\frac{d\bar{n}_{\mathrm{FD}}}{d\epsilon}d\epsilon = \bar{n}_{\mathrm{FD}}(-\infty) - \bar{n}_{\mathrm{FD}}(\infty) = 1 - 0 = 1 \qquad (7.62)$$

피적분함수가 x의 기함수이기 때문에 둘째 항도 쉽다.

$$\int_{-\infty}^{\infty}\frac{xe^x}{(e^x+1)^2}dx = \int_{-\infty}^{\infty}\frac{x}{(e^x+1)(1+e^{-x})}dx = 0 \qquad (7.63)$$

셋째 항이 어려운 항이다. 하지만 부록 B에 보인 것처럼 해석적으로 계산될 수 있다.

$$\int_{-\infty}^{\infty}\frac{x^2e^x}{(e^x+1)^2}dx = \frac{\pi^2}{3} \qquad (7.64)$$

또한, 다른 방법으로는 적분표를 참조할 수도 있고, 수치적으로 계산하는 것도 가능하다.

식 (7.61)의 조각들을 짜 맞추면 다음과 같이 전자들의 수를 얻을 수 있다.

$$\begin{aligned} N &= \frac{2}{3}g_0\mu^{3/2} + \frac{1}{4}g_0(kT)^2\mu^{-1/2}\cdot\frac{\pi^2}{3} + \cdots \\ &= N\left(\frac{\mu}{\epsilon_{\mathrm{F}}}\right)^{3/2} + N\frac{\pi^2}{8}\frac{(kT)^2}{\epsilon_{\mathrm{F}}^{3/2}\mu^{1/2}} + \cdots \end{aligned} \qquad (7.65)$$

(둘째 줄에서, 식 (7.51)로부터 $g_0 = 3N/2\epsilon_{\mathrm{F}}^{3/2}$를 대입했다.) 등호 양쪽에서 N이 상쇄되면 $\mu/\epsilon_{\mathrm{F}}$가 $(kT/\epsilon_{\mathrm{F}})^2$에 비례하는 오차범위에서 근사적으로 1과 같은 것을 알 수 있다. ($(kT/\epsilon_{\mathrm{F}})^2$은 아주 작다.) 보정항이 이미 상당히 작기 때문에 그 항에서 $\mu \approx \epsilon_{\mathrm{F}}$로 근사할 수 있어서, 위의 식을 $\mu/\epsilon_{\mathrm{F}}$에 대해서 풀면 다음 식을 얻을 수 있다.

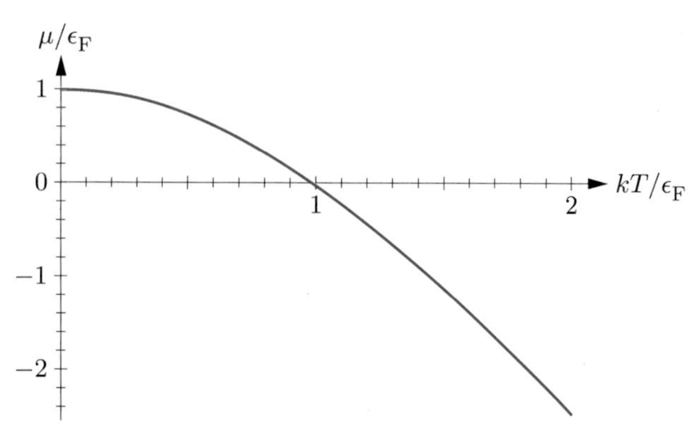

그림 7.16. 삼차원 상자 안에서 상호작용하지 않는 비상대론적 페르미 기체의 화학퍼텐셜. 문제 7.32에서 묘사한 방법을 사용해서 수치적으로 계산되었다. 저온에서 μ는 근사적으로 식 (7.66)에 의해 주어진다. 한편, 고온에서 μ는 음이 되고 볼츠만통계를 따르는 통상적인 기체에 대한 식으로 접근한다.

$$\frac{\mu}{\epsilon_F} = \left[1 - \frac{\pi^2}{8}\left(\frac{kT}{\epsilon_F}\right) + \cdots\right]^{2/3}$$
$$= 1 - \frac{\pi^2}{12}\left(\frac{kT}{\epsilon_F}\right)^2 + \cdots \tag{7.66}$$

예측한 것처럼, T가 상승하면 화학퍼텐셜이 점진적으로 감소한다. 그림 7.16은 넓은 온도범위에서 μ의 거동을 보여준다.

총에너지에 대한 적분 (7.54)는 정확하게 동일한 일련의 기교들을 이용해서 계산될 수 있다. 이 과정은 문제 7.29로 남기겠다. 그 결과는 다음과 같다.

$$U = \frac{3}{5}N\frac{\mu^{5/2}}{\epsilon_F^{3/2}} + \frac{3\pi^2}{8}N\frac{(kT)^2}{\epsilon_F} + \cdots \tag{7.67}$$

최종적으로 μ의 식 (7.66)을 대입하고 약간의 셈을 더 하면 다음의 결과를 얻을 수 있다.

$$U = \frac{3}{5}N\epsilon_F + \frac{\pi^2}{4}N\frac{(kT)^2}{\epsilon_F} + \cdots \tag{7.68}$$

이것은 식 (7.47)에서 주장했던 것과 동일하다.

이제야 인정하건대, 차원분석을 통해 나머지는 이미 추측할 수 있었기 때문에 겨우 인수 $\pi^2/4$ 하나를 얻기 위해 많은 일을 한 것이다. 하지만 이 계산의 세부과정을 보여준 이유는, 그 답 자체가 중요해서라기보다는 그 과정이 전문적인 물리학자와 다른 많은 과학자/공학자가 자주 사용하는 전형적인 방법론이기 때문이다. 정확하게 풀릴 수 있는 실세계의 문제들은 드물기 때문에, 언제 어떻게 근사를 하는가를 배우는 것이 과학자에게 중요하다. 그리고 자주 그렇듯이, 어려운 계산을 하고나서야 답의 대부분을 추측하는 방법을 찾는 직관력을 기를 수 있다.

문제 7.29. 에너지적분 (7.54)에 대해서 좀머펠트 전개를 해서 식 (7.67)을 구하라. 그 다음 μ의 전개식을 대입해서 최종 답인 식 (7.68)을 구하라.

문제 7.30. 좀머펠트 전개는, kT/ϵ_F가 작다고 가정하여 그것의 거듭제곱의 항들로 전개한 것이다. 이 절에서는 $(kT/\epsilon_F)^2$의 크기까지 모든 항들을 취했다. 관련 있는 단계 각각에서, T^3에 비례하는 항은 영이어서, μ와 U의 전개식에서 영이 아닌 다음 항은 T^4에 비례한다는 것을 보여라. (당신이 즐긴다면, T^4항들을 계산해보라. 컴퓨터 프로그램의 도움을 받아도 좋다.)

문제 7.31. 문제 7.28에서 이차원 페르미기체의 상태밀도와 화학퍼텐셜을 구한 바가 있다. $kT \ll \epsilon_F$인 극한에서 이 기체의 열용량을 계산하라. 또한 $kT \gg \epsilon_F$일 때도 열용량이 기대한 거동을 한다는 것을 보여라. 열용량을 온도의 함수로 스케치하라.

문제 7.32. N과 U에 대한 적분 (7.53)과 (7.54)를 모든 T에서 해석적으로 계산할 수는 없지만, 컴퓨터를 사용해서 수치적으로 계산하는 것은 어렵지 않다. 이 계산은 $kT \ll \epsilon_F$의 극한이 항상 충족되는 금속 내의 전자들과는 거의 상관이 없지만, 액체 ^{3}He와 태양 중심부의 전자들과 같은 천체물리계들에서는 필요하다.

(a) 몸풀기 운동으로, $kT = \epsilon_F$이고 $\mu = 0$인 경우에 대해서 N의 적분 (7.53)을 계산하고, 위에서 보여준 그래프와 답이 부합하는지 확인하라. (힌트: 문제를 컴퓨터로 풀 때는 항상 그렇듯이, 모든 것들을 단위가 없는 변수들로 쓰는 것이 최선이다. 따라서 $t = kT/\epsilon_F$, $c = \mu/\epsilon_F$, $x = \epsilon/\epsilon_F$라고 놓아라. 모든 것들을 이 변수들의 식으로 쓰고, 그 다음에 컴퓨터에 집어넣어라.)

(b) 다음 단계는 T를 고정시키고, 적분이 목표값인 N이 될 때까지 μ를 변화시키는 것이다. kT/ϵ_F의 값이 0.1에서 2까지 변할 때 이 계산을 하고, 그 결과를 그려서 그림 (7.16)의 그래프를 재현하라. (kT/ϵ_F가 0.1보다 훨씬 작을 때는 수치적인 방

법을 쓰는 것이 아마 좋은 생각은 아닐 것이다. 큰 수 지수계산으로 인한 오버플로(overflow) 오류를 얻기 시작하기 때문이다. 다행히 이 영역은 우리가 이미 문제를 해석적으로 풀었던 영역이다.)

(c) kT의 범위가 $2\epsilon_F$일 때까지 μ의 계산값을 에너지 적분식 (7.54)에 대입해서 수치적으로 적분을 하고, 에너지를 온도의 함수로 구하라. 결과를 그래프로 그리고, 기울기를 계산해서 열용량을 구하라. 저온과 고온 양쪽에서 열용량이 기대한 거동을 보이는지 확인하라.

문제 7.33. 결정 내 이온들의 인력이 고려될 때는 전자에 허용된 에너지는 더 이상 간단한 식 (7.36)으로 주어지지 않는다. 대신에 허용된 에너지준위들은 띠(band)로 무리 짓고, 띠들은 허용되지 않은 에너지 영역인 틈(gap)들로 구분된다. 도체(conductor)에서 페르미에너지는 띠들 중 어느 하나에 위치한다. 이 절에서는 이 띠 안의 전자들을 고정된 공간에 갇혀진 "자유"입자들로 다루었다. 반면에, 절연체(insulator)에서 페르미에너지는 틈에 위치하기 때문에, $T=0$에서 틈 밑의 띠는 완전히 차고 틈 위의 띠들은 비어 있다. 찬 상태들의 에너지에 가까운 빈 상태들이 없기 때문에, 전자들은 "그 자리에 묶여져서" 해당 물질은 전기전도성을 띠지 않는다. 반도체(semiconductor)는 좁은 틈을 갖는 절연체인데, 그 틈이 충분히 좁아서 약간의 전자들이 실온에서도 틈을 뛰어넘을 수 있는 물질이다. 그림 7.17은 이상적인 반도체에서 페르미에너지 근처에서의 상태밀도를 보여주는데, 이 문제에서 사용될 용어와 기호들을 정의한다.

(a) 첫 근사로써, 자유페르미기체에서와 동일한 함수를 사용해서 전도띠(conduction band)의 바닥 근처에서의 상태밀도를 모형화하자. 적절한 영점을 취해서 $g(\epsilon)=g_0\sqrt{\epsilon-\epsilon_c}$로 놓자. 여기서 g_0는 식 (7.51)에서와 동일한 상수이다. 원자가띠(valence band)의 꼭대기 근처에서의 상태밀도도 이 함수의 거울상으로 모형화하자. 이 근사에서 화학퍼텐셜이 온도에 상관없이 항상 틈의 중간에 정확히 놓여야 하는 이유를 설명하라.

(b) 정상적으로 틈의 너비는 kT보다 훨씬 크다. 이 극한에서 단위부피당 전도전자들의 수를 온도와 틈너비의 식으로 나타내라.

(c) 실온의 규소에 대해서 원자가띠와 전도띠 사이의 틈은 대략 1.11 eV이다. 실온의 규소 1 cm^3 안에는 전도전자가 대략 얼마나 있는가? 같은 양의 구리 안에 있는 전도전자들의 수와는 어떻게 비교되는가?

(d) 반도체가 더 높은 온도에서 더 좋은 전기전도도를 갖는 이유를 설명하라. 몇 개의 수들을 사용해서 설명을 보강하라. (반면에, 구리와 같은 통상적인 도체들은 낮은 온도에서 전도도가 더 좋다.)

(e) 어떤 물질이 반도체라기보다는 절연체로 구분되기 위해서, 원자가띠와 전도띠 사이의 틈은 아주 대충으로 얼마나 넓어야 하는가?

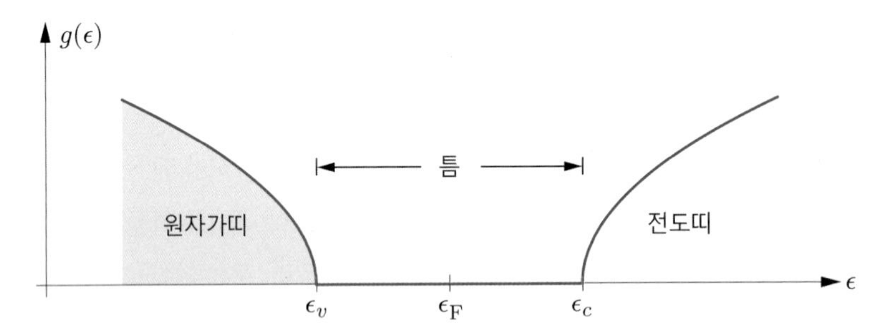

그림 7.17. 결정격자의 주기적 퍼텐셜은 많은 상태들을 가진 "띠"들과 상태들이 없는 "틈"들로 구성된 상태밀도 함수를 야기한다. 절연체나 반도체에서는, 페르미에너지가 틈의 중간에 놓여서, $T=0$에서 "원자가띠"는 완전히 차는 반면 "전도띠"는 완전히 비어 있다.

문제 7.34. 실재 반도체에서는 전도띠의 바닥에서의 상태밀도는 앞 문제에서 제시한 모형과 어떤 수치인수만큼 차이가 있을 것이다. (그 수치인수는 물질에 따라 작거나 클 수 있다.) 그러므로 전도띠의 바닥 근처에서 상태밀도를 $g(\epsilon)=g_{0c}\sqrt{\epsilon-\epsilon_c}$ 라고 쓰자. 여기서 g_{0c}는 g_0와 어떤 임시방편적인 인수만큼 다른 새로운 규격화 상수이다. 유사하게 원자가띠의 꼭대기에서도 $g(\epsilon)$을 g_{0v}를 사용해서 다시 쓰자.

(a) $g_{0v}\neq g_{0c}$일 때 화학퍼텐셜이 온도에 따라 달라지는 이유를 설명하라. 언제 증가하고, 언제 감소하는가?

(b) 전도전자들의 수를 T, μ, ϵ_c, g_{0c}의 식으로 써라. $\epsilon_c-\mu\gg kT$를 가정해서, 이 식을 가능한 한 단순하게 만들라.

(c) 원자가띠 안의 빈 상태를 구멍(hole)이라고 부른다. (b)와 유사하게 구멍들의 수에 대한 식을 쓰고 $\mu-\epsilon_v\gg kT$의 극한에서 그 식을 단순하게 만들라.

(d) (b)와 (c)의 결과들을 결합해서 화학퍼텐셜을 온도의 함수식으로 구하라.

(e) 규소에 대해서 $g_{0c}/g_0=1.09$, $g_{0v}/g_0=0.44$이다.* 실온의 규소에 대해서 μ의 변

* 이 값들은 전자들과 구멍들의 "유효질량"으로부터 계산될 수 있다. 예컨대 다음 자료를 참조하라. S. M. Sze, *Physics of Semiconductor Devices*, second edition (Wiley, New York, 1981).

이를 계산하라.

문제 7.35. 앞의 두 문제들은 고유반도체(intrinsic semiconductor)라고도 불리는 순수한 반도체들을 다루었다. 유용한 반도체 소자들은 대신에, 상당한 수의 불순물 원자들을 포함하는 불순물반도체(doped semiconductor)들로 만들어진다. 불순물반도체의 한 예가 문제 7.5에서 다뤄진 적이 있다. 그 계를 다시 고려해보자. (문제 7.5에서 모든 에너지를 전도띠의 바닥인 ϵ_c를 기준으로 측정했던 것에 유의하라. 또한 g_0와 g_{0c}의 구별도 무시했는데, 이런 단순화는 규소의 전도전자들에 대해서는 아무런 문제가 없었다.)

(a) (문제 7.5에서처럼) $1\,\text{cm}^3$당 인 원자가 10^{17}개 첨가된 규소에 대해서 화학퍼텐셜을 온도의 함수로 계산하고 그래프를 그려라. 전도전자들이 보통의 이상기체로 다뤄질 수 있다고 계속 가정하라.

(b) 이 계에 대해서 전도전자들을 페르미기체가 아니라 통상적인 이상기체로 다룰 수 있다는 가정이 타당한지 논의하라. 몇몇 수치적인 예들을 들어라.

(c) 전도띠로 들뜬 원자가전자들의 수가 주개(donor) 불순물의 전도전자들의 수에 필적하게 되는 온도를 추정하라. 실온에서는 전도전자들의 어느 원천이 더 중요한가?

문제 7.36. 전자와 헬륨-3 원자를 포함하는 대부분의 스핀-1/2 페르미온들은 영이 아닌 자기모멘트를 갖는다. 따라서 그런 입자들의 기체는 상자성을 갖는다. 예컨대, 삼차원 상자 안에 갇힌 자유전자기체를 고려하자. 각 전자의 자기모멘트의 z 성분은 $\pm\mu_B$이다. z 방향의 자기장 B가 있을 때, 각 "위" 상태가 얻는 추가적인 에너지는 $-\mu_B B$이고, 각 "아래" 상태는 $+\mu_B B$를 얻는다.

(a) 입자들의 수와 자기장의 세기가 주어질 때, 3장과 6장에서 공부했던 전자 상자성체의 자기화보다 겹친 전자기체의 자기화가 상당히 더 작을 것이라고 기대하는 이유를 설명하라.

(b) 자기장 B가 있을 때 이 계의 상태밀도의 식을 쓰고, 그래프를 사용해서 식을 해석하라.

(c) 이 계의 자기화는 $\mu_B(N_\uparrow - N_\downarrow)$이다. 여기서 $N_\uparrow$과 $N_\downarrow$은 각각 위와 아래 방향의 자기모멘트를 갖는 전자들의 수이다. $T=0$에서 이 계의 자기화를 N, μ_B, B, 페르미에너지의 식으로 구하라.

(d) $T \ll T_F$인 극한에서 (c)의 답에 대한 온도에 의존하는 첫 보정항을 구하라.

$\mu_B B \ll kT$를 가정하라. 이 가정은 자기장의 존재가 화학퍼텐셜 μ에 주는 영향이 무시할 정도라는 것을 암시한다. (μ_B와 μ의 혼동을 피하기 위해서 $\mu_B B$를 δ와 같은 축약기호로 쓰는 것을 제안한다.)

7.4 흑체복사

양자통계의 다음 응용으로 주어진 온도에서 어떤 "상자" 안의 전자기복사를 고려하고 싶다. 상자는 오븐이나 가마 같은 것들이 될 수도 있다. 먼저, 양자물리학이 아닌 고전물리학에서 그런 계에 대해서 무엇을 기대할건지에 대해서 논의해보자.

자외선 파국

고전물리학에서 전자기복사는 모든 공간을 투과하는 연속적인 "장(field)"으로 다뤄진다. 그림 7.18에 보인 것처럼 상자 안에서 이 장은 다양한 정상파들의 조합으로 간주될 수 있다. 각 정상파는 진동수가 $f = c/\lambda$인 조화진동자처럼 거동한다. 역학적 진동자처럼 각 전자기 정상파는 두 개의 자유도를 가지며 평균열에너지는 $2 \cdot \frac{1}{2}kT$이다. 전자기장 내의 진동자의 총수가 무한하므로, 총열에너지도 역시 무한대가 되어야 한다. 하지만 실험

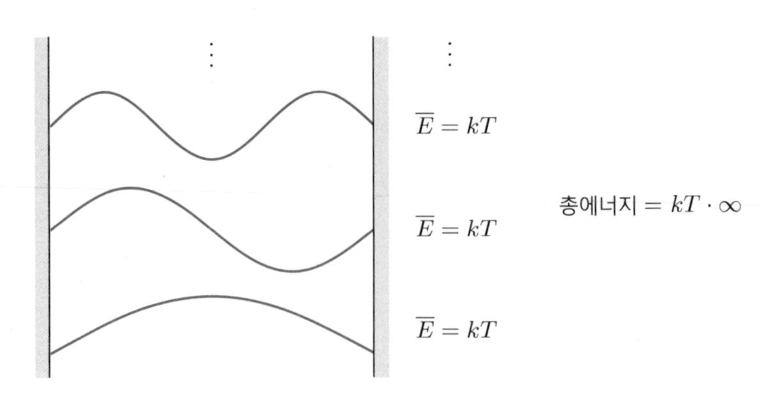

그림 7.18. 상자 안의 전자기장은 다양한 파장을 갖는 정상파 모드들이 중첩된 것으로 분석할 수 있다. 각 모드는 어떤 잘 정의된 진동수를 갖는 조화진동자이다. 고전물리학적으로 각 진동자는 kT의 평균에너지를 가져야 한다. 모드들의 총수가 무한하기 때문에 상자 안의 에너지도 무한해야 한다.

적으로는 과자를 확인하려고 오븐 문을 열 때마다 무한정의 전자기복사를 맞는 것은 아니다. 고전적 이론과 실험과의 이 불일치를 자외선파국(ultraviolet catastrophe)이라고 부른다. 무한정의 에너지는 대부분 아주 짧은 파장의 전자기파로부터 올 것이기 때문이다.

플랑크 분포

자외선파국의 해법은 양자역학으로부터 온다. (역사적으로 자외선파국은 양자역학의 탄생을 이끌었다.) 양자역학에서 조화진동자는 임의의 에너지를 가질 수 없고, 허용된 에너지준위들은 다음과 같다.

$$E_n = 0,\ hf,\ 2hf,\ \cdots \tag{7.69}$$

(여느 때처럼 모든 에너지는 바닥상태를 기준으로 측정한다. 이 점에 대한 추가적인 논의는 부록 A를 보라.) 따라서 단일 진동자에 대한 분배함수는 다음과 같다.

$$\begin{aligned} Z &= 1 + e^{-\beta hf} + e^{-2\beta hf} + \cdots \\ &= \frac{1}{1 - e^{-\beta hf}} \end{aligned} \tag{7.70}$$

그리고 평균에너지는 다음과 같이 주어진다.

$$\bar{E} = -\frac{1}{Z}\frac{\partial Z}{\partial \beta} = \frac{hf}{e^{hf/kT} - 1} \tag{7.71}$$

에너지가 hf 의 단위로 온다고 생각하면, 진동자의 에너지단위의 평균수는 다음과 같다.

$$\bar{n}_{\mathrm{Pl}} = \frac{1}{e^{hf/kT} - 1} \tag{7.72}$$

이 식은 막스 플랑크(Max Planck)의 이름을 따서 플랑크 분포(Planck distribution)로 불린다.

플랑크 분포에 따라 $hf \gg kT$ 인 전자기장의 짧은 파장 모드들은 지수함수적으로 억제된다. 즉, 그것들은 "얼어붙어서", 존재하지 않는다고 하는 편이 낫다. 따라서 상자 안의 에너지에 유효하게 기여하는 전자기 진동자의 총수는 유한하고, 자외선파국은 일어나지 않는다. 이 해법이 진동자 에너지가 양자화되는 것을 요구한다는 점에 주목하라. 즉, 지수함수적인 억제 인수를 제공하는 것은 바로 kT에 비교되는 에너지단위 hf의 크기이다.

▎광자

전자기장의 에너지단위들은 광자(photon)라고 부르는 입자들로도 간주될 수 있다. 그것들은 보손이어서, 어떤 "모드", 혹은 장의 파동에 대해서든 광자들의 수는 보스-아인슈타인 분포에 의해 주어져야 한다.

$$\bar{n}_{\mathrm{BE}} = \frac{1}{e^{(\epsilon-\mu)/kT}-1} \tag{7.73}$$

여기서 ϵ은 해당 모드에 있는 각 입자의 에너지, 즉 $\epsilon = hf$이다. 따라서 식 (7.72)와 비교하면 다음이 요구된다.

$$\mu = 0 \qquad \text{(광자들에 대해서)} \tag{7.74}$$

하지만 왜 이것이 사실이어야 할까? 두 가지의 이유를 줄 것인데, 둘 다 광자들이 양에 제한없이 생성되거나 소멸될 수 있다는 사실, 즉 광자들의 총수가 보존되지 않는다는 사실에 근거를 둔다.

첫째로, 헬름홀츠 자유에너지를 고려하자. T와 V가 고정되었을 때 평형상태에서 헬름홀츠 자유에너지는 가능한 최솟값이 되어야 한다. 광자들의 계에서 입자들의 수 N은 제한되지 않고, F를 최소화할 수 있다면 어떤 값이라도 가질 수 있다. 그렇다면 N이 무한소만큼 변할 때 F는 변하지 않아야 한다.

$$\left(\frac{\partial F}{\partial N}\right)_{T,V} = 0 \qquad \text{(평형에서)} \tag{7.75}$$

하지만 이 편미분은 바로 정확하게 화학퍼텐셜과 같다.

두 번째 논거는 5.6절에서 유도된 화학평형의 조건을 이용한다. 광자(γ)가 전자에 의해 생성되거나 소멸되는 전형적인 반응을 고려하자.

$$e \;\leftrightarrow\; e + \gamma \tag{7.76}$$

5.6절에서 보았듯이 그런 반응의 평형조건은 반응방정식과 같고, 다만 각 화학물질의 이름을 그 물질의 화학퍼텐셜로 대체하기만 하면 된다. 따라서 위 반응의 경우에서 평형조건은 다음과 같다.

$$\mu_e = \mu_e + \mu_\gamma \qquad \text{(평형에서)} \tag{7.77}$$

따라서 광자의 화학퍼텐셜은 영이다.

어느 논거를 따르든, 고정된 온도에서 상자 안의 광자기체의 화학퍼텐셜은 0이다. 따라서 요구된 대로 보스-아인슈타인 분포는 플랑크 분포로 환원된다.

모드들에 대한 합

플랑크 분포는 전자기장의 어떤 단일모드, 혹은 "단일입자상태"에 몇 개의 광자가 있는지를 말해준다. 다음으로 상자 안에 있는 광자들의 총수와 총에너지를 알고 싶어 할 수 있다. 어느 것을 계산하려고 해도, 전자들에 대해서도 그러했듯이 모든 가능한 상태들에 대한 합을 해야만 한다. 여기서는 총에너지의 계산을 보여주고, 광자들의 총수는 문제 7.44에서 독자에게 맡기려고 한다.

길이가 L인 일차원 상자로 시작해보자. 다른 입자들에서처럼, 광자에 대해서도 허용된 파장과 운동량은 동일하다.

$$\lambda = \frac{2L}{n} \qquad p = \frac{hn}{2L} \tag{7.78}$$

(여기서 n은 우리가 얘기하는 모드를 표시하는 양의 정수이다. 주어진 모드에 있는 광자들의 평균수인 $\bar{n}_{\text{Pl}}$와 혼동해서는 안 된다.) 하지만 광자는 초고도로 상대론적인 입자이므로 에너지가 $\epsilon = p^2/2m$ 대신에 다음과 같이 주어진다.

$$\epsilon = pc = \frac{hcn}{2L} \tag{7.79}$$

(광자의 에너지와 진동수 사이의 아인슈타인 관계식 $\epsilon = hf$로부터 이 결과를 직접 유도할 수도 있다. 즉, 빛의 경우에 $f = c/\lambda$이므로 $\epsilon = hc/\lambda = hcn/2L$이다.)

삼차원에서는 운동량이 벡터가 되고 각 성분은 $h/2L$에 어떤 정수를 곱한 값이다. 에너지는 c에 운동량 벡터의 크기를 곱한 것이다.

$$\epsilon = c\sqrt{p_x^2 + p_y^2 + p_z^2} = \frac{hc}{2L}\sqrt{n_x^2 + n_y^2 + n_z^2} = \frac{hcn}{2L} \tag{7.80}$$

식의 마지막 표현에서 n은 7.3절에서처럼 벡터 $\vec{n}$의 크기를 나타낸다.

어떤 특정한 모드의 평균에너지는 ϵ에 그 모드의 점유도를 곱한 것과 같고, 점유도는 플랑크 분포에 의해 주어진다. 모든 모드의 총에너지를 구하려면 n_x, n_y, n_z에 대한 합을 한다. 또한, 각 파동은 편광이 서로 독립적인 두 가지의 광자들이 될 수 있으므로 인수 2를 넣어주어야 한다. 따라서 총에너지는 다음과 같다.

$$U = 2\sum_{n_x}\sum_{n_y}\sum_{n_z}\epsilon\bar{n}_{\rm Pl}(\epsilon) = \sum_{n_x, n_y, n_z}\frac{hcn}{L}\frac{1}{e^{hcn/2LkT}-1} \tag{7.81}$$

7.3절에서처럼 이 합은 적분으로 변환될 수 있고, 구좌표계를 사용해서 적분을 할 수 있다(그림 7.11). 하지만 이번에는 n에 대한 적분구간의 상한이 무한대이다.

$$U = \int_0^\infty dn\int_0^{\pi/2}d\theta\int_0^{\pi/2}d\phi\, n^2\sin\theta\,\frac{hcn}{L}\frac{1}{e^{hcn/2LkT}-1} \tag{7.82}$$

또 다시 각도들에 대한 적분은 단위구의 표면적의 팔분의 일인 $\pi/2$이다.

❙ 플랑크 스펙트럼

적분변수를 광자의 에너지 $\epsilon = hcn/2L$로 바꾸면 n에 대한 적분이 좀 더 나아 보인다. 인수 $L^3 = V$로 등호 양쪽을 나누면 단위부피당 총에너지는 다음과 같다.

$$\frac{U}{V} = \int_0^\infty \frac{8\pi\epsilon^3/(hc)^3}{e^{\epsilon/kT}-1}d\epsilon \tag{7.83}$$

여기서 피적분함수를 근사하게 해석할 수가 있는데, 그것은 광자의 단위에너지당 에너지 밀도, 혹은 광자들의 스펙트럼(spectrum)이라는 것이다.

$$u(\epsilon) = \frac{8\pi}{(hc)^3}\frac{\epsilon^3}{e^{\epsilon/kT}-1} \tag{7.84}$$

플랑크가 처음으로 유도한 이 함수는 복사의 상대적인 세기를 광자에너지의 함수로 준다. 혹은, 변수를 진동수 $f = \epsilon/h$로 바꾸면, 진동수의 함수가 된다. ϵ_1부터 ϵ_2까지 $u(\epsilon)$을 적분하면 그 광자에너지 범위에서 단위부피당 에너지를 얻는다.

실제로 ϵ에 대해서 이 적분을 하려면 적분변수를 다시 $x = \epsilon/kT$로 바꾸는 것이 편리하다. 그러면 식 (7.83)은 다음과 같이 된다.

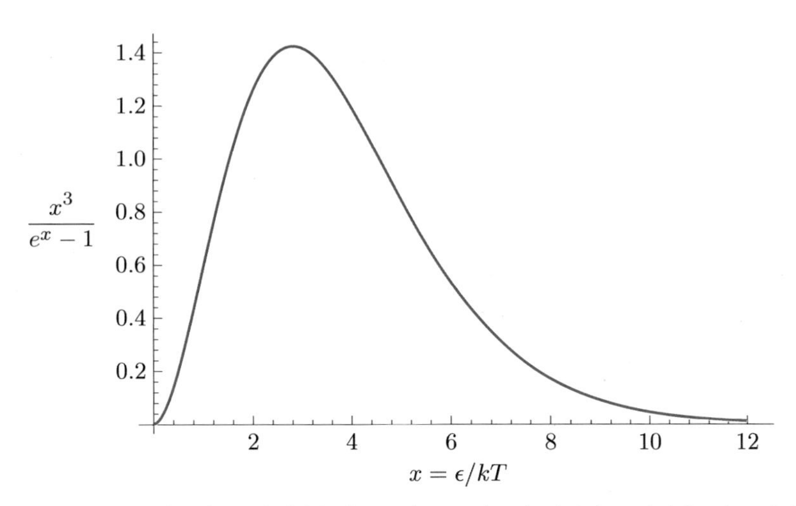

그림 7.19. 플랑크 스펙트럼. 무차원변수인 $x = \epsilon/kT = hf/kT$에 대해서 그려졌다. 어느 범위에서건 이 그래프 밑의 면적에 인수 $8\pi(kT)^4/(hc)^3$을 곱하면 해당 범위에서 전자기복사의 에너지밀도가 된다(식 (7.85)).

$$\frac{U}{V} = \frac{8\pi(kT)^4}{(hc)^3}\int_0^\infty \frac{x^3}{e^x - 1}dx \tag{7.85}$$

피적분함수는 여전히 플랑크 스펙트럼에 비례한다. 그림 7.19는 이 함수의 그래프를 보여준다. 스펙트럼은 $x = 2.82$, 혹은 $\epsilon = 2.82\,kT$에서 정점을 갖는다. 더 높은 온도에서 광자의 에너지가 더 높아지는 것은 놀랍지 않다. (이 사실은 빈의 법칙(Wien's law)으로 불린다.) 오븐이나 가마의 빛을 약간 새어나오게 해서 그 색깔을 봄으로써, 그 내부의 온도를 측정할 수 있다. 예컨대, 점토를 굽는 전형적인 온도인 1,500 K에서 스펙트럼의 정점은 근적외선 영역인 $\epsilon = 0.36\,\text{eV}$이다. (가시광선 광자들은 약 2 ~ 3 eV 범위인 더 높은 에너지를 갖는다.)

문제 7.37. 플랑크 스펙트럼의 정점이 $x = 2.82$에 있다는 것을 증명하라.

문제 7.38. 그림 7.19는 플랑크 스펙트럼이 온도의 함수로써 어떻게 변하는지를 명확하게 보여주지는 않는다. 온도의존성을 조사하기 위해서, $T = 3{,}000\,\text{K}$와 $T = 6{,}000\,\text{K}$에서 함수 $u(\epsilon)$을 같은 그래프 위에 정량적으로 그려라. 수평축에 eV 단위로 눈금을 표시하라.

문제 7.39. 식 (7.83)에서 변수를 $\lambda = hc/\epsilon$ 으로 바꾸어서, 광자 스펙트럼의 식을 파장의 함수로 유도하라. 이 스펙트럼의 그래프를 그리고, 스펙트럼의 정점에서 파장의 수치적인 식을 hc/kT 의 식으로 구하라. 이 정점이 $hc/(2.82\,kT)$ 에 있지 않은 이유를 설명하라.

문제 7.40. 식 (7.83)으로 시작해서 광자기체의 상태밀도 식을 유도하라. (혹은 반드시 광자가 아니더라도, 두 개의 편극상태들을 갖는 다른 어떤 고도로 상대론적인 입자들의 기체가 될 수도 있다.) 이 함수를 스케치하라.

문제 7.41. 어떤 원자의 두 내부상태 s_1과 s_2를 고려하자. s_2를 에너지가 더 높은 상태라고 하고, 어떤 양의 상수 ϵ에 대해서 $E(s_2)-E(s_1)=\epsilon$이라고 놓자. 원자가 현재 상태 s_2에 있다면, 원자가 저절로 상태 s_1으로 떨어질 단위시간당 어떤 확률이 존재한다. (그런 전이가 일어날 때 에너지가 ϵ인 광자 한 개를 방출한다.) 단위시간당 이 확률을 아인슈타인 A 계수(Einstein A coefficient)라고 부른다.

$$A = \text{저절로 붕괴할 단위시간당 확률}$$

반면에 원자가 현재 상태 s_1에 있고 진동수가 $f=\epsilon/h$인 빛을 쪼여준다면, 원자가 광자를 흡수해서 상태 s_2로 뛰어오를 가능성이 있다. 이것이 일어날 확률은 경과되는 시간뿐만 아니라 빛의 세기, 즉 더 정확하게 말하자면 단위진동수당 빛의 에너지밀도 $u(f)$에도 비례한다. ($u(f)$를 어떤 진동수 범위에서 적분하면, 그 범위에서 단위부피당 에너지를 얻는다. 이 문제에서 다루는 원자전이와 관련해서 중요한 모든 것은 $f=\epsilon/h$에서 $u(f)$의 값이다.) 단위시간당 단위세기당 광자를 흡수하는 확률을 아인슈타인 B 계수(Einstein B coefficient)라고 부른다.

$$B = \frac{\text{흡수할 단위시간당 확률}}{u(f)}$$

마지막으로, 원자가 상태 s_2에서 상태 s_1으로 유도전이(stimulated transition)되는 것도 가능하다. 이때의 확률도 진동수 f에서의 빛의 세기에 비례한다. (Light Amplification by Stimulated Emission of Radiation이라는 영어이름에서 보듯이 유도방출(stimulated emission)은 레이저의 근원적인 작동원리이다.) 따라서 B와 유사하게 세 번째 계수인 B'을 다음과 같이 정의한다.

$$B' = \frac{\text{유도방출할 단위시간당 확률}}{u(f)}$$

아인슈타인이 1917년에 보였듯이, 이 세 계수 중 어느 하나를 알아도 셋을 모두 아는 것만큼 좋은 것이다.

(a) 이런 원자들의 큰 집단이 있고, 그 중 N_1 개는 상태 s_1 에, N_2 개는 상태 s_2 에 있다고 상상해보자. dN_1/dt 를 A, B, B', N_1, N_2, $u(f)$ 의 식으로 써라.

(b) 아인슈타인의 기교는, 이 원자들이 열복사에 잠겨있어서 $u(f)$ 가 바로 플랑크 스펙트럼 함수라고 상상하는 것이었다. 평형상태에서 N_1 과 N_2 는 시간에 대해서 일정해야 하고, 그 비는 단순하게 볼츠만인자에 의해 주어진다. 그렇다면, 계수들이 다음의 관계를 만족시켜야 한다는 것을 보여라.

$$B' = B \qquad \text{그리고} \qquad \frac{A}{B} = \frac{8\pi h f^3}{c^3}$$

총에너지

앞에서 스펙트럼에 대해서는 충분히 살펴봤다. 그렇다면 상자 안의 총전자기에너지는 어떠할까? 그저 어떤 차원 없는 수인 x 에 대한 적분을 제외하고는 식 (7.85)가 본질적으로 최종적인 답이다. 그림 7.19로부터 이 수가 약 6.5인 것을 추정할 수도 있다. 아름답지만 매우 기교적인 계산을 하면 이 수는 정확히 $\pi^4/15$ 이다(부록 B를 보라). 따라서 모든 진동수에 대해 적분을 하면 총에너지밀도는 다음과 같다.

$$\frac{U}{V} = \frac{8\pi^5 (kT)^4}{15(hc)^3} \tag{7.86}$$

이 결과에서 가장 중요한 특징은, 총에너지(밀도)가 온도의 네제곱에 비례한다는 점이다. 즉, 온도가 두 배가 되면 내부의 전자기에너지의 양은 $2^4 = 16$ 배로 증가한다.

수치적으로, 전형적인 오븐 내부의 총전자기에너지는 상당히 작다. 과자를 굽는 온도인 $375°\text{F}$, 혹은 약 $460\,\text{K}$ 에서 단위부피당 에너지는 $3.5 \times 10^{-5}\,\text{J/m}^3$ 이 나온다. 오븐 내부의 공기의 열에너지에 비교하면 이것은 아주 작은 양이다.

식 (7.86)이 복잡해보이겠지만, 차원분석을 하면 수치계수를 제외하고는 답을 추측할 수도 있었을 것이다. 광자당 평균에너지는 kT 크기의 어떤 것이어야 하므로, N을 광자의 총수라고 하면 총에너지는 NkT에 비례해야만 한다. 또한, N은 크기변수이므로 용기의 부피 V에 비례해야만 한다. 따라서 총에너지는 다음과 같은 형태여야만 한다.

$$U = (\text{상수}) \cdot \frac{VkT}{\ell^3} \tag{7.87}$$

여기서 ℓ은 길이의 단위를 갖는 어떤 값이다. (원한다면 각 광자가 차지하는 부피가 ℓ^3이라고 여길 수도 있다.) 하지만 이 문제에서 관련 있는 길이는 오직 광자의 전형적인 드브로이 파장이다($\lambda = h/p = hc/E \propto hc/kT$). ℓ에 이것을 대입하면 인수 $8\pi^5/15$를 제외한 식 (7.86)을 얻는다.

문제 7.42. 부피가 $1\,\text{m}^3$이고 온도가 $1{,}500\,\text{K}$인 가마 안의 전자기복사를 고려하자.
(a) 이 복사의 총에너지는 얼마인가?
(b) 복사의 스펙트럼을 광자에너지의 함수로 스케치하라.
(c) 전체 스펙트럼 중에서 파장의 범위가 $400\,\text{nm}$에서 $700\,\text{nm}$ 사이인 가시광선 영역에서의 에너지의 분율은 얼마인가?

문제 7.43. 태양표면의 온도는 약 $5{,}800\,\text{K}$이다.
(a) 태양표면에서 $1\,\text{m}^3$의 공간을 채우는 전자기복사에 들어있는 에너지는 얼마인가?
(b) 이 복사의 스펙트럼을 광자에너지의 함수로 스케치하라. 파장의 범위가 $400\,\text{nm}$에서 $700\,\text{nm}$ 사이인 가시광선에 해당되는 스펙트럼 영역을 표시하라.
(c) 전체 스펙트럼 중에서 가시광선 영역에서의 에너지의 분율은 얼마인가? (힌트: 수치적으로 적분하라.)

광자기체의 엔트로피

광자기체의 총에너지 말고도, 존재하는 광자의 총수나 총엔트로피 같은 많은 다른 양들도 알고 싶어 할 수 있다. 이 두 양은 상수 인수를 제외하면 동일한 양으로 판명된다. 엔트로피를 계산해보자.

가장 쉬운 방법은 열용량으로부터 계산하는 것이다. 부피가 V인 상자 안의 열광자들에 대해서 열용량은 다음과 같다.

$$C_V = \left(\frac{\partial U}{\partial T}\right)_V = 4aT^3 \tag{7.88}$$

여기서 a는 $8\pi^5 k^4 V/15(hc)^3$을 축약해서 쓴 것이다. 이 표현은 온도가 절대영도로 내려갈 때까지 계속 유효하므로, 절대 엔트로피를 구하기 위해서는 열용량을 온도에 대해서 적분하면 된다. 적분변수 T'을 도입해서 적분을 다음과 같이 할 수 있다.

$$S(T) = \int_0^T \frac{C_V(T')}{T'} dT' = 4a\int_0^T (T')^2 dT' = \frac{4}{3}aT^3 = \frac{32\pi^5}{45}V\left(\frac{kT}{hc}\right)^3 k \tag{7.89}$$

광자들의 총수도 같은 식으로 주어지며, 수치인수가 다르다는 점과 마지막의 k가 없다는 점만 차이가 있다(문제 7.44).

우주배경복사

가장 웅장한 광자기체의 예는 우주배경복사라고 부르는, 관측 가능한 우주 전체를 채우는 복사이다. 우주배경복사는 온도 2.73 K의 열복사 스펙트럼을 거의 완벽하게 보여준다. 하지만 이 온도를 해석하는 것에는 약간 미묘한 측면이 있다. 광자들이 그들 사이나 아니면 다른 어떤 것과 열평형에 머무르게 하는 기전은 더 이상 존재하지 않는다. 그 대신에 복사는 우주가 전자기복사와 강하게 상호작용했던 이온화된 기체로 차있었을 때부터 남아있는 것으로 여겨진다. 그 시절엔 온도가 3,000 K보다도 높았다. 그 이후로 우주는 모든 방향으로 천 배 정도 팽창했고, 광자들의 파장도 따라서 늘어졌다. (혹은 그런 식으로 보고 싶다면, 파장이 도플러 이동에 의해 길어졌다.) 스펙트럼의 형태는 유지되었지만 유효온도는 2.73 K까지 떨어졌다.

우주배경복사를 구성하는 광자들은 다소 낮은 에너지를 갖는다. 스펙트럼의 정점은 $\epsilon = 2.82\,\mathrm{kT} = 6.6\times10^{-4}\,\mathrm{eV}$에 있다. 이것은 파장이 약 일 밀리미터인 원적외선 영역에 해당된다. 이 파장들은 지구의 대기를 투과하지 않는다. 하지만 수 센티미터 파장의 마이크로파 영역에 해당되는 스펙트럼 꼬리는 큰 어려움 없이 측정될 수 있다. 이것이 전파천문학자들에 의해 1965년 우연히 발견되었다. 그림 7.20은 대기권 위의 코비위성(Cosmic Background Explorer satellite)으로 얻어진 넓은 파장 범위에서의 더 최근의 측정결과를 보여준다.

식 (7.86)에 따르면 우주배경복사의 총에너지는 겨우 $0.26\,\mathrm{MeV/m^3}$이다. 우주적 규모

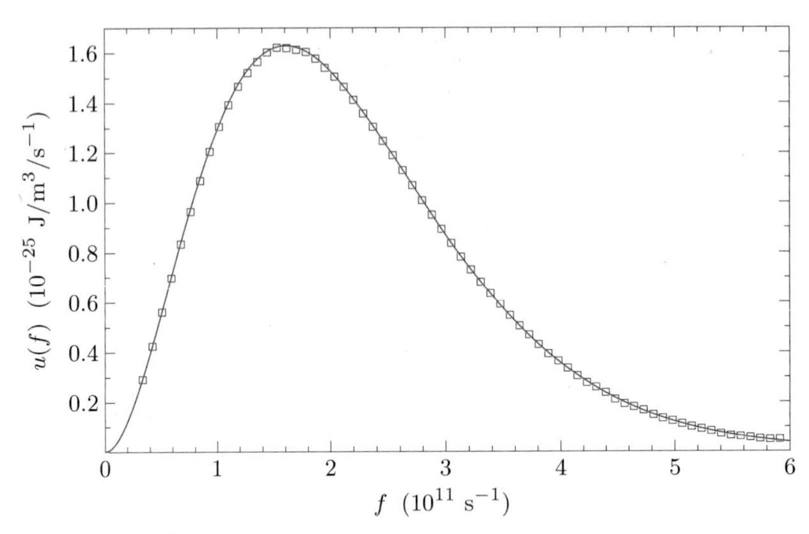

그림 7.20. 코비위성(COsmic Background Explorer satellite)으로 측정한 우주배경복사의 스펙트럼. 수직축은 국제단위의 진동수당 에너지밀도이다. 진동수 $3\times10^{11}\,\mathrm{s}^{-1}$은 파장 $\lambda=c/f=1.0$ mm에 해당된다는 것에 유의하라. 각 정사각형은 측정값을 나타낸다. 측정값의 불확정성은 너무 작아서 이 그래프의 크기규모에서는 보이지 않는다. 대신에 정사각형의 크기는 시스템 효과로 인한 불확정성에 대한 넉넉한 추정값을 나타낸다. 실선은 최적합을 하도록 조정된 온도 2.735K에서의 이론적인 플랑크 스펙트럼이다. 출처는 J. C. Mather et al., Astrophysical Journal Letters 354, L37 (1990)이며, NASA/GSFC와 COBE Science Working Group의 호의에 사례한다. 이 실험의 후속적의 측정과 다른 측정들에 따르면 현재 최적합 온도는 2.728 ± 0.002K이다.

에서 보았을 때 $1\,\mathrm{m}^3$당 양성자 한 개, 혹은 $1{,}000\,\mathrm{MeV/m}^3$ 정도인 통상적 물질의 평균 에너지밀도와 크게 대비된다. (역설적이게도, 이 비범한 배경복사의 밀도는 유효숫자 세 개까지 알려진 반면, 통상적인 물질의 평균밀도는 거의 인수 10만큼의 불확정성을 갖는다.) 한편, 배경복사의 엔트로피는 통상적인 물질보다 훨씬 크다. 식 (7.89)에 따르면, $1\,\mathrm{m}^3$의 공간에서 광자들의 엔트로피는 $(2.89\times10^9)k$이다. 통상적인 물질의 엔트로피를 정확하게 계산하는 것은 어렵지만, 이 물질이 이상기체라고 간주하면 그 엔트로피는 Nk에 어떤 작은 수를 곱한 값, 즉 $1\,\mathrm{m}^3$당 겨우 수 k 정도이다. 이에 비하면 광자들, 즉 배경복사의 엔트로피는 거의 30억 배가 되는 것이다.

문제 7.44. 광자기체에서 광자들의 수.

(a) 온도 T에서 부피 V인 상자 안에서 평형상태에 있는 광자들의 수가 다음과 같음을 보여라.

$$N = 8\pi V\left(\frac{kT}{hc}\right)^3 \int_0^\infty \frac{x^2}{e^x - 1}dx$$

적분은 해석적으로 풀리지 않는다. 적분표를 참조하거나 수치적으로 적분하라.

(b) 이 결과는 본문에서 유도한 광자기체의 엔트로피와 어떻게 비교되는가? (k의 단위로 광자당 엔트로피는 얼마인가?)

(c) 다음 온도들에서 $1\,\mathrm{m}^3$당 광자들의 수를 계산하라: 300 K, 1,500 K (전형적인 가마 내부온도), 2.73 K (우주배경복사의 온도).

문제 7.45. 식 $P = -(\partial U/\partial V)_{S,N}$을 사용해서, 광자기체의 압력이 에너지밀도($U/V$)의 1/3임을 보여라. 1,500 K의 가마 내부에서 복사에 의한 압력을 계산하고, 공기에 의해 가해지는 통상적인 기체의 압력과 비교하라. 그런 후 온도가 1,500만 K인 태양 중심에서의 복사 압력을 계산하라. 밀도가 약 $10^5\,\mathrm{kg/m^3}$인 이온화된 수소기체의 압력과 비교하라.

문제 7.46. 광자기체의 자유에너지를 아는 것이 때때로 쓸모가 있다.

(a) 정의 $F = U - TS$로부터 직접 헬름홀츠 자유에너지를 계산하라. (답을 T와 V의 식으로 써라.)

(b) 이 계에 대해서 식 $S = -(\partial F/\partial T)_V$을 확인하라.

(c) F를 V로 미분해서 광자기체의 압력을 구하라. 결과가 앞 문제의 결과와 일치하는지 확인하라.

(d) F를 계산하는 더 흥미로운 방법은 각 모드, 즉 각 유효진동자에 별개로 식 $F = -kT\ln Z$를 적용하고 모든 모드들에 대해서 합을 하는 것이다. 이 계산을 수행해서 다음 식을 얻어라.

$$F = 8\pi V\frac{(kT)^4}{(hc)^3}\int_0^\infty x^2 \ln(1 - e^{-x})dx$$

부분적분을 이용해서 계산하고, 결과가 (a)와 일치하는지 확인하라.

문제 7.47. 본문에서 온도가 약 3,000 K로 식을 때까지 우주가 이온화된 기체로 차있었다고 주장했다. 그 이유를 이해하기 위해서 우주가 광자와 수소원자들만 포함하고,

그들의 비가 수소원자당 광자 10^9개로 일정하다고 가정하자. 영에서 6,000 K 사이의 범위에서, 이온화된 원자들의 분율을 온도의 함수로 계산하고 그래프를 그려라. 원자에 대한 광자들의 비가 10^8이나 10^{10}이면 결과가 어떻게 달라지는가? (힌트: 모든 것들을 $t = kT/I$와 같은 무차원변수들의 식으로 써라. 여기서 I는 수소원자의 이온화에너지이다.)

문제 7.48. 광자들의 우주배경복사에 더해서, 현재 유효온도 1.95 K인 중성미자(ν)와 반중성미자($\bar{\nu}$)들의 배경복사도 우주에 퍼져 있는 것으로 여기고 있다. 세 종류의 중성미자들이 존재하고 각 종류는 반입자 쌍을 가지며,* 입자건 반입자건 오직 한 개의 편극상태만 허용된다. 아래 문제 (a)부터 (c)까지 이 세 종류의 입자들은 모두 정확하게 질량이 없다고 가정하라.

(a) 중성미자의 밀도는 반중성미자의 밀도와 같아서 그들의 화학퍼텐셜도 같다고 가정하는 것은 합리적이다: $\mu_\nu = \mu_{\bar{\nu}}$. 게다가 중성미자와 반중성미자는 다음과 같은 반응으로 짝으로 생성되고 짝으로 소멸된다.

$$\nu + \bar{\nu} \;\leftrightarrow\; 2\gamma$$

(여기서 γ는 광자를 나타낸다.) 아마도 아주 초기우주에서도 그러했겠지만 이 반응이 평형에 이르면, 중성미자나 반중성미자 모두에 대해서 $\mu = 0$임을 증명하라.

(b) 질량이 없다면 중성미자는 고도로 상대론적이어야 한다. 그것들은 또한 페르미온이다. 따라서 배타원리가 적용된다. 이런 사실들을 이용해서 중성미자-반중성미자 배경복사의 총에너지밀도의 식을 유도하라. (힌트: "중성미자기체"와 광자기체는 거의 차이가 없다. 반입자도 양의 에너지를 갖기 때문에, 반중성미자들까지 포함하기 위해서 필요한 모든 것은 인수 2를 곱하는 것이다. 세 종류의 입자들을 모두 고려하기 위해서는 다시 3을 더 곱하면 된다.) 마지막 적분을 계산하기 위해서는 먼저 무차원 변수로 치환하고, 그런 다음 컴퓨터를 사용하거나, 적분표를 보거나, 혹은 부록 B를 참조하라.

(c) 중성미자 배경복사에서 단위부피당 중성미자들의 수의 식을 유도하라. 유도한 식을 현재 중성미자의 온도인 1.95 K에서 수치적으로 계산하라.

(d) 중성미자는 아주 작지만 영은 아닌 질량을 갖는 것이 가능하다. mc^2이 전형적인

* [역주] 여기서 입자들의 "종류(species)"를 "세대(generation)"라고 일컫는다.

열에너지보다 무시할 수 있을 정도로 작았다면, 질량을 갖는다는 것이 초기우주에서 중성미자들의 생성에 영향을 미치지는 않았을 것이다. 하지만 현재 시점에서는 모든 배경 중성미자들의 총질량이 상당량에 달할 수 있을 것이다. 그렇다면, (반중성미자도 포함해서) 세 종류의 중성미자 중 한 가지만 영이 아닌 질량 m을 갖는다고 가정해보자. 우주의 중성미자들의 총질량이 통상적인 물질들의 총질량에 필적하기 위해서는 mc^2이 eV 단위로 얼마나 되어야 하겠는가?

문제 7.49. 초기우주의 짧은 시간 동안에 온도가 충분히 높아서 대량의 전자-양전자 쌍이 생성될 수 있었다. 그런 후 이 쌍들은 광자들과 중성미자들에 추가하여 세 번째 유형의 "배경복사"를 형성했다(그림 7.21). 중성미자처럼 전자와 양전자도 페르미온이다. 하지만 중성미자와는 달리 전자와 양전자는 (동일한) 질량을 갖는 것으로 알려져 있고, 각각은 두 가지의 독립적인 편극상태들을 갖는다. 관심을 두는 생성 기간 동안에 전자들과 양전자들의 밀도는 근사적으로 동일했었기 때문에, 앞의 문제에서처럼 이 입자들의 화학퍼텐셜을 영으로 놓는 것은 좋은 근사이다. 특수상대론으로부터 질량이 있는 입자의 에너지가 $\epsilon = \sqrt{(pc)^2 + (mc^2)^2}$ 인 것을 상기하자.

(a) 온도 T에서 전자들과 양전자들의 에너지밀도가 다음과 같음을 보여라.

$$\frac{U}{V} = \frac{16\pi (kT)^4}{(hc)^3} u(T)$$

여기서 $u(T)$는 다음과 같이 주어진다.

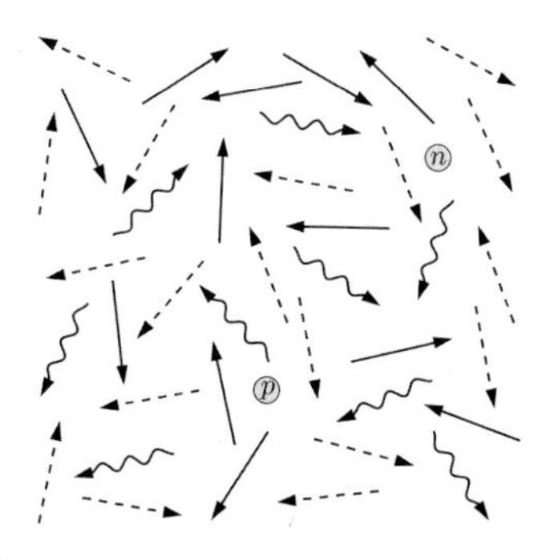

그림 7.21. 전자의 질량에 c^2/k를 곱한 양보다 온도가 높았을 때, 우주는 다음과 같은 세 가지 유형의 복사로 차있었다: 전자와 양전자들(실선 화살표), 중성미자들(파선 화살표), 광자들(물결선 화살표). 대략 10억 개의 복사입자당 한 개 꼴로 약간의 양성자들과 중성자들이 이 복사에 잠겨 있었다.

$$u(T) = \int_0^\infty \frac{x^2 \sqrt{x^2 + (mc^2/kT)^2}}{e^{\sqrt{x^2+(mc^2/kT)^2}} + 1} dx$$

(b) $kT \ll mc^2$ 일 때 $u(T)$가 영으로 가는 것을 보이고, 이것이 왜 합리적인 결과인지 설명하라.

(c) $kT \gg mc^2$ 인 극한에서 $u(T)$를 계산하고, 중성미자 복사에 대한 앞 문제의 결과와 비교하라.

(d) 컴퓨터를 사용해서 중간 온도들에서 $u(T)$를 계산하고 그래프를 그려라.

(e) 문제 7.46(d)의 방법을 사용해서 전자-양전자 복사의 자유에너지밀도가 다음과 같은 것을 보여라.

$$\frac{F}{V} = -\frac{16\pi (kT)^4}{(hc)^3} f(T)$$

여기서 $f(T)$는 다음과 같이 주어진다.

$$f(T) = \int_0^\infty x^2 \ln\left(1 + e^{-\sqrt{x^2+(mc^2/kT)^2}}\right) dx$$

양쪽 극한에서 $f(T)$를 계산하고, 컴퓨터를 사용해서 중간 온도들에서 $f(T)$를 계산하고 그래프를 그려라.

(f) 전자-양전자 복사의 엔트로피를 함수 $u(T)$와 $f(T)$의 식으로 써라. 고온극한에서 엔트로피를 명시적으로 계산하라.

문제 7.50. 앞 문제의 결과들을 이용해서, 우주 중성미자 배경복사(문제 7.48)의 현재 온도가 왜 2.73 K 가 아니라 1.95 K 인지 설명할 수 있다. 처음에는 광자들과 중성미자들의 온도가 같았을 것이다. 하지만 우주가 팽창하여 식으면서 중성미자들과 다른 입자들과의 상호작용은 곧 무시할 정도로 약해졌다. 그로부터 금방 온도는 kT/c^2이 더 이상 전자의 질량보다 훨씬 크지 않은 수준으로 떨어졌다. 다음 몇 분 동안 전자들과 양전자들이 사라지면서, 그것들은 광자복사를 덥혔지만, 중성미자복사는 덥히지 않았다.

(a) 우주는 어떤 유한한 부피 V를 가졌지만, 그 V는 시간에 따라 증가하고 있다고 상상해보자. 앞 문제에서 도입한 보조함수 $u(T)$와 $f(T)$를 사용해서 전자들, 양전자들, 광자들의 총엔트로피 식을 V와 T의 함수로 써라. 이 입자들과 상호작용하는 다른 종류의 입자들이 없었다고 가정하고, 초기우주에서 이 총엔트로피가 보존되

었을 것이라는 것을 논증하라.

(b) 중성미자들이 다른 어떤 것들하고도 상호작용할 수 없었기 때문에, 중성미자 복사의 엔트로피는 별개로 보존되었을 것이다. 이 사실을 이용해서 우주가 팽창하면서 식을 때, 중성미자 온도 T_ν와 광자 온도 T가 다음과 같은 관계를 갖는다는 것을 보여라.

$$\left(\frac{T}{T_\nu}\right)^3\left[\frac{2\pi^4}{45}+u(T)+f(T)\right]=\text{상수}$$

온도가 아주 높을 때 $T=T_\nu$라고 가정해서 위 식의 상수를 계산하라.

(c) 저온극한에서 비값 T/T_ν를 계산해서, 현재의 중성미자 온도가 1.95 K 이어야 함을 확인하라.

(d) 컴퓨터를 사용해서 kT/mc^2이 0에서 3까지 이르는 범위에서 비값 T/T_ν의 그래프를 T의 함수로 그려라.*

구멍을 빠져나오는 광자들

이 절에서 지금까지는 오븐이나 다른 어떤 상자 안에서 열평형에 있는 광자들의 기체를 분석하였다. 하지만 궁극적으로는 어떤 뜨거운 물체가 방출하는 광자들을 이해하고 싶다. 시작하기 위해서, 광자기체가 들어있는 상자에 구멍을 뚫어 약간의 광자들이 나오게 하면 어떤 일이 일어나는지 물어보자(그림 7.22).

모든 광자들은 진공에서는 파장에 관계없이 동일한 속력을 갖는다. 따라서 에너지가 작은 광자들도 에너지가 큰 광자들과 동일한 확률로 구멍을 빠져나오기 때문에, 빠져나온 광자들의 스펙트럼은 상자 안의 광자들의 스펙트럼과 동일할 것이다. 이해하기 좀 더 어려운 것은 빠져나오는 복사의 총량이다. 계산 자체가 특이한 물리학적 통찰력을 요구하는 것은 아니지만 기하학적으로 까다로운 편이다.

시간 간격 dt 동안에 구멍을 빠져나오는 광자들은 그림 7.23에 보인 것처럼, 언젠가 반구껍질 위의 어딘가에서 구멍을 향했던 것들이다. 구껍질의 반지름 R은 우리가 얼마

---

* 이제 이 문제를 마쳤기 때문에 초기우주의 동역학을 이해하고, 모든 일들이 언제 일어났는지를 결정하는 것이 상대적으로 쉬워진 것을 발견할 것이다. 기본적인 착상은 우주가 "탈출속도"로 팽창하고 있다고 가정하는 것이다. 당신이 알아야 할 모든 것들은 참고문헌 Weinberg(1977)에 있다.

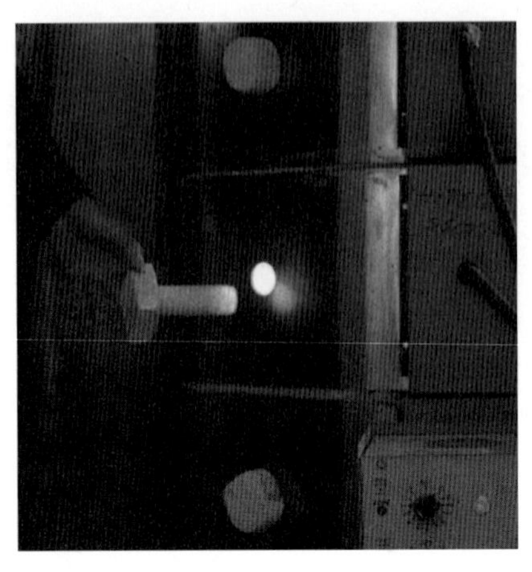

그림 7.22. 복사로 찬 용기(가마) 벽의 구멍을 열 때. 빠져나오는 빛의 스펙트럼은 용기 안의 빛의 스펙트럼과 동일하다. 빠져나오는 에너지의 총량은 구멍의 크기와 구멍이 열린 시간에 비례한다.

나 오래전까지를 보고 있는지에 의존하고, 껍질의 두께는 $c\,dt$이다. 그림에서 보인 것처럼 구껍질 위의 점들을 나타내기 위해서 구좌표계를 사용하겠다. 각도 θ의 범위는 구껍질의 왼쪽 끝인 0에서 오른쪽 모서리인 $\pi/2$까지다. 보이지는 않았지만 방위각 ϕ도 있다. 방위각은 구껍질의 꼭대기 모서리에서 시작해서 지면을 뚫고 들어간 후 돌아서 바닥 모서리에서 지면을 뚫고 나와 다시 꼭대기로 돌아갈 때, 0에서 2π까지 변한다.

이제 그림 7.23에서 보인 구껍질의 덧칠한 조각을 고려하자. 그것의 부피는 다음과 같다.

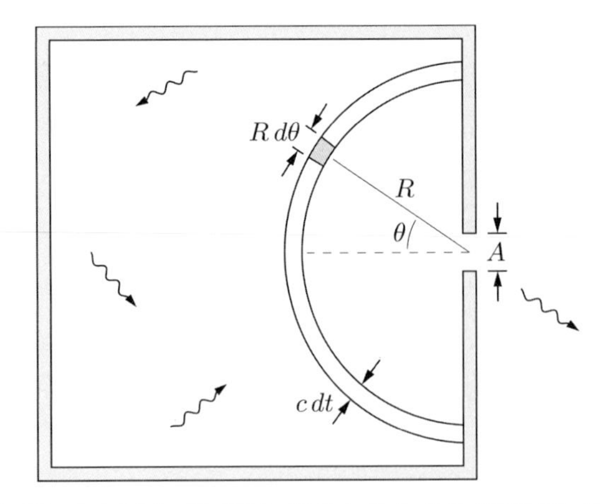

그림 7.23. 지금 구멍을 빠져나오는 광자들은 언젠가 상자 안의 반구껍질 위에 있었다. 이 구껍질 위의 주어진 점으로부터 구멍을 통과해서 빠져나올 확률은 구멍으로부터의 거리와 각도 θ에 의존한다.

$$\text{조각의 부피} = (R\,d\theta)\times(R\sin\theta\,d\phi)\times(c\,dt) \tag{7.90}$$

($R\sin\theta$는 일정한 θ에서 ϕ가 0에서 2π까지 쓸고 지나간 흔적인 고리의 반지름이고, 따라서 지면에 수직한 방향으로 조각의 깊이는 $R\sin\theta\,d\phi$이다.) 이 조각 안의 광자들의 에너지밀도는 다음과 같은 식 (7.86)으로 주어진다.

$$\frac{U}{V}=\frac{8\pi^5}{15}\frac{(kT)^4}{(hc)^3} \tag{7.91}$$

이제부터는 이 양을 그저 U/V라고 표시하겠다. 따라서 이 조각 안의 총에너지는 다음과 같다.

$$\text{조각 안의 에너지}=\frac{U}{V}c\,dt\,R^2\sin\theta\,d\theta\,d\phi \tag{7.92}$$

하지만 이 조각 공간 안의 모든 에너지가 구멍을 빠져나오는 것은 아니다. 대부분의 광자들은 다른 방향을 향하기 때문이다. 광자 한 개가 맞는 방향을 향할 확률은, 조각에서 보았을 때 구멍의 외관적인 면적을 조각에 그 중심을 둔 반지름 R인 가상적인 구의 총표면적으로 나눈 값과 같다.

$$\text{빠져나올 확률}=\frac{A\cos\theta}{4\pi R^2} \tag{7.93}$$

여기서 A는 구멍의 면적이고, $A\cos\theta$는 조각에서 본 구멍의 축소된 면적이다. 따라서 이 조각으로부터 구멍을 빠져나오는 에너지의 양은 다음과 같다.

$$\text{조각으로부터 빠져나오는 에너지}=\frac{A\cos\theta}{4\pi}\frac{U}{V}c\,dt\sin\theta\,d\theta\,d\phi \tag{7.94}$$

시간간격 dt 동안에 구멍을 빠져나오는 총에너지를 구하기 위해서는 다음과 같이 θ와 ϕ에 대해서 적분을 해주기만 하면 된다.

$$\begin{aligned}\text{빠져나오는 총에너지}&=\int_0^{2\pi}d\phi\int_0^{\pi/2}d\theta\frac{A\cos\theta}{4\pi}\frac{U}{V}cdt\sin\theta\\&=2\pi\frac{A}{4\pi}\frac{U}{V}cdt\int_0^{\pi/2}\cos\theta\sin\theta d\theta\\&=\frac{A}{4}\frac{U}{V}cdt\end{aligned} \tag{7.95}$$

구멍을 빠져나오는 에너지의 양은 자연스럽게 구멍의 면적 A에 비례하고, 시간간격 dt의 길이에도 비례한다. 이 두 양으로 나누면 다음과 같이 단위면적당 구멍에서 방출되는 출력을 얻는다.

$$\text{단위면적당 출력} = \frac{c}{4}\frac{U}{V} \tag{7.96}$$

인수 1/4을 제쳐둔다면, 차원분석을 사용해서도 이 결과를 추측할 수 있었을 것이다. 즉, (에너지/부피)를 (출력/면적)으로 바꾸기 위해서는 (거리/시간)의 단위를 갖는 무언가를 곱해야 하는데, 이 문제에서 유일한 관련 있는 속력은 빛의 속력이다.

에너지밀도 대신에 식 (7.91)을 대입하면 더욱 명시적인 결과로 다음 식을 얻는다.

$$\text{단위면적당 출력} = \frac{2\pi^5}{15}\frac{(kT)^4}{h^3c^2} = \sigma T^4 \tag{7.97}$$

여기서 σ는 스테판-볼츠만 상수(Stefan-Boltzmann constant)로 알려져 있다.

$$\sigma = \frac{2\pi^5 k^4}{15h^3c^2} = 5.67 \times 10^{-8}\frac{\mathrm{W}}{\mathrm{m^2K^4}} \tag{7.98}$$

(이 수는 기억하기 어렵지 않다. 숫자 "5-6-7-8"을 생각하고 음의 부호를 잊지 마라.) 복사출력이 온도의 네제곱에 의존한다는 사실은 1879년에 실험적으로 발견되었으며, 스테판의 법칙(Stefan's law)으로 알려져 있다.

▌다른 물체들의 복사

스테판의 법칙은 상자의 구멍으로부터 방출되는 광자들로부터 유도되었지만, 그 법칙은 온도 T에 있는 모든 반사하지 않는 표면으로부터 방출되는 광자들에도 적용된다. 스스로 방출하는 빛이 없을 때 외부로부터의 빛마저 반사하지 않으면 그 물체는 검게 보이므로, 그런 물체가 스스로 방출하는 복사를 흑체복사(blackbody radiation)라고 부른다. 상자의 구멍으로부터 광자들이 방출되는 것과 정확하게 동일한 양식으로 흑체가 광자들을 방출한다는 것을 증명하는 것은 놀랍도록 간단하다.

한쪽에는 상자에 뚫린 구멍이 있고 반대쪽엔 상자와 온도가 같은 흑체가 있어서, 두 물체가 그림 7.24와 같이 서로 마주 보고 있다고 하자. 한 물체가 광자들을 방출하면 그

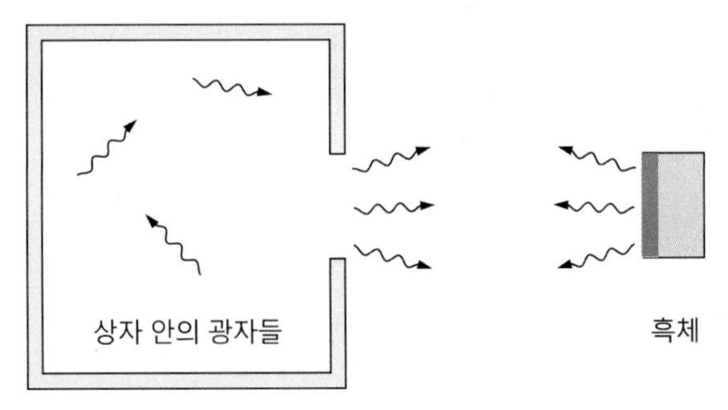

그림 7.24. 완벽한 흑체 표면이 열광자로 찬 상자의 구멍과 동일한 복사를 방출한다는 것을 보여 주는 사고실험.

중 일부가 상대편 물체에 흡수된다. 두 물체의 크기가 같으면, 각 물체가 다른 물체로부터 흡수하는 복사의 분율도 동일할 것이다. 이제 흑체가 방출하는 출력이 구멍의 것과 달라서, 얼마간 더 적다고 해보자. 그렇다면 더 많은 에너지가 구멍에서 흑체로 흐르고, 따라서 흑체는 점점 더 뜨거워질 것이다. 저런! 그렇다면 이 과정은 열역학 제이 법칙을 위배하게 되어버린다. 반대로 흑체가 구멍보다 더 많은 에너지를 방출한다면 이번에는 흑체가 점점 더 차가와질 것이고, 구멍, 즉 구멍이 뚫린 상자는 더 뜨거워질 것이다. 역시 제이 법칙에 의해 이런 일도 일어날 수 없다.

따라서 주어진 온도에서 단위면적당 흑체가 방출하는 총출력은 구멍이 방출하는 것과 같아야 한다. 그 이상으로 더 많은 것을 얘기할 수도 있다. 구멍과 흑체 사이에 특정한 범위의 파장을 갖는 복사만 통과하도록 필터를 삽입한다고 상상해보자. 이 파장에서 한 물체가 다른 물체보다 더 많은 복사를 방출한다면, 그 물체는 점점 차가워질 것이고 다른 물체는 뜨거워질 것이다. 또 다시, 이것은 제이 법칙에 위배된다. 따라서 흑체가 방출하는 복사의 전체 스펙트럼이 구멍에서 방출되는 것과 동일해야만 한다.

물체가 완벽하게 검지 않아서 일부 광자들을 반사한다면, 일은 좀 더 복잡해진다. 물체에 부딪히는 어떤 주어진 파장을 갖는 광자 세 개 중에 한 개는 반사되고 다른 두 개는 흡수된다고 해보자. 구멍과 열평형에 머물기 위해서는 물체는 광자 두 개를 방출해야 한다. (그것들은 돌아가는 길에 반사된 광자와 합류해서, 전체적으로는 광자 세 개가 물체로부터 바깥을 향한다.) 더 일반적으로 말하자면 어떤 주어진 파장에서 완벽한 흑체와 비교했을 때 광자가 흡수되는 분율을 e라고 하면, e는 흑체와 비교한 복사분율이기도 하다. 이 수 e는 물질의 복사율(emissivity)이라고 불린다. 완벽한 흑체에 대해서 e는 1이고, 완벽한 반사체의 경우에는 0이다. 따라서 좋은 반사체일수록 더 좋지 않은 복사체이다. 일반적으로 복사율은 빛의 파장에 의존하므로, 방출된 복사의 스펙트럼은 완벽한 흑체의 스펙트럼과 다를 것이다. 모든 관련 있는 파장에 대해서 e의 가중평균값을 사용하면, 한 물체가 방출하는 복사의 총출력은 다음과 같이 쓸 수 있다.

$$\text{출력} = \sigma e A T^4 \tag{7.99}$$

여기서 A는 물체의 표면적이다.

문제 7.51. 백열전구의 텅스텐 필라멘트의 온도는 약 3,000 K 이다. 텅스텐의 복사율은 약 1/3이고 파장에 무관하다고 가정할 수 있다.

(a) 전구가 총 100 W의 출력을 방출한다면, 필라멘트의 표면적은 몇 m^2인가?

(b) 전구의 스펙트럼의 정점은 광자의 에너지가 얼마일 때인가? 이 광자에너지에 해당하는 파장은 얼마인가?

(c) 필라멘트로부터 방출되는 빛의 스펙트럼의 그래프를 스케치하거나 컴퓨터를 사용해서 그려라. 400 nm에서 700 nm 사이의 가시광선에 해당하는 영역을 그래프에 표시하라.

(d) 전구가 방출하는 전체 에너지 중에서 가시광선 영역이 차지하는 분율을 계산하라. (계산기나 컴퓨터를 사용해서 적분을 수치적으로 하라.) 결과를 (c)의 그래프로부터 정성적으로 확인하라.

(e) 백열전구의 효율을 높이기 위해서 온도를 높이겠는가, 낮추겠는가? (어떤 백열전구는 다른 온도를 사용해서 실제로 약간 높은 효율을 얻는다.)

(f) 백열전구의 가능한 최대효율, 즉 가시광선 영역에서의 에너지분율과 해당 필라멘트 온도를 추정하라. 텡스텐이 3,695 K 에서 녹는다는 사실은 무시하라.

문제 7.52.

(a) 당신의 몸으로부터 복사로 방출되는 총출력을 대략적으로 추정하라. 옷이나 환경으로부터 되돌아오는 에너지는 모두 무시하라. (피부색에 관계없이, 적외선 파장에서 복사율은 1에 꽤 가깝다. 이 파장에서 거의 모든 비금속이 거의 완벽한 흑체이다.)

(b) 하루 동안 당신의 몸으로부터 방출되는 총에너지를 kcal 단위로 계산하고, 그것을 당신이 섭취하는 음식의 에너지와 비교하라. 그렇게 큰 차이가 있는 이유는 무엇일까?

(c) 질량이 2×10^{30} kg 인 태양은 3.9×10^{26} W의 비율로 에너지를 방출한다. 태양과 당신 몸 중에서 단위질량당 출력이 더 많은 것은 어느 쪽인가?

문제 7.53. 블랙홀은 흑체이기 때문에 호킹복사(Hawking radiation)라고 부르는 흑체복사를 방출해야 한다. 문제 3.7에서 보인 것처럼 질량이 M인 블랙홀은 총에너지 Mc^2, 표면적 $16\pi G^2M^2/c^4$, 온도 $hc^3/16\pi^2kGM$을 갖는다.

(a) 태양질량($2\times10^{30}\,\text{kg}$)을 갖는 블랙홀이 방출하는 호킹복사의 전형적인 파장을 추산하라. 결과를 블랙홀의 크기와 비교하라.

(b) 태양질량을 갖는 블랙홀이 방출하는 총출력을 계산하라.

(c) 복사를 방출하지만 아무 것도 흡수하지는 않는 빈 공간의 블랙홀을 상상하자. 에너지를 잃으면서 블랙홀의 질량은 감소해야만 한다. 이것을 "증발한다"고 말할 수도 있다. 시간의 함수로써 질량에 대한 미분방정식을 유도하고, 이 방정식을 풀어서 블랙홀의 수명을 초기 질량의 식으로 구하라.

(d) 태양질량을 갖는 블랙홀의 수명을 계산하고, 우주의 추정나이로 알려진 10^{10}년과 비교하라.

(e) 초기우주에서 생성되었던 블랙홀이 오늘 증발을 끝낸다고 해보자. 블랙홀의 초기질량은 얼마였겠는가? 복사의 대부분이 방출된 것은 전자기 스펙트럼 중 어느 영역이겠는가?

태양과 지구

지구가 받는 태양복사의 양은 $1{,}370\,\text{W/m}^2$로 이 값은 태양상수(solar constant)로 알려져 있다. 태양상수와 지구로부터 태양까지의 거리 1억 5천만 킬로미터를 고려하면, 태양의 총에너지 출력을 계산하는 것은 꽤 쉽다. 그런 양은 광도(luminosity)라고 불리는데, 태양의 광도는 $3.9\times10^{26}\,\text{W}$이다. 태양의 반지름은 지구의 100배보다 약간 커서 $7.0\times10^8\,\text{m}$이고, 따라서 표면적은 $6.1\times10^{18}\,\text{m}^2$이다. 정확한 것과는 차이가 꽤 있지만 우리 목적으로는 충분하므로 태양의 복사율을 1이라고 가정하면, 태양표면의 온도를 다음과 같이 계산할 수 있다.

$$T=\left(\frac{\text{광도}}{\sigma A}\right)^{1/4}=5{,}800\,\text{K} \tag{7.100}$$

온도를 알면, 햇빛의 스펙트럼이 다음의 광자에너지에서 정점을 갖는다는 것을 예측할 수 있다.

$$\epsilon = 2.82\,kT = 1.41\,eV \tag{7.101}$$

이것은 근적외선 영역의 880nm 파장에 해당된다. 이것은 검증 가능한 예측이고 실험과도 일치한다. (태양의 스펙트럼은 근사적으로 이 에너지에서 정점을 갖는 플랑크 식으로 주어진다.) 이 정점이 가시광선 스펙트럼의 빨간색 경계에 매우 가깝기 때문에, 태양에너지의 상당부분이 가시광선 영역에서 방출된다. (어딘가에서 태양 스펙트럼의 정점이 가시광선 영역의 중간인 500nm 쯤이라고 배워서 그 차이에 대해 걱정이 된다면, 앞으로 돌아가서 문제 7.39를 풀어보라.)

태양복사의 아주 작은 부분이 지구에 흡수되어서, 생명에 적합한 온도로 지구를 덥힌다. 하지만 지구가 계속 뜨거워지는 것은 아니다. 지구도 평균적으로 같은 속도로 역시 우주를 향해 복사한다. 흡수와 방출 사이의 이 균형이 지구의 평형표면온도를 추정할 수 있는 방법을 제공한다.

첫 번째 대충의 추정으로써 지구가 모든 파장에서 완벽한 흑체인 것처럼 생각해보자. 그렇다면 흡수된 출력은 태양상수에 태양에서 본 지구의 단면적인 πR^2 을 곱한 양이다. 한편 방출된 출력은 스테판의 법칙으로 주어지는데, 이때 A 는 지구의 표면적인 $4\pi R^2$ 이고 T 는 지구의 유효 평균표면온도이다. 흡수된 출력과 방출된 출력을 같다고 놓으면 다음과 같이 지구의 평형표면온도를 얻을 수 있다.

$$(\text{태양상수})\cdot \pi R^2 = 4\pi R^2 \sigma T^4$$

$$\Rightarrow T = \left(\frac{1{,}370\ \mathrm{W/m^2}}{4\cdot 5.67\times 10^{-8}\,\mathrm{W/m^2\cdot K^4}}\right) = 279\ \mathrm{K} \tag{7.102}$$

이 결과는 측정된 평균온도인 288K , 혹은 15℃ 에 극히 가깝다.

하지만 지구는 완벽한 흑체가 아니다. 지구를 때리는 햇빛의 30%는 반사되어 우주로 직접 되돌아간다. 반사의 대부분은 구름에 의한 것이다. 반사를 고려하면 평균온도의 예측은 냉랭한 온도인 255K 로 내려간다.

흡수를 잘하지 못하는 물체는 복사도 잘하지 못하기 때문에, 식 (7.102)의 오른쪽에서 완벽하지 않은 지구의 복사율을 고려하면 지구의 예측온도를 다시 올릴 수 있다고 생각할지 모르겠다. 불행하게도, 이것은 작동하지 않는다. 복사하는 적외선에 대한 지구의 복사율이 흡수되는 가시광선에 대한 복사율과 같아야 하는 특별한 이유는 없기 때문이다. 그리고 실제로 지표면은 (거의 모든 비금속 물질처럼) 적외선 파장에서 아주 효율적인 복사체이다. 하지만 우리를 구해주는 다른 기전이 존재한다. 지구대기의 수증기와 이산

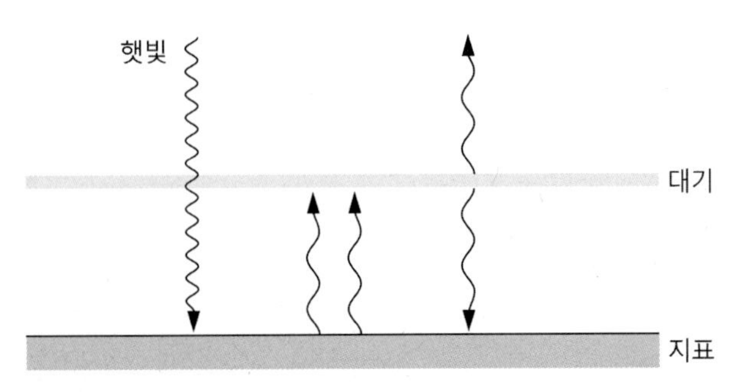

그림 7.25. 지구대기는 입사하는 햇빛에 대해서 대부분 투명하지만, 지표면에서 위로 복사되는 적외선에 대해서는 불투명하다. 대기를 단일층으로 모형화하면, 평형은 지표면이 태양으로부터 받는 에너지와 동일한 에너지를 대기로부터도 받을 것을 요구한다.

화탄소는 수 마이크론 이상의 파장에서 대기를 불투명하게 만든다. 그래서 적외선에 민감한 눈으로 우주로부터 지구를 보면, 보이는 것은 지표면이 아니라 대부분 대기이다. 평형온도 255 K는 대략 대기에 적용되고, 대기 밑의 지표면은 입사하는 햇빛과 대기 "담요" 모두에 의해 덥혀진다. 대기를 가시광선에는 투명하지만 적외선에는 불투명한 단일층으로 모형화하면, 우리는 그림 7.25에서 보인 것과 같은 상황을 얻게 된다. 평형은, 입사하는 햇빛 (빼기 반사되는 것)의 에너지가 대기가 위로 복사하는 에너지와 같아야 하고, 또한 이 에너지는 대기가 아래로 복사하는 에너지와 같아야 할 것을 요구한다. 따라서 이 단순한 모형에서 지표면은 햇빛만을 직접 받는 경우보다 두 배로 많은 에너지를 받는다. 식 (7.102)를 따르면 이 기전은 지표면의 온도를 인수 $2^{1/4}$만큼, 즉 303 K로 올린다. 이것은 약간 높지만, 대기가 이 단순한 모형처럼 완벽하게 불투명한 단일층이 아니라는 것을 감안해야 한다. 어쨌든, 지표면의 온도가 높아지는 이 기전을 온실효과(greenhouse effect)라고 부른다. 하지만 실제 대부분의 온실들은 온실효과보다는 대류에 의한 냉각을 제한하는 다른 기전에 주로 의존한다.

문제 7.54. 태양은 우리가 직접 크기를 쉽게 측정할 수 있는 유일한 별이다. 천문학자들은 다른 별들의 크기를 스테판의 법칙을 이용해서 추정한다.

(a) 시리우스 A의 스펙트럼은 에너지의 함수로 그릴 때 광자에너지 2.4 eV에서 정점을 갖고, 태양보다 근사적으로 24배 밝다. 시리우스 A의 반지름은 태양 반지름의 몇 배인가?

(b) 시리우스 A의 짝인 시리우스 B의 광도는 태양의 3%에 불과하다(그림 7.12). 시리우스 B의 스펙트럼은 에너지의 함수로 그릴 때 대략 광자에너지 7 eV에서 정점을

갖는다. 시리우스 B의 반지름은 태양 반지름의 몇 배인가?

(c) 별 베텔게우스(Betelgeuse)의 스펙트럼은 에너지의 함수로 그릴 때 광자에너지 0.8 eV 에서 정점을 갖고, 태양보다 근사적으로 10,000 배 밝다. 베텔게우스의 반지름은 태양 반지름의 몇 배인가? 베텔게우스는 왜 "적색초거성(red supergiant)"으로 불리는가?

문제 7.55. 지구대기 중 적외선을 흡수하는 기체들의 농도가 두 배가 되어서, 지표면을 덮히는 두 번째의 "담요"를 실효적으로 만든다고 가정해보자. 이런 파국으로 초래될 지표면의 평형온도를 추정하라. (힌트: 먼저, 아래쪽 대기담요가 위쪽보다 인수 $2^{1/4}$ 만큼 더 따뜻하다는 것을 보여라. 지표면은 아래 담요보다 더 작은 인수만큼 더 따뜻하다.)

문제 7.56. 금성은 여러 가지 측면에서 지구와 다르다. 첫째, 태양으로부터의 거리가 지구의 겨우 70%이다. 둘째, 금성의 두꺼운 구름들은 입사하는 햇빛의 77%를 반사한다. 마지막으로, 금성의 대기는 적외선에 훨씬 더 불투명하다.

(a) 금성의 위치에서 태양상수를 계산하고, 대기가 없고 햇빛을 전혀 반사하지 않는다면 금성의 표면온도가 어떠할지 추정하라.

(b) 구름의 반사를 고려해서 표면온도를 다시 추정하라.

(c) 적외선 파장에 대한 금성대기의 불투명도는 지구대기의 대략 70배 정도이다. 따라서 금성의 대기는, 본문에서 고려했던 유형의 "담요"들을 사용해서, 각기 다른 평형온도에 있는 담요 70장이 연이어 쌓인 것으로 모형화할 수 있다. 이 모형을 사용해서 금성의 표면온도를 추정하라. (힌트: 대기 천장층의 온도는 (b)에서 구한 것이다. 그 밑의 다음 층은 인수 $2^{1/4}$ 만큼 더 따뜻하다. 그 다음 층은 더 작은 인수만큼 더 따뜻하다. 규칙이 보일 때까지 계속 헤아려 보라.)

7.5 고체의 디바이 이론

2.2절에서 고체 결정의 모형으로써, 각 원자를 독립적인 삼차원 조화진동자로 간주한 아인슈타인 모형을 도입하였다. 문제 3.25에서는 이 모형을 사용해서 열용량에 대한 예

측을 다음과 같이 한 바가 있다.

$$C_V = 3Nk \frac{(\epsilon/kT)^2 e^{\epsilon/kT}}{(e^{\epsilon/kT}-1)^2} \qquad \text{(아인슈타인 모형)} \qquad (7.103)$$

여기서 N은 원자들의 수이고 $\epsilon = hf$는 동일한 진동자들에 대한 에너지단위의 보편적인 크기이다. $kT \gg \epsilon$일 때, 에너지등분배 원리와 일치하게도 열용량은 상수인 $3Nk$에 접근한다. 열용량은 $kT \approx \epsilon$ 이하에서 떨어져서 온도가 영으로 갈 때 영에 접근한다. 이 예측은 세밀하게는 맞지 않지만 1차 근사에서는 실험과도 일치한다. 특히 식 (7.103)은 $T \to 0$인 극한에서 열용량이 “지수함수”적으로 영으로 가는 것을 예측하는데, 실험에서 실제 저온거동은 $C_V \propto T^3$임을 보여준다.

아인슈타인 모형의 문제점은 결정의 원자들이 실제로 서로 독립적으로 진동하는 것은 아니라는 점이다. 한 원자를 살짝 움직이면, 그것의 이웃들도 진동의 진동수에 의존하는 복잡한 방식으로 움직이기 시작한다. 큰 무더기의 원자들이 모두 같이 움직이는 낮은 진동수 모드들이 존재하고, 원자들이 이웃들과 반대 방향으로 움직이는 높은 진동수 모드들도 존재한다. 에너지단위들이 진동모드의 진동수에 비례하여 다른 크기가 된다. 높은 진동수 모드들이 모두 얼어붙는 아주 낮은 온도에서도 몇 개의 낮은 진동수 모드들은 여전히 활성적이다. 아인슈타인 모형이 예측하는 것보다 열용량이 덜 과격하게 영으로 가는 이유가 바로 이것이다.

많은 방식에서 고체 결정의 진동모드들은 진공에서 전자기장의 진동모드들과 유사하다. 이 유사성은 우리가 전자기복사를 다루었던 최근의 방법을 결정의 역학적 진동에도 적용해볼 것을 제안한다. 역학적 진동은 음파라고도 불리며, 빛의 파동과 매우 유사하게 거동한다. 하지만 몇 가지의 차이점들이 있다.

- 음파는 빛보다 훨씬 느리고, 그 속력은 물질의 밀도와 뻣뻣한 정도에 의존한다. 이 속력을 c_s로 나타내고, 그것이 파장과 방향에 의존할 수 있다는 사실을 무시하고 상수로 간주하겠다.
- 빛은 횡방향으로 편광되어야 하는 반면, 음파는 종방향으로도 편극될 수 있다. (지진학에서 횡방향으로 편극된 파동은 층밀림파(shear wave) 혹은 S파로 불리고, 종방향으로 편극된 파동은 압력파(pressure wave) 혹은 P파로 불린다.) 따라서 빛의 두 편광 대신에, 음파는 세 가지의 편극을 갖는다. 단순하게 하기 위해서, 세 가지로 편극된 음파들이 모두 같은 속력을 갖는다고 간주하겠다.
- 빛의 파장은 무한정 작을 수 있는 반면, 고체 내의 음파는 원자간격의 두 배보다 짧

은 파장을 가질 수 없다.

처음 두 가지의 차이는 고려되기에 쉽다. 하지만 세 번째는 여전히 약간의 사고를 요구한다.

이 세 가지 차이를 제쳐두면, 음파는 빛의 파동과 거의 동일하게 거동한다. 각 진동모드는 등간격인 에너지준위들을 가지며, 에너지단위는 다음과 같다.

$$\epsilon = hf = \frac{hc_s}{\lambda} = \frac{hc_s n}{2L} \tag{7.104}$$

마지막 표현에서 L은 결정의 길이이고, $n = |\vec{n}|$은 파동의 형태를 명시하는 n-공간의 벡터의 크기이다. 이 모드가 온도 T에서 평형에 있으면, 그 모드가 갖는 에너지단위의 평균수는 다음의 플랑크분포에 의해 주어진다.

$$\bar{n}_{\rm Pl} = \frac{1}{e^{\epsilon/kT} - 1} \tag{7.105}$$

(여기서 $\bar{n}$가 위 식의 n과 혼동되어서는 안 된다.) 전자기파에서처럼 이 에너지단위들을 $\mu = 0$일 때 보스-아인슈타인 통계를 따르는 입자들처럼 생각할 수 있다. 이 경우에 그 "입자"들은 소리양자(phonon)들로 불린다.

결정의 총열에너지를 계산하기 위해서는 다음과 같이 허용된 모든 모드들의 에너지를 합한다.

$$U = 3\sum_{n_x}\sum_{n_y}\sum_{n_z}\epsilon\bar{n}_{\rm Pl}(\epsilon) \tag{7.106}$$

인수 3은 각 $\vec{n}$에 대한 세 가지의 편극 상태들로 인한 것이다. 다음 단계는 합을 적분으로 전환하는 것이다. 하지만 그 전에 어떤 $\vec{n}$값들이 합해지는지에 주의하는 게 좋다.

만약 전자기 진동이었다면, 허용된 모드들의 수는 무한대일 것이고 따라서 각 합은 무한대로 갈 것이다. 하지만 결정에서는 원자 간격이 파장값에 엄격한 하한을 설정한다. 원자들의 일차원 격자를 고려하자(그림 7.26). 각 진동모드는 n개의 "배"가 있는 자기 자신의 독특한 형태를 갖는다. 각 배는 최소한 원자 한 개를 포함해야 하기 때문에, n은 원자들의 수를 초과할 수 없다. 삼차원 결정이 완벽한 정육면체라면 어느 방향으로든 원자들의 수는 $\sqrt[3]{N}$이고, 따라서 식 (7.106)의 각 합의 지표는 1에서 $\sqrt[3]{N}$까지 가야 한다. 다른 말로 하자면, n-공간의 정육면체를 따라서 합을 하는 것이다. 결정 자체가 완벽한 정육

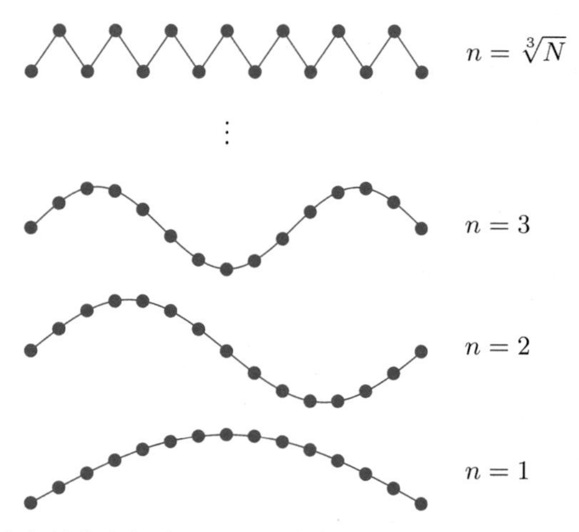

그림 7.26. 결정 내에서 원자열의 진동모드들. 결정이 정육면체이면, 어느 방향의 열을 따르건 원자들의 수는 $\sqrt[3]{N}$ 이다. 파동의 각 "배"가 최소한 원자 한 개를 포함해야 하기 때문에, 이것은 이 방향에 놓인 모드들의 총수이기도 하다.

면체가 아니면 n-공간에서도 정육면체가 아니다. 하지만 합은 여전히 총부피가 N인 n-공간의 영역에서 취해진다.

이제 까다로운 근사를 할 차례이다. 정육면체나 n-공간의 어떤 영역을 따라서 합하거나 적분하는 것이 즐겁기만 한 일은 아니다. 합하려는 함수가 제곱근을 지수로 갖는 n_x, n_y, n_z의 아주 복잡한 함수이기 때문이다. 반면에, 이 함수는 $\vec{n}$의 크기에만 단순하게 의존하고 n-공간에서의 방향에는 전혀 의존하지 않는다. 그래서 디바이(Peter Debye)는 영리하게도 n-공간에서 관련 있는 영역은 구, 혹은 구의 팔분의 일이라는데 착안을 했다. 총자유도를 보존하기 위해서 그는 총부피의 팔분의 일이 N인 구를 선택했다. 그 구의 반지름이 다음과 같아야 한다는 것은 쉽게 보일 수 있다.

$$n_{\text{최대}} = \left(\frac{6N}{\pi}\right)^{1/3} \tag{7.107}$$

그림 7.27은 n-공간의 정육면체와 그것을 근사하는 구를 보여준다.

놀랍게도, 디바이의 근사는 고온과 저온극한에서 모두 정확하다. 고온에서는 중요한 모든 것은 모드들의 총수, 즉 총자유도이다. 맞는 부피를 갖도록 구를 선택하면 이 수는 보존된다. 저온에서는 어쨌든 $\vec{n}$이 큰 모드들이 얼어붙기 때문에, 우리가 원하는 만큼 모드들을 셀 수 있다. 중간 온도에서는 정확하지 않은 결과를 얻게 되겠지만, 그것들은 여전히 놀랍도록 좋은 결과들이다.

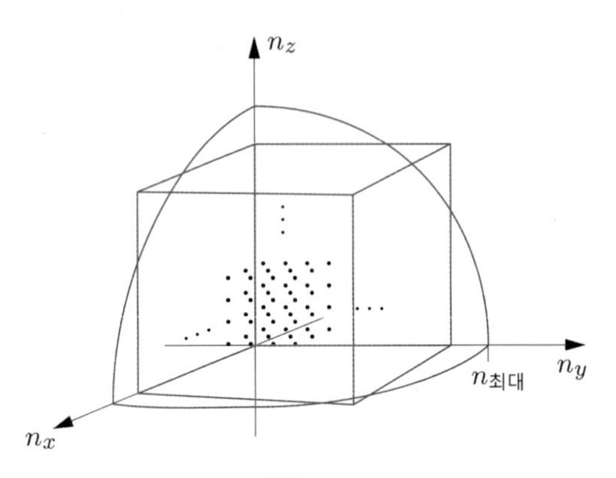

그림 7.27. 식 (7.106)의 합은 변의 길이가 $\sqrt[3]{N}$ 인 n-공간의 정육면체를 따라 취해진다. 이 대신에 같은 부피를 갖는 팔분의 일 구를 따라서 합을 근사할 수 있다.

디바이 근사를 해서 합을 구좌표계에서의 적분으로 전환하면, 식 (7.106)은 다음과 같이 된다.

$$U = 3\int_0^{n_{최대}} dn \int_0^{\pi/2} d\theta \int_0^{\pi/2} d\phi n^2 \sin\theta \frac{\epsilon}{e^{\epsilon/kT} - 1} \tag{7.108}$$

회전각 적분들이 $\pi/2$ 이므로 위 식은 다음과 같이 된다.

$$U = \frac{3\pi}{2}\int_0^{n_{최대}} \frac{hc_s}{2L} \frac{n^3}{e^{hc_s n/2LkT} - 1} dn \tag{7.109}$$

이 적분은 해석적으로는 풀리지 않는다. 하지만 다음과 같은 무차원 변수로 변환하면 최소한 조금 더 깔끔하게 쓸 수는 있다.

$$x = \frac{hc_s n}{2LkT} \tag{7.110}$$

그러면 적분의 상한은 다음과 같이 된다.

$$x_{최대} = \frac{hc_s n_{최대}}{2LkT} = \frac{hc_s}{2kT}\left(\frac{6N}{\pi V}\right)^{1/3} \equiv \frac{T_D}{T} \tag{7.111}$$

여기서 마지막 등호는 디바이 온도(Debye temperature) T_D를 정의하는데, 이것은 본질적으로 모든 상수들을 축약해서 나타낸 것이라고 할 수 있다. 이와 같이 변수를 치환하고 모든 상수들을 정리하는 것은 쉽다. 안개가 사라진 후 우리가 얻는 것은 다음과 같다.

$$U = \frac{9NkT^4}{T_D^3}\int_0^{T_D/T}\frac{x^3}{e^x - 1}dx \tag{7.112}$$

이 지점에서, 원한다면 어떤 온도에서도 컴퓨터를 사용해서 적분을 할 수 있다. 컴퓨터가 없더라도, 저온극한과 고온극한을 여전히 확인할 수는 있다.

$T \gg T_D$ 일 때, 적분의 상한은 1보다 훨씬 작다. 따라서 x가 항상 아주 작기 때문에 분모에서 $e^x \approx 1 + x$로 근사할 수 있다. 그러면 분모에서 1이 상쇄되어서 x만 남고, 이것은 분자의 x를 한 차원 상쇄시킨다. 따라서 적분은 간단하게도 $1/3(T_D/T)^3$이 되고 최종결과는 다음과 같다.

$$U = 3NkT \qquad (T \gg T_D\text{일 때}) \tag{7.113}$$

이것은 에너지등분배 정리나 아인슈타인 모형과 일치하는 결과이다. 이 극한에서 열용량은 바로 $C_V = 3Nk$ 이다.

$T \ll T_D$ 일 때, 적분의 상한은 매우 커서, 상한에 가기도 전에 분모에 e^x를 포함하는 피적분함수는 이미 영으로 간다. 따라서 상한을 무한대로 대체하는 것이 더 낫다. 이것은 추가적인 모드들을 더하는 것이지만, 어쨌건 이것들은 적분에 기여하지 않는다. 이 근사에서 적분은 광자기체에 대해서 했던 것과 동일하고(식 (7.85)), 그 값은 $\pi^4/15$ 이다. 따라서 총에너지는 다음과 같다.

$$U = \frac{3\pi^4}{5}\frac{NkT^4}{T_D^3} \qquad (T \ll T_D\text{일 때}) \tag{7.114}$$

열용량을 얻기 위해서는 이것을 T로 미분하면 된다.

$$C_V = \frac{12\pi^4}{5}\left(\frac{T}{T_D}\right)^3 Nk \qquad (T \ll T_D\text{일 때}) \tag{7.115}$$

$C_V \propto T^3$ 이라는 예측은 거의 모든 고체물질의 저온실험 결과와 아름답게 일치한다. 하지만 금속들에 대해서는 7.3절에서 묘사한 것처럼 전도전자들로부터의 선형적인 기여도 있다. 따라서 저온에서 총열용량은 다음과 같이 된다.

$$C = \gamma T + \frac{12\pi^4 Nk}{5T_D^3}T^3 \qquad (T \ll T_D\text{의 금속}) \tag{7.116}$$

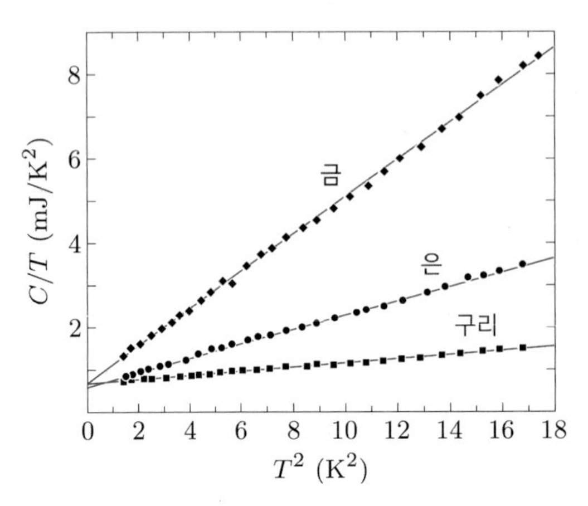

그림 7.28. 구리, 은, 금의 몰당 열용량에 대한 저온 측정값. 출처는 William S. Corak et al., *Physical Review* **98**, 1699 (1955). 허락을 받고 각색되었다.

여기서 자유전자 모형에서 $\gamma = \pi^2 Nk^2/2\epsilon_F$ 이다. 그림 7.28은 세 가지의 익숙한 금속들에 대한 C/T 대 T^2 의 그래프를 보여준다. 데이터의 선형성은 격자진동에 대한 디바이의 이론을 확인시켜주고, 수직축 절편은 γ 의 실험값을 준다.

중간 온도에서는 결정의 총열에너지를 구하기 위해서 수치적 적분을 해야만 한다. 실제로 원하는 것이 열용량이라면, 식 (7.109)를 먼저 해석적으로 미분을 한 후 변수를 x로 치환하는 것이 최선이다. 그 결과는 다음과 같다.

$$C_V = 9Nk\left(\frac{T}{T_D}\right)^3 \int_0^{T_D/T} \frac{x^4 e^x}{(e^x - 1)^2} dx \tag{7.117}$$

그림 7.29는 이 함수를 컴퓨터로 그린 것을 보여준다. 비교하기 위해서 아인슈타인 모형의 예측인 식 (7.103)도 같이 그렸다. 상수 ϵ은 상대적으로 높은 온도에서 곡선그래프들이 일치하도록 선택되었다. 보다시피 두 곡선은 저온에서는 상당히 불일치한다. 그림 1.14는 실험값과 디바이 모형의 예측의 비교를 더 많이 보여준다.

어떤 특정한 물질의 디바이 온도는 식 (7.111)을 사용해서 그 물질 내에서 음파의 속력으로부터 예측할 수 있다. 하지만 보통, 열용량의 측정값이 이론적인 예측값에 최적합하도록 T_D를 선택함으로써 측정값에 대한 더 좋은 적합을 달성한다. 전형적인 T_D 값의 범위는, 무르면서 밀도가 높은 납의 88 K로부터 뻣뻣하지만 가벼운 다이아몬드의 1,860 K에 이른다. $T = T_D$에서 열용량이 최댓값의 95%에 이르기 때문에, 디바이 온도는 에너지등분배 정리를 언제쯤 벗어나는지에 대한 대충의 감을 준다. 에너지등분배 정리를

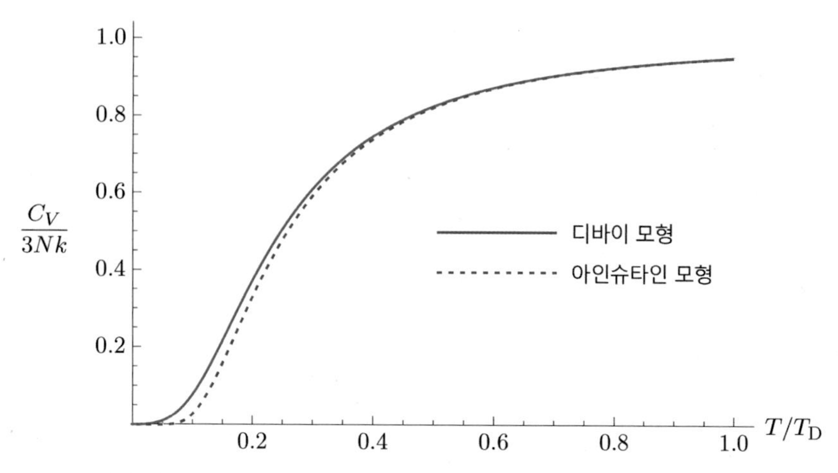

그림 7.29. 고체의 열용량에 대한 디바이 예측. 비교를 위해 아인슈타인 모형의 예측도 같이 그려졌다. 아인슈타인 모형의 상수 ϵ은 고온에서 디바이 모형과 최대로 일치하도록 선택되었다. 저온에서 아인슈타인 곡선이 디바이 곡선보다 훨씬 더 편평한 것에 유의하라.

더 이상 적용할 수 없을 때, 디바이의 식은 아주 훌륭하지는 않지만 보통 꽤 좋은 열용량의 추정값을 넓은 온도범위에서 준다. 더 개선하기 위해서는 소리양자의 속력이 그것의 파장, 편극, 결정축에 대한 진행방향에 의존한다는 사실을 고려해서, 훨씬 더 많은 품을 들여야 한다. 이런 분석은 고체물리학에 대한 책의 영역에 속한다.

문제 7.57. 식 (7.112)와 (7.117)을 유도하는데서 빠진 단계들을 채워라.

문제 7.58. 구리에서 음파의 속력은 3,560 m/s이다. 이 값을 사용해서 이론적인 디바이 온도를 계산하라. 그런 후 그림 7.28로부터 디바이 온도의 실험값을 결정하고 비교하라.

문제 7.59. 그림 7.28에서, 세 개의 그래프들이 수직축과 거의 같은 위치에서 만나지만 그 기울기들은 상당히 다른 이유를 상세하게 설명하라.

문제 7.60. 구리의 열용량을 격자진동과 전도전자들의 기여를 구분해서 보이면서, 0 K에서 5 K까지의 범위에서 온도의 함수로 스케치하라. 이 두 가지의 기여가 같은 온도는 얼마인가?

문제 7.61. 0.6K 이하에서 액체 ^{4}He의 열용량은 실험식인 $C_V/Nk = (T/4.67\,\mathrm{K})^3$ 처럼 T^3에 비례한다. 이 거동은 저온에서 주된 들뜸이 긴 파장의 소리양자라는 것을 제안한다. 액체와 고체에서 소리양자들의 단 하나의 중요한 차이점은, 액체가 횡방향으로 편극된 파동을 투과시키지 못한다는 점이다. 즉, 액체에서 음파는 종파이어야 한다. 액체 ^{4}He에서 소리의 속력은 238 m/s이고 헬륨의 밀도는 0.145 g/cm^{3}이다. 이 수들을 사용해서, 저온극한에서 ^{4}He의 열용량에 소리양자가 기여하는 정도를 계산하고 측정값과 비교하라.

문제 7.62. 식 (7.112)의 피적분함수를 x^4항까지 유지하면서 x의 멱급수로 전개하라. 그런 후 적분을 해서, 고온극한에서 에너지에 대한 더 정확한 식을 구하라. 이 식을 미분해서 열용량을 구하고, 그 결과를 사용해서 $T = T_\mathrm{D}$와 $T = 2T_\mathrm{D}$에서 $3Nk$로부터 C_V값의 백분율 편차를 추산하라.

문제 7.63. 당겨진 북 가죽, 혹은 운모나 흑연의 층과 같은 이차원 고체를 고려하자. 면적이 $A = L^2$인 정방형의 이런 물질이 갖는 열에너지에 대한 표현을 적분식으로 구하고, 아주 낮은 온도와 아주 높은 온도에서 그 결과를 근사적으로 계산하라. 열용량의 식도 구해서, 컴퓨터나 계산기를 사용하여 열용량을 온도의 함수로 그래프를 그려라. 이 재료들이 오직 자신의 평면에 수직방향으로만 진동한다고 가정하라. 즉, 단 한 가지의 "편극"만 존재한다고 가정하라.

문제 7.64. 강자성체(ferromagnet)는 철처럼 외부의 자기장이 없이도 스스로 자화되는 재료이다. 이런 현상이 일어나는 것은, 각 기본쌍극자가 이웃들과 나란히 정렬하려는 경향이 강하기 때문이다. $T = 0$에서 강자성체의 자기화는 가능한 최댓값을 가져서, 모든 쌍극자들이 완벽하게 정렬이 된다. 즉 원자 N개가 있다면, 총자기화는 전형적으로 $2\mu_\mathrm{B}N$ 정도가 된다. 여기서 μ_B는 보어 마그네톤이다. 약간 높은 온도에서의 들뜸은 스핀파(spin wave)의 형태를 띤다. 스핀파를 고전적으로 가시화한다면 그림 7.30과 같다. 음파처럼 스핀파도 양자화된다. 즉, 각 파동모드는 기본적인 에너지단위의 정수배의 에너지만을 가질 수 있다. 소리양자(phonon)와 유사하게, 이 에너지단위들을 입자처럼 간주할 수 있고 그것들을 자성양자(magnon)들이라고 부른다. 각 자성양자는 계의 총스핀을 한 단위의 $h/2\pi$만큼 줄이고, 따라서 자기화를 대략 $2\mu_\mathrm{B}$만큼 줄인다. 하지만 음

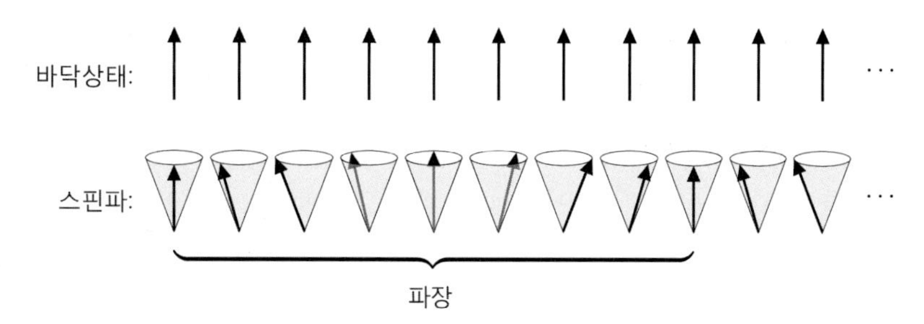

그림 7.30. 강자성체의 바닥상태에서 모든 기본쌍극자들은 같은 방향을 가리킨다. 바닥상태 위로 가장 에너지가 낮은 들뜬 상태들은 쌍극자들이 원뿔의 빗면을 따라 세차운동을 하는 스핀파(spin wave)들이다. 긴 파장의 스핀파는 아주 작은 에너지를 갖는데, 이웃하는 쌍극자들의 방향이 아주 작은 차이만을 갖기 때문이다.

파의 진동수가 파장의 역수에 비례하는데 반해, 스핀파의 진동수는 (긴 파장의 극한에서) $1/\lambda$ 의 제곱에 비례한다. 따라서 어떤 "입자"에 대해서건 $\epsilon = hf$ 이고 $p = h/\lambda$ 이므로, 자성양자의 에너지는 자신의 운동량의 제곱에 비례한다. 통상적인 비상대론적 입자에 대한 에너지-운동량 관계식과 유사하게, $\epsilon = p^2/2m^*$ 로 쓸 수 있다. 여기서 m^* 는 스핀-스핀 상호작용에너지와 원자간격과 관련된 상수이다. 철의 경우에 m^* 는 전자 질량의 14배 정도인 1.24×10^{-29} kg 과 같다는 것이 판명된다. 자성양자와 소리양자의 또 다른 차이점은 각 자성양자, 혹은 스핀파 모드는 오직 한 가지 편극만 가질 수 있다는 점이다.

(a) 삼차원 강자성체에서 단위부피당 자성양자들의 수가 저온에서 다음과 같이 주어진다는 것을 보여라.

$$\frac{N_m}{V} = 2\pi\left(\frac{2m^*kT}{h^2}\right)^{3/2}\int_0^\infty \frac{\sqrt{x}}{e^x - 1}dx$$

또한 이 적분을 수치적으로 계산하라.

(b) (a)의 결과를 사용해서 자기화에 대한 감소분율 $(M(0) - M(T))/M(0)$ 의 식을 구하라. 답을 $(T/T_0)^{3/2}$ 의 형태로 쓰고, 철에 대해서 상수 T_0 을 추정하라.

(c) 저온에서 강자성체의 자기적 들뜸으로 인한 열용량을 계산하라. 답은 $C_V/Nk = (T/T_1)^{3/2}$ 이 되어야 한다. 여기서 T_1 은 T_0 과 수치적 상수인수만큼만 다르다. 철에 대해서 T_1 을 추정하고, 열용량에 대한 자성양자와 소리양자의 기여를 비교하라. (철의 디바이 온도는 470 K 이다.)

(d) 저온에서 자기쌍극자들의 이차원 배열을 고려하자. 각 기본쌍극자는 여전히 어떤

삼차원 방향도 가리킬 수 있어서, 스핀파들이 가능하다. 이 경우에 자성양자들의 총수에 대한 적분이 발산한다는 것을 보여라. (이 결과는 그런 이차원 계에서는 자발적인 자화가 일어날 수 없다는 것을 암시한다. 하지만 8.2절에서 우리는 자기화가 정말로 일어나는 다른 이차원 모형을 고려할 것이다.)

7.6 보스-아인슈타인 응축

앞의 두 절에서는 임의의 수로 생성될 수 있는 광자와 소리양자 등의 보손을 다루었다. (그것들의 총수는 열평형의 조건에 의해 결정된다.) 하지만, 처음부터 그 수가 고정되는 (정수 스핀을 갖는) 원자들처럼 좀 더 "평범한" 보손들의 경우는 어떠한가?

좀 더 어렵기 때문에 이 경우를 마지막까지 남겨두었다. 보스-아인슈타인 분포를 적용하기 위해서는 화학퍼텐셜을 결정해야 할 것이다. 하지만 영으로 고정되는 대신에, 이제 화학퍼텐셜은 밀도와 온도의 뻔하지 않은 함수이다. μ를 결정하기 위해서는 약간의 신중한 분석이 요구되지만, 그런 불편을 감수할 가치는 있다. μ는 가장 특이한 방법으로 거동하는데, 이런 거동이 온도가 어떤 임계값 밑으로 내려갈 때 보손기체가 바닥상태로 갑자기 "응축"하게 되는 것을 암시한다는 것을 알게 될 것이다.

먼저 $T \to 0$의 극한을 고려하는 것이 가장 간단하다. 영도에서 모든 원자들은 에너지가 가장 낮은 허용된 상태에 머물 것이다. 그리고 어떤 주어진 상태라도 임의로 많은 보손들이 허용되기 때문에, 이것은 모든 원자들이 바닥상태에 있을 것이라는 것을 의미한다. (여기서 또 다시, 내가 "상태"라고 간단히 말할 때는 단일입자상태를 의미하는 것이다.) 부피가 $V = L^3$인 상자 안에 갇힌 원자들에 대해서, 바닥상태의 에너지는 다음과 같다.

$$\epsilon_0 = \frac{h^2}{8mL^2}(1^2 + 1^2 + 1^2) = \frac{3h^2}{8mL^2} \tag{7.118}$$

여기서 L이 어떤 거시적인 값이면 에너지는 아주 작은 값이 된다. 어떤 온도에서든 이 바닥상태에 있는 원자들의 평균수 N_0는 다음과 같이 보스-아인슈타인 분포로 주어진다.

$$N_0 = \frac{1}{e^{(\epsilon_0 - \mu)/kT} - 1} \tag{7.119}$$

T가 충분히 낮으면 N_0는 꽤 클 것이다. 이 경우에 이 식의 분모는 아주 작아야 한다. 즉, 이것은 지수함수가 1에 아주 가깝고, 지수 $(\epsilon_0 - \mu)/kT$가 아주 작아야 한다는 것을 의미한다. 따라서 지수함수를 테일러급수로 전개하고 첫 두 항들만 취해서 다음 결과를 얻을 수 있다.

$$N_0 = \frac{1}{1 + (\epsilon_0 - \mu)/kT - 1} = \frac{kT}{\epsilon_0 - \mu} \qquad (N_0 \gg 1 \text{일 때}) \tag{7.120}$$

따라서 $T = 0$일 때 화학퍼텐셜 μ는 ϵ_0와 같아야 한다. T가 영은 아니지만 충분히 작을 때 μ는 ϵ_0보다 아주 조금 작아서 거의 모든 원자들이 바닥상태에 있게 된다. 이제 남은 질문은 이것이다. N_0가 크기 위해서 온도는 얼마나 낮아야 하는가?

μ를 결정하는 일반적인 조건은, 모든 상태들에 대한 보스-아인슈타인 분포의 합이 원자들의 총수 N이 되어야 한다는 것이다.

$$N = \sum_{\text{모든 } s} \frac{1}{e^{(\epsilon_s - \mu)/kT} - 1} \tag{7.121}$$

원리적으로는 이 합의 식이 맞도록 μ의 값을 계속 추측하고, 각 온도에서 그 과정을 반복할 수 있다. 실질적으로는 합을 다음과 같이 적분으로 전환하는 것이 보통 더 쉽다.

$$N = \int_0^\infty g(\epsilon) \frac{1}{e^{(\epsilon - \mu)/kT} - 1} d\epsilon \tag{7.122}$$

$kT \gg \epsilon_0$이어서 합에 유의미하게 기여하는 항들의 수가 많을 때는, 이 근사는 정당화된다. 함수 $g(\epsilon)$은 단위에너지당 단일입자상태들의 수인 상태밀도(density of states)이다. 부피가 V인 상자에 갇힌 스핀-0 보손들에 대해서 이 함수는 7.3절의 식 (7.51)에서 전자들에 대해서 사용했던 것과 같은 함수이다. 다만, 지금은 스핀방향이 한 개만 있기 때문에 2로 나누어야 해서 다음과 같이 쓸 수 있다.

$$g(\epsilon) = \frac{2}{\sqrt{\pi}} \left(\frac{2\pi m}{h^2} \right)^{3/2} V \sqrt{\epsilon} \tag{7.123}$$

그림 7.31은 상태밀도함수와 영보다 살짝 작은 μ에 대한 보스-아인슈타인 분포함수, 그리고 에너지의 함수로써 입자들의 분포에 해당되는 이 두 함수들의 곱의 그래프를 각각 보여준다.

불행하게도 적분 (7.122)는 해석적인 방법으로 풀릴 수 없다. 따라서 식이 성립하는 값

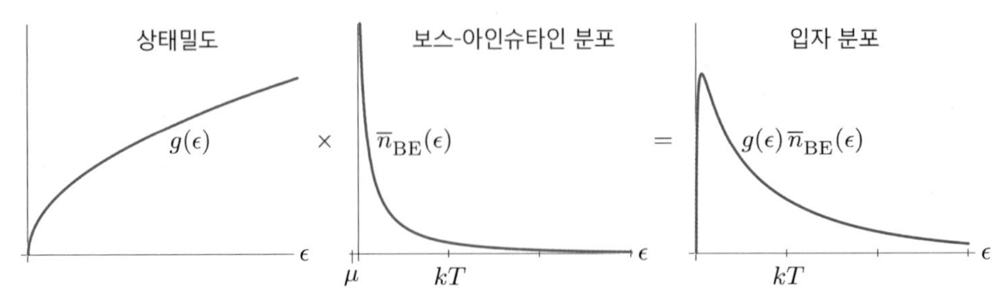

그림 7.31. 에너지의 함수로써 보손들의 분포는 상태밀도함수와 보스-아인슈타인 분포함수의 곱이다.

을 찾을 때까지 매번 수치적분을 반복하면서 μ의 값을 추측할 수밖에 없다. 가장 쉽고도 흥미로운 추측은 $\mu=0$이다. 이것은 온도가 충분히 낮아서 N_0가 클 때 좋은 근사로 작동해야 하는 값이다. $\mu=0$을 대입하고 변수를 $x=\epsilon/kT$로 치환하면 다음 식을 얻는다.

$$\begin{aligned} N &= \frac{2}{\sqrt{\pi}}\left(\frac{2\pi m}{h^2}\right)^{3/2} V\int_0^\infty \frac{\sqrt{\epsilon}\,d\epsilon}{e^{\epsilon/kT}-1} \\ &= \frac{2}{\sqrt{\pi}}\left(\frac{2\pi mkT}{h^2}\right)^{3/2} V\int_0^\infty \frac{\sqrt{x}\,dx}{e^{x}-1} \end{aligned} \tag{7.124}$$

여기서 x에 대한 적분은 2.315이므로 이 수를 인수 $2/\sqrt{\pi}$와 결합하면 다음과 같이 쓸 수 있다.

$$N = 2.612\left(\frac{2\pi mkT}{h^2}\right)^{3/2} V \tag{7.125}$$

이 결과는 명백하게 틀린 것이다. 오른쪽의 모든 것들은 T를 제외하고는 온도와 무관하다. 따라서 이 식은 원자들의 수가 온도에 의존한다고 말하고 있는 셈이다. 이것은 터무니없는 일이다. 사실은 식 (7.125)가 성립하는 단 하나의 특정한 온도가 존재할 수 있다. 이 온도를 T_c라고 부르겠다.

$$N = 2.612\left(\frac{2\pi mkT_c}{h^2}\right)^{3/2} V \quad \text{또는} \quad kT_c = 0.527\left(\frac{h^2}{2\pi m}\right)\left(\frac{N}{V}\right)^{2/3} \tag{7.126}$$

하지만 $T\neq T_c$일 때 식 (7.125)는 무엇이 잘못된 것인가? T_c보다 높은 온도에서는 화학퍼텐셜이 영보다 유의미하게 작아야 한다. 식 (7.122)로부터 μ가 음의 값이면 N이 바라던 대로 식 (7.125)의 오른쪽보다 작아지는 결과를 주는 것을 알 수 있다. 반면에, T_c보다 낮은 온도에서는 이 역설에 대한 해법은 더욱 미묘하다. 이 경우에는 불연속적인 합 (7.121)을 적분식 (7.122)로 대체하는 것은 정당하지 않다.

식 (7.124)의 피적분함수를 주의 깊게 보라. ϵ이 영으로 가면, ($\sqrt{\epsilon}$에 비례하는) 상태밀도는 영으로 가고 ($1/\epsilon$에 비례하는) 보스-아인슈타인 분포는 발산한다. 이 두 함수의 곱은 적분가능한 함수이지만, $\epsilon = 0$에서 이 무한 높이의 뾰족한 창이 실제 불연속적으로 떨어진 상태들에 대한 합 (7.121)을 올바르게 표현하는지는 전혀 명백하지 않다. 사실, $\mu \approx 0$일 때 바닥상태에 있는 원자들의 수가 막대할 수 있다는 것과 이 막대한 수가 우리의 적분에는 포함되지 않은 것을 식 (7.120)에서 이미 보았다. 한편, 그 적분은 뾰족한 창으로부터 먼 $\epsilon \gg \epsilon_0$인 광대한 영역의 상태들에 대해서도 입자들의 수를 올바르게 표현해야 한다. 만약 적분을 ϵ_0보다는 어느 정도 크지만 kT보다는 훨씬 작은 어떤 하한에서 차단하는 것을 상상한다면, 우리는 여전히 근사적으로 동일한 답을 다음과 같이 얻을 것이다.

$$N_{\text{들뜸}} = 2.612\left(\frac{2\pi mkT}{h^2}\right)^{3/2} V \qquad (T < T_c \text{일 때}) \tag{7.127}$$

그렇다면 이것은 바닥상태를 제외하고, 들뜬상태들에 있는 원자들의 수가 될 것이다. (이 식이 바닥상태 바로 위의 몇 개 안되는 가장 낮은 들뜬상태들을 올바르게 표현하는지는 완전하게 분명하지는 않다. N과 앞의 $N_{\text{들뜸}}$의 식 사이의 차이가 충분히 크다고 가정하면 μ가 첫 들뜬상태의 에너지보다 바닥상태의 에너지에 훨씬 더 가까워야 하고, 따라서 어떤 들뜬상태도 바닥상태만큼 많은 원자들을 포함하지 않는다는 결과가 따른다. 하지만 T_c 바로 밑에 이 조건이 만족되지 않는 좁은 온도영역이 있을 것이다. 원자들의 총수가 특별히 크지 않으면, 이 온도범위는 그렇게 좁지 않을 수도 있다. 이 주제들은 문제 7.66에서 조사될 것이다.)

따라서 요점은 다음과 같다. T_c보다 높은 온도에서는 화학퍼텐셜이 음이고 본질적으로 모든 원자들이 들뜬상태에 있다. T_c보다 낮은 온도에서는 화학퍼텐셜이 영에 아주 가깝고 들뜬상태들에 있는 원자들의 수는 식 (7.127)로 주어진다. 이 식은 다음과 같이 더 간단하게 쓸 수 있다.

$$N_{\text{들뜸}} = \left(\frac{T}{T_c}\right)^{3/2} N \qquad (T < T_c) \tag{7.128}$$

나머지 원자들은 바닥상태에 있어야 하므로 다음과 같이 쓸 수 있다.

$$N_0 = N - N_{들뜸} = \left[1 - \left(\frac{T}{T_c}\right)^{3/2}\right] N \qquad (T < T_c) \tag{7.129}$$

그림 7.32는 N_0와 $N_{들뜸}$을 온도의 함수로 그린 그래프를 보여준다. 그림 7.33은 화학퍼텐셜의 온도의존도를 보여준다.

T_c 이하에서 원자들이 바닥상태에 갑작스럽게 쌓이는 현상을 보스-아인슈타인 응축(Bose-Einstein condensation)이라고 부른다. 전이온도 T_c를 응축온도(condensation temperature)라고 부르고, 바닥상태에 있는 원자들을 응축체(condensate)라고 부른다. 식 (7.126)으로부터 응축온도가 (인수 2.612를 제외하면) 정확하게 양자부피 $v_Q = (h^2/2\pi mkT)^{3/2}$가 입자당 평균부피 V/N와 같아지는 온도라는 것에 주목하라. 달리 말하자면, 그림 7.4에서처럼 공간에서 가능한 가장 국소화된 파동함수에 원자들이 있는 것이라고 상상하면, 파동

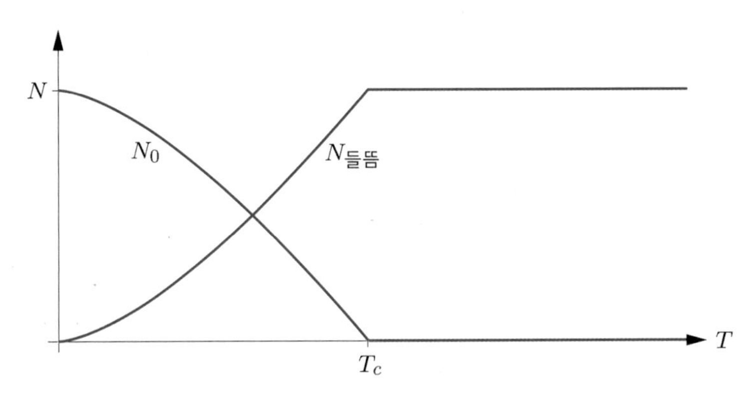

그림 7.32. 삼차원 상자 안의 이상적인 보스기체에 대한 바닥상태에 있는 원자들의 수 N_0와 들뜬 상태들에 있는 원자들의 수 $N_{들뜸}$. 응축온도 T_c 이하에서 $N_{들뜸}$은 $T^{3/2}$에 비례한다.

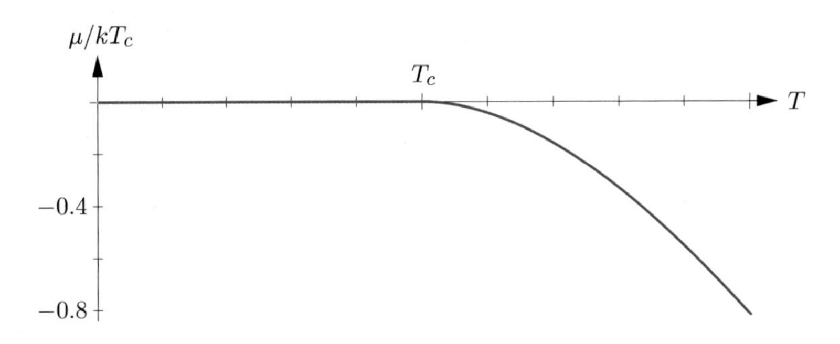

그림 7.33. 삼차원 상자 안의 이상적인 보스기체의 화학퍼텐셜. 응축온도 T_c 이하에서 μ는 영이 아니지만 그 차이가 너무 작아서 그림에서는 구별하기 어렵다. 응축온도 이상에서 μ는 음수가 된다. 여기서 그려진 값들은 문제 7.69에서 묘사된 것처럼 수치적으로 계산되었다.

그림 7.34. 보스-아인슈타인 응축과 관련된 에너지 규모들의 도식적 표현. 짧은 수직선들은 다양한 단일입자상태들의 에너지를 표시한다. (에너지가 증가할수록 간격이 평균적으로 좁아진다는 점을 제외하고는, 이 선들의 위치는 정량적으로 정확하지는 않다.) 응축온도 kT_c는 가장 낮은 에너지 준위들 사이의 간격보다도 훨씬 크다. 한편 $T<T_c$일 때 화학퍼텐셜은 바닥상태 밑으로 아주 미미한 크기일 뿐이다.

함수들이 유의미하게 겹치기 시작할 때 응축이 일어나기 시작한다. (그리려고 하지는 않겠지만, 응축체 원자 자신은 전체 용기를 채우는 파동함수를 갖는다.)

모든 실재적인 실험상황에서 응축온도는 수치적으로 아주 작은 것으로 판명된다. 하지만 우리가 추측했던 만큼 낮지는 않다. 부피가 V인 상자 안에 입자 한 개를 넣으면, 그 입자는 kT가 ϵ_0 정도이거나 더 작을 때만 바닥상태에서 발견될 가능성이 합리적으로 높다. (따라서 에너지가 $2\epsilon_0$ 이상인 들뜬상태에서 발견될 가능성은 현저히 낮다.) 하지만 같은 상자 안에 동일한 보손들을 많이 넣으면, T_c보다 겨우 얼마간 낮은 온도만 되어도 여전히 높은 온도이지만 대부분의 원자들이 바닥상태에 있게 할 수 있다. 식 (7.118)과 (7.126)으로부터 kT_c가 ϵ_0보다 $N^{2/3}$ 크기의 인수만큼 큰 것을 알 수 있다. 에너지 규모들의 계층($(\epsilon_0-\mu) \ll \epsilon_0 \ll kT_c$)이 그림 7.34에 도식적으로 묘사되어 있다.

실세계의 예들

약하게 상호작용하는 원자들의 기체가 보스-아인슈타인 응축하는 것은 1995년 루비듐-87을 사용해서 처음으로 성취되었다.* 이 실험에서, 4.4절에서 묘사했던 레이저 냉각과 포획(trapping) 기술을 사용해서 대략 10^4개의 원자들을 크기가 $10^{-15}\,\mathrm{m}^3$ 정도인 공간 안에 가두었다. 상당히 큰 분율의 원자들이 약 $10^{-7}\,\mathrm{K}$의 온도에서 바닥상태로 응축하는 것이 관찰되었는데, 이 온도는 고립된 단일 원자가 바닥상태에 있을 확률이 꽤 커지는 온

* 이 실험을 아름답게 기술한 다음의 참고문헌을 보라: Carl E. Wieman, "The Richtmyer Memorial Lecture: Bose-Einstein Condensation in an Ultracold Gas," *American Journal of Physics* **64**, 847-855 (1996).

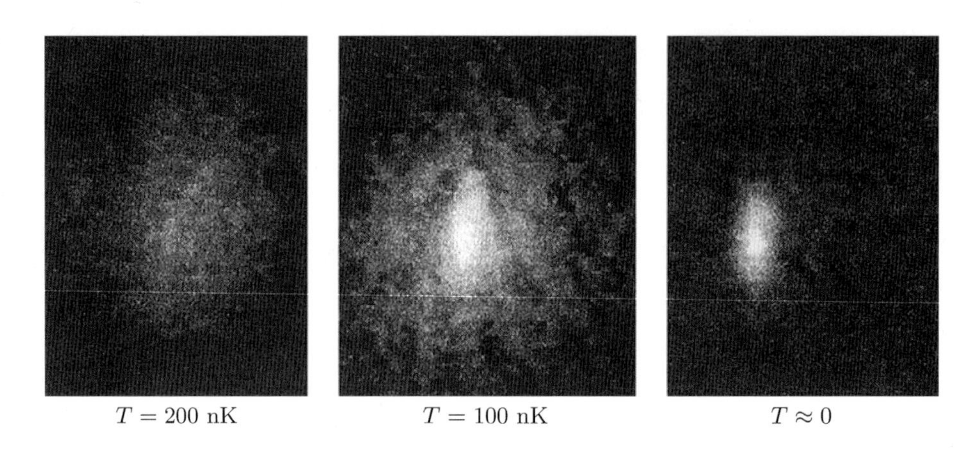

그림 7.35. 루비듐-87 원자들의 보스-아인슈타인 응축의 증거들. 이 영상들은 원자들을 가둬두는 자기장을 꺼서 기체가 잠깐 팽창하게 한 후, 그 분포의 지도를 뜨기 위해 빛을 비추어서 만들어졌다. 따라서 이 영상에서 원자들의 위치는 자기장을 끄기 직전의 원자들의 속도에 대한 측도를 준다. 응축온도 이상에서는, 속도의 분포가 넓고 등방적이어서 맥스웰-볼츠만 분포와 일치한다(왼쪽 그림). 응축온도 이하에서는, 상당한 분율의 원자들이 속도공간의 작고 길쭉한 영역에 떨어진다. 이 원자들은 응축체를 구성한다(중간 그림). 이 영역이 길쭉한 것은, 포획이 수직방향으로 더 좁아서 바닥상태의 파동함수를 위치공간에서는 더 좁고, 속도공간에서는 더 넓게 만들기 때문에 일어난다. 달성한 가장 낮은 온도에서는 본질적으로 모든 원자들이 바닥상태의 파동함수에 있다(오른쪽 그림). 출처는 Carl E. Wieman, *American journal of Physics* 64, 854 (1996).

도보다 백 배로 높은 온도이다. 그림 7.35는 이 실험에서 원자들의 속도분포를 응축온도 이상에서, 바로 밑에서, 그리고 한참 밑에서 차례대로 보여준다. 1999년 현재까지 보스-아인슈타인 응축은 소듐, 리튬, 수소 원자들의 묽은 기체들에서 성취되었다.

보스-아인슈타인 응축은 입자들의 상호작용이 상당해서 이 절의 정량적인 처방이 아주 정확하지 않은 계들에서도 일어난다. 가장 유명한 예는 액체 헬륨-4이다. 이 헬륨은 2.17 K 이하의 온도에서 점성이 본질적으로 영인 초유체(superfluid) 상을 형성한다(그림 5.13). 좀 더 정확하게 말하자면, 이 온도 이하에서 액체는 정상 성분과 초유체 성분의 혼합물이고 온도가 낮아질수록 초유체 성분이 더 우세해진다. 이 거동은 초유체 성분이 보스-아인슈타인 응축체일 가능성을 시사하는데, 원자간 힘들을 무시하고 소박하게 계산하면 정말로 측정값보다 약간만 큰 응축온도를 예측할 수 있다(문제 7.68). 하지만 불행하게도, 초유체 성질 자체는 헬륨 원자들 사이의 상호작용을 고려하지 않고는 이해될 수 없다.

헬륨-4의 초유체 성분이 보스-아인슈타인 응축체라면, 페르미온인 헬륨-3는 그런 상을 갖지 않을 것이라고 생각할 것이다. 그리고 정말로 헬륨-3는 2 K 근처 어디에서도 초유체 전이를 하지 않는다. 하지만 3 mK 이하에서 헬륨-3는 한 가지가 아니라 두 가지의 상이한 초유체 상들을 갖는 것으로 알려져 있다.* 페르미온 계에서 어떻게 이것이 가능할까? 응축하는 "입자"들은 실제로 헬륨-3 원자들의 쌍들이라는 것이 판명되었다. 이 쌍들은 원자들의 핵자기모멘트와 주위의 원자들의 상호작용에 의해 함께 짝지어진다.† 페르미온 한 쌍은 정수 스핀을 가지므로 보손이다. 초전도체에서도 유사한 현상이 일어난다. 초전도체에서는 진동하는 이온들의 격자와의 상호작용을 통해 전자쌍들이 짝지어진다. 낮은 온도에서 이 쌍들은 초전도 상태로 "응축"하며, 보스-아인슈타인 응축의 또 다른 예를 보여준다.‡

응축은 왜 일어나는가?

이제까지 보스-아인슈타인 응축이 정말로 일어난다는 것을 보였기 때문에, 왜 그것이 일어나는지에 대한 질문으로 돌아가 보자. 위의 유도는, 강력하긴 하지만 그렇게 직관적인 도구는 아닌 보스-아인슈타인 분포함수에 전적으로 근거를 두었다. 하지만, 보다 더 기초적인 방법들을 사용해서 이 현상을 이해하는 것이 어렵지는 않다.

동일한 보손들의 무리 대신에 상자 안에 갇힌 구별할 수 있는 입자들 N개의 무리가 있다고 하자. (비유지만, 아마 그것들은 다른 색깔로 칠해져 있거나 혹은 다른 무언가로 구별될 수 있다.) 그 입자들이 서로 상호작용하지 않는다면, 개개의 입자를 볼츠만 통계를 사용해서 별개의 계로 다룰 수 있다. 온도 T에서 주어진 입자 하나는 에너지가 kT 정도인 단일입자상태를 차지할 적당한 확률을 갖고, 어떤 실재적인 조건들에서 그런 상태들의 수는 꽤 클 것이다. (이 수는 단일입자 분배함수 Z_1과 본질적으로 같다.) 따라서 그 입자가 바닥상태에 있을 확률은 $1/Z_1$로 아주 작다. 이 결론은 구별할 수 있는 입자들 N개에 개별적으로 적용되기 때문에, 전체 입자 중 아주 미미한 분율의 입자들만이 바닥상태에서 발견될 것이다. 보스-아인슈타인 응축은 없다.

한 번에 입자 하나를 다루기보다 전체 입자를 한꺼번에 다뤄서, 이 동일한 상황을 다른 측면에서 분석하는 것이 쓸모 있다. 이 관점에서 각 계상태는 자신만의 확률을 갖고

---

* 이 상들은 1970년대 초기에 발견되었다. 그런 낮은 온도를 얻기 위해 실험자들은 문제 5.34에서 기술한 냉각기술과 함께 헬륨희석 냉장고를 사용했다(4.4절을 보라).

† 헬륨의 두 동위원소들의 물리학을 개관하기 위해서 다음 문헌을 참고하라: Wilks and Betts (1987).

‡ 다양한 계들에서 일어나는 보스-아인슈타인 응축의 보고논문들은 다음 문헌을 참고하라: A. Griffin, D. W. Snoke, and S. Stringari, eds., *Bose–Einstein Condensation* (Cambridge University Press, Cambridge, 1995).

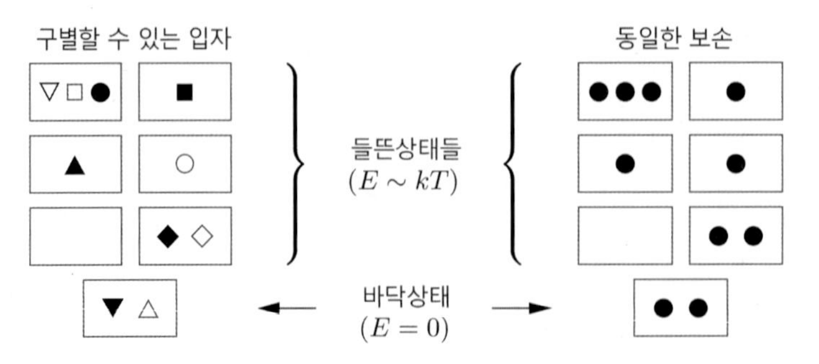

그림 7.36. 대부분의 입자들이 들뜬상태에 있을 때, 전체 계에 대한 볼츠만인자는 크기가 e^{-N} 정도로 항상 아주 작다. 구별할 수 있는 입자들에 대해서, 이 상태들을 배열하는 경우의 수는 아주 커서, 이 유형의 계상태들의 확률은 여전히 아주 크다. 하지만 동일한 보손들의 경우에 배열하는 경우의 수는 훨씬 작다.

자신만의 볼츠만인자를 갖는다. 단순하게 하기 위해서 바닥상태의 에너지를 영이라고 하면, 모든 입자들이 바닥상태에 있는 계상태의 볼츠만인자는 1이고, 총에너지가 U인 계상태의 볼츠만인자는 $e^{-U/kT}$이다. 앞 절의 결론에 따르면, 주도적인 계상태는 거의 모든 입자들이 에너지가 kT 정도인 들뜬상태에 있는 계상태이다. 따라서 계의 총에너지는 대략 $U \sim NkT$이고, 전형적인 계상태의 볼츠만인자는 $e^{-NkT/kT} = e^{-N}$이 된다. 이것은 아주 작은 수이다! 계가 훨씬 큰 볼츠만인자를 갖는 바닥상태로 모두 응축하는 대신에, 어떻게 이런 상태들을 선호할 수 있는가?

그 답은 다음과 같다. 에너지가 NkT 정도인 어느 특정한 개개의 계상태도 확률이 고도로 낮은 반면, 그런 계상태들을 모두 합하면 그 수가 너무 커서 그런 계상태들에 있을 확률이 어쨌건 꽤 크다는 것이다(그림 7.36을 보라). Z_1 개의 단일입자상태들에 대해서 구별할 수 있는 입자 N개를 배열하는 경우의 수는 Z_1^N이다. 이 수는 $Z_1 \gg 1$이면 볼츠만인자 e^{-N}을 압도한다.

이제 동일한 보손들의 경우로 되돌아가보자. 여기서 또 다시, 모든 입자들이 본질적으로 에너지가 kT 정도인 단일입자상태들에 있으면 계상태의 볼츠만인자는 크기가 e^{-N} 정도이다. 하지만 이번에는 그런 계상태들의 수가 훨씬 작다. 이 수는 본질적으로 Z_1개의 단일입자상태들에 대해서 구별할 수 없는 입자 N개를 배열하는 경우수이고, 이 수는 수학적으로 아인슈타인 고체에서 Z_1 진동자들에 대해서 에너지단위 N을 배분하는 경우수와 같다.

$$(\text{계상태들의 수}) \sim \binom{N+Z_1-1}{N} \sim \begin{cases} (eZ_1/N)^N & (Z_1 \gg N\text{일 때}) \\ (eN/Z_1)^{Z_1} & (Z_1 \ll N\text{일 때}) \end{cases} \quad (7.130)$$

허용된 단일입자상태들의 수가 보손들의 수보다 훨씬 더 클 때는, 조합론적 인수가 또 다시 볼츠만인자 e^{-N}을 압도할 정도로 충분히 커서 본질적으로 모든 보손들이 들뜬상태에 있는 계상태가 또 다시 주도하게 될 것이다. 반면, 허용된 단일입자상태들의 수가 보손들의 수보다 훨씬 더 작을 때는 조합론적 인수가 볼츠만인자를 보상할 만큼 충분히 크지 않아서, 모두 합해져도 이 계상태들의 확률은 지수함수적으로 작아질 것이다. (식들만 봐서는 이 마지막 결론이 그다지 분명하지 않지만, 여기 간단한 수치적 예가 있다. $N=100$, $Z_1=25$일 때 모든 보손들이 들뜬상태들에 있는 계상태의 볼츠만인자는 크기가 $e^{-100}=4\times10^{-44}$ 정도이고, 그런 계상태들의 수는 겨우 $\binom{124}{100}=3\times10^{25}$이다.) 일반적으로, 평균적으로 보손 하나를 각 허용된 들뜬상태에 넣을 정도로 조합론적 인수는 충분히 클 것이다. 에너지가 낮은 계상태들을 볼츠만인자가 선호하는 방식 때문에 남은 보손들은 모두 바닥상태로 응축한다.

따라서 보스-아인슈타인 응축의 설명은 동일한 입자들의 배열수를 세는 조합론에 의존한다. 들뜬상태들에 대해서 동일한 입자들을 배열하는 서로 다른 경우들의 수는 상대적으로 작기 때문에, 구별할 수 있는 입자들의 경우보다 바닥상태가 훨씬 더 많이 선호된다. 하지만, 주어진 종류의 보손들이 정말로 동일하고, 그래서 위의 방식으로 세어져야만 한다는 사실을 어떻게 우리가 아는지 당신은 여전히 의심할지 모른다. 혹은 달리 말하자면, (계와 계의 환경을 감안한) 모든 서로 다른 상태들에 통계적으로 동등한 가중치를 준다는 통계역학의 기본가정이 동일한 보손들의 계에도 적용되는지 우리가 어떻게 아는가? 이 질문에 대해서 이론적으로는 좋은 답이 존재한다. 하지만 그 답을 이해하기 위해서는 이 책의 범위를 넘어서는 양자역학적 이해가 필요하다. 하지만 그것을 안다 하더라도 그 답이 완벽한 것은 아니다. 어떤 발견되지 않은 유형의 상호작용이 동일하다고 여겨졌던 보손들을 서로 구별할 수 있게 해서, 보스-아인슈타인 응축체가 저절로 증발하게 할 가능성은 여전히 존재한다. 이제까지는, 그런 상호작용이 존재하지 않는 것으로 보인다는 것이 실험적인 사실이다. 그러므로 오컴의 면도날(Occam's Razor)을 소환해서, 비록 잠정적일지언정 다음과 같이 결론을 짓자. 주어진 종류의 보손들은 정말로 구별할 수 없다. 그리피스(David Griffiths)가 말했듯이,* 신조차도 그것들을 구별할 수 없다.

---

* *Introduction to Quantum Mechanics* (Prentice-Hall, Englewood Cliffs, NJ, 1995), 179쪽.

문제 7.65. 식 (7.124)의 적분을 수치적으로 계산하고 본문에서 인용한 값을 확인하라.

문제 7.66. 부피가 $(10^{-5}\,\mathrm{m})^3$인 상자 안에 갇힌 루비듐-87 원자 1,000개의 무리를 고려하자.

(a) 바닥상태의 에너지 ϵ_0를 계산하라. (답을 J과 eV 모두로 나타내라.)

(b) 응축온도를 계산하고, kT_c를 ϵ_0와 비교하라.

(c) $T = 0.9T_c$라고 하자. 바닥상태에 있는 원자는 몇 개인가? 화학퍼텐셜은 바닥상태의 에너지에 얼마나 가까운가? 세 겹으로 겹친 첫 들뜬상태들에 있는 원자들은 각각 몇 개인가?

(d) 같은 부피의 상자에 갇힌 원자 10^6개에 대해서 (b)와 (c)를 반복하라. 바닥상태에 있는 원자들의 수가 첫 들뜬상태에 있는 원자들의 수보다 훨씬 더 클 조건들을 논의하라.

문제 7.67. 수소원자 기체를 사용해서 보스-아인슈타인 응축을 처음으로 성취한 실험에서는* 약 2×10^{10}개의 원자들로 된 기체가 포획되었고 기체의 정점 밀도가 $1.8\times10^{14}\,\mathrm{atoms/cm^3}$이 될 때까지 냉각되었다. 이 계의 응축온도를 계산하고 측정값 $50\,\mu\mathrm{K}$과 비교하라.

문제 7.68. 액체를 상호작용하지 않는 원자들의 기체라고 생각하고, 액체 헬륨-4의 응축온도를 계산하라. 관측된 초유체 전이온도인 2.17 K와 비교하라. (단, 액체 헬륨-4의 밀도는 $0.145\,\mathrm{g/cm^3}$이다.)

문제 7.69. 수치적분을 할 수 있는 컴퓨터 시스템이 있다면, $T > T_c$일 때 μ를 계산하는 것은 특별히 어려운 일은 아니다.

(a) 컴퓨터로 문제를 풀 때 늘 그렇듯이, 모든 것들을 차원이 없는 변수들로 놓고 시작하는 것이 최선이다. 따라서 $t = T/T_c$, $c = \mu/kT_c$, $x = \epsilon/kT_c$라고 정의하자. μ를 정의하는 적분식 (7.122)를 이 변수들로 써라. 답은 다음과 같아야 한다.

---

* Dale G. Fried et al., *Physical Review Letters* **81**, 3811 (1998).

$$2.315 = \int_0^\infty \frac{\sqrt{x}\,dx}{e^{(x-c)/t} - 1}$$

(b) 그림 7.33을 따르면, $T = 2T_c$에서 c의 값은 약 -0.8이다. 이 값을 대입하여 위의 식이 근사적으로 만족되는 것을 확인하라.

(c) 이제 T를 고정하고 μ를 변하게 해서, $T = 2T_c$에서 정확한 μ의 값을 찾아라. T/T_c가 1.2에서 3.0까지 0.2 간격으로 변할 때, 같은 작업을 반복하라. 온도의 함수로 μ의 그래프를 그려라.

문제 7.70. 그림 7.37은 어떤 보스기체의 열용량을 온도의 함수로 보여준다. 이 문제에서는 이 평범하지 않은 그래프의 형태를 계산할 것이다.

(a) 부피가 V인 공간에 갇힌 보손 N개로 된 기체의 총에너지에 대한 식을 식 (7.122)와 유사한 적분의 형태로 써라.

(b) $T < T_c$에서 $\mu = 0$으로 놓을 수 있다. 이 경우에 (a)의 적분을 계산하고, 결과를 T로 미분해서 열용량을 구하라. 그림 7.37과 비교하라.

(c) 고온극한에서 열용량이 $\frac{3}{2}Nk$에 접근해야 하는 이유를 설명하라.

(d) $T > T_c$에서 문제 7.69에서 계산했던 μ의 값을 사용해서 (a)의 적분을 계산할 수 있다. 이 계산을 해서 에너지를 온도의 함수로 구하고, 그런 후 결과를 수치적으로 미분해서 열용량을 구하라. 열용량의 그래프를 그리고 그것이 그림 7.37과 일치하는지 확인하라.

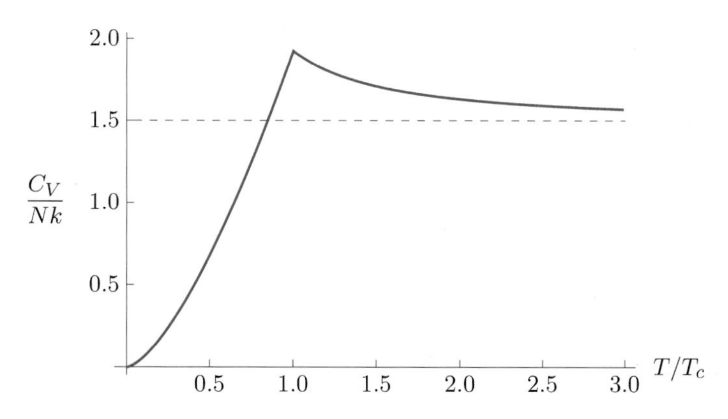

그림 7.37. 삼차원 상자 안의 이상적인 보스기체의 열용량.

문제 7.71. 문제 7.70(b)에서 유도한 C_V의 식으로부터 시작해서 $T < T_c$일 때 보스기체의 엔트로피, 헬름홀츠 자유에너지, 압력을 계산하라. 압력이 부피와 무관한 것에 주목하라. 어떻게 이런 일이 일어날 수 있는가?

문제 7.72. 이차원 상자 안에 갇힌 입자들의 기체에 대한 상태밀도는 ϵ과 무관하게 일정하다(문제 7.28을 보라). 이차원 상자 안의 상호작용하지 않는 보손들의 기체의 거동을 조사하라. T가 영보다 유의미하게 크기만 하면 화학퍼텐셜이 유의미하게 영보다 작은 값에 머물고, 따라서 입자들이 갑작스럽게 바닥상태로 응축하는 일은 일어나지 않는다는 것을 발견해야 한다. 이런 경우가 맞는다는 것을 알 수 있는 이유를 설명하고, 온도가 내려갈 때 이 계에 어떤 일이 정말로 일어나는지 기술하라. 갑작스런 보스-아인슈타인 응축이 일어나기 위해서 $g(\epsilon)$은 어떤 성질을 가져야 하는가?

문제 7.73. 등방적인 삼차원 조화진동자 퍼텐셜에 갇힌 동일한 스핀-0 보손 N개로 된 기체를 고려하자. (위에서 논의한 루비듐 실험에서, 입자들을 가두는 퍼텐셜은 실제로 등방적이지는 않으나 조화퍼텐셜이었다.) 이 퍼텐셜의 에너지준위들은 $\epsilon = nhf$이고, 여기서 n은 음이 아닌 정수이고 f는 고전적 진동수이다. 준위 n의 겹침도는 $(n+1)(n+2)/2$이다.

(a) 이 퍼텐셜에 갇힌 원자 한 개에 대한 상태밀도 $g(\epsilon)$의 식을 구하라. ($n \gg 1$을 가정할 수 있다.)

(b) 이 계의 응축온도를 진동수 f의 식으로 구하라.

(c) 이 퍼텐셜은 대략 진폭을 한 변으로 하는 정육면체 부피 안에 입자들을 유효하게 가둔다. 진폭은, kT 정도의 크기인 입자의 총에너지를 "용수철"의 (탄성)퍼텐셜에너지와 같다고 놓아서 추정할 수 있다. 이런 식으로 연관을 짓고 2, π, 등등의 모든 인수들을 무시하여, (b)의 답이 딱딱한 벽을 가진 상자 안에 갇힌 보손들의 응축온도에 대해서 유도된 본문의 식과 대략 동등하다는 것을 보여라.

문제 7.74. 앞 문제에서처럼 등방적인 조화 덫에 갇힌 보스기체를 고려하자. 이 계에 대해서는 에너지준위의 구조가 삼차원 상자의 경우보다 훨씬 더 간단하기 때문에, 식 (7.121)의 합을 적분으로 근사하지 않고 계산하는 것이 가능하다.*

---

* 이 문제는 다음 문헌에 근거를 두고 있다: Martin Ligare, *American Journal of Physics* **66**, 185–190 (1998).

(a) 이 계에 대해서 식 (7.121)을 겹침도를 고려한 에너지준위들에 대한 합으로 써라. T와 μ를 차원이 없는 변수 $t = kT/hf$와 $c = \mu/hf$로 각각 대체하라.

(b) 임의로 주어진 t와 c의 값에 대해서 (a)의 합을 계산하는 컴퓨터 프로그램을 써라. $N = 2{,}000$일 때 $c = -10.534$이면 $t = 15$에서 식 (7.121)이 만족된다는 것을 보여라. (힌트: 대략 첫 200개의 에너지준위들을 합에 포함시켜야 할 것이다.)

(c) (b)와 동일한 매개변수 값에서 각 에너지준위에 있는 입자들의 수의 그래프를 에너지의 함수로 그려라.

(d) 이제 t를 14로 줄이고 (a)의 합이 다시 2,000과 같을 때까지 c의 값을 조정하라. 입자들의 수를 에너지의 함수로 그려라.

(e) $t = 13, 12, 11, 10$에 대해서 (d)를 반복하라. 요구되는 c의 값이 영을 향해서 접근하지만 영이 되지는 않는 것을 발견해야 한다. 결과를 상세하게 논의하라.

문제 7.75. $T \gg T_c$인 고온에서 상호작용하지 않는 스핀-0 보손들의 기체를 고려하자. (이 맥락에서 "고온"은 여전히 1K 이하일 수도 있다는데 유의하라.)

(a) 이 극한에서 보스-아인슈타인 분포함수가 근사적으로 다음과 같이 써질 수 있다는 것을 보여라.

$$\overline{n}_{\text{BE}} = e^{-(\epsilon-\mu)/kT}[1 + e^{-(\epsilon-\mu)/kT} + \cdots]$$

(b) 위 식에서 보인 항들만 유지해서, 이 결과를 식 (7.122)에 대입해서 보손기체에 대한 화학퍼텐셜의 첫 양자보정항을 유도하라.

(c) 큰자유에너지(문제 5.23과 7.7)의 성질들을 사용해서, 어떤 계이든 압력이 $P = (kT/V)\ln \mathcal{Z}$로 주어지는 것을 보여라. 여기서 $\mathcal{Z}$는 큰분배함수이다. 상호작용하지 않는 입자들의 기체에 대해서 $\ln \mathcal{Z}$가 모든 모드들, 혹은 모든 단일입자상태들에 대한 $\ln \mathcal{Z}_i$의 합으로 계산될 수 있다는 것을 논증하라. 여기서 $\mathcal{Z}_i$는 i번째 모드의 큰분배함수이다.

(d) (c)의 결과를 계속해서, 모드들에 대한 합을 상태밀도함수를 사용해서 에너지에 대한 적분식으로 써라. 고온극한에서 상호작용하지 않는 보손들의 기체에 대해서 적분을 명시적으로 계산하라. 이때 화학퍼텐셜에 대한 (b)의 결과를 사용하고 로그를 적절히 전개하라. 안개가 사라지면 다음의 식을 얻어야 한다.

$$P = \frac{NkT}{V}\left(1 - \frac{Nv_Q}{4\sqrt{2}V}\right)$$

이것은 역시 고차항들을 무시한 것이다. 따라서 기대한 바처럼, 양자통계는 보손기체의 압력을 낮추는 결과를 초래한다.

(e) (d)의 결과를 문제 1.17에서 도입한 비리얼 전개의 형식으로 쓰고, 둘째 비리얼 계수 $B(T)$를 읽어내라. 상호작용하지 않는 헬륨-4 원자들로 된 가상의 기체에 대해서 예측된 비리얼 계수의 그래프를 그려라.

(f) 스핀-1/2 페르미온 기체에 대해서 이 문제 전체를 반복하라. (수정이 필요한 부분은 아주 적다.) 결과들을 논의하고, 상호작용하지 않는 헬륨-3 원자들로 된 가상의 기체에 대해서 예측된 비리얼 계수의 그래프를 그려라.

별들의 완전한 목록에서 10 퍼센트 이상이 백색왜성들이다. 그것들은 자신의 자리에서, 탄소와 산소로 구성된 그들의 핵의 열(운동)에너지를 수소와 헬륨으로 된 아주 얇은 껍질 밑으로부터 방출한다. 백색왜성들은, 우주가 다시 수축하거나, 그들의 중입자들이 붕괴하거나, 혹은 장벽투과에 의해서 자신이 블랙홀로 붕괴할 때까지 이 무사평온한 과정을 계속할 것이다. (이 세 가지 결과들이 일어날 그럴듯한 시간규모는 각각 10^{14}, 10^{33}, $10^{10^{76}}$ *이다. 첫 두 수는 햇수이고, 세 번째 수는 단위가 무엇이든 상관없다.)*

— Virginia Trimble, *SLAC* Beam Line 21, 3 (fall, 1991).

제8장

상호작용하는 입자들의 계

통계역학에서 이상적(ideal)인 계란 계를 구성하는 입자들이 서로 유의미한 힘을 가하지 않는 계이다. 여기서 입자들의 종류는 분자, 전자, 광자, 소리양자, 자기쌍극자 등이 될 수 있다. 앞선 두 장들에서 고려한 모든 계들은 이런 의미에서 "이상적"이었다. 하지만 모든 것들이 이상적이라면 세계는 지루한 곳이었을 것이다. 예컨대, 기체는 절대로 액체로 응축하지 않을 것이고, 어떤 물질도 저절로 자화되지 않을 것이다. 따라서 이제 어떤 비이상적인 계들을 고려할 때가 되었다.

상호작용하는 많은 입자들로 구성된 비이상적인 계의 거동을 예측하는 것은 쉽지 않다. 그런 계들의 경우는, 그저 계를 입자나 모드 같은 독립적인 많은 부분으로 쪼개서, 이 부분들을 하나씩 다룬 다음에, 그것들을 모두 합하는 방식으로는 이해할 수 없다. 사실 이것은 앞의 두 장에서 우리가 했던 방식이다. 상호작용이 있는 경우에는, 그 대신에 전체를 한꺼번에 다루어야 한다. 보통 이것은, 열역학적 양들을 정확하게 계산할 수 없어서 근사에 의존하여 계산해야만 한다는 것을 의미한다. 상호작용하는 입자들의 다양한 계들에 적절한 근사체계를 적용하는 것은 현대통계역학의 주된 요소가 되었다. 더 나아가, 유사한 근사체계는 다른 연구 분야들에도 널리 사용되고 있는데, 특히 다체계의 양자역학에 적용하는 경우가 좋은 예이다.

이 장에서는 상호작용하는 계로써 두 가지의 예를 소개할 것이다. 약한 상호작용을 하는 분자들의 기체와, 이웃들과 나란히 정렬하려는 경향이 있는 자기쌍극자들의 배열이 그것들이다. 이 예들에 대해서 각각 도형적 섭동이론(diagrammatic perturbation theory)과 몬테카를로 시늉내기(Monte Carlo simulation)와 같은 근사법이 존재한다. 이 근사법들은 주어진 문제를 해결할 뿐만 아니라, 이론물리학의 폭 넓고 다양한 문제들을 공략하는 데에도 유용한 것으로 판명되었다.*

8.1 약한 상호작용을 하는 기체들

5.3절에서 판데르발스 방정식을 사용해서 비이상기체를 이해하려는 첫 시도를 했다. 그 방정식은 정성적으로는 아주 성공적이어서, 밀도가 높은 기체가 액체로 응축하는 것도 예측할 수 있다. 하지만 정량적으로는 그렇게 정확하지는 않고, 근원적인 분자적 상호

* 이 장의 첫 두 절은 서로 독립적이다. 순서에 개의치 않고 자유롭게 읽을 수 있다. 그리고 몇 문제들을 제외하면, 이 장의 내용은 7장과 독립적이다.

작용과의 연결도 빈약한 편이다. 그렇다면, 좀 더 잘할 수 있을까? 구체적으로 묻자면, 비이상기체의 거동을, 통계역학의 강력한 도구들을 사용해서 제일 원리들로부터 예측할 수 있을까?

답은 예이다. 하지만 그것이 쉽지는 않다. 최소한 이 책의 수준에서, 비이상기체의 성질들을 근원적으로 계산하는 것은, 분자들 사이의 상호작용이 상대적으로 약한 낮은 밀도의 극한에서만 가능하다. 이 절에서는 그런 계산을 해볼 것이고, 궁극적으로 저밀도 극한에서 정당화될 수 있는 이상기체법칙에 대한 보정항을 유도할 것이다. 이런 접근은 액체-기체 상변환을 이해하는 데는 도움이 되지 않겠지만, 그 결과는 최소한 그 정당성이 보장된 제한된 범위 안에서는 정량적으로 정확할 것이다. 짧게 말하자면, 정확성과 엄격성을 얻기 위해 일반성을 거래하려는 것이다.

분배함수

항상 그렇듯이 분배함수를 쓰고 시작한다. 2.5절과 문제 6.51의 관점을 취해서, 한 분자의 "상태"를 그것의 위치와 운동량벡터로 특성화하자. 그러면 단일분자의 분배함수는 다음과 같다.

$$Z_1 = \frac{1}{h^3}\int d^3r\, d^3p\, e^{-\beta E} \tag{8.1}$$

여기서 적분기호는 하나이지만 실제로는 6중 적분을 나타낸다. 즉, 그것들은 위치성분들에 대한 3개의 적분(d^3r)들과 운동량성분들에 대한 3개의 적분(d^3p)들이다. 적분영역은, 모든 운동량벡터들과, 위치의 경우 부피가 V인 상자의 내부로 제한된 위치벡터들을 포함한다. 서로 독립적인 파동함수들을 세는 단위 없는 수를 얻기 위해서는 인수 $1/h^3$이 필요하다. 단순하게 하기 위해서, 분자의 회전과 같은 모든 내부 상태들에 대한 합은 생략했다.

내부자유도가 없는 단일분자에 대해서 식 (8.1)은, 문제 6.51에서 보인 것처럼 6.7절에서 이상기체에 대해서 쓴 것과 동일하다. 동일한 분자 N개로 된 기체에 대한 식은, 보기엔 조금 경악스럽지만, 쓰는 것은 쉽다.

$$Z = \frac{1}{N!}\frac{1}{h^{3N}}\int d^3r_1 \cdots d^3r_N\, d^3p_1 \cdots d^3p_N\, e^{-\beta U} \tag{8.2}$$

여기서, 분자 N개 모두의 위치와 운동량 성분에 대한 $6N$개의 적분이라는 것에 유의하라. 인수 $1/h^3$도 N개 있고, 동일한 분자들을 구별할 수 없다는 것을 고려한 인수 $1/N!$도 있다. 그리고 볼츠만인자는 전체 계의 총에너지 U를 포함한다.

계가 이상기체라면, U는 그저 운동에너지 항들의 합이었을 것이다.

$$U_{\text{운동}} = \frac{|\vec{p}_1|^2}{2m} + \frac{|\vec{p}_2|^2}{2m} + \cdots + \frac{|\vec{p}_N|^2}{2m} \tag{8.3}$$

하지만 비이상기체에 대해서는 분자 간의 상호작용으로 인한 퍼텐셜에너지가 추가로 있다. 전체 퍼텐셜에너지를 $U_{\text{퍼텐셜}}$로 나타내면, 분배함수는 다음과 같이 쓸 수 있다.

$$Z = \frac{1}{N!}\frac{1}{h^{3N}}\int d^3r_1 \cdots d^3r_N d^3p_1 \cdots d^3p_N e^{-\beta|\vec{p}_1|^2/2m} \cdots e^{-\beta|\vec{p}_N|^2/2m} e^{-\beta U_{\text{퍼텐셜}}} \tag{8.4}$$

이제 좋은 소식은, 운동량적분 $3N$개는 쉽게 계산할 수 있다는 것이다. 퍼텐셜에너지가 분자들의 운동량이 아니라 위치에만 의존하기 때문에, 각 운동량 $\vec{p}_i$는 운동에너지 볼츠만인자에만 나타나고, 운동량에 대한 적분은 이상기체와 정확하게 똑같이 계산되어서 다음과 같이 이상기체와 동일한 결과를 준다.

$$\int d^3p_i e^{-\beta|\vec{p}_i|^2/2m} = (\sqrt{2\pi mkT})^3 \tag{8.5}$$

이 인수들 N개를 모아서 다음과 같이 분배함수를 쓸 수 있다.

$$\begin{aligned} Z &= \frac{1}{N!}\left(\frac{\sqrt{2\pi mkT}}{h}\right)^{3N}\int d^3r_1 \cdots d^3r_N e^{-\beta U_{\text{퍼텐셜}}} \\ &= Z_{\text{이상}} \cdot \frac{1}{V^N}\int d^3r_1 \cdots d^3r_N e^{-\beta U_{\text{퍼텐셜}}} \end{aligned} \tag{8.6}$$

여기서 $Z_{\text{이상}}$은 식 (6.85)로 주어진 이상기체의 분배함수이다. 따라서 우리의 숙제는 이제 다음과 같은 나머지를 계산하는 것이 되었다.

$$Z_c = \frac{1}{V^N}\int d^3r_1 \cdots d^3r_N e^{-\beta U_{\text{퍼텐셜}}} \tag{8.7}$$

이 적분은 배위적분(configuration integral)이라고 불린다. (이 이름은 이런 적분이 분자들의 모든 배위, 혹은 위치들에 대한 적분이라는 데서 왔다.)

뭉치전개법(the Cluster Expansion)

배위적분을 보다 더 명시적으로 쓰기 위해서, 기체의 퍼텐셜에너지가 모든 분자쌍들의 상호작용으로 인한 퍼텐셜에너지의 합으로 쓰일 수 있다고 가정하자.

$$U_{\text{퍼텐셜}} = u_{12} + u_{13} + \cdots + u_{1N} + u_{23} + \cdots + u_{N-1,N} = \sum_{\text{모든 쌍}} u_{ij} \tag{8.8}$$

각 u_{ij} 항은 분자 i와 j의 상호작용으로 인한 퍼텐셜에너지를 나타내고, 이 퍼텐셜에너지는 이 분자들 간의 거리 $|\vec{r}_i - \vec{r}_j|$에만 의존한다고 가정했다. 이것은 중요한 단순화이다. 단순화 요소의 하나는, 퍼텐셜에너지가 분자의 방향성에 의존할 수 있는 어떤 가능성도 무시한 데 있다. 또 다른 하나는, 두 분자들이 서로 가까울 때 서로를 변형시켜서, 상대 분자와 다른 제삼의 분자와의 상호작용을 변화시킬 수 있다는 점을 무시한 것이다. 하지만 이 "단순화"는 아직도 배위적분을 더 예쁘게 만들지는 않는다. 배위적분은 이제 다음과 같이 쓸 수 있다.

$$Z_c = \frac{1}{V^N} \int d^3 r_1 \cdots d^3 r_N \prod_{\text{모든 쌍}} e^{-\beta u_{ij}} \tag{8.9}$$

여기서 기호 $\prod$는 서로 다른 모든 쌍 i와 j에 대한 곱을 나타낸다.

궁극적으로, 함수 u_{ij}의 명시적인 식을 가정할 필요가 있을 것이다. 하지만 지금 우리가 알아야 할 모든 것은, 분자 i와 j 사이의 거리가 커질 때 함수 u_{ij}가 영으로 간다는 사실뿐이다. 특히 저밀도 기체에서는, 실질적으로 모든 분자쌍들이 충분히 멀리 떨어져 있어서 $u_{ij} \ll kT$이고, 따라서 볼츠만인자 $e^{-\beta u_{ij}}$는 1에 극히 가깝다. 이것을 염두에 두고, 다음 단계는 다음과 같이 써서 각 볼츠만인자의 편차를 1로부터 고립시키는 것이다.

$$e^{-\beta u_{ij}} = 1 + f_{ij} \tag{8.10}$$

이 식은 메이어 f-함수(Mayer f-function)라고 부르는 새로운 양 f_{ij}를 정의한다. 그러면 모든 볼츠만인자들의 곱은 이제 다음과 같이 쓸 수 있다.

$$\prod_{\text{모든 쌍}} e^{-\beta u_{ij}} = \prod_{\text{모든 쌍}} (1 + f_{ij}) = (1 + f_{12})(1 + f_{13}) \cdots (1 + f_{1N})(1 + f_{23}) \cdots (1 + f_{N-1,N}) \tag{8.11}$$

이 모든 인수들을 곱해서 전개한다고 상상하면, 첫 항은 바로 1이 될 것이다. 그리고 f-함수를 한 개만 갖는 많은 항들과, f-함수 두 개를 갖는 또한 많은 항들, 등등이 다음과 같이 등장할 것이다.

$$\prod_{\text{모든 쌍}} e^{-\beta\mu_{ij}} = 1 + \sum_{\text{모든 쌍}} f_{ij} + \sum_{\text{서로 다른 쌍}} f_{ij} f_{kl} + \cdots \tag{8.12}$$

이 전개항들을 배위적분에 대입하면 다음과 같이 쓸 수 있다.

$$Z_c = \frac{1}{V^N} \int d^3r_1 \cdots d^3r_N \left(1 + \sum_{\text{모든 쌍}} f_{ij} + \sum_{\text{서로 다른 쌍}} f_{ij} f_{kl} + \cdots\right) \tag{8.13}$$

우리의 희망은, 이 급수의 항들이 더 많은 f-함수들을 포함할수록 그 항들이 더욱 덜 중요해져서, 첫 한 두 항만 계산하고 나머지 항들은 무시할 수 있을 것이라는 것이다.

식 (8.13)에서 f-함수가 없는 바로 첫 항은 계산하기 쉽다. 각 d^3r 적분은 상자의 부피에 해당하는 인수 V를 주므로 다음과 같이 간단한 결과를 얻는다.

$$\frac{1}{V^N} \int d^3r_1 \cdots d^3r_N \,(1) = 1 \tag{8.14}$$

f-함수가 한 개인 각 항은 d^3r 적분 두 개를 제외하고, 나머지 $N-2$개의 d^3r 적분은 역시 뻔하게도 각각 인수 V를 줄 뿐이다. 예컨대, f_{12}의 적분항은 f_{12}가 $\vec{r}_1$과 $\vec{r}_2$에만 의존하므로, 다음과 같이 쓸 수 있다.

$$\begin{aligned} \frac{1}{V^N} \int d^3r_1 \cdots d^3r_N f_{12} &= \frac{1}{V^N} V^{N-2} \int d^3r_1 d^3r_2 f_{12} \\ &= \frac{1}{V^2} \int d^3r_1 d^3r_2 f_{12} \end{aligned} \tag{8.15}$$

실제론, 어떤 분자들을 1과 2로 부를지는 아무런 상관이 없으므로, f-함수가 한 개인 모든 항들은 정확하게 동일한 적분이 되고, 그래서 이 모든 항들의 합은 식 (8.15)에 서로 다른 쌍들의 수인 $N(N-1)/2$를 곱한 것이 된다.

$$\frac{1}{V^N} \int d^3r_1 \cdots d^3r_N \left(\sum_{\text{모든 쌍}} f_{ij}\right) = \frac{1}{2} \frac{N(N-1)}{V^2} \int d^3r_1 d^3r_2 f_{12} \tag{8.16}$$

더 나아가기 전에, 이 식을 축약해서 표현하는 도형을 도입하고 싶다. 이 도형은 나중에 물리적인 해석도 가능하게 한다. 그 도형은 단순하게도, 분자 1과 2를 나타내는 한 쌍의 점들과, 그 분자들 간의 상호작용을 나타내는 두 점을 연결하는 선으로 그려진다.

$$= \frac{1}{2}\frac{N(N-1)}{V^2}\int d^3r_1 d^3r_2 f_{12} \tag{8.17}$$

도형을 식으로 번역하는 규칙들은 다음과 같다.

1. 1로 시작해서 점들에 수를 매기고, 각 점 i에 대해서 식 $(1/V)\int d^3r_i$를 써라. 처음 점에 대해서 N, 둘째 점에 대해서 $N-1$, 셋째 점에 대해서 $N-2$, 등등의 방식으로 수를 곱해라.
2. 점 i와 j를 연결하는 선에 대해서, 인수 f_{ij}를 써라.
3. 도형의 대칭인수로 나누어라. 대칭인수는 해당하는 f-함수들의 곱을 바꾸지 않고 점들의 수를 매길 수 있는 경우수이다. (동등하게, 대칭인수는 도형을 바꾸지 않고 점들의 순서만을 바꿀 수 있는 경우수이다.)

식 (8.17)의 단순한 도형에 대해서, 이 규칙들은 정확하게 오른쪽의 식을 준다. 이 경우 $f_{12}=f_{21}$이기 때문에 대칭인수는 2이다. 물리적으로, 이 도형은 단지 두 개의 분자들만 상호작용하는 배위를 나타낸다.

이제 배위적분 (8.13)에서 f-함수 두 개를 갖는 항들을 고려하자. 각 항은 두 쌍의 분자들을 포함하는데, 이 쌍들이 한 분자를 공통으로 갖거나, 공통으로 갖는 분자가 없는 경우가 있을 수 있다. 쌍들이 한 분자를 공유하는 항에서는 세 개를 제외한 모든 d^3r 적분들이 각각 뻔한 인수 V를 준다. 그런 항들의 수는 $N(N-1)(N-2)/2$이기 때문에, 이런 항들의 합은 다음의 도형과 동등하다.

$$= \frac{1}{2}\frac{N(N-1)(N-2)}{V^3}\int d^3r_1 d^3r_2 d^3r_3 f_{12} f_{23} \tag{8.18}$$

이 도형은 한 분자가 다른 두 분자와 동시에 상호작용하는 배위를 나타낸다. 쌍들이 분자를 공유하지 않는 항에서는 네 개의 d^3r 적분들이 남는다. 그런 항들의 수는 $N(N-1)(N-2)(N-3)/8$이기 때문에, 이런 항들의 합은 다음과 같이 쓸 수 있다.

$$\Big(\quad\Big) = \frac{1}{8}\frac{N(N-1)(N-2)(N-3)}{V^4}\int d^3r_1 d^3r_2 d^3r_3 d^3r_4 f_{12} f_{34} \tag{8.19}$$

이 도형은 상호작용하는 분자들의 쌍이 동시에 두 개가 존재하는 배위를 나타낸다. 둘 중 어느 도형이건 위의 규칙은 정확한 식들을 준다.

이제 배위적분 전체가 다음과 같이 도형들의 합으로 써질 수 있다는 것을 추측할 수 있을 것이다.

$$Z_c = 1 + \quad + \quad + (\quad\quad) + \quad + \quad + \quad$$

$$+ (\quad\quad) + (\quad\quad\quad) + \cdots \tag{8.20}$$

가능한 도형들 각각은 이 합에서 정확하게 한 번만 나타난다. 단, 모든 점들이 최소한 다른 한 점과 연결되어야 하고, 한 쌍의 점들은 오직 한 번만 연결되어야 한다는 제약이 따라야 한다. 모든 경우에서 조합론적 인수들이 정확하게 맞다는 것을 여기에서 증명하지는 않겠지만, 그 결과는 맞다. 배위적분을 이렇게 표현하는 것은 도형섭동급수(diagrammatic perturbation series)의 한 예이다. 첫 항인 1은 기체분자들이 서로 상호작용하지 않는 “이상”적인 경우를 나타낸다. 도형들로 표현된 나머지 항들은 계를 이상적인 극한으로부터 “벗어나게” 하는 상호작용들을 묘사한다. 최소한, 많은 분자들이 동시에 상호작용하는 일이 드문 저밀도 기체에 대해서는, 단순한 도형들이 복잡한 도형들에 비해서 더욱 중요하기를 우리는 기대한다. 복잡한 도형들을 계산하는 것을 결코 원하지 않겠지만, 여전히 그 도형들은 임의의 수의 분자들이 관여하는 상호작용들을 시각화하는 방법을 준다.

하지만 저밀도 기체에서조차도, Z_c의 도형전개에서 첫 몇 개 항들만 취하는 것으로 이 합의 합리적인 근삿값을 얻을 수 있는 것은 아니다. 가장 단순한 두 점 도형도 1보다 훨씬 큰 수로 계산되어서, 대칭인수들이 꽤 커지는 항들이 많이 합해질 때까지도 다음과 같은 부분급수가 수렴하지 않는다는 것을 곧 보게 될 것이다.

$$1 + \quad + (\quad\quad) + (\quad\quad\quad) + \cdots \tag{8.21}$$

그에 대한 물리적인 이유는, N이 클 때 고립된 상호작용 쌍들이 동시에 많이 존재하는 일이 아주 흔하기 때문이다. 하지만 다행스럽게 이 합은 단순화될 수 있다. 최소한 일차 근사로써, 우리는 $N = N-1 = N-2 = \cdots$ 이라고 놓을 수 있다. 그러면 동일한 부분도형 n개로 된 연결되지 않은 도형은 분모에 대칭인수 $n!$을 갖게 되므로, 이 급수는 다음과 같이 간단하게 쓸 수 있다.

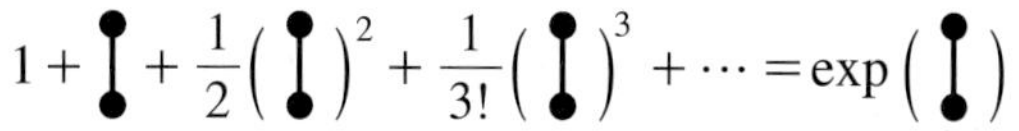

$$1+\bullet\!\!-\!\!\bullet+\frac{1}{2}\left(\bullet\!\!-\!\!\bullet\right)^2+\frac{1}{3!}\left(\bullet\!\!-\!\!\bullet\right)^3+\cdots=\exp\left(\bullet\!\!-\!\!\bullet\right) \tag{8.22}$$

달리 말하자면, 연결되지 않은 도형들은 함께 모여서, 단순하게도, 연결된 기본도형의 지수함수가 된다. 하지만 그것이 전부가 아니다. 다음 차원의 근사에서 인수 N만큼 더 작은 항들을 취할 때, 급수 (8.22)는 연결된 도형 (8.18)도 포함하는 것으로 드러난다(문제 8.7). 더 복잡한 도형들 사이에서도 유사한 방식으로 상쇄되는 일이 있어나는데, 최종결과는 결국 Z_c는 다음과 같이, 연결되어 있고, 한 점이 제외되더라도 여전히 연결된 상태에 머무는 도형들만의 합의 지수함수로 써질 수 있다는 것이다.

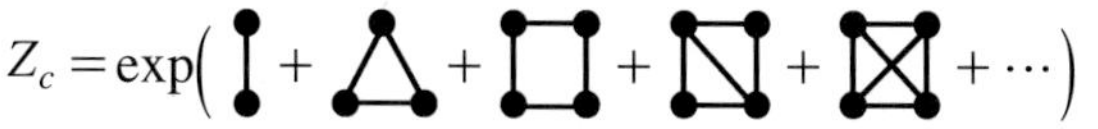

$$Z_c=\exp\left(\bullet\!\!-\!\!\bullet+\triangle+\square+\boxbslash+\boxtimes+\cdots\right) \tag{8.23}$$

이 식은 그렇게 정확한 식은 아니지만, 식에서 누락된 항들은 고정된 N/V에서 $N\rightarrow\infty$인 열역학 극한에서 영으로 간다. 유사한 논리로, 이 단계에서 앞으로의 모든 계산에서 $N=N-1=N-2=\cdots$ 이라고 놓는 것은 정당하다. 불행하게도 이 식을 일반적으로 증명하는 것은 이 책의 범위를 벗어난다.

동시에 상호작용하는 분자들의 뭉치를 나타내기 때문에, 식 (8.23)의 각 도형은 뭉치(cluster)로 불린다. 그리고 이 식 자체는 배위적분에 대한 뭉치전개(cluster expansion)로 불린다. 뭉치전개는 자연스럽게 거동하는(well-behaved) 급수이다. 저밀도 기체에 대해서, 점들이 많은 뭉치 도형은 점들이 적은 도형보다 항상 크기가 작다.

이제 조각들을 맞춰보자. 식 (8.6)으로부터, 기체의 전체 분배함수는 배위적분과 이상기체의 분배함수의 곱이라는 것을 상기하자.

$$Z=Z_{\text{이상}}\cdot Z_c \tag{8.24}$$

압력을 계산하기 위해서는 헬름홀츠 자유에너지를 알아야 한다.

$$F=-kT\ln Z=-KT\ln Z_{\text{이상}}-kT\ln Z_c \tag{8.25}$$

6.7절에서 계산한 $Z_{\text{이상}}$과 Z_c에 대한 뭉치전개를 대입하면 다음의 식을 얻는다.

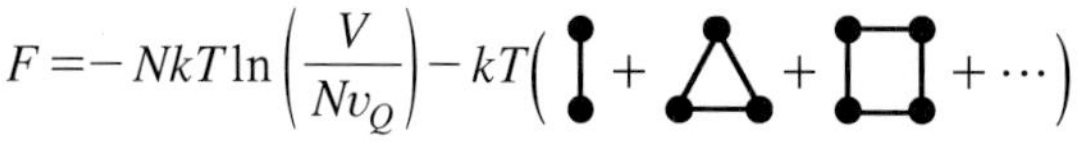

$$F=-NkT\ln\left(\frac{V}{Nv_Q}\right)-kT\left(\bullet\!\!-\!\!\bullet+\triangle+\square+\cdots\right) \tag{8.26}$$

따라서 압력은 다음과 같다.

$$P = -\left(\frac{\partial F}{\partial V}\right)_{N,T} = \frac{NkT}{V} + kT\frac{\partial}{\partial V}\left(\mathbf{I} + \triangle + \square + \cdots \right) \tag{8.27}$$

즉, 약간의 뭉치도형들을 계산할 수 있다면, 이상기체법칙을 개선할 수 있다.

문제 8.1. 식 (8.20)에서 보여준 각 도형에 해당하는 f-함수의 식을 쓰고, 대칭인수가 옳은 계수를 주는 이유를 설명하라.

문제 8.2. 배위적분에서 네 개의 f_{ij} 인수를 가진 항들을 나타내는 연결되거나 연결되지 않은 모든 도형들을 그려라. 총 11개의 도형이 존재하고 그 중 다섯 개는 연결된 도형들이다.

문제 8.3. 식 (8.23)에서 첫 두 도형만 취하고 $N \approx N-1 \approx N-2 \approx \cdots$ 이라고 근사해서, 지수함수를 세제곱 항까지의 멱급수(power series)로 전개하라. 각 항들의 곱을 전개해서, 모든 계수들이 연결되지 않은 도형들에 대한 대칭인수를 정확하게 준다는 것을 보여라.

문제 8.4. 점 네 개를 포함하는 모든 연결된 도형들을 그려라. 전부 여섯 개의 도형들이 존재한다. 두 도형이 다르게 보일 수도 있으나 실제로는 동일한 도형인 경우를 피하도록 주의하라. 어느 점 하나가 제거되더라도 연결된 채로 머무는 도형은 어느 것인가?

이차 비리얼 계수

이제 다음의 가장 단순한 두 점 도형을 고려해보자.

$$\mathbf{I} = \frac{1}{2}\frac{N^2}{V^2}\int d^3r_1 d^3r_2 f_{12} \tag{8.28}$$

f-함수가 두 분자 사이의 거리에만 의존하므로, $\vec{r} \equiv \vec{r}_2 - \vec{r}_1$ 으로 정의하고 다음과 같이 두 번째 적분변수 $\vec{r}_2$ 를 $\vec{r}$ 로 바꾸자.

$$ = \frac{1}{2}\frac{N^2}{V^2}\int d^3r_1\left(\int d^3r f(r)\right) \tag{8.29}$$

여기서 f-함수는 다음과 같음을 상기하자.

$$f(r) = e^{-\beta u(r)} - 1 \tag{8.30}$$

또한 $u(r)$은 어떤 분자쌍에서이건 상호작용으로 인한 퍼텐셜에너지로써 분자들의 중심 사이의 거리에 대한 함수이다. $\vec{r}$에 대한 적분을 계산하기 위해서 약간의 일을 해야 하지만 그 전에 먼저 말할 수 있는 것이 이미 있다. 그 결과가 $\vec{r}_1$이나 V와 무관한 어떤 세기 변수라는 사실이다. 이것은 r이 분자 크기의 몇 배 정도만 되어도 $f(r)$이 영으로 가서, $\vec{r}_1$이 상자 내부에서 $f(r)$이 유의미하게 영이 아닌 거리 안에 놓일 가능성이 무시할 정도로 작기 때문이다. 따라서 이 적분이 어떤 값이건, $\vec{r}_1$에 대한 남은 적분은 단순하게 인수 V를 줄 것이다. 결과적으로 두 점 도형은 다음과 같이 쓸 수 있다.

$$ = \frac{1}{2}\frac{N^2}{V}\int d^3r f(r) \tag{8.31}$$

모든 V들을 명시해서 압력의 식 (8.27)에 대입하면 다음을 얻는다.

$$\begin{aligned} P &= \frac{NkT}{V} + kT\frac{\partial}{\partial V}\left(\frac{1}{2}\frac{N^2}{V}\int d^3r f_{12}(r)\right) + \cdots \\ &= \frac{NkT}{V} - kT\cdot\frac{1}{2}\frac{N^2}{V^2}\int d^3r f(r) + \cdots \\ &= \frac{NkT}{V}\left(1 - \frac{1}{2}\frac{N}{V}\int d^3r f(r) + \cdots\right) \end{aligned} \tag{8.32}$$

이 급수는 문제 1.17에서 도입했던 비리얼 전개(virial expansion)의 형태로 쓰는 것이 편리하다.

$$P = \frac{NkT}{V}\left(1 + \frac{B(T)}{(V/N)} + \frac{C(T)}{(V/N)^2} + \cdots\right) \tag{8.33}$$

이제 다음과 같이 이차 비리얼 계수(the second virial coefficient) $B(T)$를 계산할 준비가 되었다.

$$B(T) = -\frac{1}{2}\int d^3r f(r) \tag{8.34}$$

이 삼중적분을 계산하기 위해서 구면좌표계를 사용하겠다. 구면좌표계에서 무한소 부피는 다음과 같다(그림 7.11 참조).

$$d^3r = (dr)(r\,d\theta)(r\sin\theta d\phi) \tag{8.35}$$

피적분함수 $f(r)$ 이 두 회전각 θ 와 ϕ 와 무관하기 때문에 회전각 적분은 단순하게 단위구의 표면적인 4π 를 준다. 그렇다면 비리얼 계수는 좀 더 명시적으로 다음과 같이 쓸 수 있다.

$$B(T) = -2\pi\int_0^\infty r^2 f(r)dr = -2\pi\int_0^\infty r^2(e^{-\beta u(r)}-1)dr \tag{8.36}$$

이것이 분자간 퍼텐셜에너지 $u(r)$ 에 대한 명시적인 식 없이 우리가 얻을 수 있는 한계이다.

분자간 퍼텐셜에너지를 실재적으로 모형화하려면, 5.3절에서 논의했던 것처럼 먼 거리에서는 약한 인력이고 가까운 거리에서는 강한 척력을 표현할 수 있는 퍼텐셜 함수가 필요하다. 영구적인 전기쌍극자모멘트가 없는 분자들에서 장거리 힘은, 한 분자의 쌍극자모멘트가 요동칠 때 다른 분자들에 쌍극자모멘트를 유도하여, 결과적으로 분자들이 서로 잡아당기게 되는 현상으로부터 기인한다. 이 힘은 $1/r^7$ 과 같이 변하는 것을 보일 수 있어서 해당되는 퍼텐셜에너지는 $1/r^6$ 과 같이 변한다. 퍼텐셜에너지에서 척력 부분을 모형화하는데 사용되는 정확한 식은 결정적이지 않다는 것이 판명된다. 그저 수학적인 편의를 위해 $1/r^{12}$ 에 비례하는 항이 대개 사용된다. 이 인력과 척력을 나타내는 항들을 합한

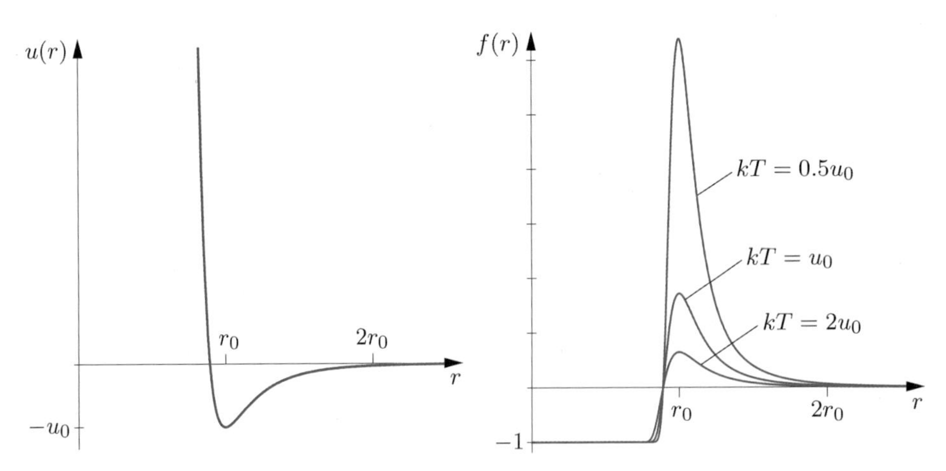

그림 8.1. 왼쪽: 분자들 사이의 레너드-존스 퍼텐셜 함수. 작은 거리에서의 강한 척력의 영역과 약간 먼 거리에서의 약한 인력의 영역을 보여준다. 오른쪽: 세 가지의 다른 온도에 해당되는 메이어 f-함수들.

것을 레너드-존스 6-12 퍼텐셜(Lennard-Jones 6-12 potential)이라고 부른다. 적절하게 이름붙인 상수들을 사용해서 함수를 다음과 같이 쓸 수 있다.

$$u(r) = u_0\left[\left(\frac{r_0}{r}\right)^{12} - 2\left(\frac{r_0}{r}\right)^{6}\right] \tag{8.37}$$

그림 8.1은 이 함수의 그래프와, 세 가지의 다른 온도에서 해당되는 메이어 f-함수의 그래프를 각각 보여준다. 매개변수 r_0는 에너지가 최소일 때 분자들의 중심 사이의 거리를 나타내는데, 아주 대략적이지만 분자의 직경에 해당된다. 매개변수 u_0는 퍼텐셜우물의 최대깊이이다.

레너드-존스 퍼텐셜 함수를 이차 비리얼 계수의 식 (8.36)에 대입하고 여러 가지 온도에서 수치적분을 하면, 그림 8.2에 보여준 것과 같은 실선 곡선을 얻을 수 있다. 저온에서 f-함수의 적분은 r_0에서 높이 치솟는 창, 즉 인력에 해당되는 퍼텐셜우물 영역이 주도한다. 양의 값을 갖는 f의 평균값은 음의 비리얼 계수를 초래하는데, 이것은 압력이 이상기체의 경우보다 낮다는 것을 의미한다. 하지만 고온에서는 음의 퍼텐셜우물의 극적인 역할이 f에서 두드러지지 않는다. 대신에 짧은 거리에서의 척력에서 기인하는 f의

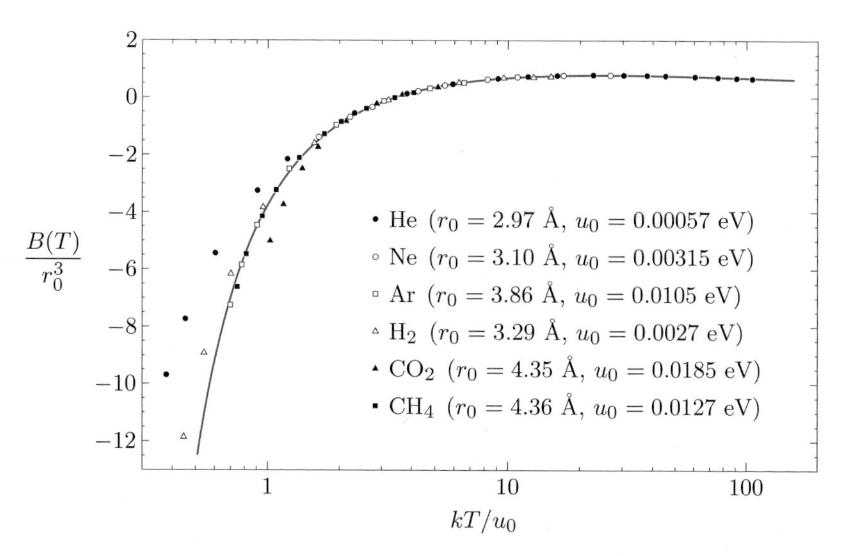

그림 8.2. 선정된 기체들의 이차 비리얼 계수의 측정값과 레너드-존스 함수로 주어지는 $u(r)$을 사용한 식 (8.36)의 예측과의 비교. 수평축이 로그눈금이라는 것에 유의하라. 상수 r_0와 u_0는 측정값과 예측값이 최대로 적합하도록 각각의 기체에 대해서 개별적으로 선택되었다. 이산화탄소에 대해서 적합도가 좋지 않은 것은 분자의 비대칭적인 형태에서 기인한다. 수소와 헬륨의 경우에 저온에서 괴리가 있는 것은 양자효과에서 기인한다. 자료의 출처는 다음과 같다: J. H. Dymond and E. B. Smith, *The Virial Coefficients of Pure Gases and Mixtures: A Critical Compilation* (Oxford University Press, Oxford, 1980).

음의 영역이 적분을 주도한다. 그렇다면 비리얼 계수는 양이 되고 압력은 이상기체의 경우보다 크게 된다. 하지만 아주 높은 온도에서는, 고에너지 분자들이 척력의 영역으로 부분적으로 침투하는 능력 때문에 이 효과는 약간 경감된다.

그림 8.2는 여러 기체들에 대한 $B(T)$의 실험값들도 역시 보여주는데, 각 기체에 대한 r_0와 u_0는 실험값이 이론곡선에 최대로 적합하도록 선택되었다. 대부분의 단순한 기체들에 대해서 레너드-존스 퍼텐셜을 사용해서 예측한 $B(T)$의 형태는 실험결과와 아주 잘 일치한다. (비대칭성이 강하거나 영구적인 쌍극자모멘트가 있는 분자들에 대해서는 다른 퍼텐셜함수를 사용하는 것이 더 적절할 것이다. 한편 수소나 헬륨 같은 가벼운 기체들에 대해서는 저온에서 양자효과가 중요해진다.*) 이렇게 잘 일치한다는 것은, 레너드-존스 퍼텐셜이 합리적으로 정확한 분자간 상호작용의 모형이라는 것과, 데이터를 적합시키기 위해서 사용한 r_0와 u_0의 값들이 분자들의 크기와 분극성에 대한 정량적인 정보를 준다는 사실을 말해준다. 항상 그렇듯이, 여기서 통계역학은 양방향으로 작동한다. 즉, 미시적인 물리를 이론적으로 이해함으로써 큰 수의 분자들이 보이는 거시적 거동을 이해할 수 있게 한다. 한편, 거시적 물질의 성질들을 측정함으로써 분자들 자체에 대해서 많은 것들을 추론할 수 있게 한다.

원리적으로, 뭉치전개법을 사용해서 밀도가 낮은 기체에 대해서 삼차, 혹은 그 이상 차수의 비리얼 계수들을 계속해서 계산할 수 있다. 하지만 실제로는 두 가지의 주된 난관에 부딪히게 될 것이다. 첫 문제는, 식 (8.27)의 나머지 도표들을 명시적으로 계산하기가 매우 어렵다는 것이다. 하지만 더 좋지 않은 것은 두 번째 문제인데, 세 개나 그 이상의 분자들의 뭉치들이 상호작용하면 퍼텐셜에너지를 식 (8.8)에서 했듯이 분자쌍들의 상호작용의 합으로 쓰는 것이 항상 정당화되지는 않는다는 사실이다. 결국 이 문제들은 모두 극복될 수 있다.† 하지만 삼차 비리얼 계수를 적절하게 계산하는 것은 이 책의 범위를 훨씬 넘어선다.

---

* 문제 7.75에서 보인 것처럼, 수소나 헬륨 같은 보손기체에 대해서 $B(T)$에 대한 양자통계의 기여는 음으로 나타난다. 하지만 그 문제에서 고려되지 않은 또 다른 양자효과가 존재한다. 한 분자의 드브로이 파는 다른 분자의 물리적 부피공간을 침투할 수 없다. 따라서 평균 드브로이 파장(ℓ_Q)이 물리적인 직경(r_0)보다 커지면, 고전물리적인 것보다 더 큰 척력이 작용한다. 양자통계 효과는, ℓ_Q가 분자들 사이의 평균거리에 필적하게 되는 훨씬 낮은 온도에서만 주도적이다. 수소와 헬륨은 둘 다 그런 낮은 온도에 도달하기도 전에 액화하는 불편한 성질을 갖고 있다. 양자효과를 포함해서 비리얼 계수들에 대한 보다 더 상세한 논의는 다음의 문헌을 참조하라: Joseph O. Hirschfelder, Charles F. Curtiss, and R. Byron Bird, *Molecular Theory of Gases and Liquids* (Wiley, New York, 1954).

† 삼차 비리얼 계수의 계산과, 이론과 실험의 비교에 대한 논의는 Reichl (1988)을 참조하라.

문제 8.5. 본문의 변수들을 바꿔서 식 (8.18)의 도표를 식 (8.31)과 같은 적분식으로 표현하라. 식 (8.20)의 첫 줄에 있는 마지막 두 도표들에 대해서도 똑같이 해보라. 이 기본적인 적분식으로 써질 수 없는 것은 어떤 도형들인가?

문제 8.6. 분자의 크기 정도의 거리까지는 $f(r)$의 크기가 1 정도이고 그 너머로는 $f \approx 0$이라는 것을 알기만 하면, 어떤 도형이더라도 그 크기를 추정할 수가 있다. 즉, f들의 곱의 삼차원 적분은 일반적으로 분자의 부피 크기 정도의 결과를 줄 것이다. 식 (8.20)에 명시된 모든 도형들의 크기를 추정하고, 그 급수를 지수함수 형태로 다시 쓰는 것이 필요했던 이유를 설명하라.

문제 8.7. 너무 지나친 근사를 하지 않으면, 식 (8.22)의 지수함수 급수는 식 (8.18)의 세 점 도형을 포함한다는 것을 보여라. 약간의 남는 항들도 존재할 것이다. 이 항들이 열역학 극한에서 사라진다는 것을 보여라.

문제 8.8. n차 비리얼 계수가 식 (8.23)에서 점 n개를 가진 도형들에 의존한다는 것을 보여라. 삼차 비리얼 계수 $C(T)$를 f-함수들의 적분의 식으로 써라. 이 적분을 계산하는 것이 어려운 이유는 무엇이겠는가?

문제 8.9. 레너드-존스 퍼텐셜이 $r = r_0$에서 최솟값에 도달하고, 그 최솟값이 $-u_0$라는 것을 보여라. 어떤 r값에서 퍼텐셜이 영이 되는가?

문제 8.10. 레너드-존스 퍼텐셜을 통해서 상호작용하는 분자기체의 이차 비리얼 계수를 1에서 7까지 변하는 kT/u_0의 범위에서 컴퓨터를 사용해서 계산하고 그 그래프를 그려라. 문제 1.17에서 주어진 질소의 데이터와 최적합하는 매개변수 r_0와 u_0를 선택해서 같은 그래프 위에 나타내라.

문제 8.11. 상호작용 에너지가 무한대가 되는 거리 r_0보다 가깝지 않다면 전혀 상호작용이 없는 "딱딱한 구" 분자들로 된 기체를 고려하자. 이 기체의 메이어 f-함수를 스케치하고, 이차 비리얼 계수를 계산하라. 결과를 간략하게 논의하라.

문제 8.12. 상호작용 에너지 $u(r)$이 $r<r_0$에서 무한대이고, $r>r_0$에서는 최솟값이 $-u_0$로 음의 값을 갖는 분자기체를 고려하자. 그리고 $kT \gg u_0$이어서, $r>r_0$일 때 볼츠만인자를 $e_x \approx 1+x$를 사용해서 근사할 수 있다고 하자. 이런 조건 하에서 이차 비리얼 계수가 $B(T)=b-(a/kT)$의 형태로, 문제 1.17에서 보았던 판데르발스 기체의 것과 동일하다는 사실을 보여라. 판데르발스 상수 a와 b를 r_0와 $u(r)$의 식으로 쓰고 결과를 간략하게 논의하라.

문제 8.13. 단원자분자 비이상기체의 총에너지를 뭉치전개를 사용해서 도형들의 합으로 써라. 첫 번째 도형만 포함시켜서 그 에너지가 근사적으로 다음과 같다는 것을 보여라.

$$U \approx \frac{3}{2}NkT + \frac{N^2}{V}\cdot 2\pi \int_0^{\infty} r^2 u(r) e^{-\beta u(r)}\, dr$$

레너드-존스 퍼텐셜을 사용해서 T의 함수로써 이 적분을 컴퓨터를 사용해서 수치적으로 계산하라. 보정항에서 온도에 의존하는 부분을 그래프로 그리고, 그래프의 형태를 물리적으로 설명하라. 일정부피 열용량의 보정에 대해서 논의하고, 실온대기압의 아르곤에 대해서 이 보정량을 계산하라.

문제 8.14. 6장의 "바른틀(canonical)" 체계를 사용해서, 이 절에서 입자수가 고정된 기체에 대한 뭉치전개법을 정리했다. 하지만 다소 더 깔끔한 접근방법은 7.1절에서 도입한 "큰바른틀(grand canonical)" 체계를 사용하는 것이다. 이 체계에서는 계가 훨씬 더 큰 열원과 입자들을 교환하는 것이 허용된다.

(a) 고정된 T와 μ에 있는 열원과 열적 및 확산적 평형을 이루는 약한 상호작용하는 기체의 큰분배함수($\mathcal{Z}$)의 식을 써라. 각 항이 통상적인 분배함수 $Z(N)$을 포함하는, 모든 가능한 입자수 N들에 대한 합으로 $\mathcal{Z}$를 표현하라.

(b) 식 (8.6)과 (8.20)을 사용해서 $Z(N)$을 도형들의 합으로 표현하고, 도형마다 하나씩 N들에 대한 합을 계산하라. 결과를 유사한 도형들의 합으로 표현하라. 하지만 이 유사한 도형은 각 점을 식 $(\lambda/v_Q)\int d^3r_i$에 연관시키는 새로운 규칙 1을 사용한다. 여기서 $\lambda = e^{\beta\mu}$이다. 이제 $N(N-1)\cdots$ 과 같은 기이한 인수들이 자리를 잘 잡아서, 모든 도형들의 합이 지수의 형태로 정리되어 다음과 같은 식이 되는 것을 보게 될 것이다.

$$\mathcal{Z} = \exp\left(\frac{\lambda V}{v_Q} + \text{(diagrams: bar)} + \text{(Λ-shape)} + \text{(triangle)} + \text{(square)} + \cdots \right)$$

한 선분을 떼어내면 연결이 끊어지는 도형들을 포함한 모든 연결된 도형들이 지수에 포함된다는 것에 유의하라.

(c) 큰분배함수의 성질들을 사용해서(문제 7.7을 보라), 이 기체의 평균입자수와 압력에 대한 도형 표현식을 구하라.

(d) 각 합에서 첫 도형만을 취해서, $\overline{N}(\mu)$ 와 $P(\mu)$ 를 메이어 f-함수의 적분의 식으로 표현하라. μ 를 소거해서 본문에서 유도한 것과 동일한 압력과 이차 비리얼 계수를 구하라.

(e) 세 점 도형들을 취해서 (d)를 반복하고, 삼차 비리얼 계수를 f-함수의 적분의 식으로 표현하라. Λ-모양의 도형이 상쇄되고 삼각형 도형만이 $C(T)$ 에 기여하는 것을 보게 될 것이다.

8.2 강자성체의 이징 모형

이상적인 상자성체(paramagnet)에서는, 미시적인 자기쌍극자 각각은 (존재한다면) 오직 외부 자기장에만 반응한다. 쌍극자들은 자신의 이웃들과 평행하거나 반평행하게 정렬하려는 경향을 본질적으로 갖지 않는다. 하지만 실재 세계에서 원자 쌍극자들은 이웃들의 영향을 받는다. 즉, 이웃 쌍극자들과 평행하거나 반평행하게 정렬하기를 항상 어느 정도 선호한다. 어떤 물질들에서 이 선호도는 쌍극자 사이의 통상적인 자기력에서 기인한다. 하지만 철과 같은 좀 더 극적인 예들에서는, 이웃하는 쌍극자들의 정렬은 파울리의 배타원리를 포함하는 복잡한 양자역학적 효과에서 기인한다. 어디에서 기인하건, 이 정렬은 이웃하는 쌍극자들의 상대적인 정렬에 따라 에너지에 크건 작건 기여를 한다.

외부 자기장이 없더라도 이웃 쌍극자들이 서로 평행하게 정렬할 때, 가장 흔한 예인 철을 기념하여 그 물질을 강자성체(ferromagnet)라고 부른다. 한편 이웃 쌍극자들이 반평행할 때 그 물질을 반강자성체(antiferromagnet)라고 부르며, 그 예들에는 Cr, NiO, FeO 등이 있다. 이 절에서는 강자성체를 논의하겠다. 하지만 동일한 대부분의 착상들이 반강자성체에도 적용될 수 있다.

강자성체의 장거리 질서 자체가 알짜 자기화가 영이 아니라는 것을 보여준다. 하지만 온도를 올리는 것이 총자기화를 감소시키는 마구잡이 요동을 야기한다. 모든 강자성체는 퀴리온도라고 부르는 어떤 임계온도를 갖는다. 외부자기장이 없을 때, 알짜 자기화는 이 온도에서 영이 된다. 퀴리온도 이상에서 강자성체는 상자성체가 된다. 철의 퀴리온도는 다른 대부분의 강자성체보다 높은 1,043 K 이다.

퀴리온도 이하인데도 철 조각이 자화되지 않는 것을 볼 수도 있다. 이것은 큰 철 덩어리가 통상적으로, 크기는 미시적이지만 수십억 개의 원자쌍극자들을 포함하고 있는 구역(domain)들로 구분되어지기 때문이다. 각 구역에서 물질들은 자화되지만, 한 구역의 쌍극자들에 의해 만들어진 자기장은 이웃 구역들이 반대방향으로 자화되게 하는 경향을 준다. (막대자석 두 개를 나란히 놓으면 왜 이런 일이 생기는지 알게 될 것이다.) 그런 구역들이 아주 많이 존재하고, 자기화가 한 방향으로 향하는 구역만큼 다른 방향으로 향하는 구역들이 있기 때문에, 전체적으로 물질은 알짜 자기화를 갖지 않는다. 하지만 외부자기장이 있는 조건에서 철 덩어리에 열을 가하면, 이 자기장은 본질적으로 모든 쌍극자들이 구역 사이의 상호작용을 극복하고 평행하게 정렬되게 할 수 있다. 이제 물질을 실온으로 식혀서 강자성 상호작용이 쌍극자들을 유의미하게 다시 정렬하지 못하도록 한 후에 외부자기장을 제거하라. 이렇게 얻게 되는 것이 바로 "영구" 자석이다.

이 절에서는 강자성체의 거동을 모형화하려고 한다. 하지만 그것은 강자성체 전체라기보다는 강자성체 안의 한 구역이 될 것이다. 이웃 쌍극자들이 서로 평행하게 정렬하려는 경향을 설명하겠지만 쌍극자 사이의 어떤 장거리 자기상호작용도 무시할 것이다. 문제를 한층 더 단순화하기 위해서, 물질이 선호하는 어떤 자기화 방향을 갖고 각 원자쌍극자가 이 축에 평행하거나 반평행한 두 가지의 선택만 있을 수 있다고 가정하겠다.* 자석에 대한 이런 단순화된 모형은, 1920년대에 이 현상을 연구했던 이징(Ernst Ising)의 이름을 따서 이징 모형(Ising model)이라고 불린다.† 그림 8.3은 10×10 정사각형 격자 위의 이차

---

* 이 모형이 많은 측면에서 실재 강자성체를 정확하게 표현하지는 않는다는 것을 지적해야 한다. 실제로 선호하는 자기화 축이 존재하고, 기본쌍극자 각각이 이 축에 대해서 단지 두 가지의 지향만 가능하다 하더라도, 양자역학은 이런 단순한 모형보다 훨씬 미묘하다. 우리가 쌍극자 개개의 지향을 측정하지는 않기 때문에, 양자화되는 것은 쌍극자 개개의 모멘트가 아니라, 그것들의 합인 전체 쌍극자들의 자기모멘트일 뿐이다. 예컨대, 저온에서 실재 강자성체의 관련 있는 상태들은 문제 7.64에서 묘사한 긴 파장의 "자기양자(magnon)"들이다. 이 상태는, 거의 모든 쌍극자들이 평행하고, 한 단위의 반대방향의 정렬이 많은 쌍극자들에 걸쳐 퍼져있는 상태이다. 따라서 이징 모형은 강자성체의 저온거동을 정확하게 예측하지 않는다. 하지만 다행스럽게도, 퀴리온도 근처에서는 이징 모형이 훨씬 더 정확해진다는 것이 판명된다.

† 이징 모형을 과학사적으로 잘 개관한 다음 자료를 참조하라: Stephen G. Brush, "History of the Lenz-Ising Model," *Reviews of Modern Physics* **39**, 883-893 (1967).

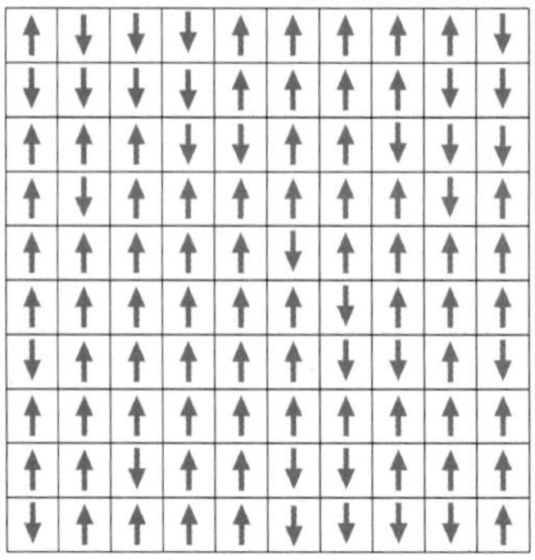

↑	↓	↓	↓	↑	↑	↑	↑	↑	↓
↓	↓	↓	↓	↑	↑	↑	↑	↓	↓
↑	↑	↑	↓	↓	↑	↑	↓	↓	↓
↑	↓	↑	↑	↑	↑	↑	↑	↓	↑
↑	↑	↑	↑	↑	↓	↑	↑	↑	↑
↑	↑	↑	↑	↑	↑	↓	↑	↑	↑
↓	↑	↑	↑	↑	↑	↓	↓	↑	↓
↑	↑	↑	↑	↑	↑	↑	↑	↑	↑
↑	↑	↓	↑	↑	↓	↓	↑	↑	↑
↓	↑	↑	↑	↑	↓	↓	↓	↓	↑

그림 8.3. 10×10 정사각형 격자 위의 이차원 이징 모형의 가능한 한 상태.

원 이징 모형의 가능한 한 상태를 보여준다.

표기법: N을 원자쌍극자의 총수, s_i를 i번째 쌍극자의 현재 상태라고 하자. 쌍극자가 위 방향이면 $s_i = 1$, 아래 방향이면 $s_i = -1$로 쓰는 관례를 따르자. 이웃하는 쌍극자쌍의 상호작용에너지는, 쌍극자들이 평행할 때 $-\epsilon$이고, 반평행할 때 $+\epsilon$이다. 어느 경우이건, i 쌍극자와 j 쌍극자가 이웃할 때 이 에너지를 $-\epsilon s_i s_j$라고 쓸 수 있다. 그러면 모든 이웃 간 상호작용으로 인한 계의 총에너지는 다음과 같이 쓸 수 있다.

$$U = -\epsilon \sum_{\text{이웃짝 } i,j} s_i s_j \tag{8.38}$$

이 계의 열적 거동을 예측하기 위해서는 다음의 분배함수를 계산해야 한다.

$$Z = \sum_{\{s_i\}} e^{-\beta U} \tag{8.39}$$

여기서 합은 쌍극자들의 모든 가능한 정렬에 대한 것이다. 각 쌍극자가 두 가지의 정렬을 할 수 있는 총 N개의 쌍극자들에 대한 이 합에 나타나는 항들의 수는 2^N이다. 이 수는 "아주 큰" 수이다. 이 항들을 곧이곧대로 모두 합하는 것은 현실적이지 않을 것이다.

문제 8.15. 정사각형 격자 위의 이차원 이징 모형에서 끝머리를 제외한 모든 쌍극자들은 위, 아래, 오른쪽, 왼쪽 등 네 개의 이웃들을 갖고 있다. (대각선 방향의 이웃들은 보통 포함되지 않는다.) 그림 8.4와 같은 4×4 정사각형 격자의 특정한 상태의 총에너지는 ϵ의 식으로 얼마인가?

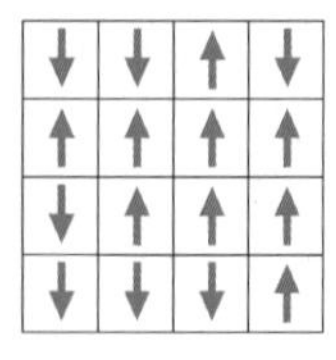

그림 8.4. 4×4 정사각형 격자 위의 이징 모형의 한 특정한 상태(문제 8.15)

문제 8.16. 기본쌍극자 100 개로 된 이징 모형을 고려하자. 분배함수의 항들을 초당 10억 개 계산할 수 있는 컴퓨터를 사용해서, 이 계의 분배함수를 계산하기를 원한다고 하자. 답이 나오기까지 얼마나 오래 기다려야 하겠는가?

문제 8.17. 단 두 개의 기본쌍극자들로 된 이징 모형을 고려하자. 쌍극자들의 상호작용 에너지는 $\pm\epsilon$ 이다. 이 계의 상태들을 나열하고 볼츠만인자들을 각각 써라. 분배함수를 계산하라. 쌍극자들이 평행하거나 반평행한 상태를 발견할 확률을 각각 구하고, 이 확률들을 kT/ϵ 의 함수로 그래프를 그려라. 계의 평균에너지도 계산하고 그래프를 그려라. 쌍극자 하나가 위를 향하고 다른 하나는 아래를 향하는 경우보다, 두 쌍극자가 모두 위를 향하는 확률이 더 커지는 온도는 얼마인가?

일차원에서의 정확한 해

이제까지 원자쌍극자들이 공간에서 어떻게 배열되어야 하거나, 혹은 각각의 가장 가까운 이웃들이 얼마나 많은지에 대해서 명시하지 않았다. 실제 강자성체를 전산시늉하기 위해서는 쌍극자들을 결정격자의 삼차원 공간에 배열해야만 한다. 하지만 당분간, 쌍극자들이 일차원 선을 따라서 이어져 있는 훨씬 단순한 배열부터 시작하겠다(그림 8.5). 이 상황에서는 쌍극자 각각은 단지 두 개의 가장 가까운 이웃들을 갖게 되고, 따라서 분배

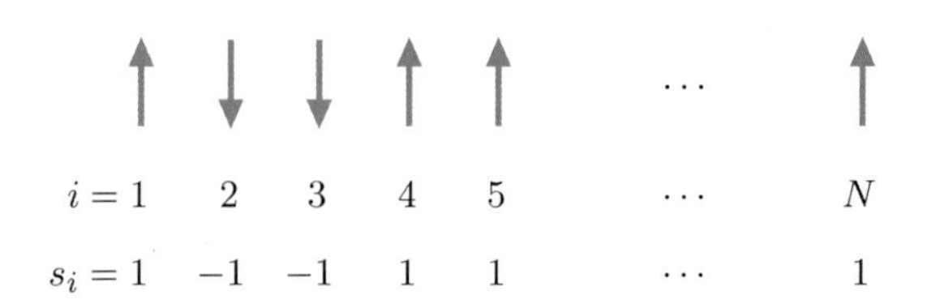

그림 8.5. 기본쌍극자 N개로 된 일차원 이징 모형

함수의 합을 정확하게 실제로 계산할 수 있다.

외부자기장이 없는 일차원 이징 모형에서 에너지는 다음과 같다.

$$U = -\epsilon(s_1 s_2 + s_2 s_3 + s_3 s_4 + \cdots + s_{N-1} s_N) \tag{8.40}$$

그리고 분배함수는 다음과 같이 쓸 수 있다.

$$Z = \sum_{s_1}\sum_{s_2}\cdots\sum_{s_N} e^{\beta\epsilon s_1 s_2} e^{\beta\epsilon s_2 s_3} \cdots e^{\beta\epsilon s_{N-1} s_N} \tag{8.41}$$

여기서 각 합은 s_i의 모든 값인 +1과 -1에 대한 것이다. s_N에 대한 마지막 합은 s_{N-1}이 +1이건 -1이건 관계없이 다음과 같이 되는 것에 주목하라.

$$\sum_{s_N} e^{\beta\epsilon s_{N-1} s_N} = e^{\beta\epsilon} + e^{-\beta\epsilon} = 2\cosh\beta\epsilon \tag{8.42}$$

이 합이 계산된 후에는, 이제 s_{N-1}에 대한 합도 같은 방식으로 계산될 수 있고, s_{N-2}에 대한 합 등 모든 s_i들에 대한 합들이 줄줄이 같은 방식으로 계산되어, 인수 $2\cosh\beta\epsilon$이 $N-1$개가 나온다. 마지막으로 남는 s_1에 대한 합은 인수 2를 주기 때문에, 결과적으로 분배함수는 다음과 같이 쓸 수 있다.

$$Z = 2^N (\cosh\beta\epsilon)^{N-1} \approx (2\cosh\beta\epsilon)^N \tag{8.43}$$

여기서 마지막 근사는 N이 클 때 정당화된다.

이렇게 우리는 분배함수를 얻었다. 그러면 이제 무엇을 할 수 있을까? 평균에너지를 온도의 함수로 구해보자. 단순한 계산만으로 다음의 결과를 보일 수 있다.

$$\overline{U} = -\frac{\partial}{\partial\beta}\ln Z = -N\epsilon\tanh\beta\epsilon \tag{8.44}$$

이 값은 $T \to 0$일 때 $-N\epsilon$으로 가고, $T \to \infty$일 때 0으로 간다. 따라서 고온에서 쌍극자들은 마구잡이로 정렬하여, 이웃 쌍들의 반은 평행하고 나머지 반은 반평행하다. 그리고 $T = 0$에서는 서로 평행하게 정렬하여, 가능한 최솟값의 에너지를 갖는다.

언젠가 본 듯한 느낌이 들더라도 놀라지 마라. 그렇다. 이 계의 Z와 $\overline{U}$는 두 상태 상자성체의 것과 정확하게 같다. 자기 상호작용에너지 μB를 이웃 간의 상호작용에너지 ϵ으로 대체하기만 하면 된다. 여기서는 쌍극자들이 외부자기장 대신에 서로 줄맞추기 하는 것을 좋아하는 것일 뿐이다.

온도가 내려갈수록 계가 정말로 더욱 질서를 갖지만 (덜 마구잡이가 되지만), 그 질서가 점진적으로 생기는 것에 주목하라. T의 함수로써 $\overline{U}$의 거동은, 영이 아닌 임계온도에서 급격하게 전이하는 일이 없이 완벽하게 매끄럽다. 이 결정적인 측면에서, 일차원 이징 모형은 겉보기에도 실재 삼차원 강자성체처럼 거동하지는 않는다. 자화되는 경향이 충분히 크지 않은데, 그 이유는 각 쌍극자가 단지 두 개의 이웃만을 갖기 때문이다.

따라서 우리의 다음 단계는 더 높은 차원에서 이징 모형을 고려하는 것이 되어야 한다. 하지만 불행하게도 그런 모형들은 훨씬 더 풀기가 어렵다. 정사각형 격자 위의 이차원 이징 모형은 1940년대에 온사거(Lars Onsager)에 의해서 처음으로 정확하게 풀렸다. 그는, $N \to \infty$일 때 정확한 분배함수를 닫힌 형태로 계산해내고, 이 모형이 실재 강자성체처럼 정말로 임계온도를 갖는다는 것을 발견했다. 온사거의 해는 수학적으로 극히 어렵기 때문에, 이 책에서 그것을 보이려고 하지는 않겠다. 하지만 삼차원 이징 모형의 정확한 해를 발견한 사람은 아직 아무도 없다. 따라서 여기서 가장 유익한 접근방법은, 정확한 해는 접어두는 대신 근사에 의존하는 길이다.

문제 8.18. 분배함수로 시작하여 일차원 이징 모형의 평균에너지를 계산해서, 식 (8.44)를 입증하라. 평균에너지를 온도의 함수로 스케치하라.

평균장 근사

다음으로, 어떤 차원에서도 이징 모형을 푸는데 사용될 수 있는 아주 거친 근사법을 제시하고 싶다. 이 근사법은 아주 정확한 것은 아니지만 무엇이 일어나고 왜 차원이 중요한지에 대한 어느 정도의 정성적인 통찰을 준다.

격자의 중간 어딘가에 있는 쌍극자 하나에만 집중하여, 이 쌍극자를 i번째라고 명시하자. 이 쌍극자의 정렬 s_i는 -1이나 +1이 될 수 있다. n을 이 쌍극자가 갖는 가장 가까운 이웃들의 수라고 하자.

$$n = \begin{cases} 2 & \text{일차원에서;} \\ 4 & \text{이차원에서(정사각형격자);} \\ 6 & \text{삼차원에서(단순입방격자);} \\ 8 & \text{삼차원에서(체심입방격자);} \\ 12 & \text{삼차원에서(면심입방격자);} \end{cases} \tag{8.45}$$

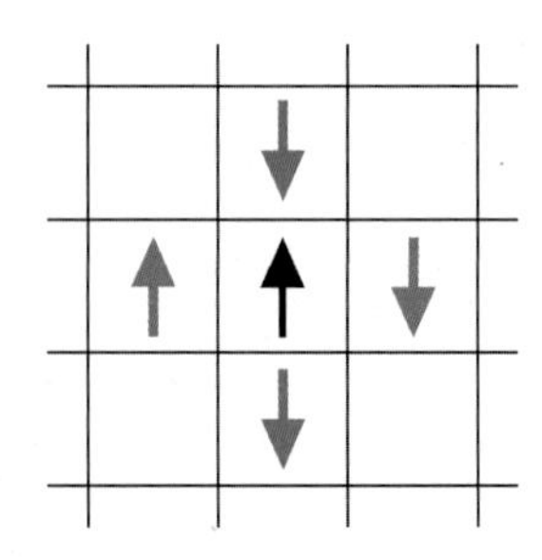

그림 8.6. 이 특정한 쌍극자의 네 개의 이웃들의 평균 s 값은 $(+1-3)/4=-1/2$이다. 중앙의 쌍극자가 위를 향하면 이웃들과의 상호작용에너지는 $+\epsilon$이고, 아래를 향하면 $-\epsilon$이다.

이웃쌍극자들의 정렬은 잠정적으로 얼어붙었지만, 쌍극자 i는 위나 아래를 자유롭게 향한다고 가정하자. 위를 향하면, 그 이웃들과의 상호작용에너지는 다음과 같다.

$$E_{\uparrow} = -\epsilon \sum_{\text{이웃}} s_{\text{이웃}} = -\epsilon n \bar{s} \tag{8.46}$$

여기서 $\bar{s}$는 이웃들의 평균정렬이다(그림 8.6). 마찬가지로, 쌍극자 i가 아래를 향하면, 상호작용에너지는 다음과 같이 쓸 수 있다.

$$E_{\downarrow} = +\epsilon n \bar{s} \tag{8.47}$$

따라서 바로 이 쌍극자에 대한 분배함수는 다음과 같다.

$$Z_i = e^{\beta\epsilon n \bar{s}} + e^{-\beta\epsilon n \bar{s}} = 2\cosh(\beta\epsilon n \bar{s}) \tag{8.48}$$

그리고 이 쌍극자의 스핀정렬의 평균기대값은 다음과 같다.

$$\bar{s}_i = \frac{1}{Z_i}\left[(1)e^{\beta\epsilon n \bar{s}} + (-1)e^{-\beta\epsilon n \bar{s}}\right] = \frac{2\sinh(\beta\epsilon n \bar{s})}{2\cosh(\beta\epsilon n \bar{s})} = \tanh(\beta\epsilon n \bar{s}) \tag{8.49}$$

이제 이 방정식의 양쪽을 보자. 왼쪽은, 어떤 전형적인 쌍극자의 정렬에 대한 열평균값인 $\bar{s}_i$이다. (우리가 무시할 격자 끝머리의 쌍극자들은 여기서 제외된다.) 오른쪽은, 이 쌍극자의 n개 이웃들의 실제 순간적인 정렬들의 평균인 $\bar{s}$를 포함한다. 평균장 근사(mean field approximation)의 착상은 바로 이 두 양들이 같다고 가정하는 것이다: $\bar{s}_i = \bar{s}$. 달리 말하자면, 어떤 순간에도 모든 쌍극자들이, 각자의 이웃들이 “전형적”으로 거동하는 방식으로 정렬한다고 가정한다. 이웃들의 자기화를 기대되는 열평균값보다 크거나 작게 하는 요동이 없는 것이다. (이 근사는 5.3절에서 판데르발스 방정식을 유도하기 위해서 사

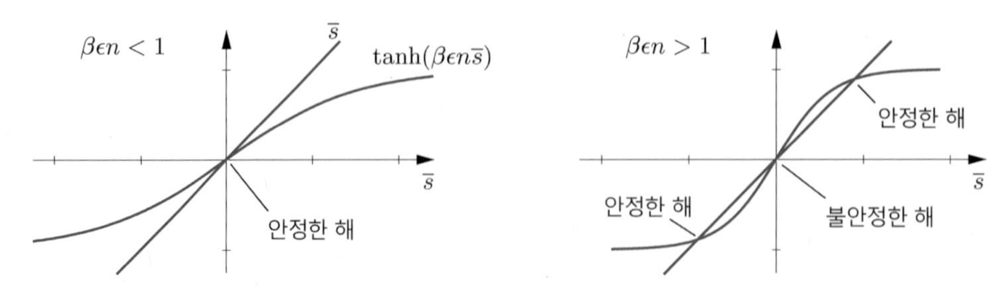

그림 8.7. 방정식 (8.50)의 그래프 해. 원점에서 tanh함수의 기울기는 $\beta\epsilon n$이다. $\beta\epsilon n$이 1보다 작으면 $\bar{s}=0$은 존재하는 단 하나의 해이다. $\beta\epsilon n$이 1보다 크면, 해 $\bar{s}=0$은 불안정한 해가 되지만 뻔하지 않은 두 개의 안정한 해들이 출현한다.

용했던 것과 유사하다. 거기서는, 계 안에서 장소에 따라 달라지는 것이 허용되지 않은 것은 스핀정렬 대신에 밀도였다.)

따라서 평균장 근사로부터 다음과 같은 관계식을 얻는다.

$$\bar{s} = \tanh(\beta\epsilon n\bar{s}) \tag{8.50}$$

여기서 $\bar{s}$는 이제 전체 계의 평균 쌍극자정렬이다. 이것은 초월함수 방정식이기 때문에 $\bar{s}$를 $\beta\epsilon n$의 식으로 풀 수는 없다. 최선의 접근은 방정식 양쪽의 그래프를 그려서 그래프들의 교차점을 찾는 것이다(그림 8.7). $\beta\epsilon n$의 값이 커질수록, $\bar{s}=0$ 근처에서 쌍곡탄젠트 함수의 기울기가 더 가파르게 변하는 것에 주목하라. 이것은 $\beta\epsilon n$의 값에 따라서 해가 하나이거나 세 개가 될 수 있다는 것을 의미한다.

$\beta\epsilon n < 1$, 즉 $kT > n\epsilon$일 때, 존재하는 단 하나의 해는 $\bar{s}=0$이다. 즉, 알짜자기화는 영이다. 열요동에 의해 $\bar{s}$가 일시적으로 증가하면, $\bar{s}$가 얼마일지를 좌우하는 쌍곡탄젠트 함수가 $\bar{s}$의 현재값보다 작으므로, $\bar{s}$는 영을 향해 다시 작아지게 될 것이다. 즉, 해 $\bar{s}=0$은 안정한 해이다.

$\beta\epsilon n > 1$, 즉 $kT < n\epsilon$일 때, $\bar{s}=0$은 여전히 해이고, 각각 양의 값과 음의 값에서 $\bar{s}$의 해가 두 개 더 존재한다. 하지만 해 $\bar{s}=0$은 불안정한 해이다. $\bar{s}$의 작은 요동은 쌍곡탄젠트 함수가 $\bar{s}$의 현재값보다 커지게 하므로, $\bar{s}$는 더 커지게 된다. 안정한 해는 다른 두 해들이다. 이 두 해는 대칭적인데, 계의 자기화가 양의 방향일지 음의 방향일지가 본질적으로 정해져 있지 않기 때문이다. 어쨌든 계는 영이 아닌 자기화를 갖게 되며, 그 방향이 양이거나 음일 확률은 동등하다. 이와 같이 대칭성을 내재한 계가 저온에서 한 상태나 다른 상태를 선택하게 될 때, 우리는 그 대칭성이 자발적으로 깨진다(spontaneously broken)라고 말한다.

그 이하에서 계가 자화되는 임계온도 T_c는 다음과 같이 이웃 간 상호작용에너지와 이웃들의 수 둘 다에 비례한다.

$$kT_c = n\epsilon \tag{8.51}$$

이 결과는 놀라운 것이 아니다. 쌍극자가 더 많은 이웃들을 가질수록 계 전체가 자화되는 경향이 더 커진다. 하지만, 이 분석에 따르자면 일차원 이징 모형도 $2\epsilon/k$ 이하의 온도에서 자화되어야만 한다. 그러나 정확한 해를 통해 이미 보았듯이, 일차원 이징 모형의 거동에 급격한 전이는 없고, 온도가 영으로 갈 때만 전이가 일어날 수 있다. 겉보기에 평균장 근사는 일차원에서는 작동하지 않는다.* 하지만 다행스럽게도, 차원이 증가할수록 근사의 정확도가 개선된다.

문제 8.19. 철의 임계온도는 1,043 K이다. 이 값을 사용해서 쌍극자-쌍극자 상호작용에너지 ϵ을 eV 단위로 대략적으로 추산하라.

문제 8.20. 정사각형 격자 위의 이차원 이징 모형에 대해서 컴퓨터를 사용해서 평균장 근사가 예측하는 $\bar{s}$의 그래프를 kT/ϵ의 함수로 그려라.

문제 8.21. 식 (8.50)을 따르면 $T=0$에서 $\bar{s}=1$이다. $\beta\epsilon n \gg 1$인 극한에서, 이 값에 대한 온도에 의존하는 첫 번째 보정항을 구하라. 결과를, 문제 7.64에서 다루었던 실재 강자성체의 저온 거동과 비교하라.

문제 8.22. 외부자기장 B가 있을 때의 이징 모형을 고려하자. 이 자기장은 각 쌍극자에 추가적인 에너지를 주는데, 그 에너지는 쌍극자가 위 방향이면 $-\mu_B B$이고 아래 방향이면 $+\mu_B B$이다. (여기서 μ_B는 쌍극자의 자기모멘트이다.) 평균장 근사를 사용해서 이 계를 분석하여, 식 (8.50)과 유사한 식을 구하라. 방정식의 해들을 그래프를 이용해서 분석하고, 외부자기장의 세기와 온도의 함수로써 계의 자기화를 논의하라. $T-B$ 평면에서 이 방정식이 세 개의 해들을 갖는 영역을 스케치하라.

---

* 이런 치명적인 결함이 없는 좀 더 복잡한 버전의 평균장 근사가 실제로 존재하고, 이 근사는 일차원 이징 모형이 $T=0$에서만 자화된다는 것을 올바르게 예측한다. 예컨대 Pathria(1996)을 참조하라.

문제 8.23. 이징 모형은 강자성체 이외의 다른 계들을 시늉할 때도 사용될 수 있다. 그 예들은 반강자성체, 이중합금, 그리고 유체까지도 포함한다. 유체의 이징 모형은 격자기체(lattice gas)로 불린다. 공간이 격자구조로 나누어지고, 각 격자점은 기체분자들로 채워지거나 비어있을 수 있다. 계의 운동에너지는 없으며, 퍼텐셜에너지는 인접한 격자점들에 있는 분자들의 상호작용으로부터 온다. 명시하자면, 둘 다 채워진 이웃하는 격자점 한 쌍은 $-u_0$의 에너지를 기여한다.

(a) 이 계의 큰분배함수를 u_0, T, μ의 식으로 써라.

(b) 이 식을 다시 정리해서, 이 식이 외부자기장 B가 있을 때의 이징 강자성체의 통상적인 분배함수와 동등하다는 것을 보여라. 이것은 계의 상태와 무관한 인수를 무시한 결과인데, u_0를 4ϵ으로, μ를 $2\mu_B B-8\epsilon$으로 대체해야 한다. (μ는 기체의 화학퍼텐셜이고 μ_B는 쌍극자의 자기모멘트인 점에 유의하라.)

(c) 시사점들을 논의하라. 자석의 어떤 상태들이 격자기체의 저밀도 상태들에 해당되는가? 자석의 어떤 상태들이 기체가 액체로 응축된 고밀도 상태들에 해당되는가? $P-T$ 평면에서 액체-기체 상경계선에 대해서 이 모형은 어떤 형태를 예측하는가?

문제 8.24. 이 문제에서는 평균장 근사를 사용해서 임계점 근처에서 이징 모형의 거동을 분석할 것이다,

(a) $x \ll 1$일 때, $\tanh x \approx x-\frac{1}{3}x^3$임을 증명하라.

(b) (a)의 결과를 이용해서, T가 임계점에 아주 가까울 때 평균장 근사에서 이징 모형의 자기화에 대한 식을 구하라. 그 결과는 $M \propto (T_c-T)^\beta$가 되어야 한다. 여기서 β는 문제 5.55에서 유체에 대해서 정의했던 β와 유사한 임계지수(critical exponent)이다. ($1/kT$와 혼동되지 않아야 한다.) 온사거의 정확한 해에 따르면, 이차원에서 $\beta=1/8$이다. 한편 삼차원에서는, 실험과 좀 더 복잡한 근사로부터 $\beta \approx 1/3$임이 알려져 있다. 하지만 평균장 근사는 이보다 큰 값을 예측한다.

(c) 자기감수율 χ는 다음과 같이 정의된다: $\chi \equiv (\partial M/\partial B)_T$. 임계점 근처에서 이 양의 거동은 관례적으로 $\chi \propto (T-T_c)^{-\gamma}$과 같이 쓴다. 여기서 γ는 또 다른 임계지수이다. 평균장 근사에서의 γ의 값을 구하고, T가 T_c보다 살짝 높은지 혹은 낮은지에 γ가 의존하지 않는다는 것을 보여라. (이차원에서 γ의 정확한 값은 $7/4$로 판명되고, 삼차원에서는 $\gamma \approx 1.24$이다.)

몬테카를로 시늉내기

기본쌍극자들을 백 개 정도 가진 중간 크기의 정사각형 격자 위의 이차원 이징 모형을 고려하자(그림 8.3). 가장 빠른 컴퓨터를 사용할지라도 이 계의 모든 가능한 상태들의 확률들을 계산하는 것은 절대 불가능하겠으나, 이 모든 상태들을 고려하는 것이 반드시 필요한 것은 아니다. 아마도 백만 개 정도의 상태들을 마구잡이로 추출하는 것만으로도 충분할 것이다. 이것이 바로 유럽의 유명한 게임센터의 이름을 본딴 기법인 몬테카를로 덧셈(Monte Carlo summation), (혹은 몬테카를로 적분)의 착상이다. 그 과정은, 가능한 많은 상태들을 마구잡이로 추출하여 그 상태들의 볼츠만인자들을 계산하고, 이 추출된 표본들을 사용해서 평균에너지, 자기화, 그리고 다른 열역학적 양들을 계산하는 것이다.

하지만 불행하게도, 방금 윤곽을 말한 과정은 이징 모형의 경우에는 잘 작동되지 않는다. 상태 십억 개를 추출하더라도, 이것은 10×10 격자가 가질 수 있는 모든 상태들의 약 10^{21} 분의 일에 불과한 미미한 부분일 뿐이다. 그리고 계가 자화되는 낮은 온도에서는, (거의 모든 쌍극자들이 같은 방향을 가리키는) 그 "중요한" 상태들은 너무 작은 부분이어서 마구잡이 추출을 거의 빠져나간다. 따라서 곧이곧대로 마구잡이로 상태들을 추출하는 것은 충분히 효율적이지 않다. 이 이유에서 이 추출방법은 때때로 "순진한" 몬테카를로 방법으로 불린다.

좀 더 나은 착상은, 추출할 상태들의 부분집합을 무작위로 생성할 때 볼츠만인자 자체를 안내자로 사용하는 것이다. 구체적인 알고리듬은 다음과 같다:

1. 무엇이 되었건 어떤 상태로부터 시작하라.
2. 그런 후 한 쌍극자를 마구잡이로 선택해서 그것을 뒤집을 확률을 고려하라. 뒤집을 경우의 에너지 차이 ΔU를 계산하라. $\Delta U\leq 0$ 이어서 에너지가 감소하거나 변하지 않으면, 해당 쌍극자를 뒤집어서 다음 차례의 계상태로 삼는다. 만약 $\Delta U>0$ 이어서 계의 에너지가 증가하면, 해당 쌍극자를 뒤집을지를 $e^{-\Delta U/kT}$의 마구잡이 확률로 결정하라. 해당 쌍극자가 뒤집혀지지 않으면, 계의 새로운 상태는 사실 예전 상태와 동일하게 남는다.
3. 어느 경우이건, 계속해서 또 다른 쌍극자를 마구잡이로 선택하고, 모든 쌍극자들에게 뒤집혀질 기회가 충분히 주어질 때까지 같은 과정을 반복하라.

1953년 한 논문에서 이런 유형의 계산법을 처음으로 제안했던 메트로폴리스(Nicholas

Metropolis)의 이름을 따서,* 이 알고리듬을 메트로폴리스 알고리듬(Metropolis algorithm)이라고 부른다. 이 기법은 중요표본잡기(importance sampling)를 사용한 메트로폴리스 덧셈이라고도 불린다.

메트로폴리스 알고리듬은 낮은 에너지 상태가 높은 에너지 상태보다 더 자주 나타나는 계상태들의 부분집합을 생성한다. 알고리듬이 왜 작동하는지 더 자세히 보기 위해서 단 하나의 쌍극자만 뒤집어진 차이만 있는 두 상태 1과 2를 고려하자. 이 상태들의 에너지를 각각 U_1과 U_2라고 하고 $U_1 \le U_2$라고 하자. 계가 처음에 상태 2에 있었다면, 상태 1로 전이될 확률은 $1/N$이다. 이 확률은 다른 모든 쌍극자 중에서 올바른 쌍극자가 마구잡이로 선택될 확률과 같기 때문이다. 만약 계가 처음에 상태 1에 있었다면, 상태 2로 전이될 확률은 메트로폴리스 알고리듬에 의해 $(1/N)e^{-(U_2-U_1)/kT}$이다. 따라서 이 전이확률들의 비는 다음과 같이 두 상태들에 대한 볼츠만인자의 비가 된다.

$$\frac{\mathcal{P}(1 \to 2)}{\mathcal{P}(2 \to 1)} = \frac{(1/N)e^{-(U_2-U_1)/kT}}{1/N} = \frac{e^{-U_2/kT}}{e^{-U_1/kT}} \tag{8.52}$$

이 상태들이 계에 허용된 유일한 상태들이라면, 그 상태들이 나타나는 빈도는 볼츠만 통계가 요구하듯이 정확히 이 비를 만족시킬 것이다.†

다음으로 상태 1, 2와 어떤 다른 쌍극자 하나가 더 뒤집어진 만큼의 차이가 있는 다른 두 상태 3과 4를 고려하자. 이제 계는 간접적인 과정 $1 \leftrightarrow 3 \leftrightarrow 4 \leftrightarrow 2$을 통해서 1과 2 사이에서 전이될 수 있고, 그 과정의 순방향과 역방향의 전이율은 다시 볼츠만 통계가 요구하듯이 다음과 같이 된다.

$$\frac{\mathcal{P}(1 \to 3 \to 4 \to 2)}{\mathcal{P}(2 \to 4 \to 3 \to 1)} = \frac{e^{-U_3/kT}}{e^{-U_1/kT}} \frac{e^{-U_4/kT}}{e^{-U_3/kT}} \frac{e^{-U_2/kT}}{e^{-U_4/kT}} = \frac{e^{-U_2/kT}}{e^{-U_1/kT}} \tag{8.53}$$

간접적인 중간 전이 단계 몇 개를 포함하더라도, 그리고 한 개보다 많은 쌍극자들이 뒤집어진 상태로의 전이들에 대해서도 결론은 동일하다. 따라서 메트로폴리스 알고리듬

---

* N. Metropolis, A. W. Rosenbluth, M. N. Rosenbluth, A. H. Teller, and E. Teller, "Equation of State Calculations for Fast Computing Machines," *Journal of Chemical Physics* **21**, 1087-1092 (1953). 이 논문에서 저자들은 자신들의 알고리듬을 사용해서 224개의 딱딱한 원판 분자들로 구성된 이차원 기체의 압력을 계산한다. 다소 적절해 보이는 이 계산도 당시 최첨단의 컴퓨터를 사용해서 며칠 동안의 시간이 소요되었다.

† 두 상태 사이의 전이율이 이 비를 만족시킬 때, 전이들이 세부균형(detailed balance)을 이룬다고 일컫는다.

은 정말로 올바른 볼츠만 확률을 갖는 상태들을 생성해낸다.

엄격하게 말하자면, 알고리듬이 무한히 오랫동안 시행되어서 각 상태들이 여러 번 생성된 후라야 이 결론이 적용된다. 하지만 우리는 알고리듬을 상대적으로 짧은 시간 동안만 시행하기를 원하고, 이 동안에 대부분의 상태들은 전혀 생성되지도 않는다! 이런 상황에서 실제로 생성된 겨우 일부분에 불과한 상태들의 집합이 계의 전체 상태들을 정확하게 표상하리라고 장담할 수 없다. 사실은, "정확한(accurate)" 표상이 의미하는 것을 정의하는 것조차도 어렵다. 이징 모형의 경우에, 우리의 주된 관심은, 마구잡이로 생성된 상태들이 기대되는 계의 에너지와 자기화에 대한 정확한 그림을 주는지 여부이다. 실제로 가장 주목할 만한 예외는, 저온에서 메트로폴리스 알고리듬이 계를 "준안정적(metastable)"인 상태로 계를 급격하게 몰아넣는 경우가 될 것이다. 이 준안정적인 상태는 거의 모든 쌍극자들이 그들의 이웃과 평행한 상태이다. 볼츠만 통계에 따르면 그런 상태가 상당히 가능성이 높기는 하지만, 모든 쌍극자들이 뒤집어진 상태의 경우처럼, 그 상태와 현저하게 구별되지만 확률이 높은 다른 상태들을 알고리듬이 생성하는 데는 아주 긴 시간이 걸릴 것이다. (이런 방식에서 메트로폴리스 알고리듬은 실세계에서 일어나는 일과 유사하다. 즉, 큰 계는 모든 가능한 상태들을 두루 거쳐 갈 시간이 전혀 없을 것이며, 진정한 열역학적 평형을 성취하는데 필요한 완화시간은 때때로 아주 길 수 있다.)

이런 한계를 염두에 두고 계속해서 메트로폴리스 알고리듬을 구현해보자. 알고리듬은 거의 모든 컴퓨터 언어를 사용해서 프로그램될 수 있고, 통상적이지 않은 언어를 사용하더라도 마찬가지이다. 어떤 특정한 언어를 고르기보다는, 당신이 원하는 언어로 항상 번역할 수 있는 "유사코드(pseudocode)"를 사용해서 알고리듬을 제시해보자. 그림 8.8은 기본적인 이차원 이징 모형에 대한 유사코드 프로그램을 보여준다. 이 프로그램은, 한 색깔은 위를 향한 쌍극자들을, 다른 색깔은 아래를 향한 쌍극자들을 나타내는 색칠된 정사각형들의 배열로 된 격자를 그래픽 출력으로 생성한다. 쌍극자들이 뒤집힐 때마다 매번 사각형의 색깔이 바뀌기 때문에, 연속적으로 어떤 상태들이 생성되고 있는지 정확하게 볼 수 있다.

스핀의 방향을 저장하기 위해서 프로그램은 이차원 배열 s(i, j)를 사용한다. 여기서 i와 j는 1부터, 다른 크기의 격자를 시늉할 수 있도록 바꿀 수 있는 size의 저장값까지 취한다. ϵ/k 단위의 온도 T도 프로그램을 시행할 때 바꿀 수 있다. 이 두 개의 상수들을 설정한 후에 프로그램은 서브루틴 initialize를 호출해서 각 s의 값을 마구잡이로 할당한다.*

* 원칙적으로 초기상태는 무엇이건 될 수 있다. 실제로는 초기상태를 선택하는 것이 중요한데, "전형

```
program ising                          메트로폴리스 알고리듬을 사용한 이차원
                                       이징 모형의 몬테카를로 시늉내기

size = 10                              정사각형 격자의 폭
T = 2.5                                온도(ε/k 단위)
initialize
for iteration = 1 to 100*size^2 do     주 반복 순환고리
  i = int(rand*size+1)                 행수를 마구잡이로 선택
  j = int(rand*size+1)                 열수를 마구잡이로 선택
  deltaU(i,j,Ediff)                    쌍극자를 가상적으로 뒤집을 때 생기는 ΔU를 계산
  if Ediff <= 0 then                   뒤집어서 에너지가 감소하면…
    s(i,j) = -s(i,j)                   뒤집는다!
    colorsquare(i,j)
  else
    if rand < exp(-Ediff/T) then       그렇지 않으면 뒤집을 확률은
      s(i,j) = -s(i,j)                 볼츠만인자로 주어진다.
      colorsquare(i,j)
    end if
  end if
next iteration                         이제 돌아가서 다시 시작…
end program

subroutine deltaU(i,j,Ediff)           쌍극자를 뒤집을 때 생기는 ΔU를 계산
                                       (주기적 경계조건에 유의하라.)
  if i = 1 then top = s(size,j) else top = s(i-1,j)
  if i = size then bottom = s(1,j) else bottom = s(i+1,j)
  if j = 1 then left = s(i,size) else left = s(i,j-1)
  if j = size then right = s(i,1) else right = s(i,j+1)
  Ediff = 2*s(i,j)*(top+bottom+left+right)
end subroutine

subroutine initialize                  마구잡이 배열로 초기화
  for i = 1 to size
    for j = 1 to size
      if rand < .5 then s(i,j) = 1 else s(i,j) = -1
      colorsquare(i,j)
    next j
  next i
end subroutine

subroutine colorsquare(i,j)            s값에 따라 정사각형을 색칠
                                       (구현하는 방법은 시스템에 따라 다르다.)
```

그림 8.8. 메트로폴리스 알고리듬을 사용해서 이차원 이징 모형을 시늉하는 유사코드 프로그램

적"인 평형상태로 갈 때까지 무한정 기다릴 수 있기 때문이다. 고온에서는 마구잡이 초기상태가 잘 작동한다. 하지만 저온에서는 완전히 자화된 초기상태가 더 잘 작동할 것이다.

프로그램의 심장은 "주 반복 순환고리"이다. 순환고리는 메트로폴리스 알고리듬을 쌍극자 하나당 100번씩 시행해서, 각 쌍극자가 뒤집힐 충분한 기회를 준다. (*는 곱하기를, 그리고 ^는 거듭제곱을 나타내는 것에 유의하라.) 순환고리 안에서는, 우선 한 쌍극자를 마구잡이로 선택한다. 함수 rand는 0과 1 사이의 실수를 마구잡이로 돌려주게 되어 있고, 함수 int()는 주어진 인자보다 작거나 같은 가장 큰 정수를 돌려준다. 프로그램의 후반에서 정의된 서브루틴 deltaU는 선택된 쌍극자를 가상적으로 뒤집을 때의 에너지 차이를 계산한다. ϵ 단위의 이 에너지 차이는 Ediff로 반환된다. Ediff가 영이거나 음이면 해당 쌍극자를 뒤집고, Ediff가 양이면 그것을 사용해서 볼츠만인자를 계산하고 그것을 마구잡이 수와 비교하여 해당 쌍극자를 뒤집을지를 결정한다. 쌍극자가 뒤집히면, 서브루틴 colorsquare를 호출해서 화면에 출력되는 해당 정사각형의 색깔을 바꾼다.

서브루틴 deltaU를 좀 더 설명할 필요가 있다. 상대적으로 작은 격자를 시늉할 때는 "끝머리 효과(edge effect)"를 다루는 데 항상 문제가 있다. 이징 모형에서 격자의 끝머리에 있는 쌍극자들은 다른 위치의 쌍극자들에 비해 이웃들과 정렬해야 하는 제약이 상대적으로 약하다. size = 10인 격자처럼 크기가 아주 작은 계를 모형화하고 있다면, 끝머리는 이웃들이 적은 그대로 다루어야 한다. 하지만 실제로 훨씬 더 큰 계들의 거동에 관심이 있다면, 끝머리 효과가 최소화되도록 시도할 필요가 있다. 한 방법은, 격자를 한 바퀴 감아서, 오른쪽 끝머리가 왼쪽 끝머리의 바로 왼쪽에 있는 것처럼 다루고, 또한 바닥 끝머리가 꼭대기 끝머리의 바로 위에 있는 것처럼 다루는 것이다. 물리적으로, 이것은 쌍극자들의 배열을 원환체(torus)의 표면에 놓는 것과 같을 것이다. 이와 같이 격자를 감는 것을 또 달리 해석하는 법은, 격자가 편평하고 무한히 크지만 그 상태가 완벽하게 주기적이어서 위, 아래, 왼쪽, 혹은 오른쪽으로 어떤 값(size로 정해진 값)만큼 이동해도 쌍극자들이 정확하게 똑같이 정렬해 있는 동등한 위치가 된다고 상상하는 것이다. 이 나중의 해석에 근거해서, 우리가 격자에 주기적 경계조건(periodic boundary condition)을 사용하고 있다고 말한다. 서브루틴 deltaU로 돌아가서, 선택된 쌍극자가 끝머리에 있건 그렇지 않건 서브루틴이 이웃 네 개 모두를 올바르게 확인하고 있는 것에 주목하라. 뒤집힐 때 에너지 차이는, 이웃 쌍극자 네 개 모두의 스핀값의 합에 s(i, j)를 곱한 것의 두 배이다.

위의 유사코드를 실재 컴퓨터에서 작동하는 실재 프로그램으로 변환하려면, 우선 컴퓨터 시스템과 프로그래밍 언어를 선택해야 한다. 산술연산, 변수 할당, if-then문의 작성, 그리고 for-next 순환고리를 구현하는 구문법은 언어에 따라 다르지만, 거의 모든 통상적인 프로그래밍 언어들은 이것들을 쉽게 할 수 있는 방법들을 제공한다. 어떤 언어들은, 프로그램이 시작할 때 변수들을 선언하고 정수나 실수 같은 그것들의 유형을 정할 것을 요구하기도 한다. 주 프로그램과 서브루틴에서 둘 다 접근하는 변수들은 특별히 다루어져야 할 수도 있다. 모든 것들 중에 가장 표준화가 되지 않은 요소는 그래픽을 다루는 부분이다. 예컨대, 서브루틴 colorsquare의 내용은 시스템마다 크게 다를 것이다. 그럼에도 불구하고, 이 프로그램을 당신만의 컴퓨터에 구현시키고 그것을 작동하게 하는데 거의 문제가 없기를 바랄 뿐이다.

ising 프로그램을 실행시키는 것은 아주 즐거운 일이다. 볼츠만인자들이 상대적으로 큰 상태들을 찾으려고 계가 탐색하는 동안 계속해서 색깔이 바뀌는 정사각형들을 보게 될 것이다. 시간이 흐르면서 쌍극자들의 정렬이 위아래로 바뀔 때, 자석에서 실제로 일어나고 있는 일을 시늉한 것을 보고 있다는 상상을 떨치기 어려울 것이다. 이와 같은 유사성 때문에 중요표본잡기를 사용하는 몬테카를로 프로그램은 통상 몬테카를로 시늉내기라고 불린다. 하지만 우리가 실재 자석의 시간의존적인 거동을 시늉하려고 한 적은 없다는 것을 기억하기 바란다. 우리는 계의 진정한 시간의존적인 동역학은 무시하는 대신에, 한 번에 한 쌍극자만 뒤집는 "유사동역학"을 구현했다. 유사동역학에서 유일하게 실재적인 성질은, 아마 자석의 실재 동역학이 그렇듯이 유사동역학이 볼츠만인자들에 비례하는 확률을 갖는 상태들을 생성한다는 것이다.

그림 8.9는 20×20 격자에 대한 ising 프로그램의 그래픽 출력을 몇 가지 보여주고 있다. 첫 영상은 프로그램이 생성한 마구잡이 초기상태를 보여주고, 나머지 영상들은 다양한 온도에서 순환고리를 40,000번 반복한 끝에 얻은 최종 상태들을 보여준다. 이 순간영상들로 프로그램이 실행되는 것을 직접 보여주는 것을 대체할 수는 없겠지만, 그것들은 각 온도에서 전형적인 상태들이 어떠한지는 잘 보여준다. $T=10$에서 최종 상태는 여전히 거의 마구잡이 상태이고, 쌍극자들이 이웃들과 정렬하려는 경향을 겨우 희미하게 보여준다. 온도가 단계적으로 더 낮아지면, 양의 자기화와 음의 자기화를 갖는 쌍극자들의 뭉치*가 점점 더 커지는 경향을 보이고, $T=2.5$에 달하면 마침내 뭉치들의 크기는 격자 자체의 크기에 필적하게 된다. $T=2$에서는 단일 뭉치가 격자 전체를 차지하는데, 이때 계가 "자화되었다"라고 말하곤 한다. 때때로 작은 쌍극자 뭉치들이 여전히 뒤집어질 수 있지만, 그것들은 오래 지속되지는 않는다. 동일한 확률을 갖는 반대방향의 자기화 상태로 전체 격자가 뒤집어지는 데는 아주 긴 시간이 걸릴 것이다. $T=1.5$에서의 실행에서 반대방향의 자기화 상태로 안착하는 일이 일어났는데, 이 온도에서 개별적인 쌍극자의

* 여기서 "뭉치"를 정확하게 정의하려는 것은 아니다. 그저 그림을 보고 직관을 사용하기 바란다. 뭉치의 "크기"에 대한 조심스런 정의는 문제 8.29에서 주어진다.

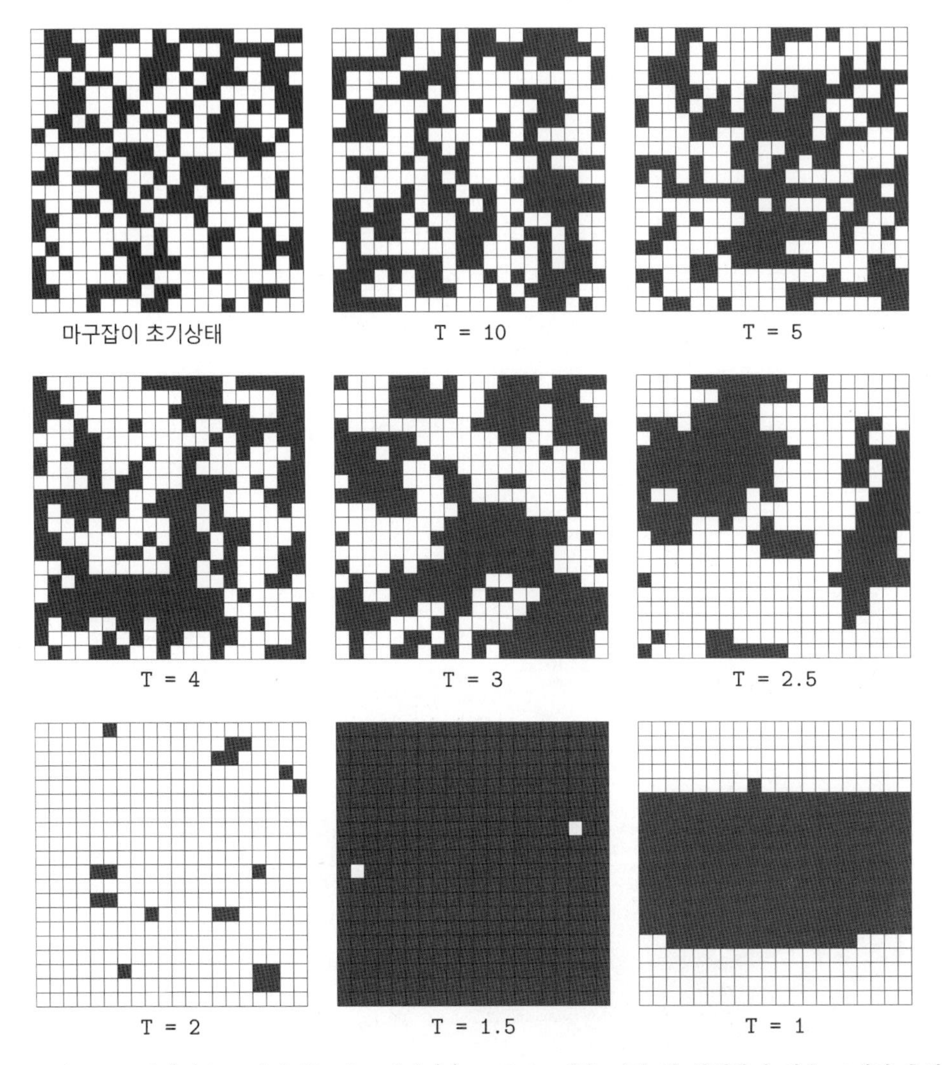

그림 8.9. 단계적으로 낮아지는 온도에서 ising 프로그램을 여덟 번 실행하여 얻은 그래픽 출력들. 검은 정사각형은 각각 "위" 쌍극자를, 흰 정사각형은 각각 "아래" 쌍극자를 나타낸다. 변수 T는 ϵ/k 단위의 온도이다.

요동은 흔치 않은 일이 된다. T = 1 에서는 계가 완전히 자화되어 계속 그대로 머물 것이라고 기대할 것이다. 정말로 때로는 그렇게 된다. 하지만 그 대신에 계는 대략 반 정도의 시간 동안 그림에서 보인 것과 같은 양과 음의 두 영역으로 격자가 나누어진 준안정적 상태에 갇혀 꼼짝하지 않는다.

이 결과들에 근거해서, 이 계가 ϵ/k 단위로 2.0에서 2.5 사이 어디에선가 임계온도를 갖는다고 결론지을 수 있다. 평균장 근사가 $4\epsilon/k$ 의 임계온도를 예측했던 것을 상기하라.

그 예측과 거의 2 정도의 인수 차이가 있지만 정성적으로 나쁘지는 않다. 하지만 20×20 격자는 정말로 꽤 작은 것이다. 더 크고 더 실재적인 시늉내기에서는 어떤 일이 일어날까?

그 답은 추측하기 어렵지 않다. 전형적인 뭉치의 크기가 격자 크기보다 훨씬 더 작을 정도로 온도가 충분히 높은 한, 계의 거동은 격자의 크기와는 상당히 무관하다. 하지만 격자가 크면 뭉치도 더 커질 수 있기 때문에, 임계온도 근처에서는 가능한 큰 격자를 사용해야 한다. $2.27\epsilon/k$ 의 온도에서 큰 격자로 충분히 긴 시간 동안 실행을 하면, 가장 큰 뭉치의 크기가 무한대로 가는 것을 보일 수 있다(그림 8.10). 그렇다면 이 값이 열역학 극한에서의 "진정한" 임계온도이다. 그리고 정말로 이 결과는 이차원 이징 모형에 대한 온사거의 정확한 해와도 일치한다.

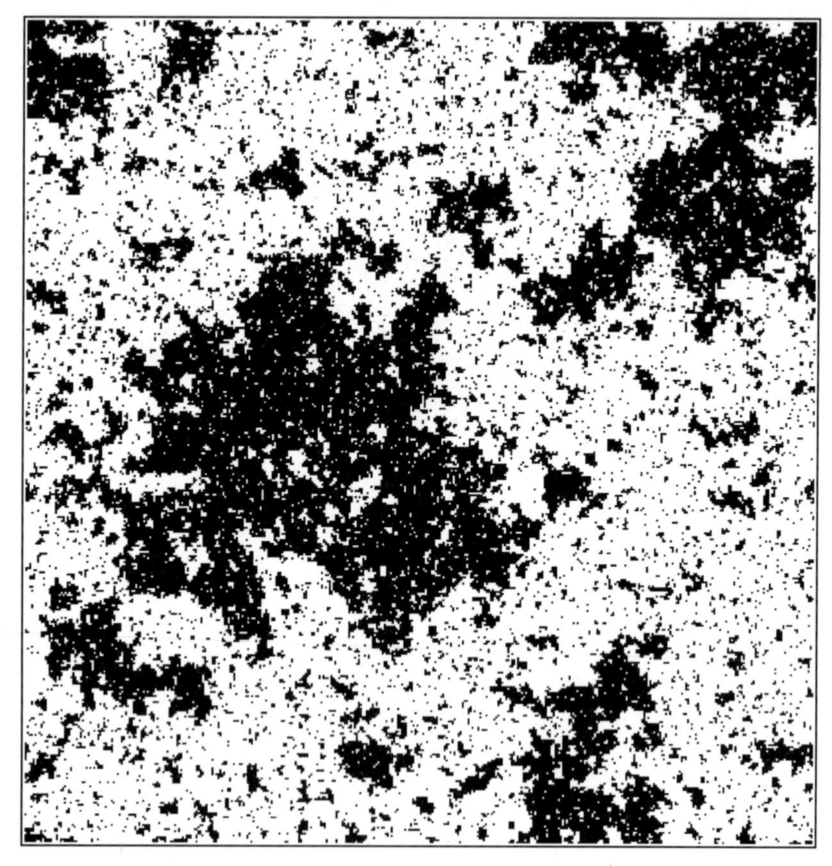

그림 8.10. T = 2.7 (임계온도)에서 400×400 격자에 대하여 순환고리를 수십억 번 반복하는 ising 프로그램으로 생성한 전형적인 상태. 개별적인 쌍극자로부터 격자 자체의 크기에 달하는 모든 가능한 크기의 뭉치들이 존재하는 것에 주목하라.

유사한 시늉내기가 삼차원 이징 모형에 대해서도 수행되었지만, 이것은 훨씬 더 긴 컴퓨터 시간을 요구하며 그 결과를 여기서 쉽게 보이기는 어렵다. 단순한 입방격자에서 임계온도는 근사적으로 $4.5\epsilon/k$ 인데, 이것 역시 평균장 근사의 예측보다 약간 작은 값이다. 몬테카를로 방법은, 더 복잡한 예인 강자성체 모형들과, 유체, 합금, 경계면, 핵, 그리고 핵속 입자 등을 포함하는 엄청나게 다양한 다른 계들에도 적용될 수 있다.

문제 8.25. 문제 8.15에서 4×4 정사각형 격자의 한 특정한 상태의 에너지를 손으로 계산하였다. 같은 계산을 반복하라. 단, 이번에는 주기적 경계조건을 적용하라.

문제 8.26. 선호하는 프로그래밍 언어를 사용해서 ising 프로그램을 당신만의 컴퓨터에서 구현하라. 다양한 격자 크기와 온도에서 그것을 실행하고 결과를 관찰하라. 특히 다음 사항들에 유의하라.

(a) 20×20 격자에서 T = 10, 5, 4, 3, 2, 2.5일 때 실행당 쌍극자당 메트로폴리스 알고리듬을 최소한 100번 반복하도록 프로그램을 실행하라.

(b) 40×40 격자에 대하여 (a)를 반복하라. 뭉치의 크기에 어떤 차이가 있는가? 설명하라.

(c) 20×20 격자에서 T = 2, 1.5, 1일 때 프로그램을 실행하라. 포화상태에 대한 백분율로써 평균 자기화를 각 온도에서 추정하라. 계가 두 영역을 가진 준안정적 상태에 갇히는 실행들은 무시하라.

(d) 10×10 격자에서 T = 2.5일 때 프로그램을 실행하라. 십만 번 정도 메트로폴리스 알고리듬이 반복되는 것을 관찰하라. 계의 거동을 기술하고 설명하라.

(e) 단계적으로 더 큰 격자들을 사용해서, 온도가 2.5에서 2.27(임계온도)까지 변할 때 전형적인 뭉치의 크기를 추정하라. 임계온도에 가까워질수록, 더 큰 격자가 필요하고 프로그램이 더 오래 실행되어야 할 것이다. 시간을 보낼 더 좋은 일이 있겠다고 느낄 때 떠나도 좋다. 온도가 임계온도에 접근할 때 뭉치의 크기가 무한대로 간다는 개연성이 있는가?

문제 8.27. ising 프로그램을 수정해서 메트로폴리스 알고리듬이 반복되는 동안 평균 에너지를 계산하라. 이를 위해서 우선 initialize 서브루틴에 격자의 초기 에너지를 계산하는 코드를 추가하라. 그런 후 한 쌍극자가 뒤집힐 때마다 에너지 변수를 적정한 양만큼 변화시켜라. 평균에너지를 계산할 때, 한 쌍극자가 실제로 뒤집힌 반복 때뿐만 아니라 모든 반복들에 대해서 평균을 취해야 하는 것을 잊지 마라(왜일까?). 5×5 격자에서 T값이 4에서 1까지 합리적으로 작은 간격으로 변할 때 프로그램을 실행하고, T의 함수로서 평균에너지의 그래프를 그려라. 열용량의 그래프도 그려라. 각 실행에서 쌍극자당 메트로폴리스 알고리듬을 최소한 1,000번, 혹은 바라건대 그 이상으로 반복하라. 당신의 컴퓨터가 충분히 빠르다면, 10×10 격자와 20×20 격자에서도 반복하라. 결과를 논의하라. (힌트: 각 온도에서 매번 마구잡이 초기상태에서 출발을 하는 것보다, 앞선 실행에서 생성된 근처 온도에서의 최종상태로 출발하는 것이 시간을 절약할 수 있다. 큰 격자들에서 실행할 때는 온도의 범위를 3부터 1.5까지로 좀 더 좁히는 것이 시간을 절약할 수 있다.)

문제 8.28. ising 프로그램을 수정해서 각 반복에서 총자기화, 즉 모든 s값들의 합을 계산하고, 실행 동안 가능한 각 자기화값이 얼마나 자주 나타나는지 기록해서, 그 결과를 막대그래프로 그려라. 5×5 격자에 대하여 다양한 온도에서 프로그램을 실행하고, 그 결과를 논의하라. 온도의 함수로써 가장 빈도가 높은 자기화 값의 그래프를 스케치하라. 당신의 컴퓨터가 충분히 빠르다면, 10×10 격자에 대해서도 반복하라.

문제 8.29. 이징자석 안에서의 정렬뭉침을 정량화하기 위해서, 상관함수(correlation function) $c(r)$로 불리는 양을 다음과 같이 정의한다. 먼저, 거리 r만큼 떨어진 임의의 두 쌍극자 i와 j를 택해서 그 상태들의 곱 s_is_j를 계산하라. 두 쌍극자들이 평행하면 이 곱은 1이고, 반평행하면 곱은 -1이다. 이제 고정된 거리 r만큼 떨어진 모든 쌍극자 쌍들에 대해서 이 양의 평균을 취하여, 이 거리에서 쌍극자들이 상관관계를 갖는 경향의 측도를 얻는다. 마지막으로, 계의 전반적인 자기화의 영향을 제거하기 위해서 평균값 s의 제곱을 빼라. 즉, 정리하여 식으로 쓰면 상관함수는 다음과 같다.

$$c(r) = \overline{s_is_j} - \overline{s_i}^2$$

여기서 첫 항의 평균은 고정된 거리 r만큼 떨어진 모든 쌍극자 쌍들에 대해서 취해지는 것으로 이해된다. 전문적으로 하자면, 이 평균은 계의 가능한 모든 상태들에 대해서도 취해져야 하지만, 이것은 아직 고려하지 말자.

(a) 수직이나 수평방향으로 (대각선 방향은 아니고) r 단위의 거리만큼 떨어진 모든 쌍극자들에 대한 평균을 취해서, 격자의 현재 상태에 대한 상관함수를 계산하는 루틴을 ising 프로그램에 추가하라. r은 1에서 격자 크기의 반까지 변하도록 하라. 프로그램이 이 루틴을 주기적으로 실행해서 그 결과를 막대그래프로 그리게 하라.

(b) 이 프로그램을 임계온도의 위, 아래, 근처 등 다양한 온도에서 실행하라. 최소한 크기가 20, 혹은 (특히 임계온도 근처에서는) 바라건대 그 이상인 격자를 사용하라. 각 온도에서 상관함수의 거동을 묘사하라.

(c) 이제 코드를 추가해서 한 실행 동안에 걸친 평균 상관함수를 계산하라. (하지만 평균값 계산을 시작하기 전에 계가 전형적인 평형상태에 이르도록 놓아두는 것이 제일 좋다.) 상관거리(correlation length)는 상관함수가 최댓값에 대해서 인수 e 만큼 감소하는 거리로 정의된다. 각 온도에서 상관거리를 추정하고, 상관거리 대 T의 그래프를 그려라.

문제 8.30. ising 프로그램을 수정해서 일차원 이징 모형을 시늉해라.

(a) 크기가 100인 격자에 대해서 각 온도에서 생성된 일련의 상태들을 관찰하고 그 결과를 논의하라. (무한 격자의) 정확한 해에 따라서 이 계가 온도가 영으로 갈 때만 자화되는 것을 기대한다. 당신의 프로그램은 이 예측과 부합하는 거동을 보여주는가? 전형적인 뭉치의 크기가 온도에 어떻게 의존하는가?

(b) 프로그램을 수정해서 문제 8.27에서처럼 평균에너지를 계산하라. 에너지와 열용량을 온도의 함수로 그래프를 그리고 무한 격자에서의 정확한 결과와 비교하라.

(c) 프로그램을 수정해서 문제 8.28에서처럼 자기화를 계산하라. 다양한 온도에서 가장 가능성이 높은 자기화를 결정하고 그 결과를 논의하라.

문제 8.31. ising 프로그램을 수정해서 단순한 입방격자 위에서의 삼차원 이징 모형을 시늉해라. 어떤 방법을 사용하건, 이 계가 $T = 4.5$ 근처에서 임계점을 갖는다는 것을 보이도록 해보라.

문제 8.32. 이차원 이징 격자를 그림 8.11과 같이 아홉 개의 3×3 구역들로 나눈다고 상상해보자. 구역스핀 변환(block spin transformation)에서는, 각 구역 안의 쌍극자 아홉 개를 그 상태가 “다수 규칙(majority rule)”으로 결정되는 단일 쌍극자(구역스핀)로 교체한다. 이 규칙에 따르면, 원래 쌍극자들의 반 이상이 위를 향하면 새 쌍극자가 위를 향하고, 한편 원래 쌍극자들의 반 이상이 아래를 향하면 새 쌍극자도 아래를 향한다. 이 변환을 전체 격자에 적용해서 원래 격자를 폭이 원래보다 1/3이 되는 새 격자로 변환할 수 있다. 이 변환은, 임계점 근처에서 계의 거동을 공부하는 강력한 도구인 재규격화군 변환(renormalization group transformation)의 한 버전이다.*

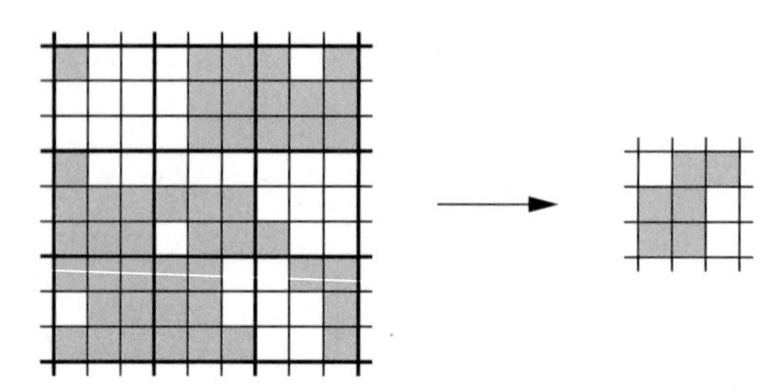

그림 8.11. 구역스핀 변환(block spin transformation)에서는, 각 구역 안의 쌍극자 아홉 개를 그 상태가 "다수 규칙(majority rule)"으로 결정되는 단일 쌍극자(구역스핀)로 교체한다.

(a) 격자의 현재 상태에 구역스핀 변환을 적용해서 변환된 격자를 원래 격자와 나란히 그리는 루틴을 ising 프로그램에 추가하라. (원래 격자는 그대로 두어라.) 이 루틴을 주기적으로 실행해서 두 격자들이 진화하는 것을 관찰할 수 있도록 하라.

(b) 다양한 온도에서 90×90 격자에 대하여 수정된 프로그램을 실행하라. 각 온도에서 계가 "전형적"인 평형상태에 도달한 후, 변환된 격자를 원래 격자의 전형적인 30×30 격자 구역과 비교하라. 일반적으로, 변환된 격자는 다른 온도에서의 원래 격자와 닮아야 한다. 원래 격자의 이 온도를 "변환된 온도"라고 부르자. 변환된 온도가 원래 온도보다 더 클 때는 언제이고 더 작을 때는 언제인가?

(c) 아주 큰 격자에서 시작해서, 구역스핀 변환을 연속적으로 여러 번 적용하여 매번 계를 새로운 유효온도로 보낸다고 상상해보자. 원래의 온도가 무엇이건 상관없이, 이 과정이 결국은 세 개의 고정점(fixed point) 중의 하나로 계를 보낸다는 것을 논증하라. 이 세 고정점은 영도, 무한온도, 그리고 임계온도이다. 어떤 초기온도들에서 어떤 고정점으로 가게 되겠는가? [논평: 임계온도가 구역스핀 변환의 고정점이라는 사실이 시사하는 바를 고려하라. 계의 작은 규모의 상태들에 대한 평균을 취하는 것이 변환의 동역학을 바꾸지 않는다면, 이 계의 거동과 관련된 많은 측면들은 계의 어떤 구체적이고 미시적인 상세부분과 무관해야만 한다. 이것은 자석, 유체 등과 같은 다른 많은 계들이 본질적으로 동일한 임계거동을 갖는다는 것을 암시한다. 좀 더 구체적으로 말하자면, 다른 계들이라 할지라도 문제 5.55와 8.24에

* 재규격화군과 그 응용에 대해서 더 많은 내용은 다음 자료를 참고하라: Kenneth G. Wilson, "problems in Physics with Many Scales of Length," *Scientific American* **241**, 158-179 (August, 1979).

서 정의한 그것들의 "임계지수"들은 동일할 것이다. 하지만 임계거동에 여전히 영향을 줄 수 있는 두 개의 매개변수들이 존재한다. 하나는 계가 놓여 있는 공간차원이다. (실재 계들에서 그것은 3이다.) 다른 하나는 계의 자기화, 혹은 그와 유사한 "질서변수(order parameter)"를 정의하는 "벡터"의 차원이다. 예컨대, 이징 모형에 대해서 자기화는 항상 주어진 축 방향에 놓인 일차원 벡터이다. 유체에 대해서도, 액체와 기체의 밀도 차이인 질서변수는 일차원 양이다. 그러므로 임계점 근처에서 유체의 거동은 삼차원 이징 모형의 거동과 동일해야 한다.

양자역학의 기본요소들

열물리학의 기본 원리들을 이해하기 위해서 반드시 양자역학을 알아야 할 필요는 없다. 하지만 질소분자들의 기체나 금속 안의 전자들처럼 구체적인 물리계에서 열역학적 성질들의 상세한 부분을 예측하기 위해서는, 가능한 "상태"들이 무엇이며 그 상태들에 해당되는 계들의 에너지가 무엇인지 이해할 필요가 있다. 그 상태와 상태의 에너지는 양자역학의 원리에 의해서 결정된다.

그렇다 하더라도 이 책을 읽기 위해서 양자역학을 많이 알아야 할 필요는 없다. 본문에서 양자역학의 결과가 필요한 지점마다, 주어진 계산에서 필요한 세부적인 것들을 충분히 포함해서 그 결과들을 요약했다. 따라서 그 결과가 어디에서 오는지 개의치 않는다면 이 부록을 읽을 필요는 없다. 하지만 어떤 부분에서는 당신도 이 책에서 사용된 양자역학에 대해서 좀 더 체계적인 개관을 얻고 싶어 할 것이다. 이 부록은 바로 그런 개관을 제공하기 위한 것이다.* 이 부록은 본문을 읽기 전이나 혹은 읽은 후에 아무 때라도 선택해서 읽어도 된다.

A.1 파동-입자 이중성의 증거

양자역학의 역사적 뿌리는 20세기로 접어들 무렵의 통계역학의 발전과 밀접하게 얽혀 있다. 이 역사에서 특별히 중요했던 것은, 전자기복사와 고체 결정의 진동에너지 모두에 대한 에너지등분배 정리의 붕괴였다. 전자는 7.4절에서 기술한 "자외선 파국"이고, 후자는 문제 3.24와 3.25 그리고 7.5절에서 탐구했던 저온에서 보이는 비정상적으로 낮은 열용량의 문제이다. 하지만 그 외에도, 파동모형이나 입자모형 어느 하나만으로는 원자 크기규모에서 물질과 에너지를 이해하기에 충분하지 않다는, 양자역학의 착상을 지지하는 보다 더 직접적인 다른 증거들도 넘칠 정도로 많다. 이 절에서는 이 증거들 몇 가지를 간략하게 기술할 것이다.

---

* 양자역학을 좀 더 심층적으로 다룬 좋은 교재들은 얼마든지 있다. 특별히 다음 책들을 추천한다: *An Introduction to Quantum Physics* by A. P. French and Edwin F. Taylor (Norton, New York, 1978), *Introduction to Quantum Mechanics* by David J. Griffiths (Prentice-Hall, Englewood Cliffs, NJ, 1995).

▌광전 효과

금속표면에 빛을 비추면, 빛은 약간의 전자들을 금속에서 쳐내어서 금속표면으로부터 떨어져 날아가게 할 수 있다. 이 현상은 광전효과(photoelectric effect)로 불리는데, 비디오카메라와 다양한 전자광탐지기기의 기본적인 작동원리이기도 하다.

광전효과를 정량적으로 공부하기 위해서, 진공관 안에 전자가 튀어나오는 금속조각(광음극(photocathode))과 튀어나온 전자를 포획하기 위한 또 다른 금속조각(양극(anode))을 집어넣을 수 있다. 그런 다음 포획된 전자들이 쌓이면서 양극에 형성되는 전압이나, 혹은 이 전자들이 회로를 돌아 음극으로 흐를 때 생성되는 전류를 측정할 수 있다(그림 A.1).

전류는 음극에서 튀어나와 양극에서 포획되는 (단위시간당) 전자들의 수에 대한 측도이다. 놀랍지 않은 것이지만, 광원이 세어질수록 전류가 증가한다. 더 밝은 빛이 더 많은 전자들을 튀어나오게 하기 때문이다.

반면에 전압은, 한 전자가 음극과 양극 사이의 간극을 뛰어넘는데 필요한 에너지의 측도이다. 처음에 전압은 영이지만, 전자들이 양극에 모여서 전기장을 형성하면 다른 전자들은 음극으로 되밀려진다. 오래지않아 전압은 어떤 최종값에 안착하게 되는데, 이때에 이르면 어떤 전자도 간극을 뛰어넘을 수 있는 충분한 에너지를 갖고 음극을 튀어나오지 못한다. 전압은 바로 단위전하당 에너지이므로, 최종 전압이 V라면 음극을 떠나는 전자의 최대운동에너지는 $K_{최대} = eV$가 되어야 양극에 도달할 수 있다(여기서 e는 전자의 전하량).

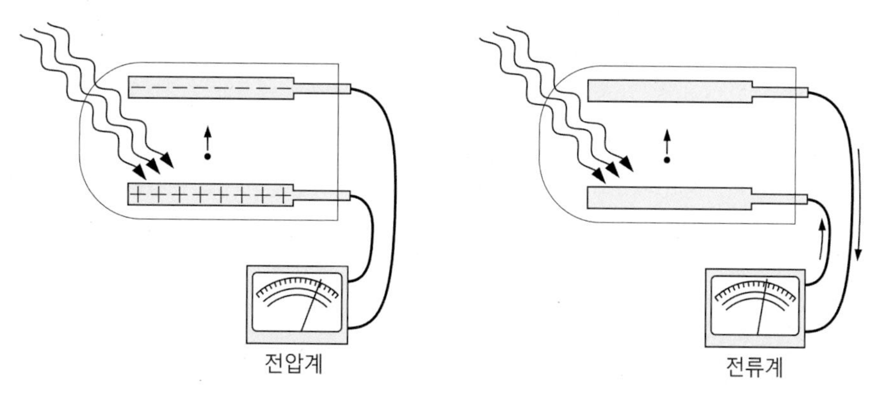

그림 A.1. 광전효과를 공부하기 위한 두 가지 실험. 본질적으로 무한저항을 갖는 이상적인 전압계가 회로에 연결되면, 전자들이 양극에 쌓이면서 다른 추가적인 전자들을 배척하기 시작한다. 전압계는 한 전자가 이 배척을 극복하고 양극으로 건너가는데 필요한 (단위전하당) '에너지'를 측정한다. 회로에 연결된 전류계는, 양극에 모였다가 음극으로 돌아가는 (단위시간당) 전자들의 '수'를 측정한다.

여기에서 놀라운 일이 일어난다. 최종 전압, 즉 전자의 최대운동에너지가 광원의 밝기와 무관하다는 사실이다. 즉, 더 밝은 빛이 더 많은 전자들을 튀어나오게 하지만, 개별적인 전자들에게 흐린 빛보다 더 많은 에너지를 주지는 않는다. 한편, 최종 전압값은 빛의 색깔, 즉 파장(λ) 혹은 진동수($f = c/\lambda$)에는 의존한다. 사실, 튀어나온 전자들의 최대운동에너지와 빛의 진동수 사이에는 다음과 같은 선형관계가 성립한다.

$$K_{\text{최대}} = hf - \phi \tag{A.1}$$

여기서 h는 플랑크 상수(Planck's constant)라고 불리는 보편상수이고, ϕ는 금속에 의존하는 어떤 상수이다. 이 관계는 1905년 아인슈타인이 처음으로 예측했는데, 그것은 앞서 있었던 흑체복사에 대한 플랑크의 설명을 확장하는 것이었다.

광전효과에 대한 아인슈타인의 해석은 실로 간단하다. 빛은 지금은 광자(photon)라고 부르는 작은 덩어리들, 혹은 입자들의 형태로 오고, 각 광자는 다음과 같이 플랑크 상수와 빛의 진동수의 곱에 해당되는 에너지를 갖는다.

$$E_{\text{광자}} = hf \tag{A.2}$$

더 밝은 빛은 더 많은 광자들을 갖지만, 각 광자의 에너지는 여전히 진동수에만 의존하고 빛의 밝기와는 무관하다. 빛이 광음극에 부딪힐 때 각 전자는 광자 하나만의 에너지를 흡수한다. 일함수(work function)라고 부르는 상수 ϕ는 전자가 금속을 벗어나는데 필요한 최소한의 에너지이다. 전자가 금속으로부터 자유로워지면, 전자가 가질 수 있는 최대에너지는 광자의 에너지(hf)에서 ϕ를 뺀 값이다.

빛 덩어리는 아주 작기 때문에, 통상적으로는 빛이 불연속적인 덩어리들로 온다는 것을 알아채지 못한다. 플랑크 상수의 값이 겨우 6.63×10^{-34} J·s 밖에 되지 않기 때문에, 가시광선 광자들은 겨우 2~3 eV 정도의 에너지를 갖는다. 전형적인 전구가 방출하는 광자의 수는 초당 10^{20} 정도의 크기이다. 하지만 오늘날 물리실험실의 광전자증배관(photomultiplier tube)에서 천문학의 CCD 카메라에 이르기까지 개개 광자를 탐지하는 기술은 흔한 것이 되었다.

문제 A.1. 광자의 기본.

(a) $hc = 1{,}240\,\text{eV}\cdot\text{nm}$ 임을 보여라.

(b) 각각 다음과 같은 파장을 갖는 광자의 에너지를 계산하라: 650 nm (빨간 빛); 450 nm (파란 빛); 0.1 nm (x선); 1 mm (전형적인 우주배경복사).

(c) 1 mW 빨간 색 He-Ne 레이저($\lambda = 633\,\text{nm}$).

문제 A.2. 위에서 기술한 유형의 광전효과 실험에서 파장 400 nm 의 빛이 0.8 V 의 전압을 야기한다고 해보자.

(a) 이 광음극의 일함수는 얼마인가?

(b) 파장이 300 nm 로 바뀐다면 얼마의 전압을 측정할 것으로 기대하는가? 파장이 500 nm , 혹은 600 nm 라면 어떻겠는가?

전자의 에돌이(diffraction)

모두가 파동이라고 생각했던 빛이 입자들의 흐름처럼 거동한다면, 모두가 또한 입자라고 생각했던 전자가 파동처럼 거동한다고 해도 그렇게 놀랍지 않을 것이다.

하지만 조금 물러나서 생각해보자. 빛이 파동처럼 거동한다고 말할 때 무엇을 의미하는 것일까? 수면파나 기타줄의 파동에서처럼 우리는 실제로 출렁이는 무언가를 보는 것은 아니다. 빛이 좁은 틈을 통해 지나거나 작은 방해물 주위를 돌아서 지나갈 때, 우리가 관찰하는 것은 에돌이(diffraction)나 간섭(interference) 효과들이다. 아마도 가장 간단한 예는, 겹실틈(double-slit) 간섭일 것이다. 이 경우에 간섭은, 단일광원으로부터 나오는 단색광이 서로 가까이 놓인 한 쌍의 실틈을 통과해서 스크린 위에 간섭무늬라 부르는 밝거나 어두운 띠들이 교차하는 무늬를 형성하게 한다(그림 A.2).

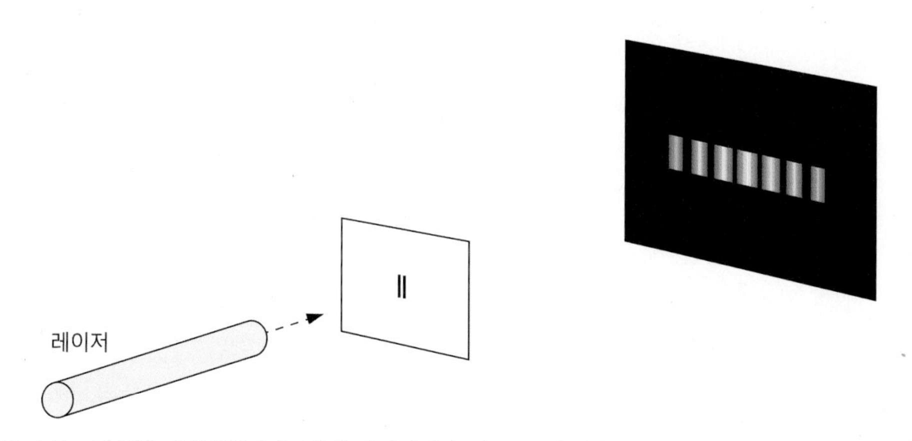

그림 A.2. 겹실틈 간섭실험에서 (대개 레이저에서 나오는) 단색광이 차단막에 있는 한 쌍의 실틈들을 향해 놓인다. 밝거나 어두운 띠들이 교차하는 간섭무늬가 약간의 거리에 떨어져 있는 스크린 위에 나타난다.

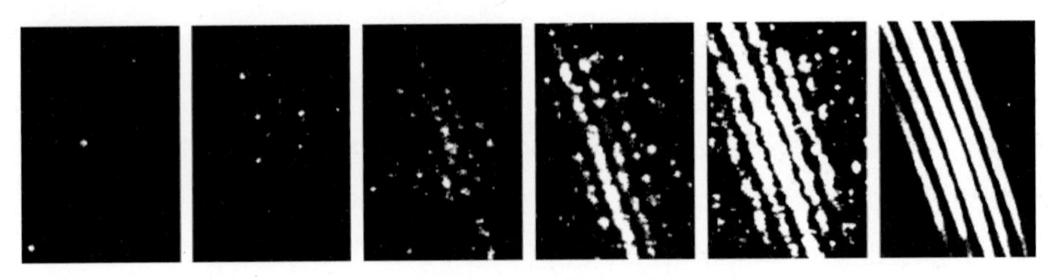

그림 A.3. 이 영상들은 전자현미경 빔을 사용해서 만들어졌다. 빔의 경로에 놓인 양전하로 대전된 금속선이 금속선의 양쪽 방향 중 한 방향으로 빔을 휘게 해서 그 빔들이 겹실틈을 통과한 것처럼 서로 간섭하게 했다. 오른쪽 영상으로 갈수록 전자빔 전류가 증가하여, 개별 전자들이 만드는 섬광들의 통계적 분포가 형성하는 간섭무늬가 점점 더 선명해진다. 출처는 P. G. Merli, G. F. Missiroli, and G. Pozzi, *American Journal of Physics* **44**, 306 (1976).

이제 전자로 다시 돌아가면, 전자들도 같은 거동을 한다는 것이다. 전자빔을 서로 아주 가까이 놓인 한 쌍의 실틈들을 향하게 하자. 그러면 빛이 만드는 것과 똑같은 간섭무늬를 스크린에서 얻을 수 있다(그림 A.3).

전자빔의 파장은 빛의 경우처럼 실틈 간격과 간섭무늬의 크기로부터 결정될 수 있다. 파장은 전자의 운동량에 역비례한다는 것이 판명되고, 비례상수는 플랑크 상수이다.

$$\lambda = \frac{h}{p} \tag{A.3}$$

이 유명한 관계는 1923년 드브로이(Louis de Broglie)가 예측하였다. 이 관계식은 광자들에서 성립하고, 아인슈타인 관계식인 $E = hf$ 와 빛의 속도로 운동하는 모든 것들에 성립하는 에너지-운동량 관계식인 $p = E/c$ 로부터 직접 귀결된다. 드브로이는 전자, 그리고 다른 모든 입자들이 같은 방식으로 운동량과 연관되는 파장을 갖는다는 것을 올바르게 추측하였다. (아인슈타인 관계식 $E = hf$ 는 전자와 다른 입자들에도 적용된다는 것이 판명된다. 하지만 이 관계는 그다지 유용하지는 않은데, 전자의 "진동수"가 직접 측정되는 양은 아니기 때문이다.)

전자와 광자가 둘 다 파동처럼 거동할 수 있고 간섭무늬를 생성할 수 있다는 사실은 약간의 미묘한 문제들을 제기한다. 전자건 광자건 각 개별적인 입자는 스크린 위의 어떤 한 위치에만 떨어질 수 있어서, 장치를 통과하는 입자들을 충분히 천천히 보내면, 그림 A.3이 보여주는 것처럼 간섭무늬도 한 점씩 점진적으로 형성된다. 각 입자가 떨어지는 위치는 겉보기에 마구잡이이고, 어떤 특정한 위치에 떨어질 확률은 최종무늬가 말해주듯이 스크린 위의 위치에 따라 달라진다. 이것은, 최종적으로 스크린 위의 어느 위치에 떨어질지 그 확률을 결정하기 위해서, 각 광자나 전자가 어떤 식으로든 양쪽 실틈 모두를 통과해서 자기 자신과 간섭해야 한다는 것을 의미한다. 달리 말하자면, 실틈들을 통과할 때 입자는 파동처럼 거동해서, 스크린 위의 떨어지는 위치에서 이 파동의 진폭이 최종 위치를 선택하는 확률을 결정한다. (좀 더 정확하게 말하자면, 전자기파의 밝기가 전기장 진폭의 제곱에 비례하는 것과 마찬가지로, 특정한 위치에 떨어질 확률은 최종적인 파동 진폭의 제곱에 비례한다.)

문제 A.3. 아인슈타인 관계식 $E = hf$ 와 관계식 $E = pc$ 를 이용해서 식 (A.3)의 드브로이 관계식이 광자에 대해서 성립한다는 것을 보여라.

문제 A.4. 에너지-운동량의 상대론적 관계식을 이용해서 빛의 속도로 운동하는 모든 입자에 대해서 $E = pc$ 가 성립한다는 것을 보여라. (전자기파에 대해서 이 관계식은 맥스웰 방정식으로부터도 유도될 수 있지만, 그 과정은 훨씬 어렵다.)

문제 A.5. 텔레비전 브라운관 안의 전자들은 전형적으로 10,000 eV 의 에너지로 가속된다. 그런 전자의 운동량을 계산하고, 그런 후 드브로이 관계식을 이용해서 파장을 계산하라.

문제 A.6. 그림 A.3에서 보인 실험에서 유효 실틈간격은 $6\,\mu$m 이고 실틈으로부터 스크린까지의 거리는 16 cm 였다. 간섭무늬에서 한 밝은 선과 다음 밝은 선의 중심 사이의 간격은 (확대되기 전에) 전형적으로 100 nm 였다. 이 매개변수들로부터 전자빔의 파장을 결정하라. 이 전자들을 가속하는데 사용된 접압은 얼마였겠는가?

문제 A.7. 드브로이 관계식은 전자나 광자 뿐만 아니라 모든 입자들에 적용된다.

(a) 운동에너지가 1 eV 인 중성자의 파장을 계산하라.

(b) 투수가 던진 야구공의 파장을 추산하라. (공의 질량과 속력에 대해 합리적인 값들을 사용하라.) 야구공이 배트를 에돌아가는 것을 볼 수 없는 이유를 설명하라.

A.2 파동함수

개별 입자들이 파동처럼 거동할 수 있다면, 입자 같으면서도 동시에 파동 같은 성질들을 허용하는 입자들을 기술하는 방법이 필요하다. 이런 목적으로 물리학자들이 고안한 것이 양자역학의 파동함수(wavefunction)이다. 입자의 "상태"를 기술할 때, 고전역학에서 위치와 운동량 벡터가 제공하는 용도를 양자역학에서는 파동함수가 제공한다. 파동함수는, 어떤 특정한 순간에 입자가 어떠한지에 대해서 우리가 알아야 할 모든 것을 말해준다. 보통 입자의 파동함수는 기호 Ψ로 쓰는데, 그것은 위치 혹은 세 개의 좌표 x, y, z의 함수이다. 하지만 당분간 x방향으로만 운동이 제한된 입자의 파동함수로 시작하는 것이 더 간단하다. 이 경우에, 주어진 어떤 시간에서 Ψ는 x만의 함수이다.

입자는 온갖 종류의 파동함수를 가질 수 있다. 좁고 뾰족한 파동함수는 입자의 위치가 잘 정의된 상태에 해당된다(그림 A.4). 넓고 진동하는 파동함수도 있는데(그림 A.5), 이것은 운동량이 잘 정의된 상태에 해당된다. 후자의 경우에, 입자의 운동량 p는 드브로이의 관계식에 따라 파장 λ와 관련되어, $p = h/\lambda$이다.

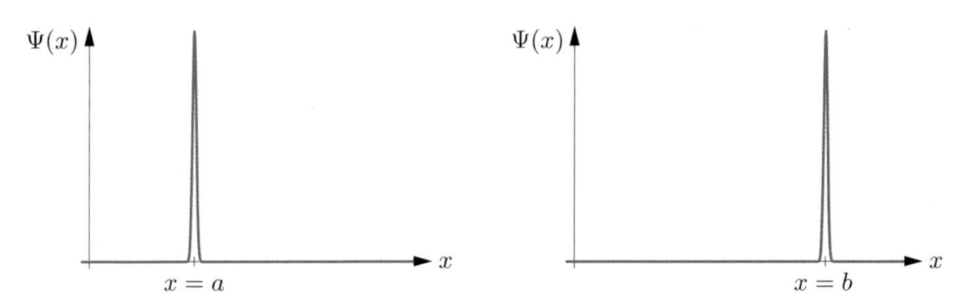

그림 A.4. 입자의 위치가 잘 정의된 상태에 대한 파동함수들(각각 $x=a$, $x=b$). 입자가 그런 상태에 있을 때, 입자의 운동량은 완전하게 부정이다.*

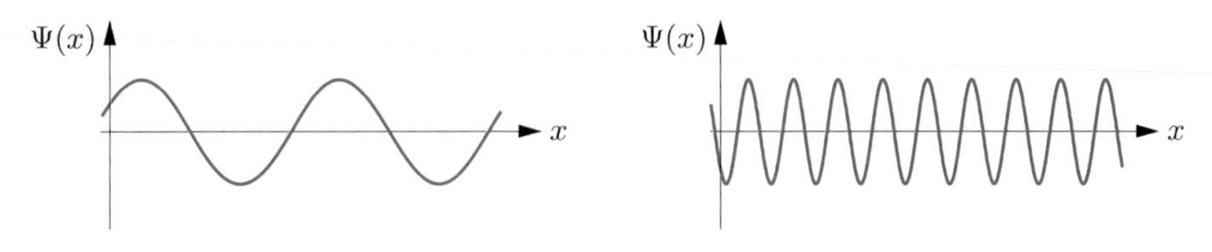

그림 A.5. 입자의 운동량이 잘 정의된 상태에 대한 파동함수들(그 값이 각각 작은 경우와 큰 경우). 입자가 그런 상태에 있을 때, 입자의 위치는 완전하게 부정이다.

* [역주] '부정(不定)'은 답이 무수히 많이 존재한다는 의미로, 여기서 '완전한 부정'이란 운동량이 어떤 값이라도 동등한 확률로 될 수 있다는 의미이다.

실제로, 파동함수의 파장은 입자의 운동량의 '크기'만 말해준다. 일차원에서조차도, p_x가 양이거나 음일 수 있지만 그림 A.5를 봐서는 어느 경우인지 구별할 수 없다. Ψ가 입자의 상태를 '완전하게' 결정할 수 있기 위해서는 Ψ가 두 성분을 갖는 양이 되어야 한다. 즉, '한 쌍'의 함수이면 그것이 가능하다. 잘 정의된 운동량을 갖는 입자의 경우에, 두 번째 성분은 첫 성분과 같은 파장을 갖지만 90°만큼 위상차를 갖는다(그림 A.6). 이 그림의 경우에 입자의 운동량은 $+x$방향이다. 그 입자에 반대 방향의 운동량을 주려면 두 번째 성분을 위아래로 뒤집어서 다른 방향으로 90°만큼 위상차를 갖게 한다. Ψ의 두 성분은 보통 복소수함수 하나로 표현이 된다. 이 복소수함수의 "실수 부분"이 첫 번째 성분을, "허수 부분"이 두 번째 성분을 나타낸다. 원한다면, Ψ의 허수 부분을 지면을 나오는 방향의 축을 따라 그릴 수도 있다. 그렇게 하면 명확한 운동량을 갖는 파동함수('명확한-운동량' 파동함수)의 삼차원 그래프는, 양의 p_x에 대해서는 오른쪽 방향으로, 음의 p_x에 대해서는 왼쪽 방향으로 감기는 나선, 혹은 코르크스크루처럼 보일 것이다.

명확한-위치 파동함수나 명확한-운동량 파동함수 외에도 많은 종류의 다른 파동함수들이 존재한다(그림 A.7). 하지만 어떤 파동함수이든 매우 중요한 엄밀한 해석이 있다. 우선, 선택한 파동함수에 대해서 다음과 같이 그것의 제곱계수(square modulus)를 계산하라.

$$|\Psi(x)|^2 = (\mathrm{Re}\,\Psi)^2 + (\mathrm{Im}\,\Psi)^2 \tag{A.4}$$

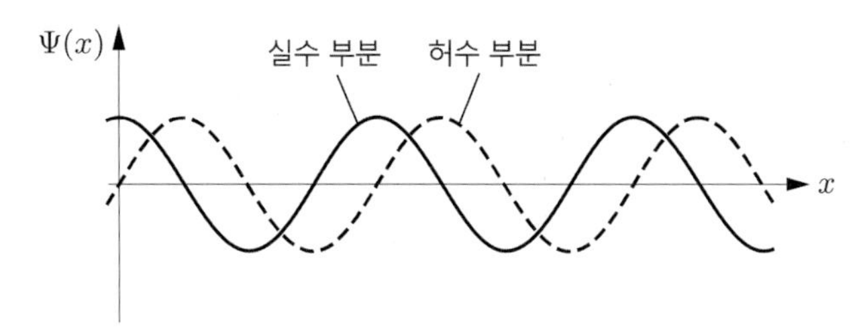

그림 A.6. 운동량이 잘 정의된 입자의 파동함수를 좀 더 완전하게 그린 삽화가 함수의 "실수" 부분과 "허수" 부분을 모두 보여주고 있다.

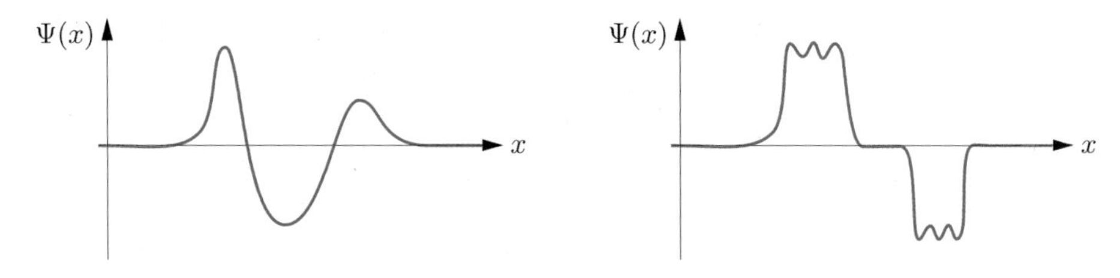

그림 A.7. 입자의 위치나 운동량이 잘 정의되지 않은 다른 가능한 파동함수들

어떤 순간에 입자의 위치를 측정해야 한다면, 그 순간에 어떤 두 점 x_1 에서 x_2 까지 적분한 이 함수의 적분값은, 그 입자를 이 두 점 사이 어딘가에서 발견할 확률을 준다. (따라서 $|\Psi|^2$ 은 애당초 어떤 구간에서 적분되기 위한 목적을 가진 함수이다.) 정성적으로 말하자면, 파동함수의 크기가 큰 위치에서 그 입자를 발견할 확률이 크고, 파동함수의 크기가 작은 위치에서는 그 입자를 발견할 확률이 작다. 좁고 뾰족한 파동함수에 대해서는 뾰족한 위치에서 입자를 발견하는 것이 확실하고, 명확한-운동량 파동함수에 대해서는 어느 위치에서나 그 입자를 발견할 수 있다.

입자의 운동량을 측정해야 한다면, 다양한 결과들을 얻게 될 확률들을 계산하는 방법도 역시 존재한다. 불행하게도 그 과정은 수학적으로 복잡하다. 먼저, "파수" $k = 2\pi/\lambda$ 의 함수인 파동함수의 "푸리에 변환"을 구해야 한다. 그런 후, $p_x = hk/2\pi$ 로 변수를 바꾸고 이 함수를 제곱해서 p_x 의 어떤 두 값 사이에서 적분한 값이, 그 p_x 의 범위에서 입자의 운동량 값을 측정할 확률을 주는 함수를 얻어야 한다.

정성적으로 말하자면, 파동함수를 보기만 해도 해당 입자의 운동량이 합리적으로 잘 정의되는지를 구별할 수 있다. 실수와 허수 부분 사이의 적절한 관계를 만족하는 완벽한 사인 파동함수는, 완벽하게 정밀한 파장을 갖고 따라서 완벽하게 잘 정의된 운동량을 갖는다. 반면, 뾰족한 명확한-위치 파동함수는 파장을 전혀 말할 수 없다. 그런 입자의 운동량을 측정해야만 한다면, 당신은 어떤 결과라도 얻게 될 것이다.

문제 A.8. 명확한-운동량 파동함수는 식 $\Psi(x) = A(\cos kx + i\sin kx)$ 로 표현할 수 있다. 여기서 A 와 k 는 상수이다.

(a) 상수 k 는 입자의 운동량과 어떻게 연관이 되는가? (답을 정당화하라.)

(b) 입자가 그러한 파동함수를 갖는다면, 어떤 위치에서도 그 입자를 발견할 확률이 동등하다는 것을 보여라.

(c) 이 식이 모든 x 에서 정당화되려면 상수 A 가 무한소이어야만 하는 이유를 설명하라.

(d) 이 파동함수가 미분방정식 $d\Psi/dx = ik\Psi$ 를 만족시킨다는 것을 보여라.

(e) 함수 $\cos\theta + i\sin\theta$ 를 종종 $e^{i\theta}$ 로 쓴다. i 를 통상적인 상수처럼 다루어서, 함수 Ae^{ikx} 가 (d)와 동일한 미분방정식을 만족시킨다는 것을 보여라.

중요한 또 다른 유형은, 내가 때로는 "타협(compromise)" 파동함수라고 부르는, 더 널리는 파동묶음(wavepacket)으로 불리는 파동함수이다. 파동묶음은, 어떤 영역에서는 근사적으로 사인함수 모양이지만 그 영역을 넘어서서는 소멸되기 때문에, 공간적으로는 합리적으로 고립되어 있다(그림 A.8). 그런 파동함수에 대해서는 x와 p가 모두 근사적으로 정의된다. 하지만 어느 것도 정밀하게 정의되는 것은 아니다. 그런 상태에 있는 입자의 위치를 측정해야 한다면, 어떤 범위 안에 있는 값들을 얻게 될 것이다. 입자 백만 개가 그런 동일한 상태에 있는 경우에 그 입자들의 위치를 측정하면, 측정값들의 평균 주위에서 측정값들의 표준편차로 정량화할 수 있는 정도로 측정값들이 퍼져서 분포할 것이다. 이 표준편차를 Δx라고 부르겠다. 이 양은 파동묶음의 폭에 대한 대충의 척도이다.

마찬가지로, 동일한 상태에 있는 입자 백만 개가 있고 그것들의 운동량을 측정한다면, 그 값들은 어떤 평균값 주위에서 표준편차로 정량화할 수 있는 정도로 퍼져서 분포할 것이다. 이 표준편차를 Δp_x라고 부르겠다. 이 양은 "운동량 공간"에서 파동묶음의 폭에 대한 대충의 척도이다.

양쪽에서 진동이 더 급격하게 소멸하게 해서 Δx가 좀 더 작은 파동묶음을 쉽게 구성할 수 있다. 하지만 거기에는 대가가 있다. Δx가 작으면 완전한 진동의 수가 적어지기 때문에 파장과 운동량의 정의값이 덜 정밀해진다. 같은 이유에서, 운동량이 엄밀하게 정의된 파동묶음을 구성하려면 많은 진동들을 포함시켜야 하고, 이것은 큰 Δx를 초래한다. 위치공간에서 파동묶음의 폭과 운동량 공간에서 파동묶음의 폭은 역관계에 있다.

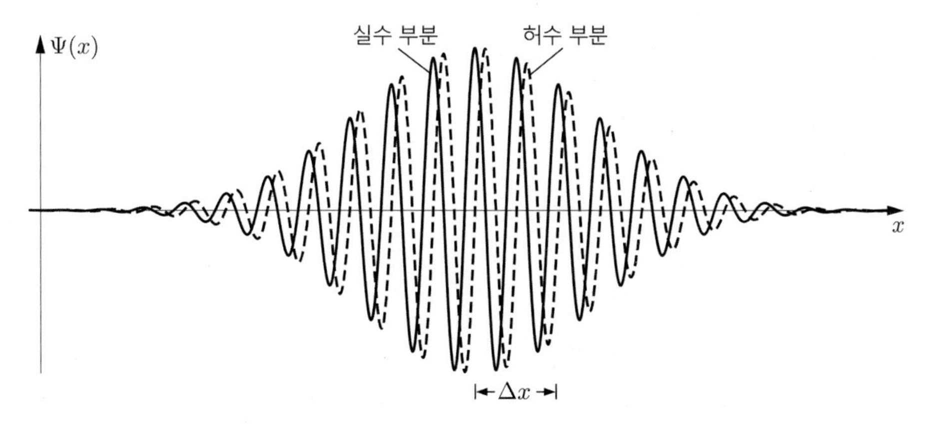

그림 A.8. x와 p가 정밀하지는 않지만 근사적으로 정의되는 파동묶음(wavepacket). 파동묶음의 폭은, 전문적으로 파동함수의 제곱의 표준편차인 Δx로 정량화된다. (그림에서 볼 수 있듯이, Δx는 실제로 전체 폭보다 수 배 정도 작다.)

이 관계를 좀 더 정밀하게 하기 위해서, 소멸되기 전에 완전한 진동을 한 번만 하는 좁은 파동묶음이 있다고 해보자. 그렇다면 위치에서의 퍼짐은 대략 한 파장이고, 반면 운동량에서의 퍼짐은 상당히 커서 운동량 자체의 크기와 엇비슷할 것이다.

$$\Delta p_x \sim p_x = \frac{h}{\lambda} \sim \frac{h}{\Delta x} \tag{A.5}$$

Δp_x가 작은 것은 Δx가 큰 것을 암시하기 때문에, 다음과 같은 관계는 아주 좁은 파동묶음뿐만 아니라 실제로 모든 파동묶음에 적용될 것이다.

$$(\Delta x)(\Delta p_x) \sim h \tag{A.6}$$

좀 더 일반적으로 말하자면, 푸리에 분석을 이용해서 어떤 파동함수에도 다음의 관계가 성립한다는 것을 증명할 수 있다.

$$(\Delta x)(\Delta p_x) \geq \frac{h}{4\pi} \tag{A.7}$$

이것이 그 유명한 하이젠베르크의 불확정성 원리(Heisenberg uncertainty principle)이다. 이 원리는, 파동함수가 동일한 백만 개의 입자들이 있어서, 입자들의 반에서는 위치를 측정하고 다른 반에서는 운동량을 측정해서 각각 표준편차를 계산하면, 그 표준편차들의 곱은 $h/4\pi$ 보다 작을 수 없다는 것을 말한다. 그러므로 한 입자를 어떤 식으로 준비하건, Δx와 Δp_x가 둘 다 임의로 작은 상태에 놓이게 하는 것은 불가능하다. 적절하게 구성된 파동묶음은 위의 곱이 $h/4\pi$인 최선의 한계를 달성할 수 있다. 하지만 대부분의 파동함수에서 그 곱은 $h/4\pi$ 보다 크다.

문제 A.9. "적절하게 구성된" 파동묶음의 식이 다음과 같다.

$$\Psi(x) = Ae^{ik_0x}e^{-ax^2}$$

여기서 A, a, k_0는 상수이다. (허수 지수형은 문제 A.7에서 정의된다. 이 문제에서는 i를 그저 다른 상수들처럼 다룰 수 있다고 가정하라.)

(a) 이 파동함수에 대하여 $|\Psi(x)|^2$을 계산하고 스케치하라.

(b) 상수 A가 $(2a/\pi)^{1/4}$와 같아야 함을 보여라. (힌트: $x=-\infty$와 $x=\infty$ 사이 어디에서든 입자를 발견하는 확률은 1이 되어야 한다. 적분에 대한 도움을 받기 위해서는 부록 B의 1절을 보라.)

(c) 표준편차 Δx는 $\sqrt{\overline{x^2}-\overline{x}^2}$ 으로 계산될 수 있고, x^2의 평균은 다음과 같이 모든 x^2 값들을 해당 값의 확률로 가중하여 합한 것이다.

$$\overline{x^2}=\int_{-\infty}^{\infty} x^2|\Psi(x)|^2 dx$$

이 식들을 사용해서, 이 파동묶음에 대하여 $\Delta x = 1/(2\sqrt{a})$ 임을 보여라.

(d) 함수 $\Psi(x)$의 푸리에 변환은 다음과 같이 정의된다.

$$\tilde{\Psi}(k) = \frac{1}{\sqrt{2\pi}}\int_{-\infty}^{\infty} e^{-ikx}\Psi(x)dx$$

적절하게 구성된 파동묶음에 대해서 $\tilde{\Psi}(k) = (A/\sqrt{2a})\exp[-(k-k_0)^2/4a]$ 임을 보여라. 이 함수를 스케치하라.

(e) (c)에서의 것과 유사한 식들을 사용해서, 이 파동묶음에 대하여 $\Delta k = \sqrt{a}$ 임을 보여라. (힌트: 표준편차가 k_0에 의존하지 않으므로 시작할 때부터 $k_0 = 0$으로 놓아 계산을 단순하게 할 수 있다.)

(f) 이 파동함수의 Δp_x를 계산하고 불확정성 원리가 만족되는지 확인하라.

문제 A.10. $(\Delta x)(\Delta p_x)$가 $h/4\pi$보다 훨씬 큰 파동함수를 스케치하라. 이 파동함수에 대한 Δx와 Δp_x를 어떻게 추정하겠는지 설명하라.

선형독립적 파동함수

앞선 삽화들로부터 알 수 있다시피, 한 입자가 가질 수 있는 가능한 파동함수의 수는 엄청나게 많다. 이것은, 한 입자가 취할 수 있는 상태가 얼마나 많은지 세어야 할 필요가 있는 통계역학에 생각해보아야 할 한 문제를 제기한다. 모든 가능한 파동함수들을 세는 유의미한 방법은 없다. 하지만 정작 우리에게 필요한 것은, 내가 아래에서 정밀하게 할 의미에서, 독립적인 파동함수들을 세는 방법이다.

파동함수 Ψ가 다른 두 파동함수 Ψ_1과 Ψ_2의 식으로 다음과 같이 써질 수 있다면, 그때 Ψ는 Ψ_1과 Ψ_2의 선형조합(linear combination)이라고 말한다.

$$\Psi(x) = a\Psi_1(x) + b\Psi_2(x) \tag{A.8}$$

여기서 a와 b는 어떤 (복소수) 상수들이다. 식 (A.8)을 만족시키는 상수 a와 b가 존재하지 않으면 Ψ가 Ψ_1과 Ψ_2와 선형 독립적(linearly independent)이라고 말한다. 더 일반적으로, 함수 $\Psi_n(x)$들의 집합이 있고 $\Psi(x)$가 $\Psi_n(x)$들의 선형조합으로 써지지 않으면, Ψ가 Ψ_n들과 선형독립적이라고 말한다. 파동함수들의 집합에서 어떤 파동함수도 다른 파동함수들의 선형조합으로 써지지 않을 때, 그 파동함수들은 모두 선형독립적이라고 말한다.

통계역학에서 우리가 하길 원하는 것은, 한 입자에 허용된 선형독립적인 파동함수들을 세는 것이다. 그 입자가 유한한 영역에 갇혀있고 에너지도 제한되어 있다면, 이 수는 항상 유한하다. 그렇더라도 우리가 사용할 수 있는 선형독립적인 파동함수들의 서로 다른 집합들은 많이 있다. 2.5절에서 나는 위치공간과 운동량공간에서 동시에 근사적으로 고립된 파동묶음을 사용했다. 하지만 보통은, 다음 절에서 논의하겠지만, 명확한-에너지 파동함수를 사용하는 것이 더 편리하다.

문제 A.11. x값의 범위가 0부터 π까지인 함수 $\Psi_1(x) = \sin x$와 $\Psi_2(x) = \sin 2x$를 고려하자. Ψ_1과 Ψ_2의 뻔하지 않은 선형조합들 세 가지의 식을 찾고, 그 함수들을 각각 스케치하라. 단순하게 하기 위해서, 선형조합 함수들이 항상 실수값을 갖도록 하라.

A.3 명확한-에너지 파동함수

한 입자가 가질 수 있는 가능한 모든 파동함수 중에서 가장 중요한 파동함수는 명확한 총에너지를 갖는('명확한-에너지') 파동함수들이다. 총에너지는 운동에너지와 퍼텐셜에너지를 더한 것이고, 일차원 비상대론적 입자에 대해서는 다음과 같이 쓸 수 있다.

$$E = \frac{p_x^2}{2m} + V(x) \tag{A.9}$$

여기서 퍼텐셜에너지 $V(x)$는 실질적으로 무엇이든 될 수 있다. $V(x) = 0$인 특별한 경우에는 총에너지는 운동에너지와 같다. 이때 운동에너지는 운동량에만 의존하기 때문에, 이 경우에 명확한-운동량 파동함수는 명확한-에너지 파동함수이기도 하다. 하지만 $V(x)$

가 영이 아닐 때는, 명확한-운동량 파동함수에 대한 퍼텐셜에너지는 잘 정의되지 않고, 따라서 명확한-에너지 파동함수는 명확한-운동량 파동함수와 다를 것이다.

주어진 어떤 $V(x)$에 대해서 명확한-에너지 파동함수를 찾으려면, 시간독립적 슈뢰딩거 방정식(time-independent Schrödinger equation)*이라 불리는 미분방정식을 풀어야 한다. 이 방정식과 그것을 푸는 방법들은 양자역학 교과서에 상세하게 논의되어 있다. 여기서는 몇 개의 중요한 경우들에서 해를 그저 기술만 하겠다.

상자 안의 입자

가장 단순하면서도 뻔하지 않은 퍼텐셜에너지 함수는 다음과 같이 정의되는 "정사각형 무한 우물(infinite square well)"이다.

$$V(x) = \begin{cases} 0 & 0 < x < L \text{ 영역에서} \\ \infty & \text{그밖의 영역에서} \end{cases} \tag{A.10}$$

이 이상적인 퍼텐셜은 입자를 0과 L 사이의 영역, 즉 일차원 "상자" 안에 가둔다(그림 A.9). 상자 안에서 퍼텐셜에너지는 영이고, 상자 바깥에서는 입자가 무한대의 (퍼텐셜)에너지를 갖게 되기 때문에 입자가 존재할 수 없다.

이 퍼텐셜에너지 함수는 아주 간단하기 때문에 시간독립적 슈뢰딩거 방정식을 풀지 않고도 명확한-에너지 파동함수들을 구할 수 있다. 모든 허용된 파동함수들은 상자 바깥에서는 영이 되어야 하고, 퍼텐셜에너지가 영인 상자 안에서는 명확한-에너지 파동함수는 명확한 운동에너지와, 따라서 명확한 운동량도 가질 것이다. 흠, 거의 다 왔다. 명확한-에너지 파동함수들은 $x=0$과 $x=L$에서 연속적으로 영으로 가야만 한다. 만약 영이 되지 않아 불연속적이라면, 운동량의 불확정성이 무한대가 되고 파장이 영인 푸리에 성분이 존재하게 되기 때문이다. 하지만 명확한-운동량 파동함수들은 어디서든 영으로 가는 법이 없다. 진폭이 영이 되는 마디들이 있는 파동함수를 만들려면, 크기가 같고 방향이 반대인 운동량을 갖는 두 개의 파동함수를 더해서 "정지파(standing wave)"를 만들어야

---

* 시간의존적인 슈뢰딩거 방정식(time-dependent Schrödinger equation)도 존재하는데 그것의 목적은 완전히 다르다. 즉, 이 방정식은 파동함수가 시간에 대해서 어떻게 변하는지를 말해준다. 명확한-에너지 파동함수들은 진동수 $f = E/h$로 실수와 허수 사이를 오가며 진동하고, 다른 파동함수들은 더욱 복잡한 방식으로 시간에 대해서 변화한다. 명확한-에너지 파동함수들이 가능한 가장 단순한 형태의 시간의존성을 갖기 때문에 이 두 가지의 슈뢰딩거 방정식 사이에는 밀접한 수학적 관계가 존재한다.

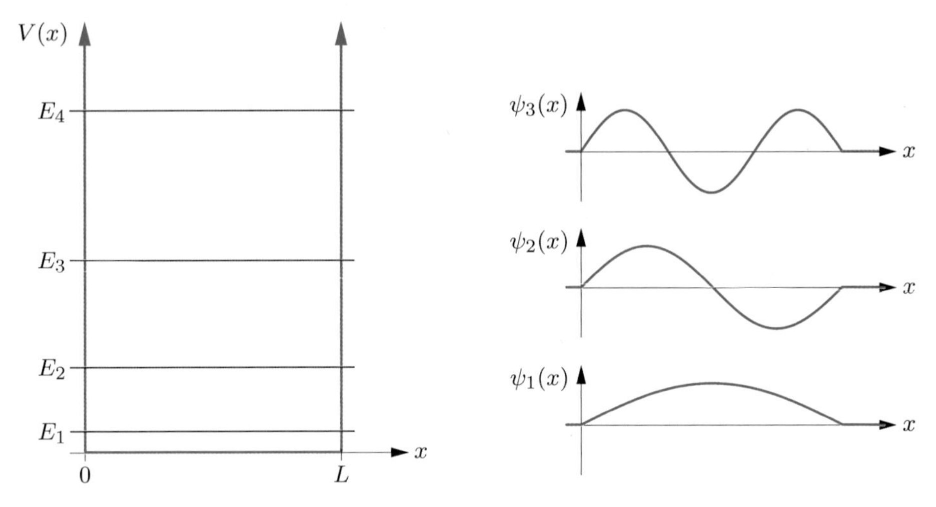

그림 A.9. 일차원 상자 안의 입자에 대한 몇 개의 최소 에너지 준위들과 각각에 해당하는 명확한-에너지 파동함수들

한다. 운동에너지가 운동량의 제곱에만 의존하기 때문에, 그런 정지파 파동함수는 여전히 명확한 운동에너지를 가질 것이다.

그림 A.9는 몇 개의 명확한-에너지 파동함수들을 보여준다. 파동함수가 상자의 양 끝에서 영으로 가기 위해서는, $2L$, $2L/2$, $2L/3$, 등등의 특정한 파장값들만 허용된다. 각 파장값에 대해서 드브로이 관계식을 사용해서, 운동량의 크기를 구할 수 있고 에너지 $p^2/2m$도 계산할 수 있다. 따라서 허용된 에너지 값들은 다음과 같다.

$$E_n = \frac{p_n^2}{2m} = \frac{1}{2m}\left(\frac{h}{\lambda_n}\right)^2 = \frac{h^2}{2m}\left(\frac{n}{2L}\right)^2 = \frac{h^2n^2}{8mL^2} \tag{A.11}$$

여기서 n은 임의의 양의 정수이다. 에너지 값들이 양자화된 것에 주목하라. 상자에 들어맞으려면 반파장의 개수가 정수가 되어야 하기 때문에, 불연속적으로 떨어진 어떤 에너지 값들만이 가능하다. 좀 더 일반적으로 말하자면, 한 입자가 제한된 영역에 갇힌 때는 항상, 입자의 파동함수가 이 영역 바깥에서는 영으로 가고, 영역 안에서는 정수 개의 "혹(bump)"들을 가져야 하기 때문에, 에너지는 양자화될 것이다.

명확한-에너지 파동함수들은 중요하다. 명확한 에너지를 가져서일 뿐만 아니라 어떤 임의의 다른 파동함수도 명확한-에너지 파동함수들의 선형조합으로 써질 수 있기 때문이다. (상자-안-입자 파동함수들의 경우, 이 진술은 푸리에 분석의 정리와 동일하다. 이 정리에 따르면, 유한한 영역 안의 어떤 함수도 사인함수들의 선형조합으로 써질 수 있다.) 게다가 명확한-에너지 파동함수들은, 최소한 일차원에서 어떤 제한된 영역에 갇힌 입자에 대해서는, 모두 서로 선형독립적이다. 따라서 명확한-에너지 파동함수들을 세는 것은 입자에 허용된 "모든" 상태들을 세는 편리한 방법을 제공한다.

삼차원 상자 안에 갇힌 입자의 명확한-에너지 파동함수는, 세 개의 일차원 명확한-에너지 파동함수들을 그저 곱해서 구성할 수 있다.

$$\psi(x, y, z) = \psi_x(x)\psi_y(y)\psi_z(z) \tag{A.12}$$

여기서 ψ_x, ψ_y, ψ_z는 일차원 상자의 사인 파동함수들 중 어느 것이라도 될 수 있다. (명확한-에너지 파동함수를 나타내는 데에 소문자 ψ를 쓰는 것이 편리하다.) 이 곱들이 명확한-에너지 파동함수들의 전부는 아니지만, 다른 것들도 이것들의 선형조합으로 써질 수 있다. 따라서 우리의 목적에서는 이런 방식으로 분해되는 파동함수를 세는 것으로 충분하다. 총에너지도 세 항들의 합으로 다음과 같이 멋지게 분해된다.

$$E = \frac{|\vec{p}|^2}{2m} = \frac{1}{2m}(p_x^2 + p_y^2 + p_z^2) = \frac{1}{2m}\left[\left(\frac{hn_x}{2L_x}\right)^2 + \left(\frac{hn_y}{2L_y}\right)^2 + \left(\frac{hn_z}{2L_z}\right)^2\right] \tag{A.13}$$

여기서 L_x, L_y, L_z는 각 축의 방향으로 상자의 크기이고, n_x, n_y, n_z는 각각 임의의 양의 정수이다. 상자가 정육면체라면 이 식은 다음과 같이 간단하게 써진다.

$$E = \frac{h^2}{8mL^2}(n_x^2 + n_y^2 + n_z^2) \tag{A.14}$$

각 삼중쌍 (n_x, n_y, n_z)는 서로 다른 선형독립적 파동함수를 주지만, 에너지가 항상 서로 다르지는 않다. 대부분의 에너지 준위들은 겹쳐(degenerate) 있어서, 한 준위에 해당되는 여러 개의 선형독립적인 상태들은 통계역학에서 별개로 세어져야 한다. (주어진 에너지를 갖는 선형독립적인 상태들의 개수는 그 준위의 겹침수(degeneracy)라고 불린다.)

문제 A.12. 폭 10^{-15} m (원자핵의 크기)인 상자 안에 갇힌 양성자의 최소에너지를 대충 추산하라.

문제 A.13. 광자나 고에너지 전자와 같은 초상대론적 입자들에 대해서 에너지-운동량 관계식은 $E = p^2/2m$이 아니라 $E = pc$이다. (이 식은 질량이 없는 입자들의 식이지만, $E \gg mc^2$인 극한에서의 무거운 입자들에 대해서도 성립한다.)

(a) 길이 L인 일차원 상자에 갇힌 초상대론적 입자의 허용된 에너지들의 식을 구하라.

(b) 폭 10^{-15} m인 상자 안에 갇힌 전자의 최소에너지를 추산하라. 한때 원자핵이 전자들을 포함한다고 여기기도 했다. 그럴 가능성이 왜 낮은지 설명하라.

(c) 양성자나 중성자 같은 핵입자는 쿼크 세 개의 결합상태로 생각될 수 있다. 쿼크는 근사적으로 질량이 없으며, 그들 사이에는 그들을 폭 10^{-15} m인 상자 안에 유효하게 가둘 수 있는 아주 강한 힘이 작용한다. 그런 입자들 세 개가 최소에너지 상태에 있다고 가정하고, 그 최소에너지를 추산하라. 또한 최소에너지를 c^2으로 나누어서 핵질량의 추정값을 얻어라.

문제 A.14. 정육면체 모양의 삼차원 상자 안에 갇힌 비상대론적 입자에 대한 에너지준위 도표를 그리고, 에너지가 $15 \cdot (h^2/8mL^2)$보다 작은 모든 상태들을 보여라. 선형독립적인 상태들을 개별적으로 보이게 해서, 각 에너지준위의 겹침수를 표시하라. 에너지가 증가할 때, 에너지당 상태들의 평균개수는 증가하는가, 감소하는가?

조화진동자

또 다른 중요한 퍼텐셜에너지 함수는 다음과 같은 조화진동자 퍼텐셜이다.

$$V(x) = \frac{1}{2}k_s x^2 \tag{A.15}$$

여기서 k_s는 어떤 "용수철 상수"이다. 이 퍼텐셜의 지배를 받는 입자의 명확한-에너지 파동함수들은 추측하기란 쉽지 않지만, 시간독립적 슈뢰딩거 방정식을 풀어서 구할 수 있다. 그림 A.10은 그것들 중 몇 개를 보여준다. 이것들은 사인함수들은 아니지만, 여전히 근사적인 국소적 "파장"을 갖는다. 퍼텐셜에너지가 작은, 그래서 운동에너지가 큰, 중간영역에서 파장은 작고, 운동에너지가 작아지는 양쪽 끝으로 가면서 파장은 커진다.

상자 안의 입자에서처럼 양자조화진동자에 대한 명확한-에너지 파동함수들은, 양쪽 끝에서 영으로 가고 그 사이에서는 정수 개의 "혹"들을 가져서 에너지가 양자화된다. 이번에는 허용된 에너지들이 다음과 같은 것으로 판명된다.

$$E = \frac{1}{2}hf,\ \frac{3}{2}hf,\ \frac{5}{2}hf,\ \cdots \tag{A.16}$$

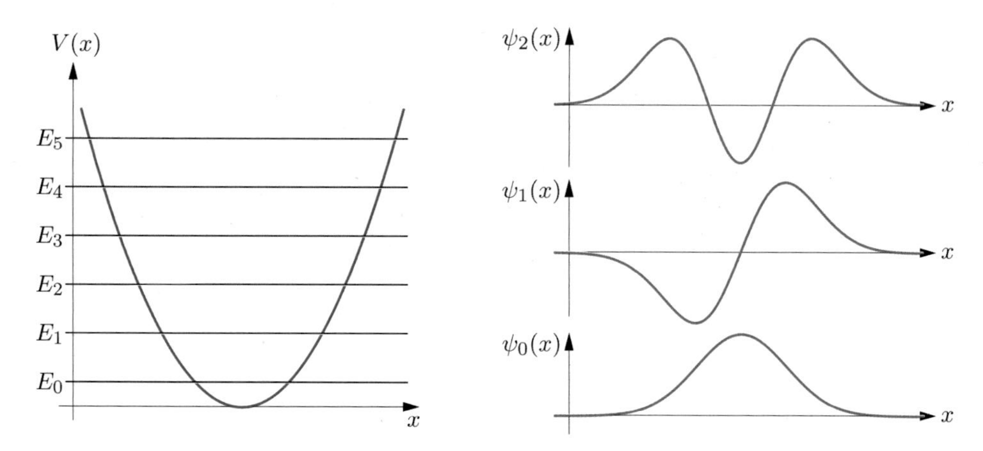

그림 A.10. 일차원 양자조화진동자들에 대해서 에너지가 가장 낮은 에너지준위들 몇 개와 각각에 해당되는 파동함수들

여기서 $f = (1/2\pi)\sqrt{k_s/m}$ 은 진동자의 고유진동수이다. 상자 안의 입자에 대해서는 에너지가 높아질 때 에너지준위의 간격이 더 커지는 것과 다르게, 여기서는 에너지준위의 간격이 균등하다. (이것은, 에너지가 더 크면 조화진동 입자가 양쪽 끝으로 더 멀리 운동할 수 있어서, 파동함수에 더 넓은 공간을 주고, 그래서 파장이 더 길어지기 때문이다.) 종종 모든 에너지들을 바닥상태 에너지를 기준으로 측정하는 것이 편리해서, 허용된 에너지들은 다음과 같이 써질 수 있다.

$$E = 0,\ hf,\ 2hf,\ \cdots \tag{A.17}$$

영점을 이런 방식으로 이동하는 것은 열적 상호작용에 아무런 영향을 주지 않는다. 하지만 영점 에너지가 문제가 되는 상황도 가능한데, 문제 A.24를 보라.

많은 실세계의 계들은 최소한 일차 근사적으로 조화진동을 한다. 양자진동자의 좋은 예는 N_2 또는 CO 같은 이원자분자의 진동모드이다. 진동에너지는, 분자가 한 상태에서 다른 상태로 전이할 때 방출하는 빛을 관찰해서 측정될 수 있다. 그림 A.11이 한 예를 보여준다.

문제 A.15. CO 분자는 고유진동수 $6.4 \times 10^{13}\,\mathrm{s}^{-1}$ 로 진동할 수 있다.

(a) 에너지가 가장 낮은 CO 분자의 다섯 진동 상태들의 에너지(eV)는 얼마인가?

(b) 처음에 바닥상태에 있는 CO 분자를 그것의 첫 진동 준위로 들뜨게 하고 싶다. 그 분자에 어떤 파장의 빛을 쪼여주어야 하는가?

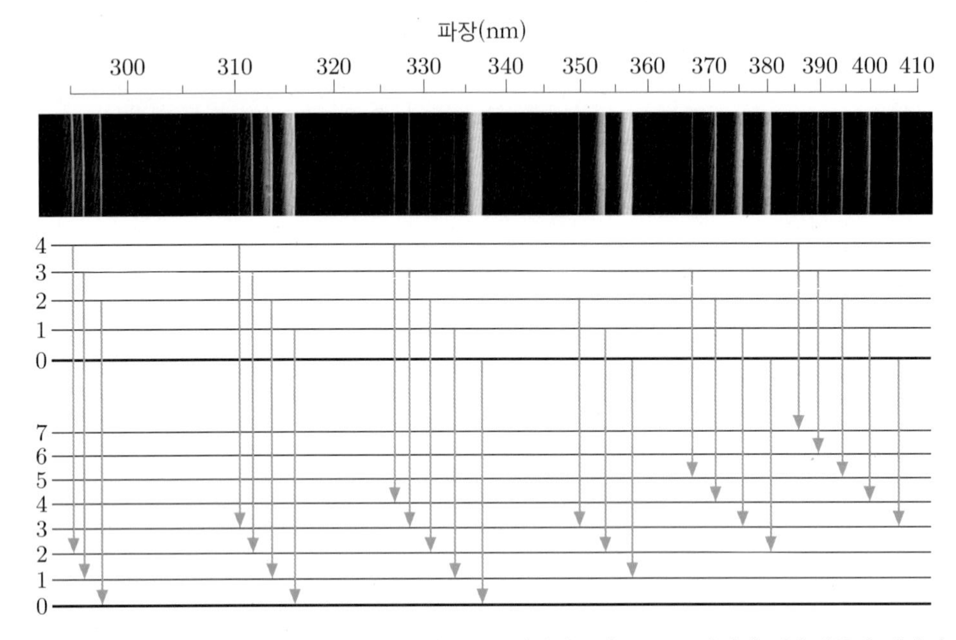

그림 A.11. 질소분자의 방출 스펙트럼의 한 부분. 에너지준위 도표는 다양한 방출선들에 해당되는 전이들을 보여준다. 보여진 모든 방출선들은 동일한 전자상태 쌍 사이의 전이들로부터 온다. 하지만 각 전자상태에서 분자는 한 "단위"나 그 이상 단위의 진동에너지를 가질 수 있다. 이 진동에너지 단위수들이 왼쪽에 표시되어 있다. 방출선들은 얻거나 잃은 진동에너지 단위에 따라 그룹으로 묶어진다. 각 그룹 안에서 선들이 또 다시 갈라지는 것은, 진동에너지준위들의 간격이 아래 전자상태보다 위 전자상태에서 더 넓기 때문이다. 출처는 Gordon M. Barrow, *Introduction to Molecular Spectroscopy*(McGraw-Hill, New York, 1962). 사진원본은 J. A. Marquisee가 제공했다.

문제 A.16. 이 문제에서는 그림 A.11에서 보여준 질소분자의 스펙트럼을 분석할 것이다. 모든 전이들이 에너지준위 도표에서 올바르게 확인된다고 가정해도 좋다.

(a) 위와 아래 전자상태들 사이의 에너지 차이는 근사적으로 얼마인가? 영점에너지 $(1/2)hf$ 외의 진동에너지는 무시하라.

(b) 아래와 위 전자상태들에서 진동에너지준위들 사이의 에너지 간격을 근사적으로 결정하라.

(c) 방출선들의 다른 그룹들을 사용해서 (b)를 반복하고, 도표가 일관적인 것을 입증하라.

(d) 어느 쪽의 전자상태이건 한 전자상태의 진동준위들이 그렇게 균등한 간격을 갖지 않는다는 것을 스펙트럼으로부터 어떻게 말할 수 있는가? (이것은, 퍼텐셜에너지 함수가 정확하게 이차함수는 아니라는 것을 암시한다.)

(e) 아래 전자상태에 대해서 두 질소원자들을 함께 붙드는 결합의 "유효 용수철상수"

는 얼마인가? (힌트: 우선, 고정된 질량중심에 대해서 진동하는 각 원자를 고려해서 용수철의 각 반쪽의 용수철상수를 결정하라. 그런 후 전체 용수철의 용수철상수가 각 반쪽의 용수철상수와 어떻게 연관되는지 신중하게 생각해보라.)

문제 A.17. 이차원 조화진동자는 독립된 일차원 진동자 두 개로 된 계로 생각할 수 있다. 두 방향으로의 고유진동수가 동일한 등방성 이차원 진동자를 고려하자. 이 계의 허용된 에너지 식을 쓰고, 각 준위의 겹침수를 보여주는 에너지준위 도표를 그려라.

문제 A.18. 삼차원 등방성 진동자에 대해서 앞의 문제를 반복하라. 임의로 주어진 에너지를 갖는 겹친 상태들의 수를 식으로 써라.

수소 원자

중요한 퍼텐셜에너지 함수의 세 번째 예는, 수소 원자에서 전자가 겪는 다음과 같은 쿨롱퍼텐셜이다.

$$V(r) = -\frac{k_e e^2}{r} \tag{A.18}$$

여기서 e는 양성자의 전하량이고, $k_e = 8.99 \times 10^9 \mathrm{N \cdot m^2/C^2}$은 쿨롱상수이다. 이것은 삼차원 문제이고, 시간독립적 슈뢰딩거 방정식을 푸는 것은 조금 지루한 일이다. 하지만 그 에너지준위에 대한 결과식은 꽤 간단해서 다음과 같다.

$$E = -\frac{2\pi^2 m_e e^4 k_e^2}{h^2} \frac{1}{n^2} = -\frac{13.6\ \mathrm{eV}}{n^2} \tag{A.19}$$

여기서 $n = 1, 2, 3, \cdots$이다. 준위 n에 해당되는 선형독립적 파동함수들의 수는 n^2이다. 즉, 바닥상태에서는 1, 첫 들뜬상태에서는 4, 등등이다. 이 음의 에너지를 갖는 상태들에 추가해서, 임의의 양의 에너지를 갖는 상태들도 있을 수 있다. 이 상태들에서는 전자가 더 이상 양성자에 구속되지 않고 이온화된다.

그림 A.12는 수소원자에 대한 에너지준위 도표를 보여준다. 명확한-에너지 파동함수들은 흥미롭고 중요하다. 하지만 그것들이 세 개의 위치 변수들과 또 다른 많은 변수들에

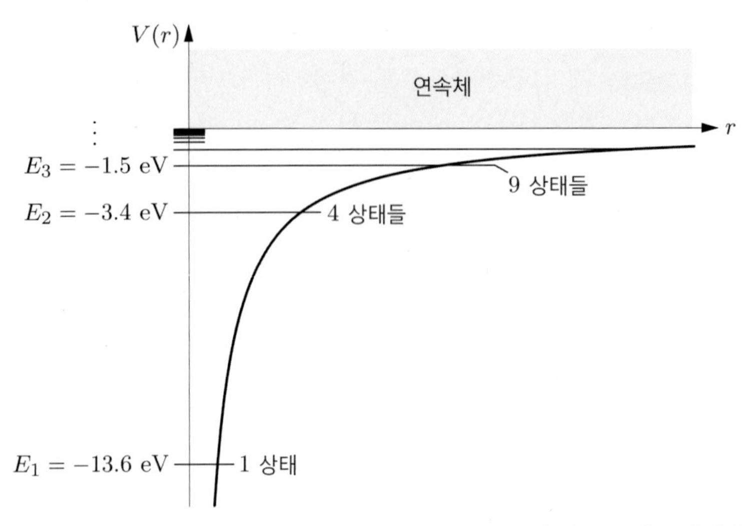

그림 A.12. 수소원자에 대한 에너지준위 도표. 두꺼운 곡선은 $-1/r$에 비례하는 퍼텐셜에너지 함수이다. 불연속적인 간격을 갖는 음의 에너지 상태들에 추가해서, 양의 에너지를 갖는 이온화 상태들의 준위들을 나타내는 연속체가 위쪽에 존재한다.

의존하기 때문에 작은 공간에 그것들을 그리기는 어렵다. 파동함수나 파동함수의 제곱의 그림들을 대부분의 현대물리학이나 화학개론 교과서들에서 찾을 수 있다.

> **문제 A.19.** 수소원자가 높은 n 상태에서 낮은 n 상태로, 그 과정에서 광자 한 개를 방출하면서 전이한다고 하자. 다음 전이들에 대해서 각각 광자의 에너지와 파장을 계산하라: $2 \to 1$, $3 \to 2$, $4 \to 2$, $5 \to 2$.

A.4 각운동량

위치, 운동량, 에너지 외에도, 어떤 근원에서 생기는 입자의 각운동량도 알고 싶어 할 수 있다. 좀 더 구체적으로, 입자의 각운동량 벡터의 크기 $|\vec{L}|$, 혹은 동등하게 크기의 제곱 $|\vec{L}|^2$을 알고 싶어 할 수 있다. 거기에 더해서, 각운동량의 세 성분 L_x, L_y, L_z도 알고 싶어 할 수 있다.

여기서 또 다시, 임의의 특정한 변수가 잘 정의된 특별한 파동함수들이 존재한다. 하지만 L_x, L_y, L_z 중에서 두 성분 이상이 동시에 잘 정의된 파동함수는 존재하지 않는다. 임

의의 특정한 파동함수에 대해서 우리가 할 수 있는 최선은, $|\vec{L}|^2$의 값과 또한 $\vec{L}$의 어느 한 성분의 값만 명시하는 것이다. 이 한 성분을 통상 z 성분이라고 부른다.

입자의 각운동량은 그 입자의 파동함수가 회전각에 어떻게 의존하는지만 결정한다. 구면좌표계에서 그 회전각 변수들은 θ와 ϕ이다. 잘 정의된 각운동량을 갖는 파동함수는 이 변수들의 다양한 사인함수들인 것으로 드러난다. 파동함수가 단일값을 갖기 위해서는, 공간적으로 완전한 한 바퀴를 돌 때 이 사인함수들이 진동 전체를 마치는 것이라야 한다. 따라서 진동의 어떤 "파장" 값들만이 허용된다. 이 값들은 각운동량의 어떤 양자화된 값들에 해당된다. 허용된 $|\vec{L}|^2$ 값들은 $\ell(\ell+1)\hbar^2$으로 판명된다. 여기서 ℓ은 음이 아닌 정수이며 $\hbar$는 $h/2\pi$의 축약이다. 주어진 ℓ 값에 대해서, 허용된 L_z 값들은 $m\hbar$이다. 여기서 m은 $-\ell$부터 ℓ까지의 임의의 정수이다. 그림 A.13은 이 상태들을 가시화하는 한 방법을 보여준다.

각운동량은 회전대칭을 가진 문제들에서 가장 중요하다. 그런 경우 고전역학적으로 각운동량은 보존된다. 양자역학에서는 회전대칭은, 우리가 명확한-각운동량도 갖는 명확한-에너지 파동함수를 찾을 수 있다는 것을 의미한다. 중요한 예는 수소원자이다. 수소원자의 바닥상태에서는 $|\vec{L}|^2=0$이어야 하고, 첫 들뜬상태($n=2$)에서는 $|\vec{L}|^2=0\,(\ell=0)$이거나 $|\vec{L}|^2=2\hbar^2\,(\ell=1)$이 될 수 있다. n이 더 큰 상태들도 유사하다. (수소원자에 대한 일반 규칙은 $\ell \le n$이다. 여기서 n은 에너지를 결정하는 정수이다. 정수 n, ℓ, m은 양자수(quantum number)로 불린다.)

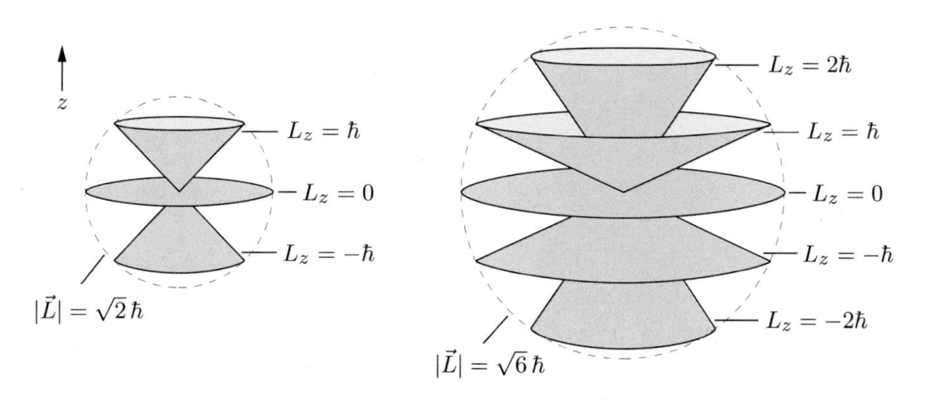

그림 A.13. 잘 정의된 $|\vec{L}|$과 L_z를 갖는 입자의 L_x와 L_y는 완전하게 부정이다. 따라서 각운동량 "벡터"는 가능한 모든 L_x와 L_y 값들을 갖는 경우들을 흐릿하게 표시한 원뿔로 가시화할 수 있다. 여기서 보여진 것은 $\ell=1$과 $\ell=2$일 때 허용된 상태들이다.

문제 A.20. 각운동량의 양자화를 이해하기 위해서, 매우 순진하긴 하지만 부분적으로는 옳은 한 방법은 다음과 같다. 한 입자가 반지름이 r 인 원을 따라 운동한다고 하자. 그렇다면 원 중심에 대한 각운동량은 $\pm rp$ 이다. 여기서 p 는 임의의 순간의 선운동량의 크기이다. 원 위에서 입자의 위치를 표시하는 좌표를 s 라고 하면, s 의 범위는 0부터 $2\pi r$ 까지이다. 이 입자의 파동함수는 s 의 함수이다. 이제 이 파동함수가 사인함수라고 하면, p 는 잘 정의된다. 전체 원을 한 바퀴 돌 때 파동함수가 완전한 진동을 정수 번 해야 한다는 사실을 이용해서, 허용된 p 와 각운동량의 값들을 구하라.

문제 A.21. 명확한 E, $|\vec{L}|^2$, L_z 값들을 갖는 수소원자의 모든 독립상태들에 대하여 $n=3$ 까지 가능한 양자수 (n, ℓ, m) 을 열거하라. 준위 n 에 대한 독립상태들의 수가 n^2 인 것을 확인하라.

회전하는 분자

열물리학에서 각운동량의 중요한 응용은 기체 분자의 회전에 대한 것이다. 그 분석은 편의상 단원자, 이원자, 다원자 분자의 세 가지 경우로 나누어진다.

단원자분자는 실제로 어떤 회전상태도 갖지 않는다. 원자의 전자들이 각운동량을 가질 수 있고, 운동량 벡터가 다양한 방향을 가리킬 수 있다는 것도 사실이다(원자가 고립되었다면 이것들은 모두 같은 에너지를 갖는다). 하지만 전자들의 각운동량의 '크기'를 변화시키는 것은 전자들을 들뜬상태로 보내는 것을 요구하는데, 이것은 전형적으로 수 eV의 에너지를 요구한다. 이 에너지는 실온의 열에너지보다 큰 값이다. 어쨌든 이 들뜬상태는 전자상태이며 분자의 회전상태는 아니다. 추가적으로, 핵도 고유 각운동량("스핀")을 띨 수 있는데, 이것 역시 다양한 방향을 가리킬 수 있다. 하지만 이 각운동량의 크기를 변화시키는 것은 전형적으로 100,000 eV 인 엄청난 양의 에너지를 요구한다.

더 일반적으로, 분자의 회전상태들에 대해서 얘기할 때는, 개별적인 핵들의 회전이나 들뜬 전자상태들에 관심을 두는 것은 아니다. 그러므로 핵들은 점 입자로 간주하고, 그저 같이 "동승하는" 전자들은 전혀 무시하는 것이 적절하다. 아래의 논의에서 나는 이 두 가지 단순화를 채택하겠다.

이원자분자에서 두 원자들을 서로 붙드는 결합은 정상적으로 꽤 빳빳한 것이어서, 두 핵들이 질량이 없는 딱딱한 막대로 서로 붙들려 있는 것처럼 상상해볼 수 있다. 이 "아령"의 질량중심이 정지해있다고 하자(즉, 분자의 병진운동을 무시하겠다). 그렇다면 고전역학적으로 계의 공간배열은, 두 핵 중 한 핵의 방향을 명시하는 구면좌표계의 두 회전각 θ와 ϕ에만 의존한다. (둘째 핵의 위치는 첫째 핵의 반대쪽에서 완전하게 결정된다.) 이 경우에 분자의 에너지는, 관례적으로 $\vec{L}$ 대신에 $\vec{J}$로 부르는 각운동량 벡터에 의해 결정된다. 좀 더 엄밀하게는, 에너지는 바로 통상적인 회전운동에너지이다.

$$E_{\text{회전}} = \frac{|\vec{J}|^2}{2I} \tag{A.20}$$

여기서 I는 질량중심에 대한 관성모멘트이다(즉, $I = m_1 r_1^2 + m_2 r_2^2$이고, m_i와 r_i는 각각 i번째 핵의 질량과 회전축으로부터의 거리이다).

양자역학적으로, 이 계의 파동함수는 회전각 θ와 ϕ만의 함수이다. 따라서 각운동량 상태($|\vec{J}|^2$와 J_z)를 명시하는 것으로 전체 파동함수를 명시하기에 충분하고, 분자에 허용된 독립 파동함수들의 수는 그러한 각운동량 상태들의 수와 동일하다. 게다가 $|\vec{J}|^2$의 값은 식 (A.20)에 의해서 분자의 회전운동에너지를 결정한다. 그러므로 $|\vec{J}|^2$의 양자화는 에너지의 양자화를 의미하며 그 허용된 에너지 값들은 다음과 같다.

$$E_{\text{회전}} = \frac{j(j+1)\hbar^2}{2I} \tag{A.21}$$

여기서 j는 앞에서 사용한 양자수 ℓ과 기본적으로 같고 허용된 값들은 0, 1, 2, ⋯ 이다. (주어진 j에 대한) 각 에너지준위의 겹침수는 단순하게 서로 다른 가능한 J_z값들의 수이다. 즉, $2j+1$이다. 회전하는 이원자분자의 에너지준위 도표를 그림 6.6이 보여준다.

하지만 방금 말한 것은, CO, CN, 혹은 두 원자들이 서로 다른 동위원소인 H_2처럼, 구별할 수 있는 원자들로 구성된 이원자분자들에만 적용된다. 두 원자들을 구별할 수 없는 경우에는, 두 원자들을 서로 교환하는 것이 정확하게 같은 배열을 초래하기 때문에, 서로 다른 상태들의 수는 절반이 된다. 기본적으로 이것은 식 (A.21)에서 j값들의 절반이 허용되고, 다른 절반은 허용되지 않는다는 것을 의미한다. 문제 6.30은 어느 절반이 어느 것인지 알아내는 방법을 설명한다.

임의의 이원자분자에 대해서 회전에너지준위들의 간격은 $\hbar^2/2I$에 비례한다. 이 양은 관성모멘트가 작을수록 커지는데, 가장 작은 분자에서조차 그 값은 1/100 eV 보다도 작은 것으로 드러난다. 따라서 일반적으로, 분자의 회전에너지준위들은 진동에너지준위들보다 훨씬 더 촘촘한 간격을 갖는다(그림 A.14). 실온에 있는 거의 모든 분자들에 대해서

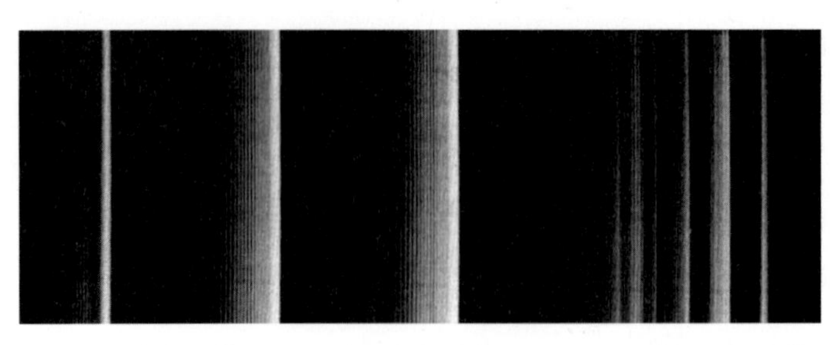

그림 A.14. 그림 A.11에서 보여준 N_2 스펙트럼의 대략 370～390 nm 범위를 부분적으로 확대한 사진. 각 밝은 선은, 각 진동준위에 대한 회전준위들의 겹침수로 인해 실제로 많은 좁은 선들의 "띠"로 갈라진다. 출처는 Gordon M Barrow, *Introduction to Molecular Spectroscopy* (McGraw-Hill, New York, 1962). 사진원본은 J. A. Marquisee가 제공했다.

$kT \gg \hbar^2/2I$ 이기 때문에, 회전 "자유도"는 정상적이라면 상당한 양의 열에너지를 수용한다.

CO_2 와 같은 선형 다원자분자는, 회전배열이 단지 두 회전각들에 의해서만 명시될 수 있다는 점에서는, 이원자분자와 유사하다. 따라서 그런 분자의 회전에너지도 식 (A.21)로 주어진다.

하지만 대부분의 다원자분자들은 더 복잡하다. 예컨대, H_2O 분자의 회전방향은 질량중심에 대한 수소원자 중 하나의 위치로 완전하게 명시되지 않는다. 즉, 수소원자들을 고정시키더라도, 산소원자는 작은 원 주위로 여전히 움직일 수 있다. 따라서 비선형 다원자분자의 회전을 명시하기 위해서는 세 번째 회전각이 필요하다. 이것은, 회전파동함수가 이제는 변수 두 개 대신에 세 개의 함수이며, 허용된 상태들의 총수가 이원자분자의 경우보다 크다는 것을 의미한다. 가능한 세 개의 회전축에 대한 관성모멘트가 보통 모두 다르기 때문에, 에너지준위 구조는 대개 상당히 복잡하다. 많은 회전상태들이 허용되는 합리적으로 높은 온도에서, 그런 상태들의 수는 세 개의 "자유도"로 세기에 충분하다. 이 중요한 사실을 넘어서는 다원자분자들의 상세한 거동은 이 책의 범위를 넘어선다.*

문제 A.22. 6.2절에서 상수 $\hbar^2/2I$ 을 기호 ϵ 으로 축약해서 사용했다. 이 상수는 보통 마이크로파 분광학으로 측정된다. (마이크로파를 분자에 충돌시켜서 어떤 진동수가 흡수되는지를 관찰한다.)

(a) CO 분자에 대해서 상수 ϵ 은 대략 0.00024 eV 이다. 준위 $j=0$ 에서 $j=1$ 로의 전이를 유도할 수 있는 마이크로파의 진동수는 얼마인가? 준위 $j=1$ 에서 $j=2$ 로의 전이를 유도할 수 있는 마이크로파의 진동수는 얼마인가?

* 다원자분자들에 대한 더 상세한 것들은 Atkins(1998)와 같은 물리화학 교과서에서 찾아볼 수 있다.

(b) ϵ의 측정값을 사용해서 CO 분자의 관성모멘트를 계산하라.

(c) 관성모멘트와 원자질량들로부터 CO 분자의 "결합 길이(bond length)", 즉 핵 사이의 거리를 계산하라.

스핀

공간을 통한 운동(궤도 운동)으로 인한 각운동량에 더해서, 양자역학적 입자는 스핀으로 불리는 내부의, 혹은 "내재적(intrinsic)"인 각운동량을 가질 수 있다. 때때로 자세하게 들여다보면 한 입자가 내부 구조를 갖고, 그 입자의 스핀은 그저 그 입자의 구성물들의 운동의 결과인 것으로 드러나기도 한다. 하지만 전자나 광자 같은 "기본" 입자들의 경우에는, 스핀은 내부의 구조로 가시화할 수 없는 어떤 내재적인 각운동량으로 생각될 수밖에 없다.

다른 형태의 각운동량처럼, 스핀 각운동량의 크기도 $\sqrt{s(s+1)}\hbar$ 라는 어떤 특정한 값들만 가질 수 있다. 여기서 s는 ℓ과 유사한 양자수이다. 하지만 s는 정수이어야 할 필요는 없는 것으로 드러난다. 즉, s는 $1/2$, $3/2$, $5/2$와 같은 반정수가 될 수도 있다. 각 종류의 기본입자들은 한번 정해지면 영원히 변하지 않는 자신만의 s값을 갖는다. 전자, 광자, 중성자, 중성미자의 경우 $s=1/2$이고, 광자의 경우는 $s=1$이다. 복합입자에 대해서는, 총스핀을 얻기 위해 구성입자들의 스핀과 궤도각운동량을 결합하는 다양한 규칙들이 존재한다. 예컨대, 바닥상태의 헬륨-4 원자는, 구성입자들의 스핀들이 서로 상쇄되기 때문에 $s=0$인 것으로 판명된다. (그런데, 계의 각운동량이 궤도운동과 스핀의 조합으로부터 올 때, 혹은 각각이 어느 것인지 개의치 않을 때는, 각운동량을 그저 $\vec{J}$라고 부르고 양자수를 ℓ이나 s 대신에 j로 나타낸다.)

입자의 s값이 주어졌을 때, 스핀 각운동량의 z축, 혹은 어떤 임의의 축 성분은 여전히 가능한 여러 가지의 값을 가질 수 있다. 이 값들은, 궤도각운동량과 마찬가지로, $s\hbar$부터 $-s\hbar$까지 정수 간격의 값들이다. 예컨대 $s=1/2$인 경우에, 각운동량의 z축 성분은 $+\hbar/2$나 $-\hbar/2$가 될 수 있다. $s=3/2$이면, $+3\hbar/2$, $+\hbar/2$, $-\hbar/2$, 혹은 $-3\hbar/2$인 네 가지의 값들이 가능하다. 질량이 없는 입자의 경우에는 규칙이 한 번 더 꼬인다. z축 성분 중에서 단지 두 개의 극한 값들만 허용된다. 예컨대 광자의 경우($s=1$), $s_z=\pm\hbar$이고, 중력자(graviton)의 경우($s=2$), $s_z=\pm 2\hbar$이다.

자전하는 대전입자는, 그 세기와 방향이 자기모멘트 벡터(magnetic moment vector) $\vec{\mu}$

에 의해서 특성화되는 작은 막대자석처럼 거동한다. 거시적인 고리전류에 대해서, $|\vec{\mu}|$는 고리회로로 둘러싸인 면적과 전류량의 곱이고, $\vec{\mu}$의 방향은 오른손 규칙에 의해서 결정된다. 하지만 이 정의는 미시적인 자석들에 대해서는 아주 유용하지는 않다. 따라서 입자가 외부 자기장 $\vec{B}$ 안에 있을 때 그 입자의 경사방향을 회전시키는데 필요한 에너지로 $\vec{\mu}$를 정의하는 것이 최선이다. $\vec{\mu}$가 $\vec{B}$와 평행할 때 그 에너지는 최소이고, 반평행할 때 에너지는 최대이다. $\vec{\mu}$와 $\vec{B}$가 수직일 때의 에너지를 영으로 하면, 일반적인 에너지 식은 다음과 같다.

$$E_{\text{자기}} = -\vec{\mu} \cdot \vec{B} \tag{A.22}$$

$\vec{B}$의 방향을 z축 방향으로 잡는 것이 보통 가장 편리하다. 이 경우에 식은 다음과 같이 다시 쓸 수 있다.

$$E_{\text{자기}} = -\mu_z |\vec{B}| \tag{A.23}$$

이제 $\vec{\mu}$가 입자의 각운동량에 비례하기 때문에 양자역학적 입자는 양자화된 μ_z 값들을 갖는다. 스핀-1/2 입자에 대해서는 두 가지의 가능한 값들을, 스핀-1인 입자에 대해서는 세 가지의 가능한 값들을, 등등이다. 중요한 경우인 스핀-1/2 입자들에 대해서는 2.1절에서 다음과 같이 쓴 적이 있다.

$$\mu_z = \pm \mu \tag{A.24}$$

따라서 $\mu \equiv |\mu_z|$ 이다. 이렇게 표시하는 것이 편리하긴 하지만, 양자역학적 각운동량에 대해서 $|J_z|$가 $|\vec{J}|$와 다르듯이 μ가 $|\vec{\mu}|$와 같지 않다는 것에 유의하라.

문제 A.23. 그림 A.13에서와 같은 원뿔 도표를 그리고, $s = 1/2$ 인 입자의 스핀상태들을 보여라. $s = 3/2$ 인 입자에 대해서도 반복하라. 두 도표들을 같은 눈금크기에서 그리고, 크기와 방향을 나타낼 때 최선으로 정확하게 하라.

A.5 다체계

양자역학적 입자 두 개로 된 계의 파동함수는 오직 한 개다. 한 공간차원에서 두 입자

계의 파동함수는 각 입자의 위치에 해당하는 x_1과 x_2 두 변수들의 함수이다. 더 정확하게 말하자면, 파동함수의 제곱을 x_1과 x_2의 어떤 주어진 범위에서 적분하면, 첫째 입자를 주어진 x_1의 범위에서, 그리고 둘째 입자를 주어진 x_2의 범위에서 발견할 확률을 얻는다.

어떤 두-입자 파동함수의 경우는 단일입자 파동함수들의 곱으로 인수분해해서 쓸 수 있다.

$$\Psi(x_1, x_2) = \Psi_a(x_1)\Psi_b(x_2) \tag{A.25}$$

이것은 굉장히 단순화되는 경우인데, 모든 두-입자 파동함수들 중에서 아주 드물게 성립한다. 하지만 다행히도 다른 모든 두-입자 파동함수들도 이런 방식으로 인수분해 되는 파동함수들의 선형조합으로 쓸 수 있기는 하다. 따라서 선형적으로 독립인 파동함수들을 세는 데에만 관심이 있다면, 인수분해되는 파동함수들만 고려해도 좋다. (앞선 진술은 두 입자들이 상호작용을 하건 말건 상관없이 성립한다. 하지만 입자들이 상호작용을 하지 않으면 더욱 단순화가 된다. 즉, 계의 총에너지는 두 입자 각각의 에너지의 합이 되고, Ψ_a와 Ψ_b를 각 입자의 적절한 단일입자 명확한-에너지 파동함수라고 하면 그 곱이 바로 결합계의 명확한-에너지 파동함수가 된다.)

문제의 두 입자들이 서로 구별될 수 있다면, 더 이상 말할 것은 많지 않다. 하지만 양자역학은, 입자들이 절대로 구별될 수 없어서 어느 것이 어느 것인지를 드러내는 측정이 불가능한 경우를 허용하기도 한다. 이 경우에 입자 1을 위치 a에서 그리고 입자 2를 위치 b에서 발견할 확률은, 입자 1을 위치 b에서 그리고 입자 2를 위치 a에서 발견할 확률과 같아야만 한다. 달리 말하자면, 파동함수의 두 인자를 서로 교환하는 연산을 했을 때 파동함수의 제곱은 변하지 않아야 한다.

$$|\Psi(x_1, x_2)|^2 = |\Psi(x_2, x_1)|^2 \tag{A.26}$$

이것은 파동함수 자체가 이 연산에 대해서 변하지 않는다는 것을 거의 암시하는 듯하지만, 반드시 그런 것은 아니다. Ψ가 부호만 바뀌는 다른 가능성도 있기 때문이다.

$$\Psi(x_1, x_2) = \pm\Psi(x_2, x_1) \tag{A.27}$$

(인자들을 연이어 두 번 교환하는 것은 Ψ가 원래의 형태로 돌아오게 하는 것이기 때문에, 가능한 경우는 오로지 이 두 가지 밖에 없다. i나 어떤 다른 복소수가 곱해지는 경우는 해당되지 않는다.)

자연은 식 (A.27)의 두 가지 가능한 부호를 모두 이용한 것으로 드러난다. 보손으로 불리는 유형의 입자들에 대해서 Ψ는 그것의 인자들을 교환할 때 변하지 않는다. 페르미온으로 불리는 다른 유형의 입자들에 대해서는 인자들을 교환할 때 Ψ의 부호가 바뀐다.

$$\Psi(x_1, x_2) = \begin{cases} +\Psi(x_2, x_1) & \text{보손의 경우} \\ -\Psi(x_2, x_1) & \text{페르미온의 경우} \end{cases} \tag{A.28}$$

(첫 번째 경우에는 Ψ가 "대칭적"이라고 말하고, 두 번째 경우에는 Ψ가 "반대칭적"이라고 말한다.) 보손의 예는 광자, 파이온 그리고 많은 유형의 원자나 원자핵들을 포함한다. 페르미온의 예는 전자, 양성자, 중성자, 중성미자 그리고 다른 많은 유형의 원자나 원자핵들을 포함한다. 실제로, 정수 스핀을 갖는 모든 입자들(정확하게 말하자면 양자수 s의 값이 정수인 입자들)은 보손이고, 반정수 스핀(즉, $s = 1/2, 3/2, \cdots$)을 갖는 모든 입자들은 페르미온이다.

규칙 (A.28)의 가장 직접적인 응용은 두 입자가 모두 동일한 단일입자상태에 있는 경우이다.

$$\Psi(x_1, x_2) = \Psi_a(x_1)\Psi_a(x_2) \tag{A.29}$$

보손의 경우에 이 식은 x_1과 x_2를 교환할 때 Ψ가 대칭적이라는 것을 보장한다. 하지만 페르미온의 경우에 그런 상태는 전혀 가능하지 않다. 자신의 음과 같은 함수는 존재하지 않기 때문이다. (영(0) 함수라면 가능하겠지만 그런 함수는 허용되지 않는다.)

(입자의 스핀의 방향까지 고려할 때 상황은 실제로 약간 더 복잡해진다. 입자의 "상태"는 공간 파동함수뿐만 아니라 스핀 상태까지 포함한다. 따라서 페르미온의 경우에 스핀 부분이 반대칭적인 한, 파동함수의 공간 부분은 대칭적일 수 있다. 중요한 경우인 스핀-1/2 입자들에 대해서, 같은 종류의 입자들이 이른바 반대칭적인 스핀배열을 하고 있을 때, 그런 입자들은 많아야 두 개까지 어떤 주어진 공간 파동함수를 점유할 수 있다는 것이 핵심이다.)

이 절에서 보인 모든 진술과 식들은 세 개나 그 이상의 입자들의 계에도 자연스럽게 일반화된다. 여러 개의 동일한 보손들의 계의 파동함수는 어떤 짝이라도 해당 인자들을 서로 교환했을 때 변하지 않아야 한다. 반면 여러 개의 동일한 페르미온들의 계의 파동함수는 그 부호가 바뀌어야 한다. 주어진 모든 단일입자상태는 임의로 많은 동일한 보손들을 한 상태에 품을 수 있다. 하지만 페르미온의 경우는 많아야 하나만 품는다(여기서 "상태"는 공간 파동함수와 스핀배열 모두를 의미한다).

A.6 양자장론

고전역학은 점처럼 크기가 없는 입자들의 계뿐만 아니라, 끈, 진동하는 고체, 전자기장과 같은 "장"을 포함하는 연속적인 계들도 다룬다. 연속적인 계를 다루는 통상적인 방법은, 우선 연속체를 작은 용수철로 연결된 많은 점입자들의 덩어리라고 간주한 후, 궁극적으로는 입자들의 수를 무한대로 보내고 입자들 사이의 거리를 영으로 보내는 극한을 취하는 것이다. 그 결과는 일반적으로 공간과 시간의 함수로써 운동을 관장하는 어떤 종류의 편미분방정식이다(예컨대 선형 파동방정식이나 맥스웰 방정식).

이 편미분방정식이 선형적일 때는 푸리에 분석(Fourier analysis)을 이용해서 가장 쉽게 풀 수 있다. 끈과 같은 계의 초기 형태를 파장이 다른 많은 사인함수들의 중첩으로 생각해보자. 이 "모드" 각각은 자신의 특성 진동수로 시간에 따라 사인 모양으로 진동한다. 어떤 미래시간에서의 끈의 형태를 구하려면, 먼저 각 모드가 그 시간에 어떤 형태일지를 알아내고 그런 후 모든 모드들의 미래 형태들을 초기와 같은 비율로 다시 합하면 된다.

고전 연속체 역학에 대해서는 이쯤 하기로 하자. 양자역학을 연속계에 적용한다면 어떤 일이 벌어질까? 또 다시 보통 가장 유익한 접근방법은 계의 푸리에 모드들을 다루어보는 것이다. 각 모드는 양자조화진동자처럼 거동하며 양자화된 에너지준위들은 진동의 고유진동수에 의해 결정된다.

$$E = \frac{1}{2}hf,\ \frac{3}{2}hf,\ \frac{5}{2}hf,\ \cdots \qquad \text{(A.30)}$$

따라서 모든 주어진 모드의 에너지에는, 우리가 보통 무시하는 $\frac{1}{2}hf$ 의 "영점" 에너지가 있고 거기에 크기가 hf 인 에너지단위들이 정수 개만큼 더해진다. 다른 모드는 다른 진동수를 갖기 때문에, 계 전체는 크기가 다른 수많은 에너지 단위들을 가질 수 있다.

전자기장의 경우에 이 에너지단위들은 광자로 불린다. 불연속적인 개체로써 광자들은 명확한-에너지 파동함수를 갖는 입자들과 아주 흡사하게 거동한다. 그리고 명확한-에너지 상태들이 장의 유일한 상태들은 아니므로, 다른 모드들을 함께 섞어서 공간적으로 국소화된 "광자"를 만드는 것도 가능하다. 따라서 우리는 다시금 파동-입자 이중성과 마주치게 되는데, 이번에는 그 맥락이 훨씬 더 풍요롭다. 우리는 공간적으로 퍼진 고전적인 장으로 시작했다. 이 계에 양자역학의 원리를 적용했을 때, 그 장이 많은 측면에서 불연속적인 입자들의 무리처럼 거동한다는 것을 보았다. 하지만 이제 우리의 계는, 입자들의 수가 처음부터 고정되어 설정되기보다는 현재의 상태에 의존하는 계가 되었다. 사실 장은 입자들의 수가 잘 정의되지도 않는 상태에 있을 수도 있다. 이것들은 전자기장의 양자요동을 정확하게 설명하는 모형을 만들고, 또한 광자들이 생성되고 소멸되는 반응들을 기술하기 위해서 요구되는 바로 그 특징들이다.*

고체 결정 안의 진동에너지 단위들도 유사하게 소리양자(phonon)라고 불린다. 광자처럼 그것들도 국소화되거나 퍼질 수 있으며, 다양한 반응들에서 생성되거나 소멸될 수 있다. 물론 기본적으로 소리양자는 "실재" 입자는 아니다. 소리양자의 파장과 에너지는 결정격자 안에서 영이 아닌 원자 간격에 의해서 제한되고, 파장이 이 거리보다 훨씬 클 때만 입자처럼 거동한다. 이런 이유에서 소리양자는 준입자(quasiparticle)로 불린다. 하지만 소리양자라는 그림은 여전히 결정의 저에너지 들뜸을 아름답도록 정확하게 묘사한다. 게다가, 자화된 철로부터 액체 헬륨에 이르기까지 다른 많은 물질들의 저에너지 들뜸은 다양한 유형의 준입자들을 사용해서 유사하게 기술될 수 있다.

자연에서 발견된 다른 모든 종류의 "기본" 입자들을 기술하는데 보다 더 기본적인 수준에서 양자장을 사용할 수 있다. 예컨대 양성자를 붙잡아 매는, "글루온"으로 불리는 입자들로 드러내는 힘에 대한 "색역학(chromodynamic)" 장이 있다. 전자 장, 뮤온 장, 다양한 중성미자 장, 쿼크 장 등등의 장들도 있다. 페르미온에 대응하는 장은 약간 다르게 설정할 필요가 있는데, 각 모드의 에너지 단위는 0이나 1만이 가능해서 단위수에 제한이 없는 보손의 경우와는 다르다. 전기적이건 다른 종류이건 전하를 가진 입자에 대응하는 장은 두 가지 유형의 들뜸을 갖는 것으로 드러난다. 하나는 입자에 대한 것이고, 다른 하나는 "반입자(antiparticle)"에 대한 것이다. (반입자는 대응하는 입자와 질량은 같지만 반대 부호의 전하를 갖는 입자이다.) 양자장론은 꽤 일반적으로 현재 우리가 이해하고 있는 대로 기본입자 물리학의 정확한 모형을 만드는데 필요한 모든 특성들을 포함하는 것으로 보인다. 하지만, 파장이 원자간격과 엇비슷해질 때 소리양자 모형이 실패하듯이, 파장이 충분히 짧고 에너지가 충분히 클 때 양자장론이 실패할 가능성은 높다. 아마도 언젠가는 우리가 어떤 아주 작은 길이규모에서 새로운 수준의 구조를 발견할 것이고, 자연의 모든 "입자"들이 실제로 준입자들이라고 결론짓게 될 것이다.

문제 A.24. 식 (A.30)에 따라서 양자장의 각 모드는 추가적인 에너지단위가 없을 때도

* 양자화된 전자기장을 훌륭하고 간결하게 다룬 문헌으로 다음 자료를 참조하라: Ramamurti Shankar, *Principles of Quantum Mechanics*, second edition (Plenum, New York, 1994), Section 18.5. 양자장론에 대한 좀 더 완전한 입문으로 좋은 출발점은 다음 문헌이다: F. Mandl and G. Shaw, *Quantum Field Theory*, second edition (Wiley, Chichester, 1993).

"영점" 에너지 $\frac{1}{2}hf$ 를 갖는다. 장이 실제로 진동하는 끈이거나 다른 물질적인 물체라면, 모드들의 총수가 유한하기 때문에 이것은 문제가 되지 않는다. 여기서 모드 수가 유한한 것은, 파장이 원자간격의 반보다 짧은 모드가 존재할 수 없기 때문이다(7.5절을 보라). 하지만 전자기장과 기본입자들에 해당하는 다른 기본적인 장들에 대해서는 모드의 수에 명백한 제한이 없고, 영점에너지는 난처할 정도로 큰 값으로 더해질 수 있다.

(a) 부피가 L^3 인 상자 안의 전자기장을 고려하자. 7장의 방법들을 사용해서 이 상자 안의 장의 모든 모드들의 총 영점에너지의 식을 x, y, z 방향의 모드 수에 대한 삼중 적분식으로 써라.

(b) 양자장론을 포함해서 현재 우리가 알고 있는 물리 법칙 대부분이, 양자중력이 중요해지는 아주 작은 길이규모에서는 실패할 것이라고 믿는 데는 좋은 이유가 있다. 차원분석을 통해서 이 길이규모가 플랑크 길이(Planck length)라고 부르는 $\sqrt{G\hbar/c^3}$ 정도의 크기라는 것을 추측할 수 있다. 플랑크 길이가 정말로 길이 단위를 갖는다는 것을 보이고, 그것을 수치적으로 계산하라.

(c) (a)에서 얻은 식으로 돌아가서, 플랑크 길이의 파장에 해당하는 모드 수에서 적분을 차단하라. 그런 후 그 적분식을 계산해서 빈 공간에서 전자기장의 영점에너지로 인한 단위부피당 에너지를 추산하라. 답을 J/m^3 단위로 계산하고 그런 후 c^2 으로 나누어서 빈 공간의 등가 질량밀도를 kg/m^3 단위로 얻어라. 그 결과를, m^3 당 대략 양성자 한 개 정도인 우주의 통상적인 물질의 평균 질량밀도와 비교하라. [논평: 대부분의 물리적 효과들이 에너지의 차이에 의존하고 영점에너지는 절대 변하지 않기 때문에, "빈" 공간이 큰 에너지밀도를 갖는다는 사실은 대부분의 물리법칙들에 관한 한 해가 될 것이 없다. 단 하나의 예외는, 중대한 것이기도 하지만, 중력이다. 에너지는 중력적으로 작용한다.* 따라서 빈 공간의 에너지밀도는 우주의 팽창속도에 영향을 줄 것이다. 그러므로 빈 공간의 에너지밀도는 우주상수(cosmological constant)로 알려져 있다. 우주 팽창속도의 관측으로부터 우주론학자들은 실제의 우주상수가 $10^{-7} J/m^3$ 보다 클 수 없다고 추정한다. 관측된 한계값과 이론적 계산값 사이의 괴리는 이론물리학에서 가장 어려운 역설 중의 하나이다. (명백한 해법은 어떤 다른 원천에서 기인하는 에너지밀도에 대한 음의 기여를 찾는 것일 것이다. 사실 페르미온 장들은 우주상수에 음의 기여를 준다. 하지만 이 음의

* [역주] 원문은 "Energy gravitates." 여기서 중력은 인력뿐만 아니라 척력이 될 수도 있으며, 우주의 가속팽창과 관련해서는 척력이다.

기여가 보손 장들로부터 오는 양의 기여를 원하는 정밀도로 어떻게 상쇄하게 할 수 있는지는 아무도 모른다.*)]

* 우주상수의 역설과 제안된 다양한 해법들에 대한 더 많은 정보는 다음 문헌을 참조하라: Larry Abbott, *Scientific American* **258**, 106-113 (May, 1988); Ronald J. Adler, Brendan Casey, and Ovid C. Jacob, *American Journal of Physics* **63**, 620-626 (1995); 혹은 Steven Weinberg, *Reviews of Modern Physics* **61**, 1-82 (1989).

수학 결과들

이 책의 내용들을 이해하는데 다변수 미적분학을 넘어서는 수학이 필요한 것은 아니지만, 몇 군데에서 미적분학의 입문과정에서 보통 유도하지 않는 수학 결과들을 인용하기는 했다. 이 부록의 목적은 그 결과들을 유도해 보이는 것이다. 그 결과들을 그저 믿고 기꺼이 받아들인다면 (더 좋은 것은, 근사적인 방법을 쓰거나 특별한 경우들에 한해서 그 결과들이 맞는지 확인해 보는 것이겠으나,) 이 부록을 읽을 필요는 없다. 하지만 유도과정에서 사용된 몇몇 도구들은 이론물리학에서 널리 적용되고 있으며, 모든 유도과정 자체만으로도 꽤 멋져 보인다. 따라서 나는 당신이 계속 읽어 나가서, 멋지지만 잘 가보지 않는 미적분의 샛길들을 따라 걷는 소풍을 즐겨보기를 바란다.

B.1 가우시안 적분

가우시안(Gaussian)이라고 불리는 함수 e^{-x^2}은 역도함수(antiderivative)를 갖지만 제곱근, 거듭제곱, 지수함수, 로그함수 등의 익숙한 함수들로 그 역도함수를 표현하는 방법은 없다. 따라서 당신이 이런 함수의 적분과 맞닥뜨리게 되면 아마 그것을 그저 수치적으로 계산하기를 원할 것이다.

하지만 적분의 한계값들이 0이나 $\pm\infty$인 경우라면 당신은 운이 좋은 것이다. $-\infty$에서 $+\infty$까지 e^{-x^2}의 적분값은 정확하게 $\sqrt{\pi}$이기 때문이다.

$$\int_{-\infty}^{\infty} e^{-x^2} dx = \sqrt{\pi} \tag{B.1}$$

그리고 피적분함수가 우함수이기 때문에(그림 B.1), 0에서 $+\infty$까지의 적분은 바로 이것의 반인 $\sqrt{\pi}/2$이다. 이 간단한 결과의 증명을 위해서는 극좌표계에서 이차원 적분을 해야 한다.

다음과 같이 정의해보자.

$$I = \int_{-\infty}^{\infty} e^{-x^2} dx \tag{B.2}$$

여기서 사용할 기교는 이 양을 제곱하는 것이다.

$$I^2 = \left(\int_{-\infty}^{\infty} e^{-x^2} dx\right)\left(\int_{-\infty}^{\infty} e^{-y^2} dy\right) \tag{B.3}$$

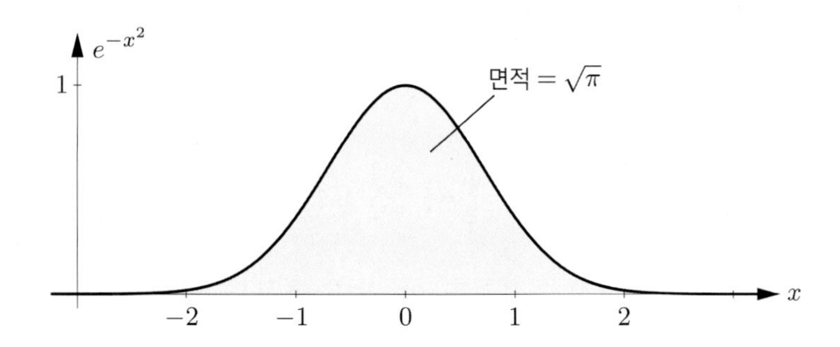

그림 B.1. 가우시안 함수 e^{-x^2}. $-\infty$에서 $+\infty$까지 이 함수의 적분값은 $\sqrt{\pi}$ 이다.

둘째 인수에서 적분변수를 y로 신중하게 명명해서 첫째 인수의 적분변수와 혼동하지 않도록 했다. 둘째 인수는 그저 상수이므로 그것을 x 적분 안쪽으로 옮길 수 있다. 그리고 함수 e^{-x^2}이 y와 무관하므로 그것을 y 적분 안쪽으로 옮길 수 있다.

$$I^2 = \int_{-\infty}^{\infty} e^{-x^2}\left(\int_{-\infty}^{\infty} e^{-y^2}dy\right)dx = \int_{-\infty}^{\infty}\int_{-\infty}^{\infty} e^{-x^2}e^{-y^2}dydx \tag{B.4}$$

이제 우리가 갖게 된 것은 함수 $e^{-(x^2+y^2)}$에 대한 이차원 공간에서의 적분이 되었다. 이 적분을 극좌표계 (r, ϕ) 에서 수행하겠다(그림 B.2). 피적분함수는 단순히 e^{-r^2}이고, r의 적분영역은 0에서 ∞까지, ϕ의 적분영역은 0에서 2π까지이다. 가장 중요한 것은, 그림에서 보인 것처럼 무한소 면적요소 $dxdy$가 극좌표계에서는 $(dr)(rd\phi)$가 된다는 것이다. 그러므로 우리의 이중적분은 다음과 같이 수행된다.

$$I^2 = \int_0^{\infty}\int_0^{2\pi} e^{-r^2} r d\phi dr = 2\pi\int_0^{\infty} r\, e^{-r^2}dr = (2\pi)\left(-\frac{1}{2}e^{-r^2}\right)\Big|_0^{\infty} = \pi \tag{B.5}$$

이것이 식 (B.1)을 증명한다.

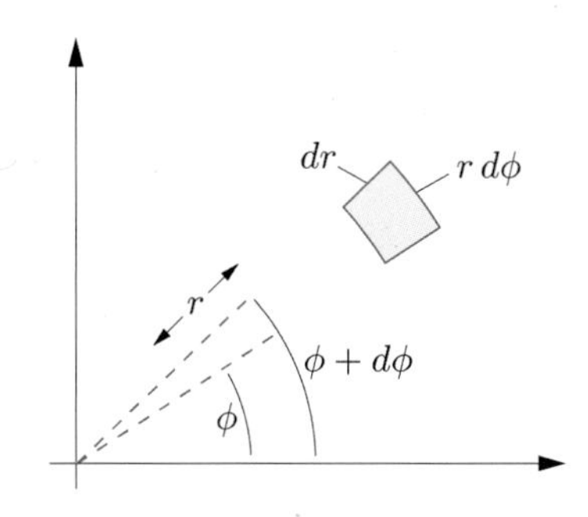

그림 B.2. 극좌표계에서 무한소 면적요소는 $(dr)(rd\phi)$ 이다.

식 (B.1)로부터 간단한 변수치환을 통해서 다음과 같은 더 일반적인 결과를 얻을 수 있다.

$$\int_0^{\infty} e^{-ax^2} dx = \frac{1}{2}\sqrt{\frac{\pi}{a}} \tag{B.6}$$

여기서 a는 임의의 양의 상수이다. 그리고 이 식의 양쪽을 a로 미분하면, 다음과 같은 또 다른 쓸모 있는 결과를 얻을 수 있다.

$$\frac{d}{da}\int_0^{\infty} e^{-ax^2} dx = \frac{\sqrt{\pi}}{2}\frac{d}{da}a^{-1/2} \tag{B.7}$$

이 등식의 왼쪽에서 미분을 적분 안으로 옮기면 e^{-ax^2}이 미분되어 인수 $-x^2$이 앞으로 나온다. 식 (B.7)의 오른쪽을 계산하고 음부호를 상쇄시키면 다음의 결과를 얻는다.

$$\int_0^{\infty} x^2 e^{-ax^2} dx = \frac{1}{4}\sqrt{\frac{\pi}{a^3}} \tag{B.8}$$

이와 같이 적분식을 미분하는 기법은, x의 거듭제곱항이 곱해진 초월함수들에 대한 모든 종류의 정적분을 계산하는데 놀랍도록 편리한 방법을 제공한다. (또 다른 방법은 부분적분을 이용하는 것인데 훨씬 느린 과정이다.)

가우시안 함수의 적분은 물리학과 수학에서 항상 등장하기 때문에 (아래 문제들을 포함해서) 이 절의 결과들을 담은 조그만 참고표를 당신 스스로 만들 수도 있을 것이다. 통계역학에서 가우시안 적분은, 6.3절과 6.4절에서처럼 에너지가 적분변수의 이차함수인 볼츠만인자의 적분에서 주로 등장한다.

문제 B.1. 함수 e^{-x^2}의 역도함수를 스케치하라.

문제 B.2. 식 (B.8)을 다시 한 번 미분해서 $\int_0^{\infty} x^4 e^{-ax^2} dx$를 계산하라.

문제 B.3. n이 홀수일 때는 $x^n e^{-ax^2}$의 적분을 계산하는 것이 더 쉽다.

(a) $\int_{-\infty}^{\infty} x e^{-ax^2} dx$를 계산하라. (수치적인 계산은 허용되지 않는다.)

(b) 간단한 변수치환을 해서 xe^{-ax^2}의 부정적분, 즉 역도함수를 계산하라.

(c) $\int_0^\infty xe^{-ax^2}dx$를 계산하라.

(d) 앞의 결과를 미분해서 $\int_0^\infty x^3 e^{-ax^2}dx$를 계산하라.

문제 B.4. 때로는 가우시안 함수를 어떤 큰 x값에서부터 ∞까지 그 "꼬리"만을 적분해야 할 때가 있다.

$$\int_x^\infty e^{-t^2}dt = ? \qquad x \gg 1 \text{ 일 때.}$$

다음과 같이 이 적분을 근사적으로 계산하자. 우선 변수를 $s=t^2$으로 치환을 해서 피적분함수를 지수함수에 $s^{-1/2}$에 비례하는 어떤 인수를 곱한 꼴로 간단히 만들어라. 하한 근처의 적분영역이 적분값을 주도하기 때문에, 하한점에서 $s^{-1/2}$을 테일러급수로 전개하여 급수의 첫 몇 개항들만 취하는 것은 타당성이 있다. 이렇게 해서 적분에 대한 급수전개식을 얻어라. 급수의 첫 세 개항들을 명시적으로 계산해서 다음의 결과를 얻어라.

$$\int_x^\infty e^{-t^2}dt = e^{-x^2}\left(\frac{1}{2x} - \frac{1}{4x^3} + \frac{3}{8x^5} - \cdots\right)$$

쪽지: x가 상당히 크면, 이 급수의 첫 몇 개 항들은 아주 급격하게 정확한 답으로 수렴할 것이다. 하지만 너무 많은 항들이 포함되어야 하는 경우에는, 각 항에서 분자가 결국은 분모보다 더 급격하게 커지기 시작하므로 이 급수는 발산하게 된다. x가 아무리 크더라도 이런 일은 조만간에 일어나게 되어 있다. 이런 유형의 급수전개를 점근전개(asymptotic expansion)라고 부른다. 약간 불안하게 하는 점은 있지만 이것은 놀랍도록 쓸모가 있다.

문제 B.5. 앞 문제의 방법을 사용해서 $x \gg 1$일 때 적분 $\int_x^\infty t^2 e^{-t^2}dt$의 점근전개를 구하라.

문제 B.6. $2/\sqrt{\pi}$를 곱하고 $x=0$에서 0이 되도록 정한 e^{-x^2}의 역도함수를 오차 함수

(error function)라고 부르고 erf$x$라고 간략하게 표시한다.

$$\mathrm{erf}\,x \equiv \frac{2}{\sqrt{\pi}} \int_0^x e^{-t^2} dt$$

(a) $\mathrm{erf}(\pm\infty) = \pm 1$임을 보여라.

(b) $\int_0^x t^2 e^{-t^2} dt$를 erf$x$의 식으로 계산하라.

(c) 문제 B.4의 결과를 이용해서 $x \gg 1$일 때 erf$x$에 대한 근사적인 표현을 구하라.

B.2 감마 함수

다음의 적분식으로 시작해보자.

$$\int_0^\infty e^{-ax} dx = a^{-1} \tag{B.9}$$

양쪽을 반복해서 a로 미분을 하면 다음과 같은 일반식이 얻어진다는 것을 알게 될 것이다.

$$\int_0^\infty x^n e^{-ax} dx = (n!) a^{-(n+1)} \tag{B.10}$$

이제 $a = 1$로 놓으면 다음과 같은 $n!$의 식을 얻을 수 있다.

$$n! = \int_0^\infty x^n e^{-x} dx \tag{B.11}$$

다음 절에서 $n!$의 스털링 근사를 유도할 때 이 식을 사용하겠다.

적분식 (B.11)은, 해석적인 방식은 아니더라도 n이 정수가 아닐 때도 계산될 수 있기 때문에, 이 식은 계승 함수를 비정수에도 일반화할 수 있는 방법을 제공한다. 그렇게 일반화된 함수를 감마 함수(gamma function)라고 부르고 $\Gamma(n)$이라고 쓴다. 그리고 어떤 이유에서 감마 함수는 그 인자에 1만큼 미리 벌충해서 정의된다.

$$\Gamma(n+1) \equiv \int_0^\infty x^n e^{-x} dx \tag{B.12}$$

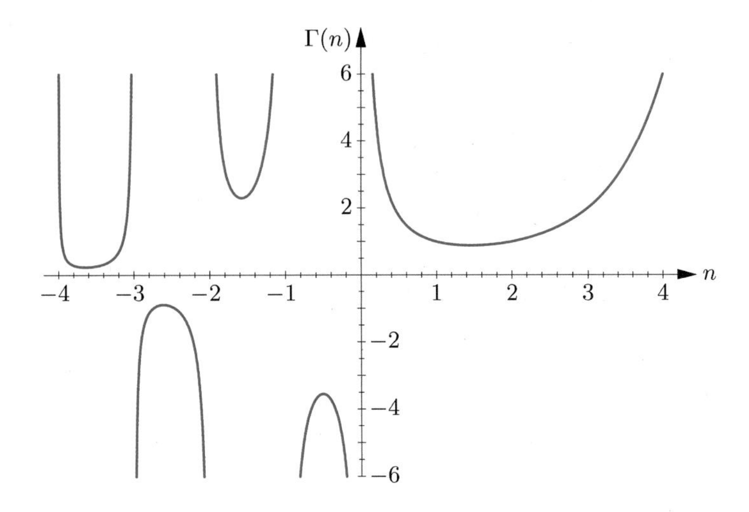

그림 B.3. 감마 함수 $\Gamma(n)$. 양의 정수 인자에 대해서 $\Gamma(n) = (n-1)!$이다. 양의 비정수에 대해서 $\Gamma(n)$은 정의식 (B.12)로부터 계산될 수 있고, 음의 비정수에 대해서 $\Gamma(n)$은 식 (B.14)로부터 계산될 수 있다.

따라서 정수 인자에 대해서는 다음과 같이 쓸 수 있다.

$$\Gamma(n+1) = n! \tag{B.13}$$

아마도 가장 편리한 감마 함수의 성질은 다음과 같은 되풀이 관계(recursion relation)일 것이다.

$$\Gamma(n+1) = n\Gamma(n) \tag{B.14}$$

n이 정수일 때는 이 식은 본질적으로 계승의 정의이다. 하지만 정의식 (B.12)로부터 보일 수 있듯이 이 식은 n이 정수가 아닐 때도 역시 성립한다.

정의식 (B.12)나 되풀이 관계식 (B.14) 어느 것으로부터도 $n = 0$에서 $\Gamma(n)$이 발산한다는 사실을 알 수 있다. 감마 함수의 인자가 음일 때도 정의식 (B.12)는 계속 발산한다. 하지만 되풀이 관계식 (B.14)에 의해서 (비정수 인자에 대한) 감마 함수는 여전히 정의될 수 있다. 그림 B.3은 양 또는 음의 인자에 대한 감마 함수의 그래프를 보여준다.

감마 함수는 이 책의 본문에서 가끔 보이는 모호한 계승식들에 의미를 준다. 예컨대 다음과 같은 것들이다.

$$0! = \Gamma(1) = 1; \quad \left(\frac{d}{2} - 1\right)! = \Gamma\left(\frac{d}{2}\right) \tag{B.15}$$

감마 함수는 이론물리학에서 나오는 많은 정적분들을 계산할 때도 등장한다. B.4절에서 그런 경우를 다시 보게 될 것이다.

문제 B.7. 되풀이 관계식 (B.14)를 증명하라. n이 정수라고 가정하지 말라.

문제 B.8. $\Gamma\left(\frac{1}{2}\right)$을 계산하라. (힌트: 변수를 치환해서 피적분함수를 가우시안으로 바꿔라.) 그런 후 되풀이 관계식을 사용해서 $\Gamma\left(\frac{3}{2}\right)$과 $\Gamma\left(-\frac{1}{2}\right)$을 계산하라.

문제 B.9. 적분 (B.12)를 수치적으로 해서 $\Gamma\left(\frac{1}{3}\right)$과 $\Gamma\left(\frac{2}{3}\right)$를 계산하라. 그 증명이 이 책의 범위를 벗어나지만 다음과 같은 항등식은 쓸모가 있다.

$$\Gamma(n)\Gamma(1-n) = \frac{\pi}{\sin(n\pi)}$$

$n = 1/3$일 때 이 식을 수치적으로 확인하라.

B.3 스털링 근사

2.4절에서 다음과 같은 스털링 근사(Stirling's approximation)를 도입했었다.

$$n! \approx n^n e^{-n}\sqrt{2\pi n} \tag{B.16}$$

이 근사는 $n \gg 1$일 때 정확해진다. 이 식은 아주 중요하기 때문에 두 가지 다른 방법으로 그것을 유도해보이겠다.

첫 번째 유도는 더 쉽지만 덜 정확하다. $n!$의 자연로그를 들여다보자.

$$\begin{aligned}\ln n! &= \ln[n \cdot (n-1) \cdot (n-2) \cdots 1] \\ &= \ln n + \ln(n-1) + \ln(n-2) + \cdots + \ln 1\end{aligned} \tag{B.17}$$

이와 같은 로그들의 합은 막대그래프 밑의 면적으로 표현될 수 있다(그림 B.4). n이 꽤 크면 막대그래프 밑의 면적은 로그함수의 매끈한 곡선 밑의 면적과 근사적으로 같다. 따라서 다음과 같이 쓸 수 있다.

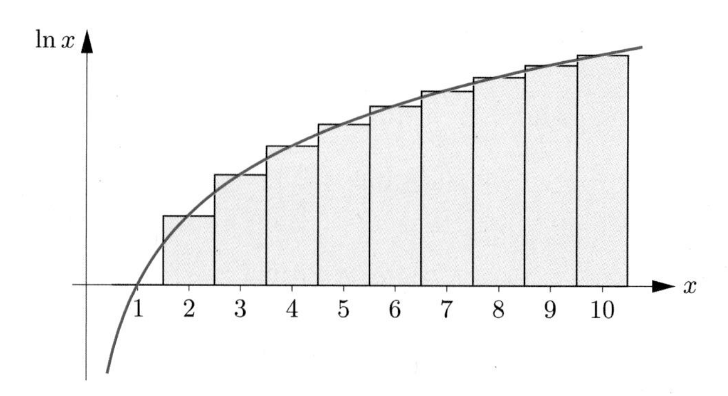

그림 B.4. 임의의 정수 n까지 막대그래프 밑의 면적은 $\ln n!$과 같다. n이 클 때 이 면적은 로그 함수의 매끈한 곡선 밑의 면적으로 근사될 수 있다.

$$\ln n! \approx \int_0^n \ln x\, dx = (x \ln x - x)\Big|_0^n = n \ln n - n \tag{B.18}$$

즉, $n! \approx (n/e)^n$이다. 이 결과는 마지막 인수 $\sqrt{2\pi n}$을 제쳐두면 식 (B.16)과 일치한다. 통계역학에서 거의 항상 그렇듯이 n이 충분히 크면 그 인수는 생략될 수 있고, 따라서 이 결과는 우리가 필요한 전부이다.

좀 더 정확한 $n!$의 식을 유도하기 위해서, 앞의 계산을 반복하되 이번에는 더욱 신중하게 적분의 한계값들을 선택할 수 있다(문제 B.10을 보라). 하지만 정말로 정확한 값을 얻기 위해서 완전히 다른 방법을 사용하겠다. 정확한 식 (B.11)에서 시작해보자.

$$n! = \int_0^\infty x^n e^{-x}\, dx \tag{B.19}$$

n이 클 때 피적분함수 $x^n e^{-x}$를 생각해보자. 첫째 인수 x^n은 x의 함수로써 아주 급격하게 커지지만, 둘째 인수 e^{-x}은 아주 급격하게 영으로 떨어진다. 그 둘의 곱은 그림 B.5에 보인 것처럼 증가했다가 감소하는 함수이다. 정확하게 $x = n$에서 그 함수가 최댓값에 이른다는 사실을 쉽게 보일 수 있고(문제 B.11), 그 정점의 높이는 $n^n e^{-n}$이다. 우리가 원하는 것은 이 그래프 밑의 면적이며, 그 면적을 추산하기 위해서 그 함수를 가우시안으로 근사할 수 있다. 원래의 정확한 함수를 $x = n$ 근처에서 최적합하는 가우시안 함수를 구하기 위해서 우선 원래 함수를 지수 한 개를 갖는 함수로 다음과 같이 써보겠다.

$$x^n e^{-x} = e^{n \ln x - x} \tag{B.20}$$

다음은, $y \equiv x - n$으로 정의하고 그 지수를 y의 식으로 쓴 후, 원래 함수의 로그를 전개할 준비를 하자.

$$\begin{aligned} n\ln x - x &= n\ln(n+y) - n - y \\ &= n\ln\left[n\left(1+\frac{y}{n}\right)\right] - n - y \\ &= n\ln n - n + n\ln\left(1+\frac{y}{n}\right) - y \end{aligned} \tag{B.21}$$

그래프의 정점 근처에서 y가 n보다 훨씬 작기 때문에 다음과 같이 로그항을 테일러급수로 전개할 수 있다.

$$\ln\left(1+\frac{y}{n}\right) \approx \frac{y}{n} - \frac{1}{2}\left(\frac{y}{n}\right)^2 \tag{B.22}$$

첫 번째의 선형항은 식 (B.21)의 마지막 항인 $-y$와 상쇄된다. 나머지 항들을 한데 묶어서 정리하면 다음과 같은 근사 결과를 얻을 수 있다.

$$x^n e^{-x} \approx n^n e^{-n} e^{-y^2/2n}, \quad \text{여기서 } y = x - n \tag{B.23}$$

이것이 바로 식 (B.19)의 정확한 피적분함수에 최적합하는 가우시안 근사이다(그림 B.5의 파선곡선). $n!$을 얻기 위해서는 이제 이 함수를 $x=0$에서 $x=\infty$까지 적분하면 된다. 하지만 이 함수는 음의 x 값에서 무시할 정도로 작기 때문에 $x=-\infty$부터 적분을 해도 상관이 없다. 이제 적분식 (B.6)을 이용해서 다음의 결과를 얻을 수 있다.

$$n! \approx x^n e^{-n} \int_{-\infty}^{\infty} e^{-y^2/2n} dy = n^n e^{-n} \sqrt{2\pi n} \tag{B.24}$$

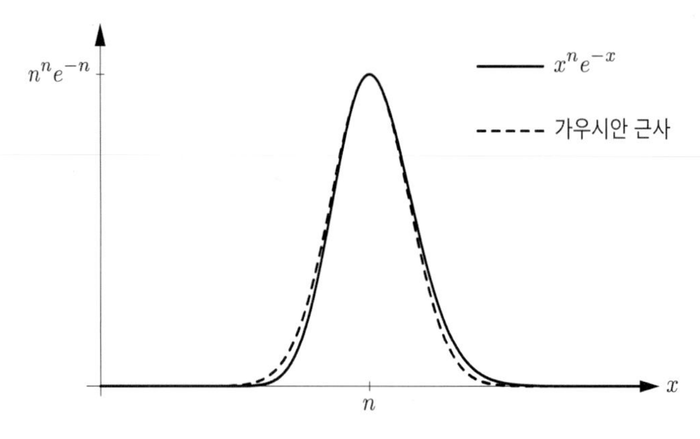

그림 B.5. $n=50$일 때 함수 $x^n e^{-x}$(실선곡선). 이 곡선 밑의 면적은 $n!$이다. 파선곡선은 최적합 가우시안 근사이며, 곡선 밑의 면적은 $n!$에 대한 스털링 근사를 준다.

이것은 식 (B.16)과 일치하는 결과이다.

문제 B.10. 식 (B.18)에서 적분의 한계값들을 좀 더 주의 깊게 선택해서 $n!$에 대한 좀 더 정확한 근사를 유도하라. (힌트: 상한값이 좀 더 중요하다. 하한값에 대한 명백한 최선은 없다. 하지만 최선을 다해보라.)

문제 B.11. 함수 $x^n e^{-x}$이 $x=n$에서 최댓값에 이른다는 사실을 증명하라.

문제 B.12. $n=10, 20, 50$일 때 컴퓨터를 사용해서 함수 $x^n e^{-x}$와 이 함수에 대한 가우시안 근사의 그래프를 그려라. n이 증가할수록 정점의 (n에 대한) 상대적인 폭이 어떻게 감소하고, 가우시안 근사가 어떻게 더욱 정확해지는지에 주목하라. 컴퓨터 소프트웨어가 허용한다면 더 큰 n의 값도 시도해보아라.

문제 B.13. 식 (B.22)의 로그의 전개에서 더 많은 항들을 취함으로써 스털링 근사를 개선하는 것이 가능하다. 새 항들의 지수함수는 테일러급수에서 전개되어 이전과 같은 가우시안에 곱해진 y의 다항식을 준다. 이 과정을 수행하고, 주도하는 항보다 종국에 n의 차수가 1만큼 작게 되는 모든 항들을 일관적으로 유지하라. (y의 크기가 $\sqrt{n}$ 정도일 때 가우시안이 거의 영으로 떨어지므로, $y=\sqrt{n}$으로 놓아서 여러 항들의 크기를 추정해볼 수 있다.) 안개가 다 걷힌 후에 다음의 식이 보여야 한다.

$$n! \approx n^n e^{-n} \sqrt{2\pi n}\left(1+\frac{1}{12n}\right)$$

$n=1$, $n=10$일 때 이 식의 정확도를 확인하라. (실제로는 보정항이 거의 필요 없다. 하지만 스털링 근사의 오차를 추정하기 위한 간편한 방법을 제공한다.)

B.4 d-차원 초구의 표면적

2.5절에서 반지름이 r인 d-차원 "초구(hypersphere)"의 "표면적"이 다음과 같다고 주장했다.

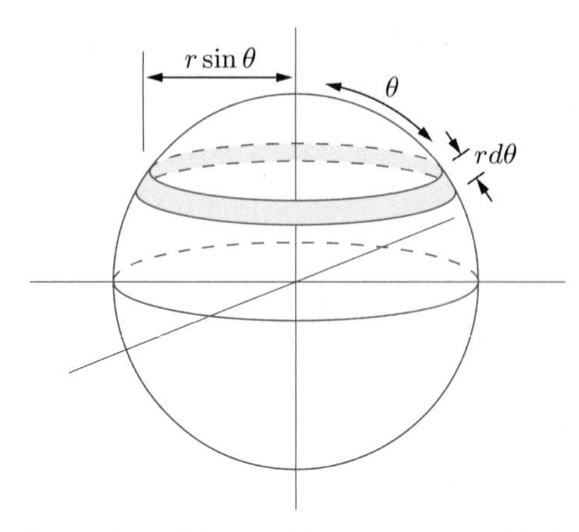

그림 B.6. 구의 표면적을 계산하기 위해서 표면을 고리들로 나누어 적분을 한다. 초구의 표면적을 계산하기 위해서도 똑같이 한다.

$$A_d(r) = \frac{2\pi^{d/2}}{\left(\frac{d}{2}-1\right)!} r^{d-1} = \frac{2\pi^{d/2}}{\Gamma\left(\frac{d}{2}\right)} r^{d-1} \tag{B.25}$$

$d=2$일 때 이 식은 원의 원주 $A_2(r)=2\pi r$을 주고, $d=3$일 때 이 식은 구의 표면적 $A_3(r)=4\pi r^2$을 준다. ($d=1$일 때 이 식은 한 선분을 경계 짓는 점들의 수인 $A_1(r)=2$를 준다.)

일반적인 식 (B.25)를 증명하기 전에, 진짜 3-차원 구가 되는 $d=3$인 경우를 고려하면서 몸을 풀어보자. 그림 B.6이 보여주듯이 구의 표면은 고리들을 쌓아서 만들 수 있다. 각 고리의 폭이 $r\,d\theta$이고 둘레의 길이가 $A_2(r\sin\theta)=2\pi r\sin\theta$이기 때문에 구의 총면적은 다음과 같다.

$$A_3(r) = \int_0^\pi A_2(r\sin\theta)\,r\,d\theta = 2\pi r^2 \int_0^\pi \sin\theta\,d\theta = 4\pi r^2 \tag{B.26}$$

완전히 유사한 계산을 통해서, 수학적 귀납법을 적용하여 $d-1$의 경우가 성립한다고 가정하고, 임의의 d에 대해서 식 (B.25)를 증명할 수 있다. $(d-1)$-차원 "고리"들을 쌓아서 d-차원 구의 표면적을 만든다고 상상해보자. 각 고리의 폭은 $r\,d\theta$이고 둘레길이는 $A_{d-1}(r\sin\theta)$이다. 총면적은 또 다시 다음과 같은 0부터 π까지의 적분이다.

$$A_d(r) = \int_0^\pi A_{d-1}(r\sin\theta)\,r\,d\theta$$

$$= \int_0^{\pi} \frac{2\pi^{(d-1)/2}}{\Gamma\left(\frac{d-1}{2}\right)} (r \sin\theta)^{d-2} r \, d\theta$$

$$= \frac{2\pi^{(d-1)/2}}{\Gamma\left(\frac{d-1}{2}\right)} r^{d-1} \int_0^{\pi} (\sin\theta)^{d-2} d\theta \qquad \text{(B.27)}$$

문제 B.14에서 다음과 같은 결과를 보일 수 있다.

$$\int_0^{\pi} (\sin\theta)^n d\theta = \frac{\sqrt{\pi}\,\Gamma\left(\frac{n}{2}+\frac{1}{2}\right)}{\Gamma\left(\frac{n}{2}+1\right)} \qquad \text{(B.28)}$$

따라서 주장한 바처럼 다음의 결과를 얻는다.

$$A_d(r) = \frac{2\pi^{(d-1)/2}}{\Gamma\left(\frac{d-1}{2}\right)} r^{d-1} \cdot \frac{\pi^{1/2}\Gamma\left(\frac{d}{2}-\frac{1}{2}\right)}{\Gamma\left(\frac{d}{2}\right)} = \frac{2\pi^{d/2}}{\Gamma\left(\frac{d}{2}\right)} r^{d-1} \qquad \text{(B.29)}$$

문제 B.14. 수학적 귀납법을 이용해서 식 (B.28)을 증명하자.

(a) $n=0$과 $n=1$일 때 식 (B.28)이 성립하는 것을 확인하라.

(b) 다음 식이 성립하는 것을 보여라.

$$\int_0^{\pi} (\sin\theta)^n d\theta = \left(\frac{n-1}{n}\right) \int_0^{\pi} (\sin\theta)^{n-2} d\theta$$

(힌트: 우선 $(\sin\theta)^n$을 $(\sin\theta)^{n-2}(1-\cos^2\theta)$로 써라. 두 번째 인수항을 부분적분으로 계산하라. 즉 $\cos\theta$를 미분하고 나머지 인수들을 적분하라.)

(c) (a)와 (b)의 결과를 이용해서 수학적 귀납법으로 식 (B.28)을 증명하라.

문제 B.15. 식 (B.25)를 유도하는 더 깔끔하지만 훨씬 더 기교가 필요한 방법은, B.1절에서 기본적인 가우시안 적분을 계산하는데 사용했던 방법과 유사하다. 여기서 기교는 d-차원에서 모든 공간에 대한 함수 e^{-r^2}의 적분을 고려하는 것이다.

(a) 우선 이 적분을 직각좌표계에서 계산하라. 답은 $\pi^{d/2}$이어야 한다.

(b) 이 적분이 구대칭성을 갖고 있기 때문에 d-차원 구좌표계에서도 계산할 수 있다.

회전각들에 대한 적분이 d-차원 단위 초구의 표면적인 $A_d(1)$의 인수를 주어야 하는 이유를 설명하라. 따라서 이 적분이 $A_d(1) \cdot \int_0^\infty r^{d-1} e^{-r^2} dr$과 같다는 것을 보여라.

(c) r에 대한 적분을 감마 함수의 식으로 계산해서, 결과적으로 식 (B.25)를 유도하라.

문제 B.16. d-차원 초구의 부피에 대한 식을 유도하라.

B.5 양자통계의 적분들

7장의 양자통계에서 다음과 같은 형태의 적분과 자주 마주쳤다.

$$\int_0^\infty \frac{x^n}{e^x \pm 1} dx \tag{B.30}$$

여기서 분모의 '−' 부호는 보손계, '+' 부호는 페르미온계의 상태들에 대해서 각각 합을 할 경우이다. 물론 이 적분은 수치적으로 할 수도 있다. 하지만 n이 홀수일 때 그 답은 π의 식으로 정확하게 표현될 수 있다.

첫 단계는 적분을 무한급수로 다시 쓰는 것이다. 인수 x^n은 잠시 제쳐두고, 나머지 피적분함수가 다음과 같은 기하급수로 써질 수 있는 것에 유의하라.

$$\begin{aligned} \frac{1}{e^x \pm 1} &= \frac{e^{-x}}{1 \pm e^{-x}} = e^{-x} \mp (e^{-x})^2 + (e^{-x})^3 \mp \cdots \\ &= e^{-x} \mp e^{-2x} + e^{-3x} \mp e^{-4x} + \cdots \end{aligned} \tag{B.31}$$

이제 x^n을 다시 곱하고 항들을 하나씩 적분하는 것은 쉽다. $n=1$인 경우에 다음 식을 얻는다.

$$\begin{aligned} \int_0^\infty \frac{x}{e^x \pm 1} dx &= \int_0^\infty (xe^{-x} \mp xe^{-2x} + xe^{-3x} \mp \cdots) dx \\ &= 1 \mp \frac{1}{2^2} + \frac{1}{3^2} \mp \frac{1}{4^2} + \cdots \end{aligned} \tag{B.32}$$

이런 유형의 무한급수는 수학에서 자주 나오기 때문에 수학자들은 그것에 이름을 줬다. 즉, 리만 제타 함수(Riemann zeta function) $\zeta(n)$은 다음과 같이 정의된다.

$$\zeta(n) \equiv 1 + \frac{1}{2^n} + \frac{1}{3^n} + \cdots = \sum_{k=1}^{\infty} \frac{1}{k^n} \tag{B.33}$$

따라서 다음과 같이 간단히 쓸 수 있다.

$$\int_0^{\infty} \frac{x}{e^x - 1} dx = \zeta(2) \tag{B.34}$$

피적분함수가 분모에서 '+' 부호를 가질 때는 급수가 진동하므로 다음과 같은 약간의 추가적인 조작이 필요하다.

$$\begin{aligned}\int_0^{\infty} \frac{x}{e^x + 1} dx &= \left(1 + \frac{1}{2^2} + \frac{1}{3^2} + \cdots\right) - 2\left(\frac{1}{2^2} + \frac{1}{4^2} + \frac{1}{6^2} + \cdots\right) \\ &= \zeta(2) - \frac{2}{2^2}\left(1 + \frac{1}{2^2} + \frac{1}{3^2} + \cdots\right) \\ &= \zeta(2) - \frac{1}{2}\zeta(2) \\ &= \frac{1}{2}\zeta(2) \end{aligned} \tag{B.35}$$

다음과 같은 좀 더 일반적인 결과를 유도하는 것은 약간 더 어려운 정도이다(문제 B.17을 보라).

$$\begin{aligned}\int_0^{\infty} \frac{x^n}{e^x - 1} dx &= \Gamma(n+1)\zeta(n+1) \\ \int_0^{\infty} \frac{x^n}{e^x + 1} dx &= \left(1 - \frac{1}{2^n}\right)\Gamma(n+1)\zeta(n+1)\end{aligned} \tag{B.36}$$

(n이 정수이면 $\Gamma(n+1) = n!$ 이다.)

이제 문제는 리만 제타 함수를 정의하는 무한급수 (B.33)을 "단순하게" 합하는 것이다. 불행하게도, 답의 형태가 단순하다고 해서 그 답을 계산하는 일이 단순하다는 것은 전혀 아니다. 나는 푸리에급수를 사용하는 아주 교묘하고 우회적인 방법으로 그것을 하겠다.*

그 기교는 주기가 2π이고 진폭이 $\pi/4$인 네모파(square-wave) 함수를 고려하는 것이

* 도대체 누가 이런 방법을 처음으로 사용했는지는 모르겠다. 난 이것을 Mandl에게 배웠다(1988).

다(그림 B.7). 푸리에의 정리(Fourier's theorem)에 따르면 임의의 주기함수는 사인과 코사인의 선형중첩으로 써질 수 있다. 우리의 경우처럼 함수가 기함수일 때는 사인들만 필요하므로, 계수 a_k 들의 어떤 집합을 사용해서 다음과 같이 쓸 수 있다.

$$f(x) = \sum_{k=1}^{\infty} a_k \sin(kx) \tag{B.37}$$

합에서 첫 사인파는 $f(x)$ 와 같은 주기를 갖고, 나머지 사인파들은 그 주기의 1/2, 1/3, 1/4 등등의 주기를 갖는다는 것에 주목하라. 계수들을 구하기 위해서 "푸리에의 기교"를 사용할 수 있다. 즉, $\sin(jx)$ 를 곱하고 (여기서 j 는 임의의 양의 정수) 함수 $f(x)$ 의 한 주기에 대해서 적분을 하라.

$$\int_0^{2\pi} f(x)\sin(jx)dx = \sum_{k=1}^{\infty} a_k \int_0^{2\pi} \sin(kx)\sin(jx)dx \tag{B.38}$$

등호 오른쪽의 적분은 $k=j$ 인 경우를 제외하고는 영이고, $k=j$ 일 때 적분값은 π 이다. 영이 아닌 이 항만 유지하고 j 를 k 로 다시 이름을 붙이면, 임의의 k 에 대해서 다음의 결과를 얻는다.

$$a_k = \frac{1}{\pi}\int_0^{2\pi} f(x)\sin(kx)dx = \frac{2}{\pi}\int_0^{\pi} f(x)\sin(kx)dx \tag{B.39}$$

이 식은 주기가 2π 인 임의의 기함수 $f(x)$ 의 푸리에 계수들을 준다. 우리의 네모파 함수에 대해서 그 계수들은 다음과 같다.

$$a_k = \frac{2}{\pi}\int_0^{\pi} \frac{\pi}{4}\sin(kx)dx = \begin{cases} 1/k, & k = 1,\ 3,\ 5,\ \cdots \\ 0, & k = 2,\ 4,\ 6,\ \cdots \end{cases} \tag{B.40}$$

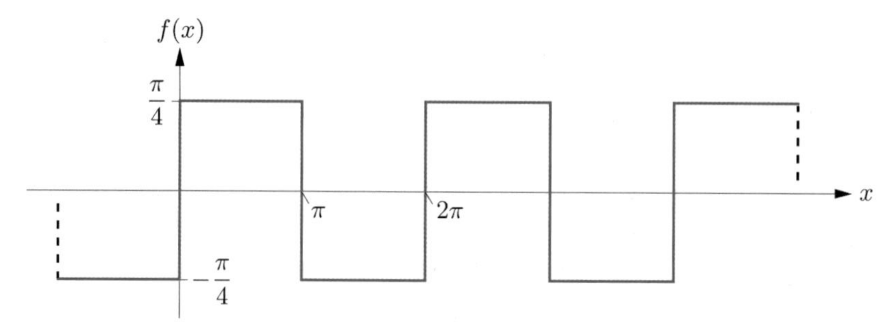

그림 B.7. 주기가 2π 이고 진폭이 $\pi/4$ 인 네모파 함수. 이 함수의 푸리에급수는 n 이 짝수일 때 $\zeta(n)$ 의 값들을 준다.

그러므로 $0<x<\pi$ 에 대해서 다음과 같이 쓸 수 있다.

$$\frac{\pi}{4}=\sum_{\text{홀수}\,k}\frac{\sin(kx)}{k} \tag{B.41}$$

마지막 기교는 이 식을 단계적으로 x 에 대해서 적분을 한 후, $x=\pi/2$ 에서 결과를 계산하는 것이다. $x=0$ 에서 $x=x'$ 까지 조심스럽게 적분을 하면 다음 결과를 얻는다.

$$\frac{\pi x'}{4}=\sum_{\text{홀수}\,k}\frac{1}{k}\int_0^{x'}\sin(kx)dx=\sum_{\text{홀수}\,k}\frac{1}{k^2}(1-\cos kx') \tag{B.42}$$

그리고 $x'=\pi/2$ 를 대입하면 다음과 같이 간단하게 된다.

$$\frac{\pi^2}{8}=\sum_{\text{홀수}\,k}\frac{1}{k^2} \tag{B.43}$$

하지만 $\zeta(2)$ 는 모든 양의 정수들에 대한 합이므로 다음과 같이 조작을 해보자.

$$\begin{aligned}\zeta(2)&=\sum_{\text{홀수}\,k}\frac{1}{k^2}+\sum_{\text{짝수}\,k}\frac{1}{k^2}\\&=\frac{\pi^2}{8}+\left(\frac{1}{2^2}+\frac{1}{4^2}+\frac{1}{6^2}+\cdots\right)\\&=\frac{\pi^2}{8}+\frac{1}{4}\left(\frac{1}{1^2}+\frac{1}{2^2}+\frac{1}{3^2}+\cdots\right)\\&=\frac{\pi^2}{8}+\frac{1}{4}\zeta(2)\end{aligned} \tag{B.44}$$

즉, 다음과 같은 $\zeta(2)$ 의 최종 결과를 얻는다.

$$\zeta(2)=\frac{4}{3}\frac{\pi^2}{8}=\frac{\pi^2}{6} \tag{B.45}$$

$n=1$ 일 때, 분모의 부호가 무엇이든 원래 식 (B.30)을 계산하는데 이 결과로 충분하다. 더 큰 홀수 n 에 대한 과정은, 식 (B.42)를 여러 번 미분해서 그 결과를 또 다시 $\pi/2$ 에서 계산하고 급수를 약간 조작하는 것이다(문제 B.19를 보라). 불행하게도 이 방법은 홀수 n 에 대한 $\zeta(n)$ 값을 주지는 못한다. 사실 이것들은 π 의 식으로 써질 수 없기 때문에 수치적으로 계산되어야만 한다.

문제 B.17. 일반적인 적분식 (B.36)을 유도하라.

문제 B.18. 컴퓨터를 사용해서 식 (B.41)의 오른쪽의 사인파들의 합의 그래프를 그려라. 처음에는 $k=1$ 에서 합을 종료하고, 그런 후 $k=3, 5, 15, 25$ 에서 차례로 종료해보라. 이 급수가 처음에 시작했던 네모파 함수에 어떻게 수렴하며, 그렇더라도 그 수렴이 특별히 빠르지는 않은 것에 주목하라.

문제 B.19. 식 (B.42)를 두 번 더 적분하고 $x=\pi/2$ 를 대입해서 $\sum_{\text{홀수}}(1/k^4)$ 에 대한 식을 얻어라. 이 식을 사용해서 $\zeta(4)=\pi^4/90$ 임을 보이고, $n=3$ 인 경우에 적분 (B.36)을 계산하라. 이 과정이 $\zeta(3)$ 의 값을 주지 않는 이유를 설명하라.

문제 B.20. 식 (B.41)을 $x=\pi/2$ 에서 계산해서 π 에 대한 유명한 급수를 얻어라. π 를 유효숫자 세 개까지 포함하도록 쓰려면 이 급수에서 몇 개의 항들을 계산해야 하는가?

문제 B.21. 7.3절에서 겹친 페르미 기체의 열용량을 계산할 때 다음과 같은 적분이 필요했다.

$$\int_{-\infty}^{\infty} \frac{x^2 e^x}{(e^x+1)^2} dx = \frac{\pi^2}{3}$$

이 결과를 유도하기 위해서, 우선 피적분함수가 우함수이기 때문에 0에서 ∞ 까지 적분을 하고 2를 곱하는 것으로 충분하다는 것을 보여라. 그런 후 부분적분을 해서 이 적분을 식 (B.35)의 적분과 관련지어라.

문제 B.22. 급수를 수치적으로 합해서 $\zeta(3)$ 을 계산하라. 유효숫자 세 개까지 정확한 답을 얻기 위해서 몇 개의 항들을 유지할 필요가 있는가?

읽어 볼 만한 도서

Undergraduate Thermal Physics Texts

Callen, Herbert B., *Thermodynamics and an Introduction to Thermostatistics*, second edition (Wiley, New York, 1985). Develops thermodynamics from an abstract, logically rigorous approach. The application chapters are somewhat easier, and clearly written.

Carrington, Gerald, *Basic Thermodynamics* (Oxford University Press, Oxford, 1994). A nice introduction that sticks to pure classical thermodynamics.

Kittel, Charles, and Herbert Kroemer, *Thermal Physics*, second edition (W. H. Freeman, San Francisco, 1980). An insightful text with a great variety of modern applications.

Mandl, F., *Statistical Physics*, second edition (Wiley, Chichester, 1988). A clearly written text that emphasizes the statistical approach.

Reif, F., *Fundamentals of Statistical and Thermal Physics* (McGraw-Hill, New York, 1965). More advanced than most undergraduate texts. Emphasizes the statistical approach and includes extensive chapters on transport theory.

Stowe, Keith, *Introduction to Statistical Mechanics and Thermodynamics* (Wiley, New York, 1984). Perhaps the easiest book that takes the statistical approach. Very well written, but unfortunately marred by an incorrect treatment of chemical potential.

Zemansky, Mark W., and Richard H. Dittman, *Heat and Thermodynamics*, seventh edition (McGraw-Hill, New York, 1997). A classic text that includes good descriptions of experimental results and techniques. Earlier editions contain a wealth of material that didn't make it into the most recent edition; I especially like the fifth edition (1968, written by Zemansky alone).

Graduate-Level Texts

Chandler, David, *Introduction to Modern Statistical Mechanics* (Oxford University Press, New York, 1987). My favorite advanced text: short and well written, with lots of inviting problems. A partial solution manual is also available.

Landau, L. D., and E. M. Lifshitz, *Statistical Physics*, third edition, Part I, trans. J. B. Sykes and M. J. Kearsley (Pergamon Press, Oxford, 1980). An authoritative classic.

Pathria, R. K., *Statistical Mechanics*, second edition (Butterworth-Heinemann, Oxford, 1996). Good systematic coverage of statistical mechanics.

Pippard, A. B., *The Elements of Classical Thermodynamics* (Cambridge University Press, Cambridge, 1957). A concise summary of the theory as well as several applications.

Reichl, L., *A Modern Course in Statistical Physics*, second edition (Wiley, New York, 1998). Encyclopedic in coverage and very advanced.

Introductory Texts

Ambegaokar, Vinay, *Reasoning About Luck: Probability and its Uses in Physics* (Cambridge University Press, Cambridge, 1996). An elementary text that teaches probability theory and touches on many physical applications.

Fenn, John B., *Engines, Energy, and Entropy: A Thermodynamics Primer* (W. H. Freeman, San Francisco, 1982). A gentle introduction to classical thermodynamics, emphasizing everyday applications and featuring cartoons of Charlie the Caveman.

Feynman, Richard P., Robert B. Leighton, and Matthew Sands, *The Feynman Lectures on Physics* (Addison-Wesley, Reading, MA, 1963). Chapters 1, 3, 4, 6, and 39–46 treat topics in thermal physics, with Feynman's incredibly high density of deep insights per page.

Moore, Thomas A., *Six Ideas that Shaped Physics, Unit T* (McGraw-Hill, New York, 1998). This very clearly written text inspired my approach to the second law in Sections 2.2 and 2.3.

Reif, F., *Statistical Physics: Berkeley Physics Course—Volume 5* (McGraw-Hill, New York, 1967). A rather advanced introduction, but much more leisurely than Reif (1965).

Popularizations

Atkins, P. W., *The Second Law* (Scientific American Books, New York, 1984). A nice coffee-table book with lots of pictures.

Goldstein, Martin, and Inge F. Goldstein, *The Refrigerator and the Universe* (Harvard University Press, Cambridge, MA, 1993). An extensive tour of thermal physics and its diverse applications.

Zemansky, Mark W., *Temperatures Very Low and Very High* (Van Nostrand, Princeton, 1964; reprinted by Dover, New York, 1981). A short paperback that focuses on physics at extreme temperatures. Very enjoyable reading, except when the author slips into textbook mode.

Engines and Refrigerators

Moran, Michael J., and Howard N. Shapiro, *Fundamentals of Engineering Thermodynamics*, third edition (Wiley, New York, 1995). One of several good encyclopedic texts.

Whalley, P. B., *Basic Engineering Thermodynamics* (Oxford University Press, Oxford, 1992). Refreshingly concise.

Chemical Thermodynamics

Atkins, P. W., *Physical Chemistry*, sixth edition (W. H. Freeman, New York, 1998). One of several good physical chemistry texts, packed with information.

Findlay, Alexander, *Phase Rule*, ninth edition, revised by A. N. Campbell and N. O. Smith (Dover, New York, 1951). Everything you ever wanted to know about phase diagrams.

Haasen, Peter, *Physical Metallurgy*, third edition, trans. Janet Mordike (Cambridge University Press, Cambridge, 1996). An authoritative monograph that doesn't shy away from the physics.

Rock, Peter A., *Chemical Thermodynamics* (University Science Books, Mill Valley, CA, 1983). A well-written introduction to chemical thermodynamics with plenty of interesting applications.

Smith, E. Brian, *Basic Chemical Thermodynamics*, fourth edition (Oxford University Press, Oxford, 1990). A nice short book that covers the basics.

Biology

Asimov, Isaac, *Life and Energy* (Doubleday, Garden City, NY, 1962). A popular account of thermodynamics and its applications in biochemistry. Old but still very good.

Stryer, Lubert, *Biochemistry*, fourth edition (W. H. Freeman, New York, 1995). Marvelously detailed, though not as quantitative as one might like.

Tinoco, Ignacio, Jr., Kenneth Sauer, and James C. Wang, *Physical Chemistry: Principles and Applications in Biological Sciences*, third edition (Prentice-Hall, Englewood Cliffs, NJ, 1995). Less comprehensive than a standard physical chemistry text, but with many more biochemical applications.

Earth and Environmental Science

Anderson, G. M., *Thermodynamics of Natural Systems* (Wiley, New York, 1996). A practical introduction to chemical thermodynamics, with a special emphasis on geological applications.

Bohren, Craig F., *Clouds in a Glass of Beer: Simple Experiments in Atmospheric Physics* (Wiley, New York, 1987). Short, elementary, and delightful. Begins by observing that "a glass of beer is a cloud inside out." Bohren has also written a sequel, *What Light Through Yonder Window Breaks?* (Wiley, New York, 1991).

Bohren, Craig F., and Bruce A. Albrecht, *Atmospheric Thermodynamics* (Oxford University Press, New York, 1998). Though intended for meteorology students, this textbook will appeal to anyone who knows basic physics and is curious about the everyday world. Great fun to read and full of food for thought.

Harte, John, *Consider a Spherical Cow: A Course in Environmental Problem Solving* (University Science Books, Sausalito, CA, 1988). A wonderful book that applies undergraduate-level physics and mathematics to dozens of interesting environmental problems.

Kern, Raymond, and Alain Weisbrod, *Thermodynamics for Geologists*, trans. Duncan McKie (Freeman, Cooper and Company, San Francisco, 1967). Features a nice selection of worked examples.

Nordstrom, Darrell Kirk, and James L. Munoz, *Geochemical Thermodynamics*, second edition (Blackwell Scientific Publications, Palo Alto, CA, 1994). A well-written advanced textbook for serious geochemists.

Astrophysics and Cosmology

Carroll, Bradley W., and Dale A. Ostlie, *An Introduction to Modern Astrophysics* (Addison-Wesley, Reading, MA, 1996). A clear, comprehensive introduction to astrophysics at the intermediate undergraduate level.

Peebles, P. J. E., *Principles of Physical Cosmology* (Princeton University Press, Princeton, NJ, 1993). An advanced treatise on cosmology with a detailed discussion of the thermal history of the early universe.

Shu, Frank H., *The Physical Universe: An Introduction to Astronomy* (University Science Books, Mill Valley, CA, 1982). An astrophysics book for physics students, disguised as an introductory astronomy text. Full of physical insight, this book portrays all of astrophysics as a competition between gravity and the second law of thermodynamics.

Weinberg, Steven, *The First Three Minutes* (Basic Books, New York, 1977). A classic account of the history of the early universe. Written for lay readers, yet gives a physicist plenty to think about.

Condensed Matter Physics

Ashcroft, Neil W., and N. David Mermin, *Solid State Physics* (Saunders College, Philadelphia, 1976). An excellent text that is somewhat more advanced than Kittel (below).

Collings, Peter J., *Liquid Crystals: Nature's Delicate Phase of Matter* (Princeton University Press, Princeton, NJ, 1990). A short, elementary overview of both the basic physics and applications.

Goodstein, David L., *States of Matter* (Prentice-Hall, Englewood Cliffs, NJ, 1975; reprinted by Dover, New York, 1985). A well written graduate-level text that surveys the properties of gases, liquids, and solids.

Gopal, E. S. R., *Specific Heats at Low Temperatures* (Plenum, New York, 1966). A nice short monograph that emphasizes comparisons between theory and experiment.

Kittel, Charles, *Introduction to Solid State Physics*, seventh edition (Wiley, New York, 1996). The classic undergraduate text.

Wilks, J., and D. S. Betts, *An Introduction to Liquid Helium*, second edition (Oxford University Press, Oxford, 1987). A concise and reasonably accessible overview.

Yeomans, J. M., *Statistical Mechanics of Phase Transitions* (Oxford University Press, Oxford, 1992). A brief, readable introduction to the theory of critical phenomena.

Computer Simulations

Gould, Harvey, and Jan Tobochnik, *An Introduction to Computer Simulation Methods*, second edition (Addison-Wesley, Reading, MA, 1996). Covers far-ranging applications at a variety of levels, including plenty of statistical mechanics.

Whitney, Charles A., *Random Processes in Physical Systems: An Introduction to Probability-Based Computer Simulations* (Wiley, New York, 1990). A good elementary textbook that takes you from coin flipping to stellar pulsations.

History and Philosophy

Bailyn, Martin, *A Survey of Thermodynamics* (American Institute of Physics, New York, 1994). A textbook that gives a good deal of history on each topic covered.

Brush, Stephen G., *The Kind of Motion We Call Heat: A History of the Kinetic Theory of Gases in the 19th Century* (North-Holland, Amsterdam, 1976). A very scholarly treatment.

Kestin, Joseph (ed.), *The Second Law of Thermodynamics* (Dowden, Hutchinson & Ross, Stroudsburg, PA, 1976). Reprints (in English) of original papers by Carnot, Clausius, Thomson, and others, with helpful editorial comments.

Leff, Harvey S., and Andrew F. Rex (eds.), *Maxwell's Demon: Entropy, Information, Computing* (Princeton University Press, Princeton, NJ, 1990). An anthology of important papers on the meaning of entropy.

Mendelssohn, K., *The Quest for Absolute Zero*, second edition (Taylor & Francis, London, 1977). A popular history of low-temperature physics, from the liquefaction of oxygen to the properties of superfluid helium.

Von Baeyer, Hans Christian, *Maxwell's Demon: Why Warmth Disperses as Time Passes* (Random House, New York, 1998). A brief popular history of thermal physics with an emphasis on the deeper issues. Highly recommended.

Tables of Thermodynamic Data

Keenan, Joseph H., Frederick G. Keyes, Philip G. Hill, and Joan G. Moore, *Steam Tables (S.I. Units)* (Wiley, New York, 1978). Fascinating.

Lide, David R. (ed.), *CRC Handbook of Chemistry and Physics*, 75th edition (Chemical Rubber Company, Boca Raton, FL, 1994). Cumbersome but widely available. Editions published since 1990 are better organized and use more modern units.

National Research Council, *International Critical Tables of Numerical Data* (McGraw-Hill, New York, 1926–33). A seven-volume compendium of a great variety of data.

Reynolds, William C., *Thermodynamic Properties in SI* (Stanford University Dept. of Mechanical Engineering, Stanford, CA, 1979). A handy compilation of properties of 40 important fluids.

Vargaftik, N. B., *Handbook of Physical Properties of Liquids and Gases* (Hemisphere, Washington, DC, 1997). Detailed property tables for a variety of fluids.

Woolley, Harold W., Russell B. Scott, and F. G. Brickwedde, "Compilation of Thermal Properties of Hydrogen in its Various Isotopic and Ortho-Para Modifications," *Journal of Research of the National Bureau of Standards* **41**, 379–475 (1948). Definitive but not very accessible.

* * *

새 교과서를 읽을 때 불편한 점 하나는 표기법에 익숙해져야 한다는 것이다. 다행히도 열물리학의 많은 표기법들은 수십 년 동안 사용되면서 널리 받아들여져 왔고 표준화되었다. 하지만 다음의 예들을 포함해서 중요한 예외들도 있다.

양	본교과서	다른 기호들
총에너지	U	E
겹침수	Ω	W, g
헬름홀츠 자유에너지	F	A
깁스 자유에너지	G	F
큰 자유에너지	Φ	Ω
분배함수	Z	Q, q
맥스웰 속력분포	$\mathcal{D}(v)$	$P(v)$
양자길이	ℓ_Q	λ, λ_T
양자부피	v_Q	λ_T^3, $1/n_Q$
페르미-디락 분포	$\overline{n}_{\text{FD}}(\epsilon)$	$f(\epsilon)$
상태밀도	$g(\epsilon)$	$D(\epsilon)$

참고자료

물리 상수

$$
\begin{aligned}
k &= 1.381 \times 10^{-23} \text{ J/K} \\
&= 8.617 \times 10^{-5} \text{ eV/K} \\
N_{\text{A}} &= 6.022 \times 10^{23} \\
R &= 8.315 \text{ J/mol}\cdot\text{K} \\
h &= 6.626 \times 10^{-34} \text{ J}\cdot\text{s} \\
&= 4.136 \times 10^{-15} \text{ eV}\cdot\text{s} \\
c &= 2.998 \times 10^{8} \text{ m/s} \\
G &= 6.673 \times 10^{-11} \text{ N}\cdot\text{m}^2/\text{kg}^2 \\
e &= 1.602 \times 10^{-19} \text{ C} \\
m_e &= 9.109 \times 10^{-31} \text{ kg} \\
m_p &= 1.673 \times 10^{-27} \text{ kg}
\end{aligned}
$$

단위 환산

$$
\begin{aligned}
1 \text{ atm} &= 1.013 \text{ bar} = 1.013 \times 10^{5} \text{ N/m}^2 \\
&= 14.7 \text{ lb/in}^2 = 760 \text{ mm Hg} \\
(T \text{ in } {}^\circ\text{C}) &= (T \text{ in K}) - 273.15 \\
(T \text{ in } {}^\circ\text{F}) &= \tfrac{9}{5}(T \text{ in } {}^\circ\text{C}) + 32 \\
1\ {}^\circ\text{R} &= \tfrac{5}{9} \text{ K} \\
1 \text{ cal} &= 4.186 \text{ J} \\
1 \text{ Btu} &= 1054 \text{ J} \\
1 \text{ eV} &= 1.602 \times 10^{-19} \text{ J} \\
1 \text{ u} &= 1.661 \times 10^{-27} \text{ kg}
\end{aligned}
$$

각 칸에서 왼쪽 위의 원자번호는 핵의 양성자 수이다. 바닥의 원자량은 지표면의 동위원소 존재비율(isotopic abundance)로 가중된 값이다. 원자량은 통합된 원자질량단위(u)로 정확하게 12로 정의된 탄소-12 동위원소에 대한 상대적인 값이다. 불확정성의 범위는 인용된 마지막 자릿수에서 1부터 9까지이다. 상대적인 동위원소 존재비율은 종종 천연시료와 상업적인 시료들 모두에서 각각 상당한 변동이 있다. 괄호 안의 수는 해당 원소 중에 가장 수명이 긴 동위원소의 질량이다 – 안정한 동위원소는 존재하지 않는다. 하지만 Th, Pa, U은 비록 안정한 동위원소는 없지만 지구 특유의 조성비를 갖기 때문에 의미 있는 가중된 질량값을 줄 수 있다. 110~112번 원소들에 대해서는 알려진 동위원소들의 질량수가 주어진다. 출처는 다음과 같다: the Review of Particle Physics by the Particle Data Group, *The European Physical Journal* C3, 73 (1998).

Periodic Table of the Elements

1 IA	2 IIA	3 IIIB	4 IVB	5 VB	6 VIB	7 VIIB	8 VIII	9 VIII	10 VIII	11 IB	12 IIB	13 IIIA	14 IVA	15 VA	16 VIA	17 VIIA	18 VIIIA
1 **H** Hydrogen 1.00794																	2 **He** Helium 4.002602
3 **Li** Lithium 6.941	4 **Be** Beryllium 9.012182											5 **B** Boron 10.811	6 **C** Carbon 12.0107	7 **N** Nitrogen 14.00674	8 **O** Oxygen 15.9994	9 **F** Fluorine 18.9984032	10 **Ne** Neon 20.1797
11 **Na** Sodium 22.989770	12 **Mg** Magnesium 24.3050											13 **Al** Aluminum 26.981538	14 **Si** Silicon 28.0855	15 **P** Phosph. 30.973761	16 **S** Sulfur 32.066	17 **Cl** Chlorine 35.4527	18 **Ar** Argon 39.948
19 **K** Potassium 39.0983	20 **Ca** Calcium 40.078	21 **Sc** Scandium 44.955910	22 **Ti** Titanium 47.867	23 **V** Vanadium 50.9415	24 **Cr** Chromium 51.9961	25 **Mn** Manganese 54.938049	26 **Fe** Iron 55.845	27 **Co** Cobalt 58.933200	28 **Ni** Nickel 58.6934	29 **Cu** Copper 63.546	30 **Zn** Zinc 65.39	31 **Ga** Gallium 69.723	32 **Ge** German. 72.61	33 **As** Arsenic 74.92160	34 **Se** Selenium 78.96	35 **Br** Bromine 79.904	36 **Kr** Krypton 83.80
37 **Rb** Rubidium 85.4678	38 **Sr** Strontium 87.62	39 **Y** Yttrium 88.90585	40 **Zr** Zirconium 91.224	41 **Nb** Niobium 92.90638	42 **Mo** Molybd. 95.94	43 **Tc** Technet. (97.907215)	44 **Ru** Ruthen. 101.07	45 **Rh** Rhodium 102.90550	46 **Pd** Palladium 106.42	47 **Ag** Silver 107.8682	48 **Cd** Cadmium 112.411	49 **In** Indium 114.818	50 **Sn** Tin 118.710	51 **Sb** Antimony 121.760	52 **Te** Tellurium 127.60	53 **I** Iodine 126.90447	54 **Xe** Xenon 131.29
55 **Cs** Cesium 132.90545	56 **Ba** Barium 137.327	57–71 Lantha- nides	72 **Hf** Hafnium 178.49	73 **Ta** Tantalum 180.9479	74 **W** Tungsten 183.84	75 **Re** Rhenium 186.207	76 **Os** Osmium 190.23	77 **Ir** Iridium 192.217	78 **Pt** Platinum 195.078	79 **Au** Gold 196.96655	80 **Hg** Mercury 200.59	81 **Tl** Thallium 204.3833	82 **Pb** Lead 207.2	83 **Bi** Bismuth 208.98038	84 **Po** Polonium (208.982415)	85 **At** Astatine (209.987131)	86 **Rn** Radon (222.017570)
87 **Fr** Francium (223.019731)	88 **Ra** Radium (226.025402)	89–103 Actinides	104 **Rf** Rutherford. (261.1089)	105 **Db** Dubnium (262.1144)	106 **Sg** Seaborg. (263.1186)	107 **Bh** Bohrium (262.1231)	108 **Hs** Hassium (265.1306)	109 **Mt** Meitner. (266.1378)	110 (269, 273)	111 (272)	112 (277)						

Lanthanide series	57 **La** Lanthanum 138.9055	58 **Ce** Cerium 140.116	59 **Pr** Praseodym. 140.90765	60 **Nd** Neodym. 144.24	61 **Pm** Prometh. (144.912745)	62 **Sm** Samarium 150.36	63 **Eu** Europium 151.964	64 **Gd** Gadolin. 157.25	65 **Tb** Terbium 158.92534	66 **Dy** Dyspros. 162.50	67 **Ho** Holmium 164.93032	68 **Er** Erbium 167.26	69 **Tm** Thulium 168.93421	70 **Yb** Ytterbium 173.04	71 **Lu** Lutetium 174.967
Actinide series	89 **Ac** Actinium (227.027747)	90 **Th** Thorium 232.0381	91 **Pa** Protactin. 231.03588	92 **U** Uranium 238.0289	93 **Np** Neptunium (237.048166)	94 **Pu** Plutonium (244.064197)	95 **Am** Americium (243.061372)	96 **Cm** Curium (247.070346)	97 **Bk** Berkelium (247.070298)	98 **Cf** Californ. (251.079579)	99 **Es** Einstein. (252.08297)	100 **Fm** Fermium (257.095096)	101 **Md** Mendelev. (258.098427)	102 **No** Nobelium (259.1011)	103 **Lr** Lawrenc. (262.1098)

선정된 물질들의 열역학적 성질들

이 표의 모든 값들은 298 K 와 1바에서 물질 1몰에 대한 것이다. 화학식 뒤에는 해당 물질의 형상이 뒤따르는데, 고체(s), 액체(l), 기체(g), 혹은 수용액(aq)이 그것들이다. 하나 이상의 잘 알려진 고체 형상이 존재할 경우는 광물 이름이나 결정구조가 표시된다. 수용액 데이터는 물 kg 당 용질 1몰인 표준농도에서의 값들이다. 생성엔탈피 $\Delta_f H$와 생성 깁스자유에너지 $\Delta_f G$는 가장 안정된 순수 구성원소들로 시작해서 해당물질 1몰을 생성할 때 H와 G의 변화량을 각각 나타낸다. (가장 안정된 순수 구성원소들의 예는 C (graphite) , O_2 (g) 등등이다.) 또 다른 반응에서 $\Delta_f H$와 $\Delta_f G$의 값을 얻으려면 생성물의 Δ_f 에서 반응물의 Δ_f 를 빼면 된다. 용액 안의 이온들에 대해서 양이온과 음이온 사이에서 열역학적 양들을 나누는 데는 모호성이 존재한다. 관습적으로 H^+ 에는 영의 값이 할당되고, 다른 모든 것들은 이 값에 일관되게 정해진다. 데이터 출처는 Atkins(1998), Lide(1994), Anderson(1996)이다. 이 책의 예들이나 문제들에 대해서는 이 데이터가 충분히 정확하고 일관적이지만, 보이는 모든 숫자들이 반드시 모두 유효숫자는 아니라는 점에 유의하기 바란다. 연구목적이라면 실험상의 불확정성을 결정하기 위해 항상 원본문헌을 참조해야 한다.

Substance (form)	$\Delta_f H$ (kJ)	$\Delta_f G$ (kJ)	S (J/K)	C_P (J/K)	V (cm^3)
Al (s)	0	0	28.33	24.35	9.99
Al_2SiO_5 (kyanite)	−2594.29	−2443.88	83.81	121.71	44.09
Al_2SiO_5 (andalusite)	−2590.27	−2442.66	93.22	122.72	51.53
Al_2SiO_5 (sillimanite)	−2587.76	−2440.99	96.11	124.52	49.90
Ar (g)	0	0	154.84	20.79	
C (graphite)	0	0	5.74	8.53	5.30
C (diamond)	1.895	2.900	2.38	6.11	3.42
CH_4 (g)	−74.81	−50.72	186.26	35.31	
C_2H_6 (g)	−84.68	−32.82	229.60	52.63	
C_3H_8 (g)	−103.85	−23.49	269.91	73.5	
C_2H_5OH (l)	−277.69	−174.78	160.7	111.46	58.4
$C_6H_{12}O_6$ (glucose)	−1273	−910	212	115	
CO (g)	−110.53	−137.17	197.67	29.14	
CO_2 (g)	−393.51	−394.36	213.74	37.11	
H_2CO_3 (aq)	−699.65	−623.08	187.4		
HCO_3^- (aq)	−691.99	−586.77	91.2		
Ca^{2+} (aq)	−542.83	−553.58	−53.1		
$CaCO_3$ (calcite)	−1206.9	−1128.8	92.9	81.88	36.93
$CaCO_3$ (aragonite)	−1207.1	−1127.8	88.7	81.25	34.15
$CaCl_2$ (s)	−795.8	−748.1	104.6	72.59	51.6
Cl_2 (g)	0	0	223.07	33.91	
Cl^- (aq)	−167.16	−131.23	56.5	−136.4	17.3
Cu (s)	0	0	33.150	24.44	7.12
Fe (s)	0	0	27.28	25.10	7.11

Substance (form)	$\Delta_f H$ (kJ)	$\Delta_f G$ (kJ)	S (J/K)	C_P (J/K)	V (cm^3)
H_2 (g)	0	0	130.68	28.82	
H (g)	217.97	203.25	114.71	20.78	
H^+ (aq)	0	0	0	0	
H_2O (l)	−285.83	−237.13	69.91	75.29	18.068
H_2O (g)	−241.82	−228.57	188.83	33.58	
He (g)	0	0	126.15	20.79	
Hg (l)	0	0	76.02	27.98	14.81
N_2 (g)	0	0	191.61	29.12	
NH_3 (g)	−46.11	−16.45	192.45	35.06	
Na^+ (aq)	−240.12	−261.91	59.0	46.4	−1.2
NaCl (s)	−411.15	−384.14	72.13	50.50	27.01
$NaAlSi_3O_8$ (albite)	−3935.1	−3711.5	207.40	205.10	100.07
$NaAlSi_2O_6$ (jadeite)	−3030.9	−2852.1	133.5	160.0	60.40
Ne (g)	0	0	146.33	20.79	
O_2 (g)	0	0	205.14	29.38	
O_2 (aq)	−11.7	16.4	110.9		
OH^- (aq)	−229.99	−157.24	−10.75	−148.5	
Pb (s)	0	0	64.81	26.44	18.3
PbO_2 (s)	−277.4	−217.33	68.6	64.64	
$PbSO_4$ (s)	−920.0	−813.0	148.5	103.2	
SO_4^{2-} (aq)	−909.27	−744.53	20.1	−293	
HSO_4^- (aq)	−887.34	−755.91	131.8	−84	
SiO_2 (α quartz)	−910.94	−856.64	41.84	44.43	22.69
H_4SiO_4 (aq)	−1449.36	−1307.67	215.13	468.98	

찾아보기

ㅁ

ㅂ

ㅅ

ㅇ